SERIES 2

TOP SERIES

FIRE FACILITIES MANAGER

소방시설관리사 2차 설계 및 시공

문제편

유정석

PART 01 기초수학
PART 02 소방수리학
PART 03 소방 전기회로
PART 04 수계소화설비
PART 05 가스계소화설비
PART 06 경보설비
PART 07 피난구조설비
PART 08 소화용수설비 · 소화활동설비
PART 09 기타
PART 10 과년도 기출문제

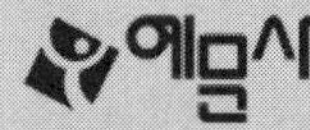

머리말

이 교재는 소방시설관리사 2차 시험을 준비하는 수험생 여러분들에게 소방시설의 설계 및 시공 과목에서 고득점을 얻을 수 있도록 소방수리학, 소방전기, 화재안전기술기준에 관계된 이론과 핵심 내용을 바탕으로 문제화한 것입니다. 최근 출제경향으로 미루어 볼 때 소방시설관리사의 합격 여부는 계산문제에서 얼마나 많은 점수를 획득하느냐에 달렸다고 해도 과언이 아닐 것입니다. 계산문제에서 고득점을 얻기 위해서는 기본이론을 정확히 이해하고 많은 문제를 풀어봄으로써 실수를 줄일 수 있다고 생각합니다.

● 이 책의 특징

1. 소방기술사, 소방시설관리사 기출문제를 표기하였습니다.
2. Check Point로 문제의 핵심을 정리하였습니다.
3. 문제와 풀이를 구분하여 풀이능력을 향상시킬 수 있도록 하였습니다.
4. 최근 출제경향에 알맞게 다양한 문제를 수록하였습니다.
5. 화재안전기술기준형 계산문제에는 관련된 화재안전기술기준을 수록하여 이해를 돕도록 하였습니다.
6. 소방수리학 및 소방 전기회로 핵심 이론을 수록하였습니다.

끝으로 부족한 부분은 계속 보완할 것이며, 본서로 공부하시는 수험생 여러분들에게 많은 도움이 되었으면 하는 바람과 합격의 영광이 함께 하시길 기원 드립니다. 또한 본 교재의 출판을 도와주신 출판사 임직원 여러분들과 도움을 주신 모든 분들에게 깊은 감사를 드리며 부족한 저를 믿고 따라준 가족에게 고마움을 전하고 싶습니다. 감사합니다.
수험생 여러분! 힘내세요.

There is no royal road to learning(학문에는 왕도가 없다)

유 정 석

차 례

PART. 04 수계소화설비

PART. 05 가스계소화설비

PART. 06 경보설비

PART. 07 피난구조설비

PART. 08 소화용수설비 · 소화활동설비

PART. 09 기타

PART. 10 과년도 기출문제

PART

01

기초수학

01 피타고라스의 정리

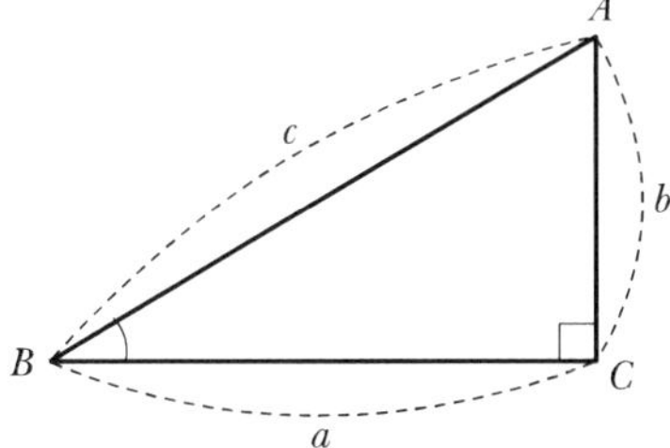

$\angle C = 90[°]$일 때

$c^2 = a^2 + b^2$

$\therefore c = \sqrt{a^2 + b^2}$

① $\cos\theta = \dfrac{a}{c}$　$\sin\theta = \dfrac{b}{c}$　$\tan\theta = \dfrac{b}{a}$　$\theta = \tan^{-1}\dfrac{b}{a}$

② $\cos^2\theta + \sin^2\theta = 1$

③ $\cos\theta = \sqrt{1 - \sin^2\theta}$

④ $\sin\theta = \sqrt{1 - \cos^2\theta}$

02 다항식의 곱셈

① $a^m \times a^n = a^{m+n}$

② $(a^m)^n = a^{m \times n}$

③ $(ab)^n = a^n \times b^n$

④ $\left(\dfrac{a}{b}\right)^n = \dfrac{a^n}{b^n}$

⑤ $(a+b)(x+y+z) = ax + ay + az + bx + by + bz$

03 복소수

$a + jb$

실수부분↲　↳허수부분(허수 $j = \sqrt{-1}$)

$$\frac{a+jb}{c+jd} = \frac{(a+jb)(c-jd)}{(c+jd)(c-jd)} = \frac{ac+bd}{c^2+d^2} + j\frac{bc-ad}{c^2+d^2}$$

04 이차방정식 근의 공식

$ax^2 + bx + c = 0\,(a \neq 0)$

$x = \dfrac{-b \pm \sqrt{b^2 - 4ac}}{2a}$

05 비례식

① $\dfrac{B}{A} \div \dfrac{D}{C} = \dfrac{BC}{AD}$

② $\dfrac{\frac{A}{B}}{\frac{C}{D}} = \dfrac{AD}{BC}$

③ $A : B = C : D \Rightarrow AD = BC$

06 무리식

① 제곱근 : 제곱하여 a가 되는 수

② 세제곱근 : 세제곱하여 a가 되는 수

③ $(\sqrt{a})^2 = a,\ (-\sqrt{a})^2 = a$(단, $a > 0$)

④ $\sqrt[3]{a^3} = a$

⑤ $\sqrt{a^2 b} = \sqrt{a^2}\sqrt{b} = a\sqrt{b}$

⑥ $\dfrac{\sqrt{a}}{\sqrt{b}} = \sqrt{\dfrac{a}{b}}$

⑦ $\sqrt{\dfrac{a}{b^2}} = \dfrac{\sqrt{a}}{\sqrt{b^2}} = \dfrac{\sqrt{a}}{b}$

07 로그의 성질

① $a^x = b$를 로그로 나타내면 $x = \log_a b$(단, $a > 0$, $a \neq 1$)

② $\log_a a = 1$

③ $\log_a a^x = x \log_a a = x$

④ $\log_a b = \dfrac{\log_c b}{\log_c a}$(밑 변환공식)

08 상용로그와 자연로그

① 상용로그는 10을 밑으로 하는 로그로 $\log_{10} a$ 또는 $\log a$로 나타낸다.

② 자연로그는 e(2.7182188……)를 밑으로 하는 로그로 ln으로 나타낸다.

09 미분

$(x^n)' = nx^{n-1}$

10 적분

$$\int_a^b x^n\,dx = \left[\frac{1}{n+1}x^{n+1}\right]_a^b$$

PART

02

소방수리학

CHAPTER 01 유체
CHAPTER 02 단위
CHAPTER 03 유체의 성질과 법칙
CHAPTER 04 유체의 운동학
CHAPTER 05 실제 유체의 흐름
CHAPTER 06 펌프
CHAPTER 07 송풍기

CHAPTER 01 유체

01 물질의 구분

1) 고체(Solid)

일정한 형태를 유지하다 전단응력이 가해지면 전단력에 비례하여 변형을 이루다가 전단력을 제거하게 되면 바로 평형을 이루어 정지하는 물질

2) 유체(Fluid)

유체는 고체에 비해 변형하기 쉽고 어떤 형상도 될 수 있으며, 자유로이 흐르는 특성을 지니고 있으며 전단력을 제거하여도 전단응력이 작용하는 동안 연속적으로 변형을 일으키는 물질

구 분	전단력을 가하면	전단력을 제거하면
고 체	변 형	평 형
유 체	변 형	변 형 (전단응력이 작용하는 동안)

TiP

유체는 아무리 작은 전단력을 받더라도 저항하지 못하고 연속적으로 변형하는 물질이다.

02 유체의 분류

① **압축성 유체** : 압력의 변화에 따라서 체적과 밀도가 변하는 유체

예 배관 내를 흐르는 가스, 배관 내 수격작용을 발생하는 유체

② **비압축성 유체** : 압력의 변화에도 체적과 밀도가 변하지 않는 유체

예 모든 액체의 흐름, 이동하는 물체 주위의 기류

③ **점성유체** : 점성의 영향이 큰 유체

예 레이놀즈수가 작은 유체, 속도가 작은 유체

④ **비점성유체** : 점성의 영향을 무시할 수 있는 유체

예 레이놀즈수가 큰 유체, 속도가 큰 유체

⑤ **이상유체(완전유체)** : 비점성, 비압축성의 유체로 점성의 영향이 무시될 수 있고, 밀도가 변하지 않는 유체

예 점성이 작고 밀도가 일정한 고속의 흐름

CHAPTER 02 단위

01 단위(Unit)

1) 절대단위계(Absolute Unit System)

물리량을 질량, 길이, 시간으로 표현

① **기본단위** : 질량, 길이, 시간의 단위를 다음과 같이 나타낸다.

㉠ C.G.S계 : [g], [cm], [s] ㉡ M.K.S계 : [kg], [m], [s]

② **유도단위** : 기본단위를 두 개 이상 조합하여 유도된 단위

㉠ C.G.S계 : 면적[cm^2], 체적[cm^3], 밀도[g/cm^3], 힘[$g \cdot cm/s^2$]

㉡ M.K.S계 : 면적[m^2], 체적[m^3], 밀도[kg/m^3], 힘[$kg \cdot m/s^2$]

2) 중력단위계(Gravitational Unit System)

물리량을 중량, 길이, 시간으로 표현

① **기본단위** : 중량, 길이, 시간의 단위를 다음과 같이 나타낸다.

㉠ C.G.S계 : [g_f], [cm], [s]

㉡ M.K.S계 : [kg_f], [m], [s]

② **유도단위** : 기본단위를 두 개 이상 조합하여 유도된 단위

㉠ C.G.S계 : 면적[cm^2], 체적[cm^3], 비중량[g_f/cm^3], 힘[g_f]

㉡ M.K.S계 : 면적[m^2], 체적[m^3], 비중량[kg_f/m^3], 힘[kg_f]

3) 기본단위에 붙이는 접두어

명칭	기호	배수
테라(tera)	T	10^{12}
기가(giga)	G	10^{9}
메가(mega)	M	10^{6}
킬로(kilo)	k	10^{3}
헥토(hecto)	h	10^{2}
데카(deka)	da	10
데시(deci)	d	10^{-1}
센티(centi)	c	10^{-2}
밀리(mili)	m	10^{-3}
마이크로(micro)	μ	10^{-6}
나노(nano)	n	10^{-9}
피코(pico)	p	10^{-12}
펨토(femto)	f	10^{-15}
아토(atto)	a	10^{-18}

4) 주요 물리량의 단위

물리량	기호	중력단위	절대단위
길이	l	[m]	[m]
질량	m	$\left[\frac{kg_f \cdot s^2}{m}\right]$	[kg]
시간	t	[s]	[s]
면적	A	$[m^2]$	$[m^2]$
체적	V	$[m^3]$	$[m^3]$
속도	v	$\left[\frac{m}{s}\right]$	$\left[\frac{m}{s}\right]$
가속도	a	$\left[\frac{m}{s^2}\right]$	$\left[\frac{m}{s^2}\right]$
각속도	ω	$\left[\frac{rad}{s}\right]$	$\left[\frac{rad}{s}\right]$
밀도	ρ	$\left[\frac{kg_f \cdot s^2}{m^4}\right]$	$\left[\frac{kg}{m^3}\right]$
비중량	γ	$\left[\frac{kg_f}{m^3}\right]$	$\left[\frac{kg}{m^2 \cdot s^2}\right]$
힘(무게)	F	$[kg_f]$	[N], $\left[\frac{kg \cdot m}{s^2}\right]$
압력	p	$\left[\frac{kg_f}{m^2}\right]$	$\left[\frac{N}{m^2}(Pa)\right]$
동력	P	$\left[\frac{kg_f \cdot m}{s}\right]$	[W(J/s)], $\left[\frac{kg \cdot m^2}{s^3}\right]$

물리량	기호	중력단위	절대단위
일 (에너지)	W	$[kg_f \cdot m]$	$[J]$, $[N \cdot m]$, $\left[\frac{kg \cdot m^2}{s^2}\right]$
점성계수	μ	$\left[\frac{kg_f \cdot s}{m^2}\right]$	$\left[\frac{N \cdot s}{m^2}\right]$
동점성 계수	ν	$\left[\frac{m^2}{s}\right]$	$\left[\frac{m^2}{s}\right]$
상용온도	θ	[℃]	[℃]
절대온도	θ	[°K]	[°K]
기체상수	R	$\left[\frac{m}{°K}\right]$	$\left[\frac{kJ}{kg \cdot °K}\right]$

02 주요 물리량

1) 길이(Length)

① 한 끝에서 다른 한 끝까지의 거리를 나타내며, 단위로는 [m], [cm], [mm]를 사용한다.

② 1[km] = 1,000[m], 1[m] = 100[cm], 1[cm] = 10[mm]

③ 1[in] = 2.54[cm], 1[ft] = 30.48[cm] = 0.3048[m]

2) 면적(Area)

① 면이 이차원의 공간을 차지하는 넓이의 크기로 단위로는 $[m^2]$, $[cm^2]$, $[mm^2]$를 사용한다.

② $1[m^2] = 10^4[cm^2] = 10^6[mm^2]$

③ **원의 면적**

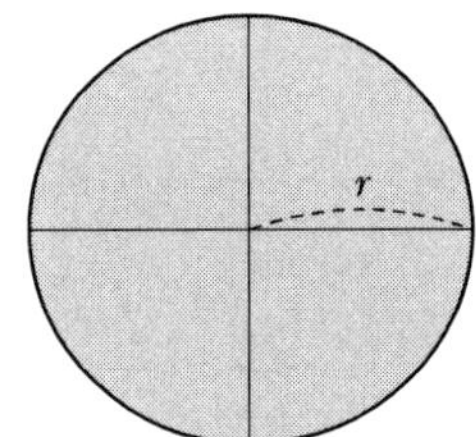

- 반지름 : r[m]
- 지름 : D[m]$=2r$
- 면적 $A[\text{m}^2]=\pi r^2=\dfrac{\pi D^2}{4}$

④ **사각형의 면적**

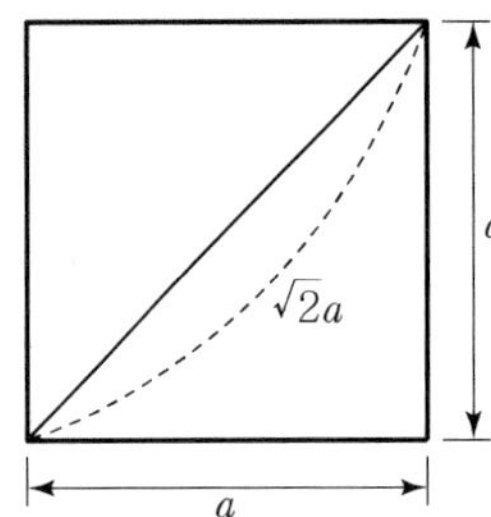

- 가로길이[m]=세로길이[m]$=a$[m]
- 면적 $A[\text{m}^2]=a\times a=a^2$
- 대각선의 길이 L[m]

  $=\sqrt{a^2+a^2}=\sqrt{2a^2}=\sqrt{2}\,a$

3) 부피(Volume) 또는 체적

① 넓이와 높이를 가진 물건이 공간에서 차지하는 크기로, 단위는 [m³] 또는 리터(liter)[l], [cc]를 사용한다.

② $1[\text{m}^3]=1{,}000[l]$, $1[l]=10^{-3}[\text{m}^3]$, $1[\text{cc}]=1[\text{cm}^3]$

③ **원 기둥의 부피(체적)**

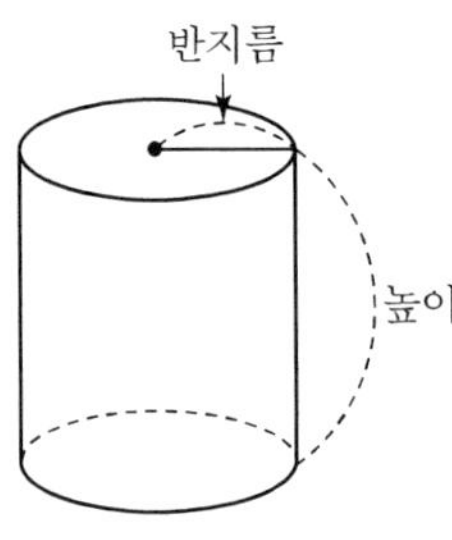

- 반지름 r[m], 지름 D[m]
- 높이 H[m]
- 원 기둥의 부피 $V[\text{m}^3]$

  =원 기둥의 한 밑면의 넓이(A)×높이(H)

  $=\dfrac{\pi D^2}{4}\times H$

참고 **원 기둥의 겉넓이(표면적)**

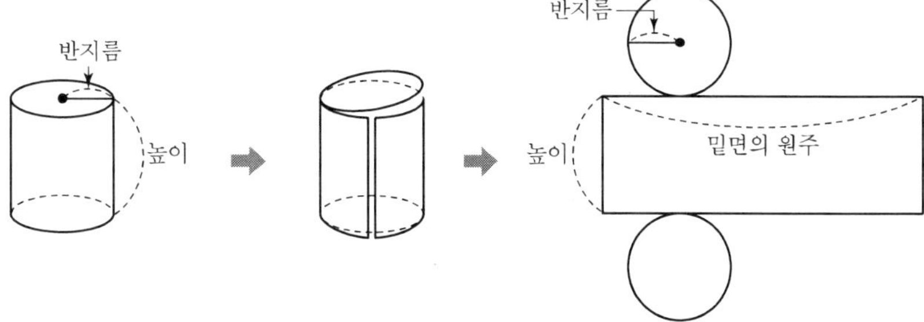

원 기둥의 겉넓이 = 합동인 원 2개의 면적 + 직사각형의 면적

$$= \left(\frac{\pi D^2}{4} \times 2\right) + (\pi DH)$$

예제 그림과 같은 원 기둥의 표면적[cm^2]과 부피[cm^3]를 계산하시오.

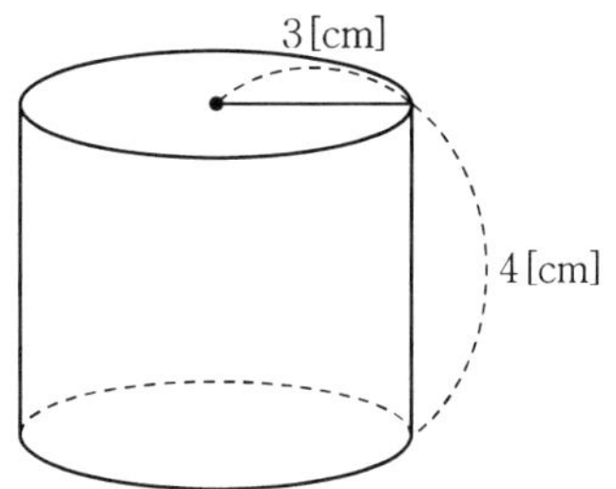

풀이 ① 원 기둥의 표면적[cm^2]

$$A = \left(\frac{\pi D^2}{4} \times 2\right) + (\pi DH) = \left(\frac{\pi \times 6^2}{4} \times 2\right) + (\pi \times 6 \times 4)$$

$$= 131.95[cm^2]$$

② 원 기둥의 부피[cm^3]

$$V = A \times H = \frac{\pi D^2}{4} \times H = \frac{\pi \times 6^2}{4} \times 4 = 113.1[cm^3]$$

4) 질량(Mass)

① 장소에 따라 변치 않는 물체 고유의 양이며, 절대단위계에서는 [kg]을 사용한다.

② 1[kg]=1,000[g], 1[g]=10^{-3}[kg], 1[ton]=1,000[kg], 1[lb]=0.4536[kg]

5) 힘(Force)

① 물체에 작용하여 모양에 변화를 일으키는 원인을 말하며, 다음과 같이 나타낼 수 있다.

② **뉴턴의 운동 제2법칙**

㉠ 힘=질량×가속도

$F[\mathrm{N}] = m \cdot a$

㉡ 1[N]이란, 1[kg]의 질량이 1[$\mathrm{m/s^2}$]의 가속도를 가질 때 생기는 힘을 말한다.

㉢ $1[\mathrm{N}] = 1[\mathrm{kg}] \times 1\left[\frac{\mathrm{m}}{\mathrm{s}^2}\right] = 1\left[\frac{\mathrm{kg \cdot m}}{\mathrm{s}^2}\right]$

$= 10^3[\mathrm{g}] \times 10^2\left[\frac{\mathrm{cm}}{\mathrm{s}^2}\right] = 10^5\left[\frac{\mathrm{g \cdot cm}}{\mathrm{s}^2}\right]$

6) 중량(Weight, 무게)

① 지구가 그 물체를 잡아당기고 있는 힘의 크기로 중량은 힘의 단위를 가지는 물체의 무게를 말한다.

② 절대단위 : [N], 중력단위 : [$\mathrm{kg_f}$]

③ 중량=질량×중력가속도

$W = m \times g$

④ 절대 단위 $9.8[\mathrm{N}] = 1[\mathrm{kg}] \times 9.8\left[\frac{\mathrm{m}}{\mathrm{s}^2}\right] = 9.8\left[\frac{\mathrm{kg \cdot m}}{\mathrm{s}^2}\right]$

중력 단위 $1[\mathrm{kg_f}] = 1[\mathrm{kg}] \times 9.8\left[\frac{\mathrm{m}}{\mathrm{s}^2}\right] = 9.8[\mathrm{N}]$

7) 압력(Pressure)

① 유체속의 어떤 물체 표면에서 단위 면적당 받는 힘을 말한다.

② 대기압이란 대기 즉 공기의 무게에 의한 압력을 말한다.

③ $p\left[\mathrm{Pa}, \dfrac{\mathrm{N}}{\mathrm{m}^2}\right] = \dfrac{F}{A}$

④ 표준 대기압 1[atm] = 760[mmHg] = 0.76[mHg]

$= 10,332[\mathrm{mmH_2O}] = 10.332[\mathrm{mH_2O}]$

$= 1.0332[\mathrm{kg_f/cm^2}] = 10,332[\mathrm{kg_f/m^2}]$

$= 101,325[\mathrm{N/m^2}][\mathrm{Pa}] = 0.101325[\mathrm{MPa}]$

$= 1.013[\mathrm{bar}] = 14.7\mathrm{Psi}[l\mathrm{b_f/in^2}]$

8) 밀도(Density)

① 액체의 밀도

㉠ 단위 부피당 질량을 말한다.

㉡ $\rho = \dfrac{\text{물체의 질량}}{\text{물체의 부피}} = \dfrac{m}{V}\left[\dfrac{\mathrm{kg}}{\mathrm{m}^3}\right]$

㉢ SI단위로 밀도는 $\left[\dfrac{\mathrm{kg}}{\mathrm{m}^3}\right]$이며, 4[℃] 물의 밀도는 $1,000\left[\dfrac{\mathrm{kg}}{\mathrm{m}^3}\right]$이다.

㉣ $1\left[\dfrac{\mathrm{kg}}{\mathrm{m}^3}\right]$을 중력단위의 밀도로 나타내면

$1\left[\dfrac{\mathrm{kg}}{\mathrm{m}^3}\right] = \dfrac{1}{9.8}\left[\dfrac{\mathrm{kg_f}\cdot \mathrm{s}^2}{\mathrm{m}}\cdot\dfrac{1}{\mathrm{m}^3}\right] = \dfrac{1}{9.8}\left[\dfrac{\mathrm{kg_f}\cdot \mathrm{s}^2}{\mathrm{m}^4}\right]$이 된다.

TiP

$$1[\mathrm{kg_f}] = 9.8[\mathrm{N}] = 9.8\left[\dfrac{\mathrm{kg}\cdot\mathrm{m}}{\mathrm{s}^2}\right]$$

$$1[\mathrm{kg}] = \dfrac{1}{9.8}\left[\dfrac{\mathrm{kg_f}\cdot\mathrm{s}^2}{\mathrm{m}}\right]$$

② **기체의 밀도**

기체는 압축성 유체이므로 온도, 압력이 변하면 부피가 변하여 밀도가 변한다. 기체의 밀도는 아보가드로 법칙과 이상기체 상태방정식으로 계산할 수 있다.

㉠ 표준상태(0[℃], 1기압)일 때

$$\rho = \frac{\text{분자량}[\text{kg}]}{22.4[\text{m}^3]} = \frac{\text{분자량}[\text{g}]}{22.4[l]}$$

참고 **아보가드로의 법칙**

1. 같은 온도와 압력에서 기체들은 그 종류에 관계없이 일정한 부피 속에는 같은 수의 분자가 들어 있다.
2. 모든 기체 1[mol]이 표준상태(0[℃], 1기압)에서 차지하는 체적은 22.4[l]이고 그 속에는 6.023×10^{23}개의 분자가 존재한다.

㉡ 표준상태가 아닐 때

$$\rho = \frac{PM}{RT}$$

여기서, ρ : 밀도[kg/m^3], P : 압력[N/m^2]
M : 분자량[kg/k-mol], T : 절대온도[K]
R : 기체정수[N · m/k-mol · K]

9) 비체적(Specific)

① 단위 질량당 부피 즉 밀도의 역수를 말한다.

$$v_s = \frac{\text{물체의 부피}}{\text{물체의 질량}} = \frac{V}{m}\left[\frac{\text{m}^3}{\text{kg}}\right]$$

② SI단위 $v_s = \frac{1}{\rho}\left[\frac{\text{m}^3}{\text{kg}}\right]$

③ 중력단위 $v_s = \frac{1}{\rho}\left[\frac{\text{m}^4}{\text{kg}_\text{f} \cdot \text{s}^2}\right]$

10) 비중량(Specific Weight)

① 단위 부피당 무게를 말한다.

$$\gamma = \frac{\text{물체의 중량}}{\text{물체의 부피}} = \frac{W}{V} = \frac{m \cdot g}{V} = \rho \cdot g \left[\frac{\mathrm{N}}{\mathrm{m}^3}\right]$$

② 4[℃] 물의 비중량

㉠ SI단위 $9{,}800\left[\frac{\mathrm{N}}{\mathrm{m}^3}\right]$

㉡ 중력단위 $1{,}000\left[\frac{\mathrm{kg_f}}{\mathrm{m}^3}\right]$

TiP

$1[\mathrm{N}] = \frac{1}{9.8}[\mathrm{kg_f}] = 0.102[\mathrm{kg_f}]$ 이므로,

$1\left[\frac{\mathrm{N}}{\mathrm{m}^3}\right] = 0.102\left[\frac{\mathrm{kg_f}}{\mathrm{m}^3}\right] \Leftrightarrow 1\left[\frac{\mathrm{kg_f}}{\mathrm{m}^3}\right] = 9.8\left[\frac{\mathrm{N}}{\mathrm{m}^3}\right]$

11) 비중(Specific Gravity)

① 액비중

㉠ 어떤 물질의 4[℃] 물에 대한 밀도비 또는 비중량비를 말한다.

㉡ $s = \frac{\text{물체의 밀도}(\rho)}{4[℃]\text{ 물의 밀도}(\rho_w)}$

$= \frac{\text{물체의 비중량}(\gamma = \rho \cdot g)}{4[℃]\text{ 물의 비중량}(\gamma_w = \rho_w \cdot g)}$

㉢ 비중은 밀도비 또는 중량비로 표시될 수 있으며, 무차원수이므로 SI단위나 중력단위로 구분할 필요가 없다.

TiP

수은의 밀도 = $13{,}600[\mathrm{kg/m^3}]$
물의 밀도 = $1{,}000[\mathrm{kg/m^3}]$
따라서, 수은의 비중 = 13.6

② **기체비중(증기비중)**

㉠ 공기 분자량에 대한 측정 기체 분자량의 비

㉡ $s = \dfrac{\text{측정기체의 분자량[kg]}}{\text{공기의 평균 분자량[kg]}} = \dfrac{\text{측정기체의 밀도}[\text{kg/m}^3]}{\text{공기의 밀도}[\text{kg/m}^3]}$

TiP

공기의 평균분자량 ≒ 29

공기중에는 N_2 : 79[%], O_2 : 21[%]

$(28 \times 0.79) + (32 \times 0.21) = 28.84$

12) 일(Work)

① 일은 힘에다 거리를 곱한 양을 말한다.

② [일]=[힘] × [거리]

$1[\text{J}] = 1[\text{N}] \times 1[\text{m}]$

13) 동력(Power) : 단위시간당 한 일의 양, 일률

① $\text{동력} = \dfrac{\text{일량}}{\text{시간}}$

② **절대단위**

$$1\left[\frac{\text{J}}{\text{s}}\right] = 1\left[\frac{\text{N} \cdot \text{m}}{\text{s}}\right] = 1\left[\frac{\text{kg} \cdot \text{m}}{\text{s}^2}\,\frac{\text{m}}{\text{s}}\right] = 1\left[\frac{\text{kg} \cdot \text{m}^2}{\text{s}^3}\right] = 1[\text{W}]$$

③ **중력단위**

$$1\left[\frac{\text{kg} \cdot \text{m}^2}{\text{s}^3}\right] = 1 \times \frac{1}{9.8}\left[\frac{\text{kg}_\text{f} \cdot \text{s}^2}{\text{m}}\,\frac{\text{m}^2}{\text{s}^3}\right] = 0.102\left[\frac{\text{kg}_\text{f} \cdot \text{m}}{\text{s}}\right]$$

TiP

$1[\text{kW}] = 102\left[\dfrac{\text{kg}_\text{f} \cdot \text{m}}{\text{s}}\right]$, $1[\text{Hp}] = 76\left[\dfrac{\text{kg}_\text{f} \cdot \text{m}}{\text{s}}\right]$

$1[\text{Ps}] = 75\left[\dfrac{\text{kg}_\text{f} \cdot \text{m}}{\text{s}}\right]$

14) 온도(Temperature)

물질의 차갑고 뜨거운 정도를 나타내는 것

① **섭씨온도[℃]**

표준 대기압하에서 순수한 물의 어는점을 0[℃], 끓는점을 100[℃]로 하여 그 사이를 100등분한 온도

② **화씨온도[°F]**

표준 대기압하에서 순수한 물의 어는점을 32[°F], 끓는점을 212[°F]로 하여 그 사이를 180등분한 온도

③ **절대온도**

㉠ 켈빈(Kelvin)온도 : $K = [℃] + 273.15$

㉡ 랭킨(Rankine)온도 : $R = [°F] + 460$

참고 **섭씨온도와 화씨온도의 관계**

섭씨온도를 화씨온도로 변환	화씨온도를 섭씨온도로 변환
$F = \frac{9}{5}[℃] + 32$	$[℃] = \frac{5}{9}([°F] - 32)$

03 수동력 공식유도

1) 조건

① 펌프의 일(L[J])이란 흡수 면에서 방수구까지 소요 양정 H[m]만큼 소화수를 이동시키는 것을 말한다.

㉠ 일＝힘 × 거리＝유체질량 × 가속도 × 양정

㉡ $L[\text{J}] = (m[\text{kg}] \times g[\text{m/s}^2]) \times H[\text{m}]$: [N · m]

② 일(L[J])을 일률(= 단위시간당 한 일 $P = \dfrac{L}{t}[\text{J/s} = \text{W}]$)로 변환하면 펌프의 수동력이 된다.

2) 유도

① $L[\text{J}] = (m[\text{kg}] \times g[\text{m/s}^2]) \times H[\text{m}]$에서 양변을 시간 t[s]로 나누면

$$\frac{L[\text{J}]}{t[\text{s}]} = \frac{m[\text{kg}]}{t[\text{s}]} \times g[\text{m/s}^2] \times H[\text{m}] \quad \cdots\cdots ⓐ$$

㉠ $\dfrac{L[\text{J}]}{t[\text{s}]} = P[\text{W}]$

㉡ 질량유량은 밀도 × 체적유량이므로,

$$\frac{m[\text{kg}]}{t[\text{s}]} = \rho[\text{kg/m}^3] \times q[\text{m}^3/\text{s}] \ \ (\rho = 1{,}000[\text{kg/m}^3])$$

㉢ ㉠, ㉡을 식 ⓐ에 대입하면

$$P = \rho \cdot q \cdot g \cdot H = \gamma \cdot q \cdot H (\gamma = \rho \cdot g)$$

② **절대단위의 동력**

$P = \gamma \cdot q \cdot H$

$= 9{,}800[\mathrm{N/m^3}] \times q[\mathrm{m^3/s}] \times H[\mathrm{m}] = 9{,}800 \times q \times H\left[\dfrac{\mathrm{N \cdot m}}{\mathrm{s}} = \mathrm{W}\right]$

③ **중력단위의 동력**

$P = \gamma \cdot q \cdot H$

$= 1{,}000[\mathrm{kg_f/m^3}] \times q[\mathrm{m^3/s}] \times H[\mathrm{m}]$

$= 1{,}000 \times q \times H[\mathrm{kg_f \cdot m/s}]\ (1[\mathrm{kg_f \cdot m/s}] = \dfrac{1}{0.102}[\mathrm{W}])$

④ 중력단위 $[\mathrm{kg_f \cdot m/s}]$를 SI단위 $[\mathrm{kW}]$로, 유량 $q[\mathrm{m^3/s}]$를 $Q[\mathrm{m^3/min}]$으로 단위변환하면

$P[\mathrm{kW}] = \dfrac{1{,}000}{0.102} \times \dfrac{1}{1{,}000} \times \dfrac{1}{60} \times Q \times H = \dfrac{1{,}000 \times Q \times H}{102 \times 60}$

참고 **유량의 단위변환**

$q[\mathrm{m^3/s}] = \dfrac{1}{60} Q[\mathrm{m^3/min}] \quad \left(q\left[\dfrac{\mathrm{m^3}}{\mathrm{s}}\right] : Q\left[\dfrac{\mathrm{m^3}}{\mathrm{min}}\right] = \dfrac{1}{1} : 60\right)$

동력의 단위

1. $1[\mathrm{kW}] = 102[\mathrm{kg_f \cdot m/s}]$
2. $1[\mathrm{Hp}] = 76[\mathrm{kg_f \cdot m/s}]$
3. $1[\mathrm{Ps}] = 75[\mathrm{kg_f \cdot m/s}]$

CHAPTER 03 유체의 성질과 법칙

01 기체의 성질과 법칙

1) 이상기체에 적용되는 식

① **보일(Boyle)의 법칙** : 온도가 일정할 때 기체의 체적은 절대 압력에 반비례 **관17회**

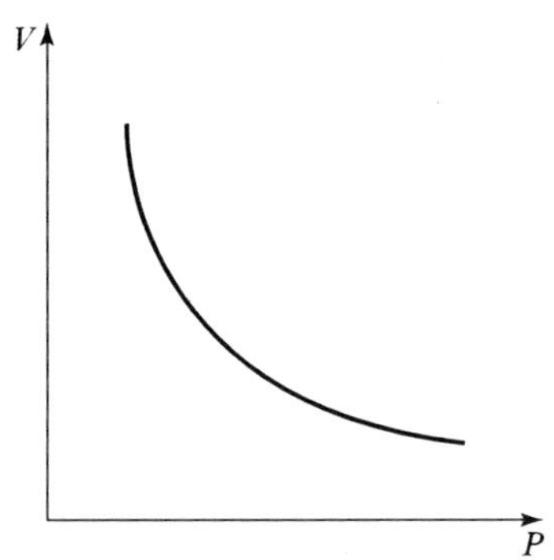

$$PV = C,\ \ P_1 V_1 = P_2 V_2$$

여기서, P : 절대압력, V : 기체의 체적

② **샤를(Charles)의 법칙** : 압력이 일정할 때 기체의 체적은 절대온도에 비례

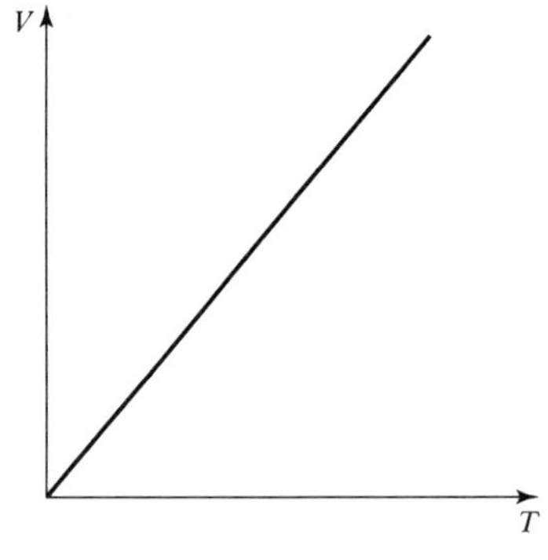

$$\frac{V}{T} = C,\ \ \frac{V_1}{T_1} = \frac{V_2}{T_2}$$

여기서, T : 절대온도(K), V : 기체의 체적

③ **보일-샤를(Boyle-Charles)의 법칙** : 기체의 체적은 절대온도에 비례하고 절대 압력에 반비례

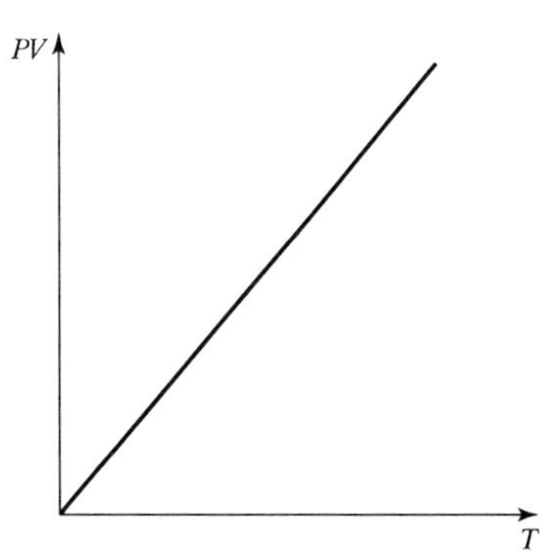

$$\frac{PV}{T} = C,\ \frac{P_1V_1}{T_1} = \frac{P_2V_2}{T_2}$$

여기서, P : 절대압력
V : 기체의 체적
T : 절대온도[K]

④ **이상기체 상태방정식**

$$PV = nRT\text{에서},\ n = \frac{m}{M},\ PV = \frac{m}{M}RT$$

여기서, P : 압력[atm], V : 체적[m^3], n : 몰수[k-mol]
R : 기체정수[atm · m^3/k-mol · K], T : 절대온도[K]
M : 분자량[kg], m : 질량[kg]

참고 **이상기체 상태방정식을 만족시킬 수 있는 조건**

1. 단위 질량당 부피 즉 비체적이 클수록
2. 압력은 높고, 온도는 낮을수록
3. 분자량이 작고, 분자 간의 인력이 작을수록

⑤ **그레이엄의 확산속도의 법칙**

기체의 확산속도는 그 기체의 분자량(밀도)의 제곱근에 반비례

$$\frac{U_2}{U_1} = \sqrt{\frac{M_1}{M_2}} = \sqrt{\frac{\rho_1}{\rho_2}}$$

여기서, U : 확산속도, M : 분자량, ρ : 밀도

02 액체의 성질과 법칙

1) Newton의 점성법칙

전단력은 평판의 면적 A와 이동속도에는 비례하지만 두 평판 사이의 거리 y에는 반비례한다.

식	유체의 점성계수 μ가 작용	$\tau = \left(\frac{F}{A}\right)$
$F = A\frac{\Delta u}{\Delta y}$	$F = \mu A\frac{\Delta u}{\Delta y}$	$\tau = \mu\frac{du}{dy}$
τ : 전단응력[N/m^2], F : 전단력[N], μ : 점성계수[kg/m · s], $\frac{du}{dy}$: 속도구배		

2) 점성계수(Coefficient of Viscosity)

① **절대점성계수(Absolute Viscosity)** : μ

㉠ 물질이 갖는 끈끈한 정도

㉡ $\mu = \frac{\tau}{du/dy} = \frac{\text{전단력/면적}}{\text{속도/거리}}$ (Newton의 점성법칙에 의해)

㉢ 포아즈(Poise) : 점성계수 중 CGS계인 [g/cm · s]

㉣ 물의 점성계수는 1[CP](Centi Poise)

㉤ 1[P] = 100[CP] = 1[g/cm · s] = 0.1[kg/m · s] = 0.1[N · s/m^2]

▼ **점성계수의 단위 및 차원**

구 분	단위	차원
절대단위	kg/m · s, g/cm · s	[$ML^{-1}T^{-1}$]
중력단위	kg_f · s/m^2, gf · s/cm^2	[FTL^{-2}]

② **동점성계수(Kinematic Viscosity)** : ν

㉠ 절대점성계수를 유체의 밀도로 나눈 것

㉡ $\nu = \dfrac{\mu}{\rho} = \dfrac{[g/cm \cdot s]}{[g/cm^3]} = \dfrac{[cm^2]}{[s]}$

㉢ 스토크스(Stokes) : 동점성계수 중 CGS계인 [cm^2/s]

㉣ 1[St] = 100[cSt] = 1[cm^2/s] = 1×10^{-4}[m^2/s]

3) 아르키메데스의 원리

① 유체 속에 잠겨 있는 물체가 받는 부력은 그 물체가 배제하는 유체의 무게와 같다.

② 유체 위에 떠있는 부양체는 자체의 무게와 같은 무게의 유체를 배제한다.

$$F = \gamma_1 V_1$$

여기서, 부력 $F = \gamma_1 \cdot V_1$

γ_1 : 유체의 비중량, V_1 : 잠김 물체의 체적

중량 $W = \gamma \cdot V$

γ : 물체의 비중량, V : 물체의 전체 체적

4) 파스칼의 원리

① 밀폐된 용기 속의 유체에 압력을 가하면 그 압력은 유체 내의 모든 부분에 그대로 전달된다.

② 파스칼의 원리를 이용하면 작은 힘으로 큰 무게를 들 수 있다.

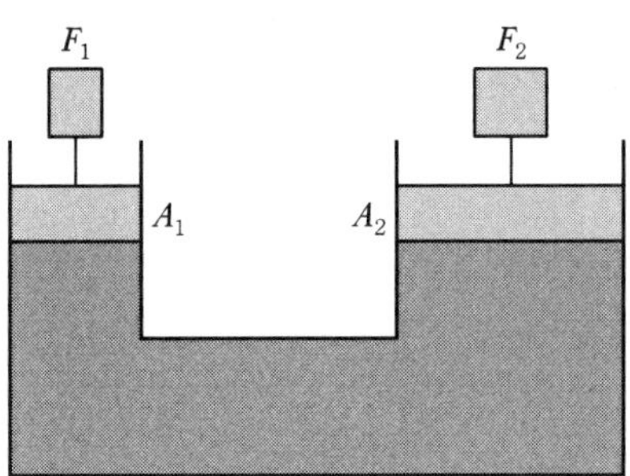

③ $P_1 = P_2$ 에서,

$$\frac{F_1}{A_1} = \frac{F_2}{A_2} \left(A_1 = \frac{\pi D_1^2}{4},\ A_2 = \frac{\pi D_2^2}{4} \right)$$

5) 체적탄성계수와 압축률

① **체적탄성계수(Bulk Modulus)** : K

㉠ 유체가 힘을 받은 경우 압축이 되는 정도를 나타내는 상수

㉡ 체적 변화율에 대한 압력의 변화

$$K = -\frac{\Delta P}{\frac{\Delta V}{V}} = \frac{\Delta P}{\frac{\Delta \rho}{\rho}}$$

② **압축률(Compressibility, 壓縮率)** : β

체적탄성계수의 역수를 압축률이라 한다.

$$\beta = \frac{1}{K} = -\frac{\frac{\Delta V}{V}}{\Delta P}$$

CHAPTER 04 유체의 운동학

01 연속방정식(Equation of Continuity)

유체의 흐름에 질량보존의 법칙을 적용시킨 방정식

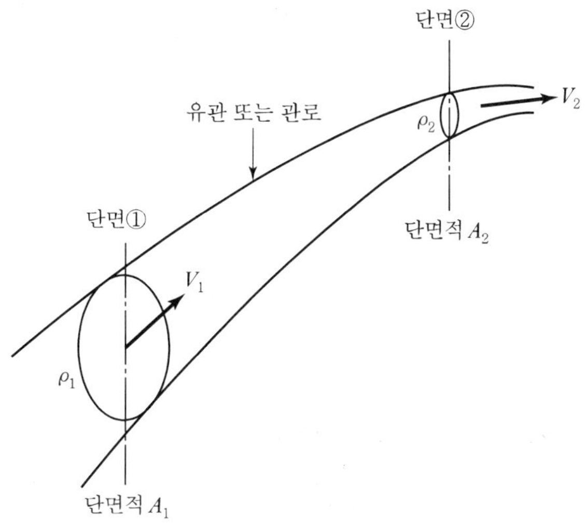

그림에서 단면①과 단면②를 통과하는 질량은 항상 같다.

질량유량(Mass Flowrate)은 $AV\rho$이므로

질량유량 $G[\text{kg/s}] = AV\rho \quad m_1 = m_2$이므로 $A_1V_1\rho_1 = A_2V_2\rho_2$ 중량유량 $W[\text{kg}_f/\text{s}] = AV\gamma \quad w_1 = w_2$ 이므로 $A_1V_1\gamma_1 = A_2V_2\gamma_2$

비압축성 유체는 밀도(비중량)의 변화가 없으므로 $\rho_1 = \rho_2$이다.

체적유량 $Q[\text{m}^3/\text{s}] = AV \quad Q_1 = Q_2$ 이므로 $A_1V_1 = A_2V_2$

여기서, A : 단면적[m^2], V : 유속[m/s], ρ : 밀도[kg/m^3], γ : 비중량[kg_f/m^3]

02 베르누이 방정식(Bernoulli's Equation)

유체의 유도에 에너지 보존의 법칙을 적용시킨 것으로 배관 내 임의의 두 점에서 에너지의 총합(압력에너지, 운동에너지, 위치에너지)은 항상 일정하다.

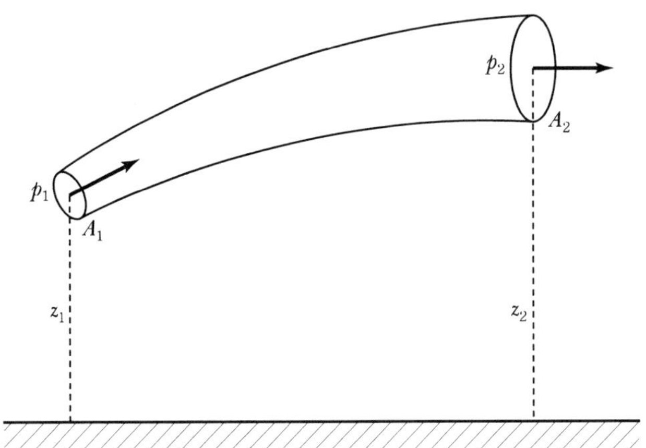

참고 **베르누이 방정식의 적용 조건**

1. 이상유체일 때
2. 정상흐름일 때
3. 비압축성 흐름일 때
4. 비점성 흐름일 때

에너지로 표현	$\frac{1}{2}mv^2$	+	mgh	+	PV	=	C	[N · m]
	운동E		위치E		압력E			
수두로 표현	$\frac{v^2}{2g}$	+	h	+	$\frac{P}{\gamma}$	=	C	[m]
	속도수두		위치수두		압력수두			
압력으로 표현	$\frac{v^2}{20g}$	+	$\frac{1}{10}h$	+	P_n	=	C	$[\mathrm{kg_f/cm^2}]$
	동압		낙차압		정압			

여기서, m : 유체의 질량[kg]
v : 단면을 통과하는 유체의 속도[m/s]
g : 중력가속도[m/s^2]
h : 기준위치에서 배관단면중심까지의 높이[m]
P : 배관에 작용하는 유체의 압력[N/m^2]
V : 유체질량의 체적[m^3]

03 토리첼리 정리(Torricelli's Principle)

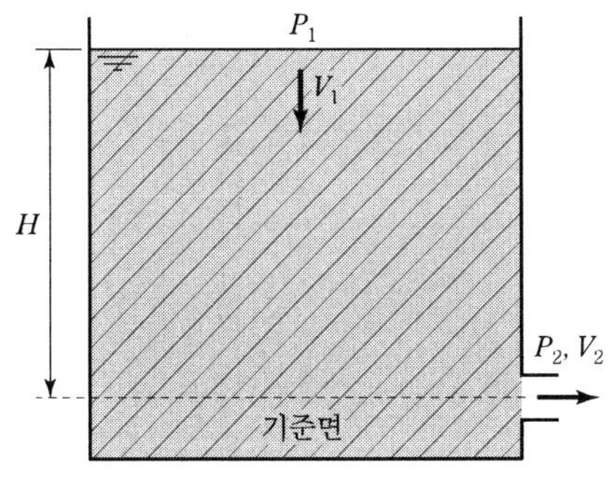

여기서,
P_1, P_2 : 대기압
H : 수면과 오리피스출구 중심선과의 높이차[m]
V_1 : 수면에서의 유속[m/s]
V_2 : 오리피스출구에서의 유속[m/s]
$(V_2 = \sqrt{2gH})$

1. 실제속도 = 속도계수 × 이론속도

   $V' = C_v \times V_2$

   C_v : 속도계수(*coefficient of velocity*), 물일 경우 $C_v = 0.97 \sim 0.99$

2. 실제유체의 유출제트의 단면적 = 수축계수 × 오리피스 단면적

   $A' = C_o \times A_2$

   C_o : 수축계수(*coefficient of contraction*), 물일 경우 $C_o = 0.61 \sim 0.66$

3. 실제유량 = 유량계수 × 이론유량

   $Q'[\mathrm{m^3/s}] = A' \times V' = C_v \times C_o \times A_2 \times V_2 = C \times A_2 \times V_2$

   C: 유량계수(*flow coefficient*), 물일 경우 $C = 0.59 \sim 0.65$

   $Q_2[\mathrm{m^3/s}] = A_2 \times V_2$(이론유량)

04 피토관(정압과 동압)

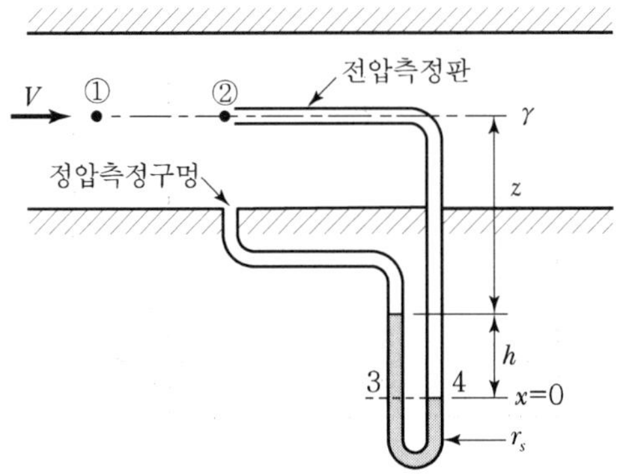

$$\text{전압} = \text{정압} + \text{동압}$$

$$P_s\left[\frac{\text{N}}{\text{m}^2}\right] = P_1 + \frac{\rho V_1^{\,2}}{2}$$

$$\frac{P_s}{\gamma}[\text{m}] = \frac{P_1}{\gamma} + \frac{V_1^{\,2}}{2g}$$

1\. 관 속의 유속 $V_1[\text{m/s}] = \sqrt{\frac{2g}{\gamma}(P_s - P_1)}$

$\frac{P_s}{\gamma} = \frac{P_1}{\gamma} + \frac{V_1^{\,2}}{2g}$ 에서, $\frac{V_1^{\,2}}{2g} = \frac{P_s - P_1}{\gamma}$, $V_1^{\,2} = \frac{2g}{\gamma}(P_s - P_1)$

$\therefore V_1 = \sqrt{\frac{2g}{\gamma}(P_s - P_1)}$

2\. 관 속의 유속 $V_1 = \sqrt{2gh\left(\frac{\gamma_s}{\gamma} - 1\right)}$

$P_3 = P_4$ 이므로,

$P_3 = P_1 + \gamma z + \gamma_s h$, $P_4 = P_s + \gamma(z + h)$

$P_1 + \gamma z + \gamma_s h = P_s + \gamma(z + h)$

$P_s - P_1 = \gamma z + \gamma_s h - \gamma z - \gamma h$

$P_s - P_1 = \gamma_s h - \gamma h = (\gamma_s - \gamma)h$

05 벤투리관 관18회

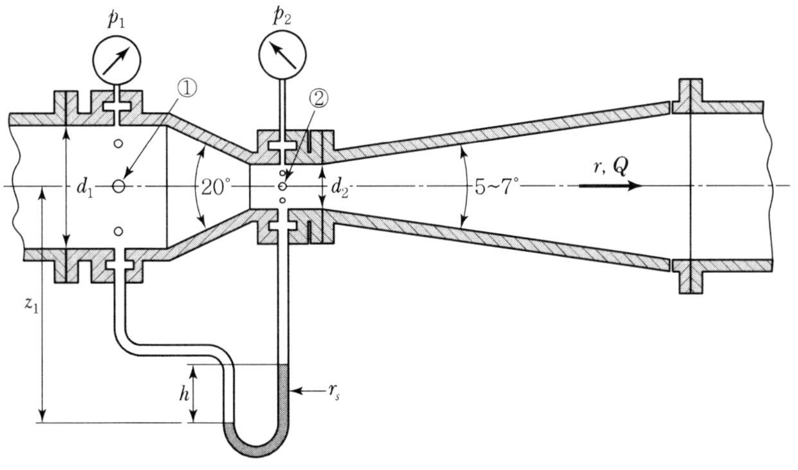

$$Q[\mathrm{m^3/s}] = A_2 V_2$$

$$= A_2 \times \frac{1}{\sqrt{1-\left(\frac{D_2}{D_1}\right)^4}} \times \sqrt{2gh\left(\frac{\gamma_s}{\gamma}-1\right)}$$

★ ②지점의 유속 V_2

1. 상류측 ①지점과 목 부분 ②지점에 베르누이 방정식을 적용

$$\frac{P_1}{\gamma} + z_1 + \frac{V_1^{\ 2}}{2g} = \frac{P_2}{\gamma} + z_2 + \frac{V_2^{\ 2}}{2g}$$ 에서, $z_1 = z_2$이므로

$$\frac{P_1 - P_2}{\gamma} = \frac{V_2^{\ 2} - V_1^{\ 2}}{2g} \cdots\cdots ㉠$$

2. 연속방정식 $A_1 V_1 = A_2 V_2$에서

$$V_1 = \frac{A_2}{A_1} V_2 = \left(\frac{D_2}{D_1}\right)^2 V_2 \cdots\cdots ㉡$$

3. 식 ㉡을 식 ㉠에 대입

$$\frac{P_1 - P_2}{\gamma} = \frac{V_2^{\,2} - \left(\frac{D_2}{D_1}\right)^4 V_2^{\,2}}{2g} = \frac{1}{2g}\left[1 - \left(\frac{D_2}{D_1}\right)^4\right] V_2^{\,2}$$

$$V_2^{\,2} = \frac{2g}{\left[1 - \left(\frac{D_2}{D_1}\right)^4\right]} \times \frac{P_1 - P_2}{\gamma}$$

$$V_2 = \frac{1}{\sqrt{1 - \left(\frac{D_2}{D_1}\right)^4}} \times \sqrt{2gh\left(\frac{\gamma_s}{\gamma} - 1\right)}$$

06 실제 유동에 대한 에너지 방정식

1. 베르누이 방정식을 실제 유체에 적용

$$\frac{P_1}{\gamma}+\frac{V_1^2}{2g}+Z_1-H_L=\frac{P_2}{\gamma}+\frac{V_2^2}{2g}+Z_2 \text{에서,}$$

$$H_L[\text{m}]=\frac{P_1-P_2}{\gamma}+\frac{V_1^2-V_2^2}{2g}+(Z_1-Z_2)$$

> **참고** **손실수두** $H_L[\text{m}]$
>
> 배관의 단면적이 변하는 부분이나 배관 부속기기(엘보, 티, 밸브 등)에서 발생하는 유체 마찰로 인하여 유체가 원래 가졌던 압력에너지의 손실을 수두로 나타낸 양을 말한다.

2. 펌프가 유체에 가하는 에너지를 베르누이 방정식으로 나타낼 경우

① 실제 유체의 흐름에 베르누이 방정식을 적용시키려면 손실수두의 항(H_L)과 펌프에 의한 동력을 수두(H_P)로 나타낸 값을 추가로 반영시켜 주어야 한다.

② 펌프가 공급한 단위중량당 에너지(수두 또는 양정)를 H_P라 하고, 총 손실수두를 H_L이라 하면, 펌프의 상류지점과 하류지점에서의 에너지의 총량은 변함이 없으므로 다음 식과 같이 정리할 수 있다.

$$\frac{P_1}{\gamma}+\frac{V_1^2}{2g}+Z_1-H_L+H_P=\frac{P_2}{\gamma}+\frac{V_2^2}{2g}+Z_2 \text{에서,}$$

$$H_P[\text{m}]=\frac{P_2-P_1}{\gamma}+\frac{V_2^2-V_1^2}{2g}+(Z_2-Z_1)+H_L$$

CHAPTER 05 실제 유체의 흐름

01 유체 흐름의 구분

구 분	레이놀즈 수	내 용
층류	$Re \leq 2,100$	유체가 질서정연하게 흐르는 흐름
난류	$Re \geq 4,000$	유체가 무질서하게 흐르는 흐름
임계(천이)영역	$2,100 < Re < 4,000$	층류에서 난류로 바뀌는 영역

02 레이놀즈 수

$$Re\ No = \frac{\rho VD}{\mu} = \frac{VD}{\nu}$$

여기서, D : 배관의 직경[m, cm]
V : 유체의 유속[m/s, cm/s]
ρ : 유체의 밀도[kg/m^3, g/cm^3]
μ : 절대점도[kg/m · s, g/cm · s]
ν : 동점도[m^2/s, cm^2/s]

03 유체의 마찰 손실

1) 주손실

① **다르시-바이스바흐식(Darcy-Weisbach)** : 모든 유체의 층류, 난류에 적용

$$h_L = f \cdot \frac{L}{D} \cdot \frac{V^2}{2g} = K \cdot \frac{V^2}{2g}[\mathrm{m}]$$

㉠ f(관마찰계수) : (층류) $\frac{64}{Re}$

(난류) $0.3164Re^{-\frac{1}{4}}$

㉡ L : 배관길이[m]

㉢ D : 내경[m]

㉣ V : 유속[m/s]

㉤ g : 중력가속도[9.8m/s²]

㉥ K : 손실계수

② **하젠-포아즈웰 방정식(Hagen Poiseuille Equation)** : 층류에 적용

압력강하(ΔP)

$$= \frac{128\mu LQ}{\pi D^4} = \frac{32\mu LV}{D^2}[\mathrm{N/m^2 = Pa}] \quad Q(\text{유량}) = A \cdot V[\mathrm{m^3/s}]$$

③ **하젠－윌리암스식(Hazen－Willams)** : 난류 흐름인 물에 적용

$$[\text{SI 단위}] \quad P = 6.053 \times 10^4 \times \frac{Q^{1.85}}{C^{1.85} \times d^{4.87}} \times L \,[\text{MPa}]$$

$$[\text{중력단위}] \quad P_f = 6.174 \times 10^5 \times \frac{Q^{1.85}}{C^{1.85} \times d^{4.87}} \times L \,[\text{kg}_\text{f}/\text{cm}^2]$$

㉠ Q : 유량[l/min]

㉡ C : 배관의 마찰손실계수

㉢ d : 배관의 내경[mm]

㉣ L : 배관의 길이[m]

④ **수력반경(Hydraulic Radius)**

원 관 이외의 관이나 덕트 등에서의 마찰손실을 계산

$$\text{수력반경}(R_h) = \frac{\text{유동단면적}[\text{m}^2]}{\text{접수길이}[\text{m}]}$$

$$\text{손실수두}(h_L) = f \frac{L}{4R_h} \frac{V^2}{2g}$$

㉠ 단면이 원형인 관의 수력반경 관15회

$$R_h = \frac{\frac{\pi D^2}{4}}{\pi D} = \frac{D}{4} \quad \therefore D = 4R_h$$

㉡ 단면이 사각형인 관의 수력반경

$$R_h = \frac{\text{가로} \times \text{세로}}{2(\text{가로} + \text{세로})}$$

㉢ 단면이 동심 2중관의 수력반경 기101회

내경이 d, 외경이 D인 동심 2중관의 수력반경

$$R_h = \frac{\frac{\pi D^2}{4} - \frac{\pi d^2}{4}}{(\pi D + \pi d)} = \frac{\frac{\pi}{4}(D^2 - d^2)}{\pi(D+d)} = \frac{1}{4}(D-d)$$

2) 부차적 손실

주 손실 외의 밸브(Valve), 엘보(Elbow), 티(Tee) 등과 같은 관 부속물에서의 마찰손실

$$h_L = K\frac{V^2}{2g}$$

여기서, h_L : 손실수두[m], K : 손실계수

부차적 손실은 속도의 2승에 비례한다(속도수두에 비례한다).

① **돌연확대 손실**

$$h_L = \frac{(V_1 - V_2)^2}{2g} = \left(1 - \frac{A_1}{A_2}\right)^2 \cdot \frac{V_1^2}{2g} = K \cdot \frac{V_1^2}{2g}$$

돌연 확대부분에서의 손실계수 $K = \left(1 - \frac{A_1}{A_2}\right)^2$

② **돌연축소 손실**

$$h_L = \frac{(V_0 - V_2)^2}{2g} = \left(\frac{1}{C_c} - 1\right)^2 \cdot \frac{{V_2}^2}{2g} = K \cdot \frac{{V_2}^2}{2g}$$

돌연축소부분에서의 손실계수 $K = \left(\frac{1}{C_c} - 1\right)^2$

$C_c(Coefficient\ of\ Contrantion)$: 축소계수

CHAPTER 06 펌프

01 펌프(Pump)의 종류

1) 원심펌프(Centrifugal Pump)

소화펌프 중 가장 널리 사용되고 있는 펌프로서 회전차(Impeller)의 원심력을 이용하여 액체를 송수하는 펌프이다.

① 안내깃에 의한 분류

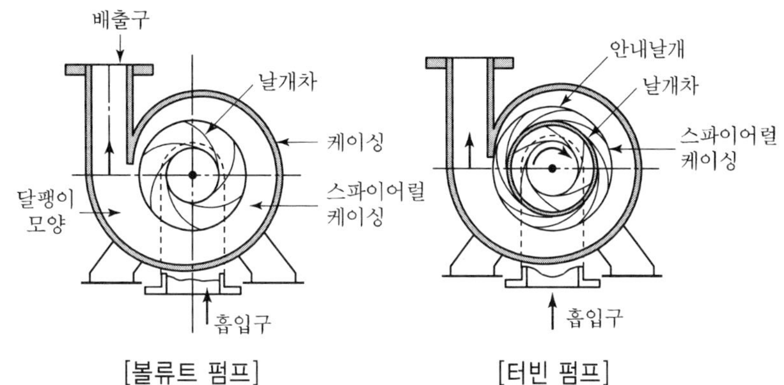

[볼류트 펌프] [터빈 펌프]

볼류트 펌프	터빈 펌프
케이싱 내부에 안내깃이 없다.	케이싱 내부에 안내깃이 있다.
양정이 낮고 토출량이 많은 곳에 사용	양정이 높고 토출량이 적은 곳에 사용

참고 **안내깃(Guide Vane)**
속도에너지를 압력에너지로 변환시켜주는 역할을 한다.

② 흡입구에 의한 분류

㉠ 단흡입펌프 : 회전차의 한쪽에서만 흡입되는 펌프

㉡ 양흡입펌프 : 회전차의 양쪽에서 흡입되는 펌프

③ 축의 방향에 의한 분류

구분	횡축펌프	입축펌프
장점	① 보수 및 점검이 쉽다. ② 주요 부분이 수면상에 있어 부식의 우려가 적다. ③ 가격이 대체로 저렴하다.	① 설치면적이 작다. ② 임펠러가 수중에 있어 캐비테이션의 발생 우려가 없다. ③ 프라이밍이 불필요하다.
단점	① 설치면적이 크다. ② 흡입양정이 큰 경우 캐비테이션의 발생 우려가 있다. ③ 기동 시에 프라이밍이 필요하다. ④ 대구경 펌프에는 부적합하다.	① 보수, 점검이 어렵다. ② 주요부분이 수중에 있으므로 부식되기 쉽다. ③ 가격이 일반적으로 비싸다.

④ 단수에 의한 분류

㉠ 단단펌프(Single Stage Pump)

펌프 1대에 Impeller 1개를 단 것

㉡ 다단펌프(Multi Stage Pump)

여러 개의 Impeller를 직렬로 배치한 것으로 고양정용으로 사용된다.

⑤ **펌프의 성능곡선(H－Q 곡선)**

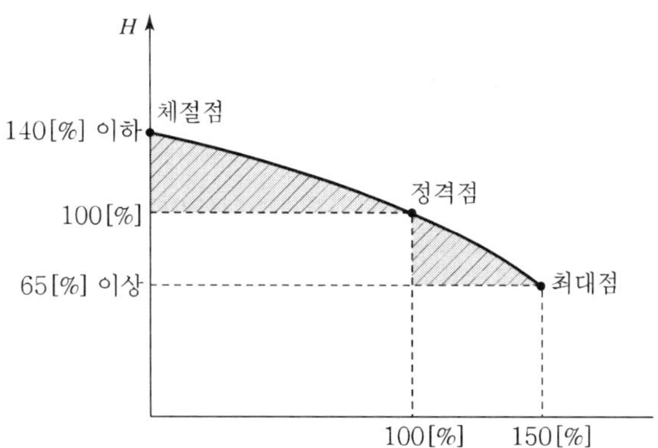

▼ **펌프의 성능시험표 작성**

구 분		체절운전	정격운전	정격유량의 150[%]
토출량		0	520[l/min]	780[l/min] (520×1.5)
토출압	이론치	0.98[MPa] (0.7×1.4)	0.7[MPa]	0.455[MPa] (0.7×0.65)
	측정치	릴리프밸브 개방 시 압력	정격토출량일 때 압력	정격토출량의 150[%]일 때 압력

2) 왕복펌프

① 피스톤의 왕복 직선 운동에 의해 실린더 내부가 진공이 되어 액체를 송수하는 펌프

② 양정이 크고, 유량이 작은 경우에 적합

3) 회전펌프

기어, 베인, 스크류(나사) 등 케이싱 내의 회전자를 회전시켜 회전 운동에 의해 액체를 연속으로 수송하는 펌프로 점성이 큰 액체의 압송에 적합

02 펌프의 계산

1) 펌프의 전(全) 양정

$$H[\mathrm{m}] = h_1 + h_2 + h_3 + h_4$$

여기서, H : 전양정[m]

h_1 : 배관 및 관부속물의 마찰손실양정[m]

h_2 : 호스의 마찰손실양정[m]

h_3 : 실양정[m]

h_4 : 방사압력 환산양정[m]

2) 동력계산

구분	설명	계산식
수동력 (Water Horse Power)	펌프에 의해 유체(물)에 주어지는 동력	$P_w = \dfrac{\gamma \times Q \times H}{102 \times 60}$ [kW]
축동력 (Brake Horse Power)	모터에 의해 펌프에 주어지는 동력	$P_s = \dfrac{\gamma \times Q \times H}{102 \times 60 \times \eta}$ [kW]
전달동력 (Electrical or Engine Horse Power)	실제 운전에 필요한 동력	$P = \dfrac{\gamma \times Q \times H}{102 \times 60 \times \eta} \times K$[kW]

여기서, H : 전양정[m]

γ : 비중량[$\mathrm{kg_f/m^3}$]

Q : 유량[$\mathrm{m^3/min}$]

η : 펌프효율

K : 전달계수(전동기 : 1.1, 내연기관 : 1.15~1.2)

3) 펌프의 상사(相似)법칙

구 분	펌프 1대	펌프 2대
유 량	$Q_2 = \frac{N_2}{N_1} \times Q_1$	$Q_2 = \frac{N_2}{N_1} \times \left(\frac{D_2}{D_1}\right)^3 \times Q_1$
양 정	$H_2 = \left(\frac{N_2}{N_1}\right)^2 \times H_1$	$H_2 = \left(\frac{N_2}{N_1}\right)^2 \times \left(\frac{D_2}{D_1}\right)^2 \times H_1$
축동력	$L_2 = \left(\frac{N_2}{N_1}\right)^3 \times L_1$	$L_2 = \left(\frac{N_2}{N_1}\right)^3 \times \left(\frac{D_2}{D_1}\right)^5 \times L_1$

여기서, Q : 유량, N : 회전수, H : 양정, L : 축동력, D : 임펠러 직경

4) 비속도(비교회전도)

$$N_s = \frac{N\sqrt{Q}}{\left(\frac{H}{n}\right)^{\frac{3}{4}}}$$

여기서, N_s : 비속도[rpm, m^3/min, m]

N : 임펠러의 회전속도[rpm]

Q : 토출량[m^3/min]

H : 펌프의 전양정[m]

n : 단수

5) 펌프의 압축비

$$K = \sqrt[n]{\frac{P_2}{P_1}}$$

여기서, K : 압축비, n : 펌프의 단수, P_1 : 펌프의 흡입압력, P_2 : 펌프의 토출압력

6) 펌프의 직 · 병렬 연결

구 분		직렬 연결	병렬 연결
성 능	유량(Q)	Q	$2Q$
	양정(H)	$2H$	H

03 소방펌프의 수리적 특성

1) 유효흡입수두(NPSHav ; Available Net Positive Suction Head)

펌프 운전 시 공동현상 발생 없이 펌프를 안전하게 운전할 수 있는 흡입에 필요한 수두로 펌프의 특성과는 무관하게 펌프를 설치하는 주변 조건 및 환경에 따라 결정되는 값이다.

$$NPSH_{av} = 10.3 \pm H_h - H_f - H_v$$

① H_h : 펌프의 흡입양정(낙차환산수두)[m]

㉠ 수조가 펌프보다 낮은 경우 : $-H_h$

㉡ 수조가 펌프보다 높은 경우 : $+H_h$

② H_f : 흡입배관의 마찰손실 수두[m]

=직관의 손실수두 + 관 부속류 등의 손실수두

③ H_v : 물의 포화증기압 환산 수두[m]

2) 필요흡입수두(NPSHre ; Required Net Positive Suction Head)

펌프 회전에 의해 만들어지는 펌프 내부의 진공도이며, 펌프의 특성에 따라 펌프가 가지고 있는 고유한 값이다.

① Thoma의 캐비테이션 계수

$$NPSH_{re} = \sigma H$$

여기서, σ : 캐비테이션 계수, H : 펌프의 전양정[m]

② 실험에 의한 방법

$$\frac{NPSH_{re}}{H} = 0.03 \quad \therefore NPSH_{re} = 0.03 \times H$$

③ 비속도에 의한 계산

$$N_s = \frac{N\sqrt{Q}}{H^{\frac{3}{4}}} \qquad \therefore H_{re} = \left(\frac{N\sqrt{Q}}{N_s}\right)^{\frac{4}{3}}$$

여기서, N_s : 비속도[rpm, m³/mm, m]

N : 임펠러의 회전속도[rpm]

Q : 토출량[m³/min]

H : 펌프의 전양정[m]

n : 단수

H_{re} : 필요흡입양정[m]

참고

Cavitation이 발생되지 않을 조건

$NPSH_{av} \geq NPSH_{re}$

설계의 조건

$NPSH_{av} \geq NPSH_{re} \times 1.3$

3) 공동(Cavitation)현상

펌프의 내부나 흡입 배관에서 물이 국부적으로 증발하여 증기 공동이 발생하는 현상

① **발생원인**

㉠ 펌프의 설치 위치가 수원보다 높을 경우

㉡ 펌프의 흡입관경이 작은 경우

㉢ 펌프의 마찰손실, 흡입측 수두가 큰 경우

㉣ 흡입측 배관의 유속이 빠른 경우

㉤ 펌프의 흡입 압력이 유체의 증기압보다 낮은 경우

② **발생현상**

㉠ 소음과 진동이 발생한다.

㉡ 침식이 발생한다.

㉢ 토출량과 양정이 감소되고 효율이 감소된다.

③ **방지법**

㉠ 펌프 위치를 가급적 수면에 가깝게 설치한다.

㉡ 펌프의 회전수를 낮춘다.

㉢ 흡입 관경을 크게 한다.

㉣ 2대 이상의 펌프를 사용한다.

㉤ 양흡입 펌프를 사용한다.

4) 수격(Water Hammering)작용

펌프의 순간적인 정지, 밸브의 급격한 개폐, 배관의 급격한 굴곡에 의해 관속을 흐르는 액체의 속도가 급격히 변하면서 운동에너지가 압력에너지로 바뀌면 고압이 발생되어 배관이나 관 부속물에 무리한 힘을 가하게 되는데 이러한 현상을 수격작용이라 한다.

① 발생원인

㉠ 펌프의 급격한 기동 또는 정지를 하는 경우
㉡ 밸브의 급격한 개방 또는 폐쇄를 하는 경우

② 방지법

㉠ 펌프에 플라이휠(Fly Wheel)을 설치한다.
㉡ 펌프 토출 측에 Air Chamber를 설치한다.
㉢ 배관의 관경을 가능한 크게 하여 유속을 낮춘다.
㉣ 토출 측에 수격방지기(Water Hammering Cushion)를 설치한다.
㉤ 각종 밸브는 서서히 조작한다.
㉥ 대규모 설비에는 Surge Tank를 설치한다.

5) 맥동(Surging)현상

펌프의 운전 시 토출량이 주기적으로 변하면서 압력계의 눈금이 흔들리고 토출배관에 진동과 소음을 수반하는 현상으로 배관의 장치나 기계의 파손을 일으킬 수 있다.

① **발생원인**

㉠ 펌프의 양정곡선이 산형곡선이고 곡선의 상승부에서 운전이 되는 경우

㉡ 배관의 개폐밸브가 닫혀 있는 경우

㉢ 유량조절밸브가 탱크 뒤쪽에 있는 경우

㉣ 배관 중에 공기탱크나 물탱크가 있는 경우

② **방지법**

㉠ 배관 내 필요 없는 수조는 제거한다.

㉡ 배관 내 기체상태인 부분이 없도록 한다.

㉢ 펌프의 양수량을 증가시키거나 임펠러의 회전수를 변경한다.

㉣ 유량조절밸브를 펌프 토출 측 직후에 설치한다.

㉤ 배관 내 유속을 조절한다.

CHAPTER 07 송풍기

01 송풍기의 분류

1) 풍압에 의한 분류

① **Fan** : 압력 상승이 0.1[kg_f/cm^2] 이하인 것

② **Blower** : 압력 상승이 0.1[kg_f/cm^2] 이상, 1.0[kg_f/cm^2] 이하인 것

③ **압축기** : 압력 상승이 1.0[kg_f/cm^2] 이상인 것

2) 형식에 의한 분류

① **원심식 송풍기**

㉠ 다익형 송풍기 : 소음이 높고 효율이 낮아 주로 국소통풍용, 저속덕트용, 소방의 배연 및 급기가압용으로 사용된다.

㉡ 터보형 송풍기 : 고속덕트 공조용으로 사용된다

㉢ 리밋 로드형 송풍기 : 공장의 환기 및 공조의 저속 덕트용으로 사용된다

㉣ 익형 송풍기 : 효율이 대단히 높고 소음이 적어 고속회전이 가능하여 고속덕트용으로 사용된다.

② **축류식 송풍기** : 베인형, 튜브형, 프로펠러형 송풍기

참고 **프로펠러형 송풍기의 특징**

- 고속운전에 적합하며 효율이 높다.
- 풍량은 크지만 풍압이 낮다.
- 소음이 심하다.
- 환기, 배기용으로 사용한다.

02 송풍기의 동력

공기동력(Air Horse Power)	송풍기에 의해 유체(공기)에 주어지는 동력	$P_a = \dfrac{P_t \times Q}{102 \times 60}$[kW]
축동력(Brake Horse Power)	모터에 의해 송풍기에 주어지는 동력	$P_s = \dfrac{P_t \times Q}{102 \times 60 \times \eta}$[kW]
전달동력(Electrical or Engine Horse Power)	실제 운전에 필요한 동력	$P = \dfrac{P_t \times Q}{102 \times 60 \times \eta} \times K$[kW]

여기서, P_t : 전압[mmH_2O, kg_f/m^2]

Q : 풍량[m^3/min]

η : 효율

K : 전달계수(전동기 : 1.1, 내연기관 : 1.15 ~ 1.2)

03 송풍기의 번호

1) 원심식 송풍기

$$No = \frac{\text{임펠러의 바깥지름[mm]}}{150}$$

2) 축류식 송풍기

$$No = \frac{\text{임펠러의 바깥지름[mm]}}{100}$$

실전문제

01 | 문제 |

질량이 800[kg]인 기름의 중량은 몇 [kN]인가?

Check **중량**

❶ 중량이란 지구가 그 물체를 잡아당기고 있는 힘의 크기로 힘의 단위를 가지는 물체의 무게를 말하며, 단위로 절대단위 [N], 중력단위 $[kg_f]$를 사용한다.

❷ 중량 = 질량 × 중력가속도
$W = m \times g$

❸ 절대 단위 $9.8[N] = 1[kg] \times 9.8[m/s^2] = 9.8[kg \cdot m/s^2]$
중력 단위 $1[kg_f] = 1[kg] \times 9.8[m/s^2] = 9.8[N]$

02 | 문제 |

중력가속도 $g = 9.0[m/s^2]$인 지점에서 측정한 물체의 무게가 200[N]일 경우, 이 물체의 질량은 몇 [kg]인가?

03 ❙ 문제 ❙

체적이 3[m³]인 어느 기름의 무게가 24,000[N]일 경우, 기름의 비중량[N/m³], 밀도 [kg/m³], 비중을 각각 계산하시오.

❶ 비중량 $\gamma = \frac{\text{물체의 중량}}{\text{물체의 부피}} = \frac{W}{V} = \frac{m \cdot g}{V} = \rho \cdot g[\text{N/m}^3]$

❷ 밀도 $\rho = \frac{\text{물체의 질량}}{\text{물체의 부피}} = \frac{m}{V}[\text{kg/m}^3]$

❸ 비중 $s = \frac{\text{물체의 밀도}(\rho)}{4[℃]\text{물의 밀도}(\rho_w)}$

$= \frac{\text{물체의 비중량}(\gamma = \rho \cdot g)}{4[℃]\text{물의 비중량}(\gamma_w = \rho_w \cdot g)}$

04 ❙ 문제 ❙

다음 그림과 같이 크고 작은 두 실린더에 물이 채워져 있는 경우 작은 피스톤의 지름이 15[mm], 큰 피스톤의 지름이 150[mm]일 때 큰 피스톤 위에 1,000[N]의 중량을 올리기 위하여 작은 피스톤에는 얼마의 힘[N]을 작용시켜야 하는가?

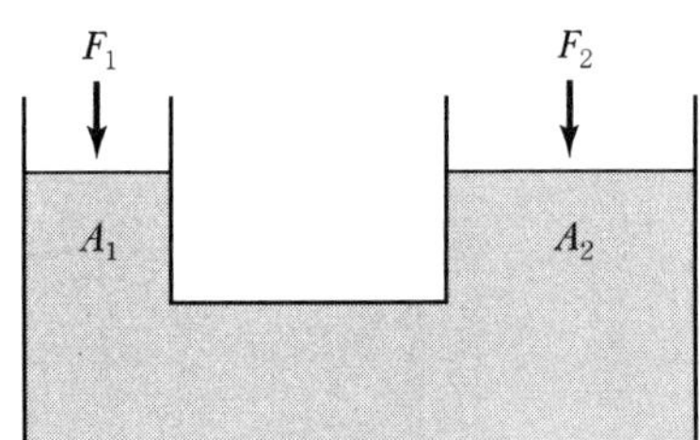

Check

파스칼의 원리

❶ 액체의 일부에 힘을 가하여 압력을 증가시키면 액체 내 모든 부분의 압력은 다 같이 증가한다.

❷ $P_1 = P_2$에서, $\frac{F_1}{A_1} = \frac{F_2}{A_2}$

05 | 문제 |

지름이 100[mm]인 파이프에 비중이 0.8인 기름이 평균유속 4[m/s]로 흐를 때 기름의 질량유량은 몇 [kg/s]인가?(단, 물의 밀도는 1,000[kg/m³]이다.)

Check **유량**

❶ 체적유량 $Q[\mathrm{m^3/s}] = A \cdot V$
❷ 질량유량 $G[\mathrm{kg/s}] = \rho \cdot Q = \rho \cdot A \cdot V$
❸ 중량유량 $W[\mathrm{kg_f/s}] = \gamma \cdot Q = \gamma \cdot A \cdot V$

06 | 문제 |

다음 그림과 같이 안지름이 20[cm]인 관에서 15[cm]인 관으로 중량유량 100[kgf/s]의 물이 흐를 때 각 관에서의 평균속도[m/s]를 계산하시오.

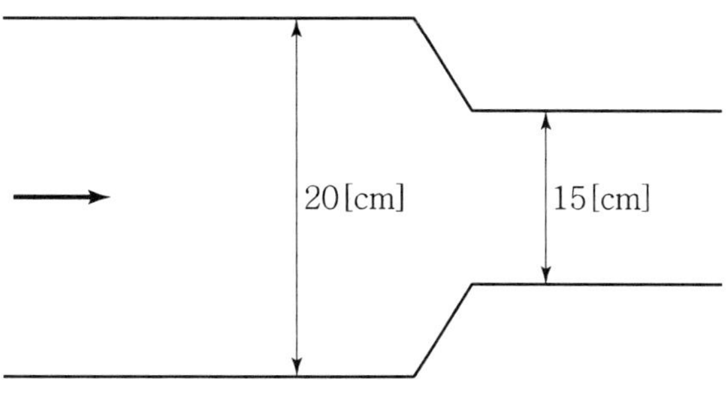

07 ❙ 문제 ❙

그림과 같이 물이 흐르는 배관에서 분기되는 경우 구간별 유속과 관경이 다음과 같을 때 ③지점에서의 유량[m³/s]과 유속[m/s]을 계산하시오.

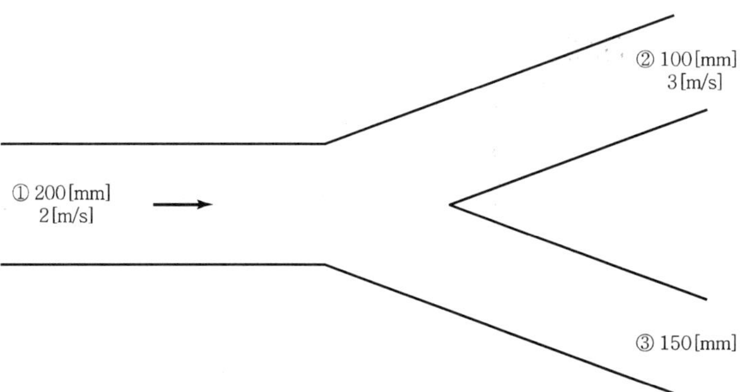

Check **연속방정식(질량보존의 법칙)**

❶ 전체 유량=분기 배관의 유량의 합

❷ $Q_1 = Q_2 + Q_3$

08 | 문제 |

아래 조건과 같은 배관의 A지점에서 B지점으로 40[kgf/s]의 소화수가 흐를 때 A, B 각 지점에서의 평균속도[m/s]를 계산하시오.(단, 조건에 없는 내용은 고려하지 않으며, 계산과정을 쓰고 답은 소수점 넷째 자리에서 반올림하여 셋째 자리까지 구하시오.) 관17회

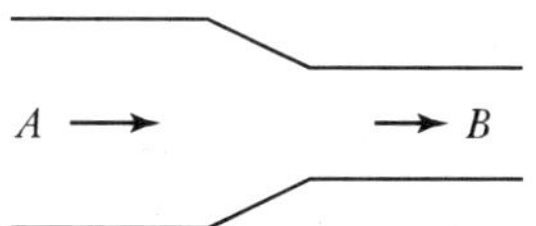

- 배관의 재질 : 배관용 탄소강관(KS D 3507)
- A지점 : 호칭지름 100, 바깥지름 114.3mm, 두께 4.5mm
- B지점 : 호칭지름 80, 바깥지름 89.1mm, 두께 4.05mm

Check

❶ 연속방정식 $Q_1 = Q_2$

❷ 유속 $V = \dfrac{4Q}{\pi D^2}$[m/s]

❸ 배관의 지름 = 배관의 바깥지름 − (두께 × 2)

09 | 문제 |

화재가 발생한 건축물의 지면으로부터 0.8[m]의 높이에 설치된 송수구에 호스 연결 작업을 하고 있다. 폭렬(爆裂)현상으로 지면에서 40[m]의 높이에 있는 질량 2[kg]의 유리창 파편이 낙하하는 경우 다음을 계산하시오.(단, 유리 파편은 자유낙하로 취급하고, 중력가속도는 9.8[m/s²]이다.) 기110회

1 위치에너지[kJ]를 계산하시오.
2 낙하 3초 후의 속도[m/s]를 계산하시오.
3 지면에 도달하기까지의 소요시간[s]을 계산하시오.

Check

❶ 베르누이 방정식(Bernoulli's Equation)

에너지로 표현	$\frac{1}{2}mv^2$	+	mgh	+	PV	=	C	[N · m]
	운동 E		위치 E		압력 E			
수두로 표현	$\frac{v^2}{2g}$	+	h	+	$\frac{P}{\gamma}$	=	C	[m]
	속도수두		위치수두		압력수두			
압력으로 표현	$\frac{v^2}{20g}$	+	$\frac{1}{10}h$	+	P_n	=	C	[kg_f/cm^2]
	동압		낙차압		정압			

여기서, m : 유체의 질량[kg]
v : 단면을 통과하는 유체의 속도[m/s]
g : 중력가속도[m/s²]
h : 기준위치에서 배관 단문 중심까지의 높이[m]
P : 배관에 작용하는 유체의 압력[N/m²]
V : 유체 질량의 체적[m³]

❷ 중력가속도 $g = \frac{v(\text{속도[m/s]})}{t(\text{시간[s]})}$

❸ 중력에 의한 자유낙하 운동 $y = \frac{1}{2}gt^2$

10 | 문제 |

직경 400[mm]의 배관에 직경이 75[mm]이고 속도계수가 0.97인 노즐이 부착되어 물이 분출되고 있다. 이때 400[mm] 관의 압력수두가 6[m]일 때 노즐 출구에서의 유속[m/s]을 계산하시오.

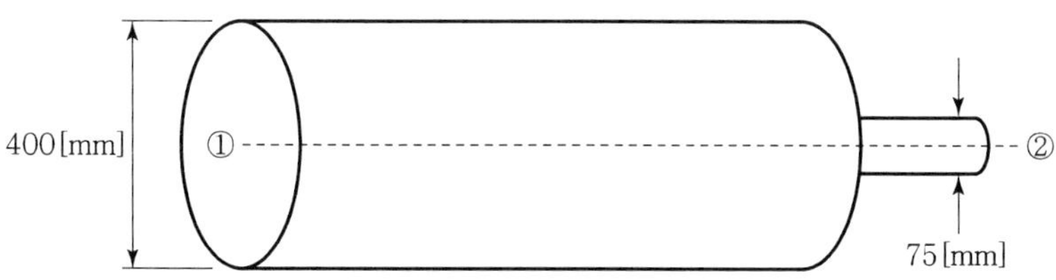

Check 베르누이 방정식(에너지 보존의 법칙)

❶ $\frac{P}{\gamma} + Z + \frac{V^2}{2g} = C$

↓ 압력수두, ↓ 위치수두, ↓ 속도수두

❷ P : 압력$[kg_f/m^2]$, γ : 비중량$[kg_f/m^3]$
V : 유속[m/s], g : 중력가속도$[9.8m/s^2]$

❸ 총 수두 = 압력수두 + 속도수두 + 위치수두

❹ 베르누이 방정식 적용 조건
① 이상유체일 때
② 정상흐름일 때
③ 비압축성 흐름일 때
④ 비점성 흐름일 때

11 ❙ 문제 ❙

어떤 파이프 내에 물의 속도가 9.8[m/s], 압력은 147[kPa]이다. 이 파이프가 기준면으로부터 3[m] 위에 있는 경우 전수두는 몇 [m]인가?

Check **베르누이 방정식(에너지 보존의 법칙)**

❶ $\frac{P}{\gamma} + Z + \frac{V^2}{2g} = C$

↓ ↓ ↓

압력수두 위치수두 속도수두

❷ P : 압력[kg_f/m^2], γ : 비중량[kg_f/m^3]

V : 유속[m/s], g : 중력가속도[$9.8m/s^2$]

❸ 총 수두 = 압력수두 + 속도수두 + 위치수두

실전문제

12 ▌문제▐

지면으로부터 수평상태인 공기의 수송관의 단면적이 0.68[m^2]에서 0.18[m^2]로 감소하고 있다. 0.68[kg_f/s]의 공기가 이동할 때 감소되는 압력은 몇 [Pa]인가?(단, 공기의 비중량은 1.23[kg_f/m^3]이고, 배관 내의 손실은 없는 것으로 한다.)

Check **베르누이 방정식(에너지 보존의 법칙)**

❶ $$\frac{P}{\gamma} + Z + \frac{V^2}{2g} = C$$

↓ 압력수두 ↓ 위치수두 ↓ 속도수두

❷ P : 압력[kg_f/m^2], γ : 비중량[kg_f/m^3]
V : 유속[m/s], g : 중력가속도[9.8m/s^2]

❸ 총 수두 = 압력수두 + 속도수두 + 위치수두

13 ❙ 문제 ❙

그림과 같은 단면이 축소된 수평 원 관에 흐르는 물의 유량 Q[m³/s]을 계산하시오. (단, 단면 ①과 ② 사이의 손실은 무시한다.)

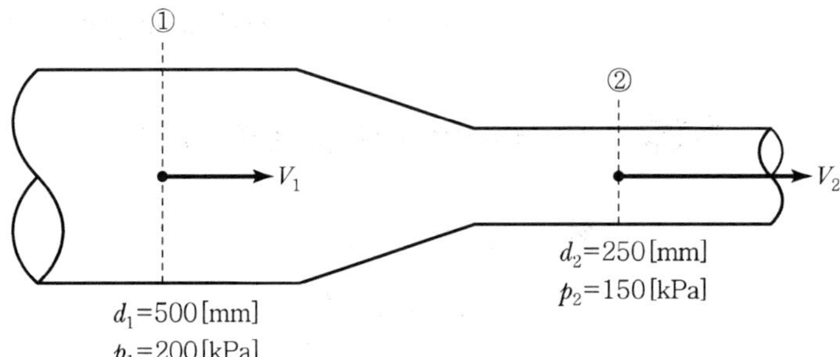

Check

❶ 연속방정식

$Q_1 = Q_2$에서, $A_1 V_1 = A_2 V_2$

❷ 베르누이 방정식

$$\frac{P}{\gamma} + Z + \frac{V^2}{2g} = C\text{에서,}$$

$$\frac{P_1}{\gamma} + Z_1 + \frac{{V_1}^2}{2g} = \frac{P_2}{\gamma} + Z_2 + \frac{{V_2}^2}{2g}$$

14 ❙ 문제 ❙

다음 그림과 같은 수조에 물이 10[m]의 깊이로 채워져 있는 경우 2지점의 유출속도 V_2[m/s]를 계산하시오.

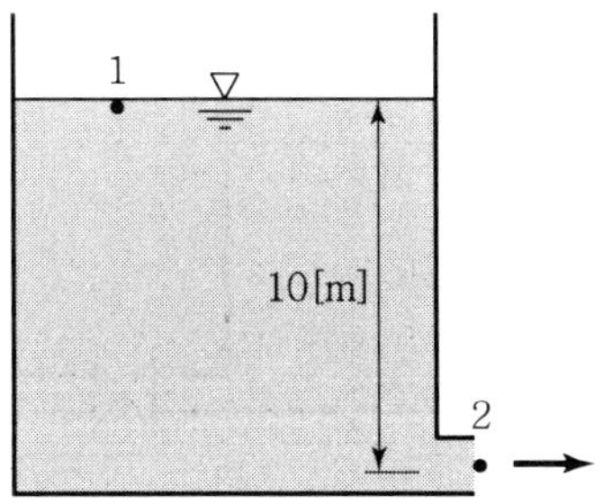

Check

토리첼리 정리

❶ 오리피스 출구에서의 유속 V_2

$$V_2[\mathrm{m/s}] = \sqrt{2gH}$$

❷ 공식유도

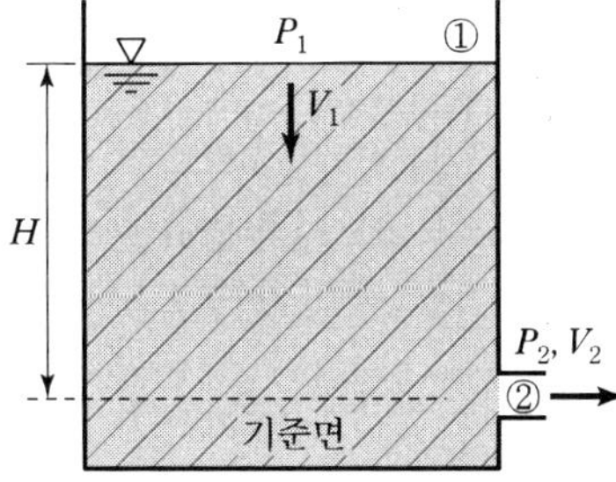

여기서,
P_1, P_2 : 대기압
H : 수면과 오리피스 출구 중심선의 높이차[m]
V_1 : 수면에서의 유속[m/s]
V_2 : 오리피스 출구에서의 유속[m/s]

수면(①)과 오리피스 출구 중심선(②)에 베르누이정리 적용

$$\frac{P_1}{\gamma} + Z_1 + \frac{V_1^2}{2g} = \frac{P_2}{\gamma} + Z_2 + \frac{V_2^2}{2g} \ (P_1 = P_2(\text{대기압}),\ V_1 = 0)$$

$$Z_1 - Z_2 = \frac{V_2^2}{2g} \ (Z_1 - Z_2 = H)$$

$$\therefore\ V_2 = \sqrt{2gH}$$

15 | 문제 |

그림과 같이 수조에서 관을 통해 물이 송출되고 있다. 유량이 0.035[m^3/s]이고, 송출부분에서 물의 분류 직경이 8[cm]일 때 관로와 부속기기에 의해서 발생하는 손실수두 H_L[m]를 계산하시오.

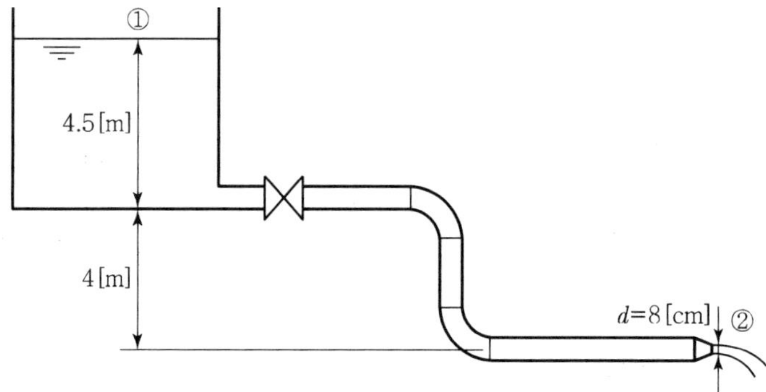

Check 베르누이 방정식(에너지 보존의 법칙)

❶ $$\frac{P}{\gamma} + Z + \frac{V^2}{2g} = C$$

압력수두 ↓, 위치수두 ↓, 속도수두 ↓

❷ P : 압력[kg_f/m^2], γ : 비중량[kg_f/m^3]
V : 유속[m/s], g : 중력가속도[9.8m/s^2]

❸ 총 수두=압력수두 + 속도수두 + 위치수두

16 | 문제 |

물이 흐르고 있는 관로에서 a지점의 게이지압력이 300[kPa]이고 유량이 15[kg/s]일 때 a와 b지점 사이의 손실수두[m]를 계산하시오. 기107회

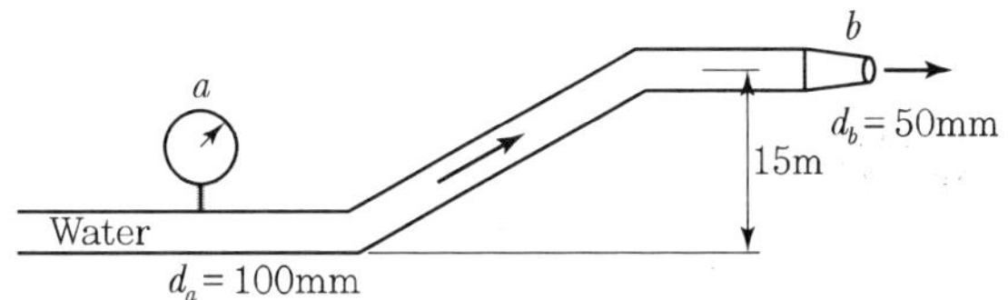

Check **베르누이 방정식을 실제 유체에 적용**

$$\frac{P_1}{\gamma}+\frac{V_1^2}{2g}+Z_1-H_L=\frac{P_2}{\gamma}+\frac{V_2^2}{2g}+Z_2 \text{ 에서,}$$

$$H_L[\text{m}]=\frac{P_1-P_2}{\gamma}+\frac{V_1^2-V_2^2}{2g}+Z_1-Z_2 \text{ 이 된다.}$$

17 | 문제 |

지름이 10[cm]이고, 길이가 20[m], 관마찰계수 f =0.025인 원 관 속을 물이 흐르고 있다. 관의 출구와 입구의 압력차가 10[kPa]일 경우 유량은 몇 [l/s]인가?

Check

❶ 유량 $Q=AV[\text{m}^3/\text{s}]$

❷ 손실수두 $H_L=f\cdot\frac{L}{d}\cdot\frac{V^2}{2g}[\text{m}]$

18 | 문제 |

안지름이 30[cm]인 원 관 속을 절대압력 0.32[MPa], 온도 27[℃]인 공기가 4[kg/s]로 흐를 때 이 원 관속을 흐르는 공기의 평균 속도[m/s]를 계산하시오.(단, 공기의 기체상수 $R = 0.287$[kJ/kg · K]이다.)

Check

❶ 유속 $V = \frac{4Q}{\pi D^2}[\mathrm{m/s}]$

❷ $PV = GRT$에서, $\rho\left(\frac{G}{V}\right) = \frac{P}{RT}[\mathrm{kg/m^3}]$

19 | 문제 |

내경이 27.5[mm]인 배관 속을 흐르는 물의 동압이 0.15[$\mathrm{kg_f/cm^2}$]일 경우 이 배관을 통과한 유량[l/min]과 이 배관을 흐르는 물의 동압이 0.09[$\mathrm{kg_f/cm^2}$], 유량이 600[l/min]일 경우 소화배관 구경[mm]을 계산하시오.

Check

❶ 유량 $Q = AV[\mathrm{m^3/s}]$

❷ 유량 $Q = 0.653d^2\sqrt{P}[l/\mathrm{min}]$ (d[mm] : 구경, $p[\mathrm{kg_f/cm^2}]$: 압력)

20 ❙ 문제 ❙

부피가 0.3[m³]으로 일정한 용기 내의 공기가 원래 300[kPa](절대압력), 400[K]의 상태였으나, 일정 시간 동안 출구가 개방되어 공기가 빠져나가 200[kPa](절대압력), 350[K]의 상태가 되었다. 빠져나간 공기의 질량[g]을 계산하시오.(단, 공기는 이상기체로 가정하며, 기체상수는 287[J/kg · K]이다.)

Check

❶ 빠져나간 공기의 질량=개방 전 공기의 질량(G_1)−개방 후 공기의 질량(G_2)

❷ $PV = GRT$에서, $G = \dfrac{PV}{RT}$

여기서, G[kg] : 질량, P[N/m²] : 압력, V[m³] : 부피

R[N · m = J/kg · K] : 기체상수, T[K] : 절대온도

21 ❙ 문제 ❙

소화설비 배관 내에 피토관을 넣어 정체압(Stagnation Pressure)과 정압을 측정하였더니 수은이 들어 있는 피토관에 연결한 U자관에서 75[mm]의 액면차를 가졌을 경우 피토관 위치에서의 유속[m/s]을 계산하시오.(수은의 비중은 13.6이고 기타 조건은 무시한다.)

피토관 위치에서의 유속(관 속에서의 유속)[m/s]

$$V_1 = \sqrt{2gh\left(\frac{\gamma_s}{\gamma} - 1\right)}\ [\mathrm{m/s}]$$

22 ❙ 문제 ❙

그림과 같이 관로 상에 펌프가 설치되어 있는 경우 펌프의 소요동력[kW]을 계산하시오.(단, $P_1=500$[Pa], $P_2=3$[bar], $Q=0.2$[m^3/s], $d_1=10$[cm], $d_2=5$[cm], $h=3$[m]이며, 0.101325[MPa]=10,332[kg$_f$/m^2]=1.013[bar]이다.) 기97회

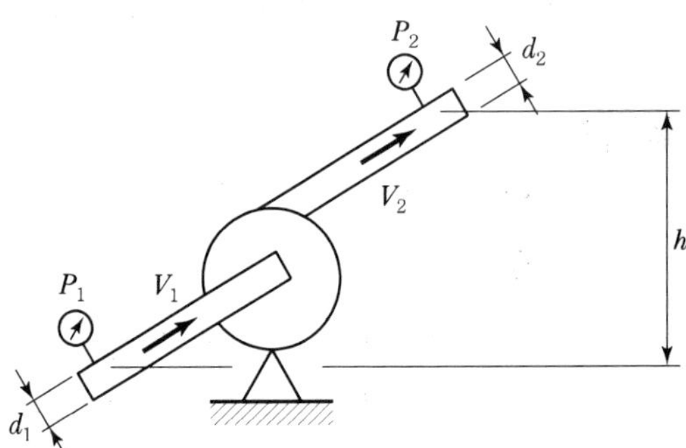

Check **펌프의 소요동력(수동력)**

❶ $P[\text{kW}] = \gamma \cdot Q \cdot H$

① 비중량 $\gamma = 9.8[\text{kN/m}^3] = 9{,}800[\text{N/m}^3]$

② 토출량 $Q[\text{m}^3/\text{s}]$

③ 전양정 $H[\text{m}]$

❷ $P[\text{kW}] = \dfrac{\gamma \cdot Q \cdot H}{102 \times 60}$

① 비중량 $\gamma = 1{,}000[\text{kg}_f/\text{m}^3]$

② 토출량 $Q[\text{m}^3/\text{min}]$

③ 전양정 $H[\text{m}]$

실전문제

23 ❙ 문제 ❙

아래 그림은 펌프를 이용하여 옥내소화전으로 물을 배출하는 개략도이다. 열 교환이 없으며, 모든 손실을 무시할 때, 펌프의 수동력[kW]을 계산하시오.(단, P_1은 게이지 압이고, 물의 밀도는 $\rho = 998.2$[kg/m^3], $g = 9.8$[m/s^2] 대기압은 0.1[MPa], 전달계수 $K = 1.1$, 효율 $\eta = 75$[%]이다. 계산은 소수점 셋째 자리에서 반올림하여 둘째 자리까지 구하시오.) 관15회

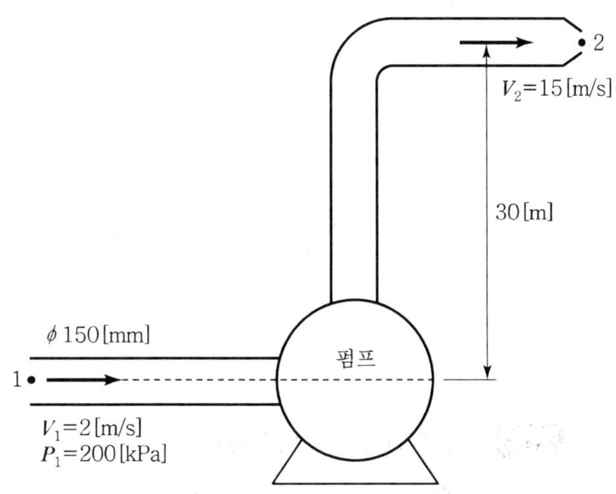

Check 펌프의 소요동력(수동력)

❶ $P[\mathrm{kW}] = \gamma \cdot Q \cdot H$

① 비중량 $\gamma = 9.8[\mathrm{kN/m^3}]$

② 토출량 $Q[\mathrm{m^3/s}]$

③ 전양정 $H[\mathrm{m}]$

❷ $P[\mathrm{kW}] = \dfrac{\gamma \cdot Q \cdot H}{102 \times 60}$

① 비중량 $\gamma = 1{,}000[\mathrm{kg_f/m^3}]$

② 토출량 $Q[\mathrm{m^3/min}]$

③ 전양정 $H[\mathrm{m}]$

24 | 문제 |

그림에서 펌프의 흡입지점 ①과 송출지점 ②에 설치된 압력계의 읽음이 $P_1=$ 3[kPa], $P_2=$260[kPa]일 때 펌프에 공급하여야 할 동력은 몇 [kW]인가?(단, 물의 배출량은 0.15[m³/s]이고, 손실수두는 2[m]이다.)

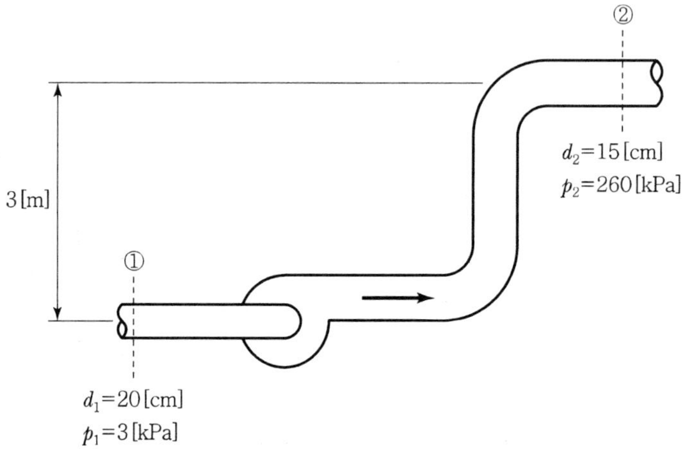

Check **펌프의 소요동력(수동력)**

❶ $P[\text{kW}] = \gamma \cdot Q \cdot H$

① 비중량 $\gamma = 9.8[\text{kN/m}^3]$

② 토출량 $Q[\text{m}^3/\text{s}]$

③ 전양정 $H[\text{m}]$

❷ $P[\text{kW}] = \dfrac{\gamma \cdot Q \cdot H}{102 \times 60}$

① 비중량 $\gamma = 1{,}000[\text{kg}_\text{f}/\text{m}^3]$

② 토출량 $Q[\text{m}^3/\text{min}]$

③ 전양정 $H[\text{m}]$

25 ❙ 문제 ❙

다음 그림과 같은 관경 10[cm]인 사이펀 출구에서 흐를 수 있는 체적유량 [m³/s]을 계산하시오.(단, 관 지름은 일정하고 손실은 무시한다.)

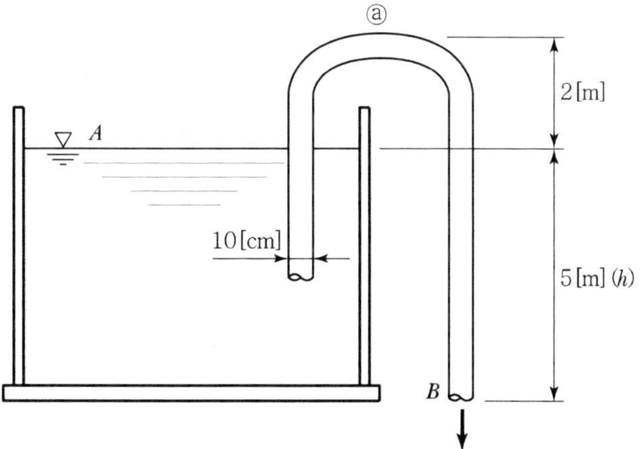

Check **사이폰관**

❶ 체적유량 $Q_2[\mathrm{m^3/s}] = A_2 V_2$

❷ 노즐 출구에서의 유속 $V_2[\mathrm{m/s}] = \sqrt{2gH}\ (H = Z_1 - Z_2)$

❸ 실제유량 = 유량계수 × 이론유량

$Q'[\mathrm{m^3/s}] = A' \times V' = C_v \times C_o \times A_2 \times V_2 = C \times A_2 \times V_2$

여기서, C: 유량계수(*flow coefficient*), 물일 경우 $C = 0.59 \sim 0.65$

C_v : 속도계수(*coefficient of velocity*), 물일 경우 $C_v = 0.97 \sim 0.99$

C_o : 수축계수(*coefficient of contraction*), 물일 경우 $C_o = 0.61 \sim 0.66$

26 | 문제 |

그림과 같이 내경 15[cm]인 사이폰 관을 통해 수조의 물을 배수하려고 한다. 대기압을 1.03[kg_f/cm^2], 물의 포화증기압을 0.16[kg_f/cm^2]이라 할 때 사이폰관에 흐르는 유량이 최대로 되기 위한 h[m]를 계산하시오.(단, 관로의 마찰손실은 무시한다.)

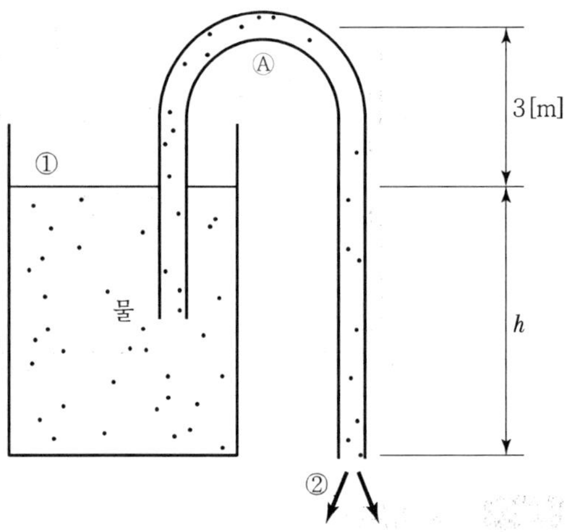

Check **사이폰 작용**

❶ 곡관 내에 물을 채우고 한쪽을 용기 내의 물속에 담그면, 다른 한쪽에서 물이 유출하는데 이를 사이폰 작용이라 한다.

❷ 관의 유출속도 $V_2 = \sqrt{2g(h_2 - h_1)}$ 으로 수면과 사이폰관 노즐 사이의 높이차 h가 클수록 속도가 증가되며, 또한 h가 커질수록 유량이 증가된다.

❸ 그러나, h가 커질수록 속도수두 증가로 인해 압력수두는 감소되며, 사이폰관 정점에서의 압력이 포화증기압 미만이 되면, 사이폰관 작용이 불가능해진다.

❹ 따라서, 정점에서의 압력이 포화증기압일 때 사이폰관에 흐르는 유량은 최대가 되기 위한 h가 된다.

27 | 문제 |

소화설비 가압송수장치의 성능 시험을 위하여 오리피스로 시험한 결과 그림과 같이 수은주의 높이차가 500[mm]로 측정되었다. 이 오리피스를 통과하는 유량[m^3/s]은 얼마인가?(단, 수은의 비중은 13.6, 유량계수 C = 0.97, 중력가속도 g = 9.8[m/s^2]이다.)

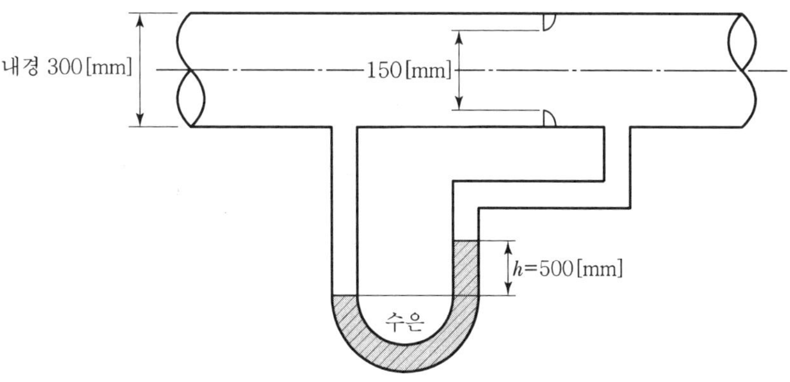

Check **벤투리미터 유량계**

❶ $Q_2[\mathrm{m^3/s}] = A_2 V_2$

❷ $A_2[\mathrm{m^2}] = \dfrac{\pi {D_2}^2}{4}$

❸ $V_2[\mathrm{m/s}] = \dfrac{1}{\sqrt{1-\left(\dfrac{A_2}{A_1}\right)^2}} \times \sqrt{2gh\left(\dfrac{\gamma_s}{\gamma} - 1\right)}$

28 | 문제 |

아래 그림과 같이 관 속에 가득 찬 40[℃]의 물이 중량 유량 980[N/min]으로 흐르고 있다. B지점에서 공동현상이 발생하지 않도록 하는 A지점에서의 최소압력(kPa)을 구하시오.(단, 관의 마찰 손실은 무시하고, 40[℃] 물의 증기압은 55.32[mmHg]이다. 계산 값은 소수점 다섯째 자리에서 반올림하여 소수점 넷째 자리까지 구하시오.) 관21회

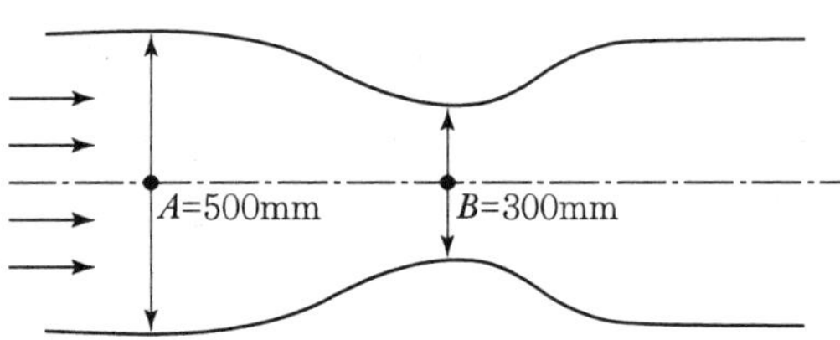

29 | 문제 |

다음 그림과 같은 직육면체의 물탱크에서 밸브를 완전히 개방할 경우 최저 유효수면까지 물이 배수되는 소요시간[hr]을 계산하시오.(단, 밸브 및 배수관의 마찰손실은 무시한다.)

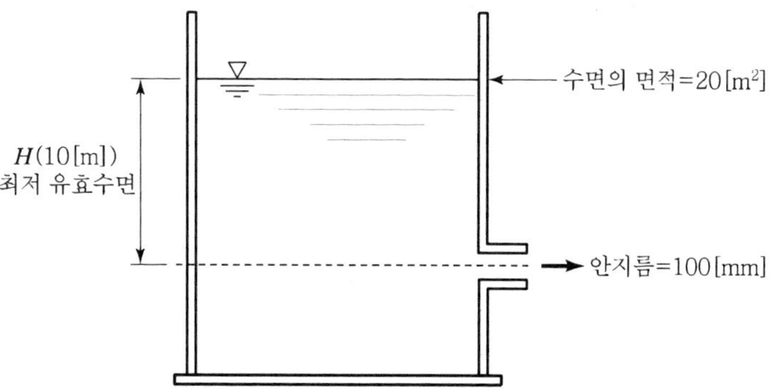

Check **연속방정식**

$Q_1 = Q_2$에서, $A_1 V_1 = A_2 V_2$

❶ $A_1 = 20[m^2]$ (수면의 면적)

❷ $V_1 = \dfrac{dh}{dt}$ (이동한 거리를 시간으로 미분)

❸ $A_2 = \dfrac{\pi D_2^{\ 2}}{4}$ (출구면적)

❹ $V_2 = \sqrt{2gh}$ (출구에서의 유체속도)

30 ❙ 문제 ❙

지름이 5[cm]의 원 관에 2[m/s]의 유속으로 기름이 흐르고 있다. 기름의 동점성 계수 $\nu = 2 \times 10^{-4}$[m²/s]일 때 관마찰계수 f는 얼마인가?

Check **레이놀즈 수**

$$Re\ No = \frac{\rho VD}{\mu} = \frac{VD}{\nu}$$

여기서, D : 배관의 직경[m, cm]
V : 유체의 유속[m/s, cm/s]
ρ : 유체의 밀도[kg/m^3, g/cm^3]
μ : 절대점도[kg/m · s, g/cm · s]
ν : 동점도[m^2/s, cm^2/s]

유체 흐름의 구분

구 분	레이놀즈 수	내 용
층류	$Re \leq 2{,}100$	유체가 질서정연하게 흐르는 흐름
난류	$Re \geq 4{,}000$	유체가 무질서하게 흐르는 흐름
임계(천이)영역	$2{,}100 < Re < 4{,}000$	층류에서 난류로 바뀌는 영역

31 | 문제 |

내경 25[cm]인 원 관으로 1,000[m] 떨어진 곳에 수평거리로 물을 이송하려 한다. 1시간에 500[m³]의 물을 보내기 위해 필요한 압력은 몇 [kPa]인가?(단, 관마찰계수 f=0.03이다.)

Check **마찰손실**

1. 주 손실

❶ 다르시–바이스바흐식(Darcy–Weisbach) : 모든 유체의 층류, 난류에 적용

$$H_L = f \cdot \frac{L}{D} \cdot \frac{V^2}{2g} = K \cdot \frac{V^2}{2g}[\text{m}]$$

① f(관마찰계수)= $\frac{64}{Re}$(층류일 때)

② L : 배관 길이[m]

③ D : 내경[m]

④ V : 유속[m/s]

⑤ g : 중력가속도[9.8m/s²]

⑥ K : 손실계수$\left(f \cdot \frac{L}{D}\right)$

❷ 하젠–윌리암스식(Hazen–Willams) : 난류 흐름인 물에 적용

$$P = 6.053 \times 10^4 \times \frac{Q^{1.85}}{C^{1.85} \times d^{4.87}} \times L\ [\text{MPa}]$$

① Q : 유량[l/min]

② C : 배관의 마찰손실계수

③ d : 배관의 내경[mm]

④ L : 배관의 길이[m]

2. 부차적 손실 $H_L = K \cdot \frac{V^2}{2g}[\text{m}]$

❶ 돌연확대 손실 $H_L = \frac{(V_1 - V_2)^2}{2g} = \left(1 - \frac{A_1}{A_2}\right)^2 \cdot \frac{{V_1}^2}{2g} = K \cdot \frac{{V_1}^2}{2g}$

❷ 돌연축소 손실 $H_L = \frac{(V_0 - V_2)^2}{2g} = \left(\frac{1}{C} - 1\right)^2 \cdot \frac{{V_2}^2}{2g} = K \cdot \frac{{V_2}^2}{2g}$

32 | 문제 |

소화설비의 배관 내경이 40[mm]인 수평 배관 내에 물이 200[l/min]의 유량으로 흐르고 있다. 직관의 길이가 100[m]이고, 레이놀즈 수가 1,200인 경우 다음 각 물음에 알맞게 답하시오.

1. 배관의 마찰손실수두[m]를 계산하시오.
2. 배관 내 출발점의 압력이 0.8[MPa]일 때 끝점의 압력[MPa]을 계산하시오.

Check **마찰손실**

다르시-바이스바흐식(Darcy-Weisbach) : 모든 유체의 층류, 난류에 적용

$$H_L = f \cdot \frac{L}{D} \cdot \frac{V^2}{2g} = K \cdot \frac{V^2}{2g}[\text{m}]$$

① f(관마찰계수) $= \dfrac{64}{Re}$(층류일 때) ② L : 배관길이[m]

③ D : 내경[m] ④ V : 유속[m/s]

⑤ g : 중력가속도[9.8m/s^2] ⑥ K : 손실계수

33 | 문제 |

내경이 50[cm], 길이가 1,000[m]인 배관에 소화 용수가 초당 80[l]로 공급되는 경우 마찰손실수두와 상당구배를 계산하시오.(단, 마찰손실계수 f=0.03이고 다른 조건은 무시한다.)

Check

❶ 마찰손실수두 $H_L = f \cdot \dfrac{L}{D} \cdot \dfrac{V^2}{2g}[\text{m}]$

❷ 상당구배 L_1(기울기)$= \dfrac{\text{마찰손실수두}}{\text{배관길이}}$

34 | 문제 |

배관의 길이가 20[m], 내경이 80[mm]인 배관에 물이 0.1[m^3/s]로 흐를 경우 배관의 마찰손실압력이 1[MPa]이라면 관마찰손실계수는 얼마인가?(단, 중력가속도 $g=9.8$[m/s^2]이고, 소수점 둘째 자리까지 계산할 것)

Check

마찰손실수두 $H_L = f \cdot \dfrac{L}{D} \cdot \dfrac{V^2}{2g}$[m]

35 | 문제 |

직경이 30[cm]인 소화배관에 물이 0.2[m^3/s]의 유량으로 흐르고 있다. 직경 15[cm], 길이 300[m]인 B배관과 직경 20[cm], 길이 600[m]인 A배관이 그림과 같이 평행하게 연결되었다가 다시 직경 30[cm]인 배관으로 합쳐져 있다. 각 분기 관에서의 관마찰손실계수가 0.22라 할 때 A배관 및 B배관의 유량을 각각 계산하시오.(단, Darcy－Weisbach 식을 사용하여 계산할 것)

Ⓐ L=600[m] D=20[cm]

Q=0.2[m^3/sec] Ⓑ L=300[m] D=15[cm] Q=0.2[m^3/sec]

Check

❶ 전체 유량은 분기 배관 유량의 합과 같다.
$Q = Q_A + Q_B$

❷ 분기 배관의 마찰손실은 서로 같다.
$H_A = H_B$

36 | 문제 |

0.02[m³/s]의 유량으로 직경 50[cm]인 주철관 속을 기름이 흐르고 있다. 길이 1,000[m]에 대한 손실수두[m]를 계산하시오.(기름의 점성계수는 0.0105[kgf · s/m²] 비중은 0.9이다.)

Check

❶ 마찰손실수두 $H_L = f \cdot \frac{L}{D} \cdot \frac{V^2}{2g}[\mathrm{m}]$

❷ 관 마찰계수 $f = \frac{64}{ReNo}$(층류)

❸ 기름의 밀도$[\mathrm{kg_f} \cdot \mathrm{s^2/m^4}]$= 기름의 비중 × 물의 밀도$[\mathrm{kg_f} \cdot \mathrm{s^2/m^4}]$

37 | 문제 |

안지름이 100[mm]와 150[mm]인 원관이 직접 연결되어 있다. 안지름 100[mm]의 관에서 150[mm]의 관 방향으로 매초 230[l]의 물이 흐르고 있는 경우 돌연확대 부분에서의 손실은 얼마인가?

Check **부차적 손실**

$$H_L = K \cdot \frac{V^2}{2g}[\mathrm{m}]$$

❶ 돌연확대 손실 $H_L = \frac{(V_1 - V_2)^2}{2g} = \left(1 - \frac{A_1}{A_2}\right)^2 \cdot \frac{{V_1}^2}{2g} = K \cdot \frac{{V_1}^2}{2g}$

❷ 돌연축소 손실 $H_L = \frac{(V_0 - V_2)^2}{2g} = \left(\frac{1}{C} - 1\right)^2 \cdot \frac{{V_2}^2}{2g} = K \cdot \frac{{V_2}^2}{2g}$

38 | 문제 |

그림과 같이 길이 2[m], 직경이 5[cm]인 배관이 수조의 수면으로부터 4[m] 아래에 부착되어 있는 경우, 수조 부근에 설치된 글로브 밸브를 완전히 개방하였을 때 유량 Q[m³/s]를 계산하시오.(단, 관 입구의 손실계수 $K=0.5$, 글로브 밸브 완전 개방 시 손실계수 $K=10$, 관마찰계수 $f=0.02$이다.)

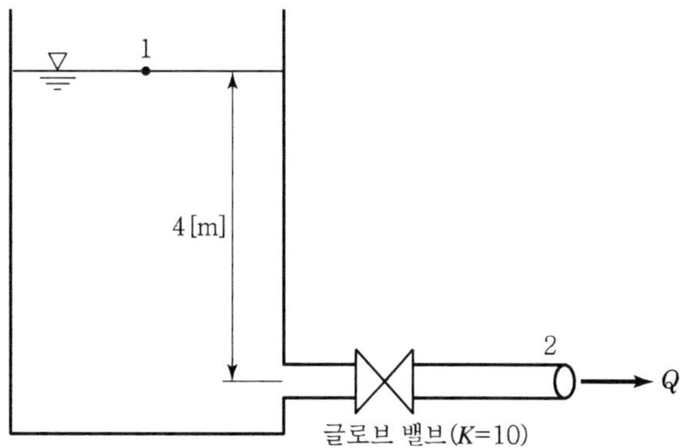

Check

❶ 유량 $Q[\mathrm{m^3/s}] = AV$

❷ 배관의 총 손실 = 주 손실 + 부차적 손실

❸ $\dfrac{P_1}{\gamma} + \dfrac{V_1^2}{2g} + Z_1 - H_L = \dfrac{P_2}{\gamma} + \dfrac{V_2^2}{2g} + Z_2$

39 ❙ 문제 ❙

다음은 소화설비 배관의 마찰손실을 계산하는 하젠-윌리암스 공식이다. 계산 공식에서 ΔP의 단위 [psi/ft]를 [kg/cm²/m]로, Q의 단위 [gallon/min]를 [l/min]으로, D의 단위 [inch]를 [mm]로 단위 환산한 공식을 유도 하시오.(단, 1[lb]=0.4536[kg], 1[gallon]=3.785[l], 1[inch]=25.4[mm]이다.) 기77회

$$\Delta P = \frac{4.52 \times Q^{1.85}}{C^{1.85} \times D^{4.87}} [\mathrm{psi/ft}]$$

여기서, Q : 유량[gallon/min], C : 무차원 상수, D : 배관 내경[inch]

40 ❙ 문제 ❙

그림과 같은 배관 시스템을 통하여 유량이 80[l/s]로 흐르고 있다. B, C관의 마찰손실수두는 3[m]로 같고, B관의 유량이 20[l/s]일 때 C관의 내경[mm]을 계산하시오. (단, 하젠-윌리암스 공식은 $\frac{\Delta P}{L} = 6.053 \times 10^4 \times \frac{Q^{1.85}}{C^{1.85} \times d^{4.87}}$[MPa/m], ΔP는 압력차[MPa], L은 배관의 길이[m], Q는 유량[l/min], 조도계수 C=100이며, D는 내경[mm]을 사용하고, 소수점 둘째 자리까지 답하시오.)

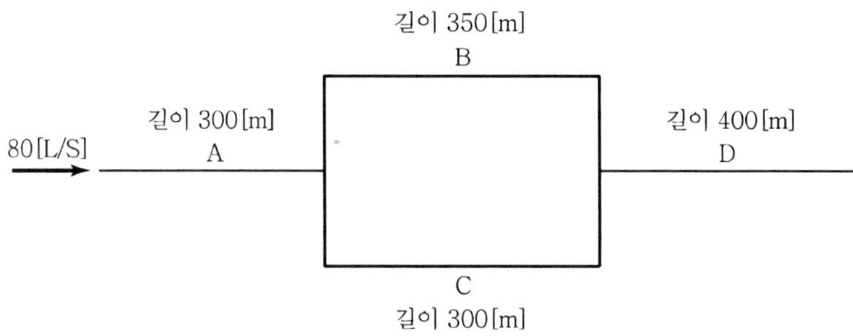

41 ❙문제❙

다음 그림과 같은 배관에 직접 연결된 살수헤드에서 200[l/min]의 유량으로 물이 방수되고 있다. 화살표 방향으로 흐르는 Q_1 및 Q_2의 유량[l/min]을 계산하시오.

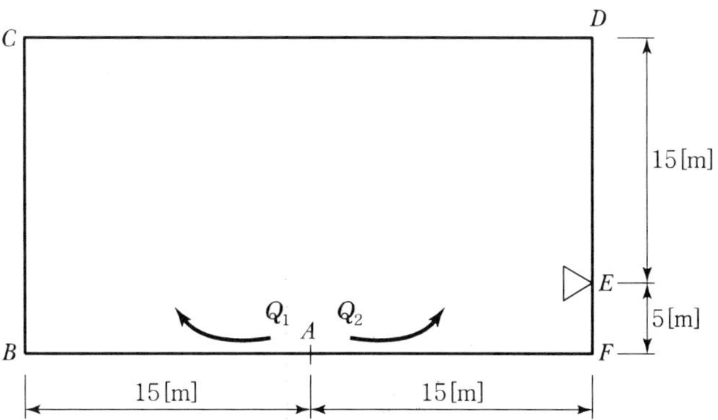

- 배관 마찰손실은 하젠－윌리암스 공식을 사용하되 편의상 다음과 같다고 가정한다.

$$\Delta P = \frac{6\times10^4\times Q^2}{100^2\times d^5}\,[\mathrm{MPa/m}]$$

- 배관의 안지름은 40[mm]이다.
- 배관 부속품의 등가길이는 무시한다.

Check

❶ $Q = Q_1 + Q_2$
❷ $\Delta P_1 = \Delta P_2$

42 | 문제 |

다음 그림은 어느 배관 평면도이며 화살표의 방향으로 물이 흐르고 있다. 배관 $ABCD$ 및 $AEFD$ 사이를 흐르는 유량[l/min]을 각각 계산하시오.

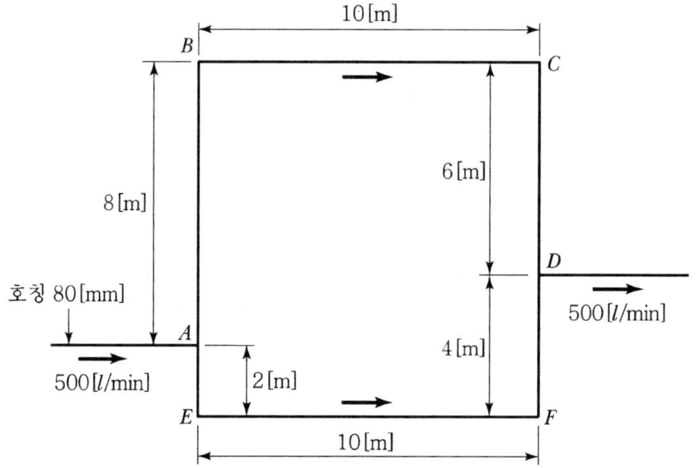

1. 하젠-윌리암스 공식

$$\Delta P = \frac{6\times 10^4 \times Q^2}{100^2 \times d^5}\,[\mathrm{MPa/m}]$$

2. 호칭 50[mm] 배관의 안지름은 54[mm]이다.
3. 호칭 50[mm] 엘보(90[°])의 등가길이는 1.4[m]이다.
4. A 및 D점에 있는 티(Tee)의 마찰손실은 무시한다.
5. 루프(Loop) 배관의 호칭 구경은 50[mm]이다.

Check

❶ $Q = Q_1 + Q_2$
❷ $\Delta P_1 = \Delta P_2$

43 ❙ 문제 ❙

그림과 같은 배관에 물이 흐를 경우 배관 ①, ②, ③에 흐르는 유량[l/min]을 정수로 계산하시오.(단, A, B 사이의 배관 ①, ②, ③의 마찰손실수두는 각각 10[m]로 같고, 관경 및 유량은 다음 그림과 같다.)

$$\Delta P = 6.174 \times \frac{Q^{1.85} \times 10^5}{C^{1.85} \times d^{4.87}} \times L\ [\text{kg/cm}^2]$$

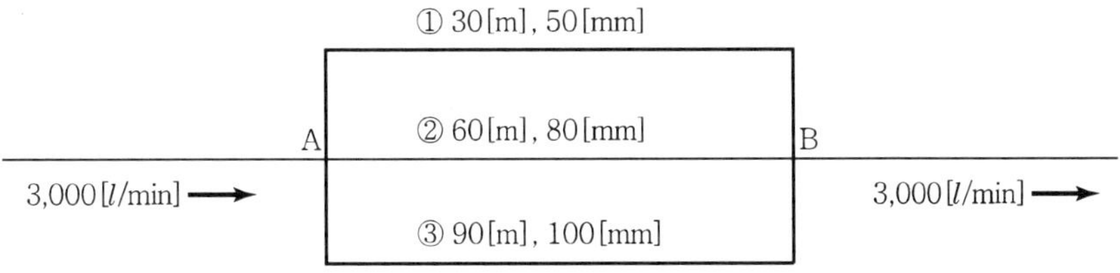

Check

❶ $Q = Q_1 + Q_2 + Q_3$

❷ $\Delta P_1 = \Delta P_2 = \Delta P_3$

❸ $d_1 \neq d_2 \neq d_3$

44 | 문제 |

다음 그림과 같은 Loop 배관에서의 각 구간별 유량[lpm]을 계산하고, 흐름방향을 도면상에 표시하시오.

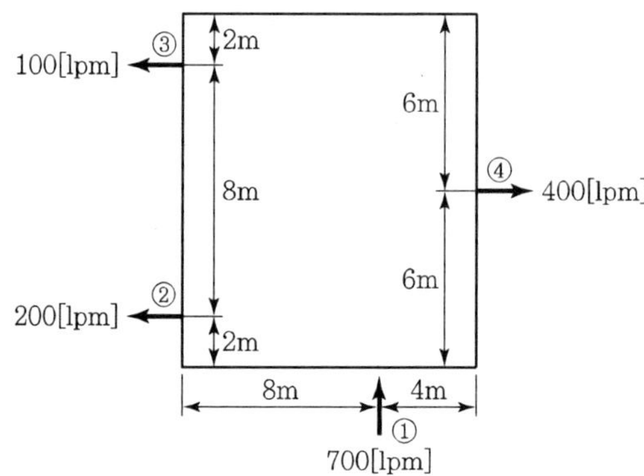

1. 배관 구경 : 40[mm]
2. 하겐-윌리엄스식 : $\Delta P = 6 \times 10^4 \times \dfrac{Q^2}{100^2 \times d^5}$[MPa/m]
3. 유량 보정치의 산출식 : $dQ = \dfrac{-\sum P_f}{1.85 \times \sum \left(\dfrac{P_f}{Q} \right)}$
4. 하디크로스 계산표

구간	배관길이	FLC	유량Q	마찰손실P_f	P_f/Q	dQ	$Q+dQ$
①-②							
②-③							
③-④							
④-①							
				$\sum P_f$	$\sum(P_f/Q)$		

* FLC(하겐-윌리엄스 계수 : Friction Loss Coefficient)

45 | 문제 |

하젠－윌리암스 방정식으로 관로상의 압력손실을 계산할 경우 다음 항목의 오차범위[%]를 계산하시오. 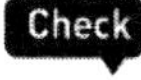

1 C－Factor 15[%]의 오차인 경우
2 배관 직경 5[%]의 오차인 경우

Check

❶ $\Delta P = 6.053 \times 10^4 \times \frac{Q^{1.85}}{C^{1.85} \times d^{4.87}} \times L\ [\mathrm{MPa}]$

❷ $\Delta P \propto \frac{1}{C^{1.85}}$

❸ $\Delta P \propto \frac{1}{d^{4.87}}$

▼ 배관 종류별 C의 수치

백관	흑관		동관/스테인리스관/PVC관
	습식/일제살수식	준비작동식/건식	
120	120	100	150

46 ❙ 문제 ❙

다음 그림과 같이 양정 50[m]의 성능을 갖는 펌프가 운전 중일 때 노즐에서의 방수압이 0.15[MPa]이었다. 만약 노즐의 방수압을 0.25[MPa]로 증가하고자 할 때 펌프가 요구하는 양정H[m]은 얼마인지를 계산하시오.(단, 1[atm]=0.1[MPa]=10[m]이다.)

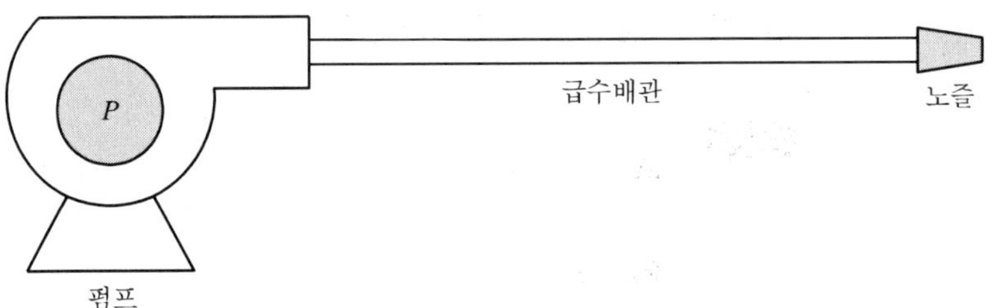

- 배관의 마찰손실은 하젠-윌리암스 공식을 이용한다.
- 노즐의 방출계수 $K=100$으로 한다.
- 펌프의 특성곡선은 토출 유량과 무관하다.
- 펌프와 노즐은 수평으로 설치되어 있다.

Check

❶ 펌프가 요구하는 양정=실양정 + 배관 마찰손실수두 + 방사압력 환산수두

❷ 마찰손실 $\Delta P \propto Q^{1.85}$

❸ 유량 $Q[l/\text{min}] = K\sqrt{10P}$ (P : 방사압력 [MPa])

47 I 문제 I

직사형 관창에서 방수량을 $Q[l/\text{min}]$, 노즐오리피스의 직경을 $d[\text{mm}]$, 방수압력을 $P[\text{MPa}]$이라고 할 때 $Q[l/\text{min}]=2.086\times d^2\times\sqrt{P}$의 관계가 성립된다. 이 관계식을 유도하시오.(단, 중력가속도 $g=9.8[\text{m/s}^2]$, 속도계수 $C_v=0.99$를 적용할 것)

관6회 기79, 88회

Check

❶ $Q[\text{m}^3/\text{s}]=A\,V$

❷ $A[\text{m}^2]=\dfrac{\pi\cdot \text{D}^2}{4}$ (D : 배관의 직경 [m])

❸ $V[\text{m/s}]=\sqrt{2gH}\left(P=\gamma\cdot H\text{에서, } H=\dfrac{P}{\gamma}\right)$

노즐에서의 방수량 $Q[l/\text{min}]$

❶ $Q[l/\text{min}]=2.086d^2\sqrt{P}=2.107\times C_v\times d^2\sqrt{P}$
여기서, $Q[l/\text{min}]$: 방수량, $d[\text{mm}]$: 노즐내경
$P[\text{MPa}]$: 방수압력, C_v : 속도계수 0.99

❷ $Q[l/\text{min}]=0.653d^2\sqrt{10P}$
여기서, $Q[l/\text{min}]$: 방수량, $d[\text{mm}]$: 노즐내경, $P[\text{MPa}]$: 방수압력

❸ $Q[l/\text{min}]=0.653d^2\sqrt{P}=0.6597\times C_v\times d^2\sqrt{P}$
여기서, $Q[l/\text{min}]$: 방수량, $d[\text{mm}]$: 노즐내경
$P[\text{kg}_\text{f}/\text{cm}^2]$: 방수압력, C_v : 속도계수 0.99

★ 노즐내경 $d[\text{mm}]$
① 옥내소화전설비(13[mm]), ② 옥외소화전설비(19[mm])

48 | 문제 |

소화설비의 배관 내경이 10[cm]인 관로 상에 지름이 2[cm]인 오리피스가 설치되었을 때, 오리피스 전후의 압력 수두 차이가 120[mm]일 경우의 유량[l/min]을 계산하시오.(단, 유동계수는 0.66이다.) 기90회

Check **오리피스**

❶ 끝이 날카로운 원형 출구를 오리피스라 하며, 벤투리관과 마찬가지로 높이차나 압력차에 의해서 유량을 측정하는 기구이다.

❷ $Q_2[\mathrm{m^3/s}] = C \cdot A_2 \cdot V_2 = C \cdot A_2 \cdot \sqrt{2gH}$

49 | 문제 |

다음의 그림과 같은 펌프 성능곡선을 갖는 소화펌프를 설치하고자 한다. 펌프의 흡입양정(최저 수위에서 펌프 중심까지의 높이)이 6[m]일 때 펌프의 사용 가능 여부를 판단하시오.(단, 대기압은 0.1[MPa], 물의 포화증기압은 0.0025[MPa], 흡입배관의 마찰손실압력은 0.003[MPa]이며, 표준대기압 1[atm] = 0.1[MPa] = 10[mH_2O]이다.)

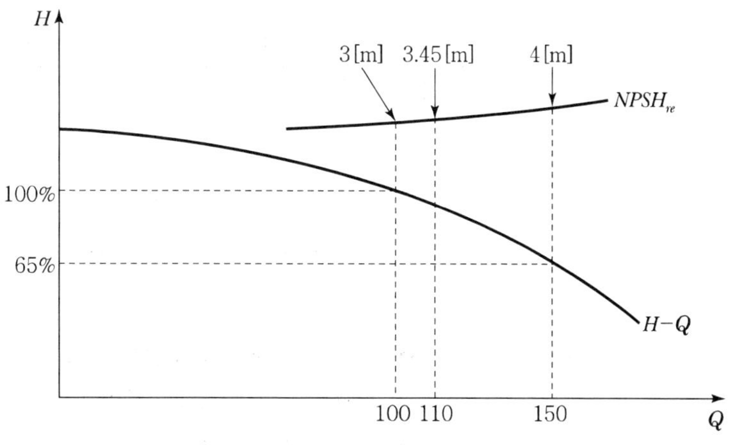

Check

펌프의 사용 가능 여부 판단

❶ $NPSH_{av} \geq NPSH_{re}$ (공동현상이 발생하지 아니할 수 있는 조건)

❷ 유효흡입양정

$NPSH_{av} = H_a \pm H_h - H_f - H_v$ [m]

① H_a : 대기압 환산 수두[m]$\left(= \dfrac{P_a}{\gamma}\right)$

② H_h : 펌프의 흡입양정[m](부압수조 : $-H_h$, 정압수조 : $+H_h$)

③ H_f : 흡입배관의 마찰손실수두[m]

④ H_v : 물의 포화증기압 환산수두[m]

50 ❙ 문제 ❙

다음 그림은 어느 수계 소화설비의 소화펌프 계통도를 나타낸 것이다. 조건을 참고하여 흡입배관의 마찰손실수두 H_f[m]와 유효흡입양정 $NPSH_{av}$[m]를 계산하시오.

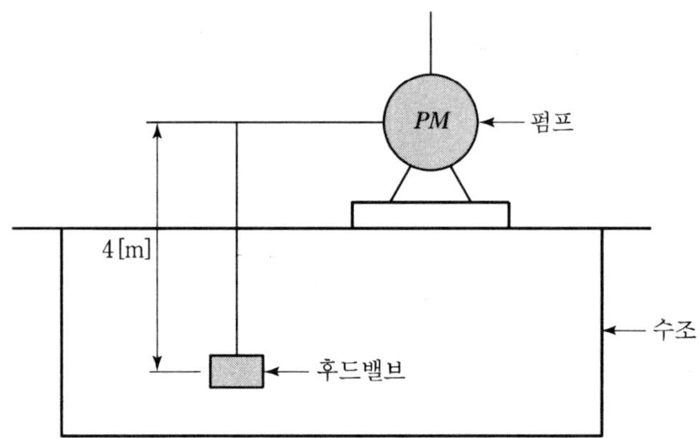

- 대기압은 0.1[MPa], 20[℃]에서 물의 포화수증기압은 0.003[MPa]이다. (단, $1[\text{atm}] = 0.1[\text{MPa}] = 10[\text{mH}_2\text{O}]$ 이다.)
- 펌프의 최대 토출량은 114[m^3/hr]이다.
- 조도 C는 150(동관 사용)으로 한다.
- 후드밸브에서 펌프까지 배관 길이는 6[m]이고, 배관 내경은 150[mm]이다.
- 하젠-윌리암스식은 다음과 같다.

$$\Delta P = 6.053 \times 10^4 \times \frac{Q^{1.85}}{C^{1.85} \times d^{4.87}} [\text{MPa/m}]$$

51 ❙ 문제 ❙

소화펌프의 흡입 측 배관을 도시한 도면과 조건을 참고하여 물음에 답하시오. 관11회

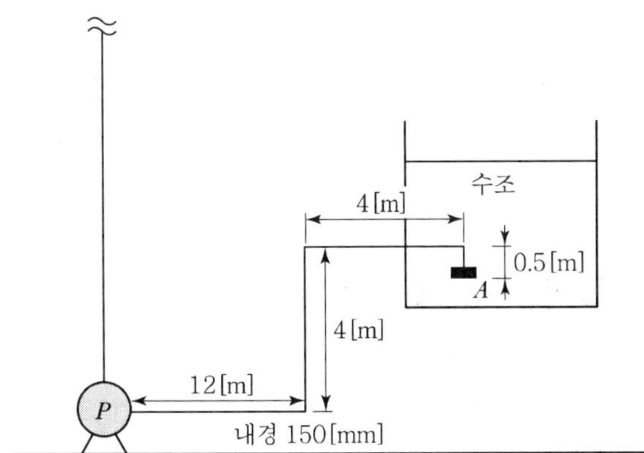

- 펌프의 토출량은 180[m^3/hr]이다.
- 소화펌프의 토출압력은 0.8[MPa]이다.
- 흡입배관상의 관 부속품(엘보 등) 직관의 상당길이는 10[m]로 적용한다.
- 소화수의 증기압은 0.0238[kg_f/cm^2], 대기압은 1[atm]으로 적용한다.
- 배관의 압력손실은 아래의 하젠－윌리암스식으로 계산한다.(단, 속도수두는 무시한다.)

$$\Delta H = 6.05 \times \frac{Q^{1.85} \times L}{C^{1.85} \times D^{4.87}} \times 10^6$$

여기서, ΔH: 압력손실[mH_2O], Q: 유량[l/min], C: 관마찰계수(100)
L: 배관길이[m], D: 배관내경[mm]

- 유효흡입양정의 기준점은 A로 한다.

❶ 흡입배관에서의 마찰손실수두[mH_2O]를 계산하시오(단, 계산과정을 쓰고 답은 소수점 넷째 자리에서 반올림하여 셋째 자리까지 구하시오.)

❷ 유효흡입양정($NPSH_{av}$)을 구하시오.

❸ 필요흡입양정($NPSH_{re}$)이 7[mH_2O]일 때 정상적인 흡입 운전 가능 여부를 판단하고 그 근거를 쓰시오.

52 ❙ 문제 ❙

유량 100[m^3/hr], 양정 80[m]인 소방펌프를 설계하여, 제작한 후에 시운전을 한 결과 양정이 70[m], 회전수가 1,650[rpm]이 되었다. 다음 물음에 답하시오.

1 설계 시의 양정 80[m]가 되기 위한 회전수[rpm]를 계산하시오.

2 최초 펌프의 축동력이 15[Hp]일 경우 위와 같이 조건이 변경되었다면 변경된 축동력[Hp]을 계산하시오.

Check **펌프의 상사법칙**

펌프의 크기가 다를 경우라도 비속도가 같으면 이를 상사라고 표현하며 원심펌프에서 상사일 경우에는 회전수나 임펠러의 지름에 따라 유량, 양정, 축동력에는 다음과 같은 관계식이 성립된다.

구분	펌프 1대	펌프 2대
유 량	$Q_2 = \left(\frac{N_2}{N_1}\right) \times Q_1$	$Q_2 = \left(\frac{N_2}{N_1}\right) \times \left(\frac{D_2}{D_1}\right)^3 \times Q_1$
양 정	$H_2 = \left(\frac{N_2}{N_1}\right)^2 \times H_1$	$H_2 = \left(\frac{N_2}{N_1}\right)^2 \times \left(\frac{D_2}{D_1}\right)^2 \times H_1$
축동력	$L_2 = \left(\frac{N_2}{N_1}\right)^3 \times L_1$	$L_2 = \left(\frac{N_2}{N_1}\right)^3 \times \left(\frac{D_2}{D_1}\right)^5 \times L_1$

53 ❙ 문제 ❙

펌프에 직결된 전동기(Motor)에 공급되는 전원의 주파수가 50[Hz]이며, 전동기의 극수는 4극, 펌프의 전양정이 110[m], 펌프의 토출량은 180[l/s], 펌프 운전 시 미끄럼률(Slip)이 3[%]인 전동기가 부착된 편흡입 1단, 편흡입 2단 및 양흡입 1단 펌프의 비속도를 각각 계산하시오. 관14회

Check

❶ 비속도(Specific Speed, 비교회전도)

① 실제 펌프와 기하학적으로 닮은 펌프를 가상하고, 이 가상의 펌프가 토출량이 1[m^3/min], 전양정이 1[m]일 때 펌프 임펠러(Impeller)의 회전수를 비속도(비교회전도)라 하며, 임펠러의 형상을 나타내는 값이다.

② 비속도는 펌프의 구조와 유체의 유동상태가 같을 때에는 일정하고, 펌프의 크기나 회전수에 따라 변화하지 않는 값을 가진다.

③ $N_s = \dfrac{N\sqrt{Q}}{\left(\dfrac{H}{n}\right)^{\frac{3}{4}}}$

여기서, N_s : 비속도[rpm, m^3/min, m]

N : 임펠러의 회전속도[rpm]

Q : 토출량[m^3/min](양흡입펌프 : 토출량 ÷ 2)

H : 펌프의 전양정[m](다단펌프 : 전양정 ÷ 단수)

n : 단수

❷ 임펠러의 회전속도

$$N = \frac{120 \cdot f}{P}(1-s)$$

① f : 주파수[Hz]　② P : 극수　③ s : 슬립

54 | 문제 |

전양정 20[m], 유량 10[m³/min], 효율 80[%]인 편흡입 1단 펌프에서의 동기속도 N_s [rpm], 회전수 N[rpm], 비속도 S, 축동력[kW]을 계산하시오.(단, 극수 $P = 4$극, 슬립 $s = 3[\%]$이다.)

Check

❶ 동기속도 N_s

① 교류 전원을 사용하는 동기 전동기나 유도 전동기에서 만들어지는 회전 자기장의 회전속도를 말한다.

② $N_s = \dfrac{120 \cdot f}{P}$[rpm] ($f$: 주파수[Hz], P: 극수)

❷ 슬립 s

① 동기속도(N_s)와 회전자 속도(N)의 차에 대한 비를 말한다.

② $s = \dfrac{N_s - N}{N_s}$

❸ 회전자 속도(회전수) N

$s = \dfrac{N_s - N}{N_s} = \dfrac{N_s}{N_s} - \dfrac{N}{N_s} = 1 - \dfrac{N}{N_s}$ 에서, $\dfrac{N}{N_s} = 1 - s$

$\therefore N = N_s(1-s) = \dfrac{120 \cdot f}{P}(1-s)$[rpm]

55 | 문제 |

$2\frac{1}{2}$인치 소방용 호스에 $1\frac{1}{4}$인치 직사형 노즐이 연결되어 물이 0.0117[m³/s]의 유량으로 방사되는 경우 노즐에 작용하는 힘 F[N](노즐의 가속도, 운동량 변화에 의해서 생기는 반발력)과 노즐이 연직상향으로 분출될 경우 물이 최대로 도달할 수 있는 높이 H[m]를 계산하시오.

Check

❶ 노즐에 작용하는 힘(운동량 변화에 의해서 생기는 반발력)

① $F[\mathrm{N}] = \rho \cdot Q \cdot \Delta V (\Delta V = V_2 - V_1)$

② $F[\mathrm{kg_f}] = 0.015PD^2 (P[\mathrm{kg_f/cm^2}], D[\mathrm{mm}])$

❷ 노즐의 운동에너지

$$H[\mathrm{m}] = \frac{{V_2}^2}{2g}$$

56 ▌문제▌

노즐에 작용하는 힘 $F[kg_f]=0.015PD^2$의 공식을 유도하시오.(단, P는 $[kg_f/cm^2]$, D는 [mm]이다.)

Check **노즐에 작용하는 힘(운동량 변화에 의해서 생기는 반발력)**

❶ $F[kg_f] = \rho \cdot Q \cdot \Delta V(\Delta V = V_2 - V_1)$

여기서, ρ : 밀도$[kg_f \cdot s^2/m^4]$

Q : 유량$[m^3/s]$

V : 유속$[m/s]$

❷ $F[kg_f] = 0.015PD^2$

여기서, D : 노즐직경[mm]

P : 압력$[kg_f/cm^2]$

57 ❙ 문제 ❙

다음 그림과 같이 수평인 옥내소화전 호스(직경 50[mm])에 직경 20[mm]의 노즐이 연결되어 있고, 노즐 끝에서의 방수량은 420[l/min]이다. 호스 내의 압력 P_1은 0.25[MPa]이고, 노즐 끝의 압력 P_2는 대기압일 때 노즐에 작용하는 힘(반발력)은 몇 [N]인가?(단, 노즐의 길이는 300[mm], P_1은 게이지압이다.)

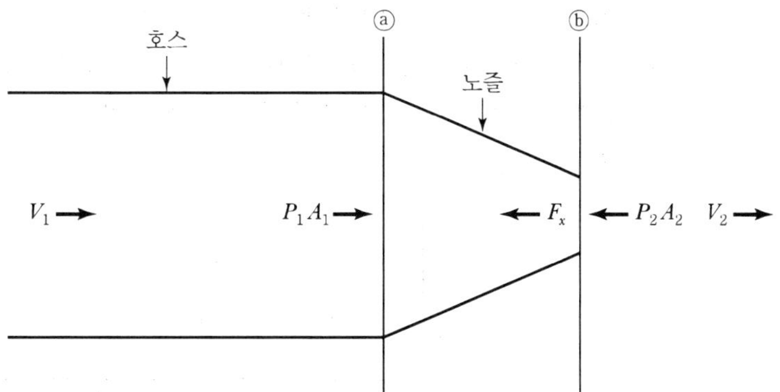

Check **점차로 축소하는 부분에서 유체가 받는 힘**

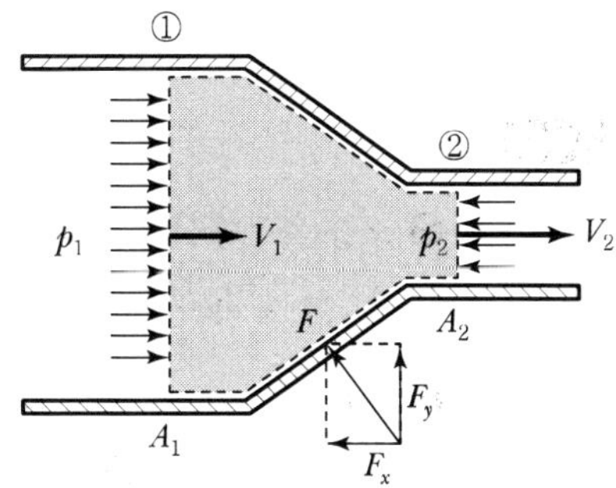

$$F_x[\mathrm{N}] = P_1A_1 - P_2A_2 - \rho Q(V_2 - V_1)$$

점선으로 둘러싸인 유체 부분을 제한 체적으로 잡고 벽으로부터 제한 체적 내의 유체가 받는 힘을 F_x, F_y라 하면 유체가 관 벽에 미치는 힘은 반력으로서 크기는 같고 방향은 반대가 된다. 그러므로 마찰력을 무시하면 유체가 받는 외력은 압력만 존재하게 된다.

58 | 문제 |

직육면체 구조의 옥상수조 가압방식의 옥내소화전 설비에서 수조의 바닥면적(저수면적) 50[m²], 저수면 높이 6[m]의 수조 바닥에 연결된 배관으로부터 수직으로 30[m] 하부에 위치한 내경 40[mm]의 옥내소화전 방수구를 통하여 소화수를 대기 중에 개방할 때 다음 사항을 산출하시오. 기93회

1 방수구에서 분출 시의 최대 순간유속[m/s]

2 저장된 소화수를 수조 바닥까지 비우는 데 걸리는 시간(○시간○분 단위까지 계산할 것)(단, 소화수조에 대한 추가 급수는 없으며, 전(全)배관 계통의 마찰손실은 무시한다.)

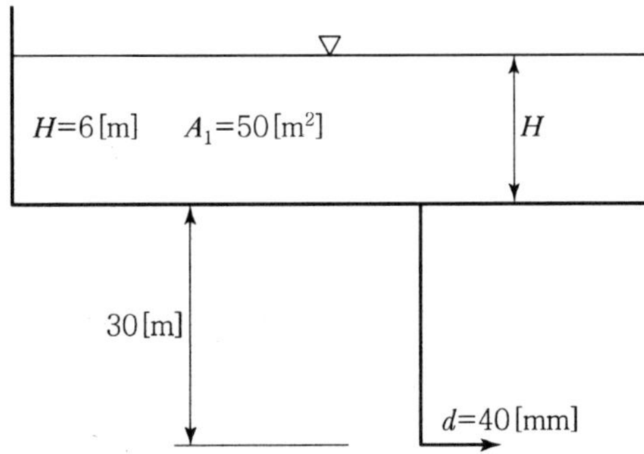

Check

❶ 노즐 출구에서의 유속

$V_2 = \sqrt{2gH}$ [m/s]

❷ 배수시간

$$t[s] = \frac{2A_1(\sqrt{H_1} - \sqrt{H_2})}{C_d \cdot A_2 \cdot \sqrt{2g}}$$

PART

03

소방 전기회로

01 직류회로

1) 전류

① **단위시간 동안 이동한 전하량(전기량)**

$$I = \frac{Q}{t}[\text{A}],\ \ Q = I \cdot t[\text{C}]$$

② **기호** : I, **단위** : [A](암페어)

2) 전압

① **단위 전하가 한 일**

$$V = \frac{W}{Q}[\text{V}],\ \ W = Q \cdot V[\text{J}]$$

② **기호** : V, **단위** : [V](볼트)

3) 옴의 법칙

$$I[\text{A}] = \frac{V[\text{V}]}{R[\Omega]} = G \cdot V\ (\because G = \frac{1}{R},\ R[\Omega],\ G[\mho][\text{S}])$$

4) 키르히호프의 법칙

① 제1법칙(전류평형의 법칙) $\Sigma I_i = \Sigma I_o$

② 제2법칙(전압평형의 법칙) $\Sigma E = \Sigma IR$

5) 줄열

$H = 0.24\,VIt[\text{cal}]$

여기서, V: 전압[V], I: 전류[A], t: 시간[s]

6) 전선의 저항

$$R = \rho\frac{L}{A} = \rho\frac{L}{\pi r^2} = \rho\frac{4L}{\pi d^2}\,[\Omega]$$

① ρ: 고유저항(연동선 $\frac{1}{55}[\Omega \cdot \mathrm{mm^2/m}]$, 경동선 $\frac{1}{58}[\Omega \cdot \mathrm{mm^2/m}]$)

② L : 전선의 길이[m]

③ A: 전선 도체의 단면적[mm^2]

7) 절연저항

$$\text{절연저항}[\Omega] = \frac{\text{가한전압}[\mathrm{V}]}{\text{누설전류}[\mathrm{A}]}$$

8) 저항의 연결

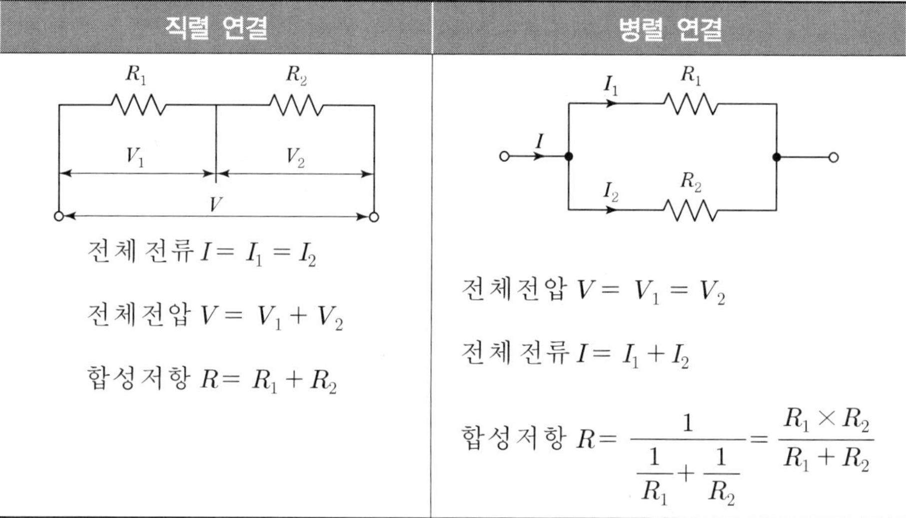

직렬 연결	병렬 연결
전체 전류 $I = I_1 = I_2$	전체전압 $V = V_1 = V_2$
전체전압 $V = V_1 + V_2$	전체 전류 $I = I_1 + I_2$
합성저항 $R = R_1 + R_2$	합성저항 $R = \dfrac{1}{\dfrac{1}{R_1} + \dfrac{1}{R_2}} = \dfrac{R_1 \times R_2}{R_1 + R_2}$

9) 전력

① 단위시간당 한 일

② $P = \frac{W}{t} = VI = I^2R = \frac{V^2}{R}$[W] 또는 [J/s]

10) 전압강하

구 분	계수	전압강하	전선 단면적
단상3선식 · 직류3선식 · 3상4선식	1	$e_1 = \frac{17.8LI}{1,000A}$[V]	$A = \frac{17.8LI}{1,000e_1}$[mm²]
단상2선식 · 직류2선식	2	$e_2 = \frac{35.6LI}{1,000A}$[V]	$A = \frac{35.6LI}{1,000e_2}$[mm²]
3상3선식	$\sqrt{3}$	$e_3 = \frac{30.8LI}{1,000A}$[V]	$A = \frac{30.8LI}{1,000e_3}$[mm²]

여기서, A : 전선 도체의 단면적[mm²], L : 전선 1본의 길이[m], I : 부하전류[A]
e_1 : 외측선 또는 각 상의 1선과 중성선 사이의 전압강하[V]
e_2 · e_3 : 각 선간의 전압강하[V]

전선규격(KS IEC : 국가표준인증종합정보센터)
1.5 · 2.5 · 4 · 6 · 10 · 16 · 25 · 35 · 50 · 70 · 95
120 · 150 · 185 · 300 · 400 · 500 · 630[mm²]

02 교류회로

1) 교류의 값

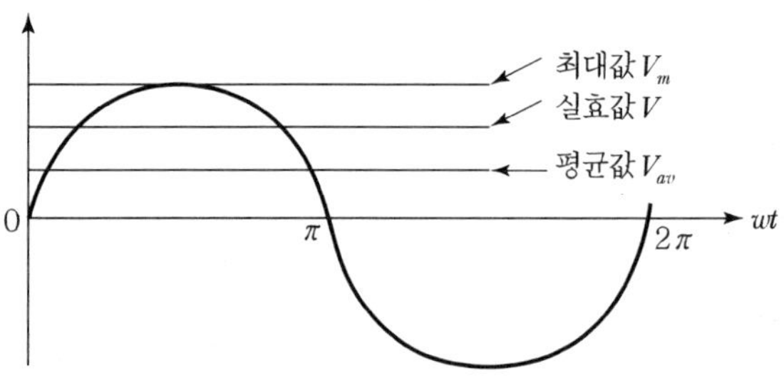

$$\frac{최대값}{실효값} = 파고율$$

$$\frac{실효값}{평균값} = 파형률$$

① **순시값**

$v = V_m \sin wt$[V], $i = I_m \sin wt$[A] (여기서, 각속도 $w = 2\pi f$[rad/s])

② **최대값** V_m

③ **실효값** $V = V_m \times \frac{1}{\sqrt{2}}$

④ **평균값** $V_{av} = V_m \times \frac{2}{\pi}$

2) 교류의 전력

구분	단상	3상
피상전력 P_a[VA]	$P_a = VI$[VA]	$P_a = 3V_P I_P = \sqrt{3}\, V_l I_l$[VA]
유효전력 P[W]	$P = VI\cos\theta$[W]	$P = 3V_P I_P \cos\theta = \sqrt{3}\, V_l I_l \cos\theta$[W]
무효전력 P_r[Var]	$P_r = VI\sin\theta$[Var]	$P_r = 3V_P I_P \sin\theta = \sqrt{3}\, V_l I_l \sin\theta$[Var]

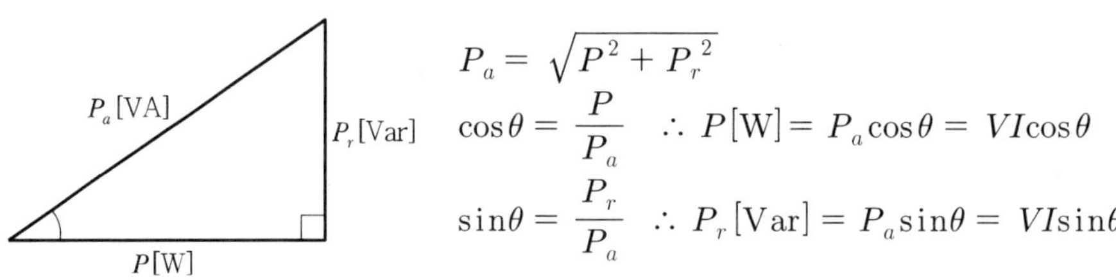

$$P_a = \sqrt{P^2 + P_r^2}$$

$$\cos\theta = \frac{P}{P_a} \quad \therefore P[\text{W}] = P_a \cos\theta = VI\cos\theta$$

$$\sin\theta = \frac{P_r}{P_a} \quad \therefore P_r[\text{Var}] = P_a \sin\theta = VI\sin\theta$$

03 자동제어

1) 논리회로

구 분	유접점 회로	논리회로	진리표
AND회로	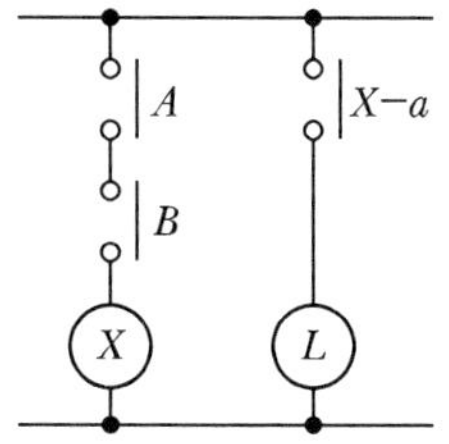 A, B, X−a, X, L	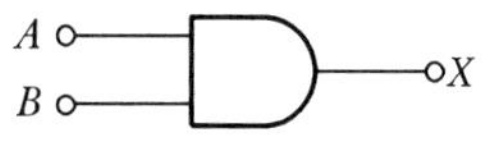 $X=A\cdot B$	A B X / 0 0 0 / 0 1 0 / 1 0 0 / 1 1 1
OR회로	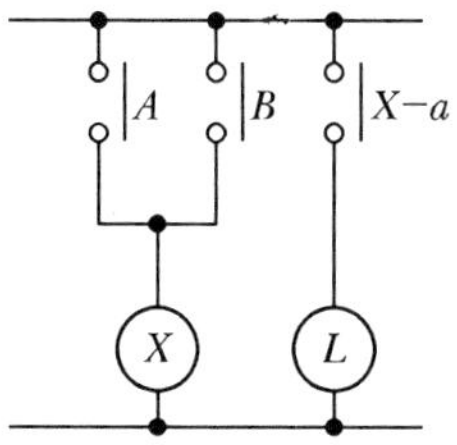 A, B, X−a, X, L	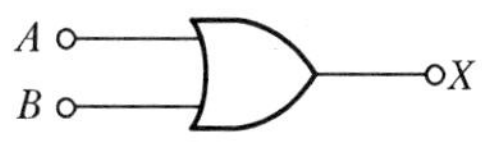 $X=A+B$	A B X / 0 0 0 / 0 1 1 / 1 0 1 / 1 1 1
NOT회로	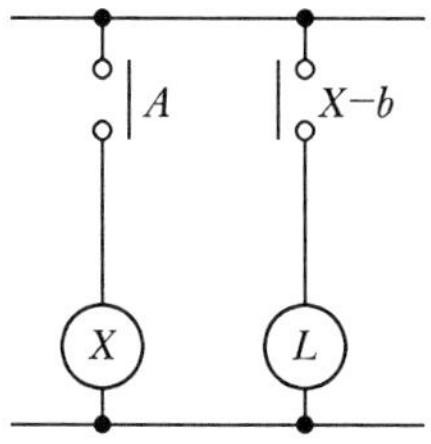 A, X−b, X, L	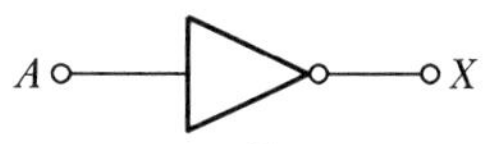 $X=\overline{A}$	A X / 0 1 / 1 0
NAND회로	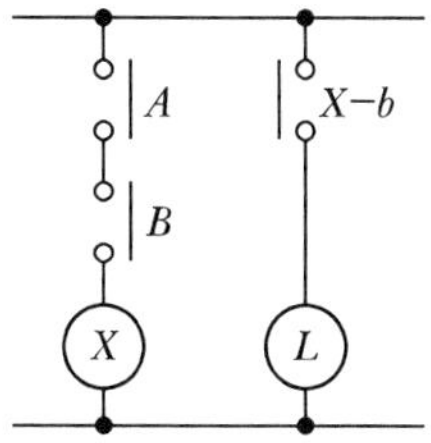 A, B, X−b, X, L	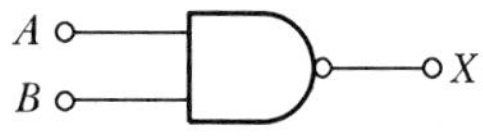 $X=\overline{A\cdot B}$	A B X / 0 0 1 / 0 1 1 / 1 0 1 / 1 1 0
NOR회로	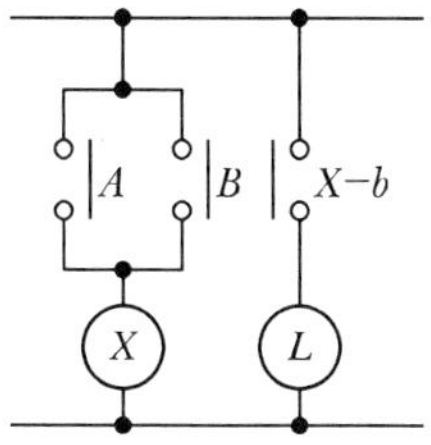 A, B, X−b, X, L	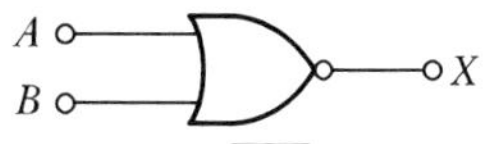 $X=\overline{A+B}$	A B X / 0 0 1 / 0 1 0 / 1 0 0 / 1 1 0

2) 부울대수

① $A+0=A$ $A \cdot 0=0$

② $A+1=1$ $A \cdot 1=A$

③ $A+A=A$ $A \cdot A=A$

④ $A+\overline{A}=1$ $A \cdot \overline{A}=0$

⑤ $\overline{\overline{A}}=A$ $\overline{\overline{\overline{A}}}=\overline{A}$(짝수 부정은 긍정, 홀수 부정은 부정)

04 전기화학

1) 전지의 종류

① **1차 전지**

한 번 소모되면 다시 쓸 수 없는 전지로 망간 전지 · 알칼리 전지 · 수은 전지 · 리튬 전지 등이 있다.

② **2차 전지**

충전하여 여러 번 쓸 수 있는 전지로 납축전지 · 니켈－카드뮴 전지 · 니켈－수소 전지, 리튬계 전지 등이 있다.

2) 충전방식

① **보통충전**

필요할 때마다 표준 시간율로 소정의 양을 충전하는 방식이다.

② **급속충전**

단시간에 보통 충전 전류의 2~3배의 전류로 충전하는 방식이다.

③ **세류충전**

항상 자기 방전량만을 충전하는 방식이다.

④ **부동충전**

축전지의 자기 방전을 충전함과 동시에 상용부하에 대한 전력 공급은 충전기가 부담하고, 일시적인 대전류 부하는 축전지가 공급하는 방식이다.

참고 **부동충전 방식의 충전기 2차 출력**

충전기 2차 출력[VA] = 표준전압[V] × 충전기 2차 충전전류[A]

충전기 2차 충전전류

$$충전기\,2차\,충전전류[A] = \frac{축전지\,정격용량[Ah]}{축전지\,공칭방전율[h]} + \frac{상시부하[VA]}{표준전압[V]}$$

축전지 공칭방전율

① 납(연) 축전지 : 10[h]

② 알칼리 축전지 : 5[h]

⑤ **균등충전**

각 축전지의 전압을 균등하게 하기 위하여 1~3개월마다 충전하는 것으로 1회 충전 시 약 10~12시간 충전하는 방식이다.

3) 축전지 용량

① $C = \frac{1}{L}KI[\mathrm{Ah}]$

여기서, L : 보수율 또는 용량저하율(0.8)

K : 용량환산시간 계수

I : 방전전류, 부하전류[A]

② 시간 경과에 따라 방전전류가 증가하는 경우

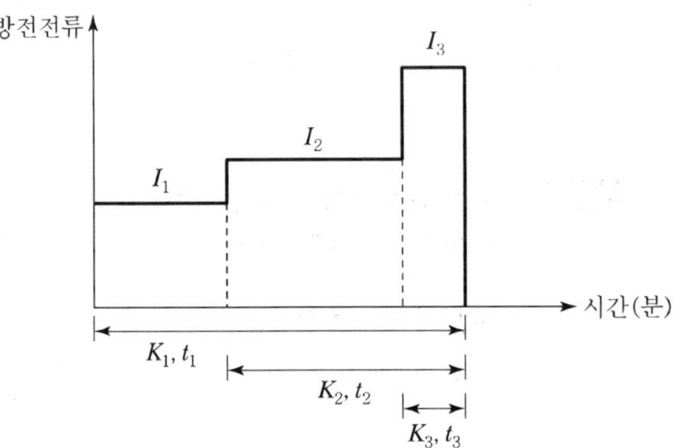

축전지 용량 $C = \frac{1}{L}\{K_1 I_1 + K_2(I_2 - I_1) + K_3(I_3 - I_2)\}$[Ah]

③ 시간 경과에 따라 방전전류가 감소하는 경우

방전전류 감소 직전까지 분리하여 축전지용량을 산정한 후 가장 큰 값을 적용한다.

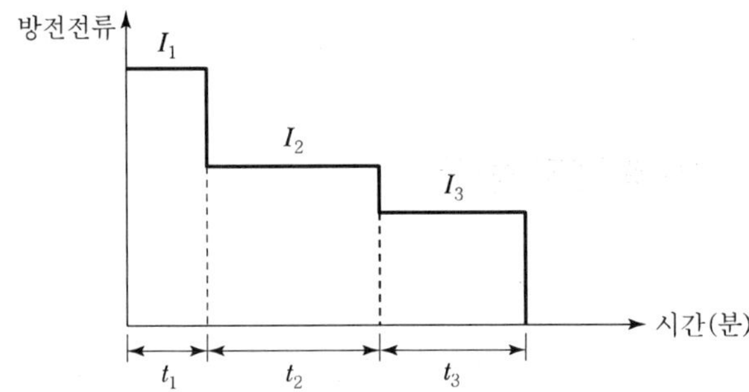

㉠ $C_1 = \frac{1}{L} K_1 I_1$[Ah]

㉡ $C_2 = \frac{1}{L}\{K_1 I_1 + K_2(I_2 - I_1)\}$[Ah]

(※ K_1 : $t_1 + t_2$ 시간 적용, K_2 : t_2 시간 적용)

㉢ $C_3 = \frac{1}{L}\{K_1 I_1 + K_2(I_2 - I_1) + K_3(I_3 - I_2)\}$[Ah]

(※ K_1 : $t_1 + t_2 + t_3$ 시간 적용, K_2 : $t_2 + t_3$ 시간 적용, K_3 : t_3 시간 적용)

㉣ C_1, C_2, C_3를 각각 계산한 후 가장 큰 값을 적용한다.

실전문제

01 | 문제 |

감지기 오작동으로 인하여 준비작동식 밸브가 개방되어 1차 측의 가압수가 2차 측으로 이동하였으나 스프링클러헤드는 개방되지 않았다. 밸브 2차 측 배관은 평상시 대기압 상태로서 배관 내의 체적은 3.2[m^3]이고 밸브 1차 측 압력은 5.8[kg$_f$/cm^2]이며, 물의 비중량은 9,800[N/m^3], 공기의 분자운동은 이상기체로서 온도 변화는 없다고 할 때 다음 물음에 답하시오.(단, 계산과정을 쓰고, 계산값은 소수점 셋째 자리에서 반올림하여 둘째 자리까지 구하시오.) 관17회

1 오작동으로 인하여 밸브 2차 측으로 넘어간 소화수의 양[m^3]을 구하시오.
2 밸브 2차 측 배관 내에 충수되는 유체의 무게[kN]를 구하시오.

Check

❶ 소화수의 양[m^3] : 보일의 법칙

$$P_1 V_1 = P_2 V_2$$

여기서, P_1 : 밸브 개방 전 절대압력
P_2 : 밸브 개방 후 절대압력
V_1 : 밸브 개방 전 공기의 체적
V_2 : 밸브 개방 후 공기의 체적

❷ 유체의 무게[kN]

$$F = \gamma V$$

여기서, F : 힘, 무게[N]
γ : 유체의 비중량[N/m^3]
V : 유체의 체적[m^3]

02 ❙ 문제 ❙

자동화재탐지설비의 감지기 배선을 등가 회로로 나타낸 다음 회로도를 참고하여 감지기 감시 상태의 감시전류 I_1[mA]과 감지기 작동 시 작동전류 I_2[mA]를 계산하시오.

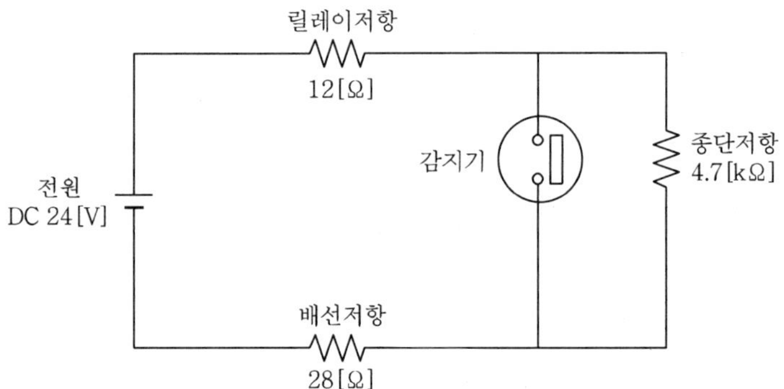

Check **저항의 연결**

직렬연결	병렬연결
R_1, R_2, V_1, V_2, V 전체 전류 $I = I_1 = I_2$ 전체전압 $V = V_1 + V_2$ 합성저항 $R = R_1 + R_2$	I, I_1, I_2, R_1, R_2 전체전압 $V = V_1 = V_2$ 전체 전류 $I = I_1 + I_2$ 합성저항 $R = \dfrac{1}{\dfrac{1}{R_1} + \dfrac{1}{R_2}} = \dfrac{R_1 \times R_2}{R_1 + R_2}$

03 ▮문제▮

지하 1층, 지상 5층인 공장에 자동화재탐지설비가 설치되어 있다. 다음 조건을 참고하여 각 물음에 알맞게 답하시오.

- 표시등은 40[mA], 경종은 50[mA]의 전류가 소모된다.
- P형 수신기에서 공장까지의 거리는 500[m]이다.
- 각 층의 면적은 동일하며, 가로 30[m], 세로 40[m]이며, 주된 출입구에서 내부 전체가 보이는 구조는 아니다.
- 수신기 전압은 $DC\,24$[V]이며, 기타 다른 조건은 무시한다.

1 화재 발생 시 최대 부하전류는 몇 [A]인가?

2 2.5[mm²]의 전선을 사용한 경우 전압강하[V]를 계산하시오.

3 최대 부하전류가 소비될 경우 경종의 작동 여부를 판단하시오.

Check

❶ 경계구역

① 경계구역이란, 특정소방대상물 중 화재신호를 발신하고, 그 신호를 수신 및 유효하게 제어할 수 있는 구역을 말한다.

② 하나의 경계구역의 면적은 600[m^2] 이하로 하고, 한 변의 길이는 50[m] 이하로 할 것. 다만, 해당 특정소방대상물의 주된 출입구에서 그 내부 전체가 보이는 것에 있어서는 한 변의 길이가 50[m]의 범위 내에서 1,000[m^2] 이하로 할 수 있다.

❷ 전압강하(직류 2선식, 단상 2선식)

$$e = \frac{35.6LI}{1{,}000A}[\mathrm{V}]$$

여기서, A : 전선 도체의 단면적[mm^2]

L : 전선 1본의 길이[m]

I : 부하전류[A]

04 ▮문제▮

자동화재탐지설비의 감지기 회로의 길이가 500[m]이고, 종단에 8[kΩ]의 저항이 연결되어 있는 회로에 24[V]의 전압이 가해졌을 경우 도통시험 시 전류[mA]를 계산하시오.(단, 동선의 저항률은 1.69×10^{-8}[Ω · m]이며, 동선의 단면적은 2.5[mm^2]이고, 접촉저항 등은 없다고 본다.)

05 Ⅰ문제Ⅰ

다음 조건의 회로에서 벨 · 표시등 공통선의 소요전류[A]와 KS IEC 규격에 의한 전선의 단면적[mm²]을 구하시오. 기107회

- 수신기 : P형 25회로, 24[V]
- 전압 강하 : 20[%]
- 수신기와 선로의 길이는 500[m]
- 벨의 소요전류 : 0.06[A]
- 표시등의 소요전류 : 0.05[A]

Check **전압강하**

구 분	계수	전압강하	전선 단면적
단상 3선식 직류 3선식 3상 4선식	1	$e_1 = \dfrac{17.8LI}{1,000A}$[V]	$A = \dfrac{17.8LI}{1,000e_1}$[mm²]
단상 2선식 직류 2선식	2	$e_2 = \dfrac{35.6LI}{1,000A}$[V]	$A = \dfrac{35.6LI}{1,000e_2}$[mm²]
3상 3선식	$\sqrt{3}$	$e_3 = \dfrac{30.8LI}{1,000A}$[V]	$A = \dfrac{30.8LI}{1,000e_3}$[mm²]

여기서, A : 전선 도체의 단면적[mm²]
L : 전선 1본의 길이[m]
I : 부하전류[A]
e_1 : 외측선 또는 각 상의 1선과 중성선 사이의 전압강하[V]
e_2 · e_3 : 각 선간의 전압강하[V]

참고 **전선규격(KS IEC : 국가표준인증종합정보센터)**

1.5 · 2.5 · 4 · 6 · 10 · 16 · 25 · 35 · 50 · 70 · 95
120 · 150 · 185 · 300 · 400 · 500 · 630[mm²]

06 | 문제 |

3상 3선식 380[V]로 수전하는 곳의 부하전력이 95[kW], 역률이 85[%], 배선의 길이는 150[m]이며, 전압강하를 8[%]까지 허용하는 경우 전선의 단면적[mm^2]을 계산하시오.

07 | 문제 |

수신기로부터 100[m] 떨어진 위치에 모터사이렌이 설치되어 있다. 이 모터사이렌이 명동될 때 사이렌의 단자전압[V]을 계산하시오.(단, 수신기의 정전압 출력은 24[V], 전선은 2.5[mm^2] HFIX 전선이며, 사이렌의 정격전력은 48[W], 전압 변동에 의한 부하전류의 변동은 무시한다. 또한 동선의 전기저항은 [km]당 8.75[Ω]이다.)

Check **전압강하 공식유도**

❶ 옴의 법칙 $V[\mathrm{V}] = IR = I \cdot \rho \cdot \dfrac{L}{A}$

① I: 부하전류[A]

② ρ: 고유저항(순동 $\rho = \dfrac{1}{58}[\Omega \cdot \mathrm{mm}^2/\mathrm{m}]$)

- 표준 경동선의 도전율 97[%]를 적용하면
- $\rho = \dfrac{1}{58} \times \dfrac{1}{0.97} = 0.0178[\Omega \cdot \mathrm{mm}^2/\mathrm{m}]$

③ L: 전선의 길이[m] ④ A: 전선 도체의 단면적[mm^2]

❷ 직류 2선식

$$V = 2IR = 2 \times I \times \rho \times \frac{L}{A} = 2 \times 0.0178 \times \frac{LI}{A} = \frac{35.6LI}{1{,}000A}[\mathrm{V}]$$

08 ┃문제┃

시각경보기(소비전류 250[mA]) 5개를 수신기로부터 각각 40[m] 간격으로 병렬로 설치하였을 때 마지막 시각경보기에 공급되는 전압[V]을 계산하시오.(단, 전선의 단면적은 2[mm²], 수신기에서 공급 전압은 DC 24[V], 다른 조건은 무시한다.) 관13회

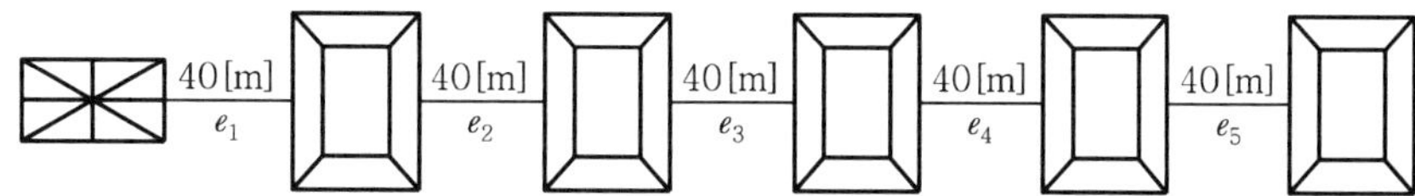

Check **전압강하**

구 분	계수	전압강하	전선 단면적
단상 3선식 직류 3선식 3상 4선식	1	$e_1 = \frac{17.8LI}{1,000A}$[V]	$A = \frac{17.8LI}{1,000e_1}$[mm^2]
단상 2선식 직류 2선식	2	$e_2 = \frac{35.6LI}{1,000A}$[V]	$A = \frac{35.6LI}{1,000e_2}$[mm^2]
3상 3선식	$\sqrt{3}$	$e_3 = \frac{30.8LI}{1,000A}$[V]	$A = \frac{30.8LI}{1,000e_3}$[mm^2]

여기서, A : 전선 도체의 단면적[mm^2]
L : 전선 1본의 길이[m]
I : 부하전류[A]
e_1 : 외측선 또는 각 상의 1선과 중성선 사이의 전압강하[V]
$e_2 \cdot e_3$: 각 선 간의 전압강하[V]

09 ❙ 문제 ❙

소방용 가압송수장치인 펌프에 대한 다음 물음에 답하시오.(단, 2항과 3은 전기기술기준 및 판단기준을 적용할 것) 기108회

1 소방용 펌프의 유량이 6[m³/min], 전양정이 15[m], 효율이 0.85, 전달계수가 1.2일 때 다음 표를 참고하여 전동기의 용량[kW]을 선정하시오.

전동기 규격[kW]	3.7	5.5	7.5	11	15	18.5	22	30	37

2 1항에서 선정된 전동기의 배선(3상 4선식 380V/220V)의 최소 전선 굵기[mm²]를 다음의 절연전선 허용전류표를 기준하여 선정하시오.(단, 전선의 굵기를 계산할 때 역률과 전압강하는 무시한다.)

전선 굵기[mm²]	2.5	4	6	10	16	25	35	50	70
허용전류[A]	26	35	45	61	81	106	131	158	200

3 2항에서 선정된 허용전류를 기준으로 전동기 배선용 과전류 차단기의 최대 표준 정격전류[A]를 계산하시오.

Check **전기설비기준**

① I_A(허용전류)$= KI_M$(전동기 등의 정격전류)

② $\Sigma I_M \leq 50$[A]인 경우 $K = 1.25$

③ $\Sigma I_M > 50$[A]인 경우 $K = 1.1$

10 | 문제 |

비상콘센트설비의 정격전압이 220[V]일 경우 다음 물음에 답하시오.

1 절연된 충전부와 외함 사이의 누설전류는 몇 [mA] 이하이어야 하는가?

2 절연내력시험을 실시하기 위한 실효전압은 몇 [V]로 하여야 하는가?

Check

❶ $절연저항[\Omega] = \dfrac{가한전압[V]}{누설전류[A]}$

❷ 전원부와 외함 사이의 절연저항 및 절연내력 기준

① 절연저항은 전원부와 외함 사이를 500[V] 절연저항계로 측정할 때 20[MΩ] 이상일 것

② 절연내력은 전원부와 외함 사이에 정격전압이 150[V] 이하인 경우에는 1,000[V]의 실효전압을, 정격전압이 150[V] 이상인 경우에는 그 정격전압에 2를 곱하여 1,000을 더한 실효전압을 가하는 시험에서 1분 이상 견디는 것으로 할 것

정격전압	60[V] 이하	60[V] 초과 150[V] 이하	150[V] 초과
실효전압	500[V]	1,000[V]	1,000[V] + 정격전압[V] × 2
판정기준	1분 이상 견딜 것		

참고 **자동화재탐지설비**

감지기회로 및 부속회로의 전로와 대지 사이 및 배선 상호 간의 절연저항은 1경계구역마다 직류 250[V]의 절연저항 측정기를 사용하여 측정한 절연저항이 0.1[MΩ] 이상이 되도록 할 것

11 ❙문제❙

폭 15[m], 길이 20[m]인 사무실의 조도를 400[lx]로 할 경우 전 광속 4,900[lm]의 형광등 40[W/2등용]을 시설할 경우 비상 발전기에 연결되는 부하[VA]와 분기 회로 수를 계산하시오.(단, 사용전압은 220[V]이고, 40[W]형광등 1등 당 전류는 0.15[A], 조명률은 50[%], 감광보상률은 1.3, 회로에 설치하는 차단기는 과전류 차단기를 설치한다.)

Check **조명 계산 방법**

❶ $FUN = DAE$

여기서, F: 램프 한 개에 대한 광속[lm], U: 조명률[%]

N: 등기구 수 또는 램프 수, A: 작업면의 면적[m²]

D: 감광보상률$\left(= \frac{1}{M}\right)$, M: 유지율(보수율)

E: 평균 조도[lx](작업면에서의 조도)

❷ 등기구 수 $N[개] = \frac{DAE}{FU}$

실지수 K

❶ 실지수란 실의 크기와 형태에 대한 광속의 이용 척도를 나타내는 값으로 실지수가 클수록 조명률이 높아짐을 의미한다.

❷ $K = \frac{X \times Y}{H(X + Y)}$

여기서, H : 작업면에서 광원까지의 높이[m]

X: 실의 가로길이[m]

Y: 실의 세로길이[m]

12 | 문제 |

역률 0.6, 출력 20[kW]인 전동기 부하에 병렬로 전력용 콘덴서를 설치하여 역률을 0.9로 개선하려고 한다. 전력용 콘덴서 용량은 몇 [kVA]가 필요한가?

Check **전동기의 역률 개선**

❶ 콘덴서의 접속 : 부하(전동기)에 병렬로 접속

❷ 콘덴서 용량 계산

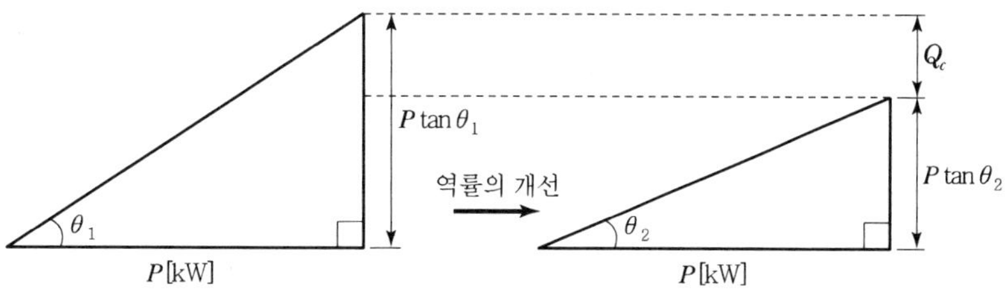

$$Q_c = \mathrm{P}r_1 - \mathrm{P}r_2 (\mathrm{P}r = P\tan\theta)$$

$$= P(\tan\theta_1 - \tan\theta_2)$$

$$= P\left(\frac{\sin\theta_1}{\cos\theta_1} - \frac{\sin\theta_2}{\cos\theta_2}\right)$$

$$= P\left(\frac{\sqrt{1-\cos^2\theta_1}}{\cos\theta_1} - \frac{\sqrt{1-\cos^2\theta_2}}{\cos\theta_2}\right)$$

여기서, Q_c: 콘덴서 용량[kVA]

P: 유효전력[kW]

$\cos\theta_1$: 개선 전 역률

$\cos\theta_2$: 개선 후 역률

13 | 문제 |

아래 조건을 참고하여 발전기 용량 P[kW]을 계산하시오. 관14회

부하의 종류	출력 [kW]	전부하 특성				시동 특성		시동 순서	비고
		역률 [%]	효율 [%]	입력 [kVA]	입력 [kW]	역률 [%]	입력 [kVA]		
비상조명등	8	100	–	8	8	–	8	1	
스프링클러펌프	45	85	88	60.1	51.1	40	140	2	$Y-\Delta$기동
옥내소화전펌프	22	85	86	30.1	25.6	40	46	3	$Y-\Delta$기동
제연급기팬	7.5	85	87	10.1	8.6	40	61		직입기동
합계	82.5	–	–	108.3	93.3	–	255		

- 발전기 용량 계산은 PG 방식을 적용하고, 고조파 부하는 고려하지 않음
- 기동방식에 따른 계수는 1.0을 적용
- 표준역률 : 0.8, 허용전압강하 : 25[%]
  발전기 리액턴스 : 20[%], 과부하 내량 : 1.2

Check **발전기 용량(소방부하)**

❶ $PG_1[\text{kVA}] = \dfrac{\sum W_L \times L}{\cos\theta_G}$

❷ $PG_2[\text{kVA}] = \dfrac{1-\Delta E}{\Delta E} \times X_d \times Q_L$

❸ $PG_3[\text{kVA}] = \dfrac{\sum W_o + (Q_L \times \cos\theta_{QL})}{K \times \cos\theta_G}$

실전문제

14 ❙ 문제 ❙

소화설비에 적용되는 권선형 유도전동기가 3상 평형부하로서 다음과 같이 Y－Y결선 되어 있는 경우, 3상 권선형 유도전동기의 피상전력[kVA], 역률, 유효전력[kW] 및 무효전력[kVar]을 계산하시오.(단, 상전압의 크기는 200[V] 유도전동기 한 상의 임피던스 $Z=8+j6[\Omega]$이다.) 기90회

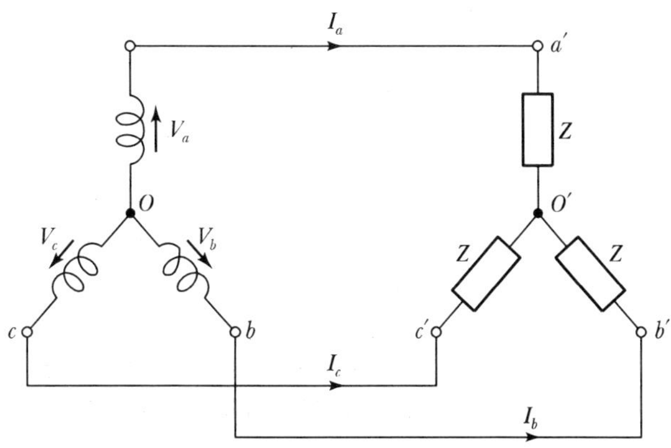

Check 교류의 전력

구분	단상	3상
피상전력 P_a[VA]	$P_a = VI$[VA]	$P_a = 3V_P I_P = \sqrt{3}\,V_l I_l$[VA]
유효전력 P[W]	$P = VI\cos\theta$[W]	$P = 3V_P I_P\cos\theta = \sqrt{3}\,V_l I_l\cos\theta$[W]
무효전력 P_r[Var]	$P_r = VI\sin\theta$[Var]	$P_r = 3V_P I_P\sin\theta = \sqrt{3}\,V_l I_l\sin\theta$[Var]

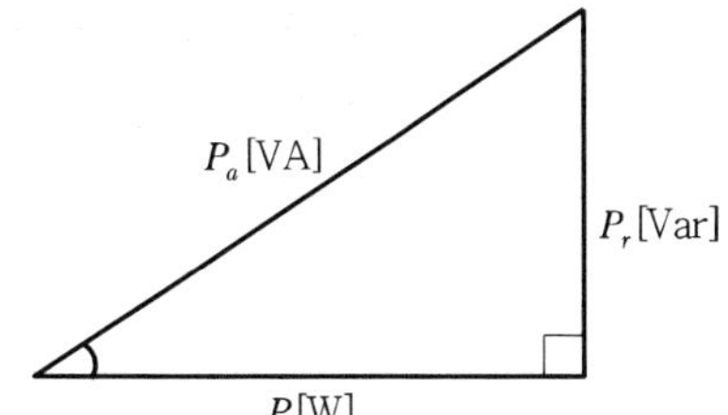

$$P_a = \sqrt{P^2 + P_r^{\,2}}$$

$$\cos\theta = \frac{P}{P_a} \quad \therefore P[\text{W}] = P_a\cos\theta = VI\cos\theta$$

$$\sin\theta = \frac{P_r}{P_a} \quad \therefore P_r[\text{Var}] = P_a\sin\theta = VI\sin\theta$$

15 | 문제 |

할로겐화합물소화설비에 화재감지기를 설치하였다. 감지기 배선 방식을 논리회로로 표현할 경우, 논리기호, 논리식, 유접점회로, 진리표로 답하시오.

Check **교차회로**

❶ 정의

하나의 준비작동식 유수검지장치 또는 일제개방밸브의 담당구역 내에 2 이상의 화재감지기회로를 설치하고 인접한 2 이상의 화재감지기가 동시에 감지되는 때에 준비작동식 유수검지장치 또는 일제개방밸브가 개방·작동되는 방식

가스계소화설비 · 미분무소화설비 하나의 방호구역 내에 2 이상의 화재감지기회로를 설치하고 인접한 2 이상의 화재감지기가 동시에 감지되는 때에는 **이산화탄소소화설비가 작동하여 소화약제가 방출되는 방식을 말한다.** **[할론소화설비 · 할로겐화합물 및 불활성기체 소화설비 · 분말소화설비]** **[미분무소화설비가 작동하여 소화수가 방출되는 방식을 말한다]**

❷ 적용설비

① 준비작동식 스프링클러설비 ② 일제살수식 스프링클러설비
③ 개방식 미분무소화설비 ④ 이산화탄소소화설비
⑤ 할론소화설비
⑥ 할로겐화합물 및 불활성기체소화설비
⑦ 분말소화설비 ⑧ 캐비닛형자동소화장치

❸ 사용할 수 없는 감지기

① 불꽃감지기 ② 정온식 감지선형 감지기
③ 분포형 감지기 ④ 복합형 감지기
⑤ 광전식 분리형 감지기 ⑥ 아날로그방식의 감지기
⑦ 다신호방식의 감지기 ⑧ 축적방식의 감지기

16 ❙ 문제 ❙

다음의 회로도를 참고하여 각 물음에 답하시오.

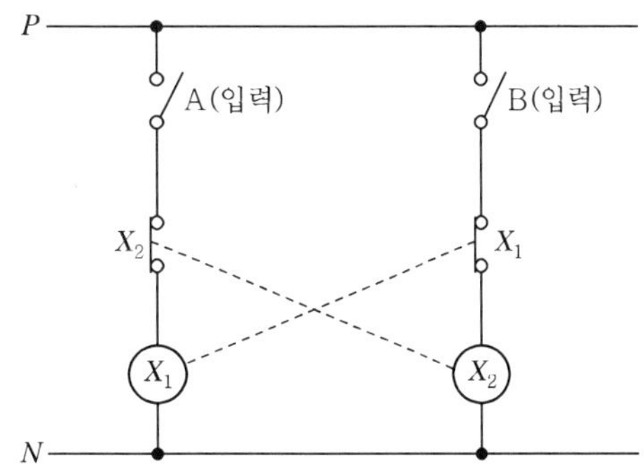

1. 논리기호를 사용하여 논리회로로 나타내시오.
2. 입력 신호에 대한 동작 상황을 타임차트로 나타내시오.
3. 회로도에서 접점 X_1과 X_2의 관계를 무엇이라 하는가?
4. 출력 신호를 논리식으로 나타내시오.

Check **인터록(Inter lock)회로**

❶ 회로의 단락 사고를 방지하기 위해 관련 기기의 동시 작동을 금지하는 회로

❷

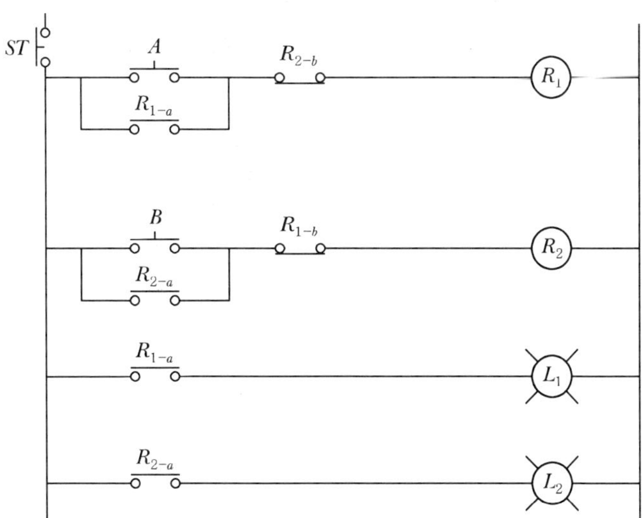

17 ❙문제❙

다음의 표와 같이 두 입력 A와 B가 주어질 때 주어진 논리소자의 명칭과 출력에 대한 진리표를 완성하시오.

입력	AND							
AB								
00	0							
01	0							
10	0							
11	1							

18 ❙문제❙

다음 회로도는 10개의 접점을 가진 스위칭 회로를 나타낸 것이다. 이 회로의 접점수를 최소화하여 논리식과 유접점 회로로 나타내시오.

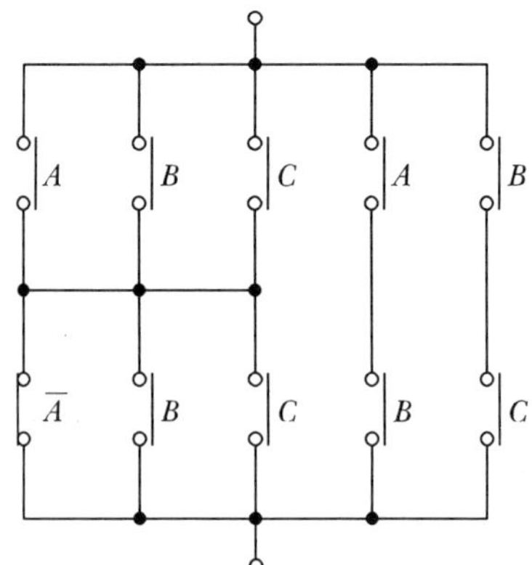

19 | 문제 |

35층의 고층 건축물에 설치하는 자동화재탐지설비 수신기의 부하 특성이 다음과 같을 경우 수신기에 내장하는 축전지의 용량[Ah]을 선정하시오. 기107회

- 수신기가 담당하는 부하전류

✔ 평상 시 수신기 감지전류 $I_1 = 2.5$[A]
✔ 화재 시 수신기가 소비하는 전류의 합 $I_2 = 9.5$[A]

- 사용할 축전지의 사양과 환경조건

✔ 사용축전지 : HS형 연축전지
✔ 최저 전지온도 : 25[℃]
✔ 허용 최저전압 : 1.7[V]
✔ 보수율 : 0.8

- 제조사에서 제공한 방전시간에 따른 용량환산시간계수는 다음과 같다.

방전시간(분)	10	20	30	40	50	60	70	80	90	100
용량환산시간계수	0.6	0.8	1.0	1.2	1.4	1.6	1.8	1.9	2.0	2.1

Check **축전지 용량**

$$C = \frac{1}{L}KI[\text{Ah}]$$

여기서, L : 보수율 또는 용량저하율(0.8)
K : 용량환산시간 계수
I : 방전전류, 부하전류[A]

참고 **고층 건축물의 화재안전기술기준**

자동화재탐지설비에는 그 설비에 대한 감시상태를 60분간 지속한 후 유효하게 30분 이상 경보할 수 있는 축전지설비 또는 전기저장장치를 설치하여야 한다.

20 | 문제 |

사용되는 부하의 방전 전류 – 시간 특성이 다음 그림과 같고, 축전지의 최저사용 전압이 1.06[V]일 때 축전지 용량[Ah]을 계산하시오.

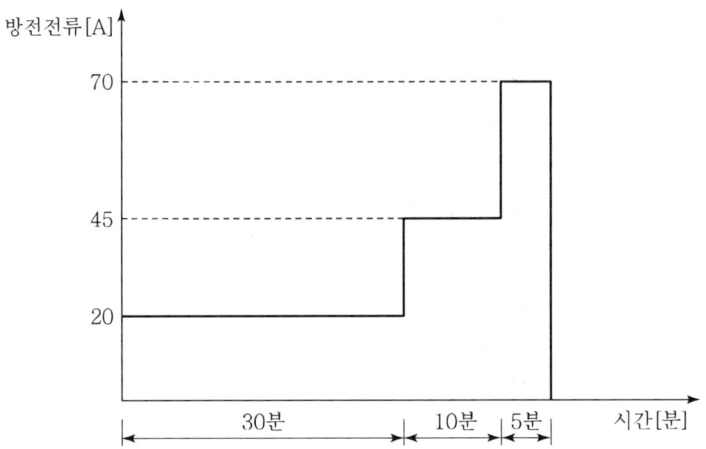

▼ 용량환산시간 계수 K

최저사용전압 [V/cell]	0.1분	1분	5분	10분	20분	30분	60분	120분
1.10	0.30	0.46	0.56	0.66	0.87	1.04	1.56	2.60
1.06	0.24	0.33	0.45	0.53	0.70	0.81	1.40	2.45
1.00	0.20	0.27	0.37	0.45	0.60	0.77	1.30	2.30

21 ❙문제❙

옥내소화전설비의 감시제어반과 겸용으로 사용되는 복합형 수신기의 상용전원으로는 교류전압 옥내 간선을 사용하고, 비상전원으로는 연축전지를 사용할 경우 연축전지 용량[Ah]을 다음 조건을 참조하여 계산하시오.(단, 평상 시 또는 화재 시 동시에 작동하는 기기별 수량 및 소비전류는 다음과 같고, 보수율은 0.8을 적용하며, 기타 조건은 무시한다.) 기97회

기 기 명	수량[개]	1개 당 소비전류[mA]
수신기	1	2,000
경종	50	50
발신기 위치표시등	50	30
시각경보기	50	140
옥내소화전 기동표시등	50	50

Check

축전지 용량

$$C = \frac{1}{L}KI[\mathrm{Ah}]$$

여기서, L : 보수율 또는 용량저하율(0.8)
K : 용량환산시간 계수
I : 방전전류, 부하전류[A]

22 ❙ 문제 ❙

비상용으로 사용하는 조명 부하(40[W] 120등, 60[W] 50등)의 방전 시간은 30분이며, 연축전지 HS형 54셀, 허용 최저전압 90[V], 최저 축전지 온도 5[℃]일 때 다음 물음에 답하시오.(단, 사용전압은 100[V], 연축전지의 용량환산시간 K는 다음 표와 같으며, 보수율은 0.8을 적용한다.)〈연축전지의 용량환산시간 K(상단은 900 ~ 2,000[Ah], 하단은 900[Ah] 이하)〉

형식	온도 [℃]	10분			30분		
		1.6[V]	1.7[V]	1.8[V]	1.6[V]	1.7[V]	1.8[V]
CS	25	0.9 0.8	1.15 1.06	1.6 1.42	1.41 1.34	1.6 1.55	2 1.88
	5	1.15 1.1	1.35 1.25	2 1.8	1.75 1.75	1.85 1.8	2.45 2.35
	−5	1.35 1.25	1.6 1.5	2.65 2.25	2.05 2.05	2.2 2.2	3.1 3
HS	25	0.58	0.7	0.93	1.03	1.14	1.38
	5	0.62	0.74	1.05	1.11	1.22	1.54
	−5	0.68	0.82	1.15	1.2	1.35	1.68

1 축전지의 공칭전압[V/cell](셀당 전압)을 계산하시오.

2 축전지 용량[Ah]을 계산하시오

Check

❶ 축전지 공칭전압(셀당 전압) $= \dfrac{\text{허용최저전압}}{\text{셀수}}$

❷ $C = \dfrac{1}{L}KI[\text{Ah}]$

여기서, L : 보수율 또는 용량저하율(0.8)
K: 용량환산시간 계수
I : 방전전류, 부하전류[A]

23 ❙ 문제 ❙

연축전지의 정격용량이 250[Ah], 상시부하가 8[kW], 표준전압이 100[V]인 부동충전방식의 충전기 2차 충전전류[A]와 2차 출력[kVA]를 계산하시오.

Check **충전방식**

❶ 보통충전 : 필요할 때마다 표준 시간율로 소정의 양을 충전하는 방식
❷ 급속충전 : 단시간에 보통 충전 전류의 2~3배의 전류로 충전하는 방식
❸ 세류충전 : 항상 자기 방전량만을 충전하는 방식
❹ 부동충전 : 축전지의 자기 방전을 충전함과 동시에 상용부하에 대한 전력 공급은 충전기가 부담하고, 일시적인 대전류 부하는 축전지가 공급하는 방식

• 부동충전 방식의 충전기 2차 출력
충전기 2차 출력[VA]=표준전압[V] × 충전기 2차 충전전류[A]

• 충전기 2차 충전전류

$$충전기 2차 충전전류[A] = \frac{축전지 정격용량[Ah]}{축전지 공칭방전율[h]} + \frac{상시부하[VA]}{표준전압[V]}$$

• 축전지 공칭방전율
① 납(연) 축전지 : 10[h]
② 알칼리 축전지 : 5[h]

❺ 균등충전
각 축전지의 전압을 균등하게 하기 위하여 1~3개월마다 충전하는 것으로 1회 충전 시 약 10~12시간 충전하는 방식

24 | 문제 |

3상 유도전동기의 Y-△ 기동제어회로 중 하나이다. 물음에 답하시오. 관22회

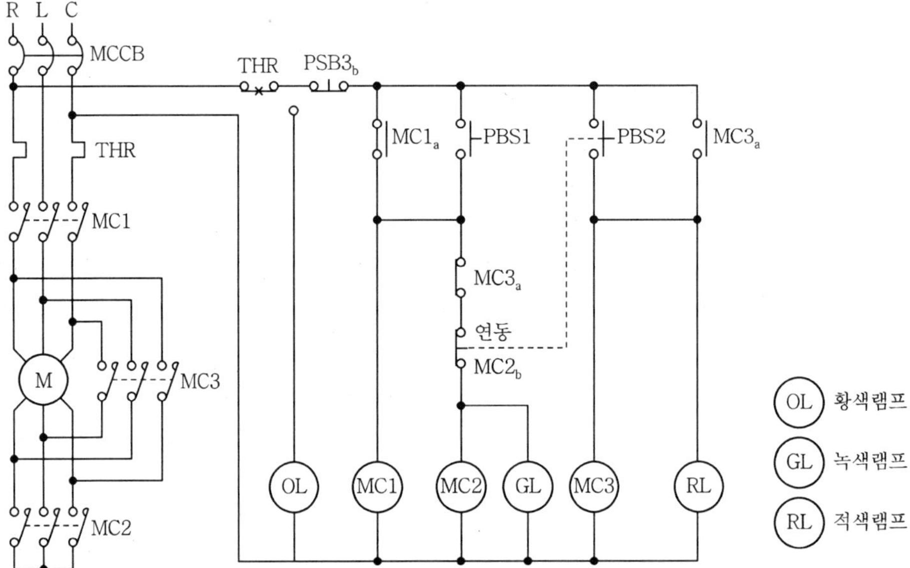

1. Y-△ 기동제어회로를 사용하는 가장 큰 이유를 쓰시오.
2. Y결선에서의 기동전류는 △결선에 비해 몇 배가 되는지 유도과정을 쓰시오.
3. 전동기가 △결선으로 운전되고 있을 때, 점등되는 램프를 쓰시오.
4. 도면에서 THR의 명칭과 회로에서의 역할을 쓰시오.

PART

04

수계소화설비

01 유효수량

소화설비	수원 계산
옥내소화전설비 스프링클러설비 간이스프링클러설비 옥외소화전설비	$Q[l] = N \times$ 방사량 $[l/\text{min} \cdot$ 개$] \times T[\text{min}]$
화재조기진압용 스프링클러설비	$Q[l] = 12 \times K\sqrt{10P} \times 60$
물분무소화설비	$Q[l] = A[\text{m}^2] \times$ 방사량 $[l/\text{min} \cdot \text{m}^2] \times T[\text{min}]$
미분무소화설비	$Q[\text{m}^3] = NDTS + V$
포소화설비	① 화재안전기술기준 : 수원의 양 ② 위험물안전관리에 관한 세부기준 : 포수용액의 양

1) 옥내소화전설비

29층 이하	$Q[l] = N \times 130[l/\text{min}] \times 20[\text{min}]$	N : 옥내소화전의 설치개수가 가장 많은 층의 설치개수 • 29층 이하 : 최대 2개 • 30층 이상 : 최대 5개
30층 이상 49층 이하	$Q[l] = N \times 130[l/\text{min}] \times 40[\text{min}]$	
50층 이상	$Q[l] = N \times 130[l/\text{min}] \times 60[\text{min}]$	
터널	$Q[l] = N \times 190[l/\text{min}] \times 40[\text{min}]$	N : 2개(3차로 이하) 3개(4차로 이상)

① 방수구 설치기준

특정소방대상물의 층마다 설치하되, 해당 특정소방대상물의 각 부분으로부터 하나의 옥내소화전 방수구까지의 수평거리가 25[m](호스릴옥내소화전설비를 포함한다.) 이하가 되도록 할 것. 다만, 복층형 구조의 공동주택의 경우에는 세대의 출입구가 설치된 층에만 설치할 수 있다.

② 방수구 설치개수

㉠ 방수구 간 거리(S)

$$S = 2R\cos 45° = \sqrt{2}\,R = \sqrt{2} \times 25 = 35.35[\text{m}]$$

㉡ 방수구 설치개수(N)

$$N = N_1 \times N_2$$

• 가로열 개수 $N_1 = \dfrac{\text{가로길이}}{S}$

• 세로열 개수 $N_2 = \dfrac{\text{세로길이}}{S}$

2) 옥외소화전설비

$Q[l] = N \times 350[l/\text{min}] \times 20[\text{min}]$ 이상

여기서, N : 옥외소화전의 설치 개수(최대 2개)

350[l/min] : 소화펌프의 1분당 토출량

① 호스접결구는 지면으로부터 높이 0.5[m] 이상 1[m] 이하의 위치에 설치하고 특정소방대상물의 각 부분으로부터 하나의 호스접결구까지의 수평거리가 40[m] 이하가 되도록 설치하여야 한다.

② 설치개수 $N = \dfrac{\text{건물의 둘레길이[m]}}{80[\text{m}]}$

3) 스프링클러설비

① 폐쇄형 스프링클러헤드를 사용하는 경우

$Q[l] = N \times 80[l/\text{min}] \times T[\text{min}]$ 이상

여기서, N : 설치장소별 스프링클러헤드의 기준개수

80[l/min] : 소화펌프의 1분당 토출량

T : 20[min](29층 이하)

40[min](30층 이상 49층 이하)

60[min](50층 이상)

▼ 스프링클러설비의 기준개수

스프링클러설비의 설치장소			기준개수
10층 이하 (지하층 제외)	공장 · 창고 (랙크식 창고 포함)	특수가연물을 저장 · 취급하는 것	30개
		그 밖의 것	20개
	근린생활시설 · 판매시설 · 운수시설 · 복합건축물	판매시설 · 복합건축물 (판매시설이 설치된 복합건축물)	30개
		그 밖의 것	20개
	그 밖의 것	헤드의 부착 높이가 8[m] 이상	20개
		헤드의 부착 높이가 8[m] 미만	10개
11층 이상(지하층 제외 · 아파트 제외) · 지하가 · 지하역사			30개
아파트(층수에 관계없음)			10개

② **개방형 스프링클러헤드를 사용하는 경우**

㉠ 방수구역에 설치된 헤드의 개수가 30개 이하인 경우

$Q[\mathrm{m}^3] = N \times 1.6$ 이상

㉡ 방수구역에 설치된 헤드의 개수가 30개를 초과하는 경우

$Q[l]$ = 가압송수장치의 1분당 송수량 × 20[min]

참고 **가압송수장치 1분당 송수량(q)**

$q = q' \times N\,[l/\mathrm{min}]$

여기서, q' : 스프링클러헤드의 방수량[l/min · 개]

$q' = K\sqrt{P\,[\mathrm{kg_f/cm^2}]} = K\sqrt{10P\,[\mathrm{MPa}]}$

N : 스프링클러헤드 설치개수[개]

4) 간이스프링클러설비

① **특정소방대상물**

$Q[l] = 2 \times 50[l/\mathrm{min}] \times 10[\mathrm{min}]$ 이상

② **근린생활시설 · 생활형 숙박시설 · 복합건축물**

$Q[l] = 5 \times 50[l/\mathrm{min}] \times 20[\mathrm{min}]$ 이상

참고

- 근린생활시설로 사용하는 부분의 바닥면적 합계가 1천[m^2] 이상인 것은 모든 층
- 숙박시설 중 생활형 숙박시설로서 해당 용도로 사용되는 바닥면적의 합계가 600[m^2] 이상인 것
- 복합건축물로서 연면적 1천[m^2] 이상인 것은 모든 층

⇨ 복합건축물 : 하나의 건축물이 근린생활시설, 판매시설, 업무시설, 숙박시설 또는 위락시설의 용도와 주택의 용도로 함께 사용되는 것

③ **주차장에 표준반응형 스프링클러헤드를 사용할 경우 헤드 1개의 방수량**

: 80[l/min] 이상

5) 화재조기진압용 스프링클러설비 기98회

$Q[l] = 12 \times K\sqrt{10P} \times 60$ 이상

여기서, Q : 수원의 양$[l]$, K : 상수$[l/\text{min}/(\text{MPa})^{1/2}]$

P : 헤드선단의 압력[MPa]

▼ 화재조기진압용 스프링클러헤드의 최소방사압력[MPa] 기98회

최대층고	최대저장높이	화재조기진압용 스프링클러헤드				
		$K=360$ 하향식	$K=320$ 하향식	$K=240$ 하향식	$K=240$ 상향식	$K=200$ 하향식
13.7[m]	12.2[m]	0.28	0.28	–	–	–
13.7[m]	10.7[m]	0.28	0.28	–	–	–
12.2[m]	10.7[m]	0.17	0.28	0.36	0.36	0.52
10.7[m]	9.1[m]	0.14	0.24	0.36	0.36	0.52
9.1[m]	7.6[m]	0.10	0.17	0.24	0.24	0.34

6) 물분무소화설비 관11회

① 특수가연물, 절연유봉입변압기, 컨베이어벨트

$Q = A[\text{m}^2] \times 10[l/\text{min} \cdot \text{m}^2] \times 20[\text{min}]$ 이상

㉠ 특수가연물을 저장 · 취급하는 특정소방대상물 또는 그 부분

$A[\text{m}^2]$: 최대 방수구역의 바닥면적(50[m²] 이하는 50[m²])

㉡ 절연유봉입변압기

$A[\text{m}^2]$: 바닥부분을 제외한 변압기 표면적을 합한 면적

㉢ 컨베이어벨트

$A[\text{m}^2]$: 벨트부분의 바닥면적

② **케이블트레이 · 덕트**

$Q = A[m^2] \times 12[l/min \cdot m^2] \times 20[min]$ 이상

$A[m^2]$: 투영된 바닥면적

③ **차고 · 주차장**

$Q = A[m^2] \times 20[l/min \cdot m^2] \times 20[min]$ 이상

$A[m^2]$: 최대 방수구역의 바닥면적(50[m²] 이하는 50[m²])

④ **터널**

$Q = A[m^2] \times 6[l/min \cdot m^2] \times 3 \times 40[min]$ 이상

$A[m^2] = 25[m] \times$ 폭$[m]$

7) 미분무소화설비 관13회 기102회

$$Q = N\,D\,T\,S + V\,[m^3]$$

여기서, Q : 수원의 양[m³]

N : 방호구역(방수구역) 내 헤드의 개수

D : 설계유량[m³/min]

T : 설계방수시간[min]

S : 안전율(1.2 이상)

V : 배관의 총 체적[m³]

8) 포소화설비의 수원

① 화재안전기술기준

<table>
<tr><th>특정소방 대상물</th><th>수원의 양[l]</th></tr>
<tr><td>특수 가연물을 저장 · 취급하는 공장 또는 창고</td><td>① $Q[l] = N \times Q_s \times 10$ 이상
• N : ㉠ 포워터스프링클러설비 또는 포헤드설비의 경우 : 포헤드가 가장 많이 설치된 층의 포헤드 수(바닥면적이 200[m^2]를 초과한 층은 바닥면적 200[m^2] 이내)
㉡ 고정포방출설비의 경우 : 고정포방출구가 가장 많이 설치된 방호구역 안의 고정포방출구 수
• Q_s : 표준방사량[l/min] • 10 : 방사시간[min]
② ㉠, ㉡이 함께 설치된 경우에는 각 설비별로 산출된 저수량 중 최대의 것</td></tr>
<tr><td>차고 또는 주차장</td><td>① 포워터스프링클러설비 · 포헤드설비 또는 고정포방출설비
$Q[l] = N \times Q_s \times 10$ 이상
• N : ㉠ 포워터스프링클러설비 또는 포헤드설비의 경우 : 포헤드가 가장 많이 설치된 층의 포헤드 수(바닥면적이 200[m^2]를 초과한 층은 바닥면적 200[m^2] 이내)
㉡ 고정포방출설비의 경우 : 고정포방출구가 가장 많이 설치된 방호구역 안의 고정포방출구 수
• Q_s : 표준방사량[l/min] • 10 : 방사시간[min]
② 호스릴포소화설비 또는 포소화전설비
$Q[m^3] = N \times 6$ 이상
• N : 방수구가 가장 많은 층의 설치개수(최대 5개 이내)
• $6[m^3]$: $300[l/min] \times 20[min] \times 10^{-3}$
③ ①, ②가 함께 설치된 경우에는 각 설비별로 산출된 저수량 중 최대의 것</td></tr>
<tr><td>항공기 격납고</td><td>① 포워터스프링클러설비 · 포헤드설비 또는 고정포방출설비
$Q[l] = N \times Q_s \times 10$ 이상
• N : 포헤드 또는 고정포방출구가 가장 많이 설치된 항공기격납고의 포헤드 또는 고정포방출구 수
• Q_s : 표준방사량[l/min] • 10 : 방사시간[min]
② 호스릴포소화설비
$Q[m^3] = N \times 6$ 이상
• N : 호스릴포방수구가 가장 많이 설치된 격납고의 호스릴방수구수(최대 5개 이내)
• $6[m^3]$: $300[l/min] \times 20[min] \times 10^{-3}$
③ ①, ②가 함께 설치된 경우에는 각 설비별로 산출된 저수량을 합한 양 이상</td></tr>
</table>

구 분	포수용액의 양[l]
압축 공기포 소화설비	① 압축공기포소화설비를 설치하는 경우 방수량은 설계 사양에 따라 방호구역에 최소 10분간 방사할 수 있어야 한다.〈신설 2015.10.28〉 ② 압축공기포소화설비의 설계방출밀도[l/minn · m^2]는 설계사양에 따라 정하여야 하며 일반가연물, 탄화수소류는 1.63[l/minn · m^2] 이상, 특수가연물, 알코올류와 케톤류는 2.3[l/min · m^2] 이상으로 하여야 한다.〈신설 2015.10.28〉

② 위험물안전관리에 관한 세부기준

<table>
<tr><th>구 분</th><th>포수용액의 양[l]</th></tr>
<tr><td>1) 포방
출구
방식</td><td>
$Q[l]$ = 고정식포방출구에서 필요한 양 + 보조포소화전에서 필요한 양
$= [A \times Q_1 \times T] + [N \times 8{,}000]$

㉠ A : 탱크의 액표면적[m^2]
• 콘루프 탱크 $A = \frac{\pi D^2}{4}$ • 플루팅루프 탱크 $A = \frac{\pi}{4}(D^2 - d^2)$
(D : 탱크 직경[m], d : 부상지붕직경[m] $= D -$ 굽도리판 사이 간격 ×2)

㉡ 방출률(Q_1[l/min · m^2]) · 방사시간(T[min])
ⓐ 비수용성 위험물
<table>
<tr><th rowspan="2">포방출구 종류 / 구분</th><th colspan="3">Ⅰ형</th><th colspan="3">Ⅱ · Ⅲ · Ⅳ형</th><th colspan="3">특형</th></tr>
<tr><th>포수용액량 [l/m^2]</th><th>방출률 [l/m^{2}분]</th><th>시간 [min]</th><th>포수용액량 [l/m^2]</th><th>방출률 [l/m^{2}분]</th><th>시간 [min]</th><th>포수용액량 [l/m^2]</th><th>방출률 [l/m^{2}분]</th><th>시간 [min]</th></tr>
<tr><td>1 석유류 (휘발유)</td><td>120</td><td>4</td><td>30</td><td>220</td><td>4</td><td>55</td><td>240</td><td>8</td><td>30</td></tr>
<tr><td>2 석유류 (등유 · 경유)</td><td>80</td><td>4</td><td>20</td><td>120</td><td>4</td><td>30</td><td>160</td><td>8</td><td>20</td></tr>
<tr><td>3 석유류 (중유)</td><td>60</td><td>4</td><td>15</td><td>100</td><td>4</td><td>25</td><td>120</td><td>8</td><td>15</td></tr>
</table>

ⓑ 수용성 위험물
<table>
<tr><th>구 분</th><th>Ⅰ형</th><th>Ⅱ형</th><th>특형</th><th>Ⅲ형</th><th>Ⅳ형</th></tr>
<tr><td>Q_1</td><td>8</td><td>8</td><td>–</td><td>–</td><td>8</td></tr>
<tr><td>T</td><td>20</td><td>30</td><td>–</td><td>–</td><td>30</td></tr>
</table>
• 수용성 위험물인 경우 포 수용액량에 위험물 계수를 곱한 값 이상으로 할 것

㉢ N : 방유제의 보조포소화전 수(최대 3개 이내)
㉣ 8,000 : 400[l/min] × 20[min]
</td></tr>
</table>

구 분	포수용액의 양$[l]$
2) 포헤드 방식	$Q[l] = N \times Q_s \times 10$ 이상 ㉠ N : 가장 많이 설치된 방사구역 내의 포헤드 수(방사구역의 바닥면적은 $100m^2$ 이상, $100m^2$ 미만인 경우에는 해당 면적) ㉡ Q_s : 표준방사량$[l/min]$ ㉢ 10 : 방사시간
3) 포 모니터 노즐 방식	$Q[l] = N \times 57{,}000$ 이상 ㉠ N : 모니터 노즐의 수(설치개수가 1개인 경우 2개로 적용) ㉡ 57,000 : $1{,}900[l/min] \times 30[min]$
4) 이동식 포소화 설비 (포소화 전방식)	① 옥내 포소화전 $Q[l] = N \times 6{,}000$ 이상 ② 옥외 포소화전 $Q[l] = N \times 12{,}000$ 이상 ㉠ N : 호스 접결구 수(최대 4개, 쌍구형인 경우 2개를 적용) ㉡ 6,000 : $200[l/min] \times 30[min]$ ㉢ 12,000 : $400[l/min] \times 30[min]$
5) 배관 충전량	1)~4)에서 정한 포수용액 양 외에 배관 내를 채우기 위하여 필요한 포수용액 양 $Q[l] = A \times L \times 1{,}000$ 이상 ㉠ A : 배관의 단면적$[m^2]$ ㉡ L : 배관의 길이$[m]$

9) 포소화약제의 저장량

① 화재안전기술기준

<table>
<tr><th>구 분</th><th>약제의 양[l]</th></tr>
<tr><td>관 5,8회
고정포방출구방식
$Q=$ ①+②+③</td><td>① 고정포방출구에서 방출하기 위하여 필요한 양
$Q[l]=A\times Q_1\times T\times S$ 이상
㉠ Q : 포소화약제의 양[l] ㉡ A : 탱크의 액표면적[m^2]
㉢ Q_1 : 단위 포소화수용액의 양[$l/min\cdot m^2$]
㉣ T : 방사시간[min] ㉤ S : 포소화약제의 사용농도[%]

② 보조소화전에서 방출하기 위하여 필요한 양
$Q[l]=N\times S\times 8{,}000$ 이상
㉠ Q : 포소화약제의 양[l]
㉡ N : 호스 접결구 수(3개 이상인 경우는 3, 쌍구형인 경우 2개를 적용)
㉢ S : 포소화약제의 사용 농도[%]
㉣ 8,000 : 400[l/min]×20[min]

③ 가장 먼 탱크까지의 송액관(내경 75[mm] 이하의 송액관을 제외한다.)에 충전하기 위하여 필요한 양
$Q[l]=A\times L\times S\times 1{,}000$ 이상
㉠ Q : 포소화약제의 양[l] ㉡ A : 배관의 단면적[m^2]$\left(=\frac{\pi D^2}{4}\right)$
㉢ L : 배관의 길이[m] ㉣ S : 포소화약제의 사용 농도[%]</td></tr>
<tr><td>관 15회
옥내포소화전방식 또는 호스릴방식</td><td>$Q[l]=N\times S\times 6{,}000$ 이상
㉠ Q : 포소화약제의 양[l]
㉡ N : 호스 접결구 수(5개 이상인 경우는 5, 쌍구형인 경우 2개를 적용)
㉢ S : 포소화약제의 사용 농도[%]
㉣ 6,000 : 300[l/min]×20[min]
☞ 바닥면적이 200[m^2] 미만인 건축물에 있어서는 산출량의 75[%]를 적용할 수 있다.</td></tr>
<tr><td>포헤드방식</td><td>$Q[l]=N\times Q_s\times S\times 10$ 이상
㉠ Q : 포소화약제의 양[l]
㉡ N : 하나의 방사구역 안에 설치된 포헤드 수
㉢ Q_s : 표준방사량 ㉣ S : 포소화약제의 농도[%]
㉤ 10 : 방사시간[min]</td></tr>
</table>

② 위험물안전관리에 관한 세부기준

구 분	약제의 양[l]
고정포 방출구 방식 =①+②+③ 이상	① 고정포방출구의 양 ㉠ 비수용성 위험물 $Q[l] = A \times Q_1 \times T \times S$ 이상 ㉡ 수용성 위험물 $Q[l] = [A \times Q_1 \times T \times S] \times N$ 이상 • A : 탱크의 액표면적[m^2] • Q_1 : 방출률[l/min · m^2] • T : 방사시간[min] • S : 농도[%] • N : 위험물계수 ② 보조포 소화전의 양 $Q[l] = N \times S \times 8{,}000$ 이상 ㉠ N : 호스 접결구 수(최대 3개 이내, 쌍구형인 경우 2개를 적용) ㉡ S : 농도[%] ㉢ 8,000 : 400[l/min]×20[min] ③ 송액관의 양 $Q[l] = A \times L \times S \times 1{,}000$ 이상 ㉠ A : 배관의 단면적[m^2] ㉡ L : 배관의 길이[m] ㉢ S : 농도[%]
포헤드방식	$Q[l] = N \times Q_s \times S \times 10$ 이상 ㉠ N : 가장 많이 설치된 방사구역 내의 포헤드 수 (방사구역은 100[m^2] 이상, 100[m^2] 미만인 경우 해당 면적) ㉡ Q_s : 표준방사량[l/min] ㉢ S : 농도[%] ㉣ 10 : 방사시간
포모니터 노즐방식	$Q[l] = N \times 57{,}000 \times S$ 이상 ㉠ N : 모니터 노즐의 수(설치개수가 1개인 경우에는 2개로 적용) ㉡ 57,000 : 1,900[l/min]×30[min] ㉢ S : 농도[%]
포소화전방식 (옥내 또는 옥외)	① 옥내 포소화전 $Q[l] = N \times 6{,}000 \times S$ 이상 ② 옥외 포소화전 $Q[l] = N \times 12{,}000 \times S$ 이상 ㉠ N : 호스 접결구 수(최대 4개, 쌍구형인 경우 2개를 적용) ㉡ S : 농도[%] ㉢ 6,000 : 200[l/min]×30[min] ㉣ 12,000 : 400[l/min]×30[min]

02 양정(펌프 방식)

소방시설	펌프의 양정	
옥내소화전설비	펌프의 양정 $H = h_1 + h_2 + h_3 + 17[m]$ (호스릴옥내소화전 포함)	h_1 : 건물 실양정[m] h_2 : 배관 마찰손실수두[m] h_3 : 호스 마찰손실수두[m]
옥외소화전설비	펌프의 양정 $H = h_1 + h_2 + h_3 + 25[m]$	h_1 : 필요한 실양정[m] h_2 : 배관 마찰손실수두[m] h_3 : 호스 마찰손실수두[m]
스프링클러설비	펌프의 양정 $H = h_1 + h_2 + 10[m]$	h_1 : 건물 실양정[m] h_2 : 배관 마찰손실수두[m]
간이스프링클러설비	펌프의 양정 $H = h_1 + h_2 + 10[m]$	h_1 : 건물 실양정[m] h_2 : 배관 마찰손실수두[m]
화재조기진압용 스프링클러설비	펌프의 양정 $H = h_1 + h_2 + h_3[m]$	h_1 : 건물 실양정[m] h_2 : 배관 마찰손실수두[m] h_3 : 최소방사압력환산수두[m]
물분무소화설비	펌프의 양정 $H = h_1 + h_2[m]$	h_1 : 물분무헤드 설계압력 환산수두[m] h_2 : 배관 마찰손실수두[m]
미분무소화설비	–	–
포소화설비	펌프의 양정 $H = h_1 + h_2 + h_3 + h_4[m]$	h_1 : 실양정[m] h_2 : 배관 마찰손실수두[m] h_3 : 호스 마찰손실수두[m] h_4 : 방출구의 설계압력 환산수두 또는 노즐선단 방사압력 환산수두[m]

03 방수압력 및 방수량

<table>
<tr><th>소방시설</th><th>방수압력</th><th>방수량</th></tr>
<tr><td>옥내소화전 설비</td><td>0.17[MPa] 이상(각 소화전의 노즐선단)
(0.7[MPa] 초과 : 호스접결구 인입측에 감압장치)</td><td><table><tr><td>일반</td><td>130[l/min] 이상(최대 5개)</td></tr><tr><td>터널</td><td>190[l/min] 이상
(2개−3차로 이하/3개−4차로 이상)</td></tr></table></td></tr>
<tr><td>연결송수관 설비</td><td>0.35[MPa] 이상(최상층에 설치된 노즐선단)</td><td>☆ 방수구별 펌프 토출량<table><tr><th rowspan="2">층별 방수구</th><th colspan="2">펌프 토출량</th></tr><tr><th>계단식 아파트</th><th>일반대상</th></tr><tr><td>3개 이하</td><td>1,200[l/min] 이상</td><td>2,400[l/min] 이상</td></tr><tr><td>4개</td><td>1,600[l/min] 이상</td><td>3,200[l/min] 이상</td></tr><tr><td>5개 이상</td><td>2,000[l/min] 이상</td><td>4,000[l/min] 이상</td></tr></table></td></tr>
<tr><td>옥외소화전 설비</td><td>0.25[MPa] 이상(각 옥외소화전의 노즐선단)
(0.7[MPa] 초과 : 호스접결구 인입측에 감압장치)</td><td>350[l/min] 이상(최대 2개)</td></tr>
<tr><td>스프링클러 설비</td><td>0.1[MPa] 이상 1.2[MPa] 이하(하나의 헤드 선단)</td><td>80[l/min] 이상(0.1[MPa]의 방수압력 기준으로)</td></tr>
<tr><td>드렌처설비</td><td>0.1[MPa] 이상(각각의 헤드 선단)</td><td>80[l/min] 이상</td></tr>
<tr><td>간이스프링 클러설비</td><td>0.1[MPa] 이상(각각의 간이헤드 선단)</td><td><table><tr><td rowspan="2">특정소방 대상물</td><td rowspan="2">50[l/min]이상
(간이헤드)</td><td>일반</td><td>2개</td></tr><tr><td>근 · 생 · 복</td><td>5개</td></tr><tr><td>주차장</td><td colspan="3">80[l/min] 이상(표준반응형헤드)</td></tr></table></td></tr>
<tr><td>ESFR스프링 클러설비</td><td>[별표 3]</td><td>$K\sqrt{10P}$ [l/min] 이상</td></tr>
<tr><td>호스릴포 소화설비 포소화전 설비</td><td>0.35[MPa] 이상</td><td>300[l/min] 이상(최대 5개) : 표수용액
(1개층의 바닥면적 200[m^2] 이하 : 230[l/min] 이상)</td></tr>
<tr><td>소화수조 및 저수조</td><td>0.15[MPa] 이상(소화수조가 옥상 또는 옥탑의 부분에 설치된 경우 지상에 설치된 채수구 압력)</td><td><table><tr><th>소요 수량</th><th>20[m^3] 이상 40[m^3] 미만</th><th>40[m^3] 이상 100[m^3] 미만</th><th>100[m^3] 이상</th></tr><tr><td>가압송수장치 1분당 양수량</td><td>1,100[l] 이상</td><td>2,200[l] 이상</td><td>3,300[l] 이상</td></tr></table></td></tr>
</table>

04 헤드 간 거리(S)

정방형 $S[\mathrm{m}] = 2R\cos 45° = \sqrt{2}R$

1) 스프링클러헤드 수평거리(R)

<table>
<tr><th colspan="4">특정소방대상물</th><th>수평거리</th></tr>
<tr><td>①</td><td colspan="3">무대부 · 특수가연물을 저장 또는 취급하는 장소</td><td>1.7[m] 이하</td></tr>
<tr><td rowspan="2">②</td><td rowspan="2">랙크식 창고</td><td colspan="2">특수가연물을 저장 또는 취급하는 경우</td><td>1.7[m] 이하</td></tr>
<tr><td colspan="2">특수가연물 이외의 물품을 저장 · 취급하는 경우</td><td>2.5[m] 이하</td></tr>
<tr><td>③</td><td colspan="3">공동주택(아파트) 세대 내의 거실</td><td>3.2[m] 이하</td></tr>
<tr><td rowspan="2">④</td><td colspan="2" rowspan="2">기타 소방대상물</td><td>내화구조</td><td>2.3[m] 이하</td></tr>
<tr><td>비내화구조</td><td>2.1[m] 이하</td></tr>
</table>

※ 주거형헤드의 유효반경 : 260[cm]

2) 간이헤드 : 수평거리 2.3[m] 이하

3) 화재조기진압용 스프링클러헤드

천장높이	가지배관의 헤드 사이의 거리	가지배관 사이의 거리
9.1[m] 미만	2.4[m] 이상 3.7[m] 이하	2.4[m] 이상 3.7[m] 이하
9.1[m] 이상 13.7[m] 이하	3.1[m] 이하	2.4[m] 이상 3.1[m] 이하

4) 포헤드 : 수평거리 2.1[m] 이하

5) 연결살수

<table>
<tr><th rowspan="2">헤드 종류</th><th colspan="2">일반 건축물</th><th>가연성 가스를 저장 · 취급하는 시설</th></tr>
<tr><th>수평거리(R)</th><th>헤드 간 거리(S)</th><th>헤드 간 거리(S)</th></tr>
<tr><td>연결살수설비 전용헤드</td><td>3.7[m] 이하</td><td>5.23[m]</td><td>3.7[m] 이하</td></tr>
<tr><td>스프링클러헤드</td><td>2.3[m] 이하</td><td>3.25[m]</td><td>–</td></tr>
</table>

6) 연소 방지

헤드 종류	헤드 간 거리(S)
연소방지설비 전용헤드	2[m] 이하
스프링클러헤드	1.5[m] 이하

05 비상전원

소방시설	설치대상 구분	비상전원 종류				용량
		자	축	비	전	
옥내소화전설비	① 7층 이상으로서 연면적 2,000[m^2] 이상 ② 지하층 바닥면적의 합계가 3,000[m^2] 이상	◉	◉		◉	20분 이상
스프링클러설비, 미분무소화설비	① 일반 대상	◉	◉		◉	20분 이상
	② 차고, 주차장으로 스프링클러설비가 설치된 부분의 바닥면적 합계가 1,000[m^2] 미만	◉	◉	◉	◉	
포소화설비	① 일반 대상	◉	◉		◉	20분 이상
	② • 포헤드 또는 고정포 방출설비가 설치된 부분의 바닥면적 합계가 1,000[m^2] 미만 • 호스릴포소화설비 또는 포소화전만을 설치한 차고 · 주차장	◉	◉	◉	◉	
물분무등 소화설비 (미분무 제외)	대상 건축물 전체	◉	◉		◉	20분 이상
간이 스프링클러설비	대상 건축물 전체(단, 전원이 필요한 경우만 해당)	◉	◉	◉	◉	10분 이상
ESFR 스프링클러설비	대상 건축물 전체	◉	◉		◉	20분 이상

※ 자 : 자가발전설비　　비 : 비상전원수전설비
　축 : 축전지설비　　전 : 전기 저장장치

참고

옥내소화전설비 · 스프링클러설비

1. 40분 이상 : 층수가 30층 이상 49층 이하
2. 60분 이상 : 층수가 50층 이상

간이스프링클러설비

1. 20분 이상 : 근린생활시설 · 생활형 숙박시설 · 복합건축물

옥내소화전설비 · 물분무소화설비

1. 40분 이상 : 터널

01 | 문제 |

지름이 40[mm]인 소방 호스에 노즐 선단의 구경이 13[mm]인 노즐 팁이 부착되어 있고, 0.2[m^3/min]의 물을 대기 중으로 방수할 경우 노즐의 반동력이 소방 호스의 접결구에 작용하는 힘 F_x [N]을 구하시오(단, 유동에는 마찰이 없는 것으로 한다.) 기83회

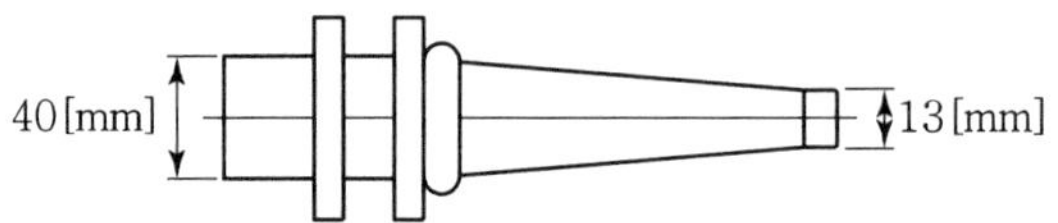

Check 노즐의 반동력(노즐에 작용하는 힘)

❶ $F[\text{N}] = \rho Q \Delta V (\Delta V = V_2 - V_1)$

❷ $F[\text{kg}_\text{f}] = 0.015PD^2 (P[\text{kg}_\text{f}/\text{cm}^2],\ D[\text{mm}])$

02 | 문제 |

소화설비의 배관 유속을 3[m/s] 이하로 제한할 경우, 적합한 배관 관경 산정식 $d = 84.13\sqrt{Q}$로 성립된다. 이 식을 유도하시오.(단, d : 배관구경[mm], Q : 유량[m^3/min]이다.) 기103회

Check 체적유량 $Q[\text{m}^3/\text{s}]$

❶ $Q[\text{m}^3/\text{s}] = A[\text{m}^2] \times V[\text{m/s}]$

$$= \frac{\pi D^2}{4} \times V (D: \text{배관 구경}[\text{m}])$$

❷ $D[\text{m}] = \sqrt{\dfrac{4Q}{\pi V}}\ (Q: \text{유량}[\text{m}^3/\text{s}],\ V: \text{유속}[\text{m/s}])$

03 | 문제 |

옥내소화전설비의 방수압력 시험을 위해 피토게이지로 측정한 압력이 0.2[MPa]이었다. 이때 노즐에서의 토출유속[m/s]을 계산하시오.(단, 1[atm]=0.1[MPa]=10[mH_2O]이다.)

Check **노즐 출구에서의 유속(토리첼리 정리)**

$$V_2[\text{m/s}] = \sqrt{2gH}$$

$$H[\text{m}] = \frac{P}{\gamma}\left[\frac{P[\text{kg}_\text{f}/\text{m}^2]}{1{,}000[\text{kg}_\text{f}/\text{m}^3]}\right]\left[\frac{P[\text{N}/\text{m}^2]}{9{,}800[\text{N}/\text{m}^3]}\right]$$

04 | 문제 |

옥내소화전설비의 가압송수장치로 압력수조를 도면과 같이 설치한 경우 다음 각 물음에 답하시오.(단, 배관 및 부속품(호스 포함) 마찰손실수두는 6.5[m]이고, 1[atm]=0.1[MPa]=10[mH_2O]이다.)

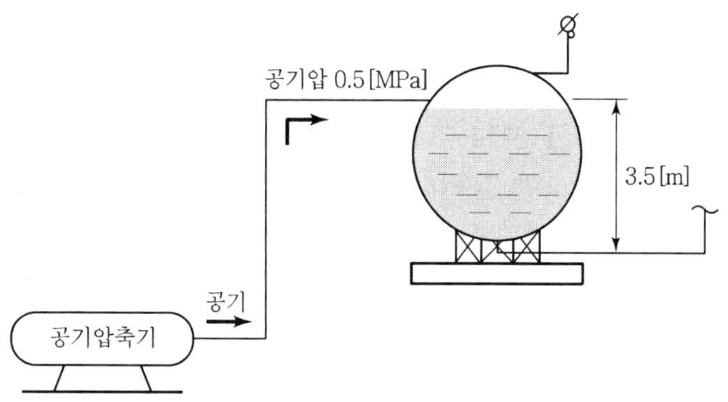

1. 압력수조의 방사압력[MPa]을 계산하시오.
2. 규정 방사압력을 만족하기 위한 설계 가능한 건축 높이[m]를 계산하시오.

05 | 문제 |

옥내소화전설비가 층당 3개씩 설치가 되어 있는 지상 5층의 건물에 소화 펌프를 설치한 경우 지하 저수조에 저장되어야 하는 수원의 양[m^3]을 계산하시오.

Check **수원**

❶ 옥내소화전설비의 수원은 그 저수량이 옥내소화전의 설치개수가 가장 많은 층의 설치개수(2개 이상 설치된 경우에는 2개)에 2.6[m^3](호스릴옥내소화전설비를 포함한다.)를 곱한 양 이상이 되도록 하여야 한다.

❷

구분	수원	비고
29층 이하	$Q[l]=N\times 130[l/\min]\times 20[\min]$	N : 옥내소화전의 설치개수가 가장 많은 층의 설치개수 • 29층 이하 : 최대 2개 • 30층 이상 : 최대 5개
30층 이상 49층 이하	$Q[l]=N\times 130[l/\min]\times 40[\min]$	
50층 이상	$Q[l]=N\times 130[l/\min]\times 60[\min]$	
터널	$Q[l]=N\times 190[l/\min]\times 40[\min]$	N : 2개(3차로 이하) 3개(4차로 이상)

06 | 문제 |

지상 50층 건물에 옥내소화전이 각 층당 7개씩 설치된 경우 옥상 수원을 포함한 전체 수원의 양[m^3]을 계산하시오.

07 ❙문제❙

지하 2층, 지상 5층의 소방대상물(판매시설)에 옥내소화전설비를 설치하려고 한다. 각 층은 동일한 구조로 가로 50[m], 세로 100[m]일 경우 옥내소화전 방수구의 층별 설치개수와 유효수량[m³]을 계산하시오.(단, 방수구 및 수원은 최소량으로 산정할 것)

Check 방수구 설치기준

❶ 방수구 설치기준

특정소방대상물의 층마다 설치하되, 해당 특정소방대상물의 각 부분으로부터 하나의 옥내소화전 방수구까지의 수평거리가 25[m](호스릴옥내소화전설비를 포함한다.) 이하가 되도록 할 것. 다만, 복층형 구조의 공동주택의 경우에는 세대의 출입구가 설치된 층에만 설치할 수 있다.

❷ 방수구 설치개수

㉠ 방수구간 거리 S

$$S = 2R\cos 45° = \sqrt{2}R = \sqrt{2} \times 25 = 35.35\,[\mathrm{m}]$$

㉡ 방수구 설치개수 N

$$N = N_1 \times N_2$$

- 가로열 개수 $N_1 = \dfrac{\text{가로길이}}{S}$
- 세로열 개수 $N_2 = \dfrac{\text{세로길이}}{S}$

08 ❙문제❙

1개 층에 설치된 옥내소화전이 6개이며, 전양정은 50[m], 전달계수는 1.1, 펌프의 효율이 60[%]일 때, 전동기 용량[kW]과 소요마력[Hp]을 계산하시오.(단, 계산식을 쓰고 답하시오.) 관1회

Check **동력**

❶ 펌프의 동력

수동력(Water Horse Power) : 펌프에 의해 유체(물)에 주어지는 동력	$P_w = \frac{\gamma \times Q \times H}{102 \times 60}$[kW]
축동력(Brake Horse Power) : 모터에 의해 펌프에 주어지는 동력	$P_s = \frac{\gamma \times Q \times H}{102 \times 60 \times \eta}$[kW]
전달동력(Electrical or Engine Horse Power) : 실제 운전에 필요한 동력	$P = \frac{\gamma \times Q \times H}{102 \times 60 \times \eta} \times K$[kW]

여기서, H : 전양정[m]
γ : 비중량[kg_f/m^3]
Q : 유량[m^3/min]
η : 펌프효율
K : 전달계수(전동기 : 1.1, 내연기관 : 1.15~1.2)

❷ 송풍기의 동력

공기동력(Air Horse Power) : 송풍기에 의해 유체(공기)에 주어지는 동력	$P_a = \frac{P_t \times Q}{102 \times 60}$[kW]
축동력(Brake Horse Power) : 모터에 의해 펌프에 주어지는 동력	$P_s = \frac{P_t \times Q}{102 \times 60 \times \eta}$[kW]
전달동력(Electrical or Engine Horse Power) : 실제 운전에 필요한 동력	$P = \frac{P_t \times Q}{102 \times 60 \times \eta} \times K$[kW]

여기서, P_t : 전압[mmH_2O, kg_f/m^2]
Q : 풍량[m^3/min]
η : 효율
K : 전달계수(전동기 : 1.1, 내연기관 : 1.15~1.2)

09 ▌문제▐

지상 4층 건물에 옥내소화전을 설치하려고 한다. 각 층에 130[l/min]씩 송출하는 옥내소화전 3개씩을 배치하며, 이때 실양정은 40[m], 배관의 압력손실 수두는 실양정의 25[%]라고 본다. 또, 호스의 마찰손실수두가 3.5[m], 노즐선단의 방사압력 환산수두는 17[m], 펌프 효율이 0.75, 전달계수는 1.2이고, 30분간 연속 방수되는 것으로 하였을 때 다음 사항을 구하시오. 관2회

1 펌프의 토출량[m³/min]
2 전양정[m]
3 펌프의 용량(전동기 용량)[kW]
4 유효수량[m³]

Check **옥내소화전설비**

❶ 펌프의 토출량

$Q[l] = N \times 130[l/\text{min}]$

❷ 수원의 용량

$Q[l] = N \times 130[l/\text{min}] \times T[\text{min}]$

여기서, N : 옥내소화전의 설치개수가 가장 많은 층의 설치개수(최대 2개)

❸ 전양정

$H[\text{m}] = h_1 + h_2 + h_3 + h_4$(호스릴옥내소화전설비 포함)

여기서, h_1 : 건물의 실양정[m]
h_2 : 배관의 마찰손실수두[m]
h_3 : 호스의 마찰손실수두[m]
h_4 : 방사압력의 환산수두(=17[m])

❹ 전동기 용량

$$P = \frac{1{,}000 \times Q \times H}{102 \times 60 \times \eta} \times K[\text{kW}]$$

10 | 문제 |

지하 5층, 지상 28층의 건축물에 옥내소화전설비를 옥내소화전설비의 화재안전기술기준에 의하여 설치하려고 한다. 다음 물음에 답하시오.

1. 각 층에 옥내소화전을 6개씩 설치할 경우 수원의 최소 유효 저수량[m³]과 소화펌프의 토출량[m³/min]을 계산하시오.
2. 소화 펌프의 토출 측 주배관의 관경을 선정하시오.(단, 배관의 호칭경은 25A, 32A, 40A, 50A, 65A, 80A, 100A, 125A이다.)

Check

❶ 펌프의 토출량
$Q[l/\text{min}] = N \times 130[l/\text{min}]$

❷ 수원의 용량
$Q[l] = N \times 130[l/\text{min}] \times T[\text{min}]$

❸ $D[\text{m}] = \sqrt{\dfrac{4Q}{\pi V}}$
(Q : 유량[m^3/s], V : 유속[m/s])

N : 옥내소화전의 설치개수가 가장 많은 층의 설치개수
- 29층 이하 : 최대 2개
- 30층 이상 : 최대 5개

T : 방사시간
① 29층 이하 : 20[min]
② 30층 이상 49층 이하 : 40[min]
③ 50층 이상 : 60[min]

참고 **유속 기준**

1. 옥내소화전설비
   펌프의 토출 측 주배관의 구경은 유속이 4[m/s] 이하가 될 수 있는 크기 이상으로 하여야 하고, 옥내소화전 방수구와 연결되는 가지배관의 구경은 40[mm](호스릴 옥내소화전설비의 경우에는 25[mm] 이상으로 하여야 하며, 주배관 중 수직배관의 구경은 50[mm](호스릴옥내소화전설비의 경우에는 32[mm] 이상)로 하여야 한다.
2. 스프링클러설비
   배관의 구경은 2.2.1.10 및 2.2.1.11에 적합하도록 수리계산에 의하거나 표 2.5.3.3의 기준에 따라 설치할 것. 다만, 수리계산에 따르는 경우 가지배관의 유속은 6[m/s], 그 밖의 배관의 유속은 10[m/s]를 초과할 수 없다.

11 | 문제 |

다음 도면은 6층의 소방대상물에 설치된 옥내소화전설비의 계통도를 나타낸 것이다. 조건과 표를 참고하여 펌프의 토출량[l/min], 전양정[m], 소요동력[kW]을 계산하시오.

- 입상관에서 분기되는 층별 앵글밸브까지의 가지배관은 40[mm], 1.5[m]이다.
- 호스 마찰손실수두는 6.5[m], 노즐의 방사압력은 0.2[MPa]이다.
- 소요동력 계산 시 효율은 60[%], 여유율은 20[%]를 적용할 것
- 전양정은 소수점 첫째 자리에서 반올림하고, 도면상 표기되지 아니한 배관길이와 기타 다른 조건은 무시한다.

▼ **부속류의 등가길이**

구분	종류	40[mm]	50[mm]	65[mm]	80[mm]	100[mm]
관부속	45[°] 엘보	0.6[m]	0.7[m]	1.0[m]	1.1[m]	1.5[m]
	90[°] 엘보	1.3[m]	1.6[m]	2.0[m]	2.4[m]	3.2[m]
	분류티	2.5[m]	3.2[m]	4.1[m]	4.9[m]	6.3[m]
밸브류	게이트밸브	0.3[m]	0.3[m]	0.4[m]	0.5[m]	0.7[m]
	체크밸브	3.5[m]	4.4[m]	5.6[m]	6.7[m]	8.7[m]
	앵글밸브	7.0[m]	8.9[m]	11.3[m]	13.5[m]	17.6[m]

▼ **배관 길이 100[m]당 마찰손실수두**

관경 / 유량	40[mm]	50[mm]	65[mm]	80[mm]	100[mm]
130[l/min]	9.4[m]	2.9[m]	0.7[m]	0.3[m]	0.1[m]
260[l/min]	34.0[m]	10.5[m]	3.0[m]	1.3[m]	0.3[m]

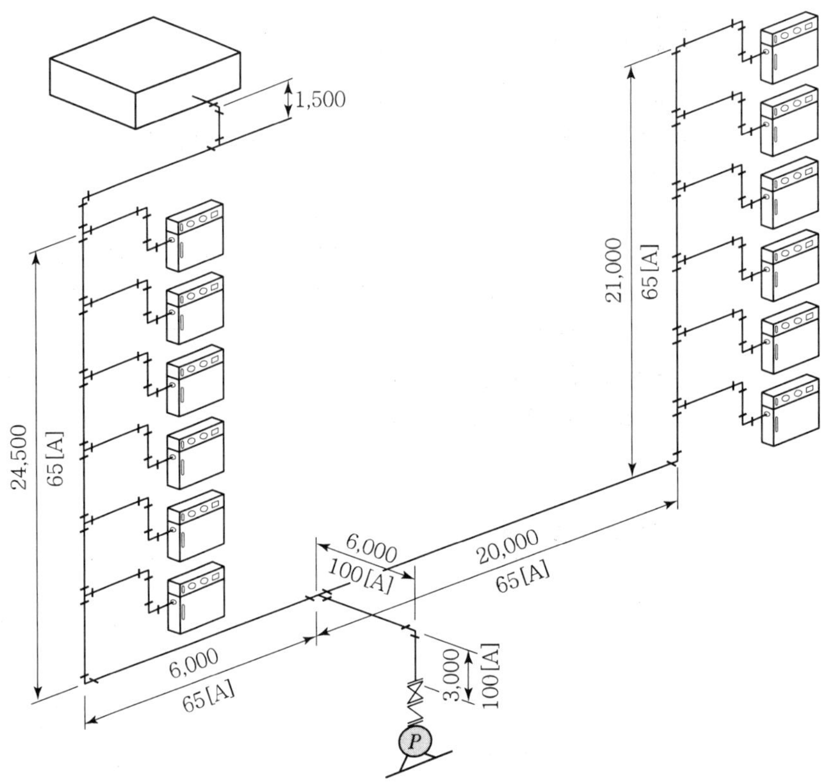

단위 : [mm]

‖ 옥내소화전설비 계통도 ‖

12 ❙문제❙

건물의 증축 시 옥내소화전설비를 설계함에 있어서 다음 그림을 참조하여 B점에서의 압력이 0.25[MPa], 유량이 700[l/min]이 되려면 기존 펌프를 이용할 수 있는지를 판단하시오. 기58회

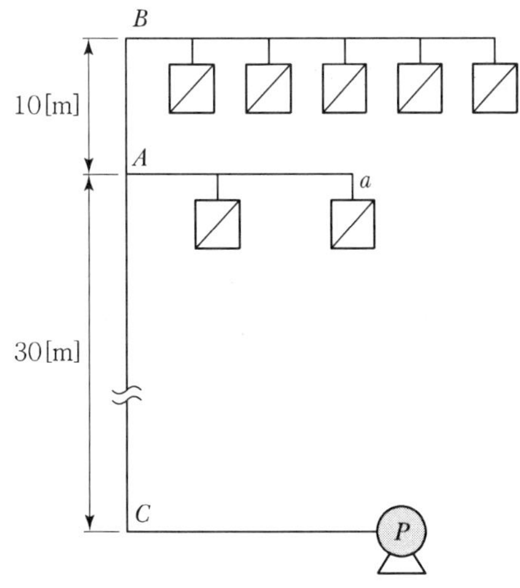

- 입상관 구경 : 100[mm], C－factor : 120
- a점 압력 0.5[MPa](호스 끝 구경 13[mm])
- A ～ a 마찰손실 : 0.15[MPa]
- A점 이전은 도면이 분실된 상태
- 펌프 정격토출량 : 2,000[l/min]
- 펌프 정격토출압력 : 1[MPa]
- 증축부분 : 소화전 5개 신설(소화전 a에서 방사시험 결과 압력은 0.5[MPa]이고, 펌프 토출 측 압력계는 1.1[MPa]이었다.)
- $\Delta P[\text{MPa}] = 6.05 \times 10^4 \times \dfrac{Q^{1.85}}{C^{1.85} \times D^{4.87}} \times L$
- $Q[l/\text{min}] = 2.086 \times d^2 \times \sqrt{P}$
- 풀이 과정 시 소수점은 넷째 자리에서 반올림할 것
- 1[atm]=0.1[MPa]=10[mH_2O]이다.

Check **펌프의 사용 가능 여부**

❶ 증축 후 토출압력 < 체절압력

❷ 증축 후 토출압력 = B점까지 낙차 + B점까지 마찰손실압력 + B점의 필요압력

13 ❙문제❙

지하층을 제외한 층수가 3층인 랙크식 창고에 스프링클러설비를 설치할 경우 소화수조의 저수량[m^3]을 계산하시오.(단, 각 층에 설치된 폐쇄형 스프링클러헤드의 설치개수는 50개이다.)

Check **스프링클러설비**

❶ 기준개수 : 공장 · 창고(랙크식 창고 포함)
  ① 특수가연물을 저장 · 취급하는 것 : 30개
  ② 그 밖의 것 : 20개
❷ 스프링클러 헤드 1개의 방사량 : 80[l/min]
❸ 방사시간 : 20[min](29층 이하)

14 ❙문제❙

지하층을 제외한 층수가 5층인 소매시장이 있는 복합건축물에 스프링클러설비를 설치할 경우 소화수조의 저수량[m^3]을 계산하시오.(단, 각 층에는 폐쇄형 스프링클러헤드를 20개씩 설치한다.)

Check **기준개수 : 근린생활시설 · 판매시설 · 운수시설 · 복합건축물**

❶ 판매시설 · 복합건축물(판매시설이 설치된 복합건축물) : 30개
❷ 그 밖의 것 : 20개

참고 **판매시설**

1. 도매시장 : 농수산물도매시장 · 농수산물공판장 · 그 밖에 이와 비슷한 것(그 안에 있는 근린생활시설을 포함한다.)
2. 소매시장 : 시장 · 대규모 점포 · 그 밖에 이와 비슷한 것(그 안에 있는 근린생활시설을 포함한다.)
3. 상점

15 | 문제 |

지하층을 제외한 층수가 20층인 근린생활시설에 스프링클러설비를 설치할 경우 소화수조의 저수량[m^3]을 계산하시오.(단, 각 층에 설치된 폐쇄형 스프링클러헤드의 설치개수는 50개이다.)

Check

❶ 기준개수 : 30개(11층 이상)
❷ 스프링클러 헤드 1개의 방사량 : 80[l/min]
❸ 방사시간 : 20[min](29층 이하)

16 | 문제 |

지상 30층, 지하 3층의 아파트에 스프링클러설비를 설치하고자 한다. 조건을 참고하여 옥상 수원을 포함한 전체 수원의 양[m^3]을 계산하시오.

- 지하층은 주차장으로 준비작동식 스프링클러설비를 설치하며, 각 층당 설치할 헤드 수는 50개이다.(단, 헤드 부착높이는 4[m]이다.)
- 아파트 세대 내에 설치할 헤드 수는 9개이다.

Check

❶ 기준개수
- 아파트 : 9개(설치개수가 기준개수 이하)
- 주차장 : 10개(10층 이하 – 그 밖의 것 – 부착높이 8[m] 미만)

❷ 스프링클러 헤드 1개의 방사량 : 80[l/min]
❸ 방사시간 : 40[min](30층 이상 49층 이하)

17 | 문제 |

한 개의 방호구역으로 구성된 가로 15[m], 세로 15[m], 높이 6[m]의 랙크식 창고(특수가연물을 저장)에 폐쇄형 스프링클러헤드를 정방형으로 설치하려고 한다. 다음 물음에 답하시오. 관8회

1 헤드 설치 수

2 총 헤드를 담당하는 최소 배관의 구경(규약배관방식)

3 헤드 1개당 80[l/min]으로 방출 시 옥상수조를 포함한 수원의 양[l]

Check

❶ 헤드 설치 개수 $N = N_1 \times N_2$

① 가로열 헤드 수 $N_1 = \dfrac{가로길이}{S}$

② 세로열 헤드 수 $N_2 = \dfrac{세로길이}{S}$

③ 헤드 간 거리 $S = 2R\cos 45° = \sqrt{2}\,R[\text{m}]$

④ 랙크식 창고 수평거리 R

- 1.7[m] 이하 : 특수가연물을 저장 · 취급하는 경우
- 2.5[m] 이하 : 특수가연물 이외의 물품을 저장 · 취급하는 경우

⑤ 공장 · 창고의 기준개수(랙크식 창고 포함)

- 30개 : 특수가연물을 저장 · 취급하는 것
- 20개 : 그 밖의 것

❷ NFSC 103 제10조 제2항

랙크식 창고의 경우로서 「소방기본법 시행령」 별표 2의 특수가연물을 저장 또는 취급하는 것에 있어서는 랙크 높이 4[m] 이하마다, 그 밖의 것을 취급하는 것에 있어서는 랙크 높이 6[m] 이하마다 스프링클러

헤드를 설치하여야 한다. 다만, 랙크식 창고의 천장 높이가 13.7[m] 이하로서 「화재조기진압용 스프링클러설비의 화재안전기술기준」에 따라 설치하는 경우에는 천장에만 스프링클러헤드를 설치할 수 있다.

18 | 문제 |

지상 50층, 지하 5층의 업무시설에 스프링클러설비를 설치하고자 한다. 조건을 참고하여 펌프의 토출량[m³/min], 유효수량[m³], 전동기 용량[kW]을 계산하시오.

- 지하층은 주차장으로 준비작동식 스프링클러설비를 설치하며 각 층당 설치할 헤드 수는 30개이다.(단, 헤드 부착높이는 4[m]이다.)
- 지상층에 설치할 헤드 수는 각 층당 50개이다.
- 펌프의 실양정은 150[m], 배관마찰손실수두는 20[m], 효율은 70[%]이다.
- 계산은 스프링클러설비의 화재안전기술기준을 기준으로 하며, 기타 주어지지 아니한 조건은 무시한다.

Check

❶ 기준개수 : 30개

① 지하층 : 10개

② 지상층 : 30개

③ 2 이상의 기준개수에 해당하므로 많은 것을 기준으로 한다.

❷ 수원 $Q[\text{m}^3] = N \times 80[l/\text{min}] \times 60[\text{min}] \times 10^{-3}$

❸ 전동기 용량 $P = \dfrac{1{,}000 \times Q \times H}{102 \times 60 \times \eta} \times K[\text{kW}]$

① 펌프 토출량 $Q[\text{m}^3/\text{min}] = N \times 80[l/\text{min}] \times 10^{-3}$

② 전양정 $H[\text{m}] = h_1 + h_2 + h_3$

③ 효율 η

④ 전달계수 K

$K = 1.1$(전동기 직결식), $K = 1.15 \sim 1.2$(내연기관)

19 ❙문제❙

가로 19[m], 세로 9[m]인 무대부에 정방형으로 스프링클러헤드를 설치하려고 할 때 헤드의 최소 개수를 산출하시오.

Check **스프링클러헤드**

❶ 수평거리 R

	특정소방대상물			수평거리
①	무대부 · 특수가연물을 저장 또는 취급하는 장소			1.7[m] 이하
②	랙크식 창고	특수가연물을 저장 또는 취급하는 경우		1.7[m] 이하
		특수가연물 이외의 물품을 저장 · 취급하는 경우		2.5[m] 이하
③	공동주택(아파트) 세대 내의 거실			3.2[m] 이하
④	기타 소방대상물		내화구조	2.3[m] 이하
			비내화구조	2.1[m] 이하

※ 주거형 헤드 : 260cm 이하

❷ 헤드 배치

① 정방형(정사각형 배치) : $S = 2R\cos 45° = \sqrt{2}R$

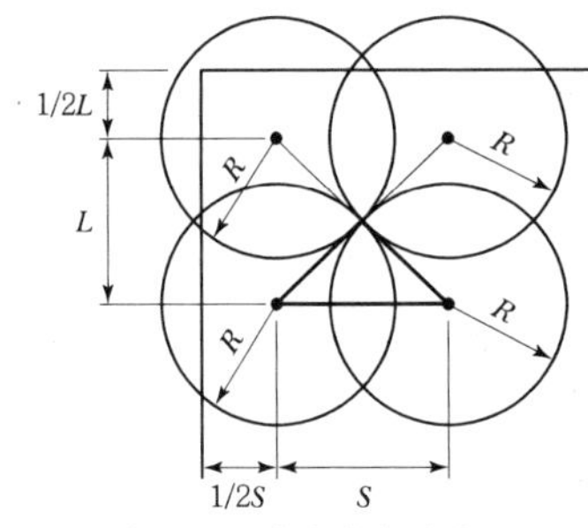

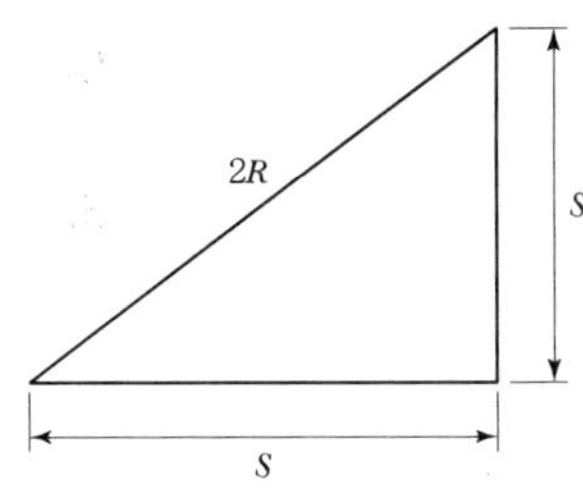

여기서, L : 가지배관 간격
R : 수평거리
S : 헤드 간격

② 장방형(직사각형 배치) : $X = 2R$

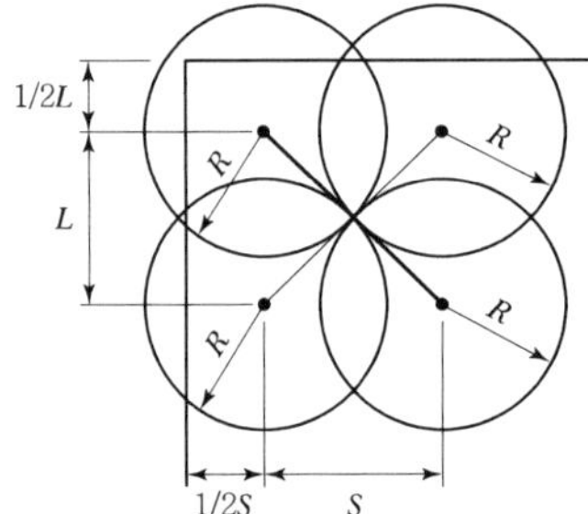

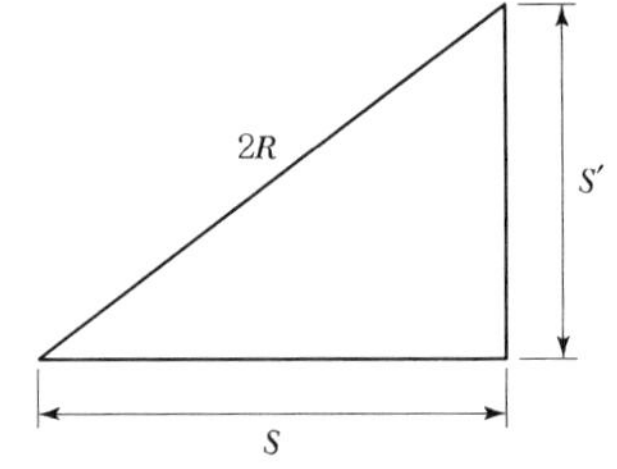

여기서, L : 가지배관 간격
S' : 세로열 헤드 간격($=2R\sin\theta$)
X : 대각선거리
S : 가로열 헤드 간격($=2R\cos\theta$)
R : 수평거리

20 | 문제 |

특정소방대상물의 사무실에 측벽형 스프링클러 헤드를 설치하려고 한다. 조건을 참고하여 적합하게 헤드를 배치한 후 헤드 간의 거리, 헤드와 벽과의 거리를 나타내시오.

- 각각의 헤드 간격 $S = 3.6[\text{m}]$로 한다.
- 위쪽 헤드는 벽과의 간격을 $\frac{1}{2}S$ 만큼 두고 설치한다.
- 아래쪽 헤드는 $\frac{1}{4}S$의 거리를 두고 설치한다.
- 위쪽 헤드와 아래쪽 헤드는 나란히꼴로 배치한다.
- 사무실의 폭은 9[m], 길이는 16[m]이다.

Check

측벽형 스프링클러헤드 배치

❶ 폭이 4.5[m] 미만인 실 : 긴 변의 한쪽 벽에 일렬로 설치

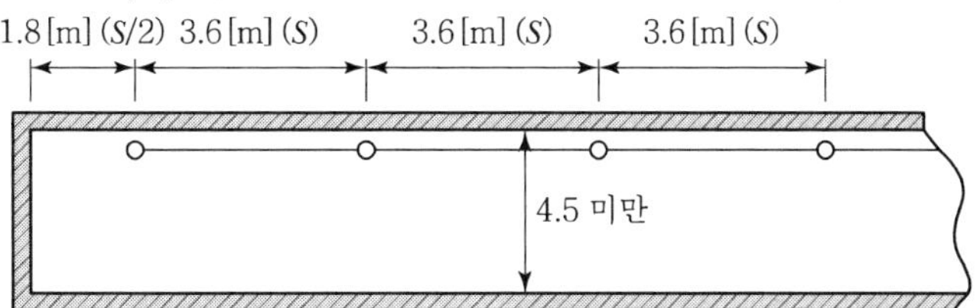

❷ 폭이 4.5[m] 이상 9[m] 이하인 실 : 긴 변의 양쪽에 각각 일렬로 설치하되 마주 보는 스프링클러헤드가 나란히꼴이 되도록 설치

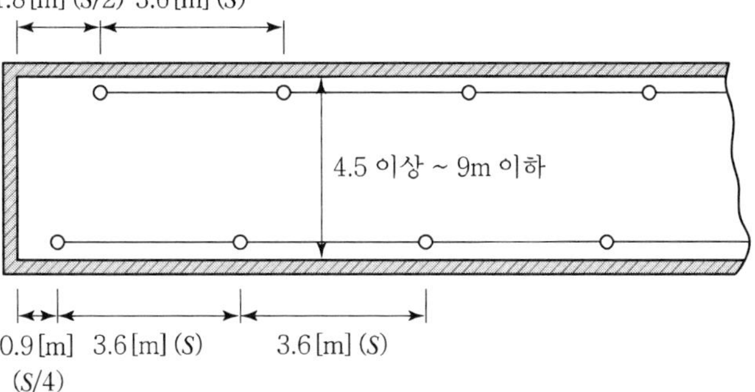

21 ▌문제▐

드렌처 설비가 설치된 2개의 방수구역에 1구역의 제어밸브에는 드렌처헤드가 8개, 2구역의 제어밸브에는 드렌처헤드가 10개가 설치된 경우 수원의 양[m^3]을 계산하시오.

Check **드렌처 설비**

❶ 수원의 수량은 드렌처헤드가 가장 많이 설치된 제어밸브의 드렌처헤드의 설치개수에 1.6[m^3]를 곱하여 얻은 수치 이상이 되도록 할 것

❷ 드렌처 설비는 드렌처헤드가 가장 많이 설치된 제어밸브에 설치된 드렌처헤드를 동시에 사용하는 경우에 각각의 헤드선단에 방수압력이 0.1[MPa] 이상, 방수량이 80[l/min] 이상이 되도록 할 것

참고 **연소할 우려가 있는 개구부**

각 방화구획을 관통하는 컨베이어 · 에스컬레이터 또는 이와 비슷한 시설의 주위로서 방화구획을 할 수 없는 부분을 말한다.

1. 개방형헤드 설치
2. 드렌처 설비 설치

22 ❙ 문제 ❙

층수가 2층인 특정소방대상물에 습식 스프링클러설비를 설치하였다. 다음 물음에 답하시오.(단, 각 층의 바닥면적은 16,000[m²]이다.)

1 최소 방호구역 수

2 최소 유수검지장치의 수

3 최소 송수구 수

Check **폐쇄형 스프링클러설비의 방호구역 · 유수검지장치 적합기준**

❶ 하나의 방호구역의 바닥면적은 3,000[m²]를 초과하지 아니할 것. 다만, 폐쇄형 스프링클러설비에 격자형 배관방식(2 이상의 수평주행배관 사이를 가지배관으로 연결하는 방식을 말한다.)을 채택하는 때에는 3,700[m²] 범위 내에서 펌프용량, 배관의 구경 등을 수리학적으로 계산한 결과 헤드의 방수압 및 방수량이 방호구역 범위 내에서 소화목적을 달성하는 데 충분할 것

❷ 하나의 방호구역에는 1개 이상의 유수검지장치를 설치하되, 화재 발생 시 접근이 쉽고 점검하기 편리한 장소에 설치할 것

참고 **방호구역 : 스프링클러설비의 소화범위에 포함된 영역을 말한다.**

1. 스프링클러설비 : 하나의 방호구역의 바닥면적은 3,000[m²]를 초과하지 아니할 것
2. 간이스프링클러설비 : 하나의 방호구역의 바닥면적은 1,000[m²]를 초과하지 아니할 것
3. 화재조기진압용 스프링클러설비 : 하나의 방호구역의 바닥면적은 3,000[m²]를 초과하지 아니할 것

송수구

1. 스프링클러설비
   폐쇄형 스프링클러헤드를 사용하는 스프링클러설비의 송수구는 하나의 층의 바닥면적이 3,000[m²]를 넘을 때마다 1개 이상(5개를 넘을 경우에는 5개로 한다.)을 설치할 것
2. 화재조기진압용 스프링클러설비 · 물분무소화설비
   송수구는 하나의 층의 바닥면적이 3,000[m²]를 넘을 때마다 1개 이상(5개를 넘을 경우에는 5개로 한다.)을 설치할 것
3. 포소화설비
   포소화설비의 송수구는 하나의 층의 바닥면적이 3,000[m²]를 넘을 때마다 1개 이상을 설치할 것(5개를 넘을 경우에는 5개로 한다.)

23 | 문제 |

지하 2층 및 지상 10층 구조의 계단식형 아파트에 다음과 같은 조건으로 옥내소화전 설비 및 스프링클러설비를 설치하고자 한다. 다음 물음에 답하시오.

- 각 층에는 옥내소화전 및 스프링클러가 설치되어 있다.
- 각 세대마다 헤드는 9개씩 설치하고 각 층당 2세대이며, 옥내소화전 방수구는 각 층당 1개씩 설치한다.
- 지하층은 주차장이며 층별로 옥내소화전 방수구 3개, 폐쇄형 스프링클러헤드 30개를 설치한다.(단, 지하층의 층고는 4[m]이며 반자 높이는 0.5[m]이다.)
- 옥내소화전설비의 경우 실양정은 48[m], 배관 및 배관부속의 마찰손실수두는 실양정의 15[%], 호스마찰손실수두는 실양정의 30[%]이다.
- 스프링클러설비의 경우 실양정은 50[m], 배관 및 배관 부속의 마찰손실수두는 실양정의 35[%]이다.
- 펌프의 효율은 60[%]이고, 전달계수는 1.2이다.
- 소수점은 셋째 자리에서 반올림할 것

1 펌프의 전양정[m] 및 수원의 양[m^3]은 얼마 이상인가?(단, 옥상수원을 포함하여 계산하시오.)

2 펌프의 토출량[m^3/s] 및 모터 동력[kW]은 얼마 이상인가?

24 | 문제 |

그림과 같이 각 층의 평면도가 모두 같은 지하 1층, 지상 4층의 사무실용도 건물이 있다. 이 건물의 전 층에 걸쳐 습식 스프링클러설비와 옥내소화전설비를 하나의 수조 및 소화펌프와 연결하여 적법하게 설치하고자 한다. 다음의 물음에 답하시오.(단, 펌프로부터 최고위 헤드까지의 수직높이는 18[m]이다.)

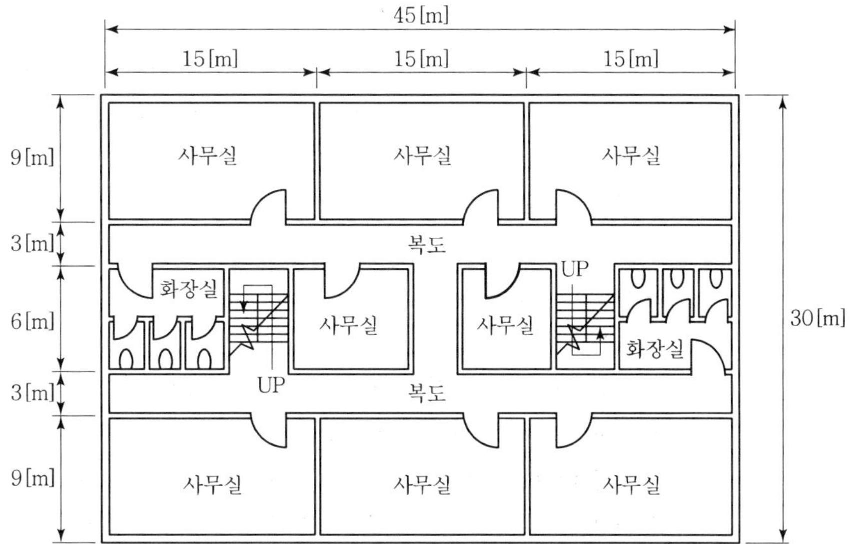

1. 옥내소화전의 전체 설치개수는 최소 몇 개가 되어야 하는가?
2. 펌프의 정격 토출량[l/min]은 얼마 이상이어야 하는가?
3. 유효수량[m^3]은 얼마 이상이어야 하는가?
4. 주 입상관의 안지름은 최소 몇 [mm]가 되어야 하는가?(단, 입상관의 최대 유속은 4[m/s]이며 구경은 65[mm], 80[mm], 90[mm], 100[mm] 중 택하시오.)
5. 펌프의 소요양정이 65[m]이고, 전동기 직결 구동식이라면 전동기의 소요동력은 몇 [kW]인가?(단, 펌프의 효율은 0.6, 축동력 전달계수는 1.1이라 한다.)

25 ❙ 문제 ❙

지하 4층, 지상 30층인 호텔(내화구조)에 스프링클러설비를 화재안전기술기준에 적합하게 설치하고자 한다. 다음 조건을 참고하여 물음에 알맞게 답하시오.

- 각 층의 바닥면적은 600[m^2]이고, 지상층은 층별로 객실(3.5[m]×5[m])이 30개 있으며, 지하 1층부터 지하 3층은 주차장이고, 지하 4층은 발전기실과 전기실이 설치되어 있다.
- 지상층은 습식 스프링클러설비, 지하층은 준비작동식 스프링클러설비를 설치한다.
- 실양정은 130[m]이고, 배관 및 관 부속품의 마찰손실은 실양정의 30[%]이다.
- 펌프의 효율은 65[%], 전달계수는 10[%], 최상층 말단 헤드의 방사압은 0.1[MPa]이다.

1. 유수검지장치의 전체 설치개수를 계산하시오.
2. 옥상수원을 포함한 수원의 양[m^3]을 계산하시오.
3. 소화펌프의 토출량[m^3/min]과 전동기 용량[Hp]을 계산하시오.
4. 소화펌프의 토출 측 주배관의 관경[mm]을 수리 계산하시오.(단, 유속은 옥내소화전 설비를 기준으로 하며, 답은 규약배관방식으로 할 것)
5. 지상층의 객실에 스프링클러헤드를 정방형으로 설치할 경우 층당 객실에 설치하여야 하는 헤드 수를 계산하시오.(단, 객실은 천장과 반자 사이의 거리가 1[m]이며, 천장은 불연재료이고, 반자는 난연재료이다.)
6. 충압펌프를 설치할 경우 충압펌프의 토출압력[MPa]을 계산하시오.
7. 조기반응형 스프링클러헤드를 설치하여야 하는 장소를 쓰시오.

26 ❙ 문제 ❙

교육연구시설(연구소)에 스프링클러설비를 설치할 경우 조건을 참조하여 각 물음에 알맞게 답하시오.

- 건물의 층별 높이는 다음과 같으며 지상 층은 모두 창문이 설치되어 있다.

구분	지하2층	지하1층	지상1층	지상2층	지상3층	지상4층	지상5층
층 높이[m]	5.5	4.5	4.5	4.5	4	4	4
반자높이[m] (헤드 설치 시)	5.0	4.0	4.0	4.0	3.5	3.5	3.5
바닥면적[m^2]	2,500	2,500	2,000	2,000	2,000	1,800	900

- 지하 1층에 있는 국제 회의실은 바닥으로부터 반자까지의 높이가 8.5[m]이다.
- 지하 2층 물탱크실의 수조(가로 8[m], 세로 5[m], 높이 4[m])는 다른 설비와 겸용으로 사용한다.
- 소화펌프는 지하 2층에 설치하며, 스프링클러헤드는 반자에 설치한다.
- 소방용 흡수구는 수조의 바닥으로부터 0.5[m] 높은 위치에 있으며, 흡수구와 펌프 중심은 수평으로 설치되어 있다.
- 배관 및 관 부속품의 마찰손실수두는 실양정의 30[%]를 적용한다.
- 산출량은 최소치를 적용하며, 그 밖의 사항은 소방관련법령 및 화재안전기술기준을 적용한다.

1 위 조건을 참조하여 스프링클러설비를 설치하여야 하는 층을 모두 쓰시오.
2 옥상수원을 포함한 수원의 양[m^3]을 계산하시오.
3 일반 급수펌프의 흡수구와 소화펌프의 흡수구 사이의 수직거리[m]를 계산하시오.
4 소화펌프의 전동기 용량[kW]을 계산하시오.(단, 펌프의 효율은 60[%]이고, 전달계수는 1.1이며, 전양정 산출 시 수조의 높이는 무시한다.)
5 수조가 펌프보다 낮게 설치된 경우 펌프 토출측에 설치하는 물올림장치의 구성요소 5가지를 쓰시오.

27 | 문제 |

층수가 50층 각 층당 4세대인 계단식 아파트에 화재안전기술기준을 적용하여 소방시설을 설치하려고 한다. 조건을 참고하여 각 물음에 답하시오.

- 계단은 2개이며, 계단을 기준으로 좌우 2세대이다.
- 층간 높이는 3[m], 바닥 기준면에서 반자까지 높이는 2.5[m]이다.
- 소화펌프에서 1층 바닥까지 높이는 2[m]이다.
- 층당 옥내소화전 2개가 설치되어 있다.
- 옥내소화전 방수구는 바닥으로부터 1[m]에 설치되어 있다.
- 한 세대당 설치된 스프링클러헤드 수는 8개이다.
- 배관압력손실은 다음과 같다.

㉠ 최상층 옥내소화전까지 배관마찰손실수두 : 8[m] ㉡ 최상층 스프링클러헤드까지의 배관마찰손실수두 : 10[m] ㉢ 옥내소화전 호스 및 노즐의 마찰손실수두 : 2[m]

- 소화설비가 설치된 부분은 방화벽과 방화문으로 구획되어 있고 화재는 각 세대에서 동시에 발생하지 않는다고 가정한다.
- 기타 다른 조건은 무시하고, 고층건축물의 화재안전기술기준을 적용할 것

1 소화펌프(주펌프)의 양정[m] 및 토출량[m^3/min]을 계산하시오.
2 유효수량[m^3]을 계산하시오.
3 방수기구함 수를 계산하시오.
4 비상콘센트 수를 계산하시오.

28 | 문제 |

조건에 따라 다음 물음에 답하시오. 관12회

- 계단식형 아파트 지하 2층(주차장), 지상 12층(아파트 각 층 2세대)
- 각 층에는 옥내소화전설비 및 스프링클러설비 설치
- 지하층에는 옥내소화전설비의 방수구 3개 설치
- 아파트의 세대별 스프링클러헤드 설치개수는 12개
- 옥내소화전설비의 실양정 : 48[m], 배관마찰손실수두 : 실양정의 15[%], 호스마찰손실수두 : 실양정의 30[%]
- 스프링클러설비의 실양정 : 50[m], 배관마찰손실수두 : 실양정의 35[%]
- 수력효율 : 90[%], 체적효율 : 80[%], 기계효율 : 75[%], 전달계수 : 1.1
- 소화설비가 설치된 장소는 방화구획 및 불연재료로 되어 있지 않고, 저수조, 펌프 및 입상 배관은 겸용으로 설치되어 있다.

1 주 펌프의 전양정[m] 및 유효수량[m^3]을 계산하시오.

2 펌프의 토출량[l/min] 및 전동기 용량[kW]을 계산하시오.

3 옥상수조의 부속장치 5가지를 쓰시오.

참고 **효율**

효율이란, 축동력(모터에 의해 펌프에 주어지는 동력)에 의한 동력과 수동력(유체에 전달되는 동력)과의 비율로서 수력효율(η_h), 체적효율(η_v), 기계효율(η_m)로 구분한다.

$$\therefore \text{전효율 } \eta = \frac{P_W}{P_s} = \eta_h \times \eta_v \times \eta_m$$

1. 수력효율(Hydraulic efficiency) : η_h
   ① 펌프의 실제양정(H) 대 펌프의 이론양정(H_{th})의 비
   ② 펌프 내 유체의 마찰, 충돌, 방향변화, 와류손실 등에 의해서 발생
   ③ $\eta_h = \dfrac{H}{H_{th}} = \dfrac{H_{th} - H_f}{H_{th}} = 1 - \dfrac{H_f}{H_{th}}$
   $H(\text{실제양정}) = H_{th}(\text{이론양정}) - H_f(\text{수력손실수두})$

2. 체적효율(Volumetric efficiency) : η_v
   ① 실제토출유량(Q) 대 펌프의 흡입유량(Q_{th})의 비
   ② 펌프에서 누설 및 역류되는 유량손실에 의해 발생
   ③ $\eta_v = \dfrac{Q}{Q_{th}} = \dfrac{Q_{th} - q}{Q_{th}} = 1 - \dfrac{q}{Q_{th}}$
   $Q(\text{실제토출유량}) = Q_{th}(\text{펌프흡입유량}) - q(\text{펌프에서의 누설유량})$

3. 기계효율(Mechanical efficiency) : η_m
   ① 펌프 측에 공급되는 동력 대 실제 일로 변환되는 동력의 비
   ② 펌프의 베어링, 축 등에 의한 기계적 마찰손실 등에 의해서 발생
   ③ 기계적 마찰손실에 의한 손실동력을 P_f라 하면, 기계효율이란 축동력에서 기계적 손실동력을 뺀 값과 축동력과의 비를 말한다.
   $\eta_m = \dfrac{P_s - P_f}{P_s} = 1 - \dfrac{P_f}{P_s}$

29 | 문제 |

폐쇄형 헤드를 사용하는 스프링클러설비의 토출량이 2.4[m³/min], 유속이 3[m/s]일 경우, 다음 각 물음에 답하시오. 관5회

1 토출 측 배관의 구경[mm]을 계산하시오.

2 조건상의 토출량을 방사할 경우 폐쇄형 헤드의 기준개수는 몇 개인지를 계산하시오.

3 입상관에서의 마찰손실수두[m]를 계산하시오.(단, 입상관의 구경은 150[mm], 관마찰계수는 0.02, 높이는 60[m]이다.)

Check

❶ 배관구경 $D[\mathrm{m}] = \sqrt{\dfrac{4Q}{\pi V}}$

① Q : 유량[$\mathrm{m^3/s}$]

② V : 유속[m/s]

- 옥내소화전설비 : 4[m/s] 이하(토출 측 주배관)
- 스프링클러설비 : 6[m/s] 이하(가지배관), 10[m/s] 이하(그 밖의 배관)

❷ 다르시-바이스바흐식(Darcy-Weisbach) : 모든 유체의 층류, 난류에 적용

$$H_L[\mathrm{m}] = f \cdot \frac{L}{D} \cdot \frac{V^2}{2g} = K \cdot \frac{V^2}{2g}$$

① f(관마찰계수)$= \dfrac{64}{Re}$ (층류일 때)

② L : 배관길이[m]

③ D : 내경[m]

④ V : 유속[m/s]

⑤ g : 중력가속도[$9.8\mathrm{m/s^2}$]

⑥ K : 손실계수$\left(= f \cdot \dfrac{L}{D}\right)$

30 | 문제 |

습식 스프링클러설비를 지상 8층의 백화점 건물에 시공할 경우 도면과 조건을 참고하여 다음 물음에 답하시오.

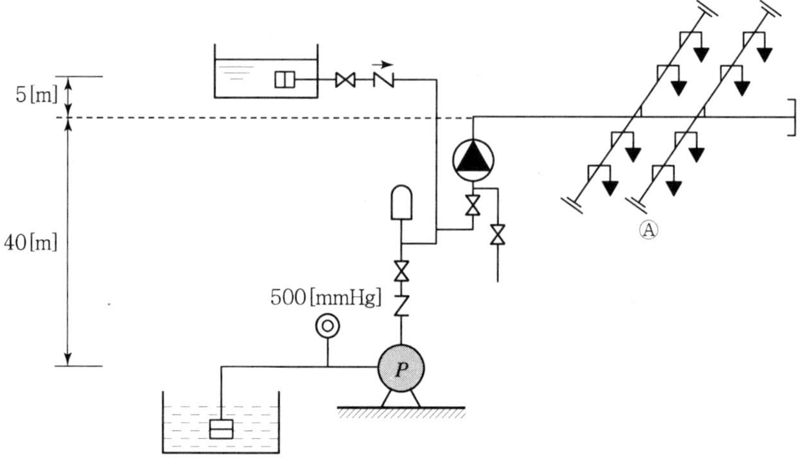

- 배관 및 부속류의 총 마찰손실은 펌프 자연 낙차압의 40[%]이다.
- 펌프의 진공계 눈금은 500[mmHg]이다.
- 펌프의 체적효율(η_v)=0.95, 기계효율(η_m)=0.85, 수력효율(η_h)=0.75이다.
- 전동기의 전달계수(K)는 1.2이다.

1 주 펌프의 양정[m]을 계산하시오.

2 주 펌프의 토출량[l/min]을 계산하시오(단, 각 층에 설치된 스프링클러헤드는 50개이다.)

3 주 펌프의 전 효율[%]을 계산하시오.

4 주펌프의 수동력, 축동력, 모터동력을 소수 첫째 자리까지 계산하시오.

① 수동력[kW]

② 축동력[kW]

③ 모터동력[kW]

31 ▎문제▎

H－1 헤드의 방수압력이 0.1[MPa]일 때 방수량이 80[l/min]인 폐쇄형 스프링클러 설비에서 수리 계산으로 배관의 관경을 결정하는 경우 다음 조건을 보고 물음에 알맞은 답을 쓰시오.(단, 풀이과정을 쓰고 최종 답을 반올림하여 소수점 둘째 자리까지 구할 것) 관10회

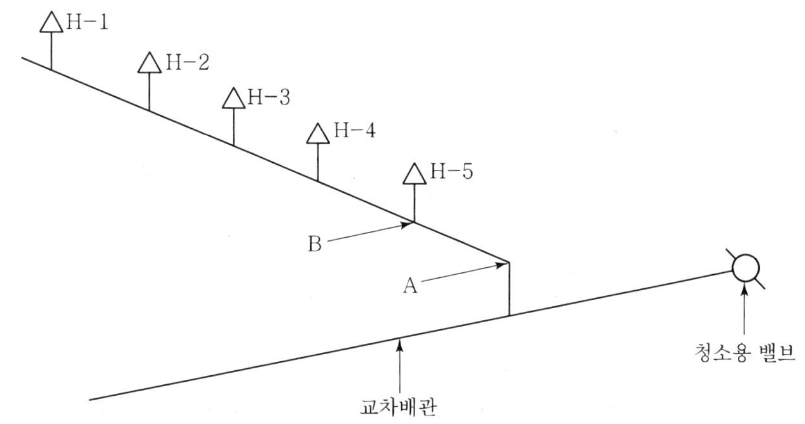

- 스프링클러헤드 H－1에서 H－5까지의 각 헤드마다 방수압력의 차이는 0.02[MPa]이다.(단, 계산 시 스프링클러헤드와 가지배관 사이의 배관 마찰손실은 무시한다.)
- A~B 구간은 마찰손실은 0.03[MPa]이다.
- H－1에서의 방수량은 80[l/min]이다.

1 A지점에서의 필요 최소 압력은 몇 [MPa]인가?

2 각 헤드에서의 방수량은 몇 [l/min]인가?

3 A~B 구간에서의 유량은 몇 [l/min]인가?

4 A~B 구간 배관의 최소 내경은 몇 [m]인가?

Check **헤드 1개의 방사량**

$$Q = K\sqrt{10P}\,[l/\text{min}]$$

(방출계수 $K = \dfrac{Q}{\sqrt{10P}}$, P : 방사압력[MPa])

32 | 문제 |

다음 그림과 같이 습식 스프링클러설비가 설치된 경우 스프링클러헤드 중 A점에 설치된 헤드 1개만이 개방되었을 때 A점 헤드에서의 방사압력은 몇 [MPa]인가?(단, 방사압력 산정에 필요한 계산과정을 상세히 명시하고 방사압력을 소수점 4자리까지 구하시오.) 기95회

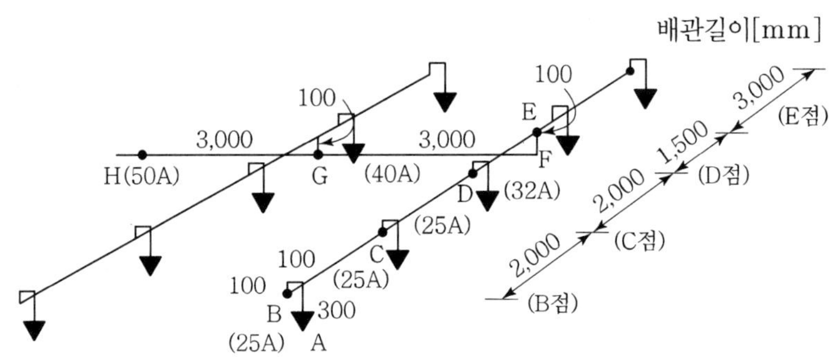

- 급수관 중 H점에서의 가압수의 압력은 0.15[MPa]이다.
- 티 및 엘보는 직경이 다른 티 및 엘보는 사용하지 않는다.
- 스프링클러헤드는 15A 헤드가 설치된 것으로 한다.
- A점에서의 헤드 방수량은 80[l/min]로 계산한다.
- 직관의 마찰손실(100[m]당)

유량	25A	32A	40A	50A
80[l/min]	39.82[m]	11.38[m]	5.40[m]	1.68[m]

- 관 이음쇠 마찰손실에 해당하는 직관길이(단위 : m)

구분	25A	32A	40A	50A
90° 엘보	0.9	1.20	1.50	2.10
레듀샤	(25×15A) 0.54	(32×25A) 0.72	(40×32A) 0.90	(50×40A) 1.20
티(직류)	0.27	0.36	0.45	0.60
티(분류)	1.50	1.80	2.10	3.00

33 ❙문제❙

그림과 같이 설치된 스프링클러설비에서 스프링클러헤드가 모두 개방되었을 경우, 주어진 조건과 수리계산서 양식을 참고하여 다음 물음에 답하시오.(단, 조건은 아래와 같다.) 기85회

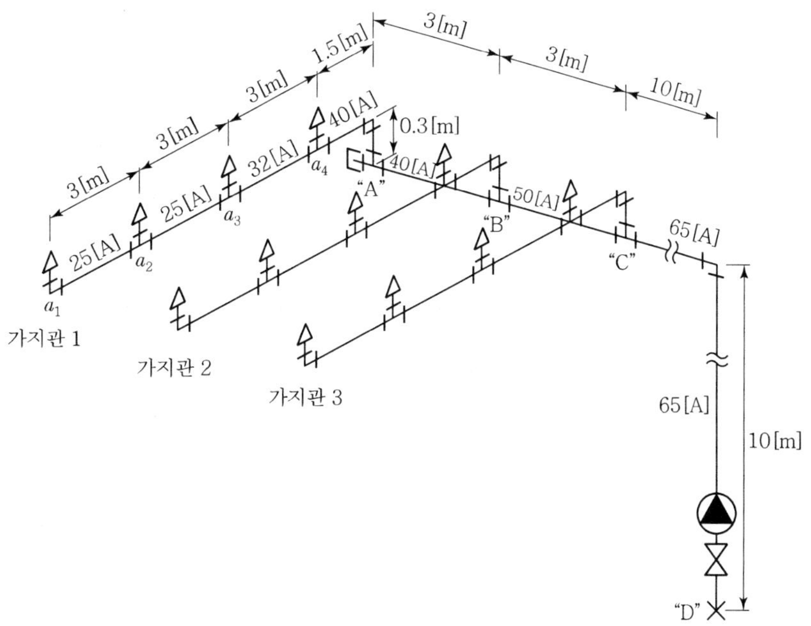

- 속도수두는 무시한다.
- 스프링클러헤드의 최소 방사 압력은 1[kg_f/cm^2] 이상으로 한다.
- K값은 80, C값은 120으로 한다.
- 가지관 1, 2, 3은 동일하다.
- 배관마찰손실은 하젠 윌리엄 공식을 이용한다.

$$\Delta P[\mathrm{kg_f/cm^2/m}] = 6.174 \times 10^5 \times \frac{Q^{1.85}}{C^{1.85} \times d^{4.87}}$$

- 계산 과정의 소수점은 셋째 자리에서 반올림할 것
- 배관부속의 등가길이는 아래 표와 같다.(단, 레듀셔 및 스프링클러헤드에 직접 연결되는 부속의 등가길이는 무시하며, 티에서 직류 흐름의 마찰손실은 무시한다.)

배관구경		25A	32A	40A	50A	65A
배관 내경[mm]		27.5	36.2	42.1	53.2	69.0
등가길이[m]	90[°] 엘보	0.6	0.9	1.2	1.5	1.8
	분류티	1.5	1.8	2.4	3.1	3.7
	게이트밸브	–	–	–	–	0.3
	알람밸브	–	–	–	–	4.3

1 가지관 1의 유량 Q_1[l/min]은 얼마인가?

2 가지관 2의 유량 Q_2[l/min]은 얼마인가?

3 가지관 3의 유량 $Q_3$$l$/min]은 얼마인가?

4 "D"점에서 필요한 유량[l/min]은 얼마인가?

5 "D"점에서 필요한 압력[kg_f/cm^2]은 얼마인가?

6 다음 수리계산서를 완성하시오.

스프링클러헤드 번호위치	유량 [l/min]	배관크기 [mm]	배관부속	등가길이 [m]		마찰손실 [$kg_f/cm^2/m$]	압력 [kg_f/cm^2]	비고 C=120 K=80
가지관 1 a1－a2				직관			Pt :	q1
				부속			Pf :	
				계			Pe :	
a2－a3				직관				q2
				부속				
				계				
a3－a4				직관				q3
				부속				
				계				
a4－A				직관				q4
				부속				
				계				
A－B				직관				가지관 1의 유량 Q_1
				부속				
				계				
B－C				직관				가지관 2의 유량 Q_2
				부속				
				계				
C－D				직관				가지관 3의 유량 Q_3
				부속				
				계				

〈배관부속 기호〉 E : 90°엘보, T : 티, GV : 게이트밸브, AV : 알람밸브

34 ❙문제❙

아래 그림은 어느 스프링클러설비의 배관 계통도이다. 도면과 주어진 조건을 참고하여 각 물음에 답하시오.

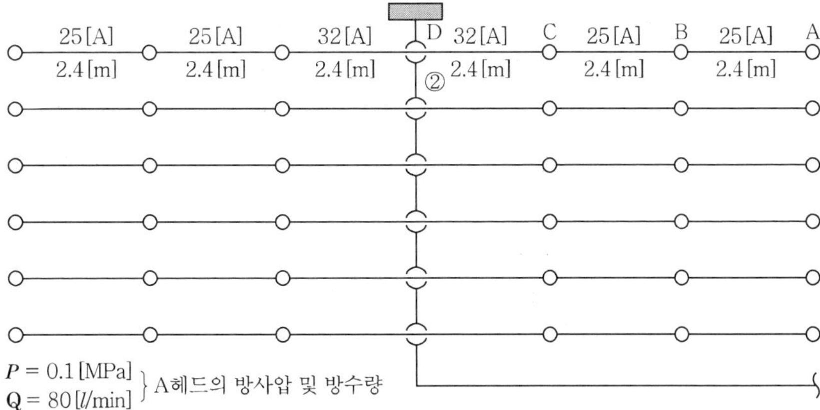

- 배관 마찰손실압력은 하젠-윌리엄스 공식을 따르되 계산의 편의상 다음 식과 같다고 가정한다. $\Delta P = 6 \times 10^4 \times \dfrac{Q^2}{C^2 \times d^5} \times L[\mathrm{MPa}]$
- 배관 호칭구경과 내경은 같다고 한다.
- 관부속 마찰손실은 무시한다.
- 헤드는 개방형이고 조도 C는 100으로 한다.
- 배관의 구경은 15, 20, 25, 32, 40, 50, 65, 80, 100으로 한다.
- 계산과정의 소수점은 셋째 자리에서 반올림할 것

1 ㉠ B~A 사이의 마찰손실압[MPa]을 계산하시오.
㉡ B헤드에서의 방사량[l/min]을 계산하시오.

2 ㉠ C~B 사이의 마찰손실압[MPa]을 계산하시오.
㉡ C헤드에서의 방사량[l/min]을 계산하시오.

3 D점에서의 압력[MPa]을 계산하시오.

4 ② 지점의 배관 내 유량[l/min]을 계산하시오.

5 ② 지점의 배관 최소 관경을 화재안전기술기준에 따른 배관 내 유속에 따라 관경을 계산하시오.

35 | 문제 |

그림과 같이 스프링클러헤드에서 물이 방수가 되고 있다. 그림의 왼쪽 방향으로 몇 개의 헤드가 부착되어 있어 Q_1 방향으로 300[l/min]의 물이 흐르고 있다. 이때 다음과 같은 조건을 참고하여 헤드에서의 방수량(Q_2)을 계산하시오.(단, 수리해석 시 동압을 무시하지 않아야 한다.) 기159회

- 헤드 직상부 가지배관 속 물의 전압은 4.0[kg/cm²]이다.
- 헤드의 K factor는 80이다.
- 가지배관의 안지름은 40[mm]이다.
- 가지배관에서 헤드까지의 물 흐름 시 수압의 변화는 없는 것으로 한다.
- 유량 계산은 다음 식으로 한다.

$Q = 0.6597 \times d^2 \times \sqrt{P_v}$ (P_v : 동압)
$Q = K\sqrt{P_n}$ (P_n : 정압)

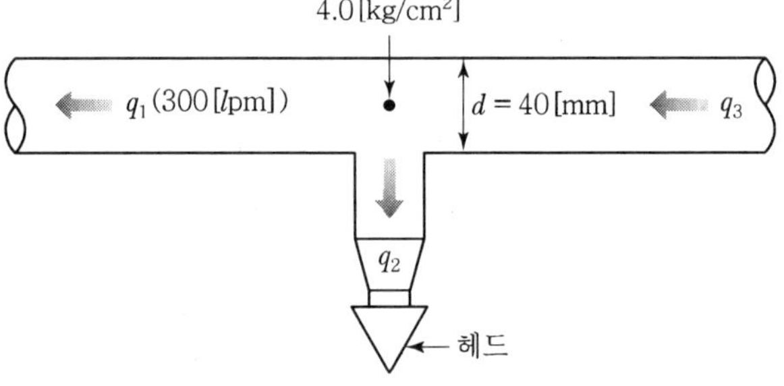

Check **이차방정식 근의 공식**

$$ax^2 + bx + c = 0\ (a \neq 0)$$

$$x = \frac{-b \pm \sqrt{b^2 - 4ac}}{2a}$$

36 ❙문제❙

다음 도면은 스프링클러설비의 계통도를 나타낸 것이다. 도면과 조건을 참고하여 다음 각 물음에 알맞게 답하시오.

- 펌프의 토출압력은 0.3[MPa]이며, 토출량에 관계없이 일정하다고 가정한다.
- 헤드의 방출계수(K)는 90이다.
- 배관의 마찰손실은 하젠–윌리엄스 공식을 따르되 계산의 편의 상 다음 식으로 한다.

$$\Delta P = \frac{6 \times 10^4 \times Q^2}{120^2 \times d^5} [\mathrm{MPa/m}]$$

- 배관의 호칭 구경별 안지름은 다음과 같다.

호칭구경	25∅	32∅	40∅	50∅	65∅	80∅	100∅
내경	28	37	43	54	69	81	107

- 배관부속 및 밸브류의 등가길이[m]는 아래 표와 같으며, 이 표에 없는 부속 또는 밸브류의 등가길이는 무시한다.

호칭구경	25∅	32∅	40∅	50∅	65∅	80∅	100∅
90[°] 엘보	0.8	1.1	1.3	1.6	2.0	2.4	3.2
측류티	1.7	2.2	2.5	3.2	4.1	4.9	6.3
게이트밸브	0.2	0.2	0.3	0.3	0.4	0.5	0.7
체크밸브	2.3	3.0	3.5	4.4	5.6	6.7	8.7
알람밸브	–	–	–	–	–	–	8.7

- 가지배관과 헤드 사이의 마찰손실 및 주어지지 아니한 조건은 무시한다.
- 배관의 마찰손실압력, 등가길이, 마찰손실압력은 호칭구경 25∅와 같이 계산한다.

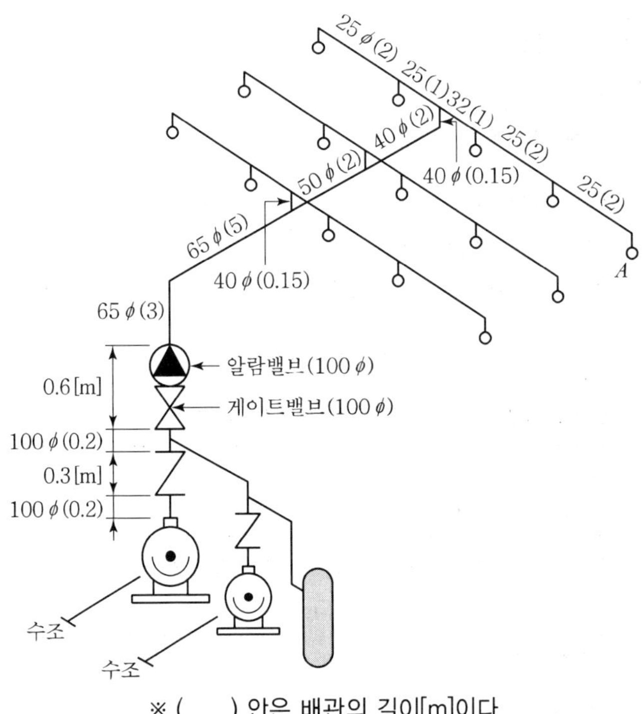

※ ( ) 안은 배관의 길이[m]이다.

1 다음 표의 빈칸을 완성하시오.

구분 / 호칭구경	배관의 마찰손실압력 [MPa/m]	등가길이	마찰손실압력 [MPa]
25∅	$\Delta P = \dfrac{6 \times 10^4 \times Q^2}{120^2 \times d^5}$ $= 2.421 \times 10^{-7} \times Q^2$	직관 : 2+2=4 엘보 : 1×0.8=0.8 계 : 4.8[m]	$1.162 \times 10^{-6} \times Q^2$
32∅			
40∅			
50∅			
65∅			
100∅			

2 배관의 전체 마찰손실압력[MPa]을 계산하시오.

3 펌프에서 A점 헤드까지의 낙차환산수두[m]를 계산하시오.

4 A점 헤드에서의 방수량[l/min]을 계산하시오.

5 A점 헤드에서의 방수압력[MPa]을 계산하시오.

37 | 문제 |

가로 22[m], 세로 18[m]인 사무실에 방호반경 2.3[m]로 스프링클러설비를 장방형(직사각형) 형태로 설치하고자 할 때 다음 물음에 답하시오.(단, 사무실 실내 상부는 반자로 고르게 마감되어 있다.)

1 다음 빈칸을 알맞게 채우시오.

가로열의 헤드 수 / 세로열의 헤드 수					

2 설치할 수 있는 헤드의 최소 개수, 최대 개수를 계산하시오.

3 설치할 수 있는 방법을 쓰시오.

4 헤드 1개의 최소 방호면적, 최대 방호면적을 계산하시오.

38 ❙ 문제 ❙

노유자시설에 간이스프링클러설비를 설치할 경우 수원의 양[m^3]을 계산하시오.

Check **간이스프링클러설비 수원**

❶ 상수도직결형의 경우 : 수돗물

❷ 수조를 사용하는 경우(캐비닛형 포함)

① 특정소방대상물

$Q[l] = 2 \times 50[l/\text{min}] \times 10[\text{min}]$

② 근린생활시설・생활형숙박시설・복합건축물

$Q[l] = 5 \times 50[l/\text{min}] \times 20[\text{min}]$

- 근린생활시설로 사용하는 부분의 바닥면적 합계가 1천[m^2] 이상인 것은 모든 층
- 숙박시설 중 생활형 숙박시설로서 해당 용도로 사용되는 바닥면적의 합계가 600[m^2] 이상인 것
- 복합건축물로서 연면적 1천[m^2] 이상인 것은 모든 층
  (복합건축물 : 하나의 건축물이 근린생활시설, 판매시설, 업무시설, 숙박시설 또는 위락시설의 용도와 주택의 용도로 함께 사용되는 것)

③ 주차장에 표준반응형 스프링클러헤드를 사용할 경우 헤드 1개의 방수량 : 80[l/min] 이상

❸ 수평거리[NFSC 103A 제9조 제3항]

간이헤드를 설치하는 천장・반자・천장과 반자 사이・덕트・선반 등의 각 부분으로부터 간이헤드까지의 수평거리는 2.3[m] 이하가 되도록 하여야 한다.

39 ❙ 문제 ❙

가로 35[m], 세로 30[m]인 근린생활시설에 정방형으로 간이스프링클러설비를 설치하고자 한다. 다음 물음에 알맞게 답하시오.

1 설치하여야 할 간이헤드 개수를 계산하시오.

2 수원의 양[m^3]을 계산하시오.

3 방호구역 및 유수검지장치의 최소 설치 수량을 계산하시오.

Check

간이스프링클러설비의 방호구역 · 유수검지장치

❶ 하나의 방호구역의 바닥면적은 1,000[m^2]를 초과하지 아니할 것

❷ 하나의 방호구역에는 1개 이상의 유수검지장치를 설치하되, 화재발생 시 접근이 쉽고 점검하기 편리한 장소에 설치할 것

❸ 간이스프링클러설비가 설치되는 특정소방대상물에 부설된 주차장 부분에는 습식 외의 방식으로 하여야 한다. 다만, 동결의 우려가 없거나 동결을 방지할 수 있는 구조 또는 장치가 된 곳은 그러하지 아니하다.

40 ❙문제❙

특수가연물을 저장하는 랙크식 창고(500[m^2])에 화재조기진압용 스프링클러 설비를 설치할 경우 설치할 수 있는 스프링클러헤드의 최소 수량과 최대 수량을 계산하시오.

41 ❙문제❙

랙크식 창고(가로 40[m], 세로 30[m], 높이 13[m])에 화재조기진압용 스프링 클러 헤드를 정방형으로 설치할 경우 그 최소 수량을 계산하시오.

Check 화재조기진압용 스프링클러헤드의 설치기준

❶ 헤드 하나의 방호면적은 6.0[m^2] 이상 9.3[m^2] 이하로 할 것

❷ 가지배관의 헤드 사이의 거리

천장높이	가지배관의 헤드 사이의 거리	가지배관 사이의 거리
9.1[m] 미만	2.4[m] 이상 3.7[m] 이하	2.4[m] 이상 3.7[m] 이하
9.1[m] 이상 13.7[m] 이하	3.1[m] 이하	2.4[m] 이상 3.1[m] 이하

42 | 문제 |

최대 층고 10.7[m], 최대 저장높이 8[m]인 랙크식 창고에 방출계수 K=240 (상향식)인 화재조기진압용 스프링클러설비를 설치할 경우 유효수량[m^3]을 계산하시오. (단, 소수점 이하는 반올림할 것) 기98회

Check **화재조기진압용 스프링클러설비**

❶ 수원

$$Q = 12 \times K\sqrt{10P} \times 60$$

여기서, Q : 수원의 양[l]
12 : 화재조기진압용 스프링클러헤드 개수
60 : 방사시간
K : 상수[l/min/(MPa)$^{1/2}$]
P : 헤드선단의 압력[MPa]

❷ 화재조기진압용 스프링클러헤드의 최소방사압력[MPa]

최대 층고	최대 저장높이	화재조기진압용 스프링클러헤드				
		K=360 하향식	K=320 하향식	K=240 하향식	K=240 상향식	K=200 하향식
13.7[m]	12.2[m]	0.28	0.28	–	–	–
13.7[m]	10.7[m]	0.28	0.28	–	–	–
12.2[m]	10.7[m]	0.17	0.28	0.36	0.36	0.52
10.7[m]	9.1[m]	0.14	0.24	0.36	0.36	0.52
9.1[m]	7.6[m]	0.10	0.17	0.24	0.24	0.34

43 | 문제 |

특수가연물을 10[m] 높이로 저장하는 랙크식 창고에 화재조기진압용 스프링클러설비를 설치하고자 한다. 조건을 참고하여 다음 각 물음에 알맞게 답하시오.

- 창고의 크기는 가로 30[m], 세로 50[m], 높이 12[m]이다.
- K값은 방수량이 가장 많은 헤드를 기준으로 할 것
- 헤드는 정방형으로 배치한다.

1 방호구역 내 최소 헤드 설치개수를 계산하시오.
2 펌프의 토출량[l/min]을 계산하시오.
3 유효수량[m^3]을 계산하시오.

Check 화재조기진압용 스프링클러설비

❶ 가지배관의 헤드 사이의 거리

천장높이	가지배관의 헤드 사이의 거리	가지배관 사이의 거리
9.1[m] 미만	2.4[m] 이상 3.7[m] 이하	2.4[m] 이상 3.7[m] 이하
9.1[m] 이상 13.7[m] 이하	3.1[m] 이하	2.4[m] 이상 3.1[m] 이하

❷ 헤드 1개의 방수량

최대 층고	최대 저장높이	화재조기진압용 스프링클러헤드				
		K=360 하향식	K=320 하향식	K=240 하향식	K=240 상향식	K=200 하향식
12.2[m]	10.7[m]	0.17	0.28	0.36	0.36	0.52
헤드 1개의 방수량 $q=K\sqrt{10P}$ [l/min]		$360\sqrt{10\times0.17}$ $=469.38$	$320\sqrt{10\times0.28}$ $=535.46$	$240\sqrt{10\times0.36}$ $=455.38$	$240\sqrt{10\times0.36}$ $=455.38$	$200\sqrt{10\times0.52}$ $=456.07$

44 ❙ 문제 ❙

바닥 면적이 40[m²]인 특수가연물을 저장 또는 취급하는 특정소방대상물에 물분무 소화설비를 설치하고자 한다. 소화 펌프의 토출량[l/min]과 소화수조에 저장하여야 하는 수원의 양[m³]을 계산하시오.

Check **물분무소화설비의 수원**

❶ 특수가연물, 절연유봉입변압기, 컨베이어벨트

$Q = A[\mathrm{m}^2] \times 10[l/\mathrm{min} \cdot \mathrm{m}^2] \times 20[\mathrm{min}]$ 이상

① 특수가연물을 저장 · 취급하는 특정소방대상물 또는 그 부분

$A[\mathrm{m}^2]$: 최대 방수구역의 바닥면적(50[m²] 이하는 50[m²])

② 절연유봉입변압기

$A[\mathrm{m}^2]$: 바닥부분을 제외한 변압기 표면적을 합한 면적

③ 컨베이어벨트

$A[\mathrm{m}^2]$: 벨트부분의 바닥면적

❷ 케이블트레이 · 덕트

$Q = A[\mathrm{m}^2] \times 12[l/\mathrm{min} \cdot \mathrm{m}^2] \times 20[\mathrm{min}]$ 이상

$A[\mathrm{m}^2]$: 투영된 바닥면적

❸ 차고 · 주차장

$Q = A[\mathrm{m}^2] \times 20[l/\mathrm{min} \cdot \mathrm{m}^2] \times 20[\mathrm{min}]$ 이상

$A[\mathrm{m}^2]$: 최대 방수구역의 바닥면적(50[m²] 이하는 50[m²])

❹ 터널

$Q = A[\mathrm{m}^2] \times 6[l/\mathrm{min} \cdot \mathrm{m}^2] \times 3 \times 40[\mathrm{min}]$ 이상

$A[\mathrm{m}^2] = 25[\mathrm{m}] \times 폭[\mathrm{m}]$

45 ❙ 문제 ❙

바닥 면적이 60[m²]인 특정소방대상물의 주차장에 물분무 소화설비를 설치하고자 한다. 소화 펌프의 토출량[l/min]과 소화수조에 저장하여야 하는 수원의 양[m³]을 계산하시오.

46 ❙문제❙

그림과 같이 바닥면이 자갈로 되어 있는 절연유 봉입변압기에 물분무 소화설비를 설치하고자 한다. 다음 물음에 알맞게 답하시오. 관11회

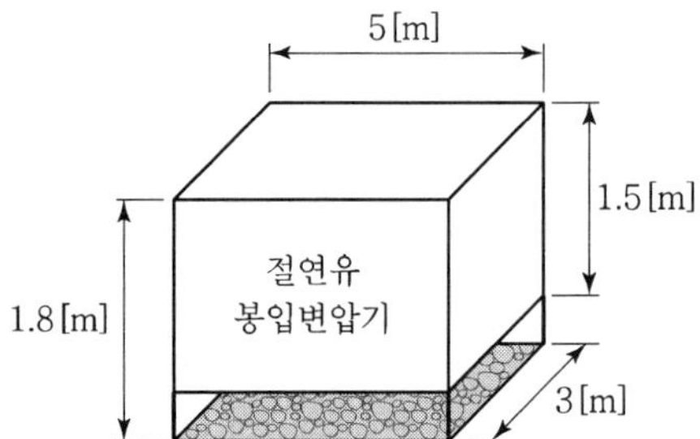

1 소화펌프의 최소 토출량[l/min]을 구하시오(단, 계산과정을 쓰시오).

2 필요한 최소 수원의 양[m^3]을 구하시오.

47 ❙문제❙

절연유 봉입변압기에 물분무 소화설비를 설치하여 방호하려고 한다. 바닥부분을 제외한 변압기의 표면적이 100[m^2]인 경우 물분무 헤드의 방출계수 K를 계산하시오. (단, 표준 방사량은 표면적 1[m^2]당 10[l/min]이며, 물분무 헤드의 방사 압력은 0.4[MPa]이고, 헤드는 8개가 설치되어 있다.)

Check

❶ 헤드 1개의 방사량 $Q[l/\text{min}] = K\sqrt{10P}$ (P : 방사압력[MPa])

❷ 방출계수 $K = \dfrac{Q}{\sqrt{10P}}$

여기서, Q : 헤드 1개의 방사량[l/min]
P : 방사압력[MPa])

48 ❙문제❙

물분무소화설비를 바닥 면적이 300[m²]인 차고에 설치하고자 한다. 다음 각 물음에 답하시오.(단, 최대 방수구역의 바닥 면적은 100[m²]이다.)

1 펌프의 최소 토출량[l/min]은 얼마인가?
2 수원의 양[m³]은 얼마인가?
3 일제개방밸브의 최소 개수는 몇 개인가?
4 물분무헤드의 표준 방수량이 60[l/min]일 경우 설치하여야 할 헤드의 최소 개수는 몇 개인가?

49 ❙문제❙

물분무 소화설비를 다음의 장소에 설치할 경우 필요한 수원의 양[m³]을 계산하시오.

1 투영된 바닥 면적이 40[m²]인 케이블트레이
2 벨트 부분의 바닥 면적이 20[m²]인 컨베이어 벨트

50 | 문제 |

길이가 100[m], 폭이 6[m]인 터널에 물분무소화설비를 설치할 경우 필요한 수원 [m^3]의 양을 계산하시오.

Check **도로터널의 화재안전기술기준**

물분무소화설비는 다음 각 호의 기준에 따라 설치하여야 한다.

❶ 물분무 헤드는 도로면에 1[m^2]당 6[l/min] 이상의 수량을 균일하게 방수할 수 있도록 할 것

❷ 물분무설비의 하나의 방수구역은 25[m] 이상으로 하며, 3개의 방수구역을 동시에 40분 이상 방수할 수 있는 수량을 확보할 것

❸ 물분무설비의 비상전원은 40분 이상 기능을 유지할 수 있도록 할 것

51 | 문제 |

물분무 소화설비가 설치된 위험물 제조소의 바닥 면적이 300[m^2]인 경우 펌프의 토출량[l/min]과 수원의 양[m^3]을 계산하시오.

Check **물분무소화설비의 설치기준[위험물안전관리법 시행규칙 별표 17]**

❶ 분무헤드의 개수 및 배치는 다음 각 목에 의할 것

① 분무헤드로부터 방사되는 물분무에 의하여 방호대상물의 모든 표면을 유효하게 소화할 수 있도록 설치할 것

② 방호대상물의 표면적(건축물에 있어서는 바닥면적) 1[m^2]당 ❸의 규정에 의한 양의 비율로 계산한 수량을 표준방사량(당해 소화설비의 헤드의 설계압력에 의한 방사량을 말한다.)으로 방사할 수 있도록 설치할 것

❷ 물분무소화설비의 방사구역은 150[m^2] 이상(방호대상물의 표면적이 150[m^2] 미만인 경우에는 당해 표면적)으로 할 것

❸ 수원의 수량은 분무헤드가 가장 많이 설치된 방사구역의 모든 분무헤드를 동시에 사용할 경우에 당해 방사구역의 표면적 1[m^2]당 1분당 20[l]의 비율로 계산한 양으로 30분간 방사할 수 있는 양 이상이 되도록 설치할 것

❹ 물분무소화설비는 ❸의 규정에 의한 분무헤드를 동시에 사용할 경우에 각 선단의 방사압력이 350[kPa] 이상으로 표준방사량을 방사할 수 있는 성능이 되도록 할 것

❺ 물분무소화설비에는 비상전원을 설치할 것

52 | 문제 |

그림과 같이 6개의 물분무 헤드에서 소화수가 분무되고 있는 경우 배관상의 "A"점을 통과하는 유량[l/min]과 압력[MPa]을 계산하시오.

- 각 헤드에서의 방출계수는 서로 같다고 가정한다.(단, 방출계수는 상수로 적용할 것)
- 마찰손실 계산은 편의상 다음과 같이 적용한다.

$$\Delta P = 6 \times 10^4 \times \frac{Q^2}{100^2 \times d^5} [\mathrm{MPa/m}]$$

- "E" 점의 방사압은 0.35[MPa], 유량은 60[l/min]으로 가정한다.
- 계산과정의 소수점은 셋째 자리에서 반올림할 것
- 기타 주어지지 아니한 조건은 무시한다.

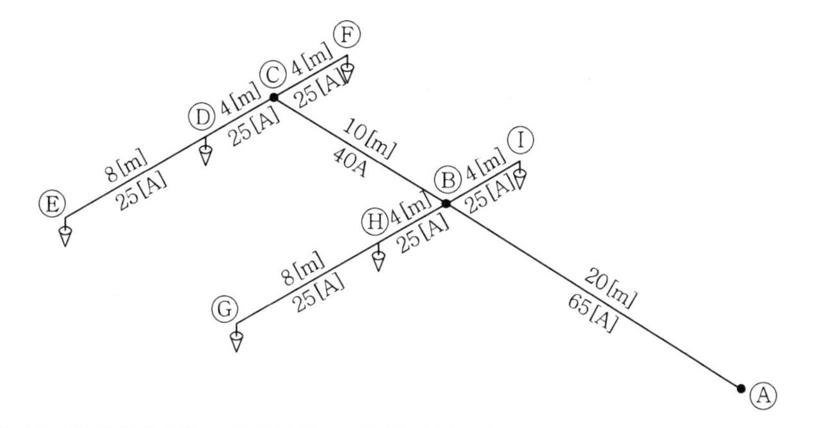

Check

❶ 헤드 1개의 방사량 $Q[l/\mathrm{min}] = K\sqrt{10P}$ (P : 방사압력[MPa])

❷ 방출계수 $K = \dfrac{Q}{\sqrt{10P}}$

여기서, Q : 헤드 1개의 방사량[l/min]
P : 방사압력[MPa]

53 ❙ 문제 ❙

미분무 소화설비에 대한 다음 물음에 알맞게 답하시오. 관13회

❶ 미분무소화설비의 폐쇄형 미분무헤드의 표시온도가 79[℃]일 때 그 설치 장소의 평상시 최고주위온도[℃]를 구하시오.

❷ 다음 조건을 참고하여 미분무소화설비의 수원 저장량[m^3]을 구하시오.

- 방호구역 내 헤드 개수 : 30개
- 헤드 1개당 설계유량 : 50[l/min]
- 설계방수시간 : 1시간
- 배관의 총 체적 : 0.07[m^3]

Check **미분무소화설비의 수원** 관13회 기102회

$$Q = N\,D\,T\,S + V\,[\mathrm{m}^3]$$

여기서, Q : 수원의 양[m^3]
N : 방호구역(방수구역) 내 헤드의 개수
D : 설계유량[m^3/min]
T : 설계방수시간[min]
S : 안전율(1.2 이상)
V : 배관의 총 체적[m^3]

54 ❙ 문제 ❙

가로 18[m], 세로 10[m]의 차고에 포헤드 설비를 설치하고자 한다. 다음 조건을 참고하여 각 물음에 알맞게 답하시오.

- 포소화약제는 수성막포 소화약제를 사용한다.
- 포헤드의 표준 방사량은 35[l/min]이고, 정방형으로 배치할 것
- 기타 주어지지 아니한 조건은 무시한다.

1 방사구역 내에 설치하여야 할 최소 포헤드 수를 계산하시오.(단, 헤드 간 거리 산출 시 소수점은 반올림할 것)

2 펌프의 토출량[l/min]을 계산하시오.

3 수원의 양[m^3]을 계산하시오.

Check **포소화설비의 수원**

차고 또는 주차장	① 포워터스프링클러설비 · 포헤드설비 또는 고정포방출설비 $Q = N \times Q_s \times 10[l]$ 이상 • N : ㉠ 포헤드가 가장 많이 설치된 층의 포헤드 수 (바닥면적 200m^2 이내) ㉡ 고정포 방출구가 가장 많이 설치된 방호구역 안의 고정포 방출구 수 • Q_s : 표준방사량[l/min] • 10 : 방사시간[min] ② 호스릴포소화설비 또는 포소화전설비 $Q = N \times 6[m^3]$ 이상 • N : 방수구가 가장 많은 층의 설치개수(최대 5개 이내) • 6m^3 : $300[l/min] \times 20[min] \times 10^{-3}$ ③ ①, ②가 함께 설치된 경우에는 각 설비별로 산출된 저수량 중 최대의 것

55 ❙문제❙

전역방출방식의 고발포용 고정포방출구가 설치된 주차장(가로 50[m], 세로 20[m] 높이 3[m])에 높이 2.7[m]인 방호대상물이 설치되어 있다. 포수용액 방출량 [l/min]과 고정포방출구 수를 계산하시오.(단, 관포체적 1[m^3]에 대한 분당 포수용액 방출량은 0.28[l]이다.)

56 ❙문제❙

가로 5[m], 세로 10[m], 높이 2[m]인 특수가연물을 저장하는 창고에 국소방출방식으로 고발포용 고정포방출구를 설치할 경우 필요한 포수용액의 양[m^3]을 계산하시오.(단, 소화약제는 단백포 3[%]를 사용한다.)

Check

고발포용 고정포방출구의 포수용액의 양

❶ 전역방출방식 $Q[l] = V[\text{m}^3] \times q'[l/\text{min} \cdot \text{m}^3] \times 10[\text{min}]$

① V (관포체적) : 해당 바닥 면으로부터 방호대상물의 높이보다 0.5[m] 높은 위치까지의 체적을 말한다.

② q' : 관포체적 1[m³]에 대한 분당 포수용액 방출량

소방대상물	포 소화약제의 종류	1[m³]에 대한 분당 포수용액 방출량
항공기격납고	팽창비가 80 이상 250 미만의 것	2.00[l]
	팽창비가 250 이상 500 미만의 것	0.50[l]
	팽창비가 500 이상 1,000 미만의 것	0.29[l]
차고 또는 주차장	팽창비가 80 이상 250 미만의 것	1.11[l]
	팽창비가 250 이상 500 미만의 것	0.28[l]
	팽창비가 500 이상 1,000 미만의 것	0.16[l]
특수가연물을 저장 또는 취급하는 소방대상물	팽창비가 80 이상 250 미만의 것	1.25[l]
	팽창비가 250 이상 500 미만의 것	0.31[l]
	팽창비가 500 이상 1,000 미만의 것	0.18[l]

❷ 국소방출방식 $Q[l] = A[\text{m}^2] \times q'[l/\text{min} \cdot \text{m}^2] \times 10[\text{min}]$

① A(방호면적) : 당해 방호대상물의 높이의 3배(1[m] 미만의 경우에는 1[m])의 거리를 수평으로 연장한 선으로 둘러싸인 부분의 면적

② q' : 방호면적 1[m²]에 대한 1분당 방출량

방호대상물	방호면적 1[m²]에 대한 1분당 방출량
특수가연물	3[l]
기타의 것	2[l]

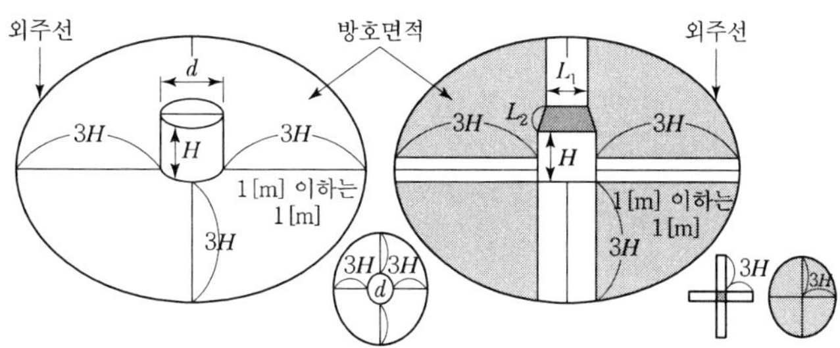

※ 외주선 : 방호면적의 외곽선

$$A = \frac{\pi D^2}{4} = \frac{\pi \times (6H + d)^2}{4}[\text{m}^2]$$

$$A = A_1 + A_2[\text{m}^2]$$

$$A_1 = (L_1 \times L_2) + (L_1 \times 3H \times 2) + (L_2 \times 3H \times 2)$$

$$A_2 = \frac{\pi D^2}{4} = \frac{\pi \times (6H)^2}{4}$$

57 ❙문제❙

경유를 저장하는 II형의 콘루프탱크(직경 26[m])에 포소화약제로 수성막포를 사용할 경우 폼챔버 1개의 방출량[l/min]을 계산하고, 설치 가능한 폼챔버를 선정하시오.(단, 폼챔버의 표준 방출량은 100 · 200 · 350 · 750 · 1250 · 1500 · 1900[l/min]으로 한다.)

58 ❙ 문제 ❙

다음은 위험물 옥외저장탱크에 포소화설비를 설치한 도면이다. 도면 및 주어진 조건을 참고하여 각 물음에 알맞게 답하시오.

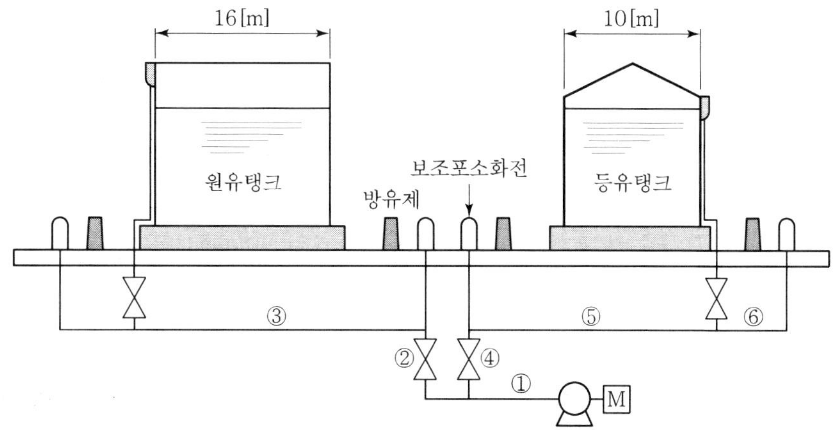

- 원유 저장탱크는 플루팅루프탱크이며 탱크 직경은 16[m], 탱크 내 측면과 굽도리판 사이의 거리는 0.6[m], 특형 방출구 수는 2개이다.
- 등유 저장탱크는 콘루프탱크이며 탱크 직경은 10[m], Ⅱ형 방출구 수는 2개이다.
- 포약제는 3[%]형 단백포를 사용한다.

- 각 탱크별 포수용액의 방출률 및 방사시간은 아래와 같다.

구 분	원유저장탱크	등유저장탱크
방출률	$8[l/\text{min} \cdot \text{m}^2]$	$4[l/\text{min} \cdot \text{m}^2]$
방사시간	30분	30분

- 보조포소화전 : 4개

- 구간별 배관의 길이는 다음과 같다.

번 호	①	②	③	④	⑤	⑥
배관길이[m]	20	10	50	100	20	150

- 송액배관의 내경 산출은 $D = 2.66\sqrt{Q}$ 의 공식을 이용한다.
- 송액배관 내의 유속은 3[m/s]이다.
- 화재는 저장탱크 2개에서 동시에 발생하는 경우는 없는 것으로 간주한다.
- 화재안전기술기준을 적용하여 계산할 것

1 각 옥외저장탱크에 필요한 포수용액의 양[l/min]을 계산하시오.

① 원유탱크

② 등유탱크

2 각 옥외저장탱크에 필요한 포원액의 양[l]을 계산하시오.

① 원유탱크

② 등유탱크

3 보조포소화전에 필요한 포수용액의 양[l/min]을 계산하시오.

4 보조포소화전에 필요한 포원액의 양[l]을 계산하시오.

5 번호별로 각 송액배관의 구경[mm]을 계산하시오.

(단, 배관구경은 40 · 50 · 65 · 80 · 100 · 125 · 150을 적용할 것)

6 송액관에 충전하기 위하여 필요한 포약제의 양[l]을 계산하시오.

7 포소화설비에 필요한 포약제의 양[l]을 계산하시오.

59 ❙ 문제 ❙

아래 그림과 같이 휘발유 저장탱크 1기와 중유 저장탱크 1기를 하나의 방유제에 설치하는 옥외탱크저장소에 관하여 다음 각 물음에 답하시오.(단, 포소화약제량 계산 시 포송액관의 부피는 고려하지 않으며, 방유제 용적 계산 시 간막이둑 및 방유제 내의 배관체적은 무시한다. 계산은 소수점 셋째 자리에서 반올림하여 둘째 자리까지 구하시오.) 관15회

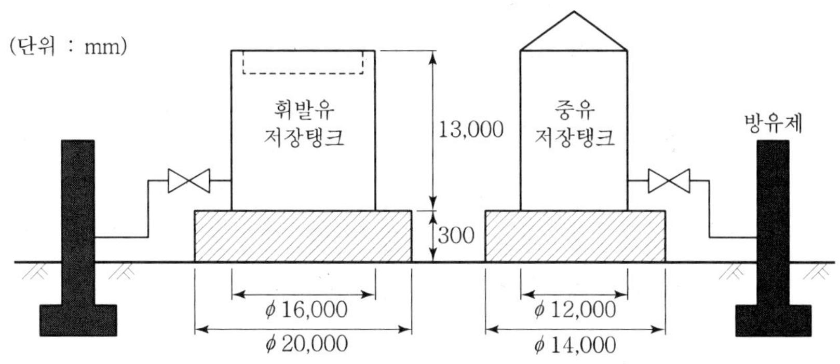

- 휘발유 저장탱크 : 최대저장용량 1,900[m^3], 플루팅루프탱크(탱크 내측면과 굽도리판 사이의 거리는 0.6[m]), 특형
- 중유 저장탱크 : 최대저장용량 1,000[m^3], 콘루프탱크, II형(인화점 70[℃] 이상)
- 포소화약제의 종류 : 수성막포 3[%]
- 보조포소화전 : 3개 설치
- 방유제 면적 : 1,500[m^2]

1 최소 포소화약제 저장량[l]을 계산하시오.

2 방유제 높이[m]를 계산하시오.

60 ❙ 문제 ❙

콘루프형 위험물저장 옥외탱크(내경15[m]×높이10[m])에 Ⅱ형 고정포방출구 2개를 설치할 경우 다음 물음에 답하시오. 관8회

- 포수용액량 : 220[l/m^2]
- 포방출률 : 4[l/min · m^2]
- 소화약제(포)의 사용농도 : 3[%]
- 보조포소화전 4개 설치
- 송액관 내경 100[mm], 길이 500[m]

1 고정포방출구에서 방출하기 위하여 필요한 소화약제 저장량[l]을 구하시오.

2 보조포소화전에서 방출하기 위하여 필요한 소화약제 저장량[l]을 구하시오

3 송액관에 충전하기 위하여 필요한 소화약제 저장량[l]을 구하시오.

4 포소화약제의 총 저장량[l]을 구하시오.

Check 포수용액양 및 방출률

❶ 비수용성 위험물

구분 \ 포방출구 종류	Ⅰ형			Ⅱ · Ⅲ · Ⅳ형			특형		
	포수 용액량 [l/m^2]	방출률 [l/m^2 분]	시간 [min]	포수 용액량 [l/m^2]	방출률 [l/m^2 분]	시간 [min]	포수 용액량 [l/m^2]	방출률 [l/m^2 분]	시간 [min]
①	120	4	30	220	4	55	240	8	30
②	80	4	20	120	4	30	160	8	20
③	60	4	15	100	4	25	120	8	15

① 4류 위험물 중 인화점이 21[℃] 미만인 것(1석유류, 휘발유)
② 4류 위험물 중 인화점이 21[℃] 이상 70[℃] 미만인 것(2석유류, 등유 · 경유)
③ 4류 위험물 중 인화점이 70[℃] 이상인 것(3석유류, 중유)

❷ 수용성 위험물

구 분	Ⅰ형	Ⅱ형	특형	Ⅲ형	Ⅳ형
Q_1	8	8	–	–	8
T	20	30	–	–	30

• 수용성 위험물인 경우 포 수용액량에 위험물 계수를 곱한 값 이상으로 할 것

61 | 문제 |

휘발유를 저장하는 플루팅루프탱크에 포소화설비를 설치하려고 한다. 다음 조건을 참고하여 물음에 알맞게 답하시오.

- 계산과정은 화재안전기술기준을 적용한다.
- 탱크의 직경은 30[m], 굽도리판 간격은 1.2[m]이다.
- 소화약제는 수성막포 6[%]를 사용한다.
- 보조포소화전은 5개를 설치한다.
- 송액관은 65[mm]로, 길이는 100[m]이다.

1 최소 포약제량[l]을 계산하시오.

2 최소 포수용액의 양[m^3]을 계산하시오.

62 ▎문제▎

다음 조건을 참고하여 물음에 알맞게 답하시오.

- 탱크는 높이 12[m], 직경 26[m]인 경유를 저장하는 콘루프탱크이다.
- 고정포방출구는 Ⅱ형, 포소화약제는 3[%]의 단백포를 사용한다.
- 보조포소화전은 5개이며, 송액관은 100[mm]가 330[m], 125[mm]가 120[m]이다.
- 포소화약제의 혼합장치는 프레셔프로포셔너방식으로 한다.
- 답은 소수 첫째 자리에서 반올림할 것

1 필요한 최소 포약제량[l]을 계산하시오.

2 프로포셔너 방출량[l/min]을 계산하시오.

3 펌프의 주배관, 폼챔버의 주배관 및 보조포소화전의 주배관의 내경[mm]을 계산하시오.(단, 유속은 3[m/s]이다.)

63 | 문제 |

옥외 탱크 저장소에 고정포 II형 방출구로 포소화설비를 설치하려고 한다. 조건을 참고하여 물음에 알맞게 답하시오.(단, 계산과정은 포소화설비의 화재안전기술기준을 적용할 것) 관5회

- 탱크 직경 : 35[m], 높이 15[m]의 휘발유 탱크
- 소화약제 : 6[%]의 수성막포 사용
- 보조포 소화전 : 5개 설치
- 송액관의 구경 및 길이 : 150[mm]×100[m], 125[mm]×80[m]
  80[mm]×70[m], 75[mm]×50[m]

1. 포소화약제 저장량[l]을 계산하시오.
2. 혼합장치의 방출량[l/min]을 계산하시오.

64 | 문제 |

경유를 저장하는 플루팅루프탱크(직경 40[m])에 포소화설비를 설치할 경우 다음 조건을 참고하여 물음에 알맞게 답하시오.

- 소화약제는 단백포 3[%]를 사용하며, 분당 방출량은 10[l/min · m^2]이며, 방사시간은 20분으로 한다.(단, 포소화전은 설치하지 아니한다.)
- 펌프의 효율은 60[%], 전양정은 100[m], 전달계수 K=1.1이다.
- 탱크 내면과 굽도리판의 간격은 2.5[m]이다.
- 수원은 포 수용액의 97[%]로 하며, 토출량은 수원의 양으로 계산한다.
- 송액관의 양은 적용하지 아니한다.
- 답은 소수 첫째 자리까지만 구한다.

1 최소 포수용액의 양[l], 포약제량[l], 수원의 양[l]을 계산하시오.

2 전동기 출력[kW]을 계산하시오.

65 | 문제 |

등유 탱크 저장소에 고정포 II형 방출구로 포소화설비를 설치하려고 한다. 다음 조건을 참고하여 각 물음에 알맞게 답하시오.(단, 송액관에 해당하는 수원의 양은 적용하지 아니하고, 각각 소수 첫째 자리까지 계산하시오.)

- 탱크 용량 : 500,000[l]
- 탱크 직경 : 12[m]
- 탱크 높이 : 47[m]
- 액표면적 : 90[m^2]
- 보조포소화전 : 1개 설치
- 펌프 효율 : 60[%]
- 배관경 : 100[mm], 길이 : 10[m](포 원액 탱크에서 포 방출구까지)
- 배관 및 부속류의 마찰손실수두 : 18[m]
- 폼 챔버 방사압력 : 0.35[MPa]
- 기타 주어지지 아니하는 조건은 무시하고, 위험물안전관리에 관한 세부기준을 적용할 것

1 수성막포 6[%]를 사용할 경우 최소 포원액량[l]을 계산하시오.
2 수원의 최소량[m^3]을 계산하시오.(단, 수원량은 94[%]로 한다.)
3 전동기의 최소 동력[kW]을 계산하시오.(단, 토출량은 포수용액의 양으로 하고, 전달계수 $K = 1.1$이다.)

66 ❙ 문제 ❙

다음과 같이 휘발유 탱크 1기와 경유 탱크 1기를 하나의 방유제에 설치하는 옥외탱크저장소에 대하여 각 물음에 답하시오. 기95회

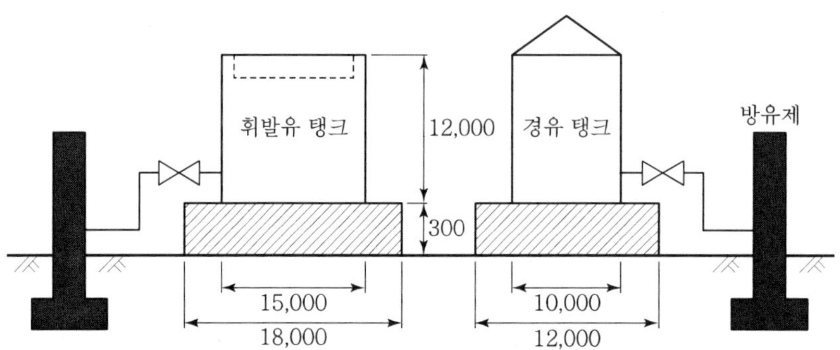

- 탱크 용량 및 형태
  휘발유 탱크 : 2,000[m^3], 플루팅루프탱크 내 측면과 굽도리판 사이의 거리는 0.6[m]이며, 특형 방출구를 사용한다.
  경유 탱크 : 900[m^3], 콘루프탱크이며 Ⅱ형 방출구를 사용한다.
- 포소화약제의 종류 : 수성막포 3[%]
- 보조포 소화전 : 3개 설치
- 포 원액량 계산 시 포 송액관의 부피는 고려하지 말 것
- 위험물안전관리에 관한 세부기준을 적용할 것

❶ 포약제의 양[l]을 계산하시오.

❷ 가압송수장치 펌프의 유량[l/min]을 계산하시오.

❸ 소화설비의 수원[m^3]을 계산하시오.

67 ❙ 문제 ❙

포소화설비의 화재안전기술기준에 의거하여 아래 조건에 관한 다음 각 물음에 답하시오. 관15회

- 높이 3[m], 바닥 크기가 10[m]×15[m]인 차고에 호스릴 포소화전을 설치한다.
- 호스 접결구 수는 6개이며, 5[%] 수성막포를 사용한다.

1 최소 포소화약제 저장량[l]을 계산하시오.

2 차고 및 주차장에 호스릴 포소화설비를 설치할 수 있는 조건을 쓰시오.

3 포소화설비 기동장치에 설치하는 자동경보장치의 설치기준을 쓰시오.

포소화약제의 저장량(옥내포소화전 또는 호스릴 방식)

$Q[l] = N \times S \times 6{,}000$ 이상

❶ Q : 포소화약제의 양[l]

❷ N : 호스 접결구 수(5개 이상인 경우는 5, 쌍구형인 경우 2개를 적용)

❸ S : 포소화약제의 사용 농도[%]

❹ $6{,}000[l] = 300[l/\text{min}] \times 20[\text{min}]$

☞ 바닥면적이 200[m^2] 미만인 건축물에 있어서는 산출량의 75[%]를 적용할 수 있다.

68 ❙ 문제 ❙

항공기 격납고에 포소화설비를 설치하고자 한다. 아래 조건을 참고하여 물음에 답하시오. 관17회

- 격납고의 바닥면적 1,800[m^2], 높이 12[m]
- 격납고의 주요 구조부가 내화구조이고, 벽 및 천장의 실내에 면하는 부분은 난연재료임
- 격납고 주변에 호스릴포소화설비 6개 설치
- 항공기의 높이 : 5.5[m]
- 전역방출방식의 고발포용 고정포방출구 설비 설치
- 팽창비가 220인 수성막포 사용

1 격납고의 소화기구의 총 능력단위를 구하시오.
2 고정포방출구 최소 설치개수를 구하시오.
3 고정포방출구 1개당 최소방출량[l/min]을 구하시오.
4 전체 포소화설비에 필요한 포수용액량[m^3]을 구하시오.

69 ❙문제❙

이소부틸알코올을 저장하는 내부 직경이 40m인 고정지붕구조의 탱크에 Ⅱ형 포방출구를 설치하여 방호하려고 한다. 아래 조건을 이용하여 다음 물음에 답하시오.

관20회

〈 조 건 〉

- 포소화약제는 3[%] 수용성액체용 포소화약제를 사용한다.
- 고정식포방출구의 설계압력환산수두는 35[m], 배관의 마찰손실수두는 20[m], 낙차 30[m]이다.
- 펌프의 수력효율은 87[%], 체적효율 85[%], 기계효율 80[%]이며, 전동기의 전달계수는 1.1로 한다.
- 저장탱크에서 고정포방출구까지 사용하는 송액관의 내경은 100[mm]이고, 송액관의 길이는 120[m]이다.
- 보조포소화전은 쌍구형(호스접결구가 2개)으로 2개가 설치되어 있다.
- 포수용액의 비중은 1로 본다.
- 위험물 안전관리에 관한 세부기준을 따른다.
- 계산값은 소수 셋째 자리에서 반올림하여 둘째 자리까지 구하시오.
- 기타 조건은 무시한다.

1 Ⅱ형 포방출구의 정의를 쓰시오.

2 소화하는 데 필요한 최소 포수용액량[l], 최소 수원의 양[l], 최소 포약제의 저장량[l]을 각각 계산하시오.

3 전동기의 출력[kW]을 계산하시오.(단, 유량은 포수용액량으로 한다.)

70 ❙문제❙

아래와 같은 위험물 옥외탱크 저장소에 포소화설비와 물분무소화설비를 설치하고자 한다. 다음 물음에 답하시오.(단, 한 개 탱크가 화재인 경우를 기준으로 하고, 화재탱크 및 인접탱크도 탱크 측면 전체에 물분무소화설비를 적용한다.) 기103회

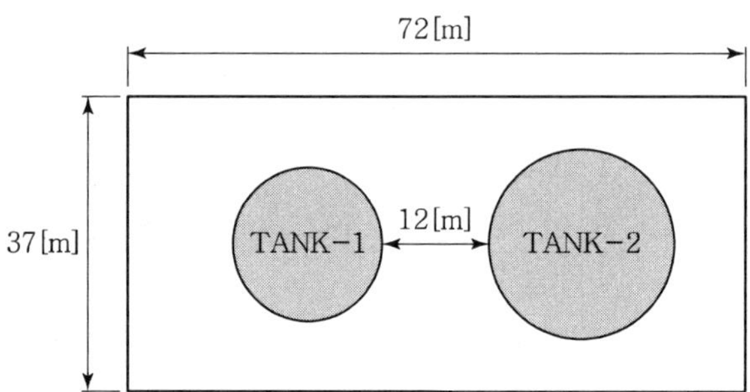

각 탱크의 사양은 다음과 같고, 탱크 본체에 보강링은 없으며, 부상지붕구조탱크 측판과 폼댐(Foam Dam) 간격은 국내법상 최소거리로 적용한다.

항 목	TANK-1	TANK-2
탱크형식/포방출구	고정지붕구조(CRT)/Ⅱ형	부상지붕구조(FRT)/특형
저장 물질	제4류 2석유류(비수용성)	제4류 1석유류(비수용성)
탱크 규격	직경 20[m]× 높이 15[m]	직경 25[m]× 높이 12[m]
저장량/포농도	4,200[m^3]/3[%]	4,900[m^3]/3[%]

1 각 탱크별 고정포방출구의 포수용액 유량[l/min]을 산출하시오.
2 보조포 소화전(최소 수량 적용)의 포수용액 유량[l/min]을 산출하시오.
3 각 탱크별 물분무소화설비의 소화수 유량[l/min]을 산출하시오.
4 전체 소화시스템에 요구되는 소화수 펌프의 유량[m^3/hr]을 산출하시오.
5 전체 소화시스템에 요구되는 소화수조의 저장용량[m^3]을 산출하시오.

71 ❙문제❙

어떤 특정소방대상물에 옥외소화전 5개를 설치하려고 한다. 조건을 참고하여 다음 각 물음에 알맞게 답하시오.

- 옥외소화전은 지상용 A형을 사용한다.
- 펌프에서 첫 번째 옥외소화전까지의 직관길이는 150[m], 관의 내경은 100[mm]이다.
- 모든 규격치는 최소량을 적용한다.

1 수원의 유효저수량[m^3]을 계산하시오.

2 펌프의 토출량[m^3/min]을 계산하시오.

3 직관 부분에서의 마찰손실수두[m]를 계산하시오.(단, 관 마찰계수는 0.02이다.)

Check **옥외소화전설비**

수원 $Q[l] = N \times 350[l/\text{min}] \times 20[\text{min}]$ 이상

여기서, N : 옥외소화전의 설치 개수(최대 2개)

$350[l/\text{min}]$: 소화펌프의 1분당 토출량

❶ 호스접결구는 지면으로부터 높이 0.5[m] 이상 1[m] 이하의 위치에 설치하고, 특정소방대상물의 각 부분으로부터 하나의 호스접결구까지의 수평거리가 40[m] 이하가 되도록 설치하여야 한다.

❷ 설치개수 $N = \dfrac{\text{건물의 둘레길이[m]}}{80[\text{m}]}$

72 ❙ 문제 ❙

옥외소화전설비의 노즐에서의 방수압력이 0.3[MPa]일 경우 방수량[l/min]을 계산하시오.(단, 노즐계수 C=0.95이다.)

Check **노즐에서의 방수량** $Q[l/\text{min}]$

❶ $Q[l/\text{min}] = 2.086d^2\sqrt{P} = 2.107 \times C_v \times d^2\sqrt{P}$

여기서, $Q[l/\text{min}]$: 방수량, $d[\text{mm}]$: 노즐 내경
$P[\text{MPa}]$: 방수압력, C_v : 속도계수 0.99

❷ $Q[l/\text{min}] = 0.653d^2\sqrt{10P}$

여기서, $Q[l/\text{min}]$: 방수량, $d[\text{mm}]$: 노즐 내경,
$P[\text{MPa}]$: 방수압력

❸ $Q[l/\text{min}] = 0.653d^2\sqrt{P} = 0.6597 \times C_v \times d^2\sqrt{P}$

여기서, $Q[l/\text{min}]$: 방수량, $d[\text{mm}]$: 노즐 내경
$P[\text{kg}_f/\text{cm}^2]$: 방수압력, C_v : 속도계수 0.99

노즐 내경 $d[\text{mm}]$: ① 옥내소화전설비(13[mm])
② 옥외소화전설비(19[mm])

73 | 문제 |

상수도 시설이 없는 지역에 단층으로 155[m]×155[m] 규모로 다수의 불특정인이 이용하는 시설을 건립하고자 할 때 다음 물음에 알맞게 답하시오.

1 옥외소화전의 개수 및 옥외소화전의 수원량[m^3]을 계산하시오.
2 소화수조(저수조)의 용량, 흡수관 투입구 수, 채수구 수를 계산하시오.
3 이 건축물에 설치하여야 하는 소방시설의 종류와 적용기준을 쓰시오.

Check **소화수조 및 저수조** 관12회

❶ 저수량

$Q = K \times 20[\text{m}^3]$ 이상

① $K = \dfrac{\text{소방대상물의 연면적}}{\text{기준면적}}$ (소수점 이하는 1로 본다.)

② 기준면적

소방대상물의 구분	면적
1. 1층 및 2층의 바닥면적 합계가 15,000[m^2] 이상인 소방대상물	7,500[m^2]
2. 제1호에 해당되지 아니하는 그 밖의 소방대상물	12,500[m^2]

❷ 흡수관 투입구 또는 채수구

① 지하에 설치하는 소화용수설비의 흡수관 투입구는 그 한 변이 0.6[m] 이상이거나 직경이 0.6[m] 이상인 것으로 하고, 소요수량이 80[m^3] 미만인 것은 1개 이상, 80[m^3] 이상인 것은 2개 이상을 설치하여야 하며, "흡관투입구"라고 표시한 표지를 할 것

② 채수구는 다음 표에 따라 소방용 호스 또는 소방용 흡수관에 사용하는 구경 65[mm] 이상의 나사식 결합 금속구를 설치할 것

소요수량	20[m^3] 이상 40[m^3] 미만	40[m^3] 이상 100[m^3] 미만	100[m^3] 이상
채수구 수	1개	2개	3개

74 ❙문제❙

내경이 200[mm]이고, 길이가 100[m]인 강관에 0.07[m³/s]로 층류 상태의 물이 흐를 때 내부에서 발생하는 마찰손실수두[m]를 구하시오.(단, Darcy-Weisbach 식 이용, 동점성계수 $\nu = 0.75 \times 10^{-3}$[m²/s], 중력가속도 $g = 9.8$[m/s²], 소수점 둘째 자리까지 계산) 기|106회

Check **다르시-바이스바흐식(Darcy-Weisbach) : 모든 유체의 층류, 난류에 적용**

$$H_L = f \cdot \frac{L}{D} \cdot \frac{V^2}{2g} = K \cdot \frac{V^2}{2g} [\mathrm{m}]$$

여기서, f(관마찰계수) $= \frac{64}{Re}$(층류일 때)

L : 배관길이[m]

D : 내경[m]

V : 유속[m/s]

g : 중력가속도[9.8m/s²]

K : 손실계수

참고 **레이놀즈 수**

$$Re\ No = \frac{\rho VD}{\mu} = \frac{VD}{\nu}$$

여기서, D : 배관의 직경[m]　　V : 유체의 유속[m/s]

ρ : 유체의 밀도[kg/m³]　　μ : 절대점도[kg/m · s]

ν : 동점도[m²/s]

참고 **유체 흐름의 구분**

구 분	레이놀즈 수	내 용
층류	$Re \le 2100$	유체가 질서정연하게 흐르는 흐름
난류	$Re \ge 4000$	유체가 무질서하게 흐르는 흐름
임계(천이)영역	$2100 < Re < 4000$	층류에서 난류로 바뀌는 영역

75 | 문제 |

물이 흐르고 있는 옥외소화전설비의 배관에서 배관의 두 지점에 흐르는 물의 압력을 측정하여 보니 각각 0.45[MPa], 0.4[MPa]이었다. 유량을 2배로 증가시켰을 경우 두 지점 간의 압력차[MPa]를 계산하시오.(단, 배관의 마찰손실 압력은 하젠-윌리엄스 공식을 이용한다.)

하젠-윌리엄스(Hazen-Willams) 공식 : 난류 흐름인 물에 적용

❶ [SI 단위] $P = 6.053 \times 10^4 \times \dfrac{Q^{1.85}}{C^{1.85} \times d^{4.87}} \times L[\mathrm{MPa}]$

❷ [중력단위] $P_f = 6.174 \times 10^5 \times \dfrac{Q^{1.85}}{C^{1.85} \times d^{4.87}} \times L[\mathrm{kg_f/cm^2}]$

① Q : 유량[l/min]
② C : 배관의 마찰손실계수
③ d : 배관의 내경[mm]
④ L : 배관의 길이[m]

❸ $\Delta P \propto Q^{1.85}$

$\Delta P \propto L$

$\Delta P \propto \dfrac{1}{C^{1.85}}$

$\Delta P \propto \dfrac{1}{d^{4.87}}$

PART

05

가스계소화설비

1. 전역방출방식(CO_2 · 할론 · 할/불)

W= 방호구역 체적 × 방출계수 = $V \times f.f$

방호구역 체적[m³]	K_1 [kg/m³]	소화약제 저장량의 최저한도의 양	설계농도 [%]
45[m³] 미만	1.00[kg]	45[kg]	43
45[m³] 이상 150[m³] 미만	0.90[kg]		40
150[m³] 이상 1,450[m³] 미만	0.80[kg]	135[kg]	36
1,450[m³] 이상	0.75[kg]	1,125[kg]	34

방호대상물	K_1 [kg/m³]	설계농도 [%]
유압기기를 제외한 전기설비 · 케이블실	1.3[kg]	50
체적 55m³ 미만의 전기설비	1.6[kg]	50(57)
서고 · 전자제품창고 · 목재가공품창고 · 박물관	2.0[kg]	65
고무류 · 면화류창고 · 모피창고 · 석탄창고 · 집진설비	2.7[kg]	75

구분	약제	방식	약제량	방출계수	구분	항목	값	값
무유출 $C[\%]=\frac{v}{V+v}\times 100$	할론		$W[kg]=V\times f.f$	$(f.f)\ K[kg/m^3]=\frac{1}{S}\times\frac{C}{100-C}$	할론 1301	설계농도	5[%](최소)	10[%](최대)
						K	0.32	0.64
	할로겐화합물				할로겐	최대허용 설계농도가 있음		
자유유출 $e^x=\frac{100}{100-C}$	CO_2	표면	$W[kg]=(V\times f.f)\times N$	$(f.f)\ K[kg/m^3]=2.303\log\frac{100}{100-C}\times\frac{1}{S}$	표면	S	$0.56[m^3/kg]$(30[℃] 비체적)	
						N	$5.542\times\log\frac{100}{100-C}$($C$: 34[%] 이상일 경우)	
		심부	$W[kg]=V\times f.f$		심부	S	$0.52[m^3/kg]$(10[℃] 비체적)	
							$0.53[m^3/kg]$(10[℃] 비체적) : 2분 이내 30[%] 설계농도	
	불활성기체		$X[m^3]=V\times f.f\times\frac{Vs}{S}$	$(f.f)\ x[m^3/m^3]=2.303\log\frac{100}{100-C}$	V_S	20[℃] 비체적($=k_1+k_2\times 20$) $k_1=\frac{22.4}{분자량}$, $k_2=k_1\times\frac{1}{273}$		
					S	방호구역 최소예상온도 비체적($=k_1+k_2\times t$)		

2. 국소방출방식(CO_2 · 할론) **W= 방호대상물 표면적(방호공간 체적) × 방출계수 × 할증계수 = $S(V)\times f.f\times h$**

구분	약제량	약제	S[m²] / V[m³]	K	h	기호	설명
평면(면적)	$W[kg]=S\times K\times h$		$S[m^2]$	$K[kg/m^2]$	h	S	① 약제를 방사할 방호대상물의 표면적 ② 유류탱크 : 액면의 표면적
		CO_2	방호대상물 표면적	13	1.1(저) · 1.4(고)		
		할 1301		6.8	1.25		
입면(체적)	$W[kg]=V\times K\times h$		$V[m^3]$	$K[kg/m^3]$	동일	V	방호대상물의 각 부분으로부터 0.6[m]의 거리에 둘러싸인 공간의 체적
		CO_2	방호공간의 체적	$8-6\frac{a}{A}$		A	① 방호공간의 벽 면적의 합계(4면합) ② 방호대상물로부터 0.6[m]를 연장한 가상공간의 벽 면적의 합계 ③ 장애물로 인해 연장할 수 없는 경우 적용하지 않음
		할 1301		$4-3\frac{a}{A}$		a	① 방호대상물로부터 0.6[m] 이내에 실제 설치된 벽 면적의 합 ② 0.6[m]를 초과하는 지점에 벽이 있거나 벽이 없는 경우 : 0

CHAPTER 01 가스계 소화약제의 농도이론

01 표면화재와 심부화재

1) 연소의 필요 요소

구분	산소	가연물	점화원	연쇄반응	화재 유형
3요소	○	○	○	×	심부화재 · Glowing mode
4요소	○	○	○	○	표면화재 · Flaming mode

2) 화재의 성상

① 연소에는 불꽃을 내면서 연소하는 Flaming mode와 불꽃을 내지 않고 주로 빛만을 내면서 연소하는 Glowing mode가 있다.

② 화재의 경우에는 표면화재(Surface fire)는 Flaming mode이며, 심부화재(Deep seated fire)는 Glowing mode로 구분할 수 있다.

③ B · C급 화재는 표면화재에 해당하며, A급 화재는 표면화재나 심부화재로 전개될 수 있다.

3) 표면화재와 심부화재 비교

구분	표면화재	심부화재
화재성상	① 불꽃화재(B · C급 화재) ② 연소의 4요소에 의한 화재 ③ 고 에너지 화재	① 훈소화재(A급 화재) ② 연소의 3요소에 의한 화재 ③ 저 에너지 화재
소화방법	① 질식소화(최소 설계농도 34[%]) ② 방사시간은 1분 이내	① 질식소화와 냉각소화(설계농도 34[%] 이상) ② 방사시간은 7분 이내이며 20분 이상의 설계농도 유지시간이 필요하다.
방호대상물	① 유입(油入)기기가 있는 전기실 ② 주차장(차고), 보일러실, 발전실 등	① 건식타입의 기기를 사용하는 전기실 ② A급 가연물이 있는 서고, 박물관 등

화재를 표면화재와 심부화재로 정확히 구분할 수는 없으나, 불꽃 발생 유무에 따라 불꽃을 발생하는 표면성의 화재인지 불꽃이 없는 심부성의 화재로 전개될지는 예측할 수 있으며, CO_2 설비는 화재 구분에 따라 CO_2 가스 소요 약제량과 방사 시간을 다르게 적용하여야 한다.

02 농도의 기본 개념

1) CO_2 가스량 농도

① CO_2 방사 시 상황

㉠ 완전치환 : 방사된 CO_2 가스의 부피만큼 실내 공기가 외부로 배출되는 경우

㉡ 자유유출(Free efflux) : 방사된 CO_2 가스의 부피만큼 실내 공기와 CO_2의 혼합기체가 외부로 배출되는 경우

㉢ 무유출(No efflux) : 완전 밀폐된 공간으로 방사된 CO_2 가스가 방호구역 내에 잔류하는 경우

2) 최소이론농도와 설계농도

① CO_2 소화설비는 공기 중의 산소농도를 최소산소농도(MOC) 이하로 낮추어 소화한다.

② 최소 이론농도는 무유출로 산출된 CO_2의 농도이며, 설계농도는 자유유출로 산출된 농도이다.

03 최소이론농도와 설계농도 계산

1) 소화에 필요한 CO_2 가스량

(무유출 : 계산된 가스량과 농도는 최소치가 된다)

그림에서와 같이 CO_2의 방사 전 · 후의 O_2의 체적을 검토하면,

① 방사 전(A)의 O_2 체적 (전체 V[m^3] 중에서 21[%]) : $V \times \frac{21}{100}$

② 방사 후(B)의 O_2 체적 (전체 $V+x$[m^3] 중에서 O_2[%]) : $(V+x) \times \frac{O_2}{100}$

③ 방사 전 · 후의 O_2 질량은 같으므로 (질량 = 밀도 × 부피)

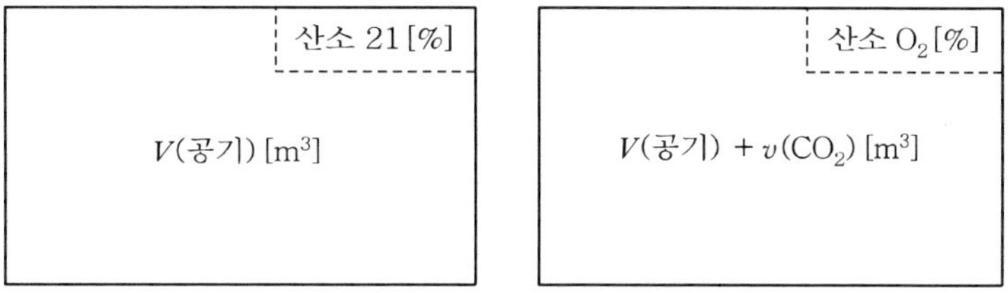

산소 21[%]	산소 O_2[%]
V(공기) [m^3]	V(공기) + $v(CO_2)$ [m^3]
(A) 방사 전	(B) 방사 후

$$CO_2 \text{ 가스량 } x[\mathrm{m}^3] = \frac{21 - O_2}{O_2} \times V$$

여기서, x : 방호구역 내 방사한 CO_2 체적[m^3]

O_2 : CO_2 방사 후 실내의 산소농도[%]

V : 방호구역의 부피[m^3]

$$\rho \times \left(V \times \frac{21}{100}\right) = \rho \times \left([V+x] \times \frac{O_2}{100}\right)$$

$$V + x = \frac{V \times 21}{O_2}$$

$$x = \frac{V \times 21}{O_2} - V = \frac{V \times 21 - V \times O_2}{O_2} = \frac{21 - O_2}{O_2} \times V$$

Check **소화농도**

❶ 규정된 실험 조건의 화재를 소화하는 데 필요한 소화약제의 농도
❷ 불이 꺼지는 농도

설계농도

❶ 소화약제의 저장량을 산출하기 위한 농도
❷ A・C급 화재 : 소화농도×1.2, B급 화재 : 소화농도×1.3

2) 약제 방사 후 CO_2 농도

$$C[\%] = \frac{21 - O_2}{21} \times 100$$

여기서, C : CO_2 방사 후 실내의 CO_2의 농도[%]
O_2 : CO_2 방사 후 실내의 산소농도[%]

$$C[\%] = \frac{\text{방사된 } CO_2 \text{ 약제 체적}}{\text{방호구역 체적} + \text{방사된 } CO_2 \text{ 약제 체적}} \times 100 = \frac{v}{V+v} \times 100$$

$$= \frac{\left[\frac{21-O_2}{O_2} \times V\right]}{V + \left[\frac{21-O_2}{O_2} \times V\right]} \times 100 = \frac{\left[\frac{21-O_2}{O_2} \times V\right]}{V \times \left[1 + \frac{21-O_2}{O_2}\right]} \times 100$$

$$= \frac{\frac{21-O_2}{O_2}}{\frac{O_2+21-O_2}{O_2}} \times 100 = \frac{21-O_2}{21} \times 100$$

3) 최소 설계농도

① **최소 이론농도(소화농도)** : O_2 농도 15[%]를 적용하면

$$C = \frac{21-O_2}{21} \times 100 = \frac{21-15}{21} \times 100 = 28\ [\%]$$

② **최소 설계농도** : 안전율 20[%]을 가산하여 $28 \times 1.2 = 34[\%]$가 된다.

04 자유유출 시 적용과 농도

1) 개념

① 방사된 CO_2 가스는 헤드에서의 방사압이 높고 방사 체적이 매우 커서 개구부, 창문 또는 출입문 등의 누설틈새를 통하여 방호구역으로부터 공기와 함께 자유로이 외부로 유출되어 소실하게 된다.

② 이러한 상태의 유출을 자유유출(Free efflux)이라 하며, CO_2 설비 외에 설계농도가 높아 방사 체적이 큰 청정소화약제 중 불활성가스의 경우에도 동일하게 적용된다.

2) 자유유출에서의 농도

① 자유유출에 의한 필요 가스량은 실험에 의해 다음과 같은 식에서 산출된다.

② $e^x = \dfrac{100}{100-C}$ (양변에 자연 $\log_e$를 취하면)

$$\log_e e^x = \log_e\left(\frac{100}{100-C}\right)$$

$$x = \frac{1}{\log_{10}e} \times \log_{10}\left(\frac{100}{100-C}\right) \left(\frac{1}{\log_{10}e} = 2.303\text{이므로}\right)$$

$$\therefore\ x\,[\mathrm{m^3/m^3}] = 2.303\log_{10}\left(\frac{100}{100-C}\right)$$

③ 위의 식에서 산출된 값은 방호구역 $1[\mathrm{m^3}]$당 약제의 부피이므로, 약제량[kg]을 산출하기 위해서는 양변을 비체적으로 나누어 주어야 한다.

$$x[\mathrm{m^3/m^3}] = 2.303\log\left(\frac{100}{100-C}\right) \text{(양변을 비체적 } S\text{로 나누면)}$$

$$K[\mathrm{kg/m^3}] = 2.303\log\left(\frac{100}{100-C}\right) \times \frac{1}{S}$$

여기서, $K[\mathrm{kg/m^3}]$: 방호구역 $1[\mathrm{m^3}]$당 CO_2 약제량
C[vol%] : 방사 후 CO_2의 농도
$S[\mathrm{m^3/kg}]$: 비체적($S = k_1 + k_2 \times t$)

④ 1기압, 임의의 온도에서 기체의 비체적

㉠ 표준상태(0[℃], 1기압)에서 기체의 비체적(아보가드로 법칙)

$$k_1 = \frac{22.4[\mathrm{m}^3]}{1[\mathrm{kg}]\ 분자량}$$

㉡ 임의의 온도 t[℃]에서 기체의 비체적(샤를의 법칙)

$$S = k_1 + k_2 \times t = k_1 + \left(k_1 \times \frac{1}{273}\right) \times t$$

여기서, k_1 : 표준상태의 비체적

k_2 : 0[℃]에서 1[℃] 상승하는 데 해당하는 비체적 증가분

㉢ 표면화재에서는 30[℃]를 적용

$$S = k_1 + k_2 \times t = \frac{22.4}{44} + \left(\frac{22.4}{44} \times \frac{30}{273}\right) = 0.565$$

가 되나 NFPA 12 Annex D에서 30[℃]의 비체적을 9[ft^3/lb]로 적용하므로 이를 단위변환 하면 0.56[m^3/kg]이 되어 화재안전기술기준 약제량 계산 시 이 값을 적용한다.

㉣ 심부화재에서는 10[℃]를 적용

$$S = k_1 + k_2 \times t = \frac{22.4}{44} + \left(\frac{22.4}{44} \times \frac{10}{273}\right) = 0.527$$

이 되나 NFPA 12 Annex D에서 10[℃]의 비체적을 8.35[ft^3/lb]로 적용하므로 이를 단위변환 하면 0.52[m^3/kg]가 되어 화재안전기술기준 약제량 계산 시 이 값을 적용한다.

Check

아보가드로의 법칙

모든 기체는 표준상태(0[℃], 1기압)에서 1[kmol]([kg]분자량)이 차지하는 부피가 22.4[m^3]이다.

샤를의 법칙

압력이 일정할 때 모든 기체의 부피는 온도에 따라 증가하며, 1[℃] 증가할 때마다 0[℃] 부피의 $\frac{1}{273}$씩 증가한다.

3) 표면화재에서의 약제량 K[kg/m³]

방호구역 체적 [m³]	방호구역 체적 1[m³]에 대한 소화약제의 양	소화약제 저장량의 최저한도의 양	설계농도 [%]
45[m³] 미만	1.00[kg]	45[kg]	43
45[m³] 이상 150[m³] 미만	0.90[kg]		40
150[m³] 이상 1,450[m³] 미만	0.80[kg]	135[kg]	36
1,450[m³] 이상	0.75[kg]	1,125[kg]	34

① 약제량이 0.75[kg/m³]인 경우 CO_2 방사량에 대한 방호구역의 농도 계산

$$K = 2.303\log\left(\frac{100}{100-C}\right)\times\frac{1}{S} \text{ 에서}$$

$$0.75 = 2.303\log\left(\frac{100}{100-C}\right)\times\frac{1}{0.56}$$

$$\log\left(\frac{100}{100-C}\right) = \frac{0.75\times0.56}{2.303}$$

$$10^{\frac{0.75\times0.56}{2.303}} = \frac{100}{100-C}$$

$$C = 100 - \frac{100}{10^{\frac{0.75\times0.56}{2.303}}} = 34.3[\%]$$

참고 **log의 성질**

$$\log_{10}\left(\frac{b}{a}\right) = c \rightarrow 10^c = \frac{b}{a}$$

② 위의 방식으로 각 약제량별 농도를 계산하면 방호구역의 체적이 작을수록 설계농도가 커짐을 알 수 있는데, 이는 체적이 작을수록 큰 체적에 비해 상대적으로 표면적 비율이 크게 되어 누설이 많이 발생하게 되므로 설계농도는 커져야 한다.

③ CO_2 방사 시 설계농도는 반드시 최소 설계농도인 34[%] 이상이 되어야 한다.

4) 심부화재 시 농도

방호대상물	방호구역 체적 1[m³]에 대한 소화약제의 양	설계농도 [%]
유압기기를 제외한 전기설비・케이블실	1.3[kg]	50
체적 55[m³] 미만의 전기설비	1.6[kg]	50(57)
서고・전자제품창고・목재가공품창고・박물관	2.0[kg]	65
고무류・면화류창고・모피창고・석탄창고・집진설비	2.7[kg]	75

① $1.3[\text{kg/m}^3] \rightarrow 50[\%]$

$$2.303\log\left(\frac{100}{100-50}\right)\times\frac{1}{0.52} = 1.3[\text{kg/m}^3]$$

② $2.0[\text{kg/m}^3] \rightarrow 65[\%]$

$$2.303\log\left(\frac{100}{100-65}\right)\times\frac{1}{0.52} = 2.0[\text{kg/m}^3]$$

③ $2.7[\text{kg/m}^3] \rightarrow 75[\%]$

$$2.303\log\left(\frac{100}{100-75}\right)\times\frac{1}{0.52} = 2.7[\text{kg/m}^3]$$

④ $1.6[\text{kg/m}^3] \rightarrow C[\%]$

$$1.6 = 2.303\log\left(\frac{100}{100-C}\right)\times\frac{1}{0.52}$$

$$C = 100 - \frac{100}{10^{\frac{1.6\times 0.52}{2.303}}} = 56.5 \fallingdotseq 57[\%]$$

5) 설계농도가 2분 이내에 30[%]에 도달(제8조 제2항 제2호)하기 위한 K[kg/m³] 계산

① 심부화재는 최소설계농도가 50[%] 이상이며 7분 이내에 약제를 방사하여야 한다.

② 고농도로 장시간을 방사하여야 하므로 소화의 유효성을 확보하기 위하여 방사시간 2분 이내에 30[%]의 설계 농도를 규정하고 있다.

③ 2분 이내 30[%]의 농도 기준으로 인하여 실제 방사시간은 7분보다 줄어들게 된다.

④ K[kg/m³] 계산 시 10[℃]의 비체적을 적용하면

$$2.303\log\left(\frac{100}{100-C}\right)\times\frac{1}{S} = 2.303\log\left(\frac{100}{100-30}\right)\times\frac{1}{0.53} = 0.673[\mathrm{kg/m^3}]$$

2분 이내 설계 농도의 30[%]에 도달하기 위한 K[kg/m³]

❶ 미국의 소방업체 매뉴얼에서는 해당 값을 0.042[lb/ft³]로 적용하고 있으며 이를 단위 변환하면 0.673[kg/m³]이 된다.

❷ 국내 기준에서는 10[℃]의 비체적

$$S = k_1 + k_2\times t = \frac{22.4}{44} + \left(\frac{22.4}{44}\times\frac{10}{273}\right) = 0.527 = 0.53$$

을 적용하면

$$2.303\log\left(\frac{100}{100-C}\right)\times\frac{1}{S} - 2.303\log\left(\frac{100}{100-30}\right)\times\frac{1}{0.53} = 0.673[\mathrm{kg/m^3}]$$

이 된다.

설계농도가 2분 이내 30[%]로 되기 위한 방사시간 계산 순서

❶ 방호구역에 필요한 약제량(W) : 방출계수 K는 제5조 제2호를 적용

❷ 2분 이내 30[%] 농도가 되기 위한 약제량(W') : 방출계수 K= 0.673[kg/m³]

❸ 1분당 흐름률 계산 : $\dfrac{W'}{2\mathrm{min}}$

❹ 방사시간 계산 : $\dfrac{W}{1분당\ 흐름률}$

05 Halon 1301 소화설비

1) 약제량 계산

① 할론 설비의 경우는 CO_2 설비에 비해 가스가 방사될 경우, 약제 농도가 저농도(5[%])이며 분사헤드 방사압이 낮은 관계로 개구부나 누설틈새를 통하여 미소하게 누설이 되고 있으나 CO_2와 같이 자유유출(Free efflux) 상태로 적용하지 않는다.

② 농도 계산 시 무유출(No efflux) 상태를 적용하면

$$C[\%] = \frac{\text{방사한 약제부피}}{(\text{방호구역체적} + \text{방사한 약제부피})} \times 100$$

$$= \frac{v}{(V+v)} \times 100 \ (v = W \times S)$$

여기서, C : 설계농도[%]

v : 약제체적[m^3]($v = W \times S$)

W : 약제량[kg]($W = w \times V$)

w : 방호구역 단위 체적당 약제량[kg/m^3]

V : 방호구역의 체적[m^3]

S : Haloan 1301 비체적(25[℃]의 비체적)

$$S = k_1 + k_2 \times t = \frac{22.4}{149} + \left(\frac{22.4}{149} \times \frac{25}{273}\right) = 0.164[m^3/kg]$$

$$C = \frac{W \times S}{V + (W \times S)} \times 100$$

$$C[V + (WS)] = 100\,WS$$

$$100\,WS - CWS = CV$$

$$WS(100 - C) = CV$$

$$\therefore \ W = \frac{V}{S} \times \left(\frac{C}{100 - C}\right)[kg]$$

2) 농도 계산

방사량이 $0.32[\mathrm{kg/m^3}]$, $0.52[\mathrm{kg/m^3}]$, $0.64[\mathrm{kg/m^3}]$인 경우에 대한 설계농도 계산

① **농도**

$$C[\%] = \frac{v}{V+v} \times 100 = \frac{V \times w \times S}{V + (V \times w \times S)} \times 100 = \frac{w \times S}{1 + w \times S} \times 100$$

② **$0.32[\mathrm{kg/m^3}]$인 경우**

$$C[\%] = \frac{w \times S}{1 + w \times S} \times 100 = \frac{0.32 \times 0.164}{1 + 0.32 \times 0.164} \times 100 = 4.98 \fallingdotseq 5[\%]$$

③ **$0.52[\mathrm{kg/m^3}]$인 경우**

$$C[\%] = \frac{w \times S}{1 + w \times S} \times 100 = \frac{0.52 \times 0.164}{1 + 0.52 \times 0.164} \times 100 = 7.86 \fallingdotseq 8[\%]$$

④ **$0.64[\mathrm{kg/m^3}]$인 경우**

$$C[\%] = \frac{w \times S}{1 + w \times S} \times 100 = \frac{0.64 \times 0.164}{1 + 0.64 \times 0.164} \times 100 = 9.5 \fallingdotseq 10[\%]$$

06 가스계 소화설비 전역방출방식의 약제량 계산

1) 자유유출

약제량=방호구역의 체적×방출계수

① **이산화탄소 소화설비** : $W[\text{kg}] = V \times 2.303\log\frac{100}{100-C} \times \frac{1}{S}$

(표면화재는 30[℃]의 비체적을 심부화재는 10[℃]의 비체적을 적용)

② **불활성기체 소화설비** : $X[\text{m}^3] = V \times 2.303\log\frac{100}{100-C} \times \frac{V_s}{S}$

(V_s는 20[℃]의 비체적을 S는 최소예상온도의 비체적을 적용)

2) 무유출

약제량=방호구역의 체적×방출계수

$$W[\text{kg}] = V \times \left(\frac{1}{S} \times \frac{C}{100-C}\right)$$

① 할론 소화설비

② 할로겐화합물 소화설비

CHAPTER 02 할로겐화합물 및 불활성기체 소화설비 약제량 기89, 97, 105회

01 할로겐화합물 소화약제 관9,15회

1) 약제량

① **개념**

㉠ 저농도로 단시간 방사(방사시간 10초 이내)

㉡ 무유출로 약제량을 계산

② **약제량**

$$W = \frac{V}{S} \times \left(\frac{C}{100 - C}\right)[\mathrm{kg}]$$

여기서, ㉠ W : 소화약제의 무게[kg]

㉡ V : 방호구역의 체적[m^3]

㉢ C : 체적에 따른 소화약제의 설계농도[%]

ⓐ $A \cdot C$ 급 화재 : 소화농도×1.2

ⓑ B 급 화재 : 소화농도×1.3

㉣ S : 소화약제별 선형상수, $S = k_1 + k_2 \times t[\mathrm{m}^3/\mathrm{kg}]$

ⓐ $k_1 = \dfrac{22.4}{\text{분자량}}$ (표준상태에서의 비체적)

ⓑ $k_2 = \dfrac{1}{273} \times k_1$ (0[℃]에서 1[℃] 상승하는 데 해당하는 비체적 증가분)

㉤ t : 방호구역의 최소예상온도[℃]

③ **공식 유도**

㉠ 농도 $C = \frac{v}{V+v} \times 100$ ··························· ⓐ

㉡ 약제부피 $v[m^3] = W[kg] \times S[m^3/kg]$ ··························· ⓑ

㉢ 식 ⓑ를 ⓐ에 대입하면

$$C = \frac{WS}{V+(WS)} \times 100$$

$$C\{V+(WS)\} = WS100$$

$$CV + CWS = WS100$$

$$CV = WS100 - CWS$$

$$CV = WS(100 - C)$$

$$W = \frac{CV}{S(100-C)} = \frac{V}{S} \times \frac{C}{100-C} [kg]$$

2) 소화약제의 종류(9종)

구 분	소화약제	화학식		최대허용 설계농도
HFC 계열 (수소-불소-탄소화합물)	HFC-125 **관15회**	C_2HF_5	CHF_2CF_3	11.5[%]
	HFC-227ea	C_3HF_7	CF_3CHFCF_3	10.5[%]
	HFC-23	CHF_3	CHF_3	30[%]
	HFC-236fa	$C_3H_2F_6$	$CF_3CH_2CF_3$	12.5[%]
HCFC 계열 (수소-염소-불소-탄소화합물)	HCFC BLEND A **관14회**	HCFC-123($CHCl_2CF_3$) : 4.75[%] HCFC-22($CHClF_2$) : 82[%] HCFC-124($CHClFCF_3$) : 9.5[%] $C_{10}H_{16}$: 3.75[%]		10[%]
	HCFC-124	C_2HClF_4	$CHClFCF_3$	1.0[%]
PFC 계열 (불소-탄소화합물)	FC-3-1-10	C_4F_{10}	C_4F_{10}	40[%]
	FK-5-1-12	C_6OF_{12}	$CF_3CF_2C(O)CF(CF_3)_2$	10[%]
FIC 계열 (불소-옥소-탄소화합물)	FIC-13I1	CF_3I	CF_3I	0.3[%]

참고 **할로겐화합물계열 명명법**

1. 기본 명명법(숫자)

   약제명 Ⓐ Ⓑ Ⓒ Ⓓ Ⓔ

   Ⓐ → C 원자 수 (+1)
   Ⓑ → H 원자 수 (−1)
   Ⓒ → F 원자 수 (+0)
   Ⓓ → Br은 B, I는 I로 표시
   Ⓔ → Br 또는 I 원자 수 : 없으면 생략

2. 부가 명명법(영문)

   ① HFC−227ea나 HFC−236fa와 같이 숫자 뒤에 오는 영문자는 탄소가 2 이상인 에탄계나 프로판계의 화합물은 분자식은 동일하여도 구조식이 다른 이성체가 존재한다.
   ② 이성체는 전혀 다른 물성을 갖게 되므로 이를 구별하기 위하여 영문자로 별도의 표시를 한다.

02 불활성기체 소화약제 관14회

1) 약제량

① 개념

㉠ 고농도로 장시간 방사(방사시간 1분 이내)

㉡ 자유유출로 약제량을 계산

② 약제량 계산 공식

$$X = 2.303\log\left(\frac{100}{100 - C}\right) \times \frac{Vs}{S}[\mathrm{m^3/m^3}]$$

여기서, ㉠ X : 공간체적당 더해진 소화약제의 부피 $[\mathrm{m^3/m^3}]$

㉡ Vs : 1기압 20℃에서 소화약제의 비체적 $[\mathrm{m^3/kg}]$

㉢ S : 소화약제별 선형상수, $S = k_1 + k_2 \times t[\mathrm{m^3/kg}]$

ⓐ $k_1 = \dfrac{22.4}{\text{분자량}}$

ⓑ $k_2 = k_1 \times \dfrac{1}{273}$

㉣ C : 체적에 따른 소화약제의 설계농도[%]

ⓐ A · C급 화재 : 소화농도×1.2

ⓑ B급 화재 : 소화농도×1.3

㉤ t : 방호구역의 최소예상온도[℃]

③ 공식 유도 기100회

$$e^x = \frac{100}{100-C} \text{ (양변에 자연 } \log_e \text{를 취하면)}$$

$$\log_e e^x = \log_e\left(\frac{100}{100-C}\right)$$

$$x = \frac{1}{\log_{10}e} \times \log_{10}\left(\frac{100}{100-C}\right)\left(\frac{1}{\log_{10}e} = 2.303\text{이므로}\right)$$

$$x = 2.303\log_{10}\left(\frac{100}{100-C}\right)[\mathrm{m^3/m^3}]$$

방호구역의 온도를 반영하고, 방호구역 체적을 곱하면

$$\therefore X = 2.303\log_{10}\left(\frac{100}{100-C}\right) \times \frac{Vs}{S} \times V\,[\mathrm{m^3}]$$

$\frac{Vs}{S}$의 개념

1. 약제량 식에 온도 변화에 따른 약제 체적의 증감을 반영하기 위하여 상온에서의 비체적과 임의의 온도에서의 비체적을 이용한 것이다.
2. 약제량 적용

상온	상온 초과	상온 미만
$\frac{Vs}{S} = 1$	$\frac{Vs}{S} < 1$	$\frac{Vs}{S} > 1$
기준 약제량	약제량 감소	약제량 증가

① 상온 초과 : 온도가 높을수록 약제 체적의 팽창률이 커지므로 더 적은 약제량을 적용하여 약제량이 감소된다.

② 상온 미만 : 온도가 낮을수록 약제 체적의 팽창률이 작아지므로 더 많은 약제량을 적용하여 약제량이 증가된다.

2) 소화약제의 종류(4종)

소화약제	화학식	최대허용 설계농도
IG−541	N_2: 52[%], Ar: 40[%], CO_2: 8%	43[%]
IG−100	N_2	
IG−55	N_2: 50[%], Ar: 50[%]	
IG−01	Ar	

참고 **불활성기체 계열 명명법**

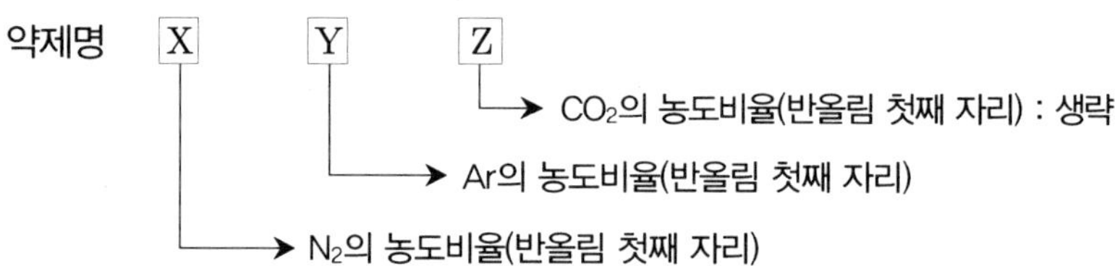

1. IG − 541 분자량(N_2: 52[%], Ar: 40[%], CO_2: 8[%])
   $= 28 \times 0.52 + 40 \times 0.4 + 44 \times 0.08 = 34.08$
2. IG − 55 분자량(N_2: 50[%], Ar: 50[%])
   $= 28 \times 0.5 + 40 \times 0.5 = 34$

CHAPTER 03 이산화탄소소화설비 약제량

<table>
<tr><td rowspan="6">화재안전기준</td><td rowspan="3">전역</td><td rowspan="2">표면</td><td>일반소방대상물</td><td>가연성 액체 · 가스화재</td></tr>
<tr><td>$W=(V \cdot K_1)+(A \cdot K_2)$</td><td>$W=(V \cdot K_1) \cdot N+(A \cdot K_2)$</td></tr>
<tr><td>심부</td><td colspan="2">$W=(V \cdot K_1)+(A \cdot K_2)$</td></tr>
<tr><td rowspan="2">국소</td><td colspan="2">평면화재(면적식)</td><td>입면화재(용적식)</td></tr>
<tr><td colspan="2">$W=S \cdot K\times 1.1$(저), 1.4(고)</td><td>$W=V \cdot K\times 1.1$(저), 1.4(고)</td></tr>
<tr><td>호스릴</td><td colspan="3">$W=N \cdot K$</td></tr>
<tr><td rowspan="4">위험물안전관리법</td><td>전역</td><td colspan="3">$W=\{(V \cdot K_1)+(A \cdot K_2)\}\times N$</td></tr>
<tr><td rowspan="2">국소</td><td colspan="2">평면화재(면적식)</td><td>입면화재(용적식)</td></tr>
<tr><td colspan="2">$W=(S \cdot K) \cdot N\times 1.1$(저), 1.4(고)</td><td>$W=(V \cdot K) \cdot N\times 1.1$(저), 1.4(고)</td></tr>
<tr><td>호스릴</td><td colspan="3">$W=N \cdot K$</td></tr>
</table>

01 화재안전기술기준

이산화탄소 소화약제 저장량은 다음 각 호의 기준에 따른 양으로 한다. 이 경우 동일한 특정소방대상물 또는 그 부분에 2 이상의 방호구역이나 방호대상물이 있는 경우에는 각 방호구역 또는 방호대상물에 대하여 다음 각 호의 기준에 따라 산출한 저장량 중 최대의 것으로 할 수 있다.

① **전역방출방식** 관3,13회 기87회

㉮ 표면화재 : B · C급 화재

㉠ 일반소방대상물인 경우 : 최소 설계농도가 34[%]

$$W = \text{기본량} + \text{가산량} = (V \times K_1) + (A \times K_2)[\text{kg}]$$

㉡ 가연성 액체 · 가스 화재인 경우 : 설계농도가 34[%] 이상

$$W = (\text{기본량}) \times N + \text{가산량} = (V \times K_1) \times N + (A \times K_2)[\text{kg}]$$

여기서, ⓐ V : 방호구역 체적 [m³]

ⓑ A : 개구부 면적 [m²]

ⓒ K_1 : 방호구역 체적 1 [m³]에 대한 소화약제 양 [kg/m³]

ⓓ K_2 : 개구부 면적 1 [m²]당 5 [kg] 가산

ⓔ N : 보정계수

참고 **주의사항**

1. 방호구역의 체적 1[m³]에 대하여 다음 표에 따른 양. 다만, 다음 표에 따라 산출한 양(기본량)이 동표에 따른 저장량의 최저한도의 양 미만이 될 경우에는 그 최저한도의 양으로 한다.
2. 별표 1에 따른 설계농도가 34[%] 이상인 방호대상물의 소화약제량은 가목의 기준에 따라 산출한 기본 소화약제량에 다음 표에 따른 보정계수를 곱하여 산출한다.
3. 방호구역의 개구부에 자동폐쇄장치를 설치하지 아니한 경우에는 가목(㉠) 및 나목(㉡)의 기준에 따라 산출한 양에 개구부면적 1[m²]당 5[kg]을 가산하여야 한다. 이 경우 개구부의 면적은 방호구역 전체 표면적의 3[%] 이하로 하여야 한다.

▼ [별표 1] 가연성 액체 또는 가연성 가스의 소화에 필요한 설계농도

방호대상물	설계농도[%]
수소(Hydrogen)	75
아세틸렌(Acetylene)	66
일산화탄소(Carbon Monoxide)	64
산화에틸렌(Ethylene Oxide)	53
에틸렌(Ethylene)	49
에탄(Ethane)	40
석탄가스, 천연가스(Coal, Natural gas)	37
사이크로 프로판(Cyclo Propane)	37
이소부탄(Iso Butane)	36
프로판(Propane)	36
부탄(Butane)	34
메탄(Methane)	34

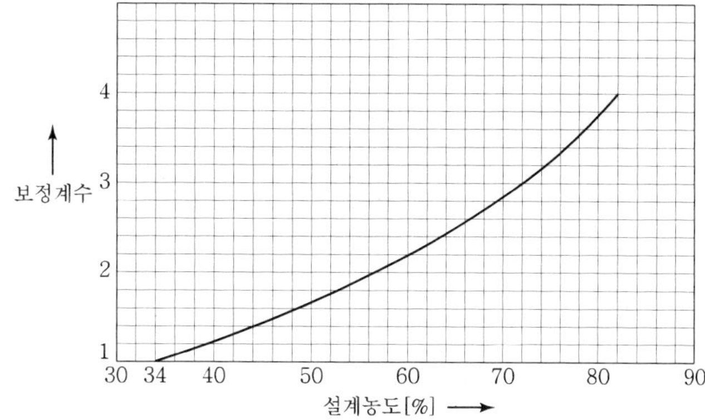

- 보정계수 함수 $y = 5.542 \times \log\frac{100}{100-C}$ (C: 설계농도)
- 방호구역 체적 : 불연재료나 내열성의 재료로 밀폐된 구조물이 있는 경우에는 그 체적을 감한 체적
- $K_1 = 2.303\log\frac{100}{100-C} \times \frac{1}{S}$[kg/m^3]($S$=0.56, 표면화재 시 30[℃] 비체적 적용)

방호구역 체적[m^3]	방호구역 체적 1[m^3]에 대한 소화약제의 양	소화약제 저장량의 최저한도의 양
45[m^3] 미만	1.00 [kg]	45 [kg]
45[m^3] 이상 150[m^3] 미만	0.90 [kg]	
150[m^3] 이상 1,450[m^3] 미만	0.80 [kg]	135 [kg]
1,450[m^3] 이상	0.75 [kg]	1,125 [kg]

- 산출량(기본량)이 최저 한도량 미만 시 최저 한도량으로 적용
- 가산량 : 개구부에 자동폐쇄장치가 없는 경우에만 적용

㉯ 심부화재 : 종이 · 목재 · 석탄 · 합성수지류 등과 같은 A급의 심부성 화재

$$W = 기본량 + 가산량 = (V \times K_1) + (A \times K_2)[kg]$$

여기서, ㉠ V : 방호구역 체적[m^3]

㉡ A : 개구부 면적[m^2]

㉢ K_1 : 방호구역 체적 1[m^3]에 대한 소화약제 양[kg/m^3]

㉣ K_2 : 개구부 면적 1[m^2]당 10[kg] 가산

- $K_1 = 2.303\log\frac{100}{100-C} \times \frac{1}{S}[kg/m^3]$ (S=0.52, 심부화재 시 10[℃] 비체적을 적용)

방호대상물	방호구역 체적 1[m^3]에 대한 소화약제의 양	설계농도 [%]
유압기기를 제외한 전기설비 · 케이블실	1.3[kg]	50
체적 55[m^3] 미만의 전기설비	1.6[kg]	50
서고 · 전자제품창고 · 목재가공품창고 · 박물관	2.0[kg]	65
고무류 · 면화류창고 · 모피창 · 석탄창고 · 집진설비	2.7[kg]	75

- 가산량 : 개구부에 자동폐쇄장치가 없는 경우에만 적용
- 설계농도가 2분 이내에 30[%]에 도달하기 위한 $K_1 = 0.673[kg/m^3]$

▼ 표면화재 · 심부화재

표 면 화 재	심 부 화 재
유입식 변압기 · 유입식 차단기를 사용하는 전기설비	건식의 전기설비 (Mold변압기 · ACB · VCB)
경유 또는 가스를 사용하는 발전기실 · 유류 저장실	케이블실 · 통신기기실 · 전산실 · MDF실
보일러실 · 주차장(주차타워 포함) · 축전지실	서고 · 전자제품창고 · 목재가공품창고 · 박물관
특수가연물 중 가연성 고체류 · 가연성 액체류	고무류 · 면화류창고 · 모피창고 · 석탄창고

② **국소방출방식**

㉮ 평면화재(면적식) : 윗면이 개방된 용기에 저장하거나, 화재 시 연소 면이 한정되고 가연물이 비산할 우려가 없는 경우

$$W = \text{기본량} \times \text{할증계수} = S \times K \times 1.1(\text{저압식}), 1.4(\text{고압식})\,[\text{kg}]$$

여기서, ㉠ S : 방호대상물의 표면적[m^2]

㉡ K : 방호대상물의 표면적 1[m^2]에 대하여 13[kg]

㉯ 입면화재(용적식) : 화재의 연소 면이 입면일 경우

$$W = \text{기본량} \times \text{할증계수} = V \times K \times 1.1(\text{저압식}), 1.4(\text{고압식})\,[\text{kg}]$$

여기서, ㉠ V : 방호공간의 체적[m^3]

㉡ $K = 8 - 6\dfrac{a}{A}$(방호공간 1[m^3]에 대한 소화약제 양[kg/m^3])

ⓐ a: 방호대상물 주위에 설치된 벽 면적의 합계[m^2]

ⓑ A: 방호공간의 벽 면적의 합계[m^2](벽이 없는 경우에는 벽이 있는 것으로 가정한 당해 부분의 면적)

ⓒ 벽이 전혀 없는 경우 $a = 0$, $K = 8$(최대량)

ⓓ 벽의 4면이 완전히 막힌 경우 $a = A$, $K = 2$(최소량)

③ **호스릴방식**

$$W = N \times K\,[\text{kg}]$$

여기서, ㉠ N : 호스릴노즐수

㉡ K: 노즐당 약제량[90kg]

㉢ 방사량: 60[kg/min]

㉣ 방사시간: 1분 30초

참고 **개념 이해**

1. 방호공간의 체적(V) : 방호대상물의 각 부분으로부터 0.6[m]의 거리에 둘러 싸인 공간의 체적
   ① 바닥으로는 연장하지 않는다.(상 · 좌 · 우 · 앞 · 뒤)
   ② 연장이 가능한 위치까지만 연장한다.(기둥 또는 칸막이 등이 있어 더 이상 연장할 수 없는 경우에는 해당 부분까지만 연장한다)

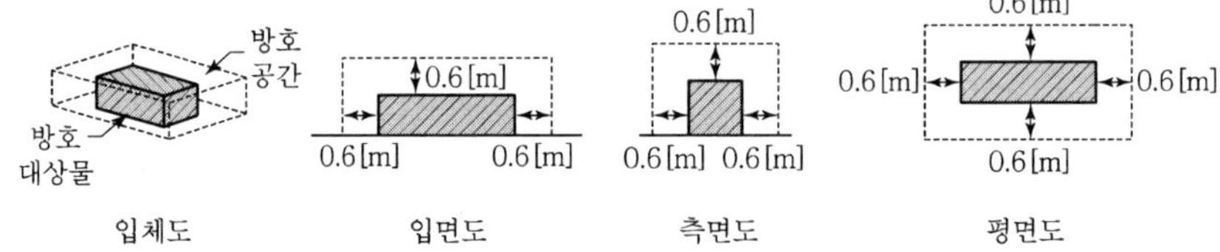

2. 방호대상물 주위에 설치된 벽 면적의 합계(a)
   ① 방호대상물로부터 0.6[m] 이내에 실제 설치된 벽 면적의 합계
   ② 방호대상물로부터 0.6[m]를 초과하는 지점에 벽이 있거나, 0.6[m] 이내에 벽이 없는 경우에는 벽이 없는 것으로 간주하므로 $a=0$이 된다.

3. 방호공간의 벽 면적의 합계(A)
   ① 4면의 합
   ② 실제 설치된 벽이 없는 경우에도 0.6[m]를 연장한 가상공간의 벽 면적의 합

4. 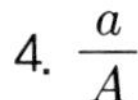 $\frac{a}{A}$

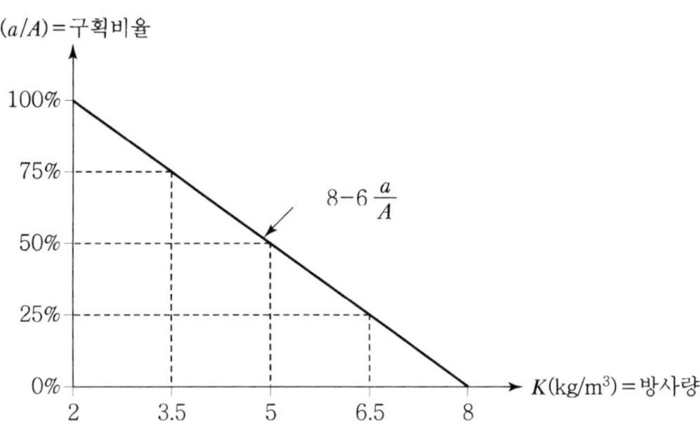

5. 할증계수(h)
   국소방출방식은 구획된 공간이 아니므로 노즐에서 방출되는 CO_2의 경우 액상으로 방출되는 소화약제가 소화에 큰 영향을 미치게 된다.
   ① 고압식 : 액상(약 70%), 기상(약 30%)
   ② 저압식 : 액상(약 90%), 기상(약 10%)

02 위험물안전관리법

① 전역방출방식

$$W = \{(\text{기본량}) + (\text{가산량})\} \times \text{소화약제 개수} = \{(V \times K_1) + (A \times K_2)\} \times N\,[\text{kg}]$$

여기서, ㉠ V : 방호구역 체적[m^3]
㉡ A : 개구부 면적[m^2]
㉢ K_1 : 방호구역 체적 1[m^3]에 대한 소화약제 양[kg/m^3]
㉣ K_2 : 개구부 면적 1[m^2]당 5[kg] 가산
㉤ N : 소화약제 계수

② 국소방출방식

㉮ 평면화재(면적식)

$$W = \text{기본량} \times \text{소화약제 개수} \times \text{할증계수} = (S \times K) \times N \times 1.1(\text{저}),\ 1.4(\text{고})\,[\text{kg}]$$

여기서, ㉠ S : 방호대상물의 표면적[m^2]
㉡ K : 방호대상물 1[m^2]에 대하여 13[kg]
㉢ N : 소화약제 계수

㉯ 입면화재(용적식)

$$W = \text{기본량} \times \text{할증계수} = (V \times K) \times N \times 1.1(\text{저}),\ 1.4(\text{고})\,[\text{kg}]$$

여기서, ㉠ V : 방호공간의 체적[m^3]
㉡ $K = 8 - 6\frac{a}{A}$ (방호공간 1[m^3]에 대한 소화약제 양[kg/m^3])
㉢ N : 소화약제 계수

③ 호스릴방식

$$W = N \times K\,[\text{kg}]$$

여기서, ㉠ N : 호스릴노즐수 ㉡ K: 노즐당 약제 양[90kg]
㉢ 방사량 : 90[kg/min] ㉣ 방사시간 : 1분

▼ 위험물의 종류에 대한 가스계소화약제의 계수(위험물안전관리법 세부기준 별표 2)

소화약제의 종별 / 위험물의 종류	이산화탄소	할로겐화물		분말			
		할론 1301	할론 1211	제 1 종	제 2 종	제 3 종	제 4 종
아크릴로니트릴	1.2	1.4	1.2	1.2	1.2	1.2	1.2
아세트알데히드	1.1	1.1	1.1	–	–	–	–
아세트니트릴	1.0	1.0	1.0	1.0	1.0	1.0	1.0
아세톤	1.0	1.0	1.0	1.0	1.0	1.0	1.0
아닐린	1.1	1.1	1.1	1.0	1.0	1.0	1.0
이소옥탄	1.0	1.0	1.0	1.1	1.1	1.1	1.1
이소프렌	1.0	1.2	1.0	1.1	1.1	1.1	1.1
이소프로필아민	1.0	1.0	1.0	1.1	1.1	1.1	1.1
이소프로필에테르	1.0	1.0	1.0	1.1	1.1	1.1	1.1
이소헥산	1.0	1.0	1.0	1.1	1.1	1.1	1.1
이소헵탄	1.0	1.0	1.0	1.1	1.1	1.1	1.1
이소펜탄	1.0	1.0	1.0	1.1	1.1	1.1	1.1
에탄올	1.2	1.0	1.2	1.2	1.2	1.2	1.2
에틸아민	1.0	1.0	1.0	1.1	1.1	1.1	1.1
염화비닐	1.1	1.1	1.1	–	–	1.0	–
옥탄	1.2	1.0	1.0	1.1	1.1	1.1	1.1
휘발유	1.0	1.0	1.0	1.0	1.0	1.0	1.0
포름산(개미산)에틸	1.0	1.0	1.0	1.1	1.1	1.1	1.1
포름산(개미산)프로필	1.0	1.0	1.0	1.1	1.1	1.1	1.1
포름산(개미산)메틸	1.0	1.4	1.4	1.1	1.1	1.1	1.1
경유	1.0	1.0	1.0	1.0	1.0	1.0	1.0
원유	1.0	1.0	1.0	1.0	1.0	1.0	1.0
초산(아세트산)	1.1	1.1	1.1	1.0	1.0	1.0	1.0
초산에틸	1.0	1.0	1.0	1.0	1.0	1.0	1.0
초산메틸	1.0	1.0	1.0	1.1	1.1	1.1	1.1
산화프로필렌	1.8	2.0	1.8	–	–	–	–
사이클로헥산	1.0	1.0	1.0	1.1	1.1	1.1	1.1
디에틸아민	1.0	1.0	1.0	1.1	1.1	1.1	1.1
디에틸에테르	1.2	1.2	1.0	–	–	–	–
디옥산	1.6	1.8	1.6	1.2	1.2	1.2	1.2
중유(重油)	1.0	1.0	1.0	1.0	1.0	1.0	1.0
윤활유	1.0	1.0	1.0	1.0	1.0	1.0	1.0
테트라하이드로퓨란	1.0	1.4	1.4	1.2	1.2	1.2	1.2
등유	1.0	1.0	1.0	1.0	1.0	1.0	1.0
트리에틸아민	1.0	1.0	1.0	1.1	1.1	1.1	1.1
톨루엔	1.0	1.0	1.0	1.0	1.0	1.0	1.0
나프타	1.0	1.0	1.0	1.0	1.0	1.0	1.0
채종유	1.1	1.1	1.1	1.0	1.0	1.0	1.0
이황화탄소	3.0	4.2	1.0	–	–	–	–
비닐에틸에테르	1.2	1.6	1.4	1.1	1.1	1.1	1.1
피리딘	1.1	1.1	1.1	1.0	1.0	1.0	1.0
부타놀	1.1	1.1	1.1	1.0	1.0	1.0	1.0
프로판올	1.0	1.0	1.2	1.0	1.0	1.0	1.0
2-프로판올	1.0	1.0	1.0	1.1	1.1	1.1	1.1
프로필아민	1.0	1.0	1.0	1.1	1.1	1.1	1.1
헥산	1.0	1.0	1.0	1.2	1.2	1.2	1.2
헵탄	1.0	1.0	1.0	1.0	1.0	1.0	1.0
벤젠	1.0	1.0	1.0	1.2	1.2	1.2	1.2
펜탄	1.0	1.0	1.0	1.4	1.4	1.4	1.4
메타놀	1.6	2.2	2.4	1.2	1.2	1.2	1.2
메틸에틸케톤	1.0	1.0	1.0	1.0	1.0	1.2	1.0
모노클로로벤젠	1.1	1.1	1.1	–	–	1.0	–
그밖의 것	1.1	1.1	1.1	1.1	1.1	1.1	1.1

CHAPTER 04 할론소화설비 약제량

<table>
<tr><td rowspan="2">전역</td><td colspan="2">일반용도(화재안전기술기준)</td><td>위험물 제조소 등(위험물안전관리법)</td></tr>
<tr><td colspan="2">$W=(V \cdot K_1)+(A \cdot K_2)$</td><td>$W=\{(V \cdot K_1)+(A \cdot K_2)\} \cdot N$</td></tr>
<tr><td rowspan="4">국소</td><td rowspan="2">평면화재</td><td>일반용도(화재안전기술기준)</td><td>위험물 제조소 등(위험물안전관리법)</td></tr>
<tr><td>$W=S \cdot K \times h$</td><td>$W=(S \cdot K \times h) \cdot N$</td></tr>
<tr><td rowspan="2">입면화재</td><td>일반용도(화재안전기술기준)</td><td>위험물 제조소 등(위험물안전관리법)</td></tr>
<tr><td>$W=V \cdot K \times h$</td><td>$W=(V \cdot K \times h) \cdot N$</td></tr>
<tr><td rowspan="2">호스릴</td><td colspan="3">일반용도(화재안전기술기준) · 위험물 제조소 등(위험물안전관리법)</td></tr>
<tr><td colspan="3">$W=N \cdot K$</td></tr>
</table>

01 화재안전기술기준

① 전역방출방식 관6회

$$W = \text{기본량} + \text{가산량} = (V \times K_1) + (A \times K_2)[kg]$$

여기서, ㉠ V : 방호구역 체적[m^3]
㉡ A : 개구부 면적[m^2]
㉢ K_1 : 방호구역 체적 1[m^3]당 소화약제 양[kg/m^3]
㉣ K_2 : 개구부 면적 1[m^2]당 소화약제 양[kg/m^2]

- 방호구역 체적 : 불연재료나 내열성의 재료로 밀폐된 구조물이 있는 경우에는 그 체적을 감한 체적

▼ $K_1 \cdot K_2$

<table>
<tr><th colspan="2">소방대상물 또는 그 부분</th><th>소화약제 종별</th><th>$K_1[kg/m^3]$</th><th>$K_2[kg/m^2]$</th></tr>
<tr><td colspan="2">차고 · 주차장 · 전기실 · 통신기기실 전산실 · 기타 이와 유사한 전기설비가 설치되어 있는 부분</td><td>할론 1301</td><td>0.32 이상 0.64 이하</td><td>2.4</td></tr>
<tr><td rowspan="3">특수가연물을 저장 · 취급 하는 소방대상물 또는 그 부분</td><td>가연성 고체류 · 가연성 액체류</td><td>할론 1301
할론 1211
할론 2402</td><td>0.32 이상 0.64 이하
0.36 이상 0.71 이하
0.40 이상 1.10 이하</td><td>2.4
2.7
3.0</td></tr>
<tr><td>면화류 · 나무껍질 · 대팻밥 넝마 및 종이부스러기 · 사류 볏짚류 · 목재가공품 및 나무부스러기를 저장 · 취급하는 것</td><td>할론 1301
할론 1211</td><td>0.52 이상 0.64 이하
0.60 이상 0.71 이하</td><td>3.9
4.5</td></tr>
<tr><td>합성수지류를 저장 · 취급하는 것</td><td>할론 1301
할론 1211</td><td>0.32 이상 0.64 이하
0.36 이상 0.71 이하</td><td>2.4
2.7</td></tr>
</table>

- 가산량 : 개구부에 자동폐쇄장치가 없는 경우에만 적용

② 국소방출방식

㉮ 평면화재(면적식)

$$W = S \times K \times h \text{ [kg]}$$

여기서, ㉠ S : 방호대상물의 표면적[m^2]

㉡ K : 방호대상물의 표면적 1[m^2]에 대한 소화약제 양[kg/m^2]

㉢ h : 할증계수

▼ $K \cdot h$

구분 \ 약제의 종별	할론 1301	할론 1211	할론 2402
K(방출계수)	6.8 [kg]	7.6 [kg]	8.8 [kg]
h(할증계수)	1.25	1.10	1.10

㉯ 입면화재(용적식)

$$W = V \times K \times h \text{ [kg]}$$

여기서, ㉠ V : 방호공간의 체적[m^3]

㉡ $K = X - Y\frac{a}{A}$(방호공간 1m^3에 대한 소화약제 양[kg/m^3])

ⓐ a: 방호대상물 주위에 설치된 벽 면적의 합계[m^2]

ⓑ A: 방호공간의 벽 면적의 합계[m^2](벽이 없는 경우에는 벽이 있는 것으로 가정한 당해 부분의 면적)

㉢ h : 할증계수

▼ $X \cdot Y$

약제의 종별	X의 수치	Y의 수치
할론 1301	4.0	3.0
할론 1211	4.4	3.3
할론 2402	5.2	3.9

㉰ 호스릴방식

$$W = N \times K\,[\mathrm{kg}]$$

여기서, ㉠ N : 호스릴노즐수 ㉡ K: 노즐당 약제량[kg]

▼ **호스릴 노즐당 약제량**

구분 \ 약제의 종별		할론 1301	할론 1211	할론 2402
노즐당 약제량	화재안전기술기준	45[kg] 이상	50[kg] 이상	50[kg] 이상
	위험물안전관리법	45[kg] 이상	45[kg] 이상	50[kg] 이상

▼ **호스릴 노즐당 방사량**

구분 \ 약제의 종별		할론 1301	할론 1211	할론 2402
노즐당 방사량	화재안전기술기준	35[kg/min]	40[kg/min]	45[kg/min]
	위험물안전관리법			

02 위험물안전관리법

① 전역방출방식

$$W = \{(V \times K_1) + (A \times K_2)\} \times N\,[\mathrm{kg}]$$

여기서, ㉠ V : 방호구역 체적[m^3] ㉡ A : 개구부 면적[m^2]

㉢ K_1: 방호구역 체적 1[m^3]에 대한 소화약제 양[kg/m^3]

㉣ K_2: 개구부 면적 1[m^2]에 대한 소화약제 양[kg/m^2]

㉤ N : 소화약제 계수

▼ $K_1 \cdot K_2$

구분 \ 약제의 종별	할론 1301	할론 1211	할론 2402
K_1[kg/m^3]	0.32	0.36	0.4
K_2[kg/m^2]	2.4	2.7	3.0

② **국소방출방식**

㉮ 평면화재(면적식)

$$W = (S \times K \times h) \times N\,[\mathrm{kg}]$$

여기서, ㉠ S : 방호대상물의 표면적 $[\mathrm{m}^2]$

㉡ K : 방호대상물 $1[\mathrm{m}^2]$에 대한 소화약제 양 $[\mathrm{kg/m}^2]$

㉢ N : 소화약제계수

㉣ h : 1.1(할증계수)

▼ $K \cdot h$

구분 \ 약제의 종별	할론 1301	할론 1211	할론 2402
K(방출계수)	6.8[kg]	7.6[kg]	8.8[kg]
h(할증계수)	1.25	1.10	1.10

㉯ 입면화재(용적식)

$$W = (V \times K \times h) \times N\,[\mathrm{kg}]$$

여기서, ㉠ V : 방호공간의 체적 $[\mathrm{m}^3]$

㉡ $K = X - Y\dfrac{a}{A}$(방호공간 $1[\mathrm{m}^3]$에 대한 소화약제 양 $[\mathrm{kg/m}^3]$)

ⓐ a: 방호대상물 주위에 설치된 벽 면적의 합계 $[\mathrm{m}^2]$

ⓑ A: 방호공간의 벽 면적의 합계 $[\mathrm{m}^2]$(벽이 없는 경우에는 벽이 있는 것으로 가정한 당해 부분의 면적)

㉢ h: 할증계수

㉣ N: 소화약제계수

CHAPTER 05 분말소화설비 약제량

<table>
<tr><td rowspan="2">전역</td><td colspan="2">일반용도(화재안전기술기준)</td><td>위험물 제조소 등(위험물안전관리법)</td></tr>
<tr><td colspan="2">$W=(V \cdot K_1)+(A \cdot K_2)$</td><td>$W=\{(V \cdot K_1)+(A \cdot K_2)\} \cdot N$</td></tr>
<tr><td rowspan="4">국소</td><td rowspan="2">평면 화재</td><td>일반용도(화재안전기술기준)</td><td>위험물 제조소 등(위험물안전관리법)</td></tr>
<tr><td>–</td><td>$W=(S \cdot K \cdot N)\times h$</td></tr>
<tr><td rowspan="2">입면 화재</td><td>일반용도(화재안전기술기준)</td><td>위험물 제조소 등(위험물안전관리법)</td></tr>
<tr><td>$W=V \cdot K\times h$</td><td>$W=(V \cdot K\times N)\times h$</td></tr>
<tr><td rowspan="2">호스릴</td><td colspan="3">일반용도(화재안전기술기준) · 위험물 제조소 등(위험물안전관리법)</td></tr>
<tr><td colspan="3">$W=N \cdot K$</td></tr>
</table>

01 화재안전기술기준

① 전역방출방식

$$W = \text{기본량} + \text{가산량} = (V \times K_1) + (A \times K_2)[\text{kg}]$$

여기서, ㉠ V : 방호구역 체적[m^3] ㉡ A : 개구부 면적[m^2]
㉢ K_1 : 방호구역 체적 1[m^3]에 대한 소화약제 양[kg/m^3]
㉣ K_2 : 개구부 면적 1[m^2]에 대한 소화약제 양[kg/m^2]

▼ $K_1 \cdot K_2$

소화약제	K_1[kg/m^3]	K_2[kg/m^2]
1종 분말	0.60	4.5
2종 분말 또는 3종 분말	0.36	2.7
4종 분말	0.24	1.8

② 국소방출방식

㉮ 입면화재(용적식)

$$W = V \times K \times h\,[\text{kg}]$$

여기서, ㉠ V : 방호공간의 체적[m^3]
㉡ $K = X - Y\frac{a}{A}$(방호공간 1[m^3]에 대한 소화약제 양[kg/m^3])
ⓐ a: 방호대상물 주위에 설치된 벽 면적의 합계[m^2]
ⓑ A: 방호공간의 벽 면적의 합계[m^2](벽이 없는 경우에는 벽이 있는 것으로 가정한 당해 부분의 면적)
㉢ h : 1.1(할증계수)

▼ $X \cdot Y$

약제의 종별	X의 수치	Y의 수치
1종 분말	5.2	3.9
2종 분말 또는 3종 분말	3.2	2.4
4종 분말	2.0	1.5

③ 호스릴방식

$$W = N \times K\,[\mathrm{kg}]$$

여기서, ㉠ N : 호스릴노즐수
㉡ K: 노즐당 약제량[kg]

▼ 호스릴 노즐당 약제량 · 방사량

약제의 종별	약제량	방사량
1종 분말	50[kg] 이상	45[kg/min]
2종 분말 또는 3종 분말	30[kg] 이상	27[kg/min]
4종 분말	20[kg] 이상	18[kg/min]

02 위험물안전관리법

① 전역방출방식

$$W = \{(V \times K_1) + (A \times K_2)\} \times N\,[\mathrm{kg}]$$

여기서, ㉠ V : 방호구역 체적[m^3]
㉡ A : 개구부 면적[m^2]
㉢ K_1: 방호구역 체적 1[m^3]에 대한 소화약제 양[kg/m^3]
㉣ K_2: 개구부 면적 1[m^2]에 대한 소화약제 양[kg/m^2]
㉤ N : 소화약제 계수

▼ $K_1 \cdot K_2$

소화약제	K_1	K_2
1종 분말	0.60	4.5
2종 분말 또는 3종 분말	0.36	2.7
4종 분말	0.24	1.8

② **국소방출방식**

㉮ 평면화재(면적식)

$$W = (S \times K \times N) \times h\,[\mathrm{kg}]$$

여기서, ㉠ S : 방호대상물의 표면적[$\mathrm{m^2}$]
㉡ K : 방호대상물 1[$\mathrm{m^2}$]에 대한 소화약제 양[$\mathrm{kg/m^2}$]
㉢ N : 소화약제계수
㉣ h : 1.1(할증계수)

▼ K

구분 \ 약제의 종별	1종 분말	2종 분말 또는 3종 분말	4종 분말
K(방출계수)	8.8	5.2	3.6

㉯ 입면화재(용적식)

$$W = (V \times K \times N) \times h\,[\mathrm{kg}]$$

여기서, ㉠ V : 방호구역의 체적[$\mathrm{m^3}$]
㉡ $K = X - Y\dfrac{a}{A}$(방호공간 1[$\mathrm{m^3}$]에 대한 소화약제 양[$\mathrm{kg/m^3}$])
ⓐ a: 방호대상물 주위에 설치된 벽 면적의 합계[$\mathrm{m^2}$]
ⓑ A: 방호공간의 벽 면적의 합계[$\mathrm{m^2}$](벽이 없는 경우에는 벽이 있는 것으로 가정한 당해 부분의 면적)
㉢ N: 소화약제계수
㉣ h : 1.1(할증계수)

01 ❙문제❙

할로겐화합물 및 불활성기체소화약제 저장량 계산을 위한 다음 식을 유도하시오.

1 할로겐화합물 소화약제

$$W = \frac{V}{S} \times \frac{C}{100 - C}[\text{kg}]$$

2 불활성기체 소화약제 기100회

$$X = 2.303\log\left(\frac{100}{100 - C}\right) \times \frac{Vs}{S} \times V[\text{m}^3]$$

Check **할로겐화합물 및 불활성기체소화설비 약제량**

❶ 할로겐화합물 소화약제

① 저농도로 단시간 방사(방사시간 10초 이내)

② 무유출로 약제량을 계산

농도 $C = \frac{v}{V+v} \times 100$

- $v[\text{m}^3]$(약제부피) $= W[\text{kg}]$(약제량) $\times S[\text{m}^3/\text{kg}]$(비체적)
- $V[\text{m}^3]$: 방호구역의 체적

❷ 불활성기체 소화약제

① 고농도로 장시간 방사(방사시간 A · C급 2분 이내 / B급 1분 이내)

② 자유유출로 약제량을 계산

$$e^x = \frac{100}{100 - C}$$

- $x[\text{m}^3/\text{m}^3]$: 방호구역 $1[\text{m}^3]$에 대한 약제량$[\text{m}^3]$

02 ❙ 문제 ❙

n－Heptane을 저장하는 창고에 전역방출방식으로 FC－3－1－10 할로겐화합물 소화설비를 설치할 경우 소요 약제량[kg]을 계산하시오. 기79회

- 방호구역의 체적은 100[m^3] 이다.
- 방호구역의 예상 온도는 20[℃], 최소 설계농도는 8.6[%]이다.
- 소화약제의 비체적 K_1 =0.0941, K_2 =0.0003이다.
- 계산과정의 소수점은 넷째 자리까지 계산하시오.

03 ❙ 문제 ❙

n－Heptane을 저장하는 5[m]×4[m]×4[m]인 저장창고에 전역방출방식의 FC－3－1－10 할로겐화합물 소화설비를 설치할 경우 소요 약제량[kg]을 계산하시오.

관9회

- 설계 기준온도는 20[℃]이다.
- 최소 소화농도는 8.5[%]이다.
- 소화약제의 비체적 상수는 K_1 =0.2413, K_2 =0.00088이다.

04 ❙ 문제 ❙

바닥면적이 600[m^2], 높이가 7[m]인 전산실에 할로겐화합물소화설비를 조건에 따라 설치하려고 한다. 다음 각 물음에 알맞게 답하시오.

- 소화농도는 5.8[%]이다.
- HFC-236fa의 용기는 68[l], 45[kg]이다.
- HFC-236fa의 선형상수 K_1 =0.1413, K_2 =0.0006이다.
- 방호구역의 예상온도는 10[℃]~20[℃]이다.
- 소수점은 셋째 자리에서 반올림할 것
- 기타 다른 조건은 무시한다.

1 HFC-236fa의 약제량[kg]을 계산하시오.
2 최소 약제 저장 용기 수를 계산하시오.
3 배관 구경 산정 시 기준이 되는 약제량 방사 시 최소 유량[kg/s]을 계산하시오.

Check **방사시간**

❶ 배관
배관의 구경은 해당 방호구역에 할로겐화합물소화약제는 10초(불활성기체 소화약제는 A · C급 화재 2분, B급 화재 1분) 이내에 방호구역의 각 부분에 최소설계농도의 95[%] 이상 해당하는 약제량이 방출되도록 하여야 한다.

❷ 방사시간의 정의
① 저장용기 밸브가 개방된 직후 할로겐화합물 및 불활성기체 소화약제가 헤드에서 방사되기 직전에는 약제가 증발하여 배관 내를 충전시켜 주는 상황이 벌어지게 된다. 이후 약제가 노즐에 도달해서 배관 내부에 압력이 형성되면 노즐의 최고압력시점이 되며 이때부터 약제는 각 노즐을 통하여 방사하게 된다. 이후 질소기체와 액체의 약제가 혼재되어 배관을 흐르게 되며 노즐 내부의 액체가 먼저 전부 방사되고 나면 이후 질소와 기체상태의 할로겐화합물 및 불활성기체소화약제 혼합물이 방사하게 된다.
② 그런데 액상부분이 모두 방출하게 되면 대부분의 소화약제는 이미 노즐을 통하여 방출된 상태이므로 배관 내 잔류하는 질소와 기체부분은 무시하여도 무방하며, 이 경우 액체가 모두 방출된 시점에서 노즐을 통해 방사된 약제량은 대체로 최소설계농도의 95[%]에 해당하는 약제량이 된다. 따라서, 방사시간의 정의는 최소설계농도의 95[%]에 해당하는 약제량을 방사하는데 소요되는 시간으로 정한 것으로 100[%]의 약제가 방사되는 시간은 아니며, 방사시간 내 방호구역의 최소설계농도는 95[%]의 농도가 된다.

05 ❙ 문제 ❙

전기실의 크기가 가로 35[m], 세로 30[m], 높이 7[m]인 방호공간에 할로겐화합물 및 불활성기체 소화설비를 아래 조건에 따라 설치할 경우 다음 물음에 알맞게 답하시오. 

- HCFC Blend A의 설계농도는 8.5[%]이다.
- HCFC Blend A의 용기는 68[l]용 50[kg]이다.
- IG-541 용기는 80[l]용 12[m^3]로 적용한다.
- IG-541의 설계농도는 37[%]이다.
- HCFC Blend A의 K_1 =0.2413, K_2 =0.00088이다.
- 방사 시 온도는 상온(20[℃])을 기준으로 한다.
- 기타 조건은 무시한다.

1 HCFC Blend A의 약제량[kg]과 최소 약제 저장용기 수를 계산하시오.
2 IG-541의 최소 약제 저장용기 수를 계산하시오.

Check

$\frac{Vs}{S}$ 의 개념

상온	상온 초과	상온 미만
$\frac{Vs}{S}=1$	$\frac{Vs}{S}<1$	$\frac{Vs}{S}>1$
기준 약제량	약제량 감소	약제량 증가

❶ 약제량 식에 온도 변화에 따른 약제 체적의 증감을 반영하기 위하여 상온에서의 비체적과 임의의 온도에서의 비체적을 이용한 것이다.

❷ 약제량 적용

① 상온 초과 : 온도가 높을수록 약제 체적의 팽창률이 커지므로 더 적은 약제량을 적용하여 약제량이 감소된다.
② 상온 미만 : 온도가 낮을수록 약제 체적의 팽창률이 작아지므로 더 많은 약제량을 적용하여 약제량이 증가된다.

06 ❙ 문제 ❙

가로 15[m], 세로 14[m], 높이 3.5[m]인 전산실에 할로겐화합물 및 불활성기체소화약제 중 HFC－23과 IG－541을 다음의 조건으로 설계하려고 한다. 조건을 참고하여 각 물음에 알맞게 답하시오.

- HFC－23의 소화농도는 A · C급 화재는 25[%], B급 화재는 35[%]로 한다.
- HFC－23 저장용기는 68[l]이며 충전밀도는 720[kg/m^3]로 한다.
- IG－541 소화농도는 33[%]로 한다.
- IG－541 저장용기는 80[l], 충전압력은 19,996[kPa]이다.
- 선형상수를 이용하도록 하며 방사 시 기준온도는 30[℃]로 한다.

소화약제	K_1	K_2
HFC－23	0.3164	0.0012
IG－541	0.65799	0.00239

1. HFC－23의 저장량[kg]을 계산하시오.
2. HFC－23의 용기 수를 계산하시오.
3. HFC－23 배관 구경 산정 시 기준이 되는 약제량 방사 시 유량[kg/s]을 계산하시오.
4. IG－541의 저장량[m^3]을 계산하시오.
5. IG－541의 용기 수를 계산하시오.
6. IG－541의 배관 구경 산정 시 기준이 되는 약제량 방사 시 유량[m^3/s]을 계산하시오.

07 ❙ 문제 ❙

실면적 300[m^2], 층고 3.5[m]인 전기실에 IG－541 불활성기체소화설비를 설치하려고 한다. 조건을 참고하여 각 물음에 알맞게 답하시오. 관14회

- IG－541 소화농도는 35.84이다.
- 전기실의 최소 예상온도 : 10[℃], 노즐에서 소화약제 방사 시 온도 : 20[℃]
- IG－541 저장용기는 1병당 80[l], 충전압력은 19,995[KPa]이다.

1 IG－541의 선형상수 K_1과 K_2를 구하시오.

2 IG－541의 소화약제량[m^3]을 구하시오.

3 IG－541의 최소 저장용기 수를 구하시오.

4 선택밸브 통과 시 최소유량[m^3/s]을 구하시오.

08 ❙ 문제 ❙

가로 15[m]×세로 10[m]×높이 4[m]인 전산기기실에 HFC－125를 설치하고자 한다. 아래 조건을 기준으로 다음 각 물음에 답하시오.(단, 약제 팽창 시 외부로의 누설을 고려한 공차를 포함하지 않으며, 계산은 소수점 다섯째 자리에서 반올림하여 넷째 자리까지 구하시오.) 관15회

- 해당 약제의 소화농도는 A,C급 화재 시 7[%], B급 화재 시 9[%]로 적용한다.
- 전산기기실의 최소예상온도는 20[℃]이다.

1 HFC－125의 K_1(표준상태에서의 비체적) 및 K_2(단위온도 당 비체적 증가분)값을 계산하시오.

2 「할로겐화합물 및 불활성기체소화설비의 화재안전기술기준」에 규정된 방출시간 안에 방출하여야 하는 최소 약제량[kg]을 구하시오.

09 ❙문제❙

경유를 연료로 하는 바닥면적 100[m²]이고, 높이 3.5[m]의 발전기실에 할로겐화합물 및 불활성기체소화설비를 설치하려고 한다. 다음 조건을 이용하여 물음에 알맞은 답을 기술하시오. 기195회

- HCFC Blend A의 A급 소화농도는 7.2[%], B급 소화농도는 10[%]이다.
- IG−541의 A급 및 B급 소화농도는 32[%]이다.
- 방사 시 온도는 20[℃]를 기준으로 한다.
- HCFC Blend A의 용기는 68[l]용 50[kg]으로 하며, IG−541 용기는 80[l]용 12.4[m³]로 적용한다.
- 선형상수

청정소화약제	분자량	K_1	K_2
HCFC Blend A	92.9	0.2413	0.00088
IG−541	34.08	0.65779	0.00239

1 발전실에 필요한 HCFC Blend A의 최소 용기 수를 구하시오.
2 저장용기실에 저장하여야 하는 HCFC Blend A의 저장량[kg]을 구하시오.
3 발전실에 필요한 IG−541의 최소 용기 수를 구하시오.
4 저장 용기실에 저장하여야 하는 IG−541의 저장량[m³]을 구하시오.

10 | 문제 |

그림과 같이 구획된 전산기기실과 통신기기실에 할로겐화합물 및 불활성기체소화설비를 설치하려고 한다. 조건을 참고하여 각 물음에 알맞게 답하시오.(단, 답은 소수 첫째 자리까지 나타낼 것)

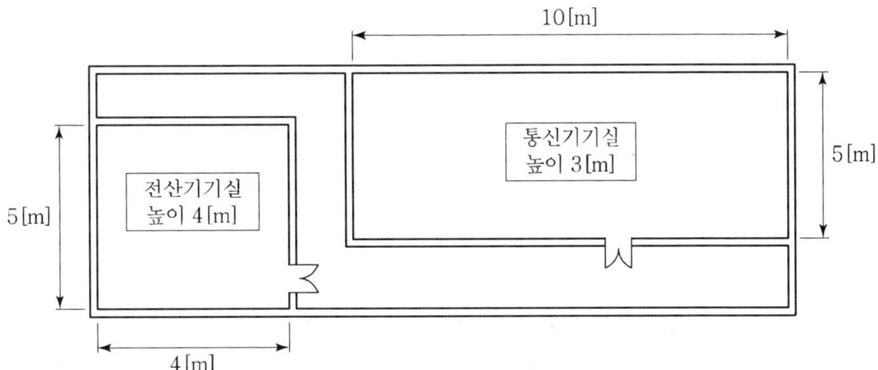

- 전산기기실에는 할로겐화합물 소화설비를 설치한다.
  - ✔ 소화농도는 A · C급 화재 : 8.5[%], B급 화재 : 10[%]로 한다.
  - ✔ 선형상수 $K_1 = 0.2413$, $K_2 = 0.00088$이다.
  - ✔ 예상 최저온도는 20[℃]이다.
- 통신기기실에는 불활성기체 소화설비를 설치한다.
  - ✔ 소화농도는 A · C급 화재 : 32.5[%], B급 화재 : 31[%]로 한다.
  - ✔ 선형상수 $K_1 = 0.65799$, $K_2 = 0.00239$이다.
  - ✔ 저장용기의 내용적은 80[l], 1병당 충전량은 12.5[m^3]이다.
  - ✔ 예상 최저온도는 5[℃]이다.

1. 화재안전기술기준에서 정한 배관 구경 선정 조건을 만족하기 위한 전산기기실에 10초 이내에 방사하여야 할 약제량[kg]은 최소 얼마 이상인가?
2. 통신기기실용으로 저장 용기실에 저장하여야 할 약제량[m^3]은 얼마 이상인가?
3. 통신기기실에 설치하는 과압배출구의 유효 개구면적[cm^2]은 얼마 이상인가?(단, 실구조의 허용인장 강도는 2.4[KPa]이며, Q[m^3/min]는 저장량이 방출되는 것으로 적용할 것)

11 | 문제 |

제조소등에 가스계 소화설비를 설치하고자 한다. 다음 물음에 답하시오. 관20회

1. 해당 방호구역에 전역방출방식으로 IG 계열의 소화약제 소화설비를 설치하고자 한다. 아래 조건을 활용하여 IG－100, IG－55, IG－541을 각각 방사하는 경우 저장해야 하는 최소 소화약제의 양[m^3]을 구하시오.

〈 조 건 〉

- 방호구역은 가로 20[m], 세로 10[m], 높이 5[m]이다.
- 방호구역에는 산화프로필렌을 저장하고 소화약제계수는 1.8이다.
- 방호구역은 1기압, 20[℃]이다.

2. 불활성 가스 소화설비에서 전역방출방식인 경우 안전조치 기준 3가지를 쓰시오.
3. HFC－227ea, FIC－13I1, FK－5－1－12의 화학식을 각각 쓰시오.

12 | 문제 |

다음 조건을 참고하여 물음에 알맞게 답하시오.

- 최대허용압력 : 15,000[KPa]
- 배관 재질의 인장강도 : 412[N/mm^2]
- 배관의 바깥지름 : 86[mm]
- 항복점 : 245[N/mm^2]
- 전기저항 용접배관이며, 용접이음 방식을 사용한다.

1 배관의 최대허용응력[KPa]을 계산하시오.

2 할로겐화합물 및 불활성기체소화설비에 사용할 배관의 두께[mm]를 계산하시오.

Check 할로겐화합물 및 불활성기체소화설비의 배관의 두께 계산

관의 두께 $t = \dfrac{PD}{2SE} + A[\text{mm}]$

❶ P : 최대허용(사용)압력[KPa]

❷ D : 배관의 바깥지름(외경)[mm]

❸ SE(최대허용응력)[KPa] $= a \times b \times 1.2$

a : 배관 재질 인장강도의 $\dfrac{1}{4}$ 값과 항복점의 $\dfrac{2}{3}$ 값 중 적은 값

b(배관이음효율) : 이음매 없는 배관 − 1.0, 전기저항용접배관 − 0.85
가열맞대기용접배관 − 0.60

❹ A : 나사이음, 홈이음 등의 허용값[mm]
(나사이음 − 나사높이, 절단홈이음 − 홈깊이, 용접이음 − 0)

13 ❙ 문제 ❙

다음은 압력배관용 탄소 강관인 KS D 3562의 규격을 나타낸 것이다. 다음 조건을 참고하여 물음에 알맞게 답하시오.

- 배관의 호칭경은 65[mm]이다.
- 배관의 외경은 76.4[mm], 내경은 66.0[mm]이다.
- 인장강도는 412[N/mm^2], 항복점은 245[N/mm^2]이다.
- 전기저항 용접배관이며, 용접이음 방식을 사용한다.

1 배관의 두께[mm]를 계산하시오.
2 최대허용응력[kPa]을 계산하시오.
3 최대허용압력[kPa]을 계산하시오.(단, 소수점 첫째 자리에서 반올림할 것)

14 ❙ 문제 ❙

체적이 1,450[m³]인 방호구역에 1[m³]당 0.75[kg]의 이산화탄소소화약제를 방사하였을 경우 소화약제 방사 후 방호구역의 농도[%]를 계산하시오.(단, 표면화재이며, 표면화재 시 비체적 $S = 0.56$[m³/kg]이다.)

Check

방출계수($Flooding\ factor$: $f.f = K_1$[kg/m³]) : 전역방출방식

❶ 표면화재

$$K_1 = 2.303\log\frac{100}{100-C}\times\frac{1}{S}[\text{kg/m}^3]$$

① S(30[℃]의 비체적) = 0.56[m³/kg]

- $S = k_1 + k_2\times t = \dfrac{22.4}{44} + \left(\dfrac{22.4}{44}\times\dfrac{30}{273}\right) = 0.565[\text{m}^3/\text{kg}]$
- NFPA 12 Annex D에서 30[℃]의 비체적을 9[ft³/lb]로 적용하므로 이를 단위변환하면 0.56[m³/kg]이 되어 화재안전기술기준 약제량 계산 시 이 값을 적용한다.

❷ 심부화재

$$K_1 = 2.303\log\frac{100}{100-C}\times\frac{1}{S}[\text{kg/m}^3]$$

① S(10[℃]의 비체적) = 0.52[m³/kg]

- $S = k_1 + k_2\times t = \dfrac{22.4}{44} + \left(\dfrac{22.4}{44}\times\dfrac{10}{273}\right) = 0.527$
- NFPA 12 Annex D에서 10[℃]의 비체적을 8.35[ft³/lb]로 적용하므로 이를 단위변환하면 0.52[m³/kg]가 되어 화재안전기술기준 약제량 계산 시 이 값을 적용한다.

15 | 문제 |

수소를 저장하는 창고에 전역방출방식(고압식)의 이산화탄소소화설비를 설치하고자 한다. 창고의 크기가 5[m]×4[m]×2[m]일 경우 최소 소화약제 저장량[kg]을 계산하시오.(단, 수소의 소화에 필요한 설계농도는 75[%], 설계농도 34[%]가 되기 위한 방사량은 0.742[kg/m³], 설계농도 34[%]일 경우 보정계수는 1, 비체적 $S = 0.56$ [m³/kg], 개구부는 없는 것으로 한다.)

임의의 설계농도에서의 보정계수(가연성 액체 · 가연성 가스)

$$y = 5.542\log\frac{100}{100-C}$$

$$2.303\log\frac{100}{100-34}\times\frac{1}{0.56} : 1 = 2.303\log\frac{100}{100-C}\times\frac{1}{0.56} : y$$

$$0.742 : 1 = 2.303\log\frac{100}{100-C}\times\frac{1}{0.56} : y$$

$$y = \frac{2.303}{0.742\times 0.56}\log\frac{100}{100-C} = 5.542\log\frac{100}{100-C}$$

16 ❙ 문제 ❙

통신기기실(250[m^3])에 이산화탄소소화설비를 전역방출방식으로 설치하려고 한다. 다음 조건을 참고하여 물음에 알맞게 답하시오. 기97회

- 약제의 방출계수(Flooding Factor) $K_1 = 1.3$[kg/m^3]이다.
- 개구부는 약제 방출 전 자동으로 폐쇄된다.
- 소화약제는 내용적 68[l]의 저장용기에 충전비 1.6으로 저장한다.
- 비체적 계산은 1기압, 20[℃]를 기준으로 한다.
- 소화약제는 자유유출(Free Efflux) 상태로 외부로 유출된다.

1 소화약제 저장용기 수를 계산하시오.

2 소화약제 방출 후 통신기기실의 이산화탄소 농도를 계산하시오.

Check **이산화탄소소화설비 약제량(전역방출방식 : 표면화재)**

❶ 일반소방대상물인 경우 : 최소 설계농도가 34[%]

$$W = \text{기본량} + \text{가산량} = (V \times K_1) + (A \times K_2)[\text{kg}]$$

❷ 가연성 액체 · 가스화재인 경우 : 설계농도가 34[%] 이상

$$W = (\text{기본량}) \times N + \text{가산량} = (V \times K_1) \times N + (A \times K_2)[\text{kg}]$$

여기서, ⓐ V : 방호구역 체적[m^3]

ⓑ A : 개구부 면적[m^2]

ⓒ K_1 : 방호구역 체적 1[m^3]에 대한 소화약제 양[kg/m^3]

$$K_1(\text{방출계수 } f.f) = 2.303\log\frac{100}{100-C} \times \frac{1}{S}$$

(C : 설계농도, S : 0.56[m^3/kg])

ⓓ K_2 : 개구부 면적 1[m^2]당 5[kg] 가산

ⓔ N : 보정계수

17 ┃문제┃

방호대상물로서 모피창고, 서고 및 에탄올 저장창고에 고압식 전역방출방식의 이산화탄소소화설비를 아래 조건에 따라 설치하려고 한다. 다음 각 물음에 답하시오.

관13회

- 모피창고의 크기는 $8[\mathrm{m}] \times 6[\mathrm{m}] \times 3[\mathrm{m}]$이며, 개구부의 크기는 $2[\mathrm{m}] \times 1[\mathrm{m}]$이고 자동폐쇄장치가 설치되어 있다. 모피창고의 설계농도는 75[%]이다.
- 서고의 크기는 $5[\mathrm{m}] \times 6[\mathrm{m}] \times 3[\mathrm{m}]$이며, 개구부의 크기는 $1[\mathrm{m}] \times 1[\mathrm{m}]$이고 자동폐쇄장치가 없다. 서고의 설계농도는 65[%] 이다.
- 에탄올 저장창고의 크기는 $5[\mathrm{m}] \times 4[\mathrm{m}] \times 2[\mathrm{m}]$이며, 개구부의 크기는 $1[\mathrm{m}] \times 1.5[\mathrm{m}]$이고, 자동폐쇄장치가 설치되어 있다. 에탄올의 보정계수는 1.2이다.
- 충전비는 1.511이고 저장용기의 내용적은 $68[l]$이다.
- 하나의 집합관에 3개의 선택밸브가 설치되어 있다.

1 모피창고 및 서고의 최소 소화약제 저장량[kg]을 각각 구하시오.
2 에탄올 저장창고의 최소 소화약제 저장량[kg]을 구하시오.
3 저장용기 1병당 소화약제 저장량[kg]을 구하시오.
4 각 방호대상물의 최소 소화약제 저장용기 개수와 저장 용기실에 설치할 최소 소화약제 저장용기 개수를 각각 구하시오.
5 모피창고 및 에탄올 저장창고의 산소농도가 10[%]일 때 이산화탄소의 농도[%]와 모피창고 및 에탄올 저장창고에 필요한 이산화탄소 방출체적[m^3]을 각각 구하시오.(다만, 방호구역에 방출되는 이산화탄소는 유출되지 않는다고 가정한다.)

18 ❙ 문제 ❙

다음 조건을 참고하여 이산화탄소소화설비에 대한 물음에 알맞게 답하시오.

- 전기실의 바닥면적은 150[m^2], 서고의 바닥면적은 250[m^2]이다.
- 소방대상물은 내화구조이며, 층고는 4[m], 천장에서 반자까지는 0.5[m]이다.
- 각 실에는 광전식스포트형 2종 감지기를 설치한다.
- 방호구역 내 설계농도가 2분 이내 30[%]로 되기 위해서는 0.7[kg/m^3]의 소화약제가 필요하다.
- 각 실에는 개구부 자동폐쇄장치가 설치되어 있다.

1 전기실과 서고의 이산화탄소 소화약제량[kg]을 계산하시오.
2 전기실과 서고의 선택밸브 이후의 유량[kg/s]을 계산하시오.
3 전기실과 서고에 설치되어야 할 감지기 개수를 계산하시오.

Check **감지기 기준면적**

❶ 열감지기 기준면적[m^2]

부착높이 및 특정소방대상물의 구분		감지기의 종류						
		차동식 스포트형		보상식 스포트형		정온식 스포트형		
		1종	2종	1종	2종	특종	1종	2종
4[m] 미만	주요 구조부를 내화구조로 한 특정소방대상물 또는 그 부분	90	70	90	70	70	60	20
	기타구조의 특정소방대상물 또는 그 부분	50	40	50	40	40	30	15
4[m] 이상 8[m] 미만	주요 구조부를 내화구조로 한 특정소방대상물 또는 그 부분	45	35	45	35	35	30	–
	기타구조의 특정소방대상물 또는 그 부분	30	25	30	25	25	15	–

❷ 연기감지기 기준면적[m^2]

부 착 높 이	감지기의 종류	
	1종 및 2종	3종
4[m] 미만	150	50
4[m] 이상 20[m] 미만	75	–

19 | 문제 |

다음 조건을 참고하여 이산화탄소소화설비에 대한 물음에 답하시오.

- 특정소방대상물의 천장까지의 높이는 3[m]이고, 방호구역의 크기와 용도는 다음과 같다.

통신기기실 가로 12[m]×세로 10[m] 자동폐쇄장치 설치	전자제품창고 가로 20[m]×세로 10[m] 개구부 2[m]×2[m] 자동폐쇄장치 미설치
위험물저장창고 가로 32[m]×세로 10[m] 자동폐쇄장치 설치	

- 소화약제 저장용기는 고압식으로 1병당 45[kg]을 충전한다.
- 통신기기실과 전자제품창고는 전역방출방식으로 설치하고, 위험물 저장창고는 국소방출방식으로 적용한다.
- 소화약제로 사용하는 이산화탄소는 순도 99.5[%]이며, 헤드의 방사율은 1.3[kg/mm² · min · 개]이다.
- 위험물 저장창고에는 가로 세로가 각각 5[m], 높이가 2[m]인 개방된 용기에 4류 위험물을 저장한다.
- 주어진 조건 이외에는 화재안전기술기준을 적용한다.

1 각 방호구역에 대한 약제 저장량[kg]을 계산하시오.

2 각 방호구역별 약제 저장용기 수를 계산하시오.

3 전자제품창고의 헤드 수를 14개로 할 경우 헤드의 분구 면적[mm^2]을 계산하시오.

4 전자제품창고에 저장된 약제가 모두 분사되었을 때 이산화탄소의 체적[m^3]을 계산하시오.(단, 방호구역의 온도는 25[℃]이다.)

20 ❙ 문제 ❙

체적이 50[m^3]인 변전실(표면화재)에 설계농도 40[%]로 전역방출방식(고압식)의 이산화탄소 소화설비를 설치할 경우 설치하여야 할 최소 용기 수를 계산하시오.(단, 변전실의 예상온도는 20[℃]이며, 자유유출로 계산할 것)

21 ❙ 문제 ❙

체적 55[m^3] 미만인 전기설비에서 심부화재 발생 시 다음 물음에 답하시오. 관16회

1. 이산화탄소의 비체적[m^3/kg]을 구하시오.(단, 심부화재이므로 온도는 10[℃]를 기준으로 하며, 답은 소수점 셋째 자리에서 반올림하여 둘째 자리까지 구한다.)
2. 자유유출(Free Efflux) 상태에서 방호구역 체적당 소화약제량 산정식을 쓰시오.
3. 이산화탄소 소화설비의 화재안전기술기준에 따라 전역방출방식에 있어서 심부화재의 경우 방호대상물별 소화약제의 양과 설계농도를 쓰시오.
4. 전역방출방식에서 체적 55[m^3] 미만인 전기설비 방호대상물의 설계농도를 구하시오.(단, 계산값은 소수점 셋째 자리에서 반올림하여 둘째 자리까지 구하고, 설계농도는 반올림하여 정수로 한다.)

22 | 문제 |

목재가공품 창고의 크기는 $6[m] \times 6[m] \times 3[m]$이며, 개구부에 자동폐쇄장치가 설치된 경우 설계농도가 2분 이내 30[%]로 되기 위한 방사시간을 구하여라.(단, 약제량 산정 시 기준이 되는 설계농도는 65[%]를 적용할 것)

Check **이산화탄소소화설비(전역방출방식 : 심부화재)**

❶ 약제량

$$W = \text{기본량} + \text{가산량} = (V \times K_1) + (A \times K_2)[kg]$$

여기서, ㉠ V : 방호구역체적$[m^3]$

㉡ A : 개구부면적$[m^2]$

㉢ K_1 : 방호구역 체적 $1[m^3]$에 대한 소화약제 양$[kg/m^3]$

$$K_1(\text{방출계수 } f.f) = 2.303\log\frac{100}{100-C} \times \frac{1}{S}$$

(C : 설계농도, S: $0.52[m^3/kg]$)

㉣ K_2 : 개구부면적 $1[m^2]$당 $10[kg]$ 가산

❷ 설계농도가 2분 이내 30[%]로 되기 위한 방사시간

① 방호구역에 필요한 약제량 $W[kg] = (V \times K_1) + (A \times K_2)$

② 2분 이내 30[%] 농도가 되기 위한 약제량

$$W' = (V \times K_1') + (A \times K_2) : K_1' = 0.673[kg/m^3]$$

③ 1분당 흐름률 $Q[kg/min] = \dfrac{W'[kg]}{2[min]}$

④ 방사시간 $t = \dfrac{W[kg]}{Q[kg/min]}$

23 | 문제 |

이산화탄소소화설비가 설치된 건축물의 도면과 조건을 참고하여 물음에 답하시오.

소화수배관, 이산화탄소배관	───	이산화탄소 헤드	◎
옥내소화전	◪	타이	┴
연결송수구, 쌍구형	(기호)	체크밸브	(기호)

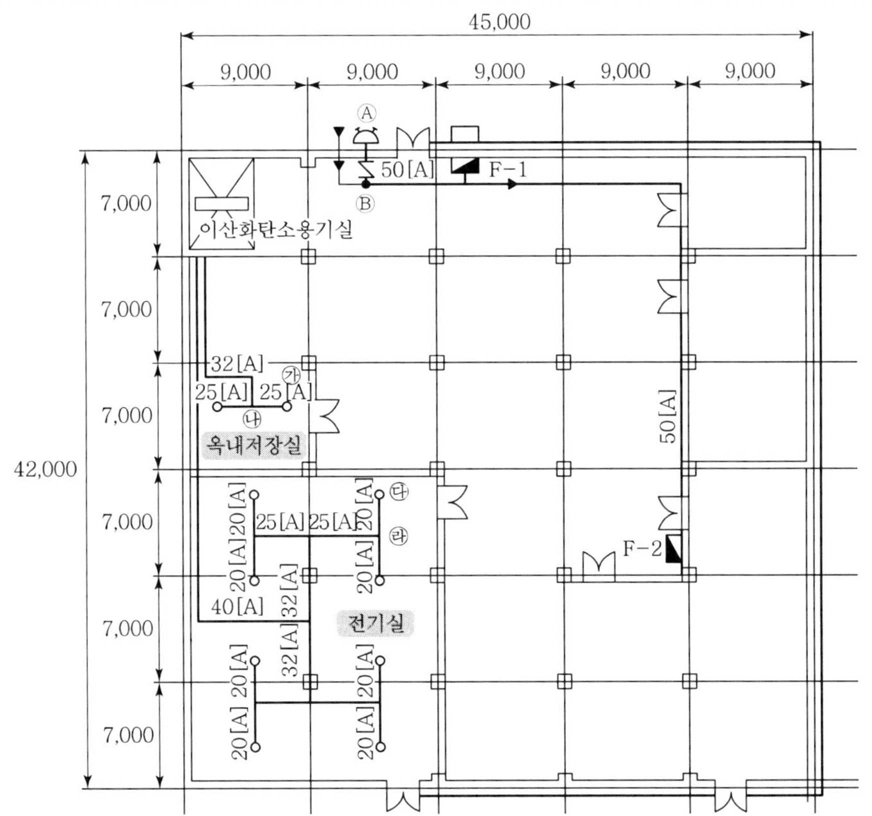

- 옥내 저장실의 크기 : 504[m³], 전기실의 크기 : 1,512[m³]
- 옥내 저장실에 저장하는 위험물의 종류는 에탄(Ethane)이며, 에탄의 설계농도는 40[%], 보정계수는 1.2이다.
- 전기실의 화재는 심부화재이며 방호구역 내 CO_2의 농도가 2분 이내에 30[%]에 도달되어야 한다.(단, 방호구역 내 CO_2 농도가 30[%]가 되기 위해서는 체적 1[m³]당 0.7[kg]의 CO_2 소화약제가 필요하다.)
- 옥내 저장실은 표면화재로 적용할 것

1 옥내 저장실과 전기실에 전역방출방식의 고압식 이산화탄소소화설비를 설치할 경우 필요한 CO_2의 약제량과 저장용기 수를 계산하시오.(단, 저장용기는 내용적 68[l], 충전비 1.6이며, 개구부에는 자동폐쇄장치가 설치되어 있다.)

2 도면의 ㉰~㉱ 구간 사이의 배관에서 CO_2 약제가 방출될 때의 유량[kg/s]을 2분과 7분으로 구분하여 계산하시오.

3 저장용기의 충전비를 조정하여 저장용기 수를 최소로 하고자 한다. 이때의 충전비와 저장용기 수를 계산하시오.

24 ❙ 문제 ❙

다음 도면과 같은 소방대상물에 전역방출방식(표면화재)의 이산화탄소소화설비(고압식)를 설치할 경우 용기 저장실에 설치하여야 하는 최소 용기 수를 계산하고 미완성된 도면을 완성하시오.(단, 각 실의 높이는 4[m]이다.)

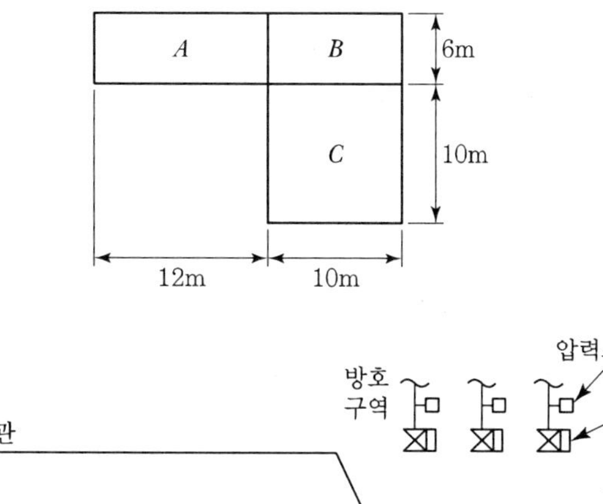

25 Ⅰ문제Ⅰ

특정 방호공간에 CO_2 설비를 설치하는 경우 방호구역 내에 방사된 CO_2의 양 $x[\mathrm{m}^3] = \dfrac{21-O_2}{O_2} \times V$로, 약제 방사 후 CO_2농도 $C[\%] = \dfrac{21-O_2}{21} \times 100$로 산출한다. 이 식의 산출과정을 유도하시오. 기86회

Check **소화농도**

❶ 규정된 실험 조건의 화재를 소화하는 데 필요한 소화약제의 농도
❷ 불이 꺼지는 농도

설계농도

❶ 소화약제의 저장량을 산출하기 위한 농도
❷ A · C급 화재 : 소화농도×1.2, B급 화재 : 소화농도×1.3

26 ❙ 문제 ❙

방호구역의 체적이 100[m^3]인 곳에 전역방출방식으로 이산화탄소 소화약제를 방사하였다. 다음 조건을 참고하여 물음에 알맞게 답하시오.

- 실내의 온도는 50[℃]이며, 산소 농도는 15[%]로 하려고 한다.
- 내부의 압력은 1.2[atm](절대압력)이다.

1 방출된 이산화탄소의 양[m^3]을 계산하시오.(단, 소화약제는 외부로 유출되지 않는다고 가정한다.)

2 방사된 이산화탄소의 양[kg]을 계산하시오.

Check 이상기체 상태 방정식

$PV = nRT$에서, $n = \dfrac{m}{M}$, $PV = \dfrac{m}{M}RT$

❶ P : 압력[atm]
❷ V : 체적[m^3]
❸ n : 몰수[k−mol]
❹ R : 기체정수[atm·m^3/k−mol·K]
❺ T : 절대온도[K]
❻ M : 분자량[kg]
❼ m : 질량[kg]

27 | 문제 |

통신실(20[m]×15[m]×5[m])에 전역방출방식의 이산화탄소 소화설비를 설치하려고 한다. 조건을 참고하고 물음에 답하시오.

- CO_2 방사 후 실내압력 : 780[mmHg](절대압력)
- CO_2방사 후 실내 온도 : 12[℃]

1. CO_2 방사 후 실내의 O_2농도가 13[%]일 경우 실내의 CO_2 농도[%]를 계산하시오.(단, 소화약제는 외부로 유출되지 않는다고 가정한다.)
2. 방사된 CO_2의 약제량[kg]을 계산하시오.

28 | 문제 |

밀폐된 위험물 저장탱크(5[m]×4[m]×3[m])에 고압식 이산화탄소소화설비를 국소방출방식으로 설계하려고 한다. 저장용기 내용적 68[l]일 경우 용기 저장실에 저장하여야 하는 이산화탄소소화약제 최소 용기수와 저장량[kg]을 계산하시오.

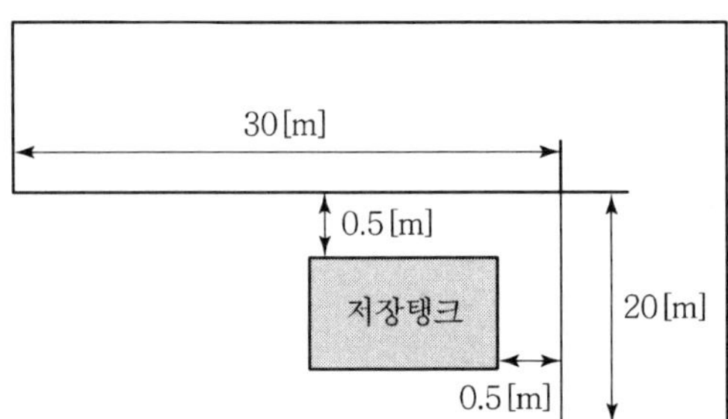

29 | 문제 |

가로 2[m], 세로 1.8[m], 높이 1.4[m]인 가연물에 국소방출방식의 고압식 이산화탄소 소화설비를 설치하고자 한다. 다음 물음에 답하시오.(단, 저장용기는 68[l]/45[kg]을 사용하며, 입면에 고정된 벽체는 없다.) 관16회

1 방호공간의 체적[m³]을 구하시오.
2 방호공간 벽면적의 합계[m²]를 구하시오.
3 방호대상물 주위에 설치된 벽면적의 합계[m²]를 구하시오.
4 이산화탄소 소화설비의 최소 약제량 및 용기 수를 구하시오.

30 | 문제 |

다음 그림과 같은 위험물 저장탱크에 국소방출방식의 고압식 이산화탄소소화설비를 설치하려고 한다. 다음 각 물음에 알맞게 답하시오.

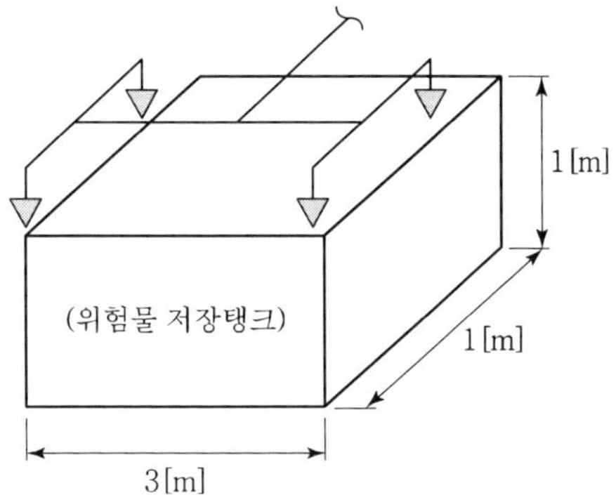

1 이산화탄소 소화약제 저장량[kg]을 계산하시오.
2 분사헤드 1개의 방사량[kg/s]을 계산하시오.

31 ▌문제▌

경량구조물의 전자제품창고(바닥면적 160[m²], 높이 5[m²])에 전역방출방식의 이산화탄소소화설비를 설치할 경우 필요한 과압 배출구의 면적[mm²]을 계산하시오.(단, 1병당 저장하는 약제량은 45[kg]이고, 설계농도가 2분 이내 30[%]가 되기 위한 약제량으로 계산하며, 개구부는 없는 것으로 간주한다.)

Check 과압 배출구 면적

CO_2 설비		Inergen(IG-541) 설비	
$A = \dfrac{23.9Q}{\sqrt{P[kg/cm^2]}} = \dfrac{239Q}{\sqrt{P[KPa]}}$ A : $Vent$ 면적$[mm^2]$ Q : CO_2 유량$[kg/min]$ P : 실 구조의 허용인장강도$[KPa]$		$A = \dfrac{42.9Q}{\sqrt{P[kg/m^2]}}$ A : $Vent$ 면적$[cm^2]$ Q : $Inergen$ 방출량$[m^3/min]$ P : 실 구조의 허용인장강도$[kg/m^2]$	
경량 구조물	1.2[KPa]	경량구조	10[kg/m²]
일반 구조물	2.4[KPa]	블록마감	50[kg/m²]
둥근 구조물	4.8[KPa]	철근콘크리트벽	100[kg/m²]

32 ▌문제▐

컴퓨터실에 할론소화설비(할론 1301)을 전역방출방식으로 설치하려고 한다. 다음 조건을 참고하여 물음에 알맞게 답하시오.

- 실면적 800[m^2], 높이는 3[m], 개구부 면적 3[m^2]이고, 개구부 자동 폐쇄 장치는 설치되어 있지 않다.
- 1병당 저장하는 약제량은 50[kg]이다.
- 감지기는 차동식 스포트형 1종과 광전식 스포트형 1종의 복합형 감지기를 설치한다.
- 주요 구조부는 내화구조이다.

1 저장용기실에 저장하여야 할 최소 저장용기 수를 계산하시오.

2 저장용기실에 저장하여야 할 저장량[kg]을 계산하시오.

3 컴퓨터실에 설치하는 감지기 개수를 계산하시오.

축적기능이 있는 감지기[비화재보 방지기능이 있는 감지기, 교차회로에 적용할 수 없는 감지기, 지하구에 설치하는 감지기]

❶ 불꽃감지기
❷ 정온식 감지선형 감지기
❸ 분포형 감지기
❹ 복합형 감지기
❺ 광전식 분리형 감지기
❻ 아날로그방식의 감지기
❼ 다신호방식의 감지기
❽ 축적방식의 감지기

33 | 문제 |

전기실에 할론소화설비(할론 1301)을 설치하려고 한다. 다음 조건을 참고하여 물음에 알맞게 답하시오.

> • 방호구역 내 필요한 약제량은 500[kg]이다.
> • 분사헤드는 12개를 설치하며, 헤드당 방사 압력은 9[kg/cm²], 헤드 방사율은 1.3[kg/s · cm²]이다.

1 헤드 1개당 약제 방사량[kg/s]을 계산하시오.
2 헤드의 오리피스 등가 분구면적[mm²]을 계산하시오.
3 헤드의 오리피스 구경[mm]을 계산하시오.
4 헤드를 접속하는 배관의 최소 호칭경[mm]을 계산하시오.

Check 오리피스 최대구경[mm](이산화탄소 · 할로겐화합물 및 불활성기체소화설비)

❶ 분사헤드의 오리피스의 면적은 분사헤드가 연결되는 배관구경 면적의 70[%]를 초과하지 아니할 것

❷ 오리피스 최대 구경 $d_o = \sqrt{\dfrac{4 \cdot A_o}{\pi}}$ [mm]

❸ 최대 오리피스 면적 A_o = 배관구경 면적$(A) \times 0.7$[mm²]

❹ 배관구경 면적 $A = \dfrac{\pi \times d^2}{4}$ [mm²]

(배관의 내경 d = 외경 − 두께 × 2[mm])

34 ❙문제❙

다음 도면은 할론소화설비(할론 1301)를 설치한 배관의 평면도이다.
조건을 참고하여 다음 물음에 알맞게 답하시오.

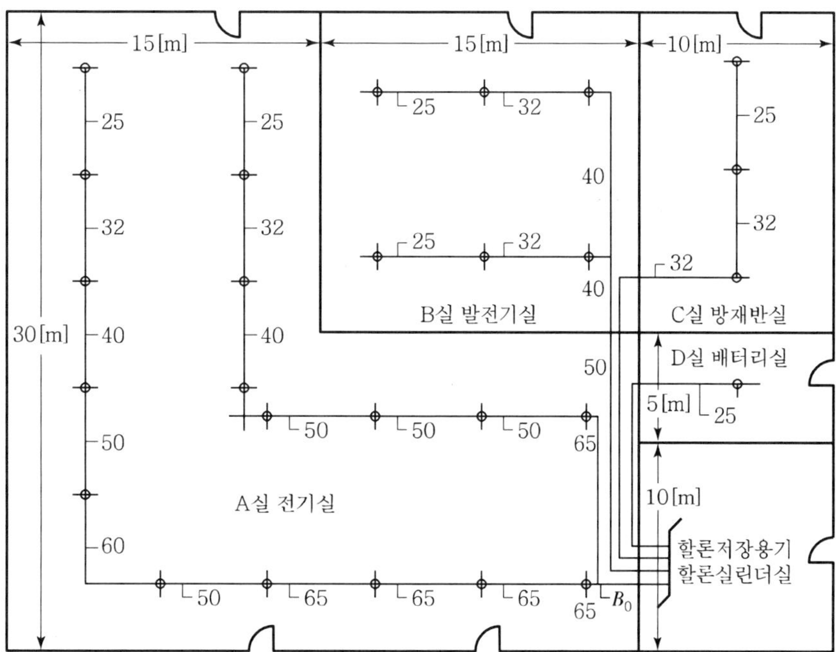

- 약제용기는 고압식이다.
- 용기의 내용적은 68[l], 약제 충전량은 50[kg/병]이다.
- 용기실 내 수직배관을 포함한 각 실에 대한 배관 내용적은 다음과 같다.

✔ A실(전기실) 198[l]	✔ B실(발전기실) 78[l]
✔ C실(방재반실) 28[l]	✔ D실(배터리실) 10[l]

- A실에 대한 할론 집합관의 내용적은 88[l]이다.
- 할론 용기밸브와 집합관 간의 연결관에 대한 내용적은 무시한다.
- 설계기준온도는 20[℃]이다.
- 20[℃]에서의 액화 할론 1301의 비중은 1.6이다.
- 각 실의 개구부는 없다고 가정한다.
- 소요 약제량 산출 시 각실 내부의 기둥과 내용물의 체적은 무시한다.
- 각 실의 바닥으로부터 천장까지의 높이는 다음과 같다.

✔ A실, B실 : 5[m]	✔ C실, D실 : 3[m]

1. A실(전기실)의 할론 1301 소화약제의 최소 용기 수를 계산하시오.
2. B실(발전기실)의 할론 1301 소화약제의 최소 용기 수를 계산하시오.
3. C실(방재반실)의 할론 1301 소화약제의 최소 용기 수를 계산하시오.
4. D실(배터리실)의 할론 1301 소화약제의 최소 용기 수를 계산하시오.
5. 별도 독립방식으로 설치하여야 하는 실을 답하시오(단, 각 실의 결정과정을 답하시오).
6. 집합관에 설치하여야 하는 총 병수와 저장 용기실에 설치하는 총 병수를 답하시오.

$K_1[\mathrm{kg/m^3}]$ · $K_2[\mathrm{kg/m^2}]$

<table>
<tr><th colspan="2">소방대상물 또는 그 부분</th><th>소화약제 종별</th><th>$K_1[\mathrm{kg/m^3}]$</th><th>$K_2[\mathrm{kg/m^2}]$</th></tr>
<tr><td colspan="2">차고・주차장・전기실・통신기기실・전산실 기타 이와 유사한 전기설비가 설치되어 있는 부분</td><td>할론 1301</td><td>0.32 이상 0.64 이하</td><td>2.4</td></tr>
<tr><td rowspan="3">특수가연물을 저장・취급하는 소방대상물 또는 그 부분</td><td>가연성 고체류・가연성 액체류</td><td>할론 1301
할론 1211
할론 2402</td><td>0.32 이상 0.64 이하
0.36 이상 0.71 이하
0.40 이상 1.10 이하</td><td>2.4
2.7
3.0</td></tr>
<tr><td>면화류・나무껍질・대팻밥 넝마 및 종이부스러기・사류 볏짚류・목재가공품 및 나무 부스러기를 저장・취급하는 것</td><td>할론 1301
할론 1211</td><td>0.52 이상 0.64 이하
0.60 이상 0.71 이하</td><td>3.9
4.5</td></tr>
<tr><td>합성수지류를 저장・취급하는 것</td><td>할론 1301
할론 1211</td><td>0.32 이상 0.64 이하
0.36 이상 0.71 이하</td><td>2.4
2.7</td></tr>
</table>

여기서, K_1 : 방호구역의 체적 $1[\mathrm{m^3}]$당 소화약제의 양
K_2 : 개구부의 면적 $1[\mathrm{m^2}]$당 소화제의 양

35 ❙ 문제 ❙

바닥면적 600[m^2], 높이 7[m]인 전기실에 할론 소화설비(Halon 1301)를 전역방출 방식으로 설치하고자 한다. 용기의 부피 72[l], 충전비는 최대값을 적용하고, 가로 1.5[m], 세로 2[m]의 출입문에 자동폐쇄장치가 없을 경우, 다음 물음에 답하시오.

관21회

1. 할론 소화설비의 화재안전기술기준에 따른 최소 약제량(kg) 및 저장용기 수(개)를 구하시오.
2. 할론 소화설비의 화재안전기술기준에 따라 계산된 최소 약제량이 방사될 때 실내의 약제농도가 6[%]라면, 할론 1301 소화약제의 비체적(m^3/kg을 구하시오.(단, 비체적은 소수점 여섯째 자리에서 반올림하여 다섯째 자리까지 구하시오.)
3. 저장용기에 저장된 실제 저장량이 모두 방사된 경우, ②에서 구한 비체적 값을 사용하여 약제농도(%)를 계산하시오.(단, 계산 값은 소수점 셋째 자리에서 반올림하여 둘째 자리까지 구하시오.)

36 ▌문제▐

할론 1301의 증기 비중을 계산하시오.(단, 공기는 산소 21[%], 질소 79[%]로 구성되어 있다.)

Check

비중(Specific Gravity)

❶ 액비중

① 어떤 물질의 4[℃] 물에 대한 밀도비 또는 비중량비를 말한다.

② $s = \dfrac{\text{물체의 밀도}(\rho)}{4[℃]\text{ 물의 밀도}(\rho_w)} = \dfrac{\text{물체의 비중량}(\gamma = \rho \cdot g)}{4[℃]\text{ 물의 비중량}(\gamma_w = \rho_w \cdot g)}$

③ 비중은 밀도비 또는 비중량비로 표시될 수 있으며, 무차원수이므로 SI단위나 중력단위로 구분할 필요가 없다.

TiP

수은의 밀도 = $13,600[\text{kg/m}^3]$
물의 밀도 = $1,000[\text{kg/m}^3]$
따라서, 수은의 비중 = 13.6

❷ 기체비중(증기비중)

① 공기 분자량에 대한 측정 기체 분자량의 비

② $s = \dfrac{\text{측정기체의 분자량}[\text{kg}]}{\text{공기의 평균 분자량}[\text{kg}]} = \dfrac{\text{측정기체의 밀도}[\text{kg/m}^3]}{\text{공기의 밀도}[\text{kg/m}^3]}$

TiP

공기의 평균 분자량 ≒ 29
공기 중에는 N_2 : 79[%], O_2 : 21[%]
$(28 \times 0.79) + (32 \times 0.21) = 28.84$

37 | 문제 |

전기실에 제1종 분말소화약제를 사용한 분말소화설비를 전역방출방식의 가압식으로 방호구역의 체적이 500[m³]인 곳에 설치하였다. 다음 각 물음에 알맞게 답하시오.

1. 제1종 분말소화약제의 저장량[kg]을 계산하시오.(단, 방호구역의 개구부 면적은 10[m²]이다.)
2. 가압용 가스로 질소를 사용한 경우 필요한 질소의 양[l]을 계산하시오.
3. 저장용기에 설치하는 안전밸브의 작동압력을 쓰시오.
4. 방호구역에 설치하여야 하는 분사헤드 수량을 계산하시오.(단, 분사헤드의 1개당 표준방사량은 18[kg]이다.)

Check **분말소화설비의 약제량(전역방출방식)**

$$W = \text{기본량} + \text{가산량} = (V \times K_1) + (A \times K_2)[\text{kg}]$$

여기서, ㉠ V : 방호구역체적[m³]
㉡ A : 개구부면적[m²]
㉢ K_1 : 방호구역 체적 1[m³]에 대한 소화약제 양[kg/m³]
㉣ K_2 : 개구부 면적 1[m²]에 대한 소화약제 양[kg/m²]

▼ $K_1 \cdot K_2$

소화약제	K_1[kg/m³]	K_2[kg/m²]
1종 분말	0.60	4.5
2종 분말 또는 3종 분말	0.36	2.7
4종 분말	0.24	1.8

38 | 문제 |

전기실에 제1종 분말소화약제를 사용한 분말소화설비를 전역방출방식의 가압식으로 설치하려고 한다. 다음 조건을 참고하여 각 물음에 답하시오.

- 특정소방대상물의 크기는 가로 11[m], 세로 9[m], 높이 4.5[m]인 내화구조이다.
- 특정소방대상물의 중앙에 가로 1[m], 세로 1[m]의 기둥이 있고, 기둥을 중심으로 가로, 세로 보가 교차되어 있으며, 보는 천장으로부터 0.6[m], 너비 0.4[m]의 크기이고, 보와 기둥은 내열성 재료이다.
- 전기실에는 0.7[m]×1.0[m], 1.2[m]×0.8[m]인 개구부가 각각 1개씩 설치되어 있으며, 1.2[m]×0.8[m]인 개구부에는 자동폐쇄장치가 설치되어 있다.
- 방사헤드의 방출률은 7.82[kg/mm^2 · min · 개]이다.
- 약제 저장용기 1개의 내용적은 50[l]이다.
- 방사헤드 1개의 오리피스(방출구) 면적은 0.45[cm^2]이다.
- 방호구역의 체적은 불연재료나 내열성의 재료로 밀폐된 구조물이 있는 경우에는 그 체적을 감한 체적으로 할 것
- 소화약제 산정기준 및 기타 필요한 사항은 화재안전기술기준에 준한다.

1 제1종 분말소화약제의 저장량[kg]을 계산하시오.

2 약제 저장 용기실에 저장하여야 하는 저장용기 수를 계산하시오.

3 방호구역 내에 설치하여야 하는 분사헤드의 최소 개수를 계산하시오.(단, 소화약제의 양은 **2**에서 계산한 저장용기 수의 소화약제 양으로 할 것)

4 방호구역 내에 설치한 분사헤드의 오리피스 전체 면적[mm^2]을 계산하시오.

5 분사헤드 1개의 방사량[kg/min]을 계산하시오.

39 ❙ 문제 ❙

제1종 분말소화약제 50[kg]을 1[atm], 30[℃]에서 열분해하였을 경우 생성된 CO_2의 체적[m³]을 계산하시오.(단, 표준상태에서의 열분해 반응식은 $2NaHCO_3 \rightarrow Na_2CO_3 + CO_2 + H_2O$이고, 제1종 분말소화약제 $NaHCO_3$는 92[%]의 $NaHCO_3$과 8[%]의 첨가제로 되어 있다.)

40 ❙ 문제 ❙

분말소화설비에 사용하는 분말소화약제의 열분해 반응식을 소화약제 종류별로 구분하여 답하시오.

분말소화약제

종 별	주성분	색상	적응성
제1종	$NaHCO_3$(탄산수소나트륨)	백색	B · C급 화재
제2종	$KHCO_3$(탄산수소칼륨)	담회색	B · C급 화재
제3종	$NH_4H_2PO_4$(제1인산암모늄)	담홍색	A · B · C급 화재
제4종	$KHCO_3$(탄산수소칼륨)+$CO(NH_2)_2$(요소)	회색	B · C급 화재

41 | 문제 |

호스릴 노즐의 수량이 3개일 경우 호스릴 소화설비에 필요한 소화 약제량을 각 물음에 알맞게 계산하시오.

1 호스릴 이산화탄소소화설비를 설치하는 경우
2 호스릴 할론(할론 1301)소화설비를 설치하는 경우
3 호스릴 분말(제3종 분말)소화설비를 설치하는 경우

Check **호스릴소화설비**

약제량 $W[\text{kg}] = N \times K$

❶ 호스릴 이산화탄소소화설비
① N : 호스릴노즐 수
② K : 노즐당 약제량[90kg]
③ 방사량 : 60[kg/min]

❷ 호스릴 할론소화설비
① N : 호스릴노즐 수
② K : 노즐당 약제량

약제의 종별		할론 1301	할론 1211	할론 2402
노즐당 약제량	화재안전기술기준	45[kg] 이상	50[kg] 이상	50[kg] 이상
	위험물안전관리법	45[kg] 이상	45[kg] 이상	50[kg] 이상

③ 노즐당 방사량

약제의 종별		할론 1301	할론 1211	할론 2402
노즐당 방사량	화재안전기술기준	35[kg/min]	40[kg/min]	45[kg/min]
	위험물안전관리법			

❸ 호스릴 분말소화설비
① N : 호스릴노즐 수
② 노즐당 약제량·방사량

약제의 종별	약제량	방사량
1종 분말	50[kg] 이상	45[kg/min]
2종 분말 또는 3종 분말	30[kg] 이상	27[kg/min]
4종 분말	20[kg] 이상	18[kg/min]

PART

06

경보설비

CHAPTER 01 경계구역

1) 정의 기104회

경계구역이란 특정소방대상물 중 화재신호를 발신하고 그 신호를 수신 및 유효하게 제어할 수 있는 구역을 말한다.

2) 경계구역의 설정기준 관9,14회 기104회

① **수평적 경계구역**

㉠ 하나의 경계구역이 2개 이상의 건축물에 미치지 아니하도록 할 것

㉡ 하나의 경계구역이 2개 이상의 층에 미치지 아니하도록 할 것. 다만, 500[m^2] 이하의 범위 안에서는 2개의 층을 하나의 경계구역으로 할 수 있다.

㉢ 하나의 경계구역의 면적은 600[m^2] 이하로 하고 한 변의 길이는 50[m] 이하로 할 것. 다만, 해당 특정소방대상물의 주된 출입구에서 그 내부 전체가 보이는 것에 있어서는 한 변의 길이 50[m]의 범위 내에서 1,000[m^2] 이하로 할 수 있다.

㉣ (삭제) 2021.1.15

② **수직적 경계구역**

㉠ 경계구역 설정 시 별도로 경계구역을 설정하여야 하는 부분
계단(직통계단 외의 것에 있어서는 떨어져 있는 상하 계단의 상호 간의 수평거리가 5[m] 이하로서 서로 간에 구획되지 아니한 것에 한한다.) · 경사로(에스컬레이터 경사로 포함) · 엘리베이터 승강로(권상기실이 있는 경우에는 권상기실) · 린넨 슈트 · 파이프 피트 및 덕트 기타 이와 유사한 부분

㉡ 계단 및 경사로 : 높이 45[m] 이하마다 하나의 경계구역으로 할 것

㉢ 지하층의 계단 및 경사로 : 지상층과 별도로 경계구역을 설정할 것
(단, 지하층의 층수가 1일 경우는 제외)

③ 외기에 면하여 상시 개방된 부분이 있는 차고 · 주차장 · 창고 등에 있어서는 외기에 면하는 각 부분으로부터 5[m] 미만의 범위 안에 있는 부분은 경계구역의

면적에 산입하지 아니한다.

④ 스프링클러설비 또는 물분무등 소화설비 또는 제연설비의 화재감지장치로서 화재감지기를 설치한 경우의 경계구역은 당해 소화설비의 방사구역 또는 제연구역과 동일하게 설정할 수 있다.

CHAPTER 02 경계구역 설정 시 유의사항

① 건축법 상 층수에 산입하지 아니하는 것[건축법 시행령 제119조 제1항 제9호]

㉠ 지하층

㉡ 승강기 탑 · 계단 탑 · 망루 · 옥탑 그 밖의 이와 비슷한 건축물의 옥상부분으로서 그 수평투영면적의 합계가 해당 건축물 건축면적의 $\frac{1}{8}$ 이하인 것

② 옥상 · 반자 속 · 지하층

2개 이상 층 기준은 적용하지 아니하나 경계구역 면적에는 포함한다.

③ 계단

㉠ 경계구역 면적에는 포함시키지 아니한다.

㉡ 2개 이상 층 기준은 적용하지 아니한다.

④ 목욕실 · 화장실(욕조나 샤워 시설이 있는 경우)

경계구역 면적에는 포함시키나, 감지기는 설치하지 아니한다.

⑤ 500[m^2] 이하의 범위

㉠ 2개 층을 하나의 경계구역으로 할 수 있으나, 인접한 층에 대해서만 적용하고, 인접하지 않거나 2개 층을 초과한 경우에는 적용하지 아니할 것

㉡ 2개 층을 하나의 경계구역으로 하는 경우 발신기는 층마다 설치하여야 하며, 우선경보 적용 시에는 2개 층이 동시에 경보가 되도록 하여야 한다.

CHAPTER 03 경보방식

1) 전층경보

층수가 5층 미만 또는 연면적이 3,000[m²] 이하인 특정소방대상물

2) 우선경보

층수가 5층 이상으로서 연면적이 3,000[m²]를 초과하는 특정소방대상물

① **층수가 30층 미만일 경우[SP · 간이 SP · ESFR · 미분무 · 비상방송 · 자탐]**

㉠ 2층 이상의 층에서 발화한 때에는 발화층 및 그 직상층에 경보를 발할 것

㉡ 1층에서 발화한 때에는 발화층 · 그 직상층 및 지하층에 경보를 발할 것

㉢ 지하층에서 발화한 때에는 발화층 · 그 직상층 및 기타의 지하층에 경보를 발할 것

② **층수가 30층 이상일 경우[SP · 비상방송 · 자탐]**

㉠ 2층 이상의 층에서 발화한 때에는 발화층 및 그 직상 4개층에 경보를 발할 것

㉡ 1층에서 발화한 때에는 발화층 · 그 직상 4개층 및 지하층에 경보를 발할 것

㉢ 지하층에서 발화한 때에는 발화층 · 그 직상층 및 기타의 지하층에 경보를 발할 것

층	30층 미만				30층 이상			
6					○			
5					○	○		
4					○	○		
3	○				○	○		
2	발화 ○	○			발화 ○	○		
1		발화 ○	○			발화 ○	○	
지하 1		○	발화 ○	○		○	발화 ○	○
지하 2		○	○	발화 ○		○	○	발화 ○
지하 3		○	○	○		○	○	○
지하 4		○	○	○		○	○	○

CHAPTER 04 경보설비 비상전원

1) 30층 미만[비상경보설비 · 비상방송설비 · 자동화재탐지설비]

자동화재탐지설비에는 그 설비에 대한 감시상태를 60분간 지속한 후 유효하게 10분 이상 경보할 수 있는 축전지설비(수신기에 내장하는 경우를 포함한다.) 또는 전기저장장치(외부 전기에너지를 저장해 두었다가 필요한 때 전기를 공급하는 장치)를 설치하여야 한다. 다만 상용전원이 축전지설비인 경우 또는 건전지를 주전원으로 사용하는 무선식 설비인 경우에는 그러하지 아니하다.[단서는 자동화재탐지설비, 비상경보설비만 해당]

- 비상경보설비 : 비상벨설비 또는 자동식 사이렌설비
- 비상방송설비 : 비상방송설비

2) 30층 이상[비상방송설비 · 자동화재탐지설비]

자동화재탐지설비에는 그 설비에 대한 감시상태를 60분간 지속한 후 유효하게 30분 이상 경보할 수 있는 축전지설비(수신기에 내장하는 경우를 포함한다.) 또는 전기저장장치(외부 전기에너지를 저장해 두었다가 필요할 때 전기를 공급하는 장치)를 설치하여야 한다. 다만, 상용전원이 축전지설비인 경우에는 그러하지 아니하다.[단서는 자동화재탐지설비만 해당]

비상방송설비 : 비상방송설비

CHAPTER 05 감지기 기준

▼ 감지기 수량 산정 관17회

바닥면적 기준	설치장소 기준	
	복도 · 통로	계단 · 경사로
$N = \frac{\text{감지구역 바닥면적}}{\text{감지기 기준면적}}$	$N = \frac{\text{감지구역 보행거리}}{\text{감지기 기준거리}}$	$N = \frac{\text{감지구역 수직거리}}{\text{감지기 기준거리}}$

▼ 열감지기 기준면적[m^2]

부착높이 및 특정소방대상물의 구분		감지기의 종류						
		차동식 스포트형		보상식 스포트형		정온식 스포트형		
		1종	2종	1종	2종	특종	1종	2종
4[m] 미만	주요 구조부를 내화구조로 한 특정소방대상물 또는 그 부분	90	70	90	70	70	60	20
	기타 구조의 특정소방대상물 또는 그 부분	50	40	50	40	40	30	15
4[m] 이상 8[m] 미만	주요 구조부를 내화구조로 한 특정소방대상물 또는 그 부분	45	35	45	35	35	30	–
	기타 구조의 특정소방대상물 또는 그 부분	30	25	30	25	25	15	–

▼ 연기감지기 기준면적[m^2]

부 착 높 이	감지기의 종류	
	1종 및 2종	3종
4[m] 미만	150	50
4[m] 이상 20[m] 미만	75	–

▼ 연기감지기 기준거리[m]

설치장소	감지기 종류	
	1종 및 2종	3종
복도 · 통로(보행거리)	30	20
계단 · 경사로(수직거리)	15	10

CHAPTER 06 소방설비별 간선 수

1) 자동화재탐지설비(7선)

구분 / 용도	일제(전층)경보			우선(발화층, 직상층)경보		
	1구역	2구역	8구역	1구역	2구역	8구역
발신기 지구선	1	2	8	1	2	8
발신기 공통선	1	1	2	1	1	2
발신기 전화선	1	1	1	1	1	1
발신기 응답선	1	1	1	1	1	1
경종선	1	1	1	1	2	8
표시등선	1	1	1	1	1	1
경종 및 표시등 공통선	1	1	1	1	1	1
계	7	8	15	7	9	22

① **발신기 지구선** : 경계구역 수, 종단저항 수

② **발신기 공통선** : 경계구역(종단저항) 7개마다 1개씩 증가

③ **경종선**

㉠ 일제경보 : 1(증가하지 않음)

㉡ 우선경보 : 지상층 → 층의 수, 지하층 → 1

2) 옥내소화전설비

증가하는 간선 없음(자동기동 – 2선, 수동기동 – 5선)

구분 / 용도	자동기동(기동용 수압개폐방식)			수동기동(ON – OFF 방식)		
	1개	2개	3개	1개	2개	3개
기동	–	–	–	1	1	1
정지	–	–	–	1	1	1
공통	–	–	–	1	1	1
기동확인표시등	2	2	2	2	2	2
계	2	2	2	5	5	5

3) 스프링클러설비

① 습식 스프링클러설비(4선)

용도 \ 구분	전층(일제)경보			우선(구분)경보		
	1개	2개	3개	1개	2개	3개
유수검지스위치(PS)	1	2	3	1	2	3
탬퍼스위치(TS)	1	2	3	1	2	3
사이렌	1	1	1	1	2	3
공통	1	1	1	1	1	1
계	4	6	8	4	7	10

㉠ 유수검지스위치, 탬퍼스위치 : 알람밸브 수만큼 증가

㉡ 사이렌 : 경보방식에 따라 구분하여 적용

② 준비작동식 스프링클러설비(9선)

용도 \ 구분	전층(일제)경보			우선(구분)경보		
	1개	2개	3개	1개	2개	3개
전원 +	1	1	1	1	1	1
전원 −	1	1	1	1	1	1
전화	1	1	1	1	1	1
밸브기동(SV)	1	2	3	1	2	3
밸브확인(PS)	1	2	3	1	2	3
밸브주의(TS)	1	2	3	1	2	3
감지기 A	1	2	3	1	2	3
감지기 B	1	2	3	1	2	3
사이렌	1	1	1	1	2	3
계	9	14	19	9	15	21

㉠ 밸브기동, 밸브확인, 밸브주의, 감지기 A, 감지기 B : SVP 수만큼 증가

㉡ 사이렌 : 경보방식에 따라 구분하여 적용

㉢ 감지기 공통선 추가 시 : 10선

전원 +, 전원 −, 전화, 감지기 공통

밸브기동, 밸브확인, 밸브주의, 감지기 A, 감지기 B, 사이렌

4) 가스계(CO_2, 할론, 할/불) 소화설비(8선)

용도 \ 구분	기본설비		
	1개	2개	3개
전원 +	1	1	1
전원 −	1	1	1
기동스위치(SV)	1	2	3
방출표시등	1	2	3
사이렌	1	2	3
감지기 A	1	2	3
감지기 B	1	2	3
비상스위치	1	2	3
계	8	14	20

① 기동스위치, 방출표시등, 사이렌, 감지기 A, 감지기 B, 비상스위치 : 방호구역 수 만큼 증가

② 감지기 공통선 추가 시 : 9선

전원 +, 전원 −, 감지기 공통

기동스위치, 방출표시등, 사이렌, 감지기 A, 감지기 B, 비상스위치

③ 이산화탄소소화설비

수동잠금밸브 개폐여부 확인 스위치 1선 추가 시 기본간선은 9선을 적용

5) 제연설비(댐퍼)

① 전실(7선)

㉠ 급 · 배기 동시 기동－기동선 1

㉡ 자동복구 : 복구선 필요 없음

용도 \ 구분		기본설비			복구선 추가			감지기 공통선 추가		
		1개	2개	3개	1개	2개	3개	1개	2개	3개
전원 +		1	1	1	1	1	1	1	1	1
전원 −		1	1	1	1	1	1	1	1	1
댐퍼기동		1	2	3	1	2	3	1	2	3
댐퍼기동 확인(급기)		1	2	3	1	2	3	1	2	3
댐퍼기동 확인(배기)		1	2	3	1	2	3	1	2	3
감지기 지구		1	2	3	1	2	3	1	2	3
수동기동 확인		1	2	3	1	2	3	1	2	3
별도 조건	복구	−	−	−	1	1	1	−	−	−
	감지기 공통	−	−	−	−	−	−	1	1	1
계		7	12	17	8	13	18	8	13	18

• 댐퍼기동, 댐퍼기동 확인(급기), 댐퍼기동 확인(배기), 감지기 지구 수동기동 확인 : RM 수만큼 증가

• 복구선 추가 시 : 8선

• 감지기 공통선 추가 시 : 8선

② 개방형 상가(7선)

㉠ 급 · 배기 각각 기동 – 기동선 2(급기 : 1, 배기 : 1)

㉡ 자동복구 : 복구선 필요 없음

구분 / 용도		기본설비			복구선 추가			감지기 공통선 추가		
		1개	2개	3개	1개	2개	3개	1개	2개	3개
전원 +		1	1	1	1	1	1	1	1	1
전원 –		1	1	1	1	1	1	1	1	1
댐퍼기동(급기)		1	2	3	1	2	3	1	2	3
댐퍼기동(배기)		1	2	3	1	2	3	1	2	3
댐퍼기동 확인(급기)		1	2	3	1	2	3	1	2	3
댐퍼기동 확인(배기)		1	2	3	1	2	3	1	2	3
감지기 지구		1	2	3	1	2	3	1	2	3
별도 조건	복구	–	–	–	1	1	1	–	–	–
	감지기 공통	–	–	–	–	–	–	1	1	1
계		7	12	17	8	13	18	8	13	18

- 댐퍼기동(급기), 댐퍼기동(배기), 댐퍼기동 확인(급기), 댐퍼기동 확인(배기) 감지기 지구 : RM 수만큼 증가
- 복구선 추가 시 : 8선
- 감지기 공통선 추가 시 : 8선

③ 밀폐형 상가(5선)

㉠ 배기만 필요 – 기동선 1

㉡ 자동복구 : 복구선 필요 없음

구분 / 용도		기본설비			복구선 추가			감지기 공통선 추가		
		1개	2개	3개	1개	2개	3개	1개	2개	3개
전원 +		1	1	1	1	1	1	1	1	1
전원 –		1	1	1	1	1	1	1	1	1
댐퍼기동(배기)		1	2	3	1	2	3	1	2	3
댐퍼기동 확인(배기)		1	2	3	1	2	3	1	2	3
감지기 지구		1	2	3	1	2	3	1	2	3
별도 조건	복구	–	–	–	1	1	1	–	–	–
	감지기 공통	–	–	–	–	–	–	1	1	1
계		5	8	11	6	9	12	6	9	12

• 댐퍼기동(배기), 댐퍼기동 확인(배기), 감지기 지구 : RM 수만큼 증가
• 복구선 추가 시 : 8선
• 감지기 공통선 추가 시 : 8선

6) 배연창

용도 \ 구분		기본설비		
		1개	2개	3개
솔레노이드 방식 (3선)	기동	1	2	3
	기동 확인	1	2	3
	공통	1	1	1
	계	3	5	7
모터 방식 (5선)	전원 +	1	1	1
	전원 −	1	1	1
	기동	1	1	1
	복구	1	1	1
	기동 확인	1	2	3
	계	5	6	7

7) 방화문

용도 \ 구분	기본설비			기본설비		
	1개	2개	3개	1개	2개	3개
기동	1	2	3	1	2	3
기동 확인	1	2	3	2	4	6
공통	1	1	1	1	1	1
계	3	5	7	4	7	10

CHAPTER 07 감지기 회로 배선

1) 보내기 배선(송배선식)

감지기 사이의 회로의 배선은 송배전식으로 할 것

① 정상 상태

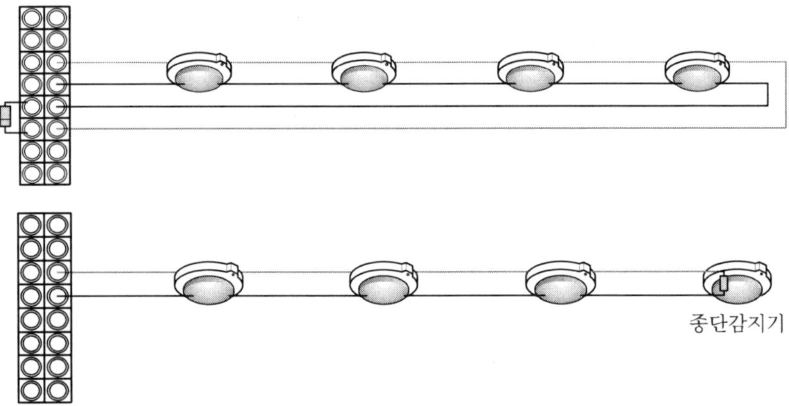

② 비정상 상태

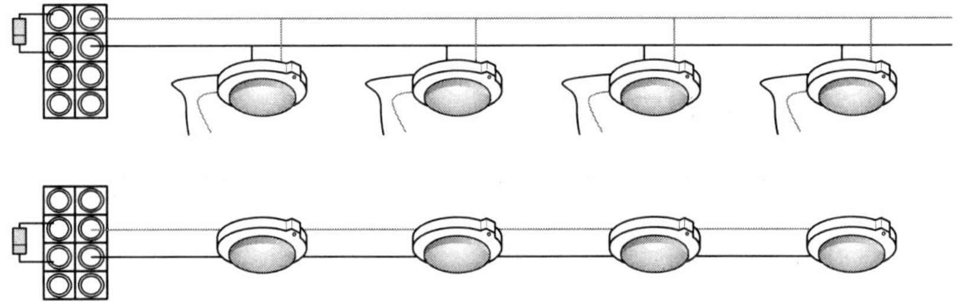

2) 교차회로

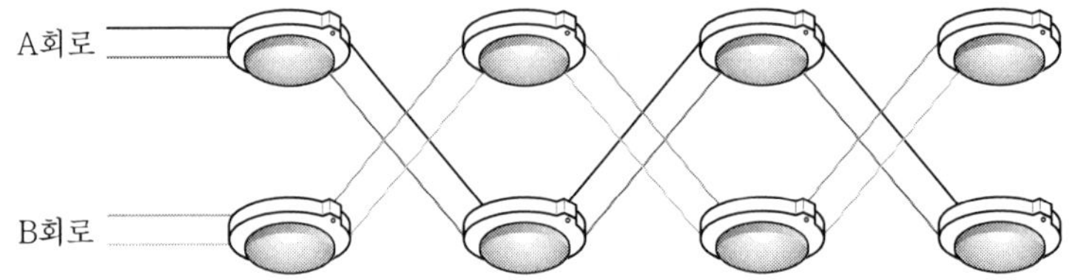

① 정의

하나의 준비작동식유수검지장치 또는 일제개방밸브의 담당구역 내에 2 이상의 화재감지기회로를 설치하고 인접한 2 이상의 화재감지기가 동시에 감지되는 때에 준비작동식유수검지장치 또는 일제개방밸브가 개방 · 작동 되는 방식

참고 **가스계소화설비 · 미분무소화설비**

하나의 방호구역 내에 2 이상의 화재감지기회로를 설치하고 인접한 2 이상의 화재감지기가 동시에 감지되는 때에는 이산화탄소소화설비가 작동하여 소화약제가 방출되는 방식을 말한다.
[할론소화설비 · 할로겐화합물 및 불활성기체 소화설비 · 분말소화설비]
[미분무소화설비가 작동하여 소화수가 방출되는 방식을 말한다.]

② 적용설비

㉠ 준비작동식 스프링클러설비
㉡ 일제살수식 스프링클러설비
㉢ 개방식미분무소화설비
㉣ 이산화탄소소화설비
㉤ 할론소화설비
㉥ 할로겐화합물 및 불활성기체 소화설비
㉦ 분말소화설비
㉧ 캐비닛형 자동소화장치

③ 사용할 수 없는 감지기

㉠ 불꽃감지기
㉡ 정온식 감지선형감지기
㉢ 분포형 감지기
㉣ 복합형 감지기
㉤ 광전식분리형 감지기
㉥ 아날로그방식의 감지기
㉦ 다신호방식의 감지기
㉧ 축적방식의 감지기

01 I 문제 I

아래 표와 같이 구획된 3개의 실에 단독경보형 감지기를 설치하고자 한다. 각 실에 필요한 최소 설치 수량과 산출 근거를 쓰시오. 관11회

실	A실	B실	C실
바닥면적[m²]	28	150	350

02 I 문제 I

아래와 같은 평면도에서 단독경보형 감지기의 최소 설치개수는?(단, A실과 B실 사이는 벽체 상부의 전부가 개방되어 있으며, 나머지 벽체는 전부 폐쇄되어 있다.) 관15회

실	A실	B실	C실	D실	E실
바닥면적[m²]	20	30	30	30	160

Check **단독경보형 감지기 설치기준**

❶ 각 실(이웃하는 실내의 바닥면적이 각각 30[m²] 미만이고 벽체 상부의 전부 또는 일부가 개방되어 이웃하는 실내와 공기가 상호 유통되는 경우에는 이를 1개의 실로 본다.)마다 설치하되, 바닥면적이 150[m²]를 초과하는 경우에는 150[m²]마다 1개 이상 설치할 것

03 ▎문제▕

지상 10층, 지하 2층의 건축물에 자동화재탐지설비와 비상방송설비를 시공하고자 할 경우 다음 물음에 알맞게 답하시오.(단, 건축물 내부는 칸막이가 없이 개방되어 있으며, 주된 출입구에서 내부 전체가 보이는 구조는 아니다.) 관9회

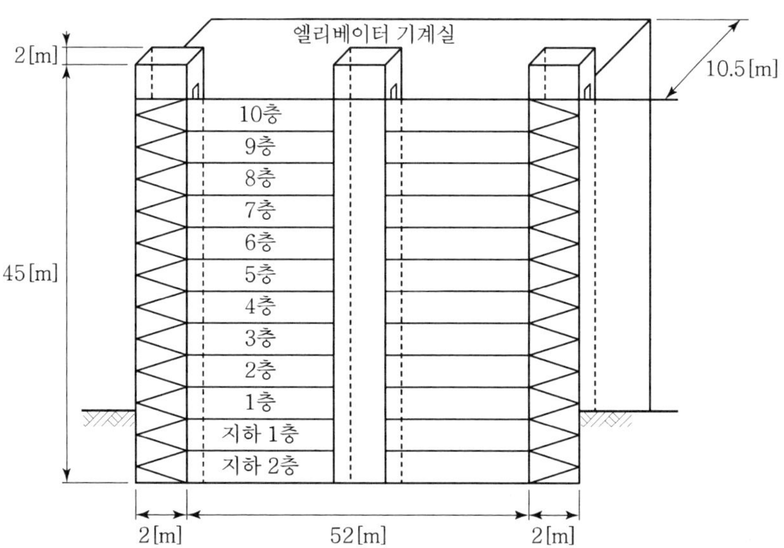

1. 자동화재탐지설비의 최소 경계구역 수를 계산하시오.(단, 각 층의 바닥면적은 동일하다.)
2. 1층의 화재감지기가 동작할 경우 연동되어 비상방송이 송출되어야 하는 층을 모두 적으시오.
3. 다음의 빈칸을 알맞게 채우시오.

자동화재탐지설비에는 그 설비에 대한 감시상태를 (①)분간 지속한 후 유효하게 (②)분 이상 경보할 수 있는 (③)를 설치하여야 한다. 다만, (④)이 (⑤)인 경우 또는 건전지를 주전원으로 사용하는 무선식 설비인 경우에는 그러하지 아니하다.

04 ❙문제❙

다음 조건을 참고하여 건축물에 자동화재탐지설비 설계 시 최소 경계구역 수를 계산하시오.(단, 모든 감지기는 광전식 스포트형 연기감지기 또는 차동식 스포트형 감지기로서 표준 감시거리 및 감지면적을 가진 감지기로 설치하고 자동식 소화설비경계구역은 제외한다.) 관14회

- 바닥면적 : 28[m]×42[m]=1,176[m^2]
- 연면적 : 1,176[m^2]×8개 층+300[m^2](옥탑층)=9,708[m^2]
- 층수 : 지하 2층, 지상 6층, 옥탑층
- 층고 : 4[m]
- 건물 높이 : 4[m] ×9개 층(지하 2층~옥탑층)=36[m]
- 주용도 : 판매시설
- 층별 부속용도

  ✔ 지하 2층 : 주차장
  ✔ 지하 1층 : 주차장 및 근린생활시설
  ✔ 지상 1층~지상 6층 : 판매시설
  ✔ 옥탑층 : 계단실, 엘리베이터권상기실, 기계실, 물탱크실

- 직통계단 : 지하 2층~지상 6층 1개, 지하 2층~옥탑층 : 1개, 총 2개
- 엘리베이터 : 1개소

05 ❙ 문제 ❙

아래 그림과 같은 건축물에 대하여 경계구역 수를 계산하시오. 기104회

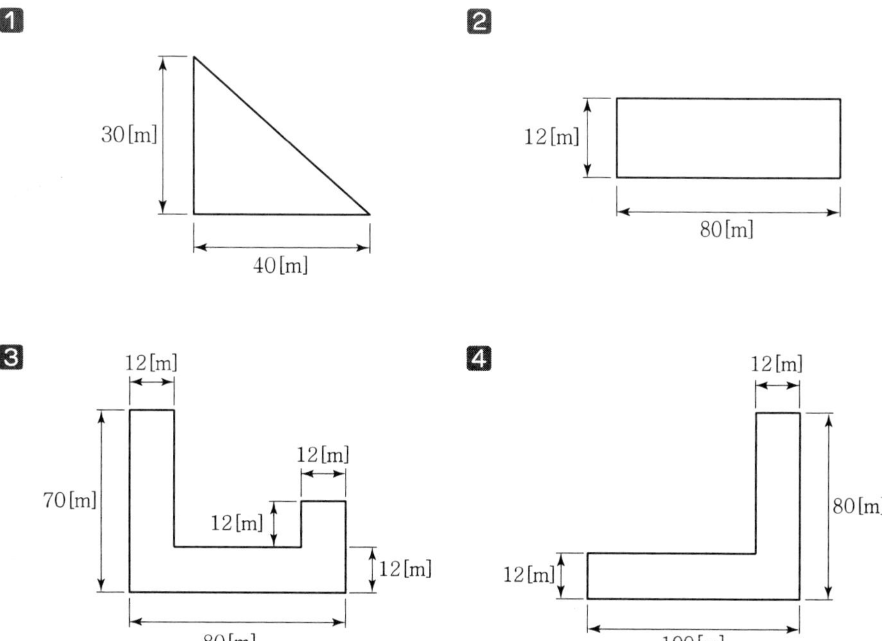

06 ❙ 문제 ❙

다음 도면은 내화구조인 지하 1층, 지상 5층인 건물의 1층 평면도이다. 조건을 참고하여 다음 각 물음에 알맞게 답하시오.

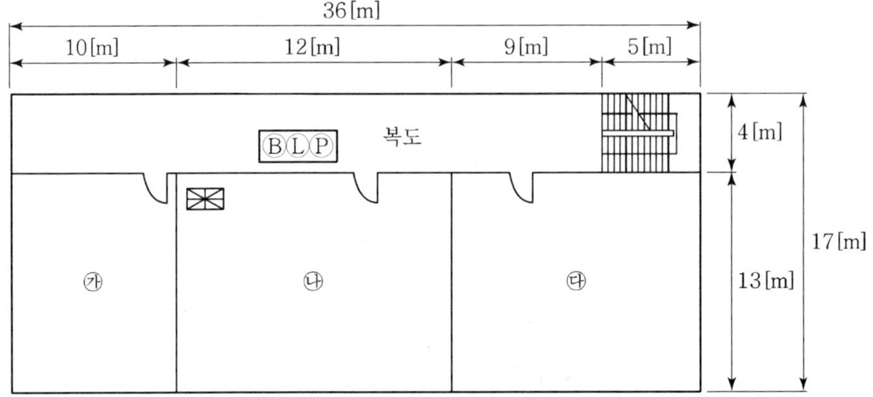

- 각 층의 구조는 평면도와 동일한 구조이다.
- 각 층의 층고는 4.3[m], 천장과 반자 사이의 높이는 0.5[m]이다.
- 각 실에는 차동식 스포트형 2종을 설치하고, 연기감지기를 설치하여야 할 장소에는 연기감지기 2종을 설치한다.
- 기타 다른 조건은 무시한다.

1. 차동식 스포트형 감지기의 전체 설치개수를 계산하시오.
2. 연기감지기의 전체 설치개수를 계산하시오.
3. 전체 경계구역 수를 계산하시오.
4. 1층에서 화재가 발생한 경우 경보를 발하여야 하는 층을 쓰시오.

07 ❙ 문제 ❙

내화구조의 지하 2층, 지상 6층의 건물에 자동화재탐지설비를 설치하고자 한다. 다음 조건을 참고하여 물음에 답하시오.

- 좌측 계단 1개, 우측 계단 1개, 비상용 승강기 1대가 설치되어 있다.
- 각 층의 높이는 다음과 같다.

지하 2층, 지하 1층, 지상 1층 : 4.5[m] 지상 2층~옥탑층 : 3.5[m]

- 5층 이하 각 층별 바닥면적은 620[m^2]이며, 층별 화장실 면적은 35[m^2]이다.
- 6층 바닥면적은 140[m^2]이며, 좌측 계단 1개가 설치되어 있다.
- 각 층의 거실에는 차동식 스포트형 감지기 1종을 설치한다.
- 각 층의 복도는 없는 것으로 간주한다.
- 연기감지기는 1종을 설치한다.

❶ 전체 경계구역의 수를 계산하시오.

❷ 설치하여야 하는 감지기의 종류별 전체 개수를 계산하시오.

층	높이	바닥면적
옥탑층	3.5[m]	엘리베이터 기계실
6층	3.5[m]	140[m^2]
5층	3.5[m]	620[m^2] (화장실 35[m^2])
4층	3.5[m]	620[m^2] (화장실 35[m^2])
3층	3.5[m]	620[m^2] (화장실 35[m^2])
2층	3.5[m]	620[m^2] (화장실 35[m^2])
1층	4.5[m]	620[m^2] (화장실 35[m^2])
지하 1층	4.5[m]	620[m^2] (화장실 35[m^2])
지하 2층	4.5[m]	620[m^2] (화장실 35[m^2])

08 ▌문제▐

다음의 그림과 같은 건물에서의 경계구역 수 및 건물에 설치하는 감지기의 수량을 종류별로 계산하시오.

- 건축물은 내화구조로 직통 계단은 1개이다.
- 감지기는 차동식 스포트형 1종, 연기감지기 2종을 설치한다.
- 5층 이하는 바닥 면적이 630[m^2]이며, 화장실(샤워시설 있음)은 층별로 40[m^2]이다.
- 복도는 없는 구조이며, 6층의 면적은 120[m^2]이고 화장실은 없다.

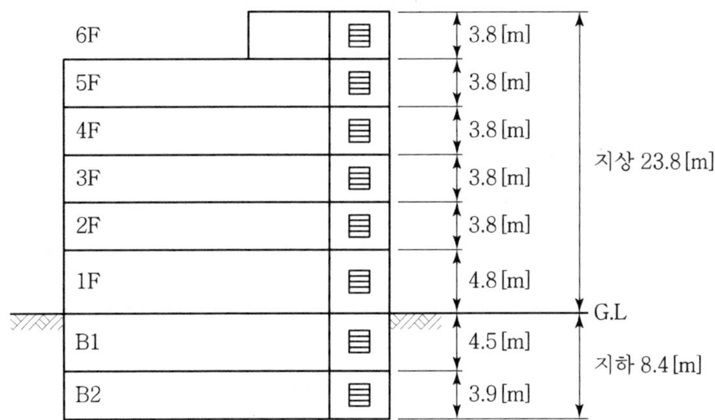

09 ❙ 문제 ❙

주요 구조부가 내화구조인 건축물에 자동화재탐지설비를 설치하고자 한다. 다음 조건을 참고하여 물음에 답하시오.(단, 조건에 없는 내용은 고려하지 않는다.) 관17회

- 층수 : 지하 2층, 지상 9층
- 바닥면적 : 층별 1,050[m^2](가로 35[m], 세로 30[m])
- 연면적 : 11,550[m^2]
- 각 층의 높이는 지하 2층 4.5[m], 지하 1층 4.5[m], 1~9층 3.5[m], 옥탑층 3.5[m]
- 직통계단은 건물 좌, 우측에 1개씩 설치
- 옥탑층은 엘리베이터 권상기실로만 사용되며 건물 좌, 우측에 1개씩 설치
- 각 층 거실과 지하주차장에는 차동식 스포트형감지기 2종 설치
- 연기감지기 설치장소에는 광전식 스포트형 2종 설치
- 지하 2개 층은 주차장 용도로 준비작동식 유수검지장치(교차회로방식) 설치
- 지상 9개 층은 사무실 용도로 습식 유수검지장치 설치
- 화재감지기는 스프링클러 설비와 겸용으로 설치

1 전체 경계구역의 수를 구하시오.

2 설치해야 할 감지기의 종류별 수량을 구하시오.

10 | 문제 |

다음 도면과 같이 지하 2층에서 지상 5층까지 각 층의 평면이 동일하고, 각 층의 높이가 4[m]인 학원건물에 자동화재탐지설비를 설치할 경우 다음 각 물음에 알맞게 답하시오.(단, 엘리베이터 권상기실은 옥탑 층에 설치되어 있다.)

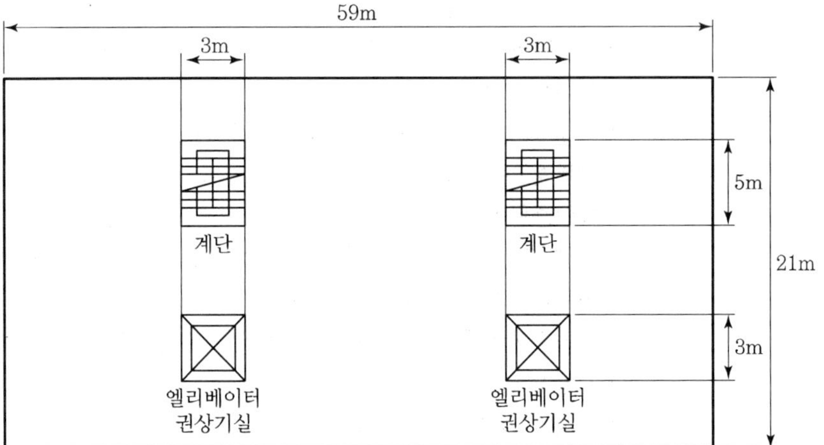

1 자동화재탐지설비의 전체 경계구역 수를 계산하시오.

2 연기감지기를 설치하여야 하는 장소에 광전식 스포트형 2종을 설치할 경우 설치수량을 계산하시오.

3 자동화재탐지설비의 발신기 전체 설치수량을 계산하시오.(단, 보행거리에 의한 추가 배치는 없는 것으로 한다.)

11 | 문제 |

지하 2층, 지상 11층인 철근콘크리트 구조의 신축 건축물에 자동화재탐지설비를 설계하고자 한다. 조건을 참고하여 물음에 답하시오. 관22회

〈 조건 〉

- 각 층의 바닥면적은 650[m^2]이고, 한 변의 길이는 50[m]를 넘지 않는다.
- 각 층의 층고는 4[m]이고, 반자는 없다.
- 각 층은 별도로 구획되지 않고, 복도는 없는 구조이다.
- 지하 2층에서 지상 11층까지는 직통계단 1개소와 엘리베이터 1개소가 있다.
- 각 층의 계단실 면적은 10[m^2], 엘리베이터 승강로의 면적은 10[m^2]이다.
- 각 층에는 샤워시설이 있는 50[m^2]의 화장실이 1개소 있다.
- 각 층의 구조는 모두 동일하고, 건물의 용도는 사무실이다.
- 각 층에는 차동식 스포트형 감지기 1종, 계단과 엘리베이터에는 연기감지기 2종을 설치한다.
- 수신기는 지상 1층에 설치한다.
- 조건에 주어지지 않은 사항은 고려하지 않는다.

1 건축물의 최소 경계구역 수를 구하시오.

2 감지기 종류별 최소 설치 수량을 구하시오.

3 지상 1층에 화재가 발생하였을 경우, 경보를 발하여야 하는 층을 모두 쓰시오.

4 지상 1층에 P형1급 수신기를 설치할 경우, 모든 경계구역으로부터 수신기에 연결되는 배선내역을 쓰고 각각의 최소 전선가닥수를 구하시오.(단, 모든 감지기 배선의 종단저항은 해당 층의 발신기세트 내부에 설치하고, 경종과 표시등은 하나의 공통선을 사용한다.)

12 ❙문제❙

건축물 실내 천장 면에 설치된 불꽃감지기의 부착 높이가 8.66[m], 불꽃감지기의 공칭감시거리가 10[m], 공칭시야각이 60°이다. 불꽃감지기가 바닥 면까지 원뿔 형태로 감지할 경우 다음 각 물음에 답하시오. 기90회

1 감지기 1개가 감지하는 바닥 면의 원 면적[m²]은 얼마인가?

2 설계 적용 시 불꽃감지기의 1개당 실제 감지면적을 바닥 면의 원에 내접한 정사각형으로 적용할 경우 정사각형의 면적[m²]은 얼마인가?

참고

① 공칭시야각 : 불꽃감지기가 감지할 수 있는 원추형의 경사각도

② 공칭감시거리 : 불꽃감지기가 감시할 수 있는 최대거리. 감시공간까지의 직선거리

13 ❙문제❙

공칭시야각 90[°], 공칭감시거리 20[m]인 불꽃감지기를 다음 조건과 같은 실내의 천장 면에서 바닥 면을 향하여 균등하게 배치하여 화재를 감시하고자 한다. 불꽃감지기 1개가 방호하는 감지면적을 계산하여 최소 설치수량을 산출하시오.(단, 기타의 조건은 무시한다.) 기107회

- 바닥면적 : 392[m²](14[m]×28[m])
- 천장높이 : 5[m]

14 ❙ 문제 ❙

자동화재탐지설비가 설치된 지하 1층, 지상 5층인 공장에서 최대 부하전류가 소비될 경우 경종이 작동할 수 있는 전선의 최소 단면적[mm²]을 KS IEC 규격으로 계산하시오.

- 각 층의 바닥면적은 1,200[m²]이며, 층당 2회로이다.
- 소요전류는 90[mA](표시등 40[mA], 경종은 50[mA])이다.
- 수신기 전원은 $DC\,24[\mathrm{V}]$ 이며, 공장에서 수신기까지의 거리는 500[m]이다.

Check **전압강하**

구분	계수	전압강하	전선 단면적
단상 3선식 · 직류 3선식 · 3상 4선식	1	$e_1 = \dfrac{17.8LI}{1{,}000A}[\mathrm{V}]$	$A = \dfrac{17.8LI}{1{,}000e_1}[\mathrm{mm^2}]$
단상 2선식 · 직류 2선식	2	$e_2 = \dfrac{35.6LI}{1{,}000A}[\mathrm{V}]$	$A = \dfrac{35.6LI}{1{,}000e_2}[\mathrm{mm^2}]$
3상 3선식	$\sqrt{3}$	$e_3 = \dfrac{30.8LI}{1{,}000A}[\mathrm{V}]$	$A = \dfrac{30.8LI}{1{,}000e_3}[\mathrm{mm^2}]$

여기서, A : 전선 도체의 단면적[mm²]
L : 전선 1본의 길이[m]
I : 부하전류[A]
e_1 : 외측선 또는 각 상의 1선과 중성선 사이의 전압강하[V]
$e_2 \cdot e_3$: 각 선 간의 전압강하[V]

전선규격(KS IEC : 국가표준인증종합정보센터)

1.5 · 2.5 · 4 · 6 · 10 · 16 · 25 · 35 · 50 · 70 · 95
120 · 150 · 185 · 300 · 400 · 500 · 630[mm²]

15 ❙ 문제 ❙

자동화재탐지설비 회로에 감지기, 경종, 사이렌 등이 전선으로 연결되어 있을 경우, 각 기기에 흐르는 전류와 개수는 다음과 같다. 각 기기에 인가되는 전압을 80[%] 이상으로 유지하기 위한 전선의 최소 공칭 단면적(mm^2)을 구하시오.(단, 수신기 공급전압 : 24[V], 감지기 : 20[mA] 10개, 경종 : 50[mA] 5개, 사이렌 : 30[mA] 2개, 전선의 고유저항률 : $\frac{1}{58}$[Ωmm^2/m], 도전율 : 97[%], 수신기와 기기 간 거리 : 250[m]) 관21회

16 ❙ 문제 ❙

사용되는 부하의 방전전류 특성곡선이 다음 그림과 같을 경우 축전지용량[Ah]을 계산하시오.(단, 축전지용량 $C=\frac{1}{L}KI[\mathrm{Ah}]$이고, 보수율은 0.8이다.)

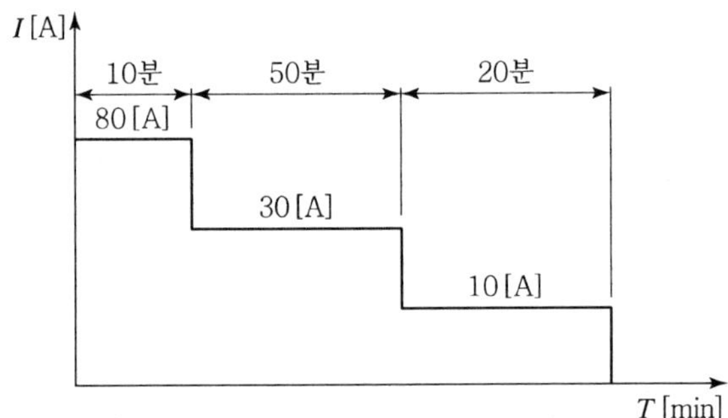

▼ 용량환산시간계수 K

시간[min]	10	20	30	50	60	70	80
K	1.30	1.45	1.75	2.20	2.55	3.00	3.15

Check **축전지 용량**

$$C=\frac{1}{L}KI[\mathrm{Ah}]$$

여기서, L : 보수율 또는 용량저하율(0.8)
K : 용량환산시간 계수
I : 방전전류, 부하전류[A]

17 ❙문제❙

다음 그림과 같은 방전 특성을 갖는 부하에 필요한 축전지 용량[Ah]을 계산하시오.

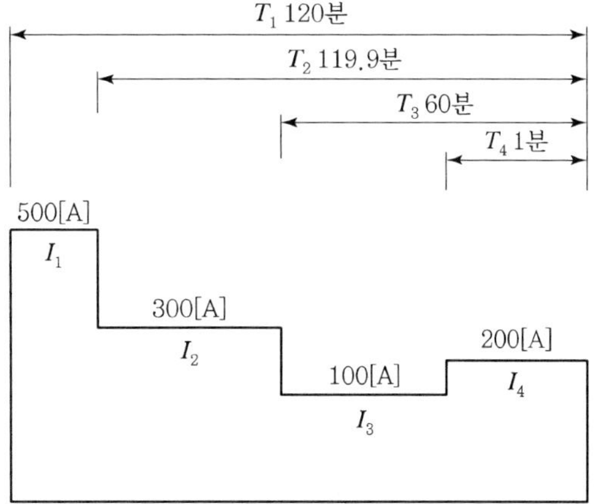

- 축전지 용량 $C=\dfrac{1}{L}KI\,[\mathrm{Ah}]$ 이고, 보수율은 0.8이다.
- 용량환산시간계수는 다음과 같다.

시간(분)	0.1	1.0	59.9	60	119.9	120	170	180	230	240
K값	1.30	1.45	1.75	2.55	3.45	3.65	3.85	4.85	5.05	5.30

18 ▌문제▌

다음과 같은 자동화재탐지설비의 평면도에서 ㉮~㉵의 전선 가닥 수를 표의 빈칸에 알맞게 쓰시오.

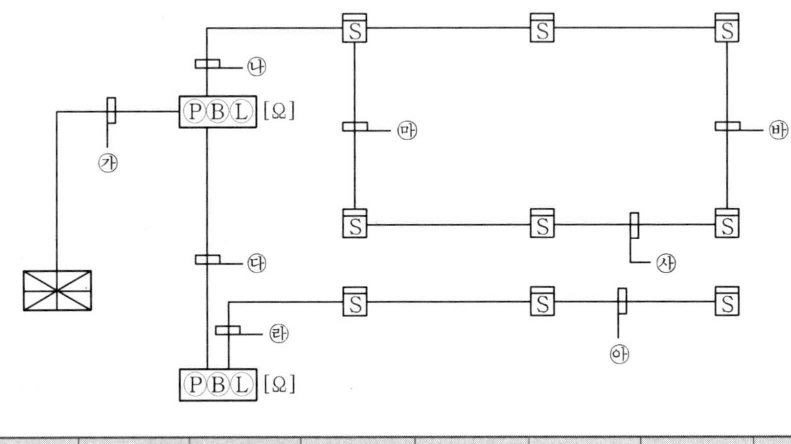

㉮	㉯	㉰	㉱	㉲	㉳	㉴	㉵

19 ▌문제▐

다음은 기동용 수압개폐장치를 사용하는 옥내소화전설비와 습식 스프링클러설비가 설치된 복합건축물의 계통도이다. ㉮~㉷까지의 최소 가닥 수 및 전선의 용도를 쓰시오.(단, 감지기 회로의 종단저항은 발신기함 내에 설치되어 있다.)

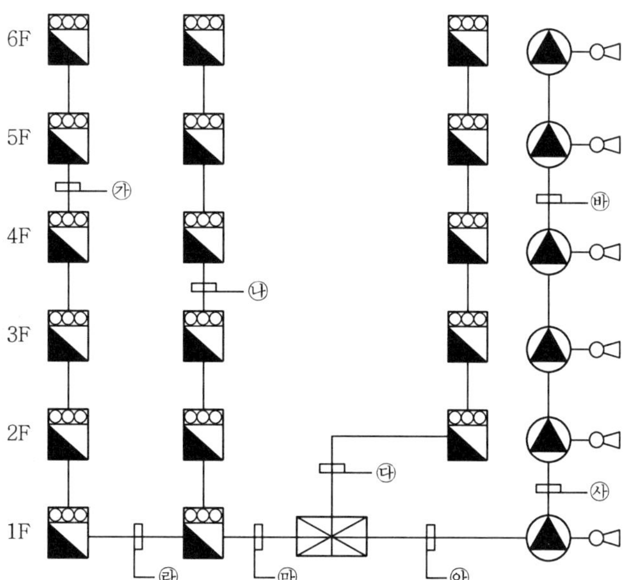

Check **소방시설별 간선 수**

❶ 자동화재탐지설비 : 7선

❷ 옥내소화전설비
① 자동기동(기동용 수압개폐방식) : 2선
② 수동기동(ON－OFF 방식) : 5선

❸ 습식 스프링클러설비 : 4선

20 ❙ 문제 ❙

자동화재탐지설비와 준비작동식 스프링클러설비의 계통도를 참고하여 다음 물음에 알맞게 답하시오.

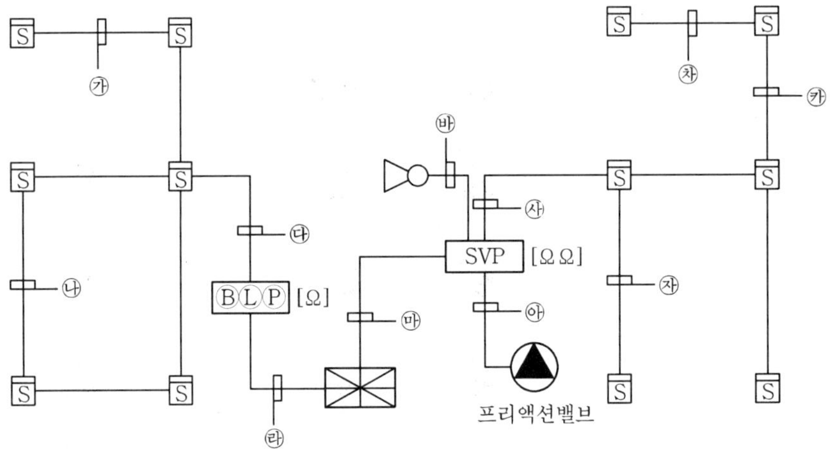

1. ㉮~㉸까지 전선의 가닥 수를 쓰시오.(단, 프리액션 밸브용 감지기 공통선과 전원 공통선은 분리해서 사용하고, 압력스위치, 탬퍼스위치 및 솔레노이드 밸브용 공통선은 1가닥을 사용한다.)
2. 간선 ㉲의 용도를 쓰시오.

Check **준비작동식 스프링클러설비**

❶ 기본간선 : 9선
❷ 감지기 배선 : 교차회로방식

21 ❙ 문제 ❙

기동용 수압개폐장치를 사용하는 옥내소화전설비와 자동화재탐지설비가 설치된 특정소방대상물의 계통도를 참고하여 ㉮~㉵까지 전선의 가닥 수를 알맞게 쓰시오. (단, 연면적은 3,500[m²]이며, 계통도상에 주어지지 아니한 조건은 무시한다.)

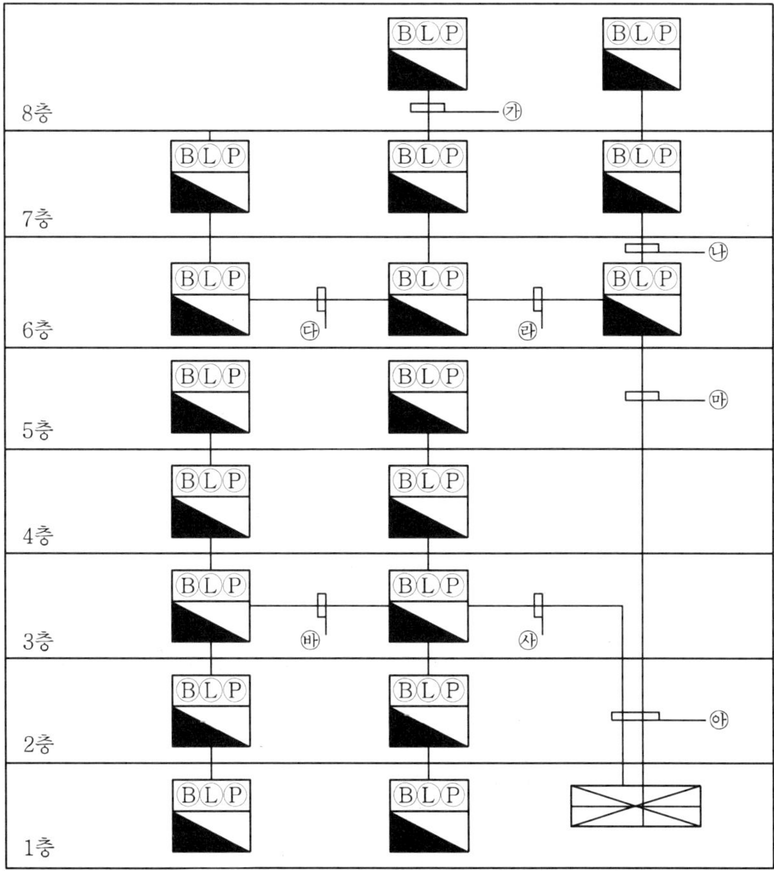

22 | 문제 |

다음은 할로겐화합물 소화설비의 간선 계통도이다. 다음 각 물음에 알맞게 답하시오. (단, 감지기 공통선과 전원 공통선은 별도로 사용한다.)

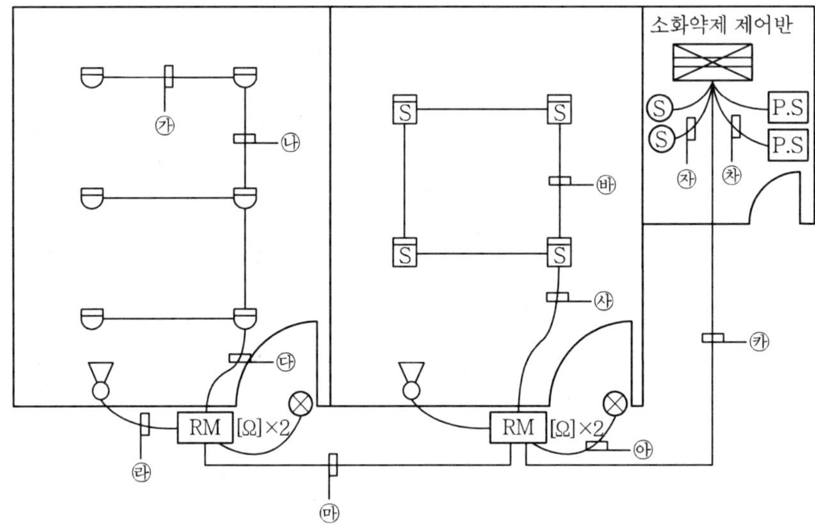

1 ㉮~㉸까지 전선의 가닥 수를 쓰시오.

2 간선 ㉲의 용도를 쓰시오.

Check **가스계 소화설비(CO_2 · 할론 · 할로겐화합물 및 불활성기체)**

❶ 기본간선 : 8선

❷ 감지기 배선 : 교차회로방식

❸

명칭	설치위치	기능
사이렌	방호구역 내부	재실자에게 화재 사실을 통보
방출표시등	방호구역 외부 출입구 상단	방호구역 내 소화약제 방출을 표시
비상스위치	수동식 기동장치 부근	수동식 기동장치의 타이머를 순간 정지
압력스위치	선택밸브 2차측	소화약제 방출을 검출 : 방출표시등 점등

23 | 문제 |

다음 도면은 자동화재탐지설비와 압력챔버 방식의 옥내소화전설비가 설치된 특정소방대상물의 발신기 내 단자와 발신기 및 감지기 간 미완성 결선도이다. 결선도를 완성하시오.(단, 발신기 단자는 좌측으로부터 응답, 지구, 전화, 지구공통 단자이다.)

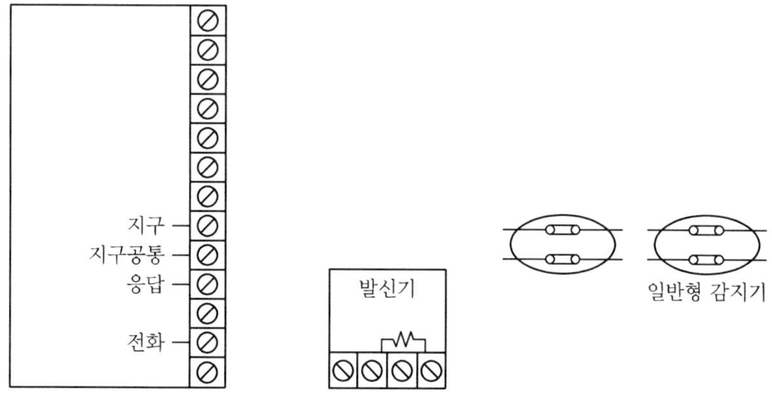

PART

07

피난구조설비

CHAPTER 01 피난기구 설치수량 산정

1) 기본 설치

$$N = \frac{바닥면적[m^2]}{기준면적[m^2]}$$

특정소방대상물	기준면적
① 숙박시설 · 노유자시설 및 의료시설로 사용되는 층	그 층의 바닥면적 500[m²]마다 1개 이상
② 위락시설 · 문화집회 및 운동시설 · 판매시설로 사용되는 층 또는 복합용도의 층	그 층의 바닥면적 800[m²]마다 1개 이상
③ 그 밖의 용도의 층	그 층의 바닥면적 1,000[m²]마다 1개 이상
④ 계단실형 아파트	각 세대마다

2) 추가 설치

특정소방대상물	피난기구	적용기준
① 숙박시설 (휴양 콘도미니엄 제외)	완강기 또는 둘 이상의 간이완강기	객실마다 설치(3층 이상)
② 공동주택	공기안전매트 1개 이상	하나의 관리주체가 관리하는 공동주택 구역마다(다만, 옥상으로 피난이 가능하거나 인접세대로 피난할 수 있는 구조인 경우에는 추가로 설치하지 아니할 수 있다.)

▼ [별표 1] 소방대상물의 설치장소별 피난기구의 적응성(제4조 제1항 관련)

층별 설치 장소별 구분	지하층	1층	2층	3층	4층 이상 10층 이하
1. 노유자시설	피난용트랩	• 미끄럼대 • 구조대 • 피난교 • 다수인 피난장비 • 승강식피난기	• 미끄럼대 • 구조대 • 피난교 • 다수인 피난장비 • 승강식피난기	• 미끄럼대 • 구조대 • 피난교 • 다수인 피난장비 • 승강식피난기	• 피난교 • 다수인 피난장비 • 승강식피난기
2. 의료시설 · 근린생활시설중 입원실이 있는 의원 · 접골원 · 조산원	피난용트랩			• 미끄럼대 • 구조대 • 피난교 • 피난용트랩 • 다수인 피난장비 • 승강식피난기	• 구조대 • 피난교 • 피난용트랩 • 다수인 피난장비 • 승강식피난기
3. 「다중이용업소의 안전관리에 관한 특별법 시행령」 제2조에 따른 다중이용업소로서 영업장의 위치가 4층 이하인 다중이용업소			• 미끄럼대 • 피난사다리 • 구조대 • 완강기 • 다수인 피난장비 • 승강식피난기	• 미끄럼대 • 피난사다리 • 구조대 • 완강기 • 다수인 피난장비 • 승강식피난기	• 미끄럼대 • 피난사다리 • 구조대 • 완강기 • 다수인 피난장비 • 승강식피난기
4. 그 밖의 것	• 피난사다리 • 피난용트랩			• 미끄럼대 • 피난사다리 • 구조대 • 완강기 • 피난교 • 피난용트랩 • 간이완강기 • 공기안전매트 • 다수인 피난장비 • 승강식피난기	• 피난사다리 • 구조대 • 완강기 • 피난교 • 간이완강기 • 공기안전매트 • 다수인 피난장비 • 승강식피난기

※ 간이완강기의 적응성은 숙박시설의 3층 이상에 있는 객실에, 공기안전매트의 적응성은 공동주택(「주택법 시행령」 제48조의 규정에 해당하는 공동주택)에 한한다.

CHAPTER 02 유도등 및 유도표지 기준

종 류	설치장소	설치개수	설치높이
피난구 유도등	옥 · 직 · 출 · 안		피난구의 바닥으로부터 높이 1.5[m] 이상, 출입구에 인접
복도 통로 유도등	복도	구부러진 모퉁이 보행거리 20[m]마다	바닥으로부터 높이 1[m] 이하
거실 통로 유도등	거실의 통로	구부러진 모퉁이 보행거리 20[m]마다	• 바닥으로부터 높이 1.5[m] 이상 • 기둥부분의 바닥으로부터 높이 1.5[m] 이하
계단 통로 유도등	경사로 참 · 계단 참		바닥으로부터 높이 1[m] 이하
객석 유도등	객석 통로 · 바닥 · 벽	$\frac{\text{객석통로의 직선부분길이}}{4}-1$	
유도 표지	각 층의 복도 · 통로	구부러진 모퉁이 벽 보행거리 20[m]마다	• 피난구유도표지 : 출입구 상단 • 통로유도표지 : 바닥으로부터 높이 1[m] 이하
축광방식 피난유도선	구획된 각 실로부터 주 출입구 · 비상구까지		바닥으로부터 높이 50[cm] 이하 또는 바닥 면
광원점등 방식 피난유도선	구획된 각 실로부터 주 출입구 · 비상구까지		바닥으로부터 높이 1[m] 이하 또는 바닥 면

- 옥 : 옥내로부터 직접 지상으로 통하는 출입구 및 그 부속실의 출입구
- 직 : 직통계단 · 직통계단의 계단실 및 그 부속실의 출입구
- 출 : 제1호와 제2호에 따른 출입구에 이르는 복도 또는 통로로 통하는 출입구
- 안 : 안전구획된 거실로 통하는 출입구

01 ❙ 문제 ❙

의료시설의 용도로 사용되는 바닥면적 800[m^2]인 지상 5층에 설치하여야 하는 피난기구 수와 설치 가능한 피난기구의 종류를 쓰시오.

02 ❙ 문제 ❙

층수가 3층인 건물(근린생활시설)에 설치하여야 하는 피난기구 수와 설치 가능한 피난기구의 종류를 쓰시오.(단, 각 층의 바닥면적은 500[m^2]이다.)

03 | 문제 |

다음 그림과 같은 공연장의 통로에 설치하여야 하는 객석유도등의 설치 수량을 계산하시오.

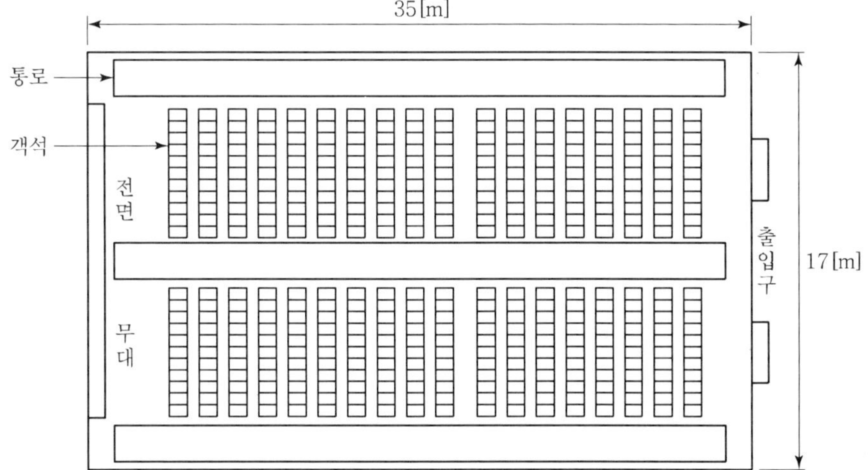

Check 객석유도등 설치기준

❶ 객석유도등은 객석의 통로, 바닥 또는 벽에 설치하여야 한다.

❷ 객석 내의 통로가 경사로 또는 수평로로 되어 있는 부분은 다음의 식에 따라 산출한 수(소수점 이하의 수는 1로 본다)의 유도등을 설치하여야 한다.

$$\text{설치개수} = \frac{\text{객석 통로의 직선부분의 길이[m]}}{4} - 1$$

❸ 객석 내의 통로가 옥외 또는 이와 유사한 부분에 있는 경우에는 해당 통로 전체에 미칠 수 있는 수의 유도등을 설치하여야 한다.

PART

08

소화용수설비 · 소화활동설비

CHAPTER 01 소화수조 및 저수조 설치기준

1) 저수량

$Q = K \times 20[\mathrm{m}^3]$ 이상

$K = \dfrac{\text{소방대상물의 연면적}}{\text{기준면적}}$ (소수점 이하는 1로 본다.)

소방대상물의 구분	기준면적
1. 1층 및 2층의 바닥면적 합계가 15,000[m^2] 이상인 소방대상물	7,500[m^2]
2. 제1호에 해당되지 아니하는 그 밖의 소방대상물	12,500[m^2]

2) 흡수관 투입구

지하에 설치하는 소화용수설비의 흡수관투입구는 그 한 변이 0.6[m] 이상이거나 직경이 0.6[m] 이상인 것으로 하고, 소요수량이 80[m^3] 미만인 것은 1개 이상, 80[m^3] 이상인 것은 2개 이상을 설치하여야 하며, "흡관투입구"라고 표시한 표지를 할 것

3) 채수구 수 · 가압송수장치의 1분당 양수량

구분 \ 소요수량	20[m^3] 이상 40[m^3] 미만	40[m^3] 이상 100[m^3] 미만	100[m^3] 이상
채수구 수	1개	2개	3개
가압송수장치의 1분당 양수량	1,100[l] 이상	2,200[l] 이상	3,300[l] 이상

참고

가압송수장치 설치대상

소화수조 또는 저수조가 지표면으로부터의 깊이(수조 내부 바닥까지의 길이를 말한다.)가 4.5[m] 이상인 지하에 있는 경우에는 다음 표에 따라 가압송수장치를 설치하여야 한다.

CHAPTER 02 거실제연설비

1) 배출방식

2) 배출량

① 단독제연방식의 배출량

㉠ 소규모 거실(거실 바닥 면적이 400[m²] 미만)인 경우

> ⓐ 일반거실 $Q[\mathrm{m^3/hr}]$
> $= A[\mathrm{m^2}] \times 1[\mathrm{m^3/m^2 \cdot min}] \times 60[\mathrm{min/hr}]$ 이상

- $A[\mathrm{m^2}]$: 거실 바닥 면적(400[m²] 미만일 것)
- 최저 배출량은 5,000[m³/hr] 이상일 것

ⓑ 경유거실 $Q'[\mathrm{m}^3/\mathrm{hr}] = Q \times 1.5$ 이상

• 배출량이 최저 배출량 이상인 경우 : 배출량×1.5 이상

• 배출량이 최저 배출량 미만인 경우 : 5,000×1.5 이상

ⓛ 대규모 거실(거실 바닥 면적이 400[m²] 이상)인 경우

• 제연구역이 벽으로 구획된 경우

구 분	배출량
직경 40[m] 범위 안	40,000[m³/hr] 이상
직경 40[m] 범위 초과	45,000[m³/hr] 이상

• 제연구역이 제연경계(보 · 제연경계 벽)로 구획된 경우

수직거리	직경 40[m] 범위 안	직경 40[m] 범위 초과
2[m] 이하	40,000[m³/hr] 이상	45,000[m³/hr] 이상
2[m] 초과 2.5[m] 이하	45,000[m³/hr] 이상	50,000[m³/hr] 이상
2.5[m] 초과 3[m] 이하	50,000[m³/hr] 이상	55,000[m³/hr] 이상
3[m] 초과	60,000[m³/hr] 이상	65,000[m³/hr] 이상

ⓒ 통로배출방식

• 거실의 바닥 면적이 50[m²] 미만인 예상제연구역을 통로배출방식으로 하는 경우

통로길이	수직거리	배출량	비 고
40[m] 이하	2[m] 이하	25,000[m³/hr] 이상	벽으로 구획된 경우를 포함
	2[m] 초과 2.5[m] 이하	30,000[m³/hr] 이상	
	2.5[m] 초과 3[m] 이하	35,000[m³/hr] 이상	
	3[m] 초과	45,000[m³/hr] 이상	
40[m] 초과 60[m] 이하	2[m] 이하	30,000[m³/hr] 이상	벽으로 구획된 경우를 포함
	2[m] 초과 2.5[m] 이하	35,000[m³/hr] 이상	
	2.5[m] 초과 3[m] 이하	40,000[m³/hr] 이상	
	3[m] 초과	50,000[m³/hr] 이상	

- 예상제연구역이 통로인 경우의 배출량은 45,000[m^3/hr] 이상으로 할 것. 다만, 예상제연구역이 제연경계로 구획된 경우에는 그 수직거리에 따라 배출량은 제2항 제2호의 표에 따른다.
  ※ 제2항 제2호의 표 : 대규모 거실로 제연구역이 제연경계(보·제연경계 벽)으로 구획된 경우

② **공동제연방식의 배출량**

㉠ 벽으로 구획된 경우(제연구획의 구획 중 출입구만을 제연경계로 구획한 경우를 포함)

- 각 예상제연구역의 배출량을 합한 것 이상

☞ 배출량=①+②+③ 이상

- 제연구역이 벽으로만 구획되어 있는 경우에만 적용

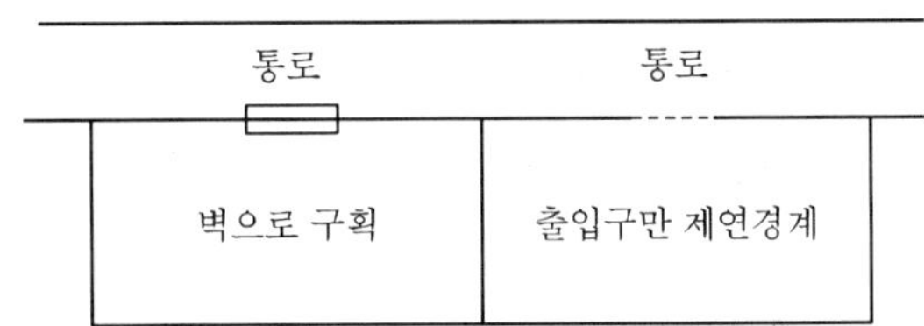

☞ 출입구와 통로가 제연경계로 구획된 경우에도 적용 가능

- 공동제연방식의 경우 제연구역 면적 1,000[m^2] 이하 또는 대각선 길이 60[m] 이내의 기준은 적용하지 아니한다.

㉡ 제연경계(보 · 제연경계벽)로 구획된 경우(예상제연구역의 구획 중 일부가 제연경계로 구획된 경우는 포함하나 출입구 부분만을 제연경계로 구획한 경우는 제외)

- 각 예상제연구역의 배출량 중 최대의 것
- 공동예상제연구역이 거실인 경우 : 바닥면적 1,000[m^2] 이하이며, 직경 40[m] 원내일 것

- 공동예상제연구역이 통로일 경우 : 보행 중심선의 길이가 40[m] 이하일 것

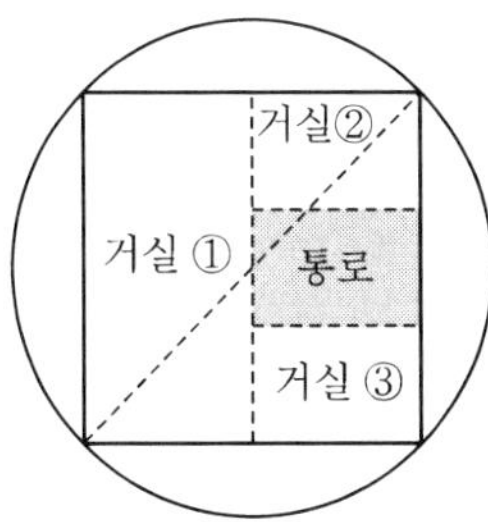

☞ 배출량=①, ②, ③의 배출량 중 최대의 것
바닥면적은 1,000[m²] 이하일 것
직경은 40[m] 이하일 것

- 공동예상제연구역의 일부가 제연경계로 구획된 경우에는 적용이 가능하나 출입구와 통로가 제연경계로 구획된 경우에는 적용하지 아니한다.

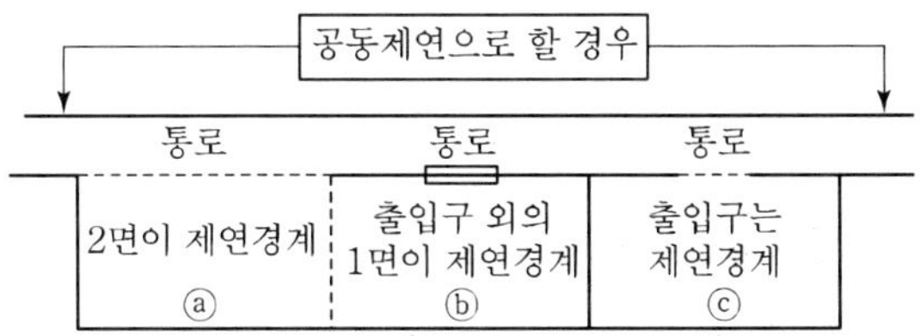

☞ ⓐ, ⓑ : 적용 가능, ⓒ : 적용 불가

㉢ 벽과 제연경계로 구획된 경우

- 공동예상제연구역이 벽과 제연경계로 구획된 경우
- 배출량=벽으로 구획된 것+제연경계로 구획된 것 중 최대량
  (단, 벽으로 구획된 제연구역이 2 이상일 경우 : 각 배출량의 합)

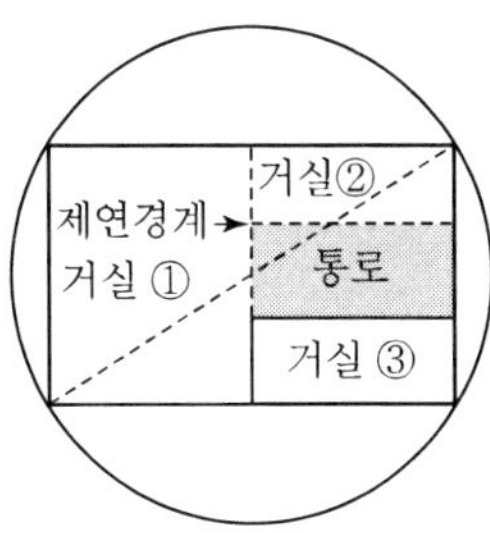

☞ 배출량=①과 ② 중 최대의 것+③
바닥면적은 1,000[m²] 이하일 것
직경은 40[m] 이하일 것

CHAPTER 03 배출풍도

1) 풍도 단면적[m²]

단면적 $A[\mathrm{m}^2] = \dfrac{배출량[\mathrm{m}^3/\mathrm{s}]}{풍속\ [\mathrm{m/s}]}$ $(Q[\mathrm{m}^3/s] = A \times V)$

구분		내용
단면적	사각풍도	$A[\mathrm{m}^2] = 폭[\mathrm{m}] \times 높이[\mathrm{m}]$
	원형풍도	$A[\mathrm{m}^2] = \dfrac{\pi D^2}{4}\left(D[\mathrm{m}] = \sqrt{\dfrac{4A}{\pi}}\right)$
풍 속	배출풍도	흡입 측 : 15[m/s] 이하, 배출 측 : 20[m/s] 이하
	유입풍도	흡입 측 · 배출 측 : 20[m/s] 이하

2) 강판 두께[mm]

① **사각풍도** : 풍도 단면의 긴 변을 적용

② **원형풍도** : 풍도 직경을 적용

풍도 단면의 긴 변 또는 직경의 크기	450[mm] 이하	450[mm] 초과 750[mm] 이하	750[mm] 초과 1,500[mm] 이하	1,500[mm] 초과 2,250[mm] 이하	2,250[mm] 초과
강판 두께	0.5[mm]	0.6[mm]	0.8[mm]	1.0[mm]	1.2[mm]

CHAPTER 04 배출량 산정

1) Hinkley의 공식

$$t = \frac{20 \cdot A}{P\sqrt{g}}\left(\frac{1}{\sqrt{y}} - \frac{1}{\sqrt{h}}\right)$$

여기서, t : Clear layer(청결층)까지 소요시간[s]
A : 화재실의 바닥면적[m^2]
P : 화염의 둘레[m](대형화염 12[m], 중형화염 6[m], 소형화염 4[m])
y : 청결층(Clean layer)의 높이[m]
h : 화재실의 높이[m]
g : 중력가속도[9.8m/s^2]

Hinkley의 공식은 실내 화재 시 발생된 연기가 청결 층까지 하강하는데 소요되는 시간을 해석한 식으로, 제연설비의 배출량 산정의 기준이 된다.

2) 배출량 산정

Hinkley의 공식에서 A, P, g, h는 상수가 되며, y 및 t는 변수가 된다. 따라서, Hinkley의 공식은 $y = f \cdot t$의 함수가 된다.

$t = \frac{20 \cdot A}{P\sqrt{g}}\left(\frac{1}{\sqrt{y}} - \frac{1}{\sqrt{h}}\right)$를 y에 대한 식으로 변환

$$\frac{1}{\sqrt{y}} = \frac{P\sqrt{g}}{20 \cdot A} \cdot t + \frac{1}{\sqrt{h}}$$

$$y^{-\frac{1}{2}} = \frac{P\sqrt{g}}{20 \cdot A} \cdot t + \frac{1}{\sqrt{h}}$$

양변을 t로 미분하면,

$$-\frac{1}{2} y^{-\frac{3}{2}} \frac{dy}{dt} = \frac{P\sqrt{g}}{20 \cdot A}$$

양변에 $-2y^{\frac{3}{2}}$를 곱하면,

$\frac{dy}{dt} = \frac{P\sqrt{g}}{20 \cdot A} \cdot (-2y^{\frac{3}{2}}) = -\frac{P\sqrt{g}}{10 \cdot A} \cdot y^{\frac{3}{2}}$이 된다.

$\frac{dy}{dt}$(시간에 대한 청결층이 변화율)에 A(화재실의 바닥면적)를 곱하면,

$\frac{dv}{dt}$(시간에 대한 청결층의 변화율, 단위시간당 청결층의 체적)이 되며, 이는 화재 발생 시 배출하여야 하는 배출량이 된다.

$$\therefore \frac{dv}{dt} = -\frac{P\sqrt{g}}{10} \cdot y^{\frac{3}{2}} [\text{m}^3/\text{s}]$$

① 결과값에 음의 부호가 있는 것은 해당하는 값만큼 배출시킨다는 의미를 나타낸다.

② 거실제연에서는 제연경계의 수직거리(제연경계의 바닥으로부터 그 수직하단까지의 거리)에 따라서 배출량이 결정된다.

③ 대규모 거실의 예상제연구역의 배출량은 이를 근거로 산정한 것이다.

CHAPTER 05 차압

1) 정의

차압이란 제연구역과 옥내와의 압력차로서 옥내란 비 제연구역으로 복도 · 통로 또는 거실 등과 같은 화재실을 의미한다.

2) 최소 차압

① 제연구역과 옥내 사이에 유지하여야 하는 최소 차압은 40[Pa] 이상(옥내에 스프링클러설비가 설치된 경우에는 12.5[Pa] 이상)

② 출입문이 일시적으로 개방되는 경우 개방되지 아니하는 제연구역과 옥내의 차압은 제1항의 기준에 불구하고 제1항의 기준에 따른 차압의 70[%] 미만이 되어서는 아니 된다.

3) 최대 차압 관10, 17회

① 제연설비가 가동되었을 경우 출입문의 개방에 필요한 힘은 110[N] 이하로 하여야 한다.

② 출입문을 개방하는 데 필요한 전체 힘 $F = F_{dc} + F_P$ [N]

③ $F_p = F - F_{dc} = \dfrac{K_d \cdot W \cdot A \cdot \Delta P}{2(W-d)}$[N]

여기서, F : 출입문을 개방하는 데 필요한 전체 힘[N]
F_{dc} : 도어 체크의 저항력(제연설비 작동 전 출입문 개방에 필요한 힘)[N]
F_P : 차압에 의해 출입문에 미치는 힘[N]
K_d : 상수(=1.0)
W : 출입문의 폭[m]
A : 출입문의 면적[m^2](=폭×높이)
ΔP : 제연구역과 비제연구역의 차압[Pa]
d : 손잡이에서 출입문 끝까지의 거리[m]

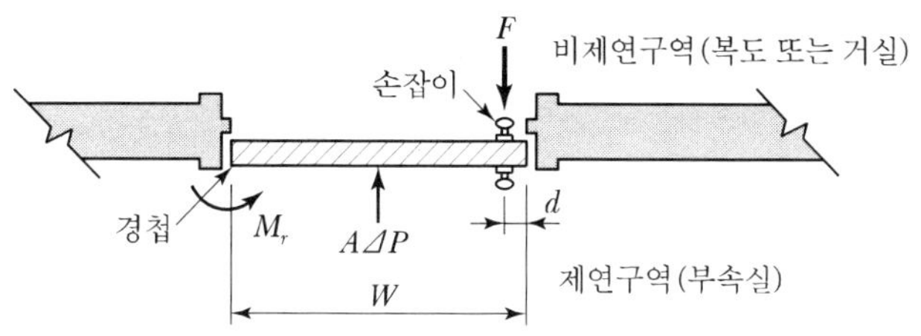

CHAPTER 06 급기량

1) 개념

제연구역에 급기하여야 할 급기량은 누설량과 보충량으로 구분하여 적용하여야 하며, 누설량과 보충량의 합이 급기량이 된다.(급기량＝누설량＋보충량)

2) 누설량 · 보충량

구분	누설량[m^3/s]	보충량[m^3/s]
개념	출입문이 닫혀 있는 상태에서 최소 차압을 유지하기 위한 바람의 양	출입문이 개방된 상태에서 방연풍속을 발생하기 위한 바람의 양
기준	① 최소 차압 : 40[Pa] 이상(옥내에 스프링클러설비가 설치된 경우 : 12.5[Pa] 이상), 차압계로 측정 ② 최대 차압 : 110[N] 이하, 폐쇄력 측정기로 측정	① 방연풍속 이상 ② 풍속계로 측정
공식	$Q = 0.827 \times A_t \times P^{\frac{1}{n}} \times N$	$Q_2 = K\left(\frac{S \times V}{0.6}\right) - Q_0$

여기서, A_t : 누설틈새 면적의 합[m^2]
P : 차압[Pa]
n : 개구부 계수(출입문 또는 큰 문 : 2, 작은 문 또는 창문 : 1.6)
N : 전체 부속실의 수
K : 부속실이 20개 이하 → 1, 21개 이상 → 2
S : 제연구역의 출입문 면적[m^2]
V : 방연풍속[m/s]

3) 누설틈새 면적

① 출입문의 누설틈새 면적

$$A = \frac{L}{l} \times A_d$$

여기서, A : 출입문의 틈새면적[m^2]
L : 출입문 틈새의 길이[m]
(L의 수치가 l의 수치 이하인 경우에는 l의 수치로 할 것 $L \leq l \rightarrow l$)
l : 기준틈새길이[m]
A_d : 기준틈새면적[m^2]

출입문의 형태		기준틈새 길이[m]	기준틈새 면적[m²]
외여닫이문	제연구역 실내 쪽으로 개방	5.6	0.01
	제연구역 실외 쪽으로 개방		0.02
쌍여닫이문		9.2	0.03
승강기 출입문		8.0	0.06

② **창문의 누설틈새 면적**

창문의 형태		틈새 면적[m²]
외여닫이식 창문	창틀에 방수패킹이 없는 경우	$2.55 \times 10^{-4} \times$틈새 길이
	창틀에 방수패킹이 있는 경우	$3.61 \times 10^{-5} \times$틈새 길이
미닫이식 창문		$1.00 \times 10^{-4} \times$틈새 길이

③ **누설틈새 면적의 합**

㉠ 직렬배열

$$A_t = \left(\frac{1}{A_1^n} + \frac{1}{A_2^n} + \cdots + \frac{1}{A_n^n} \right)^{-\frac{1}{n}}$$

- 출입문 또는 큰 문 n : 2
- 창문 또는 작은 문 n : 1.6

㉡ 병렬 배열 : $A_t = A_1 + A_2 + \cdots + A_n$

㉢ 직 · 병렬 배열

- 가압공간의 먼 위치부터 역순으로 계산한다.
- 직렬배열은 직렬공식을 병렬배열은 병렬공식을 각각 적용한다.

4) 방연풍속

제 연 구 역		방연풍속
계단실 및 그 부속실을 동시에 제연하는 것 · 계단실만 단독으로 제연하는 것		0.5[m/s] 이상
부속실만 단독으로 제연하는 것 또는 비상용승강기의 승강장만 단독으로 제연하는 것	부속실 또는 승강장이 면하는 옥내가 거실인 경우	0.7[m/s] 이상
	부속실 또는 승강장이 면하는 옥내가 복도로서 그 구조가 방화구조(내화시간이 30분 이상인 구조를 말한다.)인 것	0.5[m/s] 이상

CHAPTER 07 연돌효과(Stack Effect)

1) 개념

① 연돌효과(굴뚝효과)는 수직 공간 내 · 외부의 온도차에 따른 압력차에 의해 발생되며, 이러한 압력차에 의해 중성대 하부에서 수직 공간 내로 유입된 공기가 수직적 압력차로 인해 상부로 이동하여 수직 공간 밖으로 배출된다.

② 저층부 화재 시 건물의 상층 부분에 갑자기 연기가 유입되어 축적되는 현상은 이러한 연돌효과(굴뚝효과) 때문에 발생하는 것이다.

2) 연돌효과(굴뚝효과)로 인한 압력차

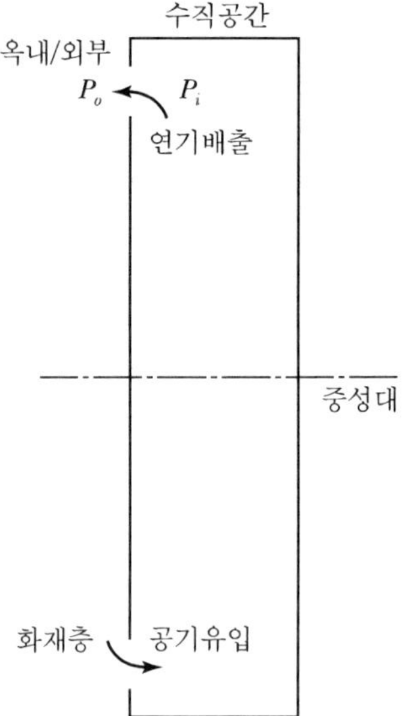

① 중성대로부터 h[m]만큼 상부 지점에서의 압력차

$\Delta P = \Delta\gamma h = (\rho_o - \rho_i)gh$[Pa] ………………… ㉠

② 연기와 공기의 분자량은 거의 같으므로,

$PV = \frac{m}{M}RT$에서,

$\rho = \frac{PM}{RT} = \frac{1\times 29}{0.082\times T} \fallingdotseq \frac{353}{T}$[kg/m^3] …… ㉡

③ 식 ㉡을 ㉠에 대입, $g = 9.8$[m/s^2]을 적용하면,

$$\Delta P = (\rho_o - \rho_i)gh = \left(\frac{353}{T_o} - \frac{353}{T_i}\right)\times 9.8 \times h$$

$$\fallingdotseq 3{,}460\left(\frac{1}{T_o} - \frac{1}{T_i}\right)h\,[\text{Pa}]$$

여기서, T_o : 건물 외부온도[K]
T_i : 수직공간 내부온도[K]
h : 중성대로부터의 높이[m]

CHAPTER 08 중성대

1) 개념

① 중성대란 건물의 내부와 외부의 압력이 동일한 수평면, 즉, 실내 · 외의 압력차가 0이 되는 높이의 위치를 말한다.

② **중성대 상부**

실내압력 > 실외압력

연기가 화재실 밖으로 유출된다.

③ **중성대 하부**

실내압력 < 실외압력

공기가 화재실로 유입된다.

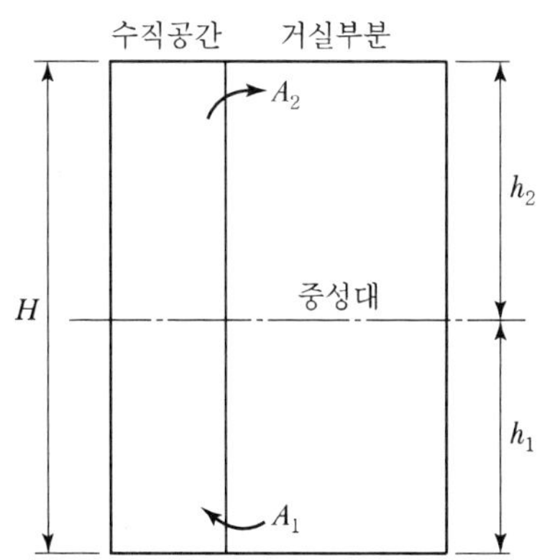

2) 중성대의 위치

$\dfrac{h_1}{h_2} = \left(\dfrac{A_2}{A_1}\right)^2 \left(\dfrac{T_o}{T_i}\right)$에서, $A_1 \fallingdotseq A_2$, $h_2 = H - h_1$이라 하면,

$h_1 = H \times \dfrac{1}{1 + \dfrac{T_i}{T_o}}$이 된다.

여기서, h_1 : 중성대의 위치[m]
H : 건물의 높이[m]
T_i : 건물의 내부온도[K]
T_o : 건물의 외부온도[K]
A_1 : 중성대 하부의 개구부 면적[m^2]
A_2 : 중성대 상부의 개구부 면적[m^2]

CHAPTER 09 연결송수관설비

1) 가압송수장치

① 설치대상

지표면에서 최상층 방수구의 높이가 70[m] 이상의 특정소방대상물

② 펌프의 토출량

층별 방수구의 수	펌프 토출량	
	계단식 아파트	일반 대상
3개 이하인 경우	1,200[l/min] 이상	2,400[l/min] 이상
4개인 경우	1,600[l/min] 이상	3,200[l/min] 이상
5개 이상인 경우	2,000[l/min] 이상	4,000[l/min] 이상

③ 펌프의 양정

$$H[m] = H_1 + H_2 + H_3 + H_4$$

여기서, H_1 : 건물의 실양정[m]
H_2 : 배관의 마찰손실수두[m]
H_3 : 호스의 마찰손실수두[m]
H_4 : 노즐선단의 방사압 환산수두(=35[m])

2) 방수구

① **아파트 또는 바닥면적 1,000[m^2] 미만인 층** : 계단으로부터 5[m] 이내 (계단이 2 이상일 경우는 그중 1개의 계단에 설치)

② **바닥면적 1,000[m^2] 이상인 층**

㉠ 기본배치 : 각 계단으로부터 5[m] 이내(계단이 3 이상 있는 층의 경우에는 그중 2개의 계단에 설치)

㉡ 추가배치

- 수평거리 25[m] 이하 : 지하가(터널 제외) 또는 지하층의 바닥면적의 합계가 3,000[m^2] 이상
- 수평거리 50[m] 이하 : 그 밖의 것

01 | 문제 |

소화수조 및 저수조의 화재안전기술기준과 아래 조건에 따라 다음 물음에 답하시오.

관12회

- 건축물의 연면적은 38,500[m²]이다.
- 층별 바닥면적은 다음과 같다.

지하 1층은 2,000[m²], 지상 1층은 13,500[m²], 지상 2층은 13,500[m²], 지상 3층은 9,500[m²]이다.

- 특정 소방대상물로부터 180[m] 이내에 75[mm] 이상의 상수도관이 설치되지 않아 전용의 소화수조를 설치한다.

1. 지하수조를 설치할 경우의 저수조에 확보하여야 할 저수량[m³]을 구하시오.
2. 저수조에 설치하여야 할 흡수관 투입구 및 채수구 설치수량을 구하시오.

02 | 문제 |

소화수조 및 저수조의 화재안전기술기준과 아래 조건을 참고하여 다음 물음에 답하시오.

- 건축물의 연면적 : 20,500[m²]
- 층별 바닥면적 : 지상 1층(7,500[m²]), 지상 2층(7,500[m²]), 지상 3층(5,500[m²])

1. 저수조에 확보하여야 할 저수량[m³]은 얼마 이상으로 하여야 하는가?
2. 흡수관 투입구는 몇 개 이상으로 하여야 하는가?
3. 채수구는 몇 개를 설치하여야 하는가?
4. 가압송수장치의 토출량[l/min]은 얼마 이상으로 하여야 하는가?
5. 소화용수설비를 설치하여야 할 특정소방대상물에 소화수조를 설치하지 아니할 수 있는 경우에 대하여 쓰시오.

03 | 문제 |

바닥면적이 380[m²]인 거실의 제연설비에 대해 다음 물음에 답하시오. 관6회

1. 소요 배출량[CMH]을 산출하시오.
2. 흡입 측 풍도의 높이를 600[mm]로 할 때 해당 풍도의 최소 폭[mm]을 계산하시오. (단, 풍도 내 풍속은 화재안전기술기준을 만족한다.)
3. 송풍기의 전압이 50[mmAq]이고 효율이 55[%]인 다익송풍기 사용 시 축동력[kW]을 계산하시오.(단, 회전수는 1,200[rpm], 여유율은 20[%]이다.)
4. 제연설비의 회전차 크기를 변경하지 않고 배출량을 20[%] 증가시키고자 할 때 회전수[rpm]를 계산하시오.
5. 문제 4의 회전수[rpm]로 운전할 경우 전압[mmAq]을 구하시오.
6. 문제 3에서의 계산결과를 근거로 15[kW] 전동기를 설치 후 풍량의 20[%]를 증가시켰을 경우 전동기 사용 가능 여부를 설명하시오.(계산과정을 나타낼 것)
7. 배연용 송풍기와 전동기의 연결방법에 대하여 설명하시오.
8. 제연설비에서 일반적으로 사용하는 송풍기의 명칭과 주요 특징을 설명하시오.

Check 상사(相似)법칙

구 분	송풍기 1대	송풍기 2대
풍 량	$Q_2 = \frac{N_2}{N_1} \times Q_1$	$Q_2 = \frac{N_2}{N_1} \times \left(\frac{D_2}{D_1}\right)^3 \times Q_1$
양 정	$H_2 = \left(\frac{N_2}{N_1}\right)^2 \times H_1$	$H_2 = \left(\frac{N_2}{N_1}\right)^2 \times \left(\frac{D_2}{D_1}\right)^2 \times H_1$
축동력	$L_2 = \left(\frac{N_2}{N_1}\right)^3 \times L_1$	$L_2 = \left(\frac{N_2}{N_1}\right)^3 \times \left(\frac{D_2}{D_1}\right)^5 \times L_1$

여기서, Q : 풍량
N : 회전수
H : 양정
L : 축동력
D : 임펠러 직경

04 I 문제 I

다음 조건을 보고 각 물음에 답하시오. 관13회

- 예상제연구역인 거실의 바닥면적 : A =40[m]×22.5[m]=900[m²]
- 제연경계하단까지의 수직거리 : 3.2[m]
- 거실 대각선거리 : 45.9[m]
- 팬의 효율 : 50[%]
- 전압 : 65[mmAq]
- 배출기 흡입 측의 풍도 높이 : 600[mm]

1 배출량[m³/min]을 구하시오.
2 전동기 용량[kW]을 구하시오.(다만, 전달계수는 1.2이다.)
3 흡입 측 풍도의 최소 폭[mm]을 구하시오.
4 흡입 측 풍도의 강판 두께[mm]를 구하시오.

참고 **단독제연방식 배출량(대규모 거실)**

벽으로 구획		제연경계(보 · 제연경계 벽)로 구획		
구분	배출량	수직거리	직경 40[m] 범위 안	직경 40[m] 범위 초과
직경 40[m] 범위 안	40,000[m³/hr] 이상	2[m] 이하	40,000[m³/hr] 이상	45,000[m³/hr] 이상
직경 40[m] 범위 초과	45,000[m³/hr] 이상	2[m] 초과 2.5[m] 이하	45,000[m³/hr] 이상	50,000[m³/hr] 이상
		2.5[m] 초과 3[m] 이하	50,000[m³/hr] 이상	55,000[m³/hr] 이상
		3[m] 초과	60,000[m³/hr] 이상	65,000[m³/hr] 이상

05 | 문제 |

다음 조건을 참고하여 제연설비의 배출기 풍량[m^3/hr], 정압[mmAq], 전동기의 출력[kW]을 계산하시오.(단, 동압은 무시한다.)

- 예상제연구역의 바닥면적은 800[m^2], 직경은 50[m]이다.
- 제연경계벽의 수직거리는 2.7[m]이다.
- 덕트 길이는 149[m], 덕트 저항은 0.7[mmAq/m]이다.
- 배출구 저항은 7[mmAq], 그릴 저항은 3[mmAq], 부속류는 덕트 저항의 50[%]로 한다.
- 효율은 50[%], 전동기의 전달계수는 1.1이다.

Check **제연용 덕트에서의 전압**

❶ P_t(전압) = P_n(정압) + P_v(동압)

❷ P_n(정압) : 덕트 내에서 기체의 흐름에 평행인 물체의 표면에 수직으로 작용하는 압력을 말한다.

❸ P_v(동압) : 덕트 내에서 풍속(기체의 속도에 의해서 발생)에 의해서 발생되는 압력을 말한다.

❹ 소방용 제연덕트(수직 입상덕트)의 경우에는 단면적 및 덕트 형태가 일정할 경우, 덕트 내부에서 풍속의 변화는 크지 않다. 따라서, 입상덕트 내부에서 동압이 거의 일정하다고 가정하면, 전압 기준 대신 정압 기준을 적용할 수 있다.

06 | 문제 |

제연설비에 대한 다음 물음에 알맞게 답하시오.

1 예상제연구역이 통로인 경우의 배출량[m^3/min]을 계산하시오.(단, 예상제연구역은 제연경계로 구획되지 아니하였다.)

2 예상제연구역(통로)에 대한 공기 유입량[m^3/min] 및 공기 유입구의 크기[m^2]를 계산하시오.

3 예상제연구역(통로)에 대한 유입풍도의 면적[m^2], 유입풍도의 폭[mm], 강판의 두께[mm]를 계산하시오.(단, 유입풍도의 높이는 50[cm]이다.)

Check **통로배출방식(예상제연구역이 통로인 경우)**

❶ 예상제연구역이 벽으로 구획된 경우
배출량 Q= 45,000[m^3/hr] 이상

❷ 예상제연구역이 제연경계(보 · 제연경계 벽)로 구획된 경우

수직거리	직경 40[m] 범위 초과
2[m] 이하	45,000[m^3/hr] 이상
2[m] 초과 2.5[m] 이하	50,000[m^3/hr] 이상
2.5[m] 초과 3[m] 이하	55,000[m^3/hr] 이상
3[m] 초과	65,000[m^3/hr] 이상

참고 **공기유입구 기준**

1. 공기가 유입되는 순간의 풍속 : 5[m/s] 이하, 유입구의 구조 : 유입공기를 하향 60° 이내로 분출
2. 공기유입구의 크기는 해당 예상제연구역 배출량 1[m^3/min]에 대하여 35[cm^2] 이상

$$A = Q\,(\text{배출량})[\text{m}^3/\text{min}] \times 35\,[\text{cm}^2 \cdot \text{min}/\text{m}^3]$$
$$= \frac{Q \times 35}{10^4}[\text{m}^2]$$

3. 공기유입량은 배출량 이상이 되도록 하여야 한다.

07 I 문제 I

제연설비에 대한 다음 물음에 알맞게 답하시오.

1 제연설비 중 연기 배출풍도를 나타내고 있는 평면도를 참고하여 각 물음에 답하시오.

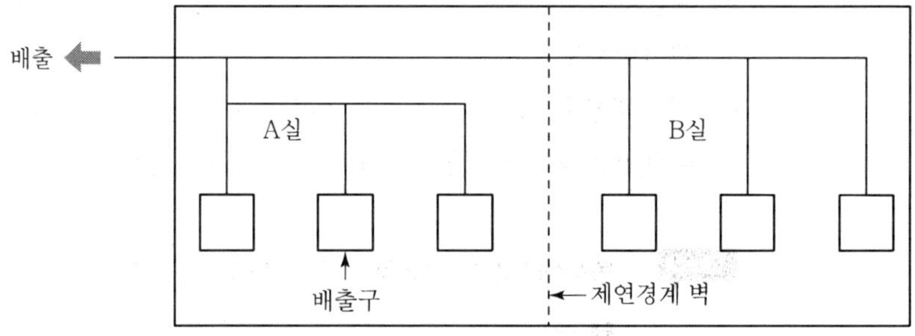

① 풍도에 설치되어야 할 제어댐퍼를 가장 적합한 지점에 표기하시오.
(단, 제어댐퍼의 표기는 ⊘의 모양으로 할 것)
② 화재 시 제어댐퍼의 개폐 여부를 쓰시오.

2 제연설비 중 자동화재감지기와 연동되어야 하는 설비를 쓰시오.

3 전압이 50[kgf/m^2], 풍량이 24,000[m^3/hr]인 제연설비용 FAN의 배출기동력[kW]를 계산하시오.(단, 전동기 효율은 60[%], 전달계수는 1.1이다.)

4 제연구역(거실)의 바닥면적이 360[m^2]일 경우 다음 물음에 답하시오.

① 송풍기의 최소 배출량[m^3/min]을 계산하시오.
② 배출기의 배출측 풍도(원형)의 최소 직경[mm]을 계산하시오.
③ 제연구역에 공기가 유입되는 순간의 풍속이 5[m/s]일 경우 제연구역에 설치하는 공기 유입구의 크기[cm^2]를 계산하시오.

08 | 문제 |

제연설비가 설치된 A실(35[m]×20[m])과 B실(20[m]×20[m])에 대한 다음 조건을 참고하여 각 물음에 답하시오.

- 각 실의 천장 높이는 3[m]이며, 제연경계의 폭은 600[mm]이다.
- 전용의 제연설비이며, 급기용 송풍기와 배출용 송풍기는 각각 1대씩 설치되어 있다.
- 계산 과정의 소수점은 소수 셋째 자리에서 반올림하고, 주어지지 아니한 조건은 무시한다.

1. 배출기의 최소 배출량[m^3/hr]을 계산하시오.
2. A실과 B실에 설치하여야 하는 배출구의 최소 개수를 계산하시오.
3. A실과 B실의 공기유입구의 최소 크기[m^2]를 계산하시오.

09 | 문제 |

도면은 근린생활시설(무창층)에 설치된 제연설비의 배출풍도와 배출 FAN을 나타내는 평면도이다. 주어진 조건을 참고하여 물음에 답하시오.

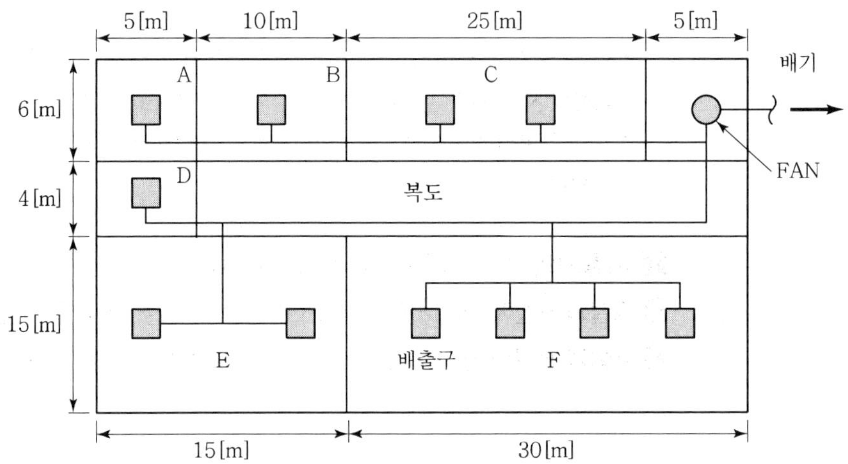

- 건물의 주요 구조부는 모두 내화구조이고 각 실은 불연성 구조물로 구획되어 있다.
- 복도의 내부 면은 모두 불연재이고, 복도 내에 가연물은 없는 것으로 한다.
- 각 실에 대한 연기 배출 방식에서 공동배출구역방식은 없는 것으로 한다.
- 경유 거실은 없는 것으로 간주한다.

1 제어댐퍼를 도면 상에 알맞게 표기하시오.(단, 댐퍼의 표기는 ◎의 모양으로 할 것)

2 각 실(A, B, C, D, E, F)의 최저 배출량[m^3/hr]을 계산하시오.

3 배출 FAN의 최저 배출량[m^3/hr]을 답하시오.

4 C실에서 화재가 발생한 경우 제어댐퍼의 개폐 여부(작동상황)를 답하시오.

10 ❙ 문제 ❙

도면은 근린생활시설(무창층)에 설치된 제연설비의 배출풍도와 배출 FAN을 나타내는 평면도이다. 주어진 조건을 참고하여 물음에 답하시오.

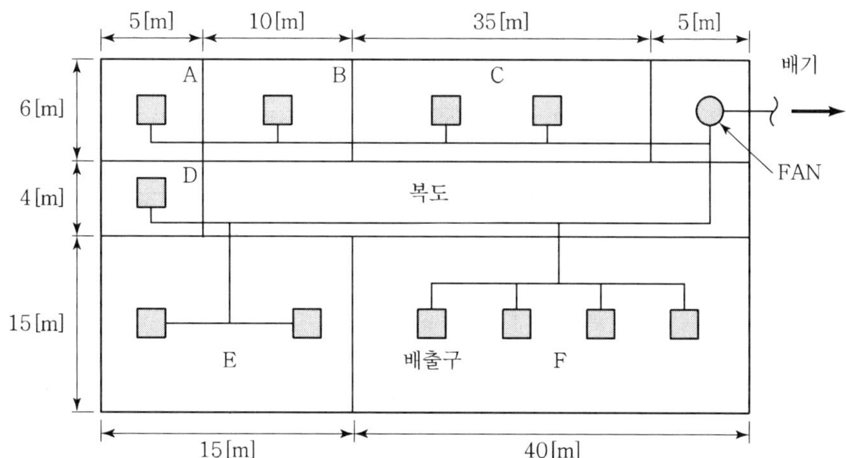

- 건물의 주요 구조부는 모두 내화구조이고 각 실은 불연성 구조물로 구획되어 있다.
- 복도의 내부 면은 모두 불연재이고, 복도 내에 가연물은 없는 것으로 한다.
- 경유 거실은 없는 것으로 간주한다.
- 각 실에 대한 연기배출 방식은 다음과 같다.

A, B, C실	공동예상제연구역
D, E실	공동예상제연구역
F실	독립예상제연구역

1 제어댐퍼를 도면 상에 알맞게 표기하시오.(단 댐퍼의 표기는 ◎의 모양으로 할 것)

2 각 실(A, B, C, D, E, F)의 최저 배출량[m^3/hr]을 계산하시오.

3 각 예상제연구역의 최저 배출량[m^3/hr]을 계산하시오.

4 배출 FAN의 최저 배출량[m^3/hr]을 답하시오.

5 흡입 측 주 덕트의 최소 단면적[m^2]을 계산하시오.

6 배출 측 주 덕트의 최소 단면적[m^2]을 계산하시오.

11 | 문제 |

제연설비의 화재안전기술기준에 의거하여 다음 각 물음에 답하시오. 관15회

1 아래 조건과 평면도를 참고하여 다음 각 물음에 답하시오.

- 예상제연구역의 A구역과 B구역은 2개의 거실이 인접된 구조이다.
- 제연경계로 구획할 경우에는 인접구역 상호제연방식을 적용한다.
- 최소 배출량 산출 시 송풍기 용량 산정은 고려하지 않는다.

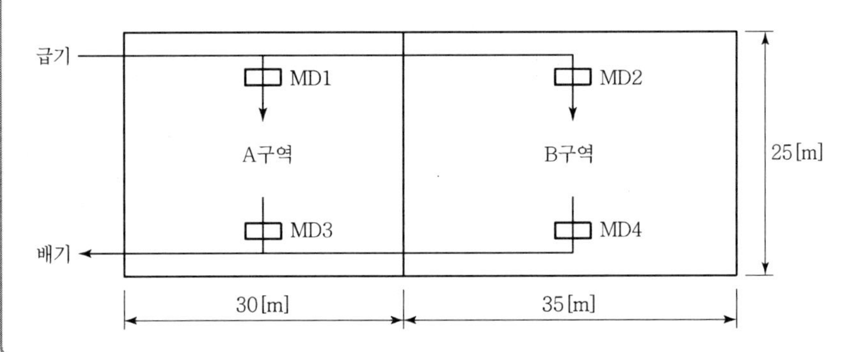

① A구역과 B구역을 자동 방화셔터로 구획할 경우 A구역의 최소 배출량[m^3/hr]을 구하시오.

② A구역과 B구역을 자동 방화셔터로 구획할 경우 B구역의 최소 배출량[m^3/hr]을 구하시오.

③ A구역과 B구역을 제연경계로 구획할 경우 예상제연구역의 급·배기 댐퍼별 동작상태(개방 또는 폐쇄)를 표기하시오.

제연구역	급기댐퍼	배기댐퍼
A구역 화재 시	MD1 :	MD3 :
	MD2 :	MD4 :
B구역 화재 시	MD1 :	MD3 :
	MD2 :	MD4 :

2 제연설비 설치장소에 대한 제연구역의 구획 설정기준 5가지를 쓰시오.

3 아래 그림과 같은 5개 거실에 제연(배연)설비가 설치되어 있는 경우에 대해 다음 물음에 답하시오.

- 각 실의 면적은 60[m²]로 동일하고, 배출량은 최소 배출량으로 한다.
- 주 덕트는 사각덕트로 폭과 높이는 1,000[mm]와 500[mm]이다.
- 주 덕트의 벽면 마찰손실계수는 0.02로 모든 덕트 구간에 동일하게 사용한다.
- 사각덕트를 원형덕트로의 환산지름은 수력지름(Hydraulic Diameter)의 산출 공식을 이용한다.
- 각 가지덕트에서 발생하는 압력손실의 합은 5[mmAq]로 한다.
- 주 덕트는 마찰손실 이외의 각종 부속품손실(부차적 손실)은 무시한다.
- 송풍기에서 발생하는 압력손실은 무시한다.
- 공기 밀도는 $1.2[kg/m^3]$이다.
- 계산식과 풀이과정을 쓰고, 계산은 소수점 셋째 자리에서 반올림한다.

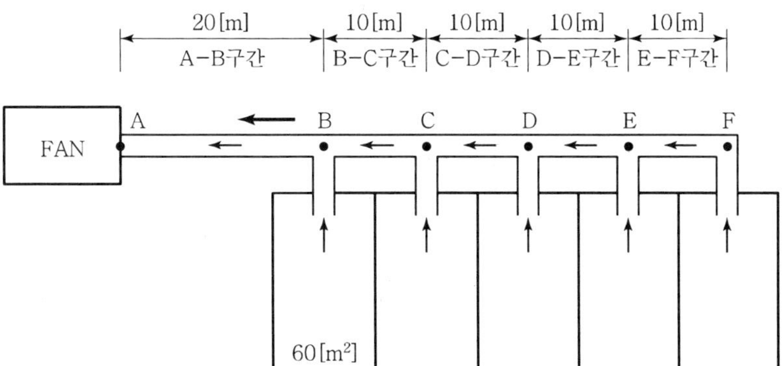

① 송풍기의 최소 필요 압력[Pa]을 계산하시오.

② 송풍기의 최소 필요 공기동력[W]을 계산하시오.

12 | 문제 |

초등학교 교실의 면적이 50[m²]이고, 높이가 4[m]인 곳에서 바닥에서 3[m]×3[m] 크기의 화재가 발생하였다고 가정할 경우, 바닥으로부터 각각 2[m], 1.5[m], 1[m] 높이까지의 연기가 도달하는 시간을 Hinkley 공식을 사용하여 계산하시오.(단, 연기 화염의 온도는 400[℃]로서 연기의 밀도는 0.40[kg/m³]이고, 실내의 환기 설비는 작동하지 않는 것으로 간주하며, 기타 다른 조건은 무시한다.) 기81회

Check

Hinkley의 공식

$$t = \frac{20 \cdot A}{P\sqrt{g}}\left(\frac{1}{\sqrt{y}} - \frac{1}{\sqrt{h}}\right)$$

여기서, t : Clear layer(청결층)까지 소요시간[s]

A : 화재실의 바닥면적[m²]

P : 화염의 둘레[m](대형화염 12[m], 중형화염 6[m], 소형화염 4[m])

y : 청결층(Clean layer)의 높이[m]

h : 화재실의 높이[m]

g : 중력가속도[9.8m/s²]

화염의 둘레

1. 사각형의 화염

   $L[\text{m}] = (\text{가로} \times 2) + (\text{세로} \times 2)$

2. 원형의 화염

   $L[\text{m}] = 2\pi r = \pi D$

13 ❙ 문제 ❙

노유자시설에 제연설비를 설치하려고 한다. 다음 그림과 조건을 참조하여 물음에 답하시오.

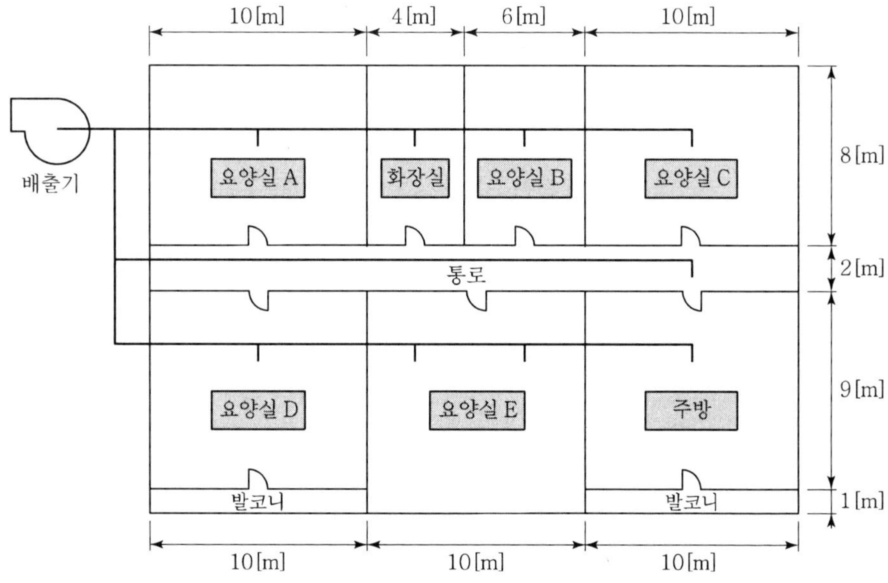

＊ 바닥에서 천장까지 수직거리는 3.5[m]임

〈조 건〉

가. 노유자시설의 특성상 바닥면적에 관계없이 하나의 제연구역으로 간주한다.
나. 공동배출방식에 따른다.
다. 본 노유자시설은 숙박시설(가족호텔) 제연설비기준에 따라 설치한다.
라. 통로배출방식이 가능한 예상제연구역은 모두 통로배출방식으로 한다.
마. 기계실, 전기실, 창고는 사람이 거주하지 않는다.
바. 건축물 및 통로의 주요 구조는 내화구조이고, 마감재는 불연재료이며, 통로에는 가연성 내용물이 없다.

1 배출기 최소풍량[m^3/hr]을 구하시오.(단, 각 실별 풍량 계산과정을 쓸 것)

① 요양실 A　② 요양실 B
③ 요양실 C　④ 요양실 D
⑤ 요양실 E　⑥ 주방
⑦ 화장실　⑧ 30[m]인 통로

2 배출기 회전수 600[rpm]에서 배출량이 20,000[m^3/hr]이고, 축동력이 5[kW]이면, 이 배출기가 최소풍량을 배출하기 위해 필요한 최소전동기동력[kW]을 구하시오.(단, 계산값은 소수점 셋째 자리에서 반올림하여 둘째 자리까지 구하고, 전동기 여유율은 15[%]를 적용한다.)

3 '요양실 E'에 대하여 다음 물음에 답하시오.

① 필요한 최소공기유입량[m^3/hr]을 구하시오.

② 공기유입구의 최소면적[cm^2]을 구하시오.

14 ❙문제❙

제연설비의 화재안전기술기준에서 제연경계의 수직거리가 2[m] 이하인 경우, 배출량을 40,000[m^3/hr]로 정한 이유를 설명하시오.(단, 계산식으로 답하시오.)

15 | 문제 |

특별피난계단의 계단실 및 부속실제연설비에 대하여 다음 물음에 알맞게 답하시오.

관10회

1 제연방식 기준 3가지를 쓰시오.

2 제연구역 선정기준 3가지를 쓰시오.

3 다음 조건을 보고 부속실과 거실 사이의 차압은 몇 [Pa]인지 구하고, 구해진 값과 화재안전기술기준에서 정하는 최소차압과의 차이를 구하시오.(단, 풀이과정을 쓰고 최종 답은 반올림하여 소수점 둘째 자리까지 구할 것)

- 제연설비 작동 전 거실에서 부속실로 통하는 출입문 개방에 필요한 힘 $F_1 = 50[\mathrm{N}]$
- 제연설비 작동상태에서 거실에서 부속실로 통하는 출입문 개방에 필요한 힘 $F_2 = 90[\mathrm{N}]$
- 출입문 폭 $W = 0.9[\mathrm{m}]$, 높이 $H = 2[\mathrm{m}]$
- 손잡이는 출입문 끝에 있는 것으로 가정한다.
- 스프링클러설비 미설치

16 ❙문제❙

그림과 같이 구획된 실에 제연설비를 설치하고자 한다. 각 출입문의 면적이 A_1 = 0.04[m²], $A_2 = A_3$ = 0.03[m²], $A_4 = A_5 = A_6 = 0.03$[m²]일 때 전체 유효누설면적을 계산하시오.(단, 누설이 큰 문으로 한다.)

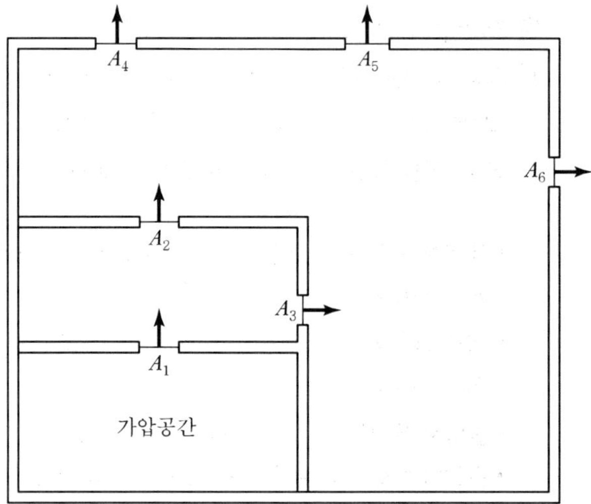

17 | 문제 |

다음 조건과 그림을 참고하여 각 출입문의 누설틈새면적[m²], 전체 유효누설 틈새면적[m²], 차압을 유지하기 위하여 제연구역에 공급하여야 할 공기량(제연구역에 설치된 출입문의 누설량)[m³/hr]을 계산하시오.(단, 계산과정 중 소수점 발생 시 다섯째 자리에서 반올림하여 계산할 것)

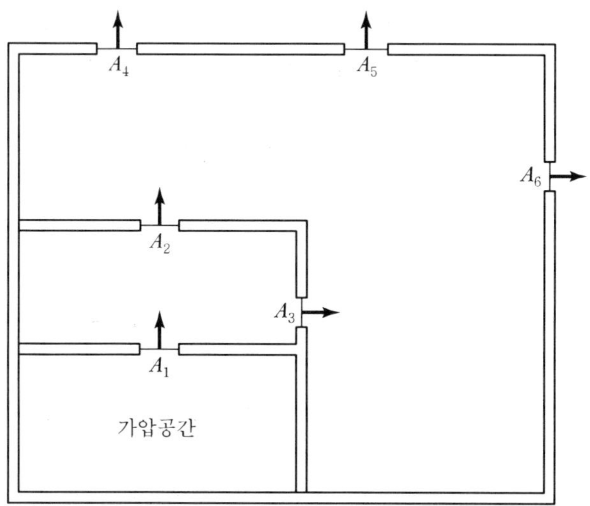

- 출입문의 종류 및 틈새의 길이는 다음과 같다.

구분	종류	틈새 길이[m]
A_1	외여단이문으로 실외 쪽으로 개방	5.8
A_2	외여닫이문으로 실내 쪽으로 개방	5.4
A_3	외여닫이문으로 실외 쪽으로 개방	5.8
A_4	쌍여닫이문	9.6
A_5	외여닫이문으로 실내 쪽으로 개방	5.4
A_6	외여닫이문으로 실외 쪽으로 개방	5.8

- 실내에는 스프링클러설비가 설치되어 있으며, 부속실에 유지하고자 하는 압력은 최소 차압을 적용할 것

18 | 문제 |

제연설비가 설치된 평면도를 참고하여 A실을 급기 가압할 경우 A실에 유입시켜야 할 풍량[CMM]을 계산하시오.

- 실 외부 대기의 기압은 절대압력으로 101,300[Pa]로서 일정하다.
- A실에 유지하고자 하는 기압은 절대압력으로 101,400[Pa]이다.
- 각 실 출입문의 틈새면적은 0.01[m²]이다.

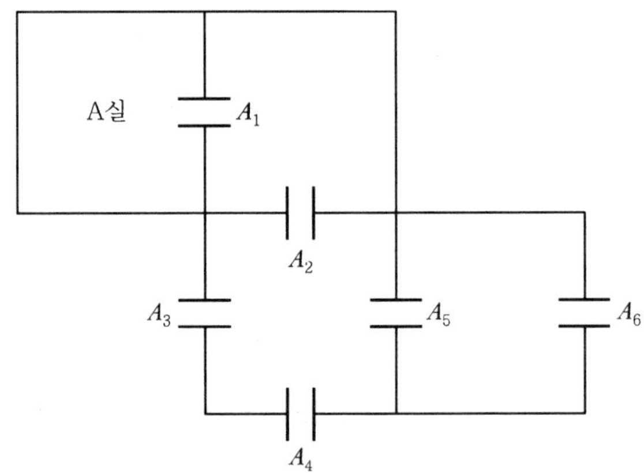

Check **누설량**

$$Q = 0.827 \times A_t \times P^{\frac{1}{n}}$$

여기서, Q : 누설되는 공기의 양[m³/s]
A_t : 누설틈새 면적의 합[m²]
P : 차압[Pa]
n : 개구부 계수(출입문 또는 큰 문 : 2, 작은 문 또는 창문 : 1.6)

19 ▮문제▮

도면에서 ㉮실을 급기 가압하는 경우 옥외와의 압력차가 50[Pa]이 되기 위한 급기량[m³/s]을 계산하시오.

- 급기량 $Q = 0.827 \times A_t \times \sqrt{P_1 - P_2}$ 로 계산할 것
- 그림에서 A_1, A_2, A_3, A_4는 닫힌 출입문으로 공기 누설틈새면적은 모두 0.01[m²]이다.(Q : 급기량[m³/s], A : 틈새면적[m²], P_1, P_2 : 급기 가압실 실내 · 외의 기압[Pa])

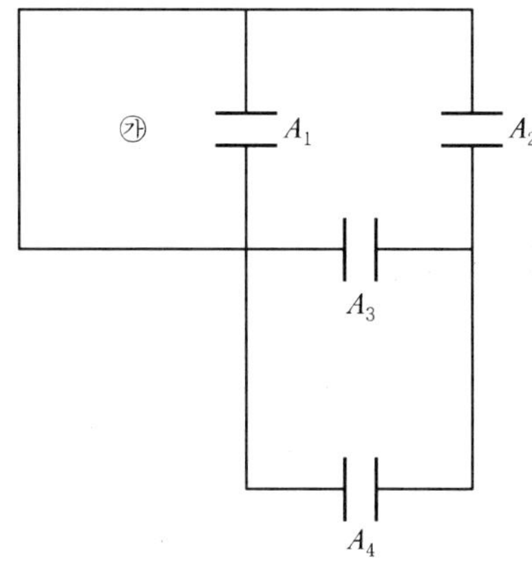

20 | 문제 |

누설면적 0.02[m²]의 출입문이 있는 실 A와 누설면적 0.005[m²]의 창문이 있는 실 B가 도면과 같이 연결되어 있는 경우, 실 A에 360[CMH]의 급기량을 가할 경우 실 A와 외부와의 차압[Pa]을 계산하시오.(단, 각 실의 누설량은 동일하다.)

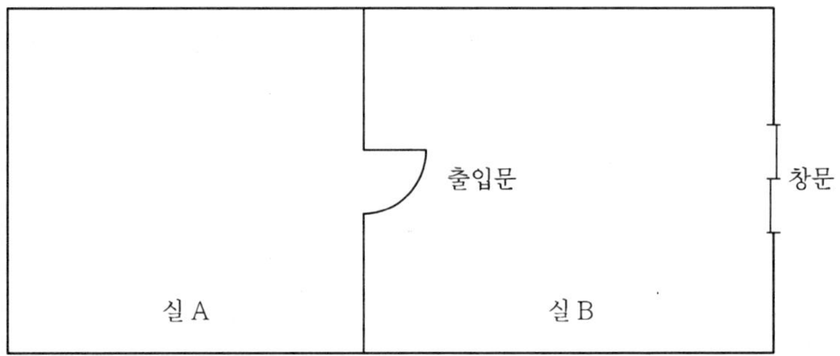

Check **누설량**

$$Q = 0.827 \times A_t \times P^{\frac{1}{n}}$$

여기서, Q : 누설되는 공기의 양[m³/s]

A_t : 누설틈새 면적의 합[m²]

P : 차압[Pa]

n : 개구부 계수(출입문 또는 큰 문 : 2, 작은 문 또는 창문 : 1.6)

21 ❙ 문제 ❙

그림과 같은 건물의 특별피난계단 부속실에 제연설비를 설치하는 경우 조건을 참고하여 다음 물음에 답하시오.

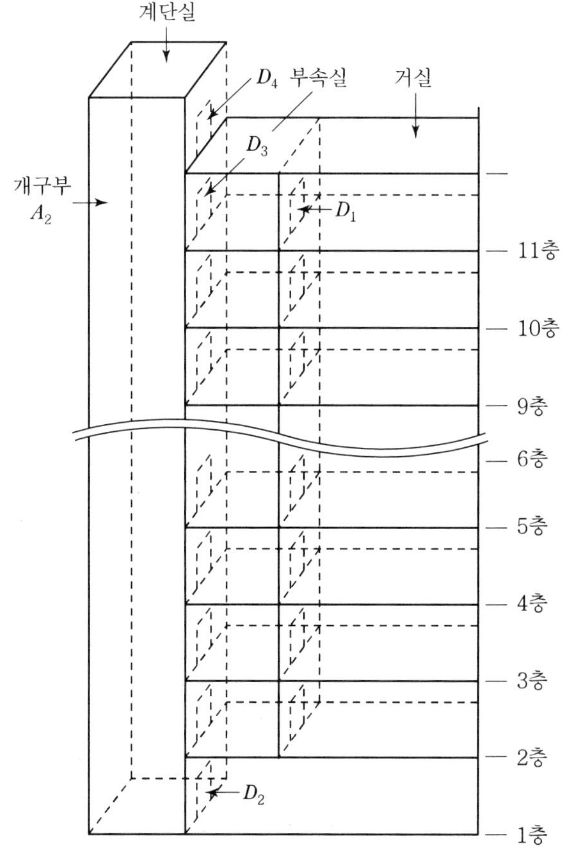

- 계단실과 옥상 사이 출입문(D_4)의 누설틈새면적 : 0.04[m^2]
- 부속실과 계단실 사이 출입문(D_3)의 누설틈새면적 : 0.02[m^2](2~11층)
- 부속실과 거실 사이 출입문(D_1)의 누설틈새면적 : 0.01[m^2](2~11층)
- 계단실과 1층 거실 사이 출입문(D_2)의 누설틈새면적 : 0.06[m^2]
- 계단실 개구부 면적 : 1[m^2]
- 옥상을 제외한 층수가 11층인 건물로 부속실 단독제연방식이다.
- 각 급기구에서 부속실로 유입되는 공기의 풍속 : 5[m/s] 이하
- 각 부속실에서 방연풍속을 유지하기 위한 보충량 : 2[m^3/s]
- 거실에는 스프링클러설비가 설치되어 있으며, 누설틈새 여유율은 1.25이다.

❶ 부속실의 총 누설면적[m^2]을 계산하시오.

❷ 제연구역에 대한 급기량[m^3/s]을 계산하시오.

❸ 각 층에서의 급기량[m^3/s]과 급기구의 크기[m^2]를 계산하시오.

22 | 문제 |

특별피난계단의 계단실 및 부속실 제연설비의 화재안전기술기준 및 다음 조건을 참조하여 각 물음에 답하시오.

〈 조건 〉

구분	조건
풍량	• 업무시설로서 층수는 20층이고, 층별 누설량은 500[m³/hr], 보충량은 5,000[m³/hr]이다. • 풍량 산정은 화재안전기술기준에서 정하는 최소 풍량으로 계산한다. • 소수점은 둘째 자리에서 반올림하여 첫째 자리까지 구한다.
정압	• 흡입 루버의 압력강하량 : 150[Pa] • System effect(흡입) : 50[Pa] • System effect(토출) : 50[Pa] • 수평덕트의 압력강하량 : 250[Pa] • 수직덕트의 압력강하량 : 150[Pa] • 자동차압댐퍼의 압력강하량 : 250[Pa] • 송풍기 정압은 10[%] 여유율로 하고 기타 조건은 무시한다. • 단위환산은 표준대기압 조건으로 한다. • 소수점은 둘째 자리에서 반올림하여 첫째 자리까지 구한다.
전동기	• 효율은 55[%]이고, 전달계수는 1.1이다. • 상기 풍량, 정압 조건만 반영한다. • 소수점은 둘째 자리에서 반올림하여 첫째 자리까지 구한다.

1 송풍기의 풍량[m^3/hr]을 산정하시오.

2 송풍기 정압을 산정하여 [mmAq]로 표기하시오.

3 송풍기 구동에 필요한 전동기 용량 [kW]을 계산하시오.

23 | 문제 |

특별피난계단 부속실 제연설비의 수직풍도가 담당하는 1개 층 제연구역의 출입문 1개의 면적이 2[m²], 방연풍속이 0.7[m/s]일 경우 다음 물음에 알맞게 답하시오.

1 자연배출식의 경우 수직풍도의 길이가 150[m]일 경우 그 내부 단면적[m²]을 계산하시오.
2 송풍기를 이용한 기계배출식인 경우 수직풍도의 내부 단면적[m²]을 계산하시오.
3 기계배출식에 따라 송풍하는 경우 배출용 송풍기의 풍량[m³/s]을 계산하시오.(여유량은 송풍기 풍량의 10[%]를 적용할 것)

참고 **수직풍도 내부단면적(A_P)**

자연 배출식		기계 배출식
수직풍도의 길이가 100[m] 이하	수직풍도의 길이가 100[m]를 초과	
$A_P = \frac{Q_N}{2}[\mathrm{m}^2]$	$A_P = \frac{Q_N}{2} \times 1.2[\mathrm{m}^2]$	$A_P = \frac{Q_N}{15}[\mathrm{m}^2]$

$Q_N = A \times V\ [\mathrm{m}^3/\mathrm{s}]$

여기서, A : 제연구역 출입문 1개의 면적[m²], V : 방연풍속[m/s]

Check **배출용 송풍기 적합기준**

기계배출식에 따라 배출하는 경우 배출용 송풍기는 다음 각 목의 기준에 적합할 것

가. 열기류에 노출되는 송풍기 및 그 부품들은 250[℃]의 온도에서 1시간 이상 가동상태를 유지할 것
나. 송풍기의 풍량은 제4호 가목의 기준에 따른 Q_N에 여유량을 더한 양을 기준으로 할 것
다. 송풍기는 화재감지기의 동작에 따라 연동하도록 할 것
라. 송풍기의 풍량을 실측할 수 있는 유효한 조치를 할 것
마. 송풍기는 다른 장소와 방화구획되고 접근과 점검이 용이한 장소에 설치할 것

※ Q_N : 수직풍도가 담당하는 1개 층의 제연구역의 출입문(옥내와 면하는 출입문을 말한다.) 1개의 면적[m²]과 방연풍속[m/s]를 곱한 값[m³/s]

24 | 문제 |

다음 조건을 참고하여 연돌효과에 의해 발생하는 압력차[Pa]를 계산하시오.

- 건물 외부온도는 0[℃], 내부온도는 30[℃]이다.
- 건물 높이는 100[m]이며, 중성대는 건물의 중앙에 위치한다.
- 중성대 상부와 하부의 개구부 면적은 동일하다고 가정한다.

25 | 문제 |

화재실 출입문 상부와 하부의 누설틈새가 같을 경우, 출입문 상부의 압력[Pa]을 계산하시오.(단, 화재 실 온도는 600[℃]이며, 대기온도는 25[℃]이고, 출입문 높이는 2[m]이다.)

26 ❙ 문제 ❙

다음 물음에 답하시오. 관22회

1 아래 그림은 정상류가 형성되는 제연송풍기의 상류 측 덕트 단면이다. 다음 조건에 따른 물음에 답하시오.

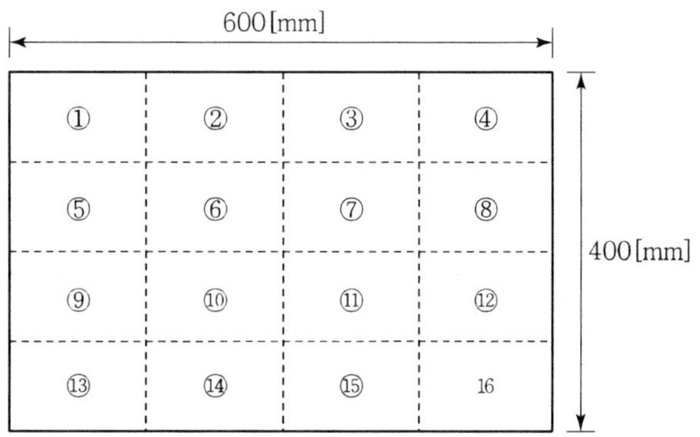

〈 조건 〉

- 덕트 단면의 크기는 600[mm]×400[mm]이며, 제연송풍기 풍량을 피토관을 이용하여 동일면적 분할법(폭방향 4개점, 높이방향 4개점으로 총 16개점)으로 측정한다.
- 그림에 나타낸 ①~⑯은 장방형 덕트 단면의 측정점 위치이다.
- 측정위치 ⑥, ⑦, ⑩, ⑪에서 전압과 정압의 차이는 모두 86.4[Pa]이고 ②, ③, ⑤, ⑧, ⑨, ⑫, ⑭, ⑮에서 모두 38.4[Pa]이며 ①, ④, ⑬, ⑯에서 모두 21.6[Pa]이다.
- 덕트마찰계수 $f=0.01$, 유체밀도 $\rho=1.2$[kg/m^3], 덕트지름은 수력지름(Hydraulic Diameter) 수식을 활용한다.
- 계산 값은 소수점 넷째 자리에서 반올림하여 소수점 셋째 자리까지 구한다.
- 기타 조건은 무시한다.

① 제연송풍기의 풍량[m^3/hr]을 구하시오.

② 덕트 내 평균 풍속[m/s]을 구하시오.

③ 달시－바이스바흐(Darcy－Weisbach) 식을 이용하여 단위길이당 덕트마찰손실[Pa/m]을 구하시오.

2 아래 그림과 같이 구획된 3개의 거실에서 각 거실 A, B, C의 예상제연구역에 대한 최저 배출량[m^3/hr]을 각각 구하시오.

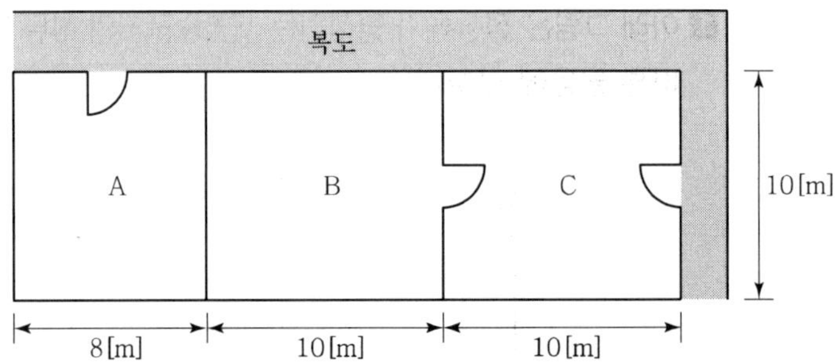

3 고층건축물의 화재안전기술기준상 피난안전구역에 설치하는 소방시설 설치기준에서 제연설비 설치기준을 쓰시오.

실전문제

27 | 문제 |

지하 3층, 지상 30층인 계단식 아파트에 연결송수관설비를 설치하려고 한다. 가압송수 장치로 펌프 방식을 설치한 경우 전동기 용량[kW]을 계산하시오.(단, 층별 방수구는 3개, 펌프에서 최상층 방수구까지의 높이는 90[m], 배관 및 호스의 마찰손실수두는 낙차의 30[%], 효율은 70[%], $K=1.1$을 적용한다.)

Check 연결송수관설비의 가압송수장치

❶ 설치대상

지표면에서 최상층 방수구의 높이가 70[m] 이상인 특정소방대상물

❷ 펌프의 토출량

층별 방수구의 수	펌프 토출량	
	계단식 아파트	일반 대상
3개 이하인 경우	1,200[l/min] 이상	2,400[l/min] 이상
4개인 경우	1,600[l/min] 이상	3,200[l/min] 이상
5개 이상인 경우	2,000[l/min] 이상	4,000[l/min] 이상

❸ 펌프의 양정

$$H[m] = H_1 + H_2 + H_3 + H_4$$

여기서, H_1 : 건물의 실양정[m]
H_2 : 배관의 마찰손실수두[m]
H_3 : 호스의 마찰손실수두[m]
H_4 : 노즐선단의 방사압 환산수두(=35[m])

28 | 문제 |

지상 15층의 건물에 단상 교류 220[V]의 비상콘센트가 층 별로 2개씩 설치된 경우 다음 물음에 답하시오.

1 건물에 설치하여야 하는 비상콘센트의 전체 설치개수와 전원회로 수를 계산하시오.

2 전원회로의 공급용량[VA]과 간선의 최대 부하전류[A]를 계산하시오.(단, 역률은 90[%]이다.)

Check **비상콘센트설비의 전원회로**

❶ 비상콘센트설비의 전원회로는 단상교류 220[V]인 것으로서, 그 공급용량은 1.5[kVA] 이상인 것으로 할 것

❷ 전원회로는 각 층에 2 이상이 되도록 설치할 것. 다만, 설치하여야 할 층의 비상콘센트가 1개인 때에는 하나의 회로로 할 수 있다.

❸ 전원회로는 주배전반에서 전용회로로 할 것. 다만, 다른 설비의 회로의 사고에 따른 영향을 받지 아니 하도록 되어 있는 것은 그러하지 아니하다.

❹ 전원으로부터 각 층의 비상콘센트에 분기되는 경우에는 분기배선용 차단기를 보호함 안에 설치할 것

❺ 콘센트마다 배선용 차단기(KS C 8321)를 설치하여야 하며, 충전부가 노출되지 아니하도록 할 것

❻ 개폐기에는 "비상콘센트"라고 표시한 표지를 할 것

❼ 비상콘센트용의 풀박스 등은 방청도장을 한 것으로서, 두께 1.6[mm] 이상의 철판으로 할 것

❽ 하나의 전용회로에 설치하는 비상콘센트는 10개 이하로 할 것. 이 경우 전선의 용량은 각 비상콘센트(비상콘센트가 3개 이상인 경우에는 3개)의 공급용량을 합한 용량 이상의 것으로 하여야 한다.

29 ❙ 문제 ❙

비상콘센트설비의 화재안전기술기준 등을 참고하여 다음 물음에 답하시오. 관17회

업무시설로서 층당 바닥면적은 1,000[m^2]이며, 층수가 25층인 특정소방대상물에 특별피난계단이 2개소일 경우 비상콘센트의 회로 수, 설치개수 및 전선의 허용전류[A]를 구하시오.(단, 수평거리에 따른 설치는 무시하며, 전선관은 수직으로 설치되어 있으며, 허용전류는 25[%] 할증을 고려한다.)

30 ❙ 문제 ❙

소방용 장비 용량이 3[kW], 역률이 65[%]인 장비를 비상콘센트에 접속하여 사용하고자 한다. 층수가 25층인 특정소방대상물의 각 층 층고는 4[m]이며, 비상콘센트(비상콘센트용 풀박스)는 화재안전기술기준에서 허용하는 가장 낮은 위치에 설치하고, 1층의 비상콘센트용 풀박스로부터 수전설비까지의 거리가 100[m]일 경우 전선의 단면적[mm^2]을 구하시오.(단, 전압강하는 정격전압의 10[%]로 하고, 최상층 기준으로 한다.) 관17회

PART

09

기타

CHAPTER 01 도로터널

1) 설치방법

소방시설	터널 조건	설치방법	설치높이
소화기	3차로 이하	주행 차로 우측 측벽에 50[m] 이내의 간격으로 2개 이상	바닥면으로부터 1.5[m] 이하
	4차로 이상	양쪽 측벽에 각각 50[m] 이내의 간격으로 엇갈리게 2개 이상	
소화전함과 방수구 (옥내소화전설비)	3차로 이하	주행 차로 우측 측벽에 50[m] 이내의 간격	설치된 벽면의 바닥면으로부터 1.5[m] 이하
	4차로 이상	양쪽 측벽에 각각 50[m] 이내의 간격으로 엇갈리게	
발신기 (비상경보 설비 · 자탐설비)	3차로 이하	주행 차로 우측 측벽에 50[m] 이내의 간격	바닥면으로부터 0.8[m] 이상 1.5[m] 이하
	4차로 이상	양쪽 측벽에 각각 50[m] 이내의 간격으로 엇갈리게	
시각경보기		주행 차로 한쪽 측벽에 50[m] 이내의 간격	비상경보설비 상부 직근
방수구 (연결송수관설비)		50[m] 이내의 간격	옥내소화전함에 병설하거나 독립적으로 터널 출입구 부근과 피난 연결 통로
비상콘센트 (비상콘센트설비)		주행 차로 우측 측벽에 50[m] 이내의 간격	바닥으로부터 0.8[m] 이상 1.5[m] 이하
무전기접속단자 (무통설비)		방재실 · 터널 입구 및 출구 · 피난연결통로	

2) 설치개수

① **한쪽 측벽** : 소화기(×2), 옥내소화전설비 소화전함과 방수구, 발신기, 시각경보기, 연결송수관설비 방수기구함, 비상콘센트

$N=\frac{L}{50}-1$(L : 터널길이)

② **양쪽 측벽(엇갈리게)** : 소화기(×2), 옥내소화전설비 소화전함과 방수구, 발신기

$N=\frac{L}{50}\times 2-1$(L : 터널길이)

3) 소방시설별 기준

① **수원**

㉠ 옥내소화전설비 **관12회**

$Q=2\times 190[l/\text{min}]\times 40[\text{min}]$ 이상(3차로 이하)

$=3\times 190 l/\text{min}]\times 40[\text{min}]$ 이상(4차로 이상)

㉡ 물분무소화설비

$Q=A\text{m}^2\times 6[l/\text{min}\cdot\text{m}^2]\times 3$구역 $\times 40[\text{min}]$ 이상

($A[\text{m}^2]=25\times$ 폭)

② **방수압력 · 방수량**

구 분	방수압력[MPa]	방수량[l/min]
옥내소화전설비	0.35	190
연결송수관설비	0.35	400

③ **비상전원**

구 분	용량
옥내소화전설비	40분 이상
물분무소화설비	40분 이상
비상조명등설비	60분 이상
제연설비	60분 이상

CHAPTER 02 일반건축물과 고층건축물의 소화설비 비교

1) 옥내소화전설비

<table>
<tr><th>구분</th><th>30층 미만</th><th colspan="2">30층 이상</th><th>비고</th></tr>
<tr><td rowspan="2">유효 수량</td><td rowspan="2">$N \times 2.6[m^3]$ 이상</td><td>30층 이상 49층 이하</td><td>$N \times 5.2[m^3]$ 이상</td><td rowspan="2">N : 최대 5개</td></tr>
<tr><td>50층 이상</td><td>$N \times 7.8[m^3]$ 이상</td></tr>
<tr><td>펌프 방식</td><td>겸용 가능</td><td colspan="2">전용(겸용 불가)</td><td></td></tr>
<tr><td rowspan="2">주배관</td><td rowspan="2">겸용 가능</td><td>30층 이상 49층 이하</td><td>전용(겸용 불가)</td><td rowspan="2">연결송수관 설비와 겸용 가능</td></tr>
<tr><td>50층 이상</td><td>전용(겸용 불가)
수직배관 2개 이상</td></tr>
<tr><td rowspan="2">비상 전원</td><td rowspan="2">20분 이상</td><td>30층 이상 49층 이하</td><td>40분 이상</td><td rowspan="2"></td></tr>
<tr><td>50층 이상</td><td>60분 이상</td></tr>
</table>

참고 **옥상수원 설치면제**

<table>
<tr><td>일반 건축물</td><td>① 지하층만 있는 건축물
② 고가수조를 가압송수장치로 설치한 옥내소화전설비
③ 수원이 건축물의 최상층에 설치된 방수구보다 높은 위치에 설치된 경우
④ 건축물의 높이가 지표면으로부터 10[m] 이하인 경우
⑤ 주 펌프와 동등 이상의 성능이 있는 별도의 펌프로서 내연기관의 기동과 연동하여 작동되거나 비상전원을 연결하여 설치한 경우
⑥ 제5조 제1항 제9호 단서에 해당하는 경우
⑦ 가압수조를 가압송수장치로 설치한 옥내소화전설비</td></tr>
<tr><td>고층 건축물</td><td>① 고가수조를 가압송수장치로 설치한 옥내소화전설비
② 수원이 건축물의 최상층에 설치된 방수구보다 높은 위치에 설치된 경우</td></tr>
</table>

⑥ 학교 · 공장 · 창고시설(제4조 제2항에 따라 옥상수조를 설치한 대상은 제외한다.)로서 동결의 우려가 있는 장소에 있어서는 기동스위치에 보호판을 부착하여 옥내소화전함 내에 설치할 수 있다.

2) 스프링클러설비

구분	30층 미만	30층 이상	
유효수량	$N \times 1.6[m^3]$ 이상	30층 이상 49층 이하	$N \times 3.2[m^3]$ 이상
		50층 이상	$N \times 4.8[m^3]$ 이상
펌프방식	겸용 가능	전용(겸용 불가)	
주배관	겸용 가능	30층 이상 49층 이하	전용(겸용 불가)
		50층 이상 ① 수직배관 2개 이상 ② 각각의 수직배관에 유수검지장치 설치 ③ 헤드는 2개 이상의 가지배관 양방향에서 소화용수가 공급, 수리계산	
경보방식	• 2층 이상 : 발화층, 그 직상층 • 1층 : 발화층, 그 직상층, 지하층 • 지하층 : 발화층, 그 직상층, 기타 지하층	• 2층 이상 : 발화층, 그 직상4개층 • 1층 : 발화층, 그 직상 4개층, 지하층 • 지하층 : 발화층, 그 직상층, 기타 지하층	
비상전원	20분 이상	30층 이상 49층 이하	40분 이상
		50층 이상	60분 이상

참고 **옥상수원 설치면제**

구분	내용
일반 건축물	① 지하층만 있는 건축물 ② 고가수조를 가압송수장치로 설치한 스프링클러설비 ③ 수원이 건축물의 최상층에 설치된 헤드보다 높은 위치에 설치된 경우 ④ 건축물의 높이가 지표면으로부터 10[m] 이하인 경우 ⑤ 주펌프와 동등 이상의 성능이 있는 별도의 펌프로서 내연기관의 기동과 연동하여 작동되거나 비상전원을 연결하여 설치한 경우 ⑥ 가압수조를 가압송수장치로 설치한 스프링클러설비
고층 건축물	① 고가수조를 가압송수장치로 설치한 스프링클러설비 ② 수원이 건축물의 최상층에 설치된 헤드보다 높은 위치에 설치된 경우

CHAPTER 03 소화기 수량 산출

1) 기본 수량

소화기 설치 수 $N = \frac{\text{소요단위}}{\text{능력단위}}$

① 소요단위 계산(특정소방대상물별 소화기구의 능력단위기준[별표 3])

관12, 14, 17회

소요단위 $N' = \frac{\text{용도별 바닥면적}}{\text{기준면적}}$

특정소방대상물	소화기구의 능력단위
위락시설	바닥면적 30[m^2]마다 능력단위 1단위 이상
공연장 · 집회장 · 관람장 · 문화재 · 장례식장 및 의료시설	바닥면적 50[m^2]마다 능력단위 1단위 이상
근린생활시설 · 판매시설 · 운수시설 · 숙박시설 · 노유자시설 · 전시장 · 공동주택 · 업무시설 · 방송통신시설 · 공장 · 창고시설 · 항공기 및 자동차 관련 시설 및 관광휴게시설	바닥면적 100[m^2]마다 능력단위 1단위 이상
그 밖의 것	바닥면적 200[m^2]마다 능력단위 1단위 이상

참고 **기준면적 2배**

주요 구조부가 내화구조이고 벽 및 반자의 실내에 면하는 부분이 불연재료 · 준불연재료 · 난연재료로 된 경우

② 감소기준 : 소화설비 또는 대형소화기가 설치된 경우 관17회

- 소화설비가 설치된 경우 : 소요단위 수의 $\frac{2}{3}$ 감소($\frac{1}{3}$만 설치)

  ☞ 소화설비 : 옥내소화전설비 · 스프링클러설비 · 물분무등소화설비 · 옥외소화전설비

- 대형소화기가 설치된 경우 : 소요단위 수의 $\frac{1}{2}$ 감소($\frac{1}{2}$만 설치)

참고 **감소기준을 적용할 수 없는 특정소방대상물** 관17회

층수가 11층 이상인 부분, 근린생활시설, 위락시설, 문화 및 집회시설, 운동시설, 판매시설, 운수시설, 숙박시설, 노유자시설, 의료시설, 아파트, 업무시설(무인변전소를 제외한다), 방송통신시설, 교육연구시설, 항공기 및 자동차 관련 시설, 관광 휴게시설

③ 소요단위를 구한 후 능력단위에 맞는 소화기 수량 산출

2) 추가 수량

① 부속용도별로 추가(별표 4 적용)

② 각 층이 2 이상의 거실로 구획된 경우

- 바닥면적 33[m²] 이상으로 구획된 각 거실(다중이용업소 : 영업장 안의 구획된 실마다)
- 아파트는 각 세대

3) 주의사항

① 각 층에 대하여 "해당 용도별"로 소요단위 수를 산정할 것

② 2개 이상의 용도가 복합된 경우 각각의 용도별로 산정할 것

▼ **[별표 4] 부속용도별로 추가하여야 할 소화기구** 관14회

용도별	소화기구의 능력단위
1. 다음 각목의 시설. 다만, 스프링클러설비 · 간이스프링클러설비 · 물분무등소화설비 또는 상업용주방자동소화장치가 설치된 경우에는 자동확산소화기를 설치하지 아니 할 수 있다. 가. 보일러실(아파트의 경우 방화구획된 것을 제외한다) · 건조실 · 세탁소 · 대량화기취급소 나. 음식점(지하가의 음식점을 포함한다) · 다중이용업소 · 호텔 · 기숙사 · 노유자 시설 · 의료시설 · 업무시설 · 공장 · 장례식장 · 교육연구시설 · 교정 및 군사시설의 주방 다만, 의료시설 · 업무시설 및 공장의 주방은 공동취사를 위한 것에 한한다. 다. 관리자의 출입이 곤란한 변전실 · 송전실 · 변압기실 및 배전반실(불연재료로된 상자안에 장치된 것을 제외한다) 라. 지하구의 제어반 또는 분전반	1. 해당 용도의 바닥면적 25[m²]마다 능력단위 1단위 이상의 소화기로 하고, 그 외에 자동확산소화기를 바닥면적 10[m²] 이하는 1개, 10[m²] 초과는 2개를 설치할 것. 2. 나목의 주방의 경우, 1호에 의하여 설치하는 소화기중 1개 이상은 주방화재용 소화기(K급)를 설치하여야 한다.

<table>
<tr><th colspan="4">용도별</th><th>소화기구의 능력단위</th></tr>
<tr><td colspan="4">2. 발전실 · 변전실 · 송전실 · 변압기실 · 배전반실 · 통신기기실 · 전산기기실 · 기타 이와 유사한 시설이 있는 장소. 다만, 제1호 다목의 장소를 제외한다.</td><td>해당 용도의 바닥면적 50[m²] 마다 적응성이 있는 소화기 1개 이상 또는 유효설치방호체적 이내의 가스 · 분말 · 고체에어로졸자동소화장치, 캐비닛형자동소화장치(다만, 통신기기실 · 전자기기실을 제외한 장소에 있어서는 교류 600[V] 또는 직류750[V] 이상의 것에 한한다)</td></tr>
<tr><td colspan="4">3. 위험물안전관리법시행령 별표 1에 따른 지정수량의 1/5 이상 지정수량 미만의 위험물을 저장 또는 취급하는 장소</td><td>능력단위 2단위 이상 또는 유효설치방호체적 이내의 가스 · 분말 · 고체에어로졸 자동소화장치, 캐비닛형자동소화장치</td></tr>
<tr><td colspan="2" rowspan="2">4. 소방기본법시행령 별표 2에 따른 특수가연물을 저장 또는 취급하는 장소</td><td colspan="2">소방기본법시행령 별표 2에서 정하는 수량 이상</td><td>소방기본법시행령 별표 2에서 정하는 수량의 50배 이상마다 능력단위 1단위 이상</td></tr>
<tr><td colspan="2">소방기본법시행령 별표 2에서 정하는 수량의 500배 이상</td><td>대형소화기 1개 이상</td></tr>
<tr><td colspan="2" rowspan="2">5. 고압가스안전관리법 · 액화석유 가스의 안전관리 및 사업법 및 도시가스사업법에서 규정하는 가연성 가스를 연료로 사용하는 장소</td><td colspan="2">액화석유가스 기타 가연성 가스를 연료로 사용하는 연소기기가 있는 장소</td><td>각 연소기로부터 보행거리 10[m] 이내에 능력단위 3단위 이상의 소화기 1개 이상. 다만, 상업용주방자동소화장치가 설치된 장소는 제외한다.</td></tr>
<tr><td colspan="2">액화석유가스 기타 가연성 가스를 연료로 사용하기 위하여 저장하는 저장실(저장량 300[kg] 미만은 제외한다)</td><td>능력단위 5단위 이상의 소화기 2개 이상 및 대형소화기 1개 이상</td></tr>
<tr><td rowspan="6">6. 고압가스 안전관리법 · 액화석유가스의 안전관리 및 사업법 또는 도시가스사업법에서 규정하는 가연성가스를 제조하거나 연료외의 용도로 저장 · 사용하는 장소</td><td rowspan="6">저장하고 있는 양 또는 1개월동안 제조 · 사용하는 양</td><td rowspan="2">200[kg] 미만</td><td>저장하는 장소</td><td>능력단위 3단위 이상의 소화기 2개 이상</td></tr>
<tr><td>제조 · 사용하는 장소</td><td>능력단위 3단위 이상의 소화기 2개 이상</td></tr>
<tr><td rowspan="2">200[kg] 이상 300[kg] 미만</td><td>저장하는 장소</td><td>능력단위 5단위 이상의 소화기 2개 이상</td></tr>
<tr><td>제조 · 사용하는 장소</td><td>바닥면적 50[m²]마다 능력단위 5단위 이상의 소화기 1개 이상</td></tr>
<tr><td rowspan="2">300[kg] 이상</td><td>저장하는 장소</td><td>대형소화기 2개 이상</td></tr>
<tr><td>제조 · 사용하는 장소</td><td>바닥면적 50[m²]마다 능력단위 5단위 이상의 소화기 1개 이상</td></tr>
</table>

※ 비고

액화석유가스 · 기타 가연성가스를 제조하거나 연료외의 용도로 사용하는 장소에 소화기를 설치하는 때에는 해당 장소 바닥면적 50[m²] 이하인 경우에도 해당 소화기를 2개 이상 비치하여야 한다.

01 ❙문제❙

도로터널 화재안전기술기준과 조건을 참조하여 물음에 답하시오. 관12회

- 편도 일방향 4차선 도로터널이다.
- 터널의 길이는 2,500[m]이다.

1. 터널에 설치하는 옥내소화전설비에서 방수구 최소 설치수량 및 수원량[m^3]을 구하시오.
2. 터널에 설치하는 옥내소화전설비, 연결송수관설비의 노즐 선단 방수압력[MPa], 방수량[l/min]을 쓰시오.
3. 터널 내의 최소 경계구역의 수와 적용 가능한 화재감지기 3가지를 쓰시오. (단, 경계구역은 다른 설비와의 연동은 없다.)
4. 터널 내 비상콘센트 최소 설치수량을 산정하고 설치기준을 쓰시오.

02 ▌문제▌

도로터널의 화재안전기술기준에 대하여 아래 조건에 따라 다음 물음에 답하시오.

관21회

〈 조 건 〉

- 제연설비 설계화재강도의 열량으로 5분 동안 화재가 진행되었다.
- 소화수 및 주위온도는 20[℃]에서 400[℃]로 상승하였다.
- 물의 비중은 1, 물의 비열은 4.18[kJ/kg℃], 물의 증발잠열은 2,253.02[kJ/kg], 대기압은 표준대기압, 수증기의 비열은 1.85[kJ/kg℃]
- 동력은 3상, 380[V] 30[kW]
- 효율은 0.8, 전달계수는 1.2, 전양정은 25[m]
- 계산 값은 소수점 셋째 자리에서 반올림하여 소수점 둘째 자리까지 구하시오.
- 기타 조건은 무시한다.

1 물분무소화설비가 작동하여 소화수가 방사되는 경우 수원의 용량(m^3)을 구하시오.(단, 방사된 소화수와 생성된 수증기의 40[%]만 냉각소화에 이용되는 것으로 가정한다.)

2 방사된 수원을 보충하기 위해 필요한 최소시간(s)을 구하시오.

03 | 문제 |

지하 5층(주차장), 지상 50층(계단식 아파트, 각 층당 4세대)에 고층건축물의 화재안전기술기준을 적용하여 소방시설을 설치하려고 한다. 다음 물음에 답하시오.

- 지상층의 층간 높이 3[m], 바닥 기준면에서 반자까지 높이 2.5[m]
- 소화펌프에서 1층 바닥까지 높이 20[m]
- 층당 옥내소화전 설치 수 : 지상층 – 2개, 지하층 – 4개
- 옥내소화전 방수구 높이 1[m]
- 스프링클러헤드 수 : 각 세대 – 8개, 지하층 – 30개
- 배관압력손실

  ✔ 최상층 옥내소화전까지 마찰손실수두 : 8[m]
  ✔ 최상층 스프링클러헤드까지의 배관마찰손실수두 : 10[m]
  ✔ 옥내소화전 호스 및 노즐의 마찰손실수두 : 2[m]

- 소화설비가 설치된 부분은 방화벽과 방화문으로 구획되어 있고 화재는 각 세대에서 동시에 발생하지 않는다고 가정한다.

1 소화펌프(주 펌프)의 양정[m] 및 토출량[m^3/min]을 계산하시오.
2 소화용 보유수량[m^3]을 계산하시오.(단, 옥상수원은 포함하지 아니할 것)

Check **옥내소화전설비 · 스프링클러설비**

구분	일반건축물(29층 이하)	고층건축물(30층 이상)
수원	옥내소화전설비+스프링클러설비	옥내소화전설비+스프링클러설비
토출량	옥내소화전설비+스프링클러설비	별도
전양정	최대	별도

04 ❙ 문제 ❙

바닥면적이 660[m^2]인 의료시설에 능력단위가 2단위의 소화기를 설치하고자 하는 경우 소화기 수량을 계산하시오.

- 주요구조부는 내화구조이고 실내의 마감재료는 난연재료이다.
- 보행거리에 따른 소화기의 추가 설치는 없는 것으로 한다.

05 ❙ 문제 ❙

스프링클러설비가 설치된 바닥면적 3,000[m^2]인 판매시설에 A급 3단위의 소형 수동식 소화기를 설치하고자 한다. 소요 능력단위와 필요한 소화기 수량을 계산하시오.(단, 주어지지 아니한 조건은 무시한다.)

06 | 문제 |

다음 조건의 특정소방대상물 각 층에 A급 2단위, B급 3단위, C급 적응성의 소화기를 설치하고자 한다. 소화기구 및 자동소화장치의 화재안전기술기준과 조건을 참고하여 물음에 알맞게 답하시오.(단, 보행거리에 따른 추가 배치는 없는 것으로 한다.)

- 지하 3층~지하 1층 : 주 용도는 주차장으로 층별 면적은 3,500[m^2]이며, 지하 3층의 바닥면적 중 발전기실 80[m^2], 변전실 250[m^2], 보일러실 200[m^2]로 구획되어 있다.
- 지상 1층~지상 5층 : 의료시설로서 층별 면적은 2,800[m^2]이다.
- 지상 6층~지상 33층 : 공동주택으로 각 층 540[m^2](4세대)이며 2세대별 각각 피난계단과 비상용승강기(부속실 겸용)가 있으며, 세대별 면적은 동일하고, 주방은 1개씩 설치되어 있다.
- 발전기실, 변전실을 제외한 전 층에는 옥내소화전설비와 스프링클러설비가 설치되어 있다.
- 주요 구조부는 내화구조이고, 내장재는 불연재료로 되어 있다.

1. 지하 3층~지하 1층에 층별로 설치하는 소화기 수량을 주 용도, 부속 용도별로 구분하여 산출하시오.
2. 지상 1층~지상 5층에 설치하여야 하는 소화기 전체 수량을 산출하시오.
3. 지상 6층~지상 33층에 설치하는 소화기 전체 수량을 종류별로 산출하시오.

07 | 문제 |

화재안전기술기준 및 아래 조건에 따라 다음에 대하여 답하시오. 관18회

〈조 건〉

- 두 개의 동으로 구성된 건축물로서 A동은 50층의 아파트, B동은 11층의 오피스텔, 지하층은 공용으로 사용된다.
- A동과 B동은 완전구획하지 않고 하나의 소방대상물로 보며, 소방시설은 각각 별개 시설로 구성한다.
- 지하층은 5개 층으로 주차장, 기계실 및 전기실로 구성되었으며 지하층의 소방시설은 B동에 연결되어 있다.
- A동, B동의 층고는 2.8[m]이며, 바닥 면적은 30[m]×20[m]으로 동일하다.
- 지하층의 층고는 3.5[m]이며, 바닥 면적은 80[m]×60[m]이다.
- 옥내소화전설비의 방수구는 화재안전기술기준상 바닥으로부터 가장 높이 설치되어 있으며, 바닥 등 콘크리트 두께는 무시한다.
- 고가수조의 크기는 8[m]×6[m]×6[m](H)이며 각 동 옥상 바닥에 설치되어 있다.
- 수조의 토출구는 물탱크와 바닥에 위치한다.
- 계산 시 $\pi = 3.14$ 이며 소수점 3자리에서 반올림하여 2자리까지 구한다.
- 주어진 조건 외에는 고려하지 않는다.

1 옥내소화전설비를 장방형으로 배치한 경우, A동과 B동의 최소 수원[m^3]을 각각 구하시오.

2 스프링클러설비가 설치된 경우, 아파트와 오피스텔의 최소 수원[m^3]을 각각 구하시오.

3 B동 고가수조의 소화용수가 자연낙차에 따라 지하 5층 옥내소화전 방수구로 방수되는 데 소요되는 최소시간[s]을 구하시오.

08 | 문제 |

다음 계통도 및 조건을 보고 물음에 답하시오. 관22회

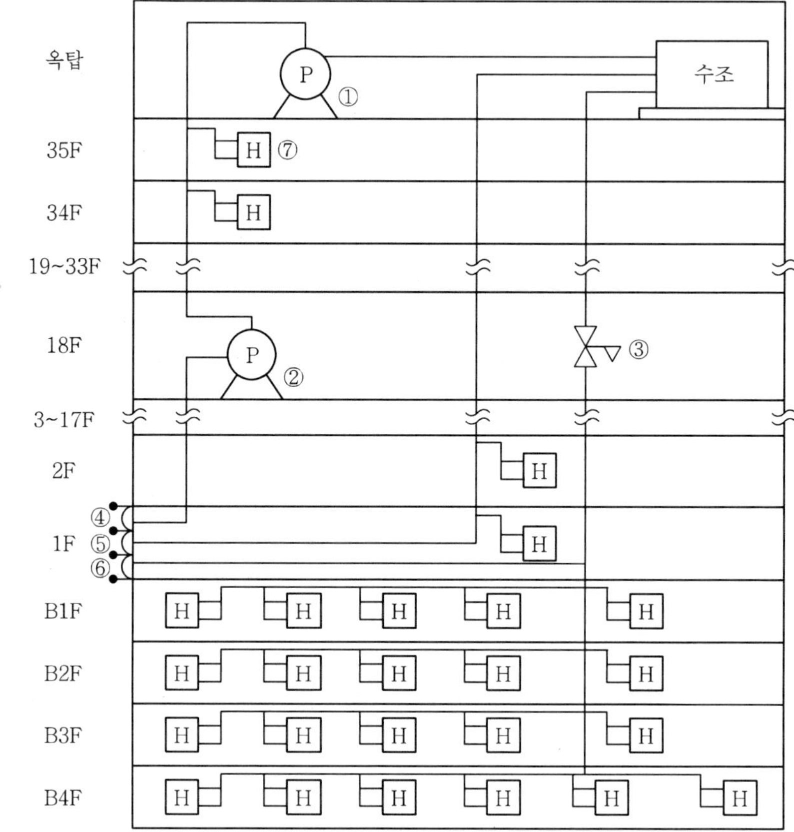

[범례]		
①	(P)	옥내소화전 주펌프
②	(P)	연결송수관설비 가압펌프
③	(감압밸브 기호)	저층부 옥내소화전 감압밸브
④	(송수구 기호)	연결송수관설비 흡입 측 송수구
⑤	(송수구 기호)	중층부 옥내소화전 및 연결송수관설비 겸용 송수구
⑥	(송수구 기호)	저층부 옥내소화전 및 연결송수관설비 겸용 송수구
⑦	H	옥내소화전

〈 조건 〉

- 지하 4층/지상 35층 주상복합 건축물로 각 층의 높이는 3[m]로 동일함
- 송수구는 지상 1층 바닥으로부터 1[m] 높이에 설치됨
- 옥내소화전 설치개수는 지상 1층~지상 35층 각 층 1개, 지하 1층~지하 3층 각 층 5개, 지하 4층 6개임
- 옥내소화전설비 고층부는 펌프방식이고 중층부, 저층부는 고가수조방식이며 저층부 구간은 지하 1층에서 지하 4층까지임
- 옥내소화전 및 연결송수관 설비의 배관 및 부속류 마찰손실은 낙차의 30[%]를 적용함
- 펌프의 효율은 50[%], 전달계수는 1.1을 적용함
- 옥내소화전 방수구는 바닥으로부터 1[m] 높이, 연결송수관설비 방수구는 바닥으로부터 0.5[m] 높이에 설치됨
- 펌프와 바닥 사이 및 수조와 바닥 사이 높이는 무시함
- 옥내소화전 호스 마찰손실수두는 7[m], 연결송수관설비 호스 마찰손실수두는 3[m]
- 감압밸브는 바닥으로부터 1[m] 높이에 설치됨
- 수두 10[m]는 0.1[MPa]로 함
- 계산값은 소수점 넷째 자리에서 반올림하여 소수점 셋째 자리까지 구함
- 기타 조건은 무시함

1 수조의 최소 수원의 양[m^3]과 고층부의 필요한 최소 동력[kW]을 구하시오.

2 고가수조방식으로 적용 가능한 중층부의 가장 높은 층을 구하시오.

3 지상 18층에 설치된 감압밸브 2차 측 압력을 0[MPa]로 설정했다면, 지하 1층의 옥내소화전 노즐선단에서 방수압력[MPa]을 구하시오.

4 연결송수관설비 흡입 측 송수구에서 소방차 인입압력이 0.7[MPa]이다. 이때 연결송수관설비 가압송수장치에 필요한 최소 동력[kW]을 구하시오.

5 지상 10층과 지하 4층에 필요한 최소 연결송수관설비 송수구 압력[MPa]을 각각 구하시오.

6 옥내소화전에 사용하는 가압송수장치 4가지 방식을 쓰시오.

PART

10

과년도 기출문제

CHAPTER 01 제13회 기출문제(소방시설의 설계 및 시공)

01 **방호대상물로서 모피창고, 서고 및 에탄올 저장창고에 고압식 전역방출방식의 이산화탄소 소화설비를 아래 조건에 따라 설치하려고 한다. 다음 각 물음에 답하시오.**

- 모피창고의 크기는 $8[\mathrm{m}]\times 6[\mathrm{m}]\times 3[\mathrm{m}]$이며, 개구부의 크기는 $2[\mathrm{m}]\times 1[\mathrm{m}]$이고 자동폐쇄장치가 설치되어 있다. 모피창고의 설계농도는 75[%]이다.
- 서고의 크기는 $5[\mathrm{m}]\times 6[\mathrm{m}]\times 3[\mathrm{m}]$이며, 개구부의 크기는 $1[\mathrm{m}]\times 1[\mathrm{m}]$이고 자동폐쇄장치가 없다. 서고의 설계농도는 65[%]이다.
- 에탄올 저장창고의 크기는 $5[\mathrm{m}]\times 4[\mathrm{m}]\times 2[\mathrm{m}]$이며, 개구부의 크기는 $1[\mathrm{m}]\times 1.5[\mathrm{m}]$이고, 자동폐쇄장치가 설치되어 있다. 에탄올의 보정계수는 1.2이다.
- 충전비는 1.511이고 저장용기의 내용적은 $68[l]$이다.
- 하나의 집합관에 3개의 선택밸브가 설치되어 있다.

1 모피창고 및 서고의 최소 소화약제 저장량[kg]을 각각 구하시오.

2 에탄올 저장창고의 최소 소화약제 저장량[kg]을 구하시오.

3 저장용기 1병당 소화약제 저장량[kg]을 구하시오.

4 각 방호대상물의 최소 소화약제 저장용기 개수와 저장 용기실에 설치할 최소 소화약제 저장용기 개수를 각각 구하시오.

5 모피창고 및 에탄올 저장창고의 산소농도가 10[%]일 때 이산화탄소의 농도[%]와 모피창고 및 에탄올 저장창고에 필요한 이산화탄소 방출체적 $[\mathrm{m}^3]$을 각각 구하시오.(다만, 방호구역에 방출되는 이산화탄소는 유출되지 않는다고 가정한다.)

해설

1 모피창고 및 서고의 최소 소화약제 저장량[kg]

① 모피창고

$$W = \text{기본량} + \text{가산량} = V\times K_1 = 8\times 6\times 3\times 2.7 = 388.8[\mathrm{kg}]$$

② 서고

$$W = \text{기본량} + \text{가산량} = (V\times K_1)+(A\times K_2)$$
$$= (5\times 6\times 3\times 2)+(1\times 1\times 10) = 190[\mathrm{kg}]$$

해답 모피창고 $W = 388.8[\mathrm{kg}]$, 서고 $W = 190[\mathrm{kg}]$

2 에탄올 저장창고의 최소 소화약제 저장량[kg]

$W =$ 기본량 $\times$ 보정계수 $= (V \times K_1) \times N = 45 \times 1.2 = 54$[kg]

기본량 $W' = V \times K_1 = 5 \times 4 \times 2 \times 1 = 40$[kg]

$\therefore W' = 45$($\because$ 최저 한도량 미만이므로)

해답 $W = 54$[kg]

3 저장용기 1병당 소화약제 저장량[kg]

충전비 $C = \dfrac{V}{G}$ 에서,

$$G = \frac{V}{C} = \frac{68}{1.511} = 45.033 \quad \therefore 45[\text{kg}]$$

해답 $G = 45$[kg]

4 각 방호대상물의 최소 소화약제 저장용기 개수와 저장 용기실에 설치할 최소 소화약제 저장용기 개수

① 각 방호대상물의 최소 소화약제 저장용기 개수

㉠ 모피창고 $N = \dfrac{\text{저장량[kg]}}{\text{1병당 저장량[kg]}} = \dfrac{388.8}{45} = 8.64 \quad \therefore 9$병

㉡ 서고 $N = \dfrac{\text{저장량[kg]}}{\text{1병당 저장량[kg]}} = \dfrac{190}{45} = 4.22 \quad \therefore 5$병

㉢ 에탄올 저장창고 $N = \dfrac{\text{저장량[kg]}}{\text{1병당 저장량[kg]}} = \dfrac{54}{45} = 1.2 \quad \therefore 2$병

② 저장 용기실에 설치할 최소 소화약제 저장용기 개수 : 9병

해답 ① 각 방호대상물의 저장용기 개수

모피창고 $N = 9$병, 서고 $N = 5$병, 에탄올 저장창고 $N = 2$병

② 저장 용기실에 설치할 저장용기 개수 $N = 9$병

5 이산화탄소의 농도[%]와 방출체적[m^3]

① 농도

$$C = \frac{21 - O_2}{21} \times 100 = \frac{21 - 10}{21} \times 100 = 52.38[\%]$$

② 방출체적

㉠ 모피창고 $V = \frac{21 - O_2}{O_2} \times V' = \frac{21 - 10}{10} \times 144 = 158.4[m^3]$

㉡ 에탄올 저장창고 $V = \frac{21 - O_2}{O_2} \times V' = \frac{21 - 10}{10} \times 40 = 44[m^3]$

해답 ① 농도 $C = 52.38[\%]$

② 방출체적 : 모피창고 $V = 158.4[m^3]$, 에탄올 저장창고 $V = 44[m^3]$

02 다음 조건을 보고 각 물음에 답하시오.

- 예상제연구역인 거실의 바닥면적 : A =40[m]×22.5[m]=900[m²]
- 제연경계 하단까지의 수직거리 : 3.2[m]
- 거실 대각선거리 : 45.9[m]
- 팬의 효율 : 50[%]
- 전압 : 65[mmAq]
- 배출기 흡입 측의 풍도 높이 : 600[mm]

1 배출량$[m^3/min]$을 구하시오.

2 전동기 용량[kW]을 구하시오.(다만, 전달계수는 1.2이다.)

3 흡입 측 풍도의 최소 폭[mm]을 구하시오.

4 흡입 측 풍도의 강판 두께[mm]를 구하시오.

해설

1 배출량$[m^3/min]$: 단독제연방식

$$Q = \frac{65,000[m^3/hr]}{60[min/hr]} = 1,083.33[m^3/min]$$

대규모 거실(400[m²] 이상) 제연경계로 구획(직경 40[m] 초과 · 수직거리 3[m] 초과)

해답 $Q = 1,083.33[m^3/min]$

2 전동기 용량[kW]

$$P = \frac{P_t \times Q}{102 \times 60 \times \eta} \times K = \frac{65 \times 1,083.33}{102 \times 60 \times 0.5} \times 1.2 = 27.614 \quad \therefore 27.61[kW]$$

① P_t(전압) $= 65[mmAq] = 65[kg_f/m^2]$

② Q(풍량) $= \dfrac{65,000}{60} = 1,083.33[m^3/min]$

③ η(효율) $= 0.5$

④ K(전달계수) $= 1.2$

해답 $P = 27.61[kW]$

❸ 흡입 측 풍도의 최소 폭[mm]

풍도 폭 $L_1 = \dfrac{\text{풍도 단면적 } A[m^2]}{\text{풍도 높이 } L_2[m]} = \dfrac{1.2}{0.6} = 2[m] = 2,000[mm]$

$\therefore L_1 = 2,000[mm]$

① 풍도 단면적 $A = \dfrac{\text{배출량}[m^3/s]}{\text{풍속}[m/s]} = \dfrac{\frac{65,000}{3,600}}{15} = 1.203 \quad \therefore 1.2[m^2]$

② 풍속 $V = 15[m/s]$(흡입 측 풍도)

③ 풍도 높이 $L_2 = 600[mm] = 0.6[m]$

해답 $L_1 = 2,000[mm]$

❹ 흡입 측 풍도의 강판 두께[mm]

풍도 단면의 긴 변이 1,500[mm] 초과 2,250[mm] 이하이므로, 강판 두께는 1.0[mm]이다.

03 미분무 소화설비에 대한 다음 물음에 알맞게 답하시오.

1 미분무소화설비의 폐쇄형 미분무 헤드의 표시온도가 79[℃]일 때 그 설치 장소의 평상시 최고주위온도[℃]를 구하시오.

2 다음 조건을 참고하여 미분무소화설비의 수원 저장량[m^3]을 구하시오.

• 방호구역 내 헤드 개수 : 30개	• 헤드 1개당 설계유량 : 50[l/min]
• 설계방수시간 : 1시간	• 배관의 총 체적 : 0.07[m^3]

3 시각경보기(소비전류 250[mA]) 5개를 수신기로부터 각각 40[m] 간격으로 병렬로 설치하였을 때 마지막 시각경보기에 공급되는 전압[V]을 계산하시오.(단, 전선의 단면적은 2[mm^2], 수신기에서 공급 전압은 DC 24[V], 다른 조건은 무시한다.)

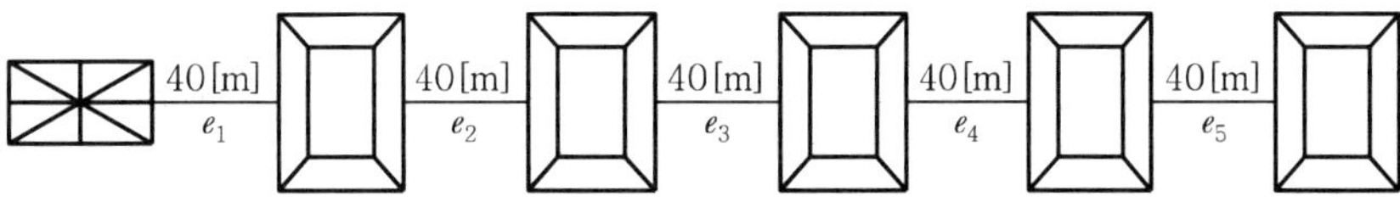

4 옥내소화전설비에서의 내화배선 공사방법을 쓰시오.(단, 내화전선, MI케이블을 사용하는 경우는 제외한다.)

해설

1 최고주위온도[℃]

$T_a = 0.9T_m - 27.3 = 0.9 \times 79 - 27.3 = 43.8$[℃]

해답 최고주위온도 $T_a = 43.8$[℃]

2 수원[m^3]

$Q = NDTS + V = 30 \times 0.05 \times 60 \times 1.2 + 0.07 = 108.07$[$m^3$]

해답 수원 $Q = 108.07$[m^3]

3 (1) 전압강하 $e = \dfrac{35.6LI}{1{,}000A}$[V]

(2) 각 선로에 발생하는 전압강하 계산

① $e_1 = \dfrac{35.6LI}{1{,}000A} = \dfrac{35.6 \times 40 \times (250 \times 5 \times 10^{-3})}{1{,}000 \times 2} = 0.89$[V]

② $e_2 = \dfrac{35.6LI}{1{,}000A} = \dfrac{35.6 \times 40 \times (250 \times 4 \times 10^{-3})}{1{,}000 \times 2} = 0.712[\text{V}]$

③ $e_3 = \dfrac{35.6LI}{1{,}000A} = \dfrac{35.6 \times 40 \times (250 \times 3 \times 10^{-3})}{1{,}000 \times 2} = 0.534[\text{V}]$

④ $e_4 = \dfrac{35.6LI}{1{,}000A} = \dfrac{35.6 \times 40 \times (250 \times 2 \times 10^{-3})}{1{,}000 \times 2} = 0.356[\text{V}]$

⑤ $e_5 = \dfrac{35.6LI}{1{,}000A} = \dfrac{35.6 \times 40 \times (250 \times 1 \times 10^{-3})}{1{,}000 \times 2} = 0.178[\text{V}]$

(3) 마지막 시각경보기에 공급되는 전압 계산

$V = V_S - e_1 - e_2 - e_3 - e_4 - e_5$

$= 24 - 0.89 - 0.712 - 0.534 - 0.356 - 0.178$

$= 21.33[\text{V}]$

해답 전압 $V = 21.33[\text{V}]$

4 금속관 · 2종 금속제 가요전선관 또는 합성수지관에 수납하여 내화구조로 된 벽 또는 바닥 등에 벽 또는 바닥의 표면으로부터 25[mm] 이상의 깊이로 매설하여야 한다. 다만, 다음 각 목의 기준에 적합하게 설치하는 경우에는 그러하지 아니하다.

① 내화성능을 갖는 배선전용실 또는 배선을 배선용 샤프트 · 피트 · 덕트 등에 설치하는 경우

② 배전전용실 또는 배선용 샤프트 · 피트 · 덕트 등에 다른 설비의 배선이 있는 경우에는 이로 부터 15[cm] 이상 떨어지게 하거나 소화설비의 배선과 이웃 설비의 배선 사이에 배선지름(배선의 지름이 다른 경우에는 가장 큰 것을 기준으로 한다.)의 1.5배 이상 높이의 불연성 격벽을 설치하는 경우

CHAPTER 02 제14회 기출문제(소방시설의 설계 및 시공)

01 다음 각 물음에 답하시오.

1 다음 조건의 특정소방대상물 각 층에 A급 2단위, B급 3단위, C급 적응성의 소화기를 설치하고자 한다. 소화기구 및 자동소화장치의 화재안전기술기준과 조건을 참고하여 물음에 알맞게 답하시오.(단, 보행거리에 따른 추가 배치는 없는 것으로 한다.)

- 지하 3층~지하 1층 : 주 용도는 주차장으로 층별 면적은 3,500[m^2]이며, 지하 3층의 바닥면적 중 발전기실 80[m^2], 변전실 250[m^2], 보일러실 200[m^2]로 구획되어 있다.
- 지상 1층~지상 5층 : 의료시설로서 층별 면적은 2,800[m^2]이다.
- 지상 6층~지상 33층 : 공동주택으로 각 층 540[m^2](4세대)이며 2세대별 각각 피난계단과 비상용승강기(부속실 겸용)가 있으며, 세대별 면적은 동일하고, 주방은 1개씩 설치되어 있다.
- 발전기실, 변전실을 제외한 전 층에는 옥내소화전설비와 스프링클러설비가 설치되어 있다.
- 주요 구조부는 내화구조이고, 내장재는 불연재료로 되어 있다.

① 지하 3층~지하 1층에 층별로 설치하는 소화기 수량을 주 용도, 부속 용도별로 구분하여 산출하시오.

② 지상 1층~지상 5층에 설치하여야 하는 소화기 전체 수량을 산출하시오.

③ 지상 6층~지상 33층에 설치하는 소화기 전체 수량을 종류별로 산출하시오.

2 다음 조건을 참고하여 ⓑ지점에서의 압력[Pa]을 구하시오.

- 스프링클러설비의 소화수 5,200[l/min]가 입상배관을 통해 "ⓐ" 지점에서 13[m] 위에 있는 "ⓑ" 지점으로 송수된다.
- "ⓐ" 지점에서의 배관내경은 80[mm]이며, 설치된 압력계의 압력은 5[kg/cm^2]이다.
- "ⓑ" 지점에서 배관내경은 65[mm]이며, "ⓐ" 지점에서 "ⓑ" 지점까지 배관 및 관부속품의 전체 마찰손실수두는 13[m]이다.

3 다음 그림과 같이 화살표 방향으로 "가" 지점에서 "나" 지점으로 1,250[l/min]의 소화수가 흐르고 있다. "가", "나" 사이의 분기관 내경이 65[mm]라고 할 때, 각 분기관에 흐르는 유량[l/min]을 계산하시오.(배관은 스테인리스 강관이며, 엘보 1개의 상당길이는 2.5[m]로 하고, 분기되는 두 지점 사이의 마찰손실은 무시한다)

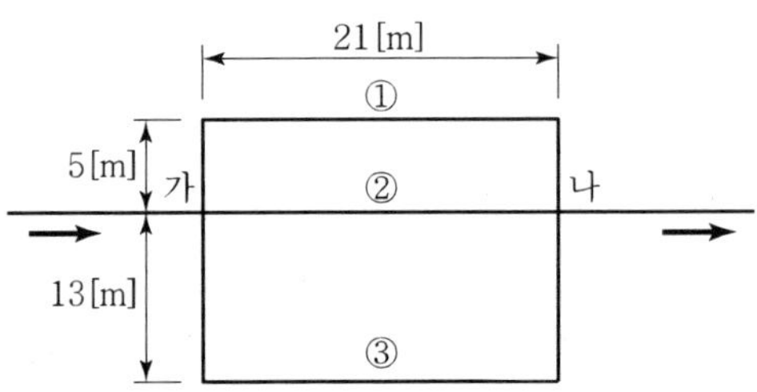

4 펌프에 직결된 전동기(Motor)에 공급되는 전원의 주파수가 50[Hz]이며, 전동기의 극수는 4극, 펌프의 전양정이 110[m], 펌프의 토출량은 180[l/s], 펌프 운전 시 미끄럼률(Slip)이 3[%]인 전동기가 부착된 편흡입 1단, 편흡입 2단 및 양흡입 1단 펌프의 비속도를 각각 계산하시오.

해설

1 ① 지하 3층, 지하 2층, 지하 1층 : 바닥면적 3,500[m²]

㉠ 주 용도 : 주차장(항공기 및 자동차 관련 시설)

- 해당 용도의 바닥면적 100[m²]마다 능력단위 1단위 이상
- 기준면적 : 200[m²](주요 구조부가 내화구조이며, 불연재료)
- $\text{소요단위} = \dfrac{\text{바닥면적}}{\text{기준면적}} = \dfrac{3,500}{200} = 17.5 \quad \therefore 18\text{단위}$
- 감소 기준을 적용하지 아니한다.
- 층별 소화기 수량

$$\text{설치개수} = \frac{\text{소요단위}}{\text{능력단위}} = \frac{18}{3} = 6 \quad \therefore 6\text{개}$$

해답 6개

㉡ 부속용도 : 지하 3층(발전기실, 변전실, 보일러실)

- 발전기실 : 해당 용도의 바닥면적 50[m²]마다 적응성 있는 소화기 1개 이상

$$\text{설치개수} = \frac{\text{바닥면적}}{\text{기준면적}} = \frac{80}{50} = 1.6 \quad \therefore 2\text{개}$$

- 변전실 : 해당 용도의 바닥면적 50[m²]마다 적응성 있는 소화기 1개 이상

$$\text{설치개수} = \frac{\text{바닥면적}}{\text{기준면적}} = \frac{250}{50} = 5 \quad \therefore 5\text{개}$$

- 보일러실 : 해당 용도의 바닥면적 25[m²]마다 능력단위 1단위 이상의 소화기(스프링클러설비가 설치되어 있으므로 자동확산소화기는 설치하지 않는다.)

  $\text{소요단위} = \dfrac{\text{바닥면적}}{\text{기준면적}} = \dfrac{200}{25} = 8 \quad \therefore 8\text{단위}$

  $\text{설치개수} = \dfrac{\text{소요단위}}{\text{능력단위}} = \dfrac{8}{3} = 2.67 \quad \therefore 3\text{개}$

해답 발전기실 : 2개, 변전실 : 5개, 보일러실 : 3개

② 지상 1층~지상 5층 : 의료시설, 바닥면적 2,800[m²]

㉠ 해당 용도의 바닥면적 50[m²]마다 능력단위 1단위 이상

㉡ 기준면적 : 100[m²](주요 구조부가 내화구조이며, 불연재료)

㉢ $\text{소요단위} = \dfrac{\text{바닥면적}}{\text{기준면적}} = \dfrac{2,800}{100} = 28 \quad \therefore 28\text{단위}$

㉣ 감소 기준을 적용하지 아니한다.

㉤ 층별 소화기 수량

$\text{설치개수} = \dfrac{\text{소요단위}}{\text{능력단위}} = \dfrac{28}{2} = 14 \quad \therefore 14\text{개}$

㉥ 전체 수량

$N = 14 \times 5 = 70 \quad \therefore 70\text{개}$

해답 70개

③ 지상 6층~지상 33층 : 공동주택, 각 층 540[m²](4세대)

㉠ 주방용 자동소화장치 수량

- 각 세대별 주방이 1개이므로 세대별 1개씩 설치할 것
- $N = 4\text{개} \times 28\text{층} = 112 \quad \therefore 112\text{개}$

해답 112개

㉡ 소화기 수량

- 기본수량 : 해당 용도의 바닥면적 100[m²]마다 능력단위 1단위 이상

  ⓐ 기준면적 : 200[m²](주요 구조부가 내화구조이며, 불연재료)

  ⓑ $\text{소요단위} = \dfrac{\text{바닥면적}}{\text{기준면적}} = \dfrac{270}{200} = 1.35$

  $\therefore$ 2단위(2세대 기준) $\qquad \therefore$ 층별 4단위

  ⓒ 감소 기준을 적용하지 아니한다.

  ⓓ 층별 소화기 수량

  $N = \dfrac{\text{소요단위}}{\text{능력단위}} = \dfrac{4}{2} = 2 \quad \therefore 2\text{개}$

ⓔ 전체 수량

$N = 2 \times 28 = 56 \quad \therefore 56$개

- 추가수량 : 각 세대별 1개씩 배치하므로, 층당 4개씩 추가

$N = 4$개 $\times 28$층 $= 112 \quad \therefore 112$개

- 전체수량=56+112=168개

해답 168개

2 (1) "ⓐ" 지점과 "ⓑ" 지점 사이에 베르누이방정식을 적용하면,

$$\frac{P_a}{\gamma} + \frac{V_a^{\ 2}}{2g} + Z_a - H_L = \frac{P_b}{\gamma} + \frac{V_b^{\ 2}}{2g} + Z_b$$

$$\frac{P_b}{\gamma} = \frac{P_a}{\gamma} + \frac{V_a^{\ 2} - V_b^{\ 2}}{2g} + Z_a - Z_b - H_L$$

여기서, P_a, P_b : 압력[Pa]

γ : 비중량[N/m³](물의 비중량=9,800[N/m³])

V_1, V_2 : 유속[m/s]

g : 중력가속도(9.8[m/s²])

Z_a, Z_b : 위치수두[m]

H_L : 마찰손실수두[m]

① $P_a = \dfrac{5[\text{kg/cm}^2]}{1.0332[\text{kg/cm}^2]} \times 101,325[\text{Pa}] = 490,345.53[\text{Pa}]$

② $V_a = \dfrac{Q}{A_a} = \dfrac{\dfrac{5.2}{60}[\text{m}^3/\text{s}]}{\dfrac{\pi}{4} \times 0.08^2[\text{m}^2]} = 17.241 \quad \therefore 17.24[\text{m/s}]$

③ $V_b = \dfrac{Q}{A_b} = \dfrac{\dfrac{5.2}{60}[\text{m}^3/\text{s}]}{\dfrac{\pi}{4} \times 0.065^2[\text{m}^2]} = 26.117 \quad \therefore 26.12[\text{m/s}]$

④ $Z_a = 0[\text{m}]$, $Z_b = 13[\text{m}]$

⑤ $H_L = 13[\text{m}]$

(2) P_2 "ⓑ" 지점의 압력 P_b 계산

$\dfrac{P_b}{\gamma} = \dfrac{P_a}{\gamma} + \dfrac{V_a^{\ 2} - V_b^{\ 2}}{2g} + Z_a - Z_b - H_L$에서 양변에 비중량 γ를 곱하면

$$P_b = P_a + \gamma \times \left(\frac{V_a^{\ 2} - V_b^{\ 2}}{2g} + Z_a - Z_b - H_L \right)$$

$$= 490,345.53[\mathrm{Pa}] + 9,800[\mathrm{N/m^3}]$$

$$\times \left(\frac{(17.24[\mathrm{m/s}])^2 - (26.12[\mathrm{m/s}])^2}{2 \times 9.8[\mathrm{m/s^2}]} + 0[\mathrm{m}] - 13[\mathrm{m}] - 13[\mathrm{m}] \right)$$

$$= 43,027.13[\mathrm{Pa}]$$

해답 "ⓑ" 지점의 압력 : 43,027.13[Pa]

3 (1) 연속방정식

$$Q = Q_1 + Q_2 + Q_3 = 1,250[\mathrm{L/mim}]$$

(2) 에너지 보존의 법칙

$\Delta P_1 = \Delta P_2 = \Delta P_3$에서

$$6.05 \times 10^4 \times \frac{Q_1^{\ 1.85}}{C^{1.85} \times d^{4.87}} \times L_1 = 6.05 \times 10^4 \times \frac{Q_2^{\ 1.85}}{C^{1.85} \times d^{4.87}} \times L_2$$

$$= 6.05 \times 10^4 \times \frac{Q_3^{\ 1.85}}{C^{1.85} \times d^{4.87}} \times L_3$$

$$Q_1^{\ 1.85} \times L_1 = Q_2^{\ 1.85} \times L_2 = Q_3^{\ 1.85} \times L_3$$

(3) 각 분기배관의 배관길이(직관길이 및 관부속물의 상당길이)

$$L_1 = 5\mathrm{m} + 21\mathrm{m} + 5\mathrm{m} + 2.5\mathrm{m} + 2.5\mathrm{m} = 36\mathrm{m}$$

$$L_2 = 21\mathrm{m}$$

$$L_3 = 13\mathrm{m} + 21\mathrm{m} + 13\mathrm{m} + 2.5\mathrm{m} + 2.5\mathrm{m} = 52\mathrm{m}$$

$$\therefore\ 36Q_1^{\ 1.85} = 21Q_2^{\ 1.85} = 52Q_3^{\ 1.85}$$

(4) 분기배관의 유량 $Q_1 \cdot Q_2 \cdot Q_3$

1) Q_1과 Q_2의 관계식에서

$$Q_2^{\ 1.85 \times \frac{1}{1.85}} = \left(\frac{36}{21} \right)^{\frac{1}{1.85}} Q_1^{\ 1.85 \times \frac{1}{1.85}}$$

$$Q_2 = 1.3382Q_1$$

2) Q_1과 Q_3의 관계식에서

$$Q_3^{\ 1.85 \times \frac{1}{1.85}} = \left(\frac{36}{52} \right)^{\frac{1}{1.85}} Q_1^{\ 1.85 \times \frac{1}{1.85}}$$

$$Q_3 = 0.8197Q_1$$

여기서, $Q = Q_1 + Q_2 + Q_3$ 이므로,

$1,250[l/\text{min}] = Q_1 + 1.3382Q_1 + 0.8197Q_1$

$Q_1 = \dfrac{1,250[l/\text{min}]}{(1 + 1.3382 + 0.8197)} = 395.83[l/\text{min}]$

$Q_2 = 1.3382Q_1 = 1.3382 \times 395.83 = 529.699 \quad \therefore 529.7[l/\text{min}]$

$Q_3 = 1,250 - (395.83 + 529.7) = 324.47[l/\text{min}]$

해답 $Q_1 = 395.83[l/\text{min}]$
$Q_2 = 529.7[l/\text{min}]$
$Q_3 = 324.47[l/\text{min}]$

4 (1) **편흡입 1단 펌프**

$$N_s = \frac{N\sqrt{Q}}{\left(\frac{H}{n}\right)^{\frac{3}{4}}} = \frac{1,455 \times \sqrt{10.8}}{110^{\frac{3}{4}}} = 140.776[\text{rpm}, \text{m}^3/\text{min}, \text{m}]$$

① 임펠러 회전속도 $N = \dfrac{120 \cdot f}{P}(1-s) = \dfrac{120 \times 50}{4} \times (1 - 0.03) = 1,455[\text{rpm}]$

② 토출량 $Q = 180 \times 10^{-3} \times 60 = 10.8[\text{m}^3/\text{min}]$

③ 전양정 $H = 110[\text{m}]$

(2) **편흡입 2단 펌프**

$$N_s = \frac{N\sqrt{Q}}{\left(\frac{H}{n}\right)^{\frac{3}{4}}} = \frac{1,455 \times \sqrt{10.8}}{55^{\frac{3}{4}}} = 236.757[\text{rpm}, \text{m}^3/\text{min}, \text{m}]$$

전양정 $H = 110 \div 2 = 55[\text{m}]$

(3) **양흡입 1단 펌프**

$$N_s = \frac{N\sqrt{Q}}{\left(\frac{H}{n}\right)^{\frac{3}{4}}} = \frac{1,455 \times \sqrt{5.4}}{110^{\frac{3}{4}}} = 99.544[\text{rpm}, \text{m}^3/\text{min}, \text{m}]$$

토출량 $Q = 180 \times 10^{-3} \times 60 \div 2 = 5.4[\text{m}^3/\text{min}]$

해답 편흡입 1단 펌프 $N_s = 140.78[\text{rpm}, \text{m}^3/\text{min}, \text{m}]$
편흡입 2단 펌프 $N_s = 236.76[\text{rpm}, \text{m}^3/\text{min}, \text{m}]$
양흡입 1단 펌프 $N_s = 99.54[\text{rpm}, \text{m}^3/\text{min}, \text{m}]$

02 다음 각 물음에 답하시오.

1 다음 조건을 참고하여 건축물에 자동화재탐지설비 설계 시 최소 경계구역 수를 계산하시오. (단, 모든 감지기는 광전식 스포트형 연기감지기 또는 차동식 스포트형 감지기로서 표준 감시거리 및 감지면적을 가진 감지기로 설치하고 자동식 소화설비경계구역은 제외한다.)

- 바닥면적 : 28[m]×42[m]=1,176[m^2]
- 연면적 : 1,176[m^2]×8개 층+300[m^2](옥탑층)=9,708[m^2]
- 층수 : 지하 2층, 지상 6층, 옥탑층
- 층고 : 4[m]
- 건물 높이 : 4[m] ×9개 층(지하 2층~옥탑층)=36[m]
- 주용도 : 판매시설
- 층별 부속용도
  - ✔ 지하 2층 : 주차장
  - ✔ 지하 1층 : 주차장 및 근린생활시설
  - ✔ 지상 1층~지상 6층 : 판매시설
  - ✔ 옥탑층 : 계단실, 엘리베이터 권상기실, 기계실, 물탱크실
- 직통계단 : 지하 2층~지상 6층 1개, 지하 2층~옥탑층 : 1개, 총 2개
- 엘리베이터 : 1개소

2 R형 자동화재탐지설비의 신호전송선로에 트위스트 쉴드선을 사용하는 이유와 트위스트 선로의 종류 및 원리를 설명하시오.

3 아래 조건을 참고하여 발전기 용량 P[kW]을 계산하시오.

부하의 종류	출력 [kW]	전부하 특성				시동 특성		시동 순서	비고
		역률 [%]	효율 [%]	입력 [kVA]	입력 [kW]	역률 [%]	입력 [kVA]		
비상조명등	8	100	–	8	8	–	8	1	
스프링클러펌프	45	85	88	60.1	51.1	40	140	2	$Y-\Delta$기동
옥내소화전펌프	22	85	86	30.1	25.6	40	46	3	$Y-\Delta$기동
제연급기팬	7.5	85	87	10.1	8.6	40	61		직입기동
합계	82.5	–	–	108.3	93.3	–	255		

- 발전기 용량 계산은 PG 방식을 적용하고, 고조파 부하는 고려하지 않음
- 기동방식에 따른 계수는 1.0을 적용
- 표준역률 : 0.8, 허용전압강하 : 25[%]
  발전기 리액턴스 : 20[%], 과부하 내량 : 1.2

4 금속마그네슘 화재에 대하여 다음 소화설비가 적응성이 없는 이유를 기술하고, 반응식을 쓰시오.

① 이산화탄소소화설비

② 물분무소화설비

해설

1 경계구역 N= 수평적 경계구역 + 수직적 경계구역 = 17 + 5 = 22 경계구역

① **수평적 경계구역**

㉠ 지하 2층 ~ 지상 6층 : 8개 층

- N= 층별 경계구역 × 층수 = 2 × 8 = 16 경계구역
- 층별 경계구역 $N=\dfrac{\text{바닥면적}}{\text{기준면적}}=\dfrac{1,176}{600}=1.96$ ∴ 2 경계구역

㉡ 옥탑층

경계구역 $N=\dfrac{\text{바닥면적}}{\text{기준면적}}=\dfrac{300}{600}=0.5$ ∴ 1 경계구역

㉢ 수평적 경계구역 N= 17 경계구역

② **수직적 경계구역**

㉠ 엘리베이터권상기실 1경계구역

㉡ 계단

- 계단 1(지하 2층 ~ 지상 6층) N= 2 경계구역

  지하층 $N=\dfrac{8}{45}=0.18$ ∴ 1경계구역

  지상층 $N=\dfrac{4\times6}{45}=0.53$ ∴ 1경계구역
- 계단 2(지하 2층~옥탑 층) N= 2경계구역

  지하층 $N=\dfrac{8}{45}=0.18$ ∴ 1경계구역

  지상층 $N=\dfrac{4\times7}{45}=0.62$ ∴ 1경계구역

㉢ 수직적 경계구역 N= 5경계구역

해답 N= 22경계구역

2 (1) 트위스트 쉴드선을 사용하는 이유

전자파 방해를 방지하기 위하여 쉴드선을 사용한다.

(2) 트위스트 선로의 종류

① 제어용 가교 폴리에틸렌 절연 비닐 시스 케이블(CVV-SB)

② 내열성 비닐절연, 내열성 비닐시스 제어용 케이블(H-CVV-SB)

③ 난연성 비닐절연 비닐시스 케이블(FR-CVV-SB)

(3) 트위스트 선로의 원리

① 신호선 2가닥을 서로 꼬아서 자계를 서로 상쇄시키도록 한다.

② 외부 Noise에 의해 내부에 자속이 발생하여도 차폐선의 심선이 서로 Twist되어 있기 때문에 자속은 서로 상쇄된다.

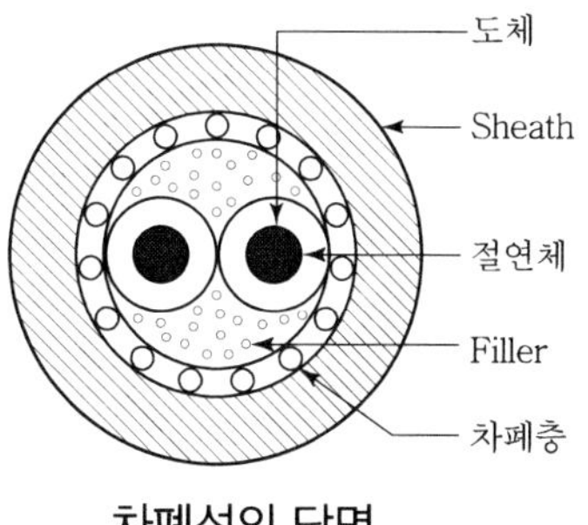

차폐선의 단면

차폐선의 내부 측면

3 (1) 비상 발전기의 용량은 다음 3가지 방법으로 계산한 것 중 가장 큰 용량으로 결정

① $PG_1 = \dfrac{\Sigma W_L \times L}{\cos\theta_G} = \dfrac{93.3 \times 1}{0.8} = 116.625[\text{kVA}]$

② $PG_2 = \dfrac{1-\Delta E}{\Delta E} \times X_d \times Q_L = \dfrac{1-0.25}{0.25} \times 0.2 \times 140 = 84[\text{kVA}]$

③ $PG_3 = \dfrac{\Sigma W_o + (Q_L \times \cos\theta_{QL})}{K \times \cos\theta_G} = \dfrac{51.1 + (140 \times 0.4)}{1.2 \times 0.8} = 111.563[\text{kVA}]$

(2) 발전기 용량 $P[\text{kW}]$

$P = PG_1 \times \cos\theta_G = 116.625 \times 0.8 = 93.3[\text{kW}]$

해답 발전기 용량 $P = 93.3[\text{kW}]$

4 (1) 이산화탄소와 마그네슘이 반응하면 많은 열과 가연성 물질의 탄소를 생성하므로 화재가 확대된다.

$2Mg + CO_2 \rightarrow 2MgO + C$

(2) 마그네슘(제2류 위험물)은 물과 접촉 시 가연성 가스인 수소(Hg)가 발생되어 화재가 확대되거나 폭발 분위기를 형성하게 된다.

$Mg + 2H_2O \rightarrow Mg(OH)_2 + H_2 \uparrow$

03 다음 각 물음에 답하시오.

1 청정소화약제 HCFC Blend－A 화학식과 조성비를 쓰시오.

2 실면적 300$[m^2]$, 층고 3.5$[m]$인 전기실에 IG－541 청정소화약제소화설비를 설치하려고 한다. 조건을 참고하여 각 물음에 알맞게 답하시오.

- IG－541 소화농도는 35.84이다.
- 전기실의 최소 예상온도 : 10[℃], 노즐에서 소화약제 방사 시 온도 : 20[℃]
- IG－541 저장용기는 1병당 80$[l]$, 충전압력은 19,995$[KPa]$이다.

① 소화약제량 산출식을 쓰고, 각 기호를 설명하시오.

② IG－541의 선형상수 K_1과 K_2를 구하시오.

③ IG－541의 소화약제량$[m^3]$을 구하시오.

④ IG－541의 최소 저장용기 수를 구하시오.

⑤ 선택밸브 통과 시 최소유량$[m^3/s]$을 구하시오.

3 자동소화장치 중 가스식 · 분말식 · 고체에어로졸식 자동소화장치의 설치기준을 쓰시오.

해설

1 (1) HCFC－123(CHCI2CF3) : 4.75[%]

(2) HCFC－22(CHCIF2) : 82[%]

(3) HCFC－124(CHCIFCF3) : 9.5[%]

(4) C10H16 : 3.75[%]

2 ① $X = 2.303 \log_{10} \dfrac{100}{100 - C} \times \dfrac{V_s}{S}$

여기서, X : 공간체적당 더해진 소화약제의 부피$[m^3/m^3]$

S : 소화약제별 선형상수$(K_1 + K_2 \times t)[m^3/kg]$

C : 체적에 따른 소화약제의 설계농도[%]

Vs : 20℃에서 소화약제의 비체적$[m^3/kg]$

t : 방호구역의 최소예상온도[℃]

② IG－541의 선형상수 K_1과 K_2

㉠ $K_1 = \dfrac{22.4}{\text{분자량}} = \dfrac{22.4}{34.08} = 0.6573[m^3/kg]$

IG − 541 분자량(N_2: 52[%], Ar: 40[%], CO_2: 8[%])

= 28×0.52 + 40×0.4 + 44×0.08 = 34.08[kg]

㉡ $K_2 = K_1 \times \frac{1}{273} = 0.6573 \times \frac{1}{273} = 0.0024[\mathrm{m^3/kg}]$

해답 $K_1 = 0.6573[\mathrm{m^3/kg}]$, $K_2 = 0.0024[\mathrm{m^3/kg}]$

③ IG − 541의 소화약제량[$\mathrm{m^3}$]

$$\text{약제량 } X = 2.303\log\left(\frac{100}{100 - C}\right) \times \frac{V_S}{S} \times V$$

$$= 2.303\log\left(\frac{100}{100 - 43.01}\right) \times \frac{0.7053}{0.6813} \times 1{,}050 = 611.32[\mathrm{m^3}]$$

㉠ V_S(20[℃]비체적) $= K_1 + K_2 \times t = 0.6573 + (0.0024 \times 20)$
$= 0.7053[\mathrm{m^3/kg}]$

㉡ S(10[℃]비체적) $= K_1 + K_2 \times t = 0.6573 + (0.0024 \times 10) = 0.6813[\mathrm{m^3/kg}]$

㉢ C(설계농도) = 소화농도 × 안전계수 = 35.84 × 1.2 = 43.01[%]

㉣ V(방호구역 체적) = 300 × 3.5 = 1,050[$\mathrm{m^3}$]

해답 소화약제량 = 611.32[$\mathrm{m^3}$]

④ IG − 541의 최소 저장용기 수

$$N = \frac{\text{약제량}[\mathrm{m^3}]}{\text{1병당 충전량}[\mathrm{m^3}/\text{병}]} = \frac{611.32}{15.79} = 38.72 \quad \therefore 39\text{병}$$

1병당 충전량 = 저장용기 내용적[$\mathrm{m^3}$/병] × 충전압력[atm]

$$= 0.08 \times \frac{19{,}995}{101.325} = 15.79[\mathrm{m^3}/\text{병}]$$

해답 N = 39병

⑤ 선택밸브 통과 시 최소유량[$\mathrm{m^3/s}$]

$$\text{최소 유량} = \frac{\text{최소 설계농도의 95[\%]의 약제량}[\mathrm{m^3}]}{\text{방사시간[s]}}$$

$$= \frac{2.303\log\left(\frac{100}{100 - (C \times 0.95)}\right) \times \frac{V_S}{S} \times V}{60}$$

$$= \frac{2.303\log\left(\frac{100}{100-(43.01\times0.95)}\right)\times\frac{0.7053}{0.6813}\times1,050}{60} = 9.52[\mathrm{m^3/s}]$$

해답 유량 $= 9.52[\mathrm{m^3/s}]$

3 ① 소화약제 방출구는 형식승인받은 유효설치범위 내에 설치할 것

② 자동소화장치는 방호구역 내에 형식승인된 1개의 제품을 설치할 것. 이 경우 연동방식으로서 하나의 형식을 받은 경우에는 1개의 제품으로 본다.

③ 감지부는 형식승인된 유효설치범위 내에 설치하여야 하며 설치장소의 평상시 최고주위온도에 따라 다음 표에 따른 표시온도의 것으로 설치할 것. 다만, 열감지선의 감지부는 형식승인받은 최고주위온도범위 내에 설치하여야 한다.

설치장소의 최고 주위온도	표시온도
39℃ 미만	79℃ 미만
39℃ 이상 64℃ 미만	79℃ 이상 121℃ 미만
64℃ 이상 106℃ 미만	121℃ 이상 162℃ 미만
106℃ 이상	162℃ 이상

④ 다목에도 불구하고 화재감지기를 감지부로 사용하는 경우에는 제8호 나목부터 마목까지의 설치방법에 따를 것

► 제8호 : 캐비닛형 자동소화장치의 설치기준

CHAPTER 03 제15회 기출문제(소방시설의 설계 및 시공)

01 제연설비의 화재안전기술기준에 의거하여 다음 각 물음에 답하시오.

1 아래 조건과 평면도를 참고하여 다음 각 물음에 답하시오.

- 예상제연구역의 A구역과 B구역은 2개의 거실이 인접된 구조이다.
- 제연경계로 구획할 경우에는 인접구역 상호제연방식을 적용한다.
- 최소 배출량 산출 시 송풍기 용량 산정은 고려하지 않는다.

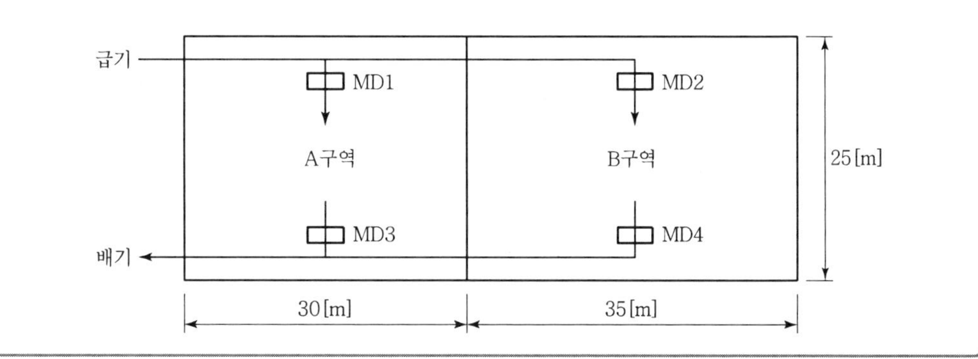

① A구역과 B구역을 자동 방화셔터로 구획할 경우 A구역의 최저 배출량[m^3/hr]을 구하시오.

② A구역과 B구역을 자동 방화셔터로 구획할 경우 B구역의 최저 배출량[m^3/hr]을 구하시오.

③ A구역과 B구역을 제연경계로 구획할 경우 예상제연구역의 급·배기 댐퍼별 동작상태(개방 또는 폐쇄)를 표기하시오.

제연구역	급기댐퍼	배기댐퍼
A구역 화재 시	MD1 :	MD3 :
	MD2 :	MD4 :
B구역 화재 시	MD1 :	MD3 :
	MD2 :	MD4 :

2 제연설비 설치장소에 대한 제연구역의 구획 설정기준 5가지를 쓰시오.

3 아래 그림과 같은 5개 거실에 제연(배연)설비가 설치되어 있는 경우에 대해 다음 물음에 답하시오.

- 각 실의 면적은 60[m²]로 동일하고, 배출량은 최소 배출량으로 한다.
- 주 덕트는 사각덕트로 폭과 높이는 1,000[mm]와 500[mm]이다.
- 주 덕트의 벽면 마찰손실계수는 0.02로 모든 덕트 구간에 동일하게 사용한다.
- 사각덕트를 원형덕트로 환산하여 지름을 구할 때는 수력지름(Hydraulic Diameter)의 산출 공식을 이용한다.
- 각 가지덕트에서 발생하는 압력손실의 합은 5[mmAq]로 한다.
- 주 덕트는 마찰손실 이외의 각종 부속품손실(부차적 손실)은 무시한다.
- 송풍기에서 발생하는 압력손실은 무시한다.
- 공기 밀도는 $1.2[\mathrm{kg/m^3}]$이다.
- 계산식과 풀이과정을 쓰고, 계산은 소수점 셋째 자리에서 반올림한다.

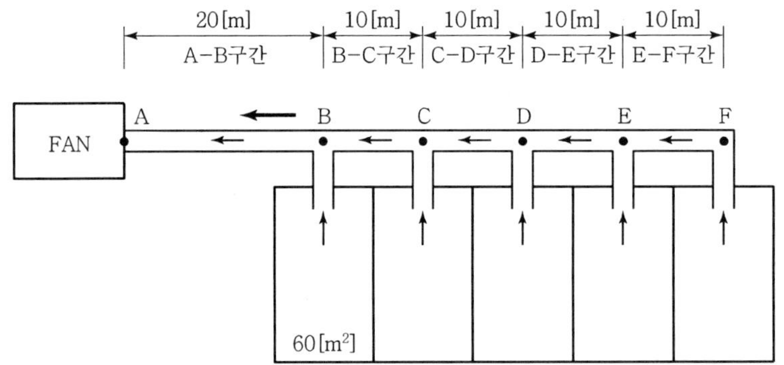

① 송풍기의 최소 필요 압력[Pa]을 계산하시오.

② 송풍기의 최소 필요 공기동력[W]을 계산하시오.

해설

1 A구역과 B구역의 최소 배출량[m³/hr]

① A구역(대규모 거실로 직경 40[m] 범위 안, 수직거리 0[m])

$$A = 30 \times 25 = 750[\mathrm{m^2}],\quad D = \sqrt{30^2 + 25^2} = 39.05[\mathrm{m}]$$

$$\therefore\ Q = 40,000[\mathrm{m^3/hr}]$$

② B구역(대규모 거실로 직경 40[m] 초과, 수직거리 0[m])

$$A = 35 \times 25 = 875[\mathrm{m^2}],\quad D = \sqrt{35^2 + 25^2} = 43.01[\mathrm{m}]$$

$$\therefore\ Q = 45,000[\mathrm{m^3/hr}]$$

③ 예상제연구역의 급 · 배기 댐퍼별 동작상태(개방 또는 폐쇄)

제연구역	급기댐퍼	배기댐퍼
A구역 화재 시	MD1 : 폐쇄	MD3 : 개방
	MD2 : 개방	MD4 : 폐쇄
B구역 화재 시	MD1 : 개방	MD3 : 폐쇄
	MD2 : 폐쇄	MD4 : 개방

2 제연구역의 구획 설정기준

① 하나의 제연구역의 면적은 1,000[m^2] 이내로 할 것

② 거실과 통로(복도를 포함한다.)는 상호 제연구획할 것

③ 통로상의 제연구역은 보행중심선의 길이가 60[m]를 초과하지 아니할 것

④ 하나의 제연구역은 직경 60[m] 원 내에 들어갈 수 있을 것

⑤ 하나의 제연구역은 2개 이상 층에 미치지 아니하도록 할 것. 다만, 층의 구분이 불분명한 부분은 다른 부분과 별도로 제연구획하여야 한다.

3 제연설비

① 송풍기의 최소 필요 압력[Pa]

압력 P = 주 덕트의 구간별 마찰손실압력 + 가지덕트의 압력손실의 합

$= 110.54 + 49.03 = 159.57[\text{Pa}]$

㉠ 주 덕트의 구간별 마찰손실압력

$\Delta P = \Delta P_{EF} + \Delta P_{DE} + \Delta P_{CD} + \Delta P_{BC} + \Delta P_{AB}$

$= 1.38 + 5.54 + 12.46 + 22.15 + 69.01 = 110.54[\text{Pa}]$

$$\Delta P[\text{Pa}] = \gamma \cdot H_L = \frac{\gamma \cdot f \cdot L \cdot V^2}{D \cdot 2g} = \frac{\rho \cdot f \cdot L \cdot V^2}{D \cdot 2}$$

구간	구간길이[m]	풍속[m/s]	마찰손실[Pa]
E－F	10	2.78	1.38
D－E	10	5.56	5.54
C－D	10	8.34	12.46
B－C	10	11.12	22.15
A－B	20	13.88	69.01

ⓐ 덕트의 등가직경

$$D = \frac{2ab}{a+b} = \frac{2 \times (1{,}000 \times 500)}{1{,}000 + 500} = 666.67[\text{mm}] = 0.67[\text{m}]$$

ⓑ 각 구간별 풍속 : $V[\text{m/s}] = \dfrac{Q}{A}$ (단면적 $A = 1 \times 0.5 = 0.5\text{m}^2$)

구간	풍량[m³/hr]	풍량[m³/s]	풍속[m/s]
E-F	5,000	1.39	2.78
D-E	10,000	2.78	5.56
C-D	15,000	4.17	8.34
B-C	20,000	5.56	11.12
A-B	25,000	6.94	13.88

ⓒ 마찰손실계수 $f = 0.02$

ⓓ 공기밀도 $\rho = 1.2[\text{kg/m}^3]$

㉡ 가지덕트의 압력손실의 합

$$\frac{5[\text{mmAq}]}{10,332[\text{mmAq}]} \times 101,325[\text{Pa}] = 49.03[\text{Pa}]$$

해답 $P = 159.57[\text{Pa}]$

② 송풍기의 최소 필요 공기동력[W]

$P = P_t \cdot Q = 159.57 \times 6.94 = 1,107.42[\text{W}]$

㉠ 전압 $P_t = 159.57[\text{Pa}]$

㉡ 풍량[m³/s]

각 실별 배출량의 합이 전체 배출량이 되므로

$$Q = \frac{25,000[\text{m}^3/\text{hr}]}{3,600[\text{s/hr}]} = 6.94[\text{m}^3/\text{s}]$$

해답 $P = 1,107.42[\text{W}]$

02 다음 각 물음에 답하시오.

1 유도등 및 유도표지의 화재안전기술기준에 관하여 다음 물음에 답하시오.

① 복도통로유도등에 관한 설치기준을 쓰시오.

② 피난층에 이르는 유도등을 60분 이상 유효하게 작동시킬 수 있는 용량으로 비상전원을 설치하여야 하는 특정소방대상물을 쓰시오.

2 아래 그림과 같이 휘발유 저장탱크 1기와 중유 저장탱크 1기를 하나의 방유제에 설치하는 옥외탱크저장소에 관하여 다음 각 물음에 답하시오.(단, 포소화약제량 계산 시 포송액관의 부피는 고려하지 않으며, 방유제 용적 계산 시 간막이둑 및 방유제 내의 배관체적은 무시한다. 계산은 소수점 셋째 자리에서 반올림하여 둘째 자리까지 구하시오.)

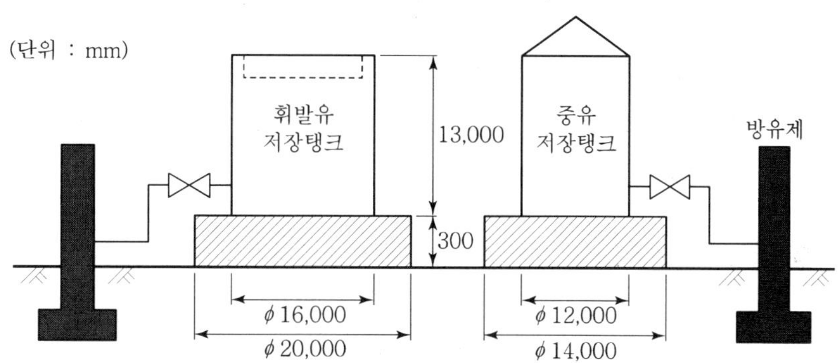

- 휘발유 저장탱크 : 최대저장용량 1,900[m^3], 플루팅루프탱크(탱크 내측면과 굽도리판 사이의 거리는 0.6[m]), 특형
- 중유 저장탱크 : 최대저장용량 1,000[m^3], 콘루프탱크, II형(인화점 70[℃] 이상)
- 포소화약제의 종류 : 수성막포 3[%]
- 보조포소화전 : 3개 설치
- 방유제 면적 : 1,500[m^2]

① 최소 포소화약제 저장량[l]을 계산하시오.

② 방유제 높이[m]를 계산하시오.

3 도로터널의 화재안전기술기준에 관하여 다음 각 물음에 답하시오.

① 3,000[m]인 편도 4차로의 일방향터널에서 터널 양쪽의 측벽 하단에 도로면으로부터 높이 0.8[m], 폭 1.2[m]의 유지보수 통로가 있을 경우 도로면을 기준으로 한 발신기 설치높이를 쓰시오.

② 비상경보설비에 대한 설치기준을 쓰시오.

③ 화재에 노출이 우려되는 제연설비와 전원공급선의 운전 유지조건을 쓰시오.

④ 제연설비의 기동은 자동 또는 수동으로 기동될 수 있도록 하여야 한다. 이 경우 제연설비가 기동되는 조건에 대하여 쓰시오.

해설

1 ① ㉠ 복도에 설치할 것

㉡ 구부러진 모퉁이 및 보행거리 20[m]마다 설치할 것

㉢ 바닥으로부터 높이 1[m] 이하의 위치에 설치할 것. 다만, 지하층 또는 무창층의 용도가 도매시장 · 소매시장 · 여객자동차터미널 · 지하역사 또는 지하상가인 경우에는 복도 · 통로 중앙부분의 바닥에 설치하여야 한다.

㉣ 바닥에 설치하는 통로유도등은 하중에 따라 파괴되지 아니하는 강도의 것으로 할 것

② ㉠ 지하층을 제외한 층수가 11층 이상의 층

㉡ 지하층 또는 무창층으로서 용도가 도매시장 · 소매시장 · 여객자동차터미널 · 지하역사 또는 지하상가

2 ① 포약제의 양 Q＝고정포방출구에서 방출하기 위하여 필요한 양(Q_1)

＋보조포소화전에서 방출하기 위하여 필요한 양(Q_2)

＋송액관에 충전하기 위하여 필요한 양(Q_3)

㉠ 고정포방출구에서 방출하기 위하여 필요한 양[l]

• 휘발유 저장탱크

$$Q_1 = A[\mathrm{m}^2] \times q[l/\mathrm{min} \cdot \mathrm{m}^2] \times T[\mathrm{min}] \times S$$

$$= \frac{\pi}{4} \times (16^2 - 14.8^2) \times 8 \times 30 \times 0.03 = 209[l]$$

• 중유 저장탱크

$$Q_1 = A[\mathrm{m}^2] \times q[l/\mathrm{min} \cdot \mathrm{m}^2] \times T[\mathrm{min}] \times S$$

$$= \frac{\pi}{4} \times 12^2 \times 4 \times 25 \times 0.03 = 339.29[l]$$

• 둘 중 큰 값을 적용하므로 $Q_1 = 339.29[l]$

㉡ 보조포소화전에서 방출하기 위하여 필요한 양[l]

$Q_2 = N \times 400[l/\mathrm{min}] \times 20[\mathrm{min}] \times S = 3 \times 400 \times 20 \times 0.03 = 720[l]$

㉢ 송액관에 충전하기 위하여 필요한 양

$Q_3 = 0$(조건에서 고려하지 않는다고 하였으므로)

㉣ 포약제의 양 $Q = Q_1 + Q_2 = 339.29 + 720 = 1{,}059.29[l]$

해답 포약제의 양 $Q = 1{,}059.29[l]$

② **방유제 높이[m]**

㉠ 방유제 전체체적[m^3] = 방유제 바닥면적[m^2]× 방유제 높이[m]

㉡ 방유제 용량(V_1) = 방유제 전체체적 − 전체 탱크 기초부분의 체적(V_2)

− 최대 탱크 외의 탱크의 방유제 높이까지 체적(V_3)

㉢ 방유제 전체체적 = 방유제 용량(V_1) + 전체 탱크 기초부분의 체적(V_2)

+ 최대 탱크 외의 탱크의 방유제 높이까지 체적(V_3)

- $V_1 =$ 최대 탱크 용량의 110[%] $= 1{,}900 \times 1.1 = 2{,}090[m^3]$
- $V_2 = \left(\dfrac{\pi \times 20^2}{4} \times 0.3\right) + \left(\dfrac{\pi \times 14^2}{4} \times 0.3\right) = 140.43[m^3]$
- $V_3 = \dfrac{\pi \times 12^2}{4} \times (H - 0.3) = 113.1H - 33.93[m^3]$

㉣ $1{,}500 \times H = 2{,}090 + 140.43 + 113.1H - 33.93$

$1{,}500H - 113.1H = 2{,}090 + 140.43 - 33.93$

$H = \dfrac{2{,}090 + 140.43 - 33.93}{1{,}500 - 113.1} = 1.583[m] \quad \therefore H = 1.58[m]$

해답 방유제 높이 $H = 1.58[m]$

3 ① 바닥면으로부터 0.8[m] 이상 1.5[m] 이하에 설치하여야 하므로 도로면으로부터 1.6[m] 이상 2.3[m] 이하에 설치하여야 한다.

② ㉠ 발신기는 주행차로 한쪽 측벽에 50[m] 이내의 간격으로 설치하며, 편도 2차선 이상의 양방향 터널이나 4차로 이상의 일방향 터널의 경우에는 양쪽의 측벽에 각각 50[m] 이내의 간격으로 엇갈리게 설치할 것

㉡ 발신기는 바닥면으로부터 0.8[m] 이상 1.5[m] 이하의 높이에 설치할 것

㉢ 음향장치는 발신기 설치위치와 동일하게 설치할 것. 다만, 「비상방송설비의 화재안전기술기준」에 적합하게 설치된 방송설비를 비상경보설비와 연동하여 작동하도록 설치한 경우에는 비상경보설비의 지구음향장치를 설치하지 아니할 수 있다.

㉣ 음량장치의 음량은 부착된 음향장치의 중심으로부터 1[m] 떨어진 위치에서 90dB 이상이 되도록 할 것

ⓜ 음향장치는 터널 내부 전체에 동시에 경보를 발하도록 설치할 것

ⓑ 시각경보기는 주행차로 한쪽 측벽에 50[m] 이내의 간격으로 비상경보설비 상부 직근에 설치하고, 전체 시각경보기는 동기방식에 의해 작동될 수 있도록 할 것

③ 화재에 노출이 우려되는 제연설비와 전원공급선 및 제트팬 사이의 전원공급장치 등은 250℃의 온도에서 60분 이상 운전상태를 유지할 수 있도록 할 것

④ ㉠ 화재감지기가 동작되는 경우

㉡ 발신기의 스위치 조작 또는 자동소화설비의 기동장치를 동작시키는 경우

㉢ 화재수신기 또는 감시제어반의 수동조작스위치를 동작시키는 경우

03 다음 각 물음에 답하시오.

1 수계 소화 설비에 관한 다음 각 물음에 답하시오.

① 아래 그림은 펌프를 이용하여 옥내소화전으로 물을 배출하는 개략도이다. 열 교환이 없으며, 모든 손실을 무시할 때, 펌프의 수동력[kW]을 계산하시오.(단, P_1은 게이지압이고, 물의 밀도는 $\rho=998.2[\text{kg/m}^3]$, $g=9.8[\text{m/s}^2]$ 대기압은 0.1[MPa], 전달계수 $K=1.1$, 효율 $\eta=75[\%]$이다. 계산은 소수점 셋째 자리에서 반올림하여 둘째 자리까지 구하시오.)

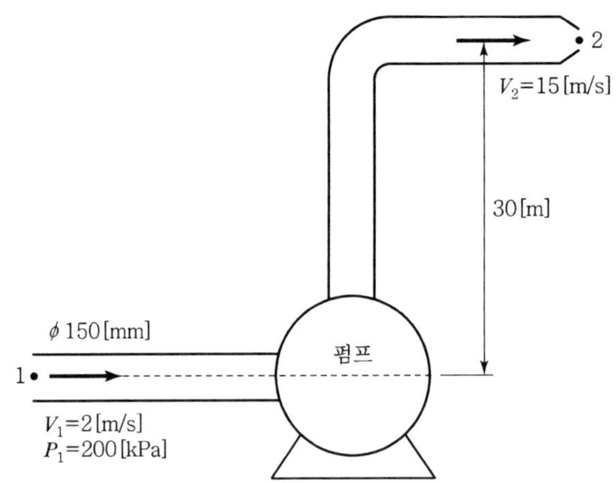

② 「소방시설 설치 · 유지 및 안전관리에 관한 법률 시행령」 별표 5에 의거하여 문화 및 집회시설(동 · 식물원은 제외)의 전층에 스프링클러를 설치하여야 하는 특정소방대상물 4가지를 쓰시오.

2 가로 15[m]×세로 10[m]×높이 4[m]인 전산기기실에 HFC−125를 설치하고자 한다. 아래 조건을 기준으로 다음 각 물음에 답하시오.(단, 약제 팽창 시 외부로의 누설을 고려한 공차를 포함하지 않으며, 계산은 소수점 다섯째 자리에서 반올림하여 넷째 자리까지 구하시오.)

> • 해당 약제의 소화농도는 A,C급 화재 시 7[%], B급 화재 시 9[%]로 적용한다.
> • 전산기기실의 최소예상온도는 20[℃]이다.

① HFC−125의 K_1(표준상태에서의 비체적) 및 K_2(단위온도당 비체적 증가분) 값을 계산하시오.

② 할로겐화합물 및 불활성기체소화설비의 화재안전기술기준에 규정된 방출시간 안에 방출하여야 하는 최소 약제량[kg]을 구하시오.

3 포소화설비의 화재안전기술기준에 의거하여 아래 조건에 관한 다음 각 물음에 답하시오.

> • 높이 3[m], 바닥 크기가 10[m]×15[m]인 차고에 호스릴 포소화전을 설치한다.
> • 호스 접결구 수는 6개이며, 5[%] 수성막포를 사용한다.

① 최소 포소화약제 저장량[l]을 계산하시오.

② 차고 및 주차장에 호스릴 포소화설비를 설치할 수 있는 조건을 쓰시오.

③ 포소화설비 기동장치에 설치하는 자동경보장치의 설치기준을 쓰시오.

해설

1 ① ㉠ 펌프의 수동력[kW]

$$P = \gamma \cdot Q \cdot H[\text{W}]$$

• $\gamma = \rho \cdot g = 998.2 \times \dfrac{1}{9.8}\left[\dfrac{\text{kg}_\text{f} \cdot \text{s}^2}{\text{m}^3 \cdot \text{m}}\right] \times 9.8\left[\dfrac{\text{m}}{\text{s}^2}\right] = 998.2[\text{kg}_\text{f}/\text{m}^3]$

• $Q = A \cdot V = \dfrac{\pi \cdot D^2}{4} = \dfrac{\pi \times 0.15^2}{4} \times 2 = 0.035[\text{m}^3/\text{s}]$

• 펌프의 전수두(전양정) H_P[m]

$$\frac{P_1}{\gamma} + \frac{V_1^2}{2g} + Z_1 - H_L + H_P = \frac{P_2}{\gamma} + \frac{V_2^2}{2g} + Z_2 \text{에서,}$$

$$H_P = \frac{P_2 - P_1}{\gamma} + \frac{V_2^2 - V_1^2}{2g} + (Z_2 - Z_1) + H_L$$

$$= \frac{(0-200) \times 10^3 \times \dfrac{1}{9.8}}{998.2} + \frac{15^2 - 2^2}{2 \times 9.8} + 30 + 0 = 20.83[\text{m}]$$

㉡ $P = \gamma \cdot Q \cdot H = 998.2[\mathrm{kg_f/m^3}] \times 0.035[\mathrm{m^3/s}] \times 20.83[\mathrm{m}]$

$= 727.738[\mathrm{kg_f \cdot m/s}] = 727.738 \times 9.8[\mathrm{N \cdot m/s}]$

$= 7{,}131.83[\mathrm{W}] = 7.13[\mathrm{kW}]$

해답 펌프의 수동력 $P = 7.13[\mathrm{kW}]$

② ㉠ 수용인원이 100명 이상인 것

㉡ 영화상영관의 용도로 쓰이는 층의 바닥면적이 지하층 또는 무창층인 경우에는 500[m²] 이상, 그 밖의 층의 경우에는 1천[m²] 이상인 것

㉢ 무대부가 지하층 · 무창층 또는 4층 이상의 층에 있는 경우에는 무대부의 면적이 300[m²] 이상인 것

㉣ 무대부가 다 외의 층에 있는 경우에는 무대부의 면적이 500[m²] 이상인 것

2 ① HFC－125의 K_1 및 K_2

㉠ $K_1 = \dfrac{22.4}{\text{분자량}} = \dfrac{22.4}{120} = 0.1867[\mathrm{m^3/kg}]$

HFC－125 분자량

$C_2HF_5 = (2 \times 12) + (1 \times 1) + (5 \times 19) = 120[\mathrm{kg}]$

㉡ $K_2 = K_1 \times \dfrac{1}{273} = 0.1867 \times \dfrac{1}{273} = 0.0007[\mathrm{m^3/kg}]$

해답 $K_1 = 0.1867[\mathrm{m^3/kg}]$, $K_2 = 0.0007[\mathrm{m^3/kg}]$

② 방출시간 안에 방출하여야 하는 최소 약제량[kg]

$$W = \frac{V}{S} \times \frac{C \times 0.95}{100 - (C \times 0.95)}$$

$$= \frac{600}{0.2007} \times \frac{8.4 \times 0.95}{100 - (8.4 \times 0.95)} = 259.2534[\mathrm{kg}]$$

㉠ V(방호구역 체적) $= 15 \times 10 \times 4 = 600[\mathrm{m^3}]$

㉡ S(비체적) $= K_1 + K_2 \times t = 0.1867 + (0.0007 \times 20) = 0.2007[\mathrm{m^3/kg}]$

㉢ C(설계농도) $=$ 소화농도 $\times$ 안전계수 $= 7 \times 1.2 = 8.4[\%]$

해답 $W = 259.2534[\mathrm{kg}]$

3 ① 최소 포소화약제 저장량[l]

$$Q = N \times 300[l/\text{min}] \times 20[\text{min}] \times S \times 0.75$$

$$= 5 \times 300 \times 20 \times 0.05 \times 0.75 = 1,125[l]$$

해답 최소 포소화약제 저장량 $Q = 1,125[l]$

② 차고 및 주차장에 호스릴 포소화설비를 설치할 수 있는 조건

㉠ 완전 개방된 옥상주차장 또는 고가 밑의 주차장 등으로서 주된 벽이 없고 기둥뿐이거나 주위가 위해방지용 철주 등으로 둘러싸인 부분

㉡ 옥외로 통하는 개구부가 상시 개방된 구조의 부분으로서 그 개방된 부분의 합계면적이 해당 차고 또는 주차장 바닥면적의 15[%] 이상인 부분

㉢ 지상 1층으로서 방화구획되거나 지붕이 없는 부분

㉣ 지상에서 수동 또는 원격조작에 따라 개방이 가능한 개구부의 유효면적의 합계가 바닥면적의 20[%] 이상(시간당 5회 이상의 배연능력을 가진 배연설비가 설치된 경우에는 15[%] 이상)인 부분

③ 포소화설비 기동장치에 설치하는 자동경보장치의 설치기준

㉠ 방사구역마다 일제개방밸브와 그 일제개방밸브의 작동 여부를 발신하는 발신부를 설치할 것. 이 경우 각 일제개방밸브에 설치되는 발신부 대신 1개 층에 1개의 유수검지장치를 설치할 수 있다.

㉡ 상시 사람이 근무하고 있는 장소에 수신기를 설치하되, 수신기에는 폐쇄형 스프링클러헤드의 개방 또는 감지기의 작동 여부를 알 수 있는 표시장치를 설치할 것

㉢ 하나의 소방대상물에 2 이상의 수신기를 설치하는 경우에는 수신기가 설치된 장소 상호 간에 동시 통화가 가능한 설비를 할 것

CHAPTER 04 제16회 기출문제(소방시설의 설계 및 시공)

01 다음 각 물음에 답하시오.

1 가로 2[m], 세로 1.8[m], 높이 1.4[m]인 가연물에 국소방출방식의 고압식 이산화탄소 소화설비를 설치하고자 한다. 다음 물음에 답하시오.(단, 저장용기는 68[l]/45[kg]을 사용하며, 입면에 고정된 벽체는 없다.)

① 방호공간의 체적[m^3]을 구하시오.

② 방호공간 벽면적의 합계[m^2]를 구하시오.

③ 방호대상물 주위에 설치된 벽면적의 합계[m^2]를 구하시오.

④ 이산화탄소 소화설비의 최소 약제량 및 용기 수를 구하시오.

2 체적 55[m^3] 미만인 전기설비에서 심부화재 발생 시 다음 물음에 답하시오.

① 이산화탄소의 비체적[m^3/kg]을 구하시오.(단, 심부화재이므로 온도는 10[℃]를 기준으로 하며, 답은 소수점 셋째 자리에서 반올림하여 둘째 자리까지 구한다.)

② 자유유출(Free Efflux) 상태에서 방호구역 체적당 소화약제량 산정식을 쓰시오.

③ 이산화탄소 소화설비의 화재안전기술기준에 따라 전역방출방식에 있어서 심부화재의 경우 방호대상물별 소화약제의 양과 설계농도를 쓰시오.

④ 전역방출방식에서 체적 55[m^3] 미만인 전기설비 방호대상물의 설계농도를 구하시오.(단, 계산값은 소수점 셋째 자리에서 반올림하여 둘째 자리까지 구하고, 설계농도는 반올림하여 정수로 한다.)

해설

1 ① **방호공간의 체적[m^3]**

V = 가로×세로×가로

$= (2[\text{m}]+0.6[\text{m}]+0.6[\text{m}])\times(1.8[\text{m}]+0.6[\text{m}]+0.6[\text{m}])\times(1.4[\text{m}]+0.6[\text{m}])$

$= 19.2[\text{m}^3]$

해답 $19.2[\text{m}^3]$

※ 방호공간의 체적

방호대상물의 각 부분으로부터 0.6[m]의 거리에 둘러싸인 공간의 체적

② 방호공간의 벽 면적의 합계[m^2]

A=(가로×높이×2면)+(세로×높이×2면)

$A = 3.2[\text{m}] \times 2[\text{m}] \times 2면 + 3\text{m} \times 2[\text{m}] \times 2면$

$= 24.8[\text{m}^2]$

해답 $24.8[\text{m}^2]$

※ 방호공간의 벽 면적의 합계
방호대상물로부터 0.6[m]를 연장한 가상공간의 벽 면적의 합계

③ 방호대상물 주위에 설치된 벽 면적의 합계[m^2]

$a = 0[\text{m}^2]$

해답 $0[\text{m}^2]$

※ 방호대상물 주위에 설치된 벽 면적의 합계
방호대상물로부터 0.6[m] 이내에 실제 설치된 벽 면적의 합계

④ 최소 약제량 및 용기 수

㉠ 최소 약제량

$$W = V \times K \times 1.4$$

$$= 19.2 \times \left(8 - 6 \times \frac{0}{24.8}\right) \times 1.4 = 215.04[\text{kg}]$$

해답 $215.04[\text{kg}]$

㉡ 최소 용기 수

$$N = \frac{최소\ 약제량}{1병당\ 충전량}$$

$$= \frac{215.04}{45} = 4.78 \qquad \therefore\ 5병$$

해답 5병

2 ① 이산화탄소의 비체적[m^3/kg]

$$S = K_1 + K_2 \times t$$

$$= \frac{22.4}{분자량} + \frac{22.4}{분자량} \times \frac{1}{273} \times t$$

$$= \frac{22.4}{44} + \frac{22.4}{44} \times \frac{1}{273} \times 10$$

$$= 0.527[\text{m}^3/\text{kg}] \qquad \therefore 0.53[\text{m}^3/\text{kg}]$$

해답 $0.53[\text{m}^3/\text{kg}]$

② 소화약제량 산정식

$$K[\mathrm{kg/m^3}] = 2.303 \times \log\left(\frac{100}{100-C}\right) \times \frac{1}{S}$$

여기서, K : 방호구역 체적당 소화약제량[$\mathrm{kg/m^3}$]

C : 설계농도[%]

S : 소화약제의 비체적[$\mathrm{m^3/kg}$]

③ 방호대상물별 소화약제의 양과 설계농도

방호대상물	방호구역의 체적 1[$\mathrm{m^3}$]에 대한 소화약제의 양	설계농도 [%]
(가) 유압기기를 제외한 전기설비, 케이블실	1.3[kg]	50
(나) 체적 55[$\mathrm{m^3}$] 미만의 전기설비	1.6[kg]	50
(다) 서고, 전자제품창고, 목재가공품창고, 박물관	2.0[kg]	65
(라) 고무류 · 면화류 창고, 모피창고, 석탄창고, 집진설비	2.7[kg]	75

④ 방호대상물의 설계농도

$K = 1.6[\mathrm{kg/m^3}]$이므로

$$1.6[\mathrm{kg/m^3}] = 2.303 \times \log\left(\frac{100}{100-C}\right) \times \frac{1}{0.53[\mathrm{m^3/kg}]}$$

$$\frac{1.6 \times 0.53}{2.303} = \log\left(\frac{100}{100-C}\right)$$

$$0.3682 = \log\left(\frac{100}{100-C}\right)$$

$$10^{0.3682} = \left(\frac{100}{100-C}\right)$$

$$100 - C = \frac{100}{10^{0.3682}}$$

$$\therefore C = 100 - \frac{100}{10^{0.3682}} = 57.16[\%]$$

해답 57[%]

02 다음 각 물음에 답하시오.

1 스프링클러 소화설비의 화재안전기술기준에 따라 다음 각 물음에 답하시오.

① 일반건식 밸브와 저압건식 밸브의 작동순서를 쓰시오.

② 저압건식 밸브 2차측 설정압력이 낮은 경우의 장점 4가지를 쓰시오.

③ 건식 스프링클러 헤드의 설치장소 최고온도가 39[℃] 미만이고, 헤드를 하향식으로 할 경우 설치 헤드의 표시 온도와 헤드의 종류를 쓰시오.

④ 건식 스프링클러 2차측 급속개방장치(Quick Poening Device)의 액셀러레이터(Accelerator), 이그저스터(Exhauster) 작동원리를 쓰시오.

⑤ 복합 건축물에 설치된 스프링클러 소화설비의 주 펌프를 2대로 병렬운전할 경우의 장점 2가지를 쓰시오.

⑥ 스프링클러소화설비의 가압방식 중 펌프방식에 있어서 후드밸브와 체크밸브의 이상 유무를 확인하는 방법을 쓰시오.(단, 수조는 펌프보다 아래에 있다.)

2 간이스프링클러설비의 화재안전기술기준에 따라 다음 각 물음에 답하시오.

① 상수도 직결방식의 배관과 밸브의 설치순서를 쓰시오.

② 펌프를 이용한 배관과 밸브의 설치순서를 쓰시오.

해설

1 ① 일반 건식밸브와 저압 건식밸브의 작동순서

㉠ 일반 건식밸브

화재 시 폐쇄형 헤드가 개방될 경우 건식밸브 2차측의 압축공기의 압력이 설정압력 이하로 감소되면 액셀러레이터의 작동으로 건식밸브 2차측의 압축공기를 건식밸브 중간챔버로 보내어 건식밸브 1차측의 가압수와 압축공기의 힘으로 건식밸브가 개방된다.

㉡ 저압 건식 밸브

화재 시 폐쇄형 헤드가 개방될 경우 건식밸브 2차측의 압축공기의 압력이 설정압력 이하로 감소되면 액츄에이터의 작동으로 중간챔버의 가압수 방출로 중간챔버가 감압이되며, 건식밸브가 개방된다.

② 저압 건식밸브 2차 측 설정압력이 낮은 경우의 장점

㉠ 클래퍼(Clapper) 개방 시간 및 소화수 방수시간이 짧아져 초기 화재에 적합하다.

㉡ 2차측 설정압력이 낮아 Compressor 용량을 줄일 수 있다.

㉢ 조작이 간편하여 유지관리가 용이하다.

㉣ Water Column(물기둥)에 의한 2차측 압력 상승의 영향이 줄어든다.

③ 설치 헤드의 표시 온도와 헤드의 종류

㉠ 표시 온도 : 79[℃] 미만

㉡ 헤드의 종류 : 드라이펜던트헤드

④ 작동원리

㉠ 액셀러레이터(Accelerator, 가속기)

액셀러레이터(Accelerator)의 입구는 건식밸브 2차측 토출측 배관에, 출구는 건식밸브 중간챔버에 설치하며 2차측 압력이 설정압력 이하로 될 경우 2차측 압축공기의 일부를 건식밸브의 중간챔버로 보내어 클래퍼가 빠르게 개방될 수 있도록 한 장치이다.

㉡ 이그저스터(Exhauster, 공기배출기)

이그저스터(Exhauster)의 입구는 건식밸브 2차측 토출측 배관에, 출구는 대기 중에 노출되도록 설치하며, 2차측의 압력이 설정압력 이하로 될 경우 2차측의 압축공기를 대기 중으로 빠르게 배출하여 클래퍼가 신속하게 개방될 수 있도록 한 장치이다.

⑤ 주 펌프를 2대로 병렬운전할 경우의 장점

㉠ Fail Safe의 개념으로 1대가 고장이 나더라도 안전성을 확보할 수 있다.

㉡ 토출량을 2배로 할 수 있어 펌프 동력이 작아져도 되며 전력소비나 제어의 효율화를 얻을 수 있다.

⑥ 후드밸브와 체크밸브의 이상 유무 확인 방법

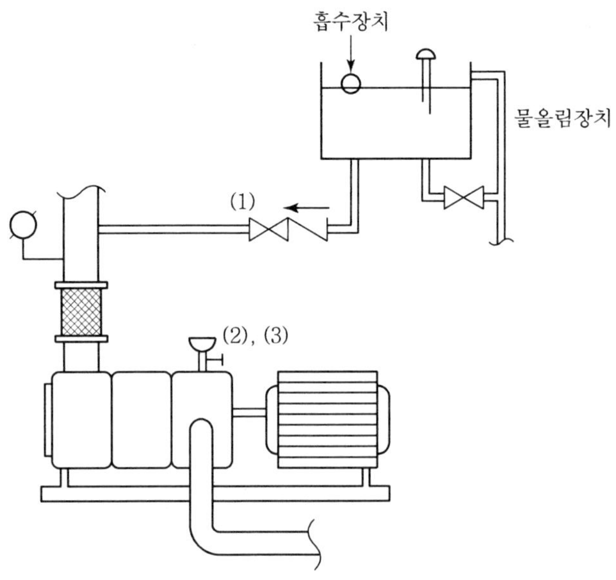

㉠ 수원의 수위가 펌프보다 낮을 때(흡입배관이 부압(−)일 때)
- 물올림장치의 급수배관을 폐쇄한다.
- 펌프의 물올림컵을 서서히 열어본다.
- 물올림컵의 수위상태를 확인한다.
  - 수위의 변화가 없을 때 : 정상
  - 물이 계속하여 넘칠 때 : 스모렌스키 체크밸브의 역류 방지기능 이상
  - 물이 빨려 들어갈 때 : 후드밸브의 역류 방지기능 이상

㉡ 수원의 수위가 펌프보다 높을 때(흡입배관이 정압(+)일 때)
- 펌프 흡입 측 개폐밸브를 폐쇄한다.
- 펌프의 물올림컵을 서서히 열어본다.
- 물올림컵의 수위상태를 확인한다.
  - 수위의 변화가 없을 때 : 정상
  - 물이 계속하여 넘칠 때 : 스모렌스키 체크밸브의 역류 방지기능 이상

2 ① **상수도 직결방식의 배관과 밸브의 설치순서**

수도용계량기, 급수차단장치, 개폐표시형 밸브, 체크밸브, 압력계, 유수검지장치(압력스위치 등 유수검지장치와 동등 이상의 기능과 성능이 있는 것을 포함), 2개의 시험밸브의 순으로 설치할 것

② **펌프를 이용한 배관과 밸브의 설치순서**

수원, 연성계 또는 진공계(수원이 펌프보다 높은 경우를 제외), 펌프 또는 압력수조, 압력계, 체크밸브, 성능시험배관, 개폐표시형 밸브, 유수검지장치, 시험밸브의 순으로 설치할 것

03 노유자시설에 제연설비를 설치하려고 한다. 다음 그림과 조건을 참조하여 물음에 답하시오.

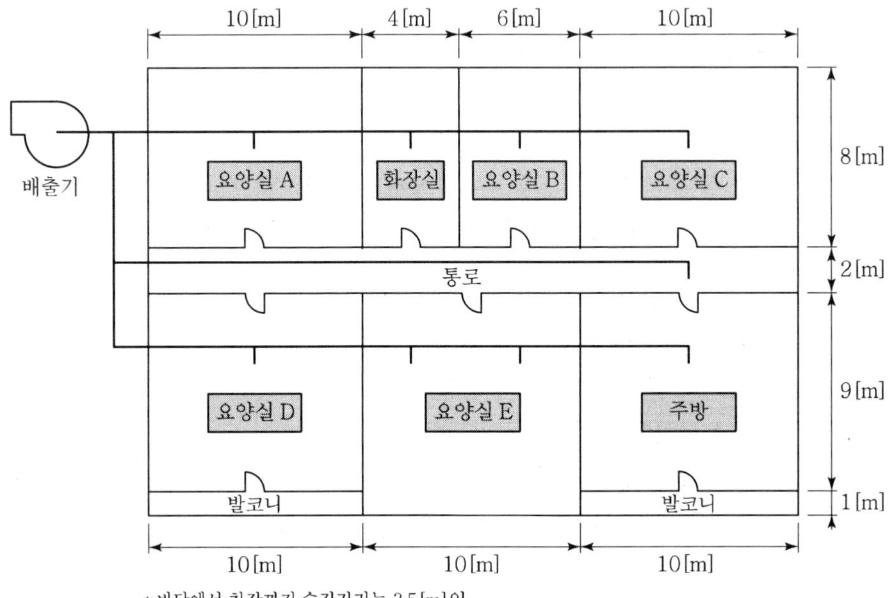

〈조 건〉

가. 노유자시설의 특성상 바닥면적에 관계없이 하나의 제연구역으로 간주한다.
나. 공동배출방식에 따른다.
다. 본 노유자시설은 숙박시설(가족호텔) 제연설비기준에 따라 설치한다.
라. 통로배출방식이 가능한 예상제연구역은 모두 통로배출방식으로 한다.
마. 기계실, 전기실, 창고는 사람이 거주하지 않는다.
바. 건축물 및 통로의 주요 구조는 내화구조이고, 마감재는 불연재료이며, 통로에는 가연성 내용물이 없다.

1 배출기 최소풍량[m^3/hr]을 구하시오.(단, 각 실별 풍량 계산과정을 쓸 것)

① 요양실 A ② 요양실 B
③ 요양실 C ④ 요양실 D
⑤ 요양실 E ⑥ 주방
⑦ 화장실 ⑧ 30[m]인 통로

2 배출기 회전수 600[rpm]에서 배출량이 20,000[m^3/hr]이고, 축동력이 5[kW]이면, 이 배출기가 최소풍량을 배출하기 위해 필요한 최소전동기동력[kW]을 구하시오.(단, 계산값은 소수점 셋째 자리에서 반올림하여 둘째 자리까지 구하고, 전동기 여유율은 15[%]를 적용한다.)

3 '요양실 E'에 대하여 다음 물음에 답하시오.

① 필요한 최소공기유입량[m^3/hr]을 구하시오.

② 공기유입구의 최소면적[cm^2]을 구하시오.

4 특정소방대상물의 소방안전관리에 대한 물음에 답하시오.

① 「소방시설 설치 및 관리에 관한 법률」상 강화된 소방시설 기준의 적용대상인 노유자시설과 의료시설에 설치하는 소방설비를 쓰시오.

② 피난기구의 화재안전기술기준에 따른 승강식 피난기 및 하향식 피난구용 내림식사다리 설치기준 중 다음 (ㄱ)~(ㅁ)에 해당되는 내용을 쓰시오.

가. (ㄱ) 나. (ㄴ) 다. (ㄷ) 라. (ㄹ) 마. (ㅁ)
바. 대피실 내에는 비상조명등을 설치할 것
사. 대피실에는 층의 위치표시와 피난기구 사용설명서 및 주의사항 표지판을 부착할 것
아. 대피실 출입문이 개방되거나, 피난기구 작동 시 해당층 및 직하층 거실에 설치된 표시등 및 경보장치가 작동되고, 감시 제어반에서는 피난기구의 작동을 확인할 수 있어야 할 것
자. 사용 시 기울거나 흔들리지 않도록 설치할 것
차. 승강식 피난기는 한국소방산업기술원 또는 법 제46조 제1항에 따라 성능시험기관으로 지정받은 기관에서 그 성능을 검증받은 것으로 설치할 것
카. 피난기구를 설치한 장소에는 가까운 곳의 보기 쉬운 곳에 피난기구의 위치를 표시하는 발광식 또는 축광식표지와 그 사용방법을 표시한 표지(외국어 및 그림 병기)를 부착하되, 축광식표지는 소방청장이 정하여 고시한 「축광표지의 성능인증 및 제품검사의 기술기준」에 적합하여야 한다. 다만, 방사성물질을 사용하는 위치표지는 쉽게 파괴되지 않는 재질로 처리할 것

해설

1 배출기 최소 풍량[m^3/hr]

(1) 예상제연구역 : 거실 바닥면적 400[m^2] 미만(소규모 거실)의 배출량

$$Q[m^3/hr] = A[m^2] \times 1[m^3/m^2 \cdot min] \times 60[min/hr]$$

① 요양실 A

$80[m^2] \times 1[m^3/m^2 \cdot min] \times 60[min/hr] = 4{,}800[m^3/hr]$

$\therefore$ 5,000[m^3/hr] 선정

② 요양실 B

50[m^2] 미만의 거실이므로 통로배출방식으로 갈음

③ 요양실 C

$80[m^2] \times 1[m^3/m^2 \cdot min] \times 60[min/hr] = 4{,}800[m^3/hr]$

$\therefore$ $5{,}000[m^3/hr]$ 선정

④ 요양실 D

발코니를 설치한 객실의 경우 배출량 산정에서 제외

⑤ 요양실 E

$100[m^2] \times 1[m^3/m^2 \cdot min] \times 60[min/hr] = 6{,}000[m^3/hr]$ 선정

⑥ 주방

$90[m^2] \times 1[m^3/m^2 \cdot min] \times 60[min/hr] = 5{,}400[m^3/hr]$ 선정

⑦ 화장실

화장실의 경우 배출량 산정에서 제외

⑧ 소계

$5{,}000 + 5{,}000 + 6{,}000 + 5{,}400 = 21{,}400[m^3/hr]$

(2) 예상제연구역 : 통로

거실 바닥면적이 $50[m^2]$ 미만인 예상제연구역을 통로배출방식으로 하는 경우 배출량은 $25{,}000[m^3/hr]$(벽으로 구획된 경우)을 적용

(3) 배출기의 최소 풍량

거실과 통로는 상호 제연구획하여야 하므로, 배출기의 최소 풍량은 $25{,}000[m^3/hr]$가 된다.

해답 $25{,}000[m^3/hr]$

2 최소전동기동력[kW]

① 축동력

$$L_2 = \left(\frac{Q_2}{Q_1}\right)^3 \times L_1 = \left(\frac{25{,}000}{20{,}000}\right)^3 \times 5 = 9.765[kW]$$

② 최소 전동기 동력

$P = L_2 \times 1.15 = 9.765 \times 1.15 = 11.229 \fallingdotseq 11.23[kW]$

해답 $11.23[kW]$

3 ① 필요한 최소공기유입량[m^3/hr]

유입량은 배출량 이상이므로 6,000[m^3/hr]

② 공기유입구의 최소면적[cm^2]

$$6{,}000[\mathrm{m^3/hr}] \times \frac{1[\mathrm{hr}]}{60[\mathrm{min}]} \times 35[\mathrm{cm^2/m^3 \cdot min}] = 3{,}500[\mathrm{cm^2}]$$

4 ① 노유자시설과 의료시설에 설치하는 소방설비

㉠ 노유자시설에 설치하는 소방설비

- 간이스프링클러설비
- 자동화재탐지설비

㉡ 의료시설에 설치하는 소방설비

- 스프링클러설비
- 간이스프링클러설비
- 자동화재탐지설비
- 자동화재속보설비

② 승강식 피난기 및 하향식 피난구용 내림식 사다리 설치기준

가. (ㄱ) 승강식 피난기 및 하향식 피난구용 내림식 사다리는 설치경로가 설치층에서 피난층까지 연계될 수 있는 구조로 설치할 것. 단, 건축물 규모가 지상 5층 이하로서 구조 및 설치 여건상 불가피한 경우는 그러하지 아니한다.

나. (ㄴ) 대피실의 면적은 2[m^2](2세대 이상일 경우에는 3[m^2]) 이상으로 하고, 「건축법 시행령」 제46조 제4항의 규정에 적합하여야 하며 하강구(개구부) 규격은 직경 60[cm] 이상일 것. 단, 외기와 개방된 장소에는 그러하지 아니한다.

다. (ㄷ) 하강구 내측에는 기구의 연결 금속구 등이 없어야 하며 전개된 피난기구는 하강구 수평투영면적 공간 내의 범위를 침범하지 않는 구조이어야 할 것. 단, 직경 60[cm] 크기의 범위를 벗어난 경우이거나, 직하층의 바닥 면으로부터 높이 50[cm] 이하의 범위는 제외한다.

라. (ㄹ) 대피실의 출입문은 갑종방화문으로 설치하고, 피난방향에서 식별할 수 있는 위치에 "대피실" 표지판을 부착할 것. 단, 외기와 개방된 장소에는 그러하지 아니한다.

마. (ㅁ) 착지점과 하강구는 상호 수평거리 15[cm] 이상의 간격을 둘 것

CHAPTER 05 제17회 기출문제(소방시설의 설계 및 시공)

01 다음 물음에 답하시오.

1 특정소방대상물의 관계인이 특정소방대상물의 규모·용도 및 수용인원을 고려하여 스프링클러설비를 설치하고자 한다. "지붕 또는 외벽이 불연재료가 아니거나 내화구조가 아닌 공장 또는 창고시설"로서 스프링클러설비 설치대상이 되는 경우 5가지를 쓰시오.

2 준비작동식 스프링클러설비의 동작순서 Block Diagram을 완성하시오.

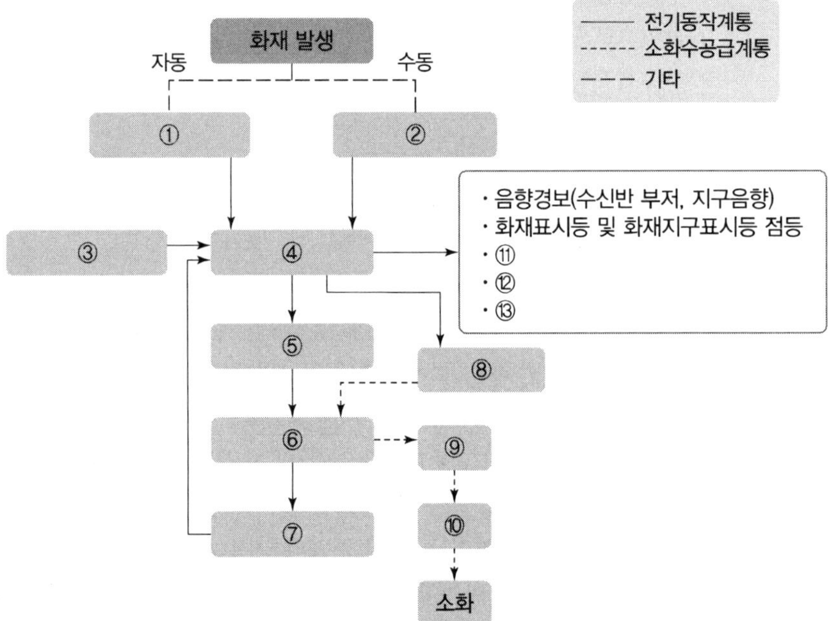

3 감지기회로의 도통시험과 관련하여 다음의 각 물음에 답하시오.

① 종단저항 설치기준 3가지를 쓰시오.

② 회로도통시험을 전압계를 사용하여 시험 시 측정결과에 대한 가부판정기준을 쓰시오.

4 일제개방밸브를 사용하는 스프링클러설비에 있어서 일제개방밸브 2차 측 배관의 부대설비 설치기준을 쓰시오.

5 「위험물안전관리에 관한 세부기준」에서 부착장소의 최고주위온도와 스프링클러헤드 표시온도를 쓰시오.

6 감지기 오작동으로 인하여 준비작동식밸브가 개방되어 1차 측의 가압수가 2차 측으로 이동하였으나 스프링클러헤드는 개방되지 않았다. 밸브 2차 측 배관은 평상시 대기압 상태로서 배관 내의 체적은 3.2[m^3]이고 밸브 1차 측 압력은 5.8[kgf/cm^2]이며, 물의 비중량은 9,800[N/m^3], 공기의 분자운동은 이상기체로서 온도 변화는 없다고 할 때 다음 물음에 답하시오.(단, 계산과정을 쓰고, 계산값은 소수점 셋째 자리에서 반올림하여 둘째 자리까지 구하시오.)

① 오작동으로 인하여 밸브 2차 측으로 넘어간 소화수의 양[m^3]를 구하시오.

② 밸브 2차 측 배관 내에 충수되는 유체의 무게[kN])를 구하시오.

7 할로겐화합물 및 불활성기체소화설비의 화재안전기술기준에 관한 다음 물음에 답하시오.(단, 계산과정을 쓰고, 계산값은 소수점 셋째 자리에서 반올림하여 둘째 자리까지 구하시오.)

- 최대허용압력 : 16,000[kPa]
- 배관의 바깥지름 : 8.5[cm]
- 배관 재질 인장 강도 : 410[N/mm^2]
- 항복점 : 250[N/mm^2]
- 전기 저항 용접 배관 방식이며, 용접이음을 한다.

① 배관의 최대허용응력[kPa]을 구하시오.

② 관의 두께[mm]를 구하시오.

해설

1 소방시설 설치 및 관리에 관한 법률 시행령 별표 4

가) 창고시설(물류터미널로 한정한다) 중 4)에 해당하지 않는 것으로서 바닥면적의 합계가 2천 5백m^2 이상이거나 수용인원이 250명 이상인 경우에는 모든 층

나) 창고시설(물류터미널은 제외한다) 중 6)에 해당하지 않는 것으로서 바닥면적의 합계가 2천 5백m^2 이상인 경우에는 모든 층

다) 공장 또는 창고시설 중 7)에 해당하지 않는 것으로서 지하층 · 무창층 또는 층수가 4층 이상인 것 중 바닥면적이 500m^2 이상인 경우에는 모든 층

라) 랙식 창고 중 8)에 해당하지 않는 것으로서 바닥면적의 합계가 750m^2 이상인 경우에는 모든 층

마) 공장 또는 창고시설 중 9)가)에 해당하지 않는 것으로서 「화재의 예방 및 안전관리에 관한 법률 시행령」 별표 2에서 정하는 수량의 500배 이상의 특수가연물을 저장 · 취급하는 시

2 ① 화재감지기의 동작(교차회로)

② 수동기동(전기식 및 배수식)

③ 기동 용수압개폐장치의 압력스위치 작동
④ 감시제어반 또는 복합식 수신기
⑤ 전자개방밸브 작동
⑥ 준비작동식 유수검지장치 개방
⑦ 기동용 수압개폐장치 작동
⑧ 가압송수장치 작동
⑨ 배관
⑩ 헤드
⑪ 가압송수장치의 기동표시등 점등
⑫ 기동용 수압개폐장치의 압력스위치 표시등 점등
⑬ 준비작동식 유수검지장치의 개방 표시등 점등

3 ① NFTC 203

가. 점검 및 관리가 쉬운 장소에 설치할 것
나. 전용함을 설치하는 경우 그 설치 높이는 바닥으로부터 1.5m 이내로 할 것
다. 감지기 회로의 끝부분에 설치하며, 종단감지기에 설치할 경우에는 구별이 쉽도록 해당 감지기의 기판 및 감지기 외부 등에 별도의 표시를 할 것

② ㉠ 감지기회로 말단(종단저항)에서 측정하는 경우

- 정상 : 19.2[V] 이상
- 단선 : 0[V]
- 단락 : 3 ~ 5[V]

㉡ 수신기(전압계 타입)에서 확인하는 경우

- 정상 : 2 ~ 6[V]
- 단선 : 0[V]
- 단락 : 28[V] 이상

4 NFTC 103

가. 개폐표시형밸브를 설치할 것
나. 제1호(가)에 따른 밸브와 준비작동식 유수검지장치 또는 일제개방밸브 사이의 배관은 다음 각 목과 같은 구조로 할 것
가) 수직배수배관과 연결하고 동 연결배관상에는 개폐밸브를 설치할 것
나) 자동배수장치 및 압력스위치를 설치할 것
다) 나목에 따른 압력스위치는 수신부에서 준비작동식 유수검지장치 또는 일제개방밸브의 개방 여부를 확인할 수 있게 설치할 것

5 위험물안전관리에 관한 세부기준 제131조제2호사목

부착장소의 최고주위온도(단위 : ℃)	표시온도(단위 : ℃)
① 28 미만	② 58 미만
③ 28 이상 39 미만	④ 58 이상 79 미만
⑤ 39 이상 64 미만	⑥ 79 이상 121 미만
⑦ 64 이상 106 미만	⑧ 121 이상 162 미만
⑨ 106 이상	⑩ 162 이상

6 ① 보일의 법칙

$P_1V_1 = P_2V_2$

여기서, P_1 : 밸브 개방 전 절대압력

P_2 : 밸브 개방 후 절대압력

V_1 : 밸브 개방 전 배관 체적

V_2 : 밸브 개방 후 배관 체적

㉠ 밸브 개방 후 배관 체적 계산

$$V_2 = \frac{P_1}{P_2} \times V_1 = \frac{1.0332}{6.8332} \times 3.2 = 0.483 \quad \therefore 0.48[\mathrm{m}^3]$$

㉡ 밸브 2차 측으로 넘어간 소화수의 양 계산

소화수의 양=밸브 개방 전 배관 체적－밸브 개방 후 배관 체적

$= 3.2 - 0.48 = 2.72[\mathrm{m}^3]$

해답 소화수의 양 : $2.72[\mathrm{m}^3]$

② $F = \gamma V$

여기서, F : 힘, 무게[N]

γ : 유체의 비중량$[\mathrm{N/m}^3]$

V : 유체의 체적$[\mathrm{m}^3]$

$F = \gamma V$

$= 9,800 \times 2.72$

$= 26,656[\mathrm{N}]$

$= 26.656[\mathrm{kN}]$

해답 충수되는 유체의 무게 : $26.66[\mathrm{kN}]$

7 관의 두께 $t=\dfrac{PD}{2SE}+A$[mm]

여기서, P : 최대허용(사용)압력[kPa]

D : 배관의 바깥지름(외경)[mm]

SE(최대허용응력)[kPa] = a×b×1.2

a : 배관 재질 인장강도의 $\dfrac{1}{4}$값과 항복점의 $\dfrac{2}{3}$값 중 적은 값

b(배관이음효율) : 이음매 없는 배관-1.0, 전기저항 용접배관-0.85 가열 맞대기 용접배관-0.60

A : 나사이음, 홈이음 등의 허용값[mm](나사이음-나사높이, 절단홈이음-홈 깊이, 용접이음-0)

① $SE = a\times b\times 1.2$

$= 102.5\times 10^6\times 0.85\times 1.2$

$= 104{,}550{,}000$[N/m²]

$= 104{,}550$[kN/m² = kPa]

㉠ $a = 102.5\times 10^6$[N/m²](인장강도의 $\dfrac{1}{4}$과 항복점의 $\dfrac{2}{3}$ 중 적은 값)

- 인장강도의 $\dfrac{1}{4} = 410\times\dfrac{1}{4} = 102.5$[N/mm²] $= 102.5\times 10^6$[N/m²]
- 항복점의 $\dfrac{2}{3} = 250\times\dfrac{2}{3} = 166.67$[N/mm²] $= 166.67\times 10^6$[N/m²]

㉡ b(배관이음효율) = 0.85(전기저항 용접배관)

해답 최대허용응력 SE : 104,550[kPa]

② $t=\dfrac{PD}{2SE}+A=\dfrac{16{,}000\times 85}{2\times 104{,}550}+0=6.504 \quad \therefore 6.5$[mm]

㉠ P(최대허용압력) = 16,000[kPa]

㉡ D(배관의 바깥지름) = 8.5[cm] = 85[mm]

㉢ SE(최대허용응력) = 104,550[kPa]

㉣ A(나사이음, 홈 이음 등의 허용값) = 0(용접이음)

해답 관의 두께 t : 6.5[mm]

02 다음 물음에 답하시오

1 주요 구조부가 내화구조인 건축물에 자동화재탐지설비를 설치하고자 한다. 다음 조건을 참고하여 물음에 답하시오.(단, 조건에 없는 내용은 고려하지 않는다.)

- 층수 : 지하 2층, 지상 9층
- 바닥면적 : 층별 1,050[m^2](가로 35[m], 세로 30[m])
- 연면적 : 11,550[m^2]
- 각 층의 높이는 지하 2층 4.5[m], 지하 1층 4.5[m], 1~9층 3.5[m], 옥탑층 3.5[m]
- 직통계단은 건물 좌, 우측에 1개씩 설치
- 옥탑층은 엘리베이터 권상기실로만 사용되며 건물 좌, 우측에 1개씩 설치
- 각 층 거실과 지하주차장에는 차동식 스포트형감지기 2종 설치
- 연기감지기 설치장소에는 광전식 스포트형 2종 설치
- 지하 2개 층은 주차장 용도로 준비작동식 유수검지장치(교차회로방식) 설치
- 지상 9개 층은 사무실 용도로 습식 유수검지장치 설치
- 화재감지기는 스프링클러 설비와 겸용으로 설치

① 전체 경계구역의 수를 구하시오.

② 설치해야 할 감지기의 종류별 수량을 구하시오.

2 화재안전기술기준에 관한 다음 물음에 답하시오.

① 송수구 가까운 곳의 보기 쉬운 곳에 송수압력범위를 표시한 표지를 설치하여야 되는 소방시설 중 화재안전기술기준상 규정하고 있는 소화설비의 종류 4가지를 쓰시오.

② 연결송수관설비의 송수구 설치기준 중 급수개폐밸브 작동표시스위치의 설치기준을 쓰시오.

③ 특별피난계단의 계단실 및 부속실 제연설비에서 옥내의 출입문(방화구조의 복도가 있는 경우로서 복도와 거실 사이의 출입문)에 대한 구조 기준을 쓰시오.

3 다중이용업소의 안전관리에 관한 특별법령상 다음 물음에 답하시오.

① 다중이용업소에 설치 · 유지하여야 하는 안전시설 등 중에서 구획된 실(實)이 있는 영업장 내부에 피난통로를 설치하여야 되는 다중이용업의 종류를 쓰시오.

② 다중이용업소의 영업장에 설치 · 유지하여야 하는 안전시설 등의 종류 중 영상 음향 차단장치에 대한 설치 · 유지기준을 쓰시오.

4 아래 조건과 같은 배관의 A지점에서 B지점으로 40[kgf/s]의 소화수가 흐를 때 A, B 각 지점에서의 평균속도[m/s]를 계산하시오.(단, 조건에 없는 내용은 고려하지 않으며, 계산과정을 쓰고 답은 소수점 넷째 자리에서 반올림하여 셋째 자리까지 구하시오.)

- 배관의 재질 : 배관용 탄소강관(KS D 3507)
- A지점 : 호칭지름 100, 바깥지름 114.3[mm], 두께 4.5[mm]
- B지점 : 호칭지름 80, 바깥지름 89.1[mm], 두께 4.05[mm]

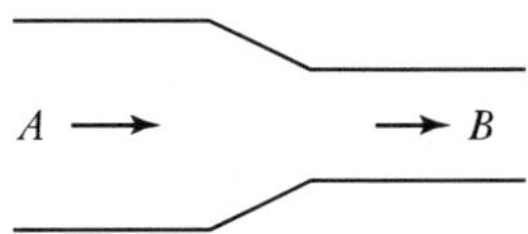

5 「소방시설의 내진설계 기준」에 따른 수평배관의 종방향 흔들림 방지 버팀대에 대한 설치기준을 쓰시오.

해설

1 ① ㉠ 수평적 경계구역

ⓐ 지하층 : 소화설비의 방사구역과 동일하게 설정

- 경계구역 $N = \dfrac{\text{바닥면적}}{\text{기준면적}} = \dfrac{35\times30}{3{,}000} = 0.35$ ∴ 1구역
- 지하층 경계구역＝1구역/층×2개 층＝2구역

ⓑ 지상층

- 경계구역 $N = \dfrac{\text{바닥면적}}{\text{기준면적}} = \dfrac{35\times30}{600} = 1.75$ ∴ 2구역
- 지상층 경계구역＝2구역/층×9개 층＝18구역

㉡ 수직적 경계구역

ⓐ 직통계단 : 2개

- 좌 계단 지하

경계구역 $N = \dfrac{\text{수직거리}}{\text{기준거리}} = \dfrac{4.5\times2}{45} = 0.2$ ∴ 1구역

- 좌 계단 지상

경계구역 $N = \dfrac{\text{수직거리}}{\text{기준거리}} = \dfrac{3.5\times10}{45} = 0.7$ ∴ 1구역

- 우 계단 지하

경계구역 $N = \dfrac{\text{수직거리}}{\text{기준거리}} = \dfrac{4.5\times2}{45} = 0.2$ ∴ 1구역

• 우 계단 지상

경계구역 $N=\dfrac{\text{수직거리}}{\text{기준거리}}=\dfrac{3.5\times10}{45}=0.7\quad\therefore 1\text{구역}$

ⓑ 엘리베이터 권상기실 : 2구역

• 전체 경계구역의 수

경계구역 $N=$ 수평적 경계구역 + 수직적 경계구역

$= 2+18+2+2+2$

$= 26$구역

해답 전체 경계구역의 수 : 26구역

② ㉠ 차동식 스포트형 2종

ⓐ 지상층 : 내화구조, 부착높이 4[m] 미만

• 층별 감지기 수 $N=\dfrac{\text{바닥면적}}{\text{기준면적}}=\dfrac{35\times30}{70}=15\text{개}$

• 지상층 감지기 수 $N=15\text{개/층}\times9\text{개 층}=135\text{개}$

ⓑ 지하층 : 내화구조, 부착높이 4[m] 이상, 교차회로

• 층별 감지기 수 $N=\dfrac{\text{바닥면적}}{\text{기준면적}}=\dfrac{35\times30}{35}=30\text{개}$

• 지하층 감지기 수 $N=30\text{개/층}\times2\text{개 층}\times2\text{회로}=120\text{개}$

ⓒ 차동식 스포트형 2종 설치개수 = 135 + 120 = 255개

㉡ 광전식 스포트형 2종

ⓐ 직통계단

• 좌 계단 지하

감지기 수 $N=\dfrac{\text{수직거리}}{\text{기준거리}}=\dfrac{4.5\times2}{15}=0.6\quad\therefore 1\text{개}$

• 좌 계단 지상

감지기 수 $N=\dfrac{\text{수직거리}}{\text{기준거리}}=\dfrac{3.5\times10}{15}=2.33\quad\therefore 3\text{개}$

• 우 계단 지하

감지기 수 $N=\dfrac{\text{수직거리}}{\text{기준거리}}=\dfrac{4.5\times2}{15}=0.6\quad\therefore 1\text{개}$

• 우 계단 지상

감지기 수 $N=\dfrac{\text{수직거리}}{\text{기준거리}}=\dfrac{3.5\times10}{15}=2.33\quad\therefore 3\text{개}$

ⓑ 엘리베이터 권상기실 : 2개

㉢ 광전식 스포트형 2종 설치개수=8+2=10개

해답 차동식 스포트형 2종 : 255개, 광전식 스포트형 2종 : 10개

2 ① ㉠ 스프링클러설비
㉡ 화재조기진압용 스프링클러설비
㉢ 물분무소화설비
㉣ 포소화설비
㉤ 연결송수관설비

② **송수구**
송수구로부터 연결송수관설비의 주 배관에 이르는 연결배관에 개폐밸브를 설치한 때에는 그 개폐상태를 쉽게 확인 및 조작할 수 있는 옥외 또는 기계실 등의 장소에 설치할 것. 이 경우 개폐밸브에는 그 밸브의 개폐상태를 감시제어반에서 확인할 수 있도록 급수개폐밸브 작동표시 스위치를 다음 각 목의 기준에 따라 설치하여야 한다.
가. 급수개폐밸브가 잠길 경우 탬퍼 스위치의 동작으로 인하여 감시제어반 또는 수신기에 표시되어야 하며 경보음을 발할 것
나. 탬퍼 스위치는 감시제어반 또는 수신기에서 동작의 유무 확인과 동작시험, 도통시험을 할 수 있을 것
다. 급수개폐밸브의 작동표시 스위치에 사용되는 전기배선은 내화전선 또는 내열전선으로 설치할 것

③ **제연구역 및 옥내의 출입문**
옥내의 출입문(2.7.1의 표 2.7.1에 따른 방화구조의 복도가 있는 경우로서 복도와 거실 사이의 출입문에 한한다)은 다음 각 호의 기준에 적합하도록 할 것
가. 출입문은 언제나 닫힌 상태를 유지하거나 자동폐쇄장치에 의해 자동으로 닫히는 구조로 할 것
나. 거실 쪽으로 열리는 구조의 출입문에 자동폐쇄장치를 설치하는 경우에는 출입문의 개방 시 유입공기의 압력에도 불구하고 출입문을 용이하게 닫을 수 있는 충분한 폐쇄력이 있는 것으로 할 것

3 ① **다중이용업소 안전관리에 관한 특별법 시행령 별표 1의2**
구획된 실(室)이 있는 다음 각 목의 영업장에만 설치한다.
가. 단란주점영업과 유흥주점영업의 영업장
나. 비디오물감상실업의 영업장과 복합영상물제공업의 영업장

다. 노래연습장업의 영업장

라. 산후조리업의 영업장

마. 고시원업의 영업장

② 다중이용업소 안전관리에 관한 특별법 시행규칙 별표 2

가. 화재 시 자동화재탐지설비의 감지기에 의하여 자동으로 음향 및 영상이 정지될 수 있는 구조로 설치하되, 수동(하나의 스위치로 전체의 음향 및 영상장치를 제어할 수 있는 구조를 말한다)으로도 조작할 수 있도록 설치할 것

나. 영상음향차단장치의 수동차단스위치를 설치하는 경우에는 관계인이 일정하게 거주하거나 일정하게 근무하는 장소에 설치할 것. 이 경우 수동차단스위치와 가장 가까운 곳에 "영상음향차단스위치"라는 표지를 부착하여야 한다.

다. 전기로 인한 화재 발생 위험을 예방하기 위하여 부하용량에 알맞은 누전차단기(과전류차단기를 포함한다)를 설치할 것

라. 영상음향차단장치의 작동으로 실내 등의 전원이 차단되지 않는 구조로 설치할 것

4 체적유량 $Q = AV[\mathrm{m^3/s}]$이므로, 평균속도 $V = \dfrac{4Q}{\pi D^2}[\mathrm{m/s}]$가 된다.

① 체적유량 계산

$$\text{체적유량 } Q = \frac{\text{중량유량}[\mathrm{kg_f/s}]}{\text{비중량}[\mathrm{kg_f/m^3}]} = \frac{40}{1{,}000} = 0.04[\mathrm{m^3/s}]$$

② A배관의 안지름 계산

$$D_A = 114.3 - (4.5 \times 2) = 105.3[\mathrm{mm}] = 0.1053[\mathrm{m}]$$

③ B배관의 안지름 계산

$$D_B = 89.1 - (4.05 \times 2) = 81[\mathrm{mm}] = 0.081[\mathrm{m}]$$

④ A지점에서의 평균속도 계산

$$\text{평균속도 } V_A = \frac{4Q}{\pi D_A^2} = \frac{4 \times 0.04}{\pi \times 0.1053^2} = 4.5931 \quad \therefore 4.593[\mathrm{m/s}]$$

⑤ B지점에서의 평균속도 계산

$$\text{평균속도 } V_B = \frac{4Q}{\pi D_B^2} = \frac{4 \times 0.04}{\pi \times 0.081^2} = 7.7624 \quad \therefore 7.762[\mathrm{m/s}]$$

해답 평균속도 V_A : $4.593[\mathrm{m/s}]$, 평균속도 V_B : $7.762[\mathrm{m/s}]$

5 소방시설의 내진설계 기준 제10조제2항

종방향 흔들림 방지 버팀대의 내진설계는 다음 각 호에 따라 설치하여야 한다.

가. 종방향 흔들림 버팀대의 수평지진하중 산정 시 버팀대의 모든 가지배관을 포함하여야 한다.

나. 종방향 흔들림 방지 버팀대의 설계하중은 설치된 위치의 좌우 12m를 포함한 24m 내의 배관에 작용하는 수평지진하중으로 산정한다.

다. 주 배관 및 교차배관에 설치된 종방향 흔들림 방지 버팀대의 간격은 24m를 넘지 않아야 한다.

라. 마지막 버팀대와 배관 단부 사이의 거리는 12m를 초과하지 않아야 한다.

마. 4방향 버팀대는 횡방향 및 종방향 버팀대의 역할을 동시에 할 수 있어야 한다.

03 다음 물음에 답하시오.

1 소화기구 및 자동소화장치의 화재안전기술기준에 관하여 다음 물음에 답하시오.

① 소화기 수량산출에서 소형소화기를 감소할 수 있는 경우에 관하여 쓰시오.

구분	내용
소화설비가 설치된 경우	
대형소화기가 설치된 경우	

② 소화기 수량산출에서 소형소화기를 감소할 수 없는 특정소방대상물 4가지를 쓰시오.

③ 일반화재를 적용대상으로 하는 소화기구의 적응성이 있는 소화 약제를 쓰시오.

구분	내용
가스계소화약제	
분말소화약제	
액체소화약제	
기타소화약제	

2 항공기 격납고에 포소화설비를 설치하고자 한다. 아래 조건을 참고하여 물음에 답하시오.

- 격납고의 바닥면적 1,800[m^2], 높이 12[m]
- 격납고의 주요 구조부가 내화구조이고, 벽 및 천장의 실내에 면하는 부분은 난연재료임
- 격납고 주변에 호스릴포소화설비 6개 설치
- 항공기의 높이 : 5.5[m]
- 전역방출방식의 고발포용 고정포방출구 설비 설치
- 팽창비가 220인 수성막포 사용

① 격납고의 소화기구의 총 능력단위를 구하시오.

② 고정포방출구 최소 설치개수를 구하시오.

③ 고정포방출구 1개당 최소방출량[l/min]을 구하시오.

④ 전체 포소화설비에 필요한 포수용액량[m^3]을 구하시오.

3 비상콘센트설비의 화재안전기술기준 등을 참고하여 다음 물음에 답하시오.

① 업무시설로서 층당 바닥면적은 1,000[m²]이며, 층수가 25층인 특정소방대상물에 특별피난계단이 2개소일 경우 비상콘센트의 회로 수, 설치개수 및 전선의 허용전류[A]를 구하시오.(단, 수평거리에 따른 설치는 무시인 전선관은 수직으로 설치되어 있으며, 허용전류는 25[%] 할증을 고려한다.)

② 소방용 장비 용량이 3[kW], 역률이 65[%]장비를 비상콘센트에 접속하여 사용하고자 한다. 층수가 25층인 특정소방대상물의 각 층 층고는 4[m]이며, 비상콘센트(비상콘센트용 풀박스)는 화재안전기술기준에서 허용하는 가장 낮은 위치에 설치하고, 1층의 비상콘센트용 풀박스로부터 수전설비까지의 거리가 100[m]일 경우 전선의 단면적[mm²]을 구하시오.(단, 전압강하는 정격전압의 10[%]로 하고, 최상층 기준으로 한다.)

해설

1 ① 소화기 수량산출에서 소형소화기를 감소할 수 있는 경우

구 분	내 용
소화설비가 설치된 경우	㉠ 해당 설비의 유효범위의 부분에 대하여는 제4조제1항제2호 및 제3호에 따른 소화기의 3분의 2를 감소할 수 있다.
대형소화기가 설치된 경우	㉡ 해당 설비의 유효범위의 부분에 대하여는 제4조제1항제2호 및 제3호에 따른 소화기의 2분의 1을 감소할 수 있다.

② 소화기 수량산출에서 소형소화기를 감소할 수 없는 특정소방대상물

층수가 11층 이상인 부분, 근린생활시설, 위락시설, 문화 및 집회시설, 운동시설, 판매시설, 운수시설, 숙박시설, 노유자시설, 의료시설, 아파트, 업무시설(무인변전소를 제외한다), 방송통신시설, 교육연구시설, 항공기 및 자동차 관련 시설, 관광 휴게시설

해답 소화기구 및 자동소화장치의 화재안전기술기준(NFTC 101) 2.2 소화기의 감소

③ 일반화재를 적용대상으로 하는 소화기구의 적응성이 있는 소화 약제

구 분	내 용
가스계소화약제	㉠ 할로겐화합물소화약제, 청정소화약제
분말소화약제	㉡ 인산염류소화약제
액체소화약제	㉢ 산알칼리소화약제, 강화액소화약제, 포소화약제물 · 침윤소화약제
기타 소화약제	㉣ 고체에어로졸화합물, 마른모래, 팽창질석 · 팽창진주암

2 ① $능력단위(소요단위) = \frac{용도별\ 바닥면적}{기준면적} = \frac{1,800}{200} = 9단위$

건축물의 주요 구조부가 내화구조이고, 벽 및 반자의 실내에 면하는 부분이 불연재료·준불연재료 또는 난연재료로 된 특정소방대상물에 있어서는 기준면적의 2배를 해당 특정소방대상물의 기준 면적으로 한다.

해답 능력단위 : 9단위

② $고정포\ 방출구\ 최소\ 설치개수\ N = \frac{바닥면적}{기준면적} = \frac{1,800}{500} = 3.6 \quad \therefore 4개$

해답 고정포방출구 최소 설치개수 : 4개

③ ㉠ 전체 방출량[l/min]

$$Q = V[\mathrm{m}^3] \times q'[l/\mathrm{min} \cdot \mathrm{m}^3]$$
$$= 1,800 \times (5.5 + 0.5) \times 2 = 21,600[l/\mathrm{min}]$$

㉡ 고정포 방출구 1개당 최소방출량[l/min]

$$Q = \frac{21,600}{4} = 5,400[l/\mathrm{min}]$$

해답 고정포 방출구 1개당 최소방출량 : 5,400[l/min]

④ 포 수용액량

$$= 고정포\ 방출구\ 방사량 + 호스릴포\ 방사량$$
$$= (N \times q'[l/\mathrm{min} \cdot 개] \times 10[\mathrm{min}]) + (N \times 300[l/\mathrm{min} \cdot 개] \times 20[\mathrm{min}])$$
$$= (4 \times 5,400 \times 10) + (5 \times 300 \times 20)$$
$$= 246,000[l] = 246[\mathrm{m}^3]$$

해답 포수용액량 : 246[m^3]

3 ① ㉠ 회로 수

전원회로는 각 층에 2 이상이 되도록 설치하여야 하며, 하나의 전용회로에 설치하는 비상콘센트는 10개 이하로 하여야 하므로, 회로 수는 4회로가 된다.

㉡ 설치개수

비상콘센트설비는 층수가 11층 이상인 특정소방대상물일 경우 11층 이상의 층에 설치한다. 따라서 11층부터 25층까지 15개에 계단이 2개소이므로, 전체 개수는 30개가 된다.

㉢ 전선의 허용전류

$Pa = VI$에서,

$$I = \frac{Pa}{V} \times \text{할증계수} = \frac{3 \times 1{,}500}{220} \times 1.25 = 25.568 \quad \therefore 25.57[\text{A}]$$

② 전선의 단면적 $A = \dfrac{35.6LI}{1{,}000e} = \dfrac{35.6 \times 196 \times 20.98}{1{,}000 \times 220 \times 0.1} = 6.654 \quad \therefore 6.65[\text{mm}^2]$

- 전선의 길이 $= 100[\text{m}] + 4[\text{m}/\text{층}] \times 24[\text{층}] = 196[\text{m}]$
- 부하전류 $I = \dfrac{P}{V\cos\theta} = \dfrac{3{,}000}{220 \times 0.65} = 20.979 \quad \therefore 20.98[\text{A}]$
- 전압강하 $e = 220 \times 0.1 = 22[\text{V}]$

해답 전선의 단면적 : $6.65[\text{mm}^2]$

CHAPTER 06 제18회 기출문제(소방시설의 설계 및 시공)

01 다음 물음에 답하시오.

1 벤투리관(Venturi tube)에 대하여 답하시오.

① 벤투리관(Venturi tube)에서 베르누이 정리와 연속방정식 등을 이용하여 유량 구하는 공식을 유도하시오.

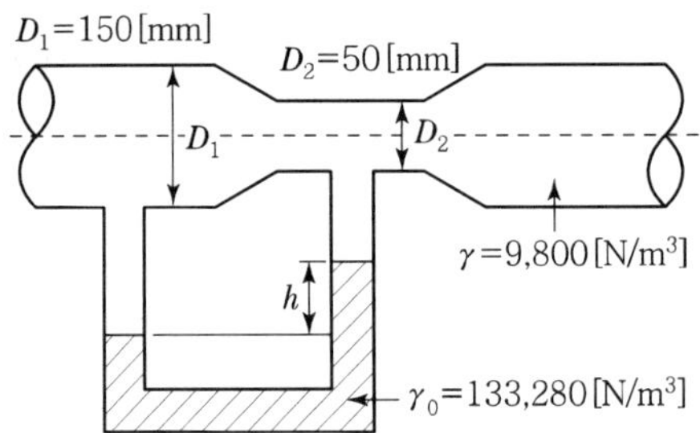

② 위 그림과 같은 벤투리관(Venturi tube)에서 액주계의 높이차가 200[mm]일 때, 관을 통과하는 물의 유량[m^3/s]을 구하시오.(단, 중력가속도=9.8[m/s^2], $\pi = 3.14$, 기타 조건은 무시하며, 소수점 여섯 자리에서 반올림하여 다섯 자리까지 구하시오.)

2 피난기구의 화재안전기술기준에 대하여 답하시오.

① 4층 이상의 층에 피난사다리(하향식 피난구용 내림식 사다리는 제외)를 설치하는 경우 기준을 쓰시오.

② "피난기구는 계단 · 피난구 기타 피난시설로부터 적당한 거리에 있는 안전한 구조로 된 피난 또는 소화활동상 유효한 개구부에 고정하여 설치하거나 필요한 때에 신속하고 유효하게 설치할 수 있는 상태에 둘 것"이라고 규정하고 있다. 여기에서 밑줄 친 유효한 개구부에 대하여 설명하시오.

③ 지상 10층(업무시설)인 소방대상물의 3층에 피난기구를 설치하고자 한다. 적응성이 있는 피난기구 8가지를 쓰시오.

④ 지상 10층(판매시설)인 소방대상물의 5층에 피난기구를 설치하고자 한다. 필요한 피난기구의 최소 수량을 산출하시오.(단, 바닥면적은 2,000[m^2]이며, 주요 구조부는 내화구조이고, 특별피난계단이 2개소 설치되어 있다.)

3 이산화탄소소화설비의 화재안전기술기준 및 아래 조건에 따라 이산화탄소소화설비를 설치하고자 한다. 다음에 대하여 답하시오.

〈조 건〉

- 방호구역은 2개 구역으로 한다.
  A구역은 가로 20[m] × 세로 25[m] × 높이 5[m]
  B구역은 가로 6[m] × 세로 5[m] × 높이 5[m]
- 개구부는 다음과 같다.

구분	개구부 면적	비고
A구역	이산화탄소소화설비의 화재안전기술기준에서 규정한 최댓값 적용	자동폐쇄장치 미설치
B구역	이산화탄소소화설비의 화재안전기술기준에서 규정한 최댓값 적용	자동폐쇄장치 미설치

- 전역방출설비이며 방출시간은 60초 이내로 한다.
- 충전비는 1.5, 저장용기의 내용적은 68[ℓ]이다.
- 각 구역 모두 아세틸렌 저장창고이다.
- 개구부 면적계산 시에 바닥면적을 포함하고, 주어진 조건 외에는 고려하지 않는다.
- 설계농도에 따른 보정계수는 아래의 표를 참고한다.

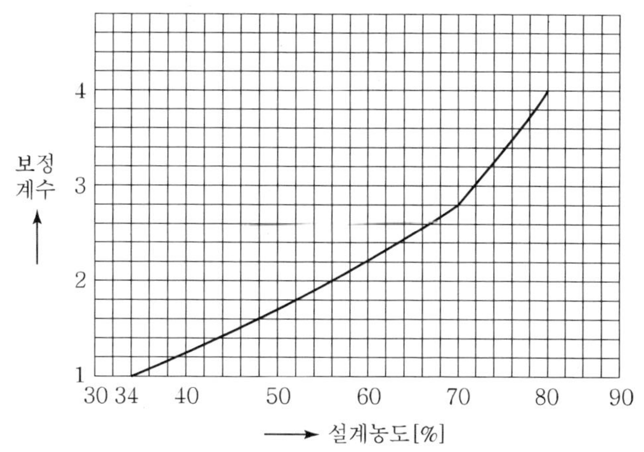

① 각 방호구역 내 개구부의 최대면적[m^2]을 구하시오.

② 각 방호구역의 최소 소화약제 산출량[kg]을 구하시오.

③ 저장용기실의 최소 저장용기 수 및 최소 소화약제 저장량[kg]을 구하시오.

④ 이산화탄소소화설비의 화재안전기술기준 [별표 1]에서 정하는 가연성 액체 또는 가연성 가스의 소화에 필요한 설계농도[%] 기준 중 석탄가스와 에틸렌의 설계농도[%]를 쓰시오.

해설

1 ① ㉠ 상류 측 D_1 지점과 목 부분 D_2 지점에 베르누이방정식을 적용

$$\frac{P_1}{\gamma}+z_1+\frac{V_1^2}{2g}=\frac{P_2}{\gamma}+z_2+\frac{V_2^2}{2g}$$ 에서, $z_1=z_2$이므로

$$\frac{P_1-P_2}{\gamma}=\frac{V_2^2-V_1^2}{2g} \quad \cdots\cdots \text{ⓐ}$$

㉡ 연속방정식 $A_1V_1=A_2V_2$에서

$$V_1=\frac{A_2}{A_1}V_2=\left(\frac{D_2}{D_1}\right)^2V_2 \quad \cdots\cdots \text{ⓑ}$$

㉢ ⓑ식을 ⓐ식에 대입

$$\frac{P_1-P_2}{\gamma}=\frac{V_2^2-\left(\frac{D_2}{D_1}\right)^4V_2^2}{2g}=\frac{1}{2g}\left[1-\left(\frac{D_2}{D_1}\right)^4\right]V_2^2$$

$$V_2^2=\frac{2g}{\left[1-\left(\frac{D_2}{D_1}\right)^4\right]}\times\frac{P_1-P_2}{\gamma}$$

$$V_2=\frac{1}{\sqrt{1-\left(\frac{D_2}{D_1}\right)^4}}\times\sqrt{2gh\left(\frac{\gamma_0}{\gamma}-1\right)}$$

㉣ $Q[\mathrm{m^3/s}]=A_2V_2$

$$=A_2\times\frac{1}{\sqrt{1-\left(\frac{D_2}{D_1}\right)^4}}\times\sqrt{2gh\left(\frac{\gamma_0}{\gamma}-1\right)}$$

② $Q=A_2V_2$

$$=\frac{\pi D_2^2}{4}\times\frac{1}{\sqrt{1-\left(\frac{D_2}{D_1}\right)^4}}\times\sqrt{2gh\left(\frac{\gamma_0}{\gamma}-1\right)}$$

$$=\frac{3.14\times0.05^2}{4}\times\frac{1}{\sqrt{1-\left(\frac{50}{150}\right)^4}}\times\sqrt{2\times9.8\times0.2\times\left(\frac{133,280}{9,800}-1\right)}$$

$$=0.013878[\mathrm{m^3/s}]$$

해답 $Q=0.01388[\mathrm{m^3/s}]$

2 ① 피난기구의 화재안전기술기준 제4조 제③항 제4호

금속성 고정사다리를 설치하고, 당해 고정사다리에는 쉽게 피난할 수 있는 구조의 노대를 설치할 것

② 피난기구의 화재안전기술기준 제4조 제③항 제1호

가로 0.5[m] 이상 세로 1[m] 이상인 것을 말한다. 이 경우 개구부 하단이 바닥에서 1.2[m] 이상이면 발판 등을 설치하여야 하고, 밀폐된 창문은 쉽게 파괴할 수 있는 파괴 장치를 비치하여야 한다.

③ [별표 1] 소방대상물의 설치장소별 피난기구의 적응성(제4조 제1항 관련)

㉠ 미끄럼대 ㉡ 피난사다리 ㉢ 구조대 ㉣ 완강기
㉤ 피난교 ㉥ 피난용트랩 ㉦ 다수인피난장비 ㉧ 승강식피난기

④ 피난기구의 화재안전기술기준 제4조 제②항 제1호 및 제6조 제①항

㉠ 설치개수 $= \frac{\text{바닥면적}}{\text{기준면적}} = \frac{2,000}{800} = 2.5$ ∴ 3개

㉡ 감소기준 적용 : 주요 구조부가 내화구조이고 특별피난계단이 2개소 설치되어 있으므로, 설치개수의 $\frac{1}{2}$ 감소 가능

㉢ 설치개수 $= \frac{3}{2} = 1.5$개 ∴ 2개 (소수점 이하는 1로 한다.)

해답 설치개수 : 2개

3 ① 개구부의 면적은 방호구역 전체 표면적의 3[%] 이하로 하여야 한다.

㉠ A구역 $= \{(20\times25\times2)+(20\times5\times2)+(25\times5\times2)\}\times0.03$
$= 43.5[\text{m}^2]$

㉡ B구역 $= \{(6\times5\times2)+(6\times5\times2)+(5\times5\times2)\}\times0.03$
$= 5.1[\text{m}^2]$

해답 A구역 : $43.5[\text{m}^2]$, B구역 : $5.[1\text{m}^2]$

② ㉠ A구역 소화약제 산출량

$$W = (V\times K_1)\times N + (A\times K_2)$$
$$= (1,875\times2.6) + (43.5\times5)$$
$$= 5,092.5[\text{kg}]$$

ⓐ 기본량＝ $V \times K_1 = 20 \times 25 \times 5 \times 0.75 = 1,875$[kg]

ⓑ 보정계수 $N = 2.6$(아세틸렌의 설계농도 : 66[%])

ⓒ 개구부 가산량＝ $A \times K_2 = 43.5 \times 5 = 217.5$[kg]

㉡ B구역 소화약제 산출량

$W = (V \times K_1) \times N + (A \times K_2)$

$= (135 \times 2.6) + (5.1 \times 5)$

$= 376.5$[kg]

ⓐ 기본량＝ $V \times K_1 = 6 \times 5 \times 5 \times 0.8 = 120$[kg]

(기본량이 최저 한도량 미만이므로, 최저 한도량을 기본량으로 할 것)

ⓑ 보정계수 $N = 2.6$(아세틸렌의 설계농도 66[%])

ⓒ 개구부 가산량＝ $A \times K_2 = 5.1 \times 5 = 25.5$[kg]

해답 A구역 소화약제 산출량 : 5,092.5[kg]

B구역 소화약제 산출량 : 376.5[kg]

③ ㉠ 최소 저장용기 수

ⓐ 1병당 충전량 $W = \frac{V}{C} = \frac{68}{1.5} = 45.33$[kg/병]

ⓑ A구역 용기 수 $N = \frac{\text{소화 약제량}}{\text{1병당 충전량}} = \frac{5,092.5}{45.33} = 112.34$ ∴ 113병

ⓒ B구역 용기 수 $N = \frac{\text{소화 약제량}}{\text{1병당 충전량}} = \frac{376.5}{45.33} = 8.31$ ∴ 9병

해답 최소 저장용기 수 : 113병

㉡ 최소 소화약제 저장량

최소 소화약제 저장량 W＝ 저장 용기 수 × 1병당 충전량

$= 113 \times 45.33 = 5,122.29$[kg]

해답 최소 소화약제 저장량 : 5,122.29[kg]

④ 석탄가스와 에틸렌의 설계농도[%]

해답 석탄가스 : 37[%], 에틸렌 : 49[%]

02 다음 물음에 답하시오.

1 화재안전기술기준 및 아래 조건에 따라 다음에 대하여 답하시오.

〈조 건〉

- 두 개의 동으로 구성된 건축물로서 A동은 50층의 아파트, B동은 11층의 오피스텔, 지하층은 공용으로 사용된다.
- A동과 B동은 완전구획하지 않고 하나의 소방대상물로 보며, 소방시설은 각각 별개 시설로 구성한다.
- 지하층은 5개 층으로 주차장, 기계실 및 전기실로 구성되었으며 지하층의 소방시설은 B동에 연결되어 있다.
- A동, B동의 층고는 2.8[m]이며, 바닥 면적은 30[m]×20[m]으로 동일하다.
- 지하층의 층고는 3.5[m]이며, 바닥 면적은 80[m]×60[m]이다.
- 옥내소화전설비의 방수구는 화재안전기술기준상 바닥으로부터 가장 높이 설치되어 있으며, 바닥 등 콘크리트 두께는 무시한다.
- 고가수조의 크기는 8[m]×6[m]×6[m](H)이며 각 동 옥상 바닥에 설치되어 있다.
- 수조의 토출구는 물탱크와 바닥에 위치한다.
- 계산 시 $\pi = 3.14$이며 소수점 3자리에서 반올림하여 2자리까지 구한다.
- 주어진 조건 외에는 고려하지 않는다.

① 옥내소화전설비를 장방형으로 배치한 경우, A동과 B동의 최소 수원[m^3]을 각각 구하시오.

② 스프링클러설비가 설치된 경우, 아파트와 오피스텔의 최소 수원[m^3]을 각각 구하시오.

③ B동 고가수조의 소화용수가 자연낙차에 따라 지하 5층 옥내소화전 방수구로 방수되는 데 소요되는 최소시간[s]을 구하시오.

2 물의 압력–온도 상태도와 관련하여 다음에 대하여 답하시오.

① 물의 압력-온도 상태도(Pressure-Temperature Diagram)를 작도하고, 상태도에 임계점과 삼중점을 표시하여 각각을 설명하시오.

② 상태도에 비등(Ebullition)현상과 공동(Cavitation)현상을 작도하고 설명하시오.

③ 물의 응축잠열과 증발잠열을 설명하고, 증발잠열이 소화효과에 미치는 영향을 설명하시오.

해설

1 ① ㉠ A동 최소 수원

수원량 $Q = N \times 130 \times 60$

$= 1 \times 130 \times 60 = 7{,}800[l] = 7.8[m^3]$

ⓐ 옥내 소화전 설치 개수 N= 가로열 설치 수× 세로열 설치 수

$= 1\times 1 = 1$개

ⓑ 가로열 설치 수 $= \dfrac{\text{가로길이}}{2R\cos 45°} = \dfrac{30}{2\times 25\times \cos 45°} = 0.84 \quad \therefore$ 1개

ⓒ 세로열 설치 수 $= \dfrac{\text{세로길이}}{2R\cos 45°} = \dfrac{20}{2\times 25\times \cos 45°} = 0.5 \quad \therefore$ 1개

㉡ B동 최소 수원

수원량 $Q = N\times 130\times 20$

$= 5\times 130\times 20 = 13{,}000[l] = 13[m^3]$

ⓐ 옥내 소화전 설치 개수 N= 가로열 설치 수× 세로열 설치 수

$= 3\times 2 = 6$개

ⓑ 가로열 설치 수 $= \dfrac{\text{가로길이}}{2R\cos 45°} = \dfrac{80}{2\times 25\times \cos 45°} = 2.2 \quad \therefore$ 3개

ⓒ 세로열 설치 수 $= \dfrac{\text{세로길이}}{2R\cos 45°} = \dfrac{60}{2\times 25\times \cos 45°} = 1.6 \quad \therefore$ 2개

해답 A동 최소 수원 : 7.8[m³], B동 최소 수원 : 13[m³]

② ㉠ 아파트 최소 수원

수원량 $Q = N\times 80\times 60$

$= 10\times 80\times 60 = 48{,}000[l] = 48[m^3]$

㉡ 오피스텔 최소 수원

수원량 $Q = N\times 80\times 60$

$= 30\times 80\times 20 = 48{,}000[l] = 48[m^3]$

해답 아파트 최소 수원 : 48[m³], 오피스텔 최소 수원 : 48[m³]

③ $t = \dfrac{2A_1(\sqrt{H_1} - \sqrt{H_2})}{C\cdot A_2\cdot \sqrt{2[g]}}$

$= \dfrac{2\times 48\times (\sqrt{48.07} - \sqrt{46.8})}{\dfrac{3.14\times 0.04^2}{4}\times \sqrt{2\times 9.8}} = 1{,}591.796 \quad \therefore 1{,}591.8[s]$

㉠ A_1(수조의 액표면적)$= 8\times 6 = 48[m^2]$

㉡ H_1(수조의 액표면적에서 방출구까지의 위치수두)

=수원의 위치수두+수조의 바닥으로부터 방출구까지의 위치수두

$= \dfrac{13+48}{8\times 6} + (11\times 2.8) + (3.5\times 5) - 1.5 = 48.07[m]$

㉢ H_2(수조의 바닥으로부터 방출구까지의 위치수두)

$= (11 \times 2.8) + (3.5 \times 5) - 1.5 = 46.8[\mathrm{m}]$

㉣ A_2(방출구의 단면적)$= \dfrac{\pi D^2}{4} = \dfrac{3.14 \times 0.04^2}{4} = 0.001256\mathrm{m}^2$

해답 최소 시간 : 1,591.8[s]

2 ①

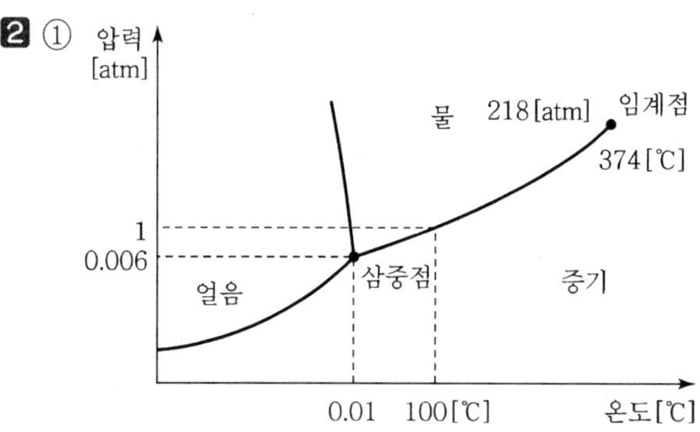

㉠ 임계점(臨界點, Critical point)이란 액체와 기체의 상이 구분될 수 있는 최대의 온도-압력 한계를 말한다.

㉡ 삼중점(三重點, Triple point)이란 3상(예 : 고체, 액체, 기체)이 서로 열역학적 균형을 유지하는 상태의 압력과 온도를 말한다.

② ㉠ 비등현상

일정한 압력 하에서 액체를 가열할 경우 일정 온도에 도달한 후 액체 표면에서의 기화(증발) 외에 액체 내부에서도 증기 기포가 형성되는 기화현상을 말한다. 비등이 일어나는 온도를 끓는점이라고 한다.

㉡ 공동현상

유체의 속도 변화에 의한 압력 변화로 인해 유체 내에 공동이 생기는 현상을 말한다.

③ ㉠ 응축잠열

기체상태(수증기)에서 액체상태(물)로 상태가 변할 때 방출하는 열량을 말한다.

㉡ 증발잠열

액체상태(물)에서 기체상태(수증기)로 상태가 변할 때 흡수하는 열량을 말한다.

㉢ 물 1[kg]의 증발잠열은 539[kcal]이며, 화재면에 방사 시 온도를 떨어뜨리는 냉각작용에 의한 소화효과가 있다.

03 다음 물음에 답하시오.

1 자동화재탐지설비에 대하여 답하시오.

① 아래 조건을 참조하여 실온이 18[℃]일 때, 1종 정온식 감지기의 최소 작동시간[s]을 계산 과정을 쓰고 구하시오.

〈조 건〉

- 감지기의 공칭작동온도는 80[℃]이고, 작동시험온도는 100[℃]이다.
- 실온이 0[℃] 및 0[℃] 이외에서 감지기 작동시간의 소수점 이하는 절상하여 계산한다.

② 자동화재탐지설비 및 시각경보장치의 화재안전기술기준에 따른 정온식 감지선형 감지기 설치기준이다. ( ) 안의 내용을 차례대로 쓰시오.

감지기와 감지구역의 각 부분과의 수평거리가 내화구조의 경우 1종 (㉠) 이하, 2종 (㉡) 이하로 할 것. 기타 구조의 경우 1종 (㉢) 이하, 2종 (㉣) 이하로 할 것

2 가스계 소화설비에 대하여 답하시오.

① 할로겐화합물 및 불활성기체소화설비의 화재안전기술기준 및 아래 조건에 따라 HCFC BLEND A를 이용한 소화설비를 설치하였을 때, 전체 소화약제 저장용기에 저장되는 최소 소화약제의 저장량(kg)을 산출하시오.

〈조 건〉

- 바닥면적 300[m^2], 높이 4[m]의 발전실에 소화농도는 7.0[%]로 한다.
- 방사 시 온도는 20[℃], K_1 =0.2413, K_2 =0.00088이다.
- 저장용기의 규격은 68[ℓ], 50[kg]용이다.

② 위 (1)의 저장용기에 대하여 할로겐화합물 및 불활성기체소화설비의 화재안전기술기준에서 요구하는 저장용기 교체기준을 쓰시오.

③ 이산화탄소소화설비의 화재안전기술기준에 따라 이산화탄소소화설비의 설치장소에 대한 안전시설 설치기준 2가지를 쓰시오.

3 특별피난계단의 계단실 및 부속실 제연설비의 화재안전기술기준에 따라 부속실에 제연설비를 설치하고자 한다. 아래 조건에 따라 다음에 대하여 답하시오.

〈조 건〉

- 제연구역에 설치된 출입문의 크기는 폭 1.6[m], 높이 2.0[m]이다.
- 외여닫이문으로 제연구역의 실내 쪽으로 열린다.
- 주어진 조건 외에는 고려하지 않으며, 계산값을 소수점 넷째 자리에서 반올림하여 소수점 셋째 자리까지 구한다.

① 출입문의 누설틈새 면적(m^2)을 산출하시오.

② 위 (1)의 누설틈새를 통한 최소 누설량(m^3/s)을 $Q = 0.827AP^{1/2}$ 식을 이용하여 산출하시오.

해설

1 ① $t = \dfrac{t_0 \times \log\left(1 + \dfrac{\theta - \theta_n}{\triangle T}\right)}{\log\left(1 + \dfrac{\theta}{\triangle T}\right)}$

$= \dfrac{41 \times \log\left(1 + \dfrac{80 - 18}{20}\right)}{\log\left(1 + \dfrac{80}{20}\right)} = 35.9445 \fallingdotseq 36[s]$

㉠ $t_0[s]$: 실온이 0℃ 인 경우의 작동시간

㉡ θ[℃] : 공칭작동온도

㉢ θ_n[℃] : 실온

㉣ $\triangle T$[℃] : 공칭작동온도와 작동시험온도와의 차

해답 최소 작동시간 : 36[s]

② 자동화재탐지설비 및 시각경보장치의 화재안전기술기준에 따른 정온식 감지선형 감지기 설치기준

해답 ㉠ 4.5[m], ㉡ 3[m], ㉢ 3[m], ㉣ 1[m]

2 ① ㉠ 소화 약제량

$W = \dfrac{V}{S} \times \dfrac{C}{100 - C}$

$= \dfrac{1,200}{0.2589} \times \dfrac{9.1}{100 - 9.1} = 464.01[kg]$

ⓐ V(방호구역의 체적)$=300\times4=1,200[\mathrm{m}^3]$

ⓑ C(설계농동)=소화농도×안전계수 $=7\times1.3=9.1[\%]$

ⓒ S(임의의 온도에서의 비체적)$=K_1+K_2\times t=0.2416+0.00088\times20$

$$=0.2589[\mathrm{m}^3/\mathrm{kg}]$$

㉡ 저장용기에 저당되는 최소 소화약제의 저장량

W' =저장 용기 수×1병당 충전량

$=10\times50=500[\mathrm{kg}]$

ⓐ 저장 용기 수$=\dfrac{\text{약제량}}{\text{1병당 충전량}}=\dfrac{464.01}{50}=9.2\ \therefore$ 10병

ⓑ 1병당 충전량$=50[\mathrm{kg}]$

해답 저장 용기에 저장되는 최소 소화약제의 저장량 : 500[kg]

② 저장용기의 약제량 손실이 5[%]를 초과하거나 압력손실이 10[%]를 초과할 경우에는 재충전하거나 저장용기를 교체할 것

③ ㉠ 소화약제 방출 시 방호구역 내와 부근에 가스 방출 시 영향을 미칠 수 있는 장소에 시각경보장치를 설치하여 소화약제가 방출되었음을 알도록 할 것

㉡ 방호구역의 출입구 부근 잘 보이는 장소에 약제방출에 따른 위험경고표지를 부착할 것

3 ① $\mathrm{A}=\dfrac{\mathrm{L}}{l}\times\mathrm{A_d}$

$=\dfrac{(1.6+2)\times2}{5.6}\times0.01=0.0128\ \therefore 0.013[\mathrm{m}^2]$

해답 누설틈새 면적 : 0.013[m²]

② $\mathrm{Q}=0.827\mathrm{AP}^{1/2}$

$=0.827\times0.013\times40^{\frac{1}{2}}=0.0679\ \therefore 0.068[\mathrm{m}^3/\mathrm{s}]$

해답 누설량 : 0.068[m³/s]

CHAPTER 07 제19회 기출문제(소방시설의 설계 및 시공)

01 다음 물음에 답하시오.

1 건축물 내 실의 크기가 가로 20[m]×세로 20[m]×높이 4[m]인 노유자시설에 제3종 분말소화기를 설치하고자 한다. 다음을 구하시오.(단, 건축물은 비 내화구조이다.)

① 최소소화능력단위

② 2단위 소화기 설치 시 소화기 개수

2 다음을 계산하시오.

① 소방대상물(B급 화재)에 소화약제 HFC-23인 할로겐화합물소화설비를 설치한다. 다음 조건에 따라 답을 구하시오.

〈 조건 〉

- 소방대상물의 크기 : 가로 20[m]×세로 8[m]×높이 6[m]
- 소화농도는 32[%]이다.
- 저장용기는 80[ℓ]이며, 최대충전밀도 중 가장 큰 것을 사용한다.
- 소화약제 선형상수 값(K_1 = 0.3164, K_2 = 0.0012)
- 방호구역의 온도는 20[℃]이다.
- 화재안전기술기준의 $W = \frac{V}{S} \times \left(\frac{C}{100 - C}\right)$ 식을 적용한다.
- 소수점 셋째 자리에서 반올림하여 둘째 자리까지 구한다.
- 주어진 조건 외에는 고려하지 않는다.

항목 \ 소화약제	HFC-23				
최대충전밀도[kg/m³]	768.9	720.8	640.7	560.6	480.6
21[℃] 충전압력[kPa]	4,198	4,198	4,198	4,198	4,198
최소사용설계압력[kPa]	9,453	8,605	7,626	6,943	6,392

㉠ 소화약제 저장량[kg]

㉡ 소화약제를 방사할 때 분사헤드에서의 유량[kg/s]

② 소방대상물(C급 화재)에 소화약제 IG-100 불활성기체소화설비를 설치한다. 다음 조건에 따라 답을 구하시오.

〈 조건 〉

- 소방대상물의 크기 : 가로 20[m]×세로 8[m]×높이 6[m]
- 소화농도는 30[%]이다.
- 저장용기는 80[ℓ]이며, 충전압력 중 가장 적은 것을 사용한다.
- 소화약제 선형상수 값과 20[℃]에서 소화약제의 비체적은 같다고 가정한다.
- 화재안전기술기준의 $X = 2.303 \times \left(\frac{V_s}{S}\right) \times \log_{10}\left(\frac{100}{100-C}\right)$ 식을 적용한다.
- 소수점 셋째 자리에서 반올림하여 둘째 자리까지 구한다.
- 주어진 조건 외에는 고려하지 않는다.

항목 \ 소화약제		IG-01		IG-541			IG-55			IG-100		
21[℃] 충전압력[kPa]		16,341	20,436	14,997	19,996	31,125	15,320	20,423	30,634	16,575	22,312	28,000
최소사용 설계압력 [kPa]	1차 측	16,341	20,436	14,997	19,996	31,125	15,320	20,423	30,634	16,575	22,312	227.4
	2차 측	비고 2 참조										

비고) 1. 1차 측과 2차 측은 감압장치를 기준으로 한다.
2. 2차 측 최소사용설계압력은 제조사의 설계프로그램에 의한 압력값에 따른다.

㉠ 소화약제 저장량[m^3]

㉡ 소화약제 저장 용기 수

3 스프링클러설비가 소요되는 펌프의 전양정 66[m]에서 말단헤드 압력이 0.1[MPa]이다. 말단헤드 압력을 0.2[MPa]로 증가시켰을 때 다음 조건에 따라 답을 구하시오.

〈 조건 〉

- 하젠-윌리엄스의 식을 적용한다.
- 방출계수 K값은 90이다.
- 1[MPa]의 환산수두는 100[m]이다.
- 실양정은 20[m]이다.
- 소수점 셋째 자리에서 반올림하여 둘째 자리까지 구한다.
- 주어진 조건 외에는 고려하지 않는다.

① 말단헤드 유량[L/min]

② 마찰손실압력[MPa]

③ 펌프의 토출압력[MPa]

4 다음 조건을 참조하여 할로겐화합물 및 불활성기체소화설비에서 배관의 두께[mm]를 구하시오.

〈 조건 〉

- 가열맞대기 용접배관을 사용한다.
- 배관의 바깥지름은 84[mm]이다.
- 배관재질의 인장강도 440[MPa], 항복점 300[MPa]
- 배관 내 최대허용압력은 12,000[MPa]이다.
- 화재안전기술기준의 $t = \dfrac{PD}{2SE} + A$ 식을 적용한다.
- 소수점 셋째 자리에서 반올림하여 둘째 자리까지 구한다.
- 주어진 조건 외에는 고려하지 않는다.

해설

1 ① 최소소화능력단위

$$\text{최소소화능력단위} = \frac{\text{용도별 바닥면적}}{\text{기준면적}} = \frac{0 \times 0}{100} = 4\text{단위}$$

해답 4단위

② 2단위 소화기 설치 시 소화기 개수

$$\text{소화기 수량} = \frac{\text{최소소화능력단위}}{\text{소화기의 능력단위}} = \frac{4}{2} = 2\text{개}$$

해답 2개

2 ① 소방대상물(B급 화재)에 소화약제 HFC-23인 할로겐화합물소화설비

㉠ 소화약제 저장량[kg]

$W[\text{kg}] = \dfrac{V}{S} \times \dfrac{C}{100 - C}$ 에서,

ⓐ V(방호구역의 체적)$= 0 \times 8 \times 6 = 960[\text{m}^3]$

ⓑ S(소화약제의 비체적)$= K_1 + K_2 \times t$

$= 0.3164 + 0.0012 \times 0 = 0.3404$

ⓒ C(설계농도)$= 32[\%] \times 1.3 = 41.6[\%]$

$$\therefore\ W = \frac{960}{0.3404} \times \frac{41.6}{100 - 41.6} = 2{,}008.917 \fallingdotseq 2{,}008.92[\text{kg}]$$

해답 2,008.92[kg]

㉡ 소화약제를 방사할 때 분사헤드에서의 유량[kg/s]

분사헤드에서 방사되어야 하는 약제량은 최소설계농도의 95[%]에 해당하는 약제량이므로

$$\text{분사헤드에서의 유량} = \frac{\text{최소 설계농도의 95[\%] 약제량}}{\text{방사시간}}$$

$$= \frac{\frac{V}{S} \times \frac{C \times 0.95}{100-(C \times 0.95)}}{10}$$

$$= \frac{\frac{960}{0.3404} \times \frac{41.6 \times 0.95}{100-(41.6 \times 0.95)}}{10}$$

$$= 184.283 \fallingdotseq 184.28[\text{kg/s}]$$

해답 184.28[kg/s]

② 소방대상물(C급 화재)에 소화약제 IG-100 불활성기체소화설비

㉠ 소화약제 저장량[m^3]

$$X = V \times 2.303 \times \frac{V_S}{S} \times \log\left(\frac{100}{100-C}\right) \text{에서,}$$

ⓐ $V(\text{방호구역의 체적}) = 20 \times 8 \times 6 = 960\text{m}^3$

ⓑ $S = V_S$

ⓒ $C(\text{설계농도}) = 30[\%] \times 1.2 = 36[\%]$

$$\therefore X = 960 \times 2.303 \times 1 \times \log\left(\frac{100}{100-36}\right)$$

$$= 428.512 \fallingdotseq 428.51[\text{m}^3]$$

해답 428.51[m^3]

㉡ 소화약제 저장 용기 수

$$\text{용기 수} = \frac{\text{약제량}}{\text{1병당 충전량}}$$

ⓐ 약제량 = 428.51[m^3]

ⓑ 1병당 충전량=저장용기 내용적×충전압력

$$= 0.08 \times \frac{16{,}575}{101.325} = 13.08[\text{m}^3/\text{병}]$$

$$\therefore \text{용기 수} = \frac{428.51}{13.08} = 32.76 \qquad \therefore 33\text{병}$$

해답 33병

3 ① 말단헤드 유량[L/min]

$Q = K\sqrt{10P} = 90 \times \sqrt{10 \times 0.2} = 127.279 \fallingdotseq 127.28$[L/min]

해답 127.28[L/min]

② 마찰손실압력[MPa]

㉠ 전양정=실양정+마찰손실양정+방사압력 환산양정

㉡ 처음 마찰손실양정(유량 90[L/min])=전양정−실양정−방사압력 환산양정

=66−20−10=36[m]

㉢ 처음 마찰손실압력=0.36[MPa]

㉣ 나중 마찰손실압력 계산

$\Delta P \propto Q^{1.85}$이므로,

$\Delta P_1 : \Delta P_2 = Q_1^{1.85} : Q_2^{1.85}$

$\therefore \ \Delta P_2 = \left(\frac{Q_2}{Q_1}\right)^{1.85} \times \Delta P_1 = \left(\frac{127.28}{90}\right)^{1.85} \times 0.36 = 0.683$[MPa]

• $Q_1 = K\sqrt{10P_1} = 90 \times \sqrt{10 \times 0.1} = 90$[L/min]

해답 0.68[MPa]

③ 펌프의 토출압력[MPa]

펌프의 토출압력=낙차압력+마찰손실압력+방사압력

=0.2+0.68+0.2=1.08[MPa]

해답 1.08[MPa]

4 $t(\text{mm}) = \frac{PD}{2SE} + A$

① P(최대허용압력)$= 12{,}000$[kPa]

② $SE = a \times b \times 1.2 = 110 \times 10^3 \times 0.6 \times 1.2 = 79{,}200$[kPa]

㉠ $a=$ 인장강도의 $\frac{1}{4}$과 항복점의 $\frac{2}{3}$ 중 작은 값

㉡ b(배관이음효율)$= 0.6$

㉢ 인장강도$\times \frac{1}{4} = 440 \times \frac{1}{4} = 110$[MPa]

㉣ 항복점$\times \frac{2}{3} = 300 \times \frac{2}{3} = 200$[MPa]

③ D(배관의 바깥지름)$= 84$[mm]

④ A(나사이음, 홈 이음 등의 허용 값)$= 0$

$\therefore \ t = \frac{12{,}000 \times 84}{2 \times 79{,}200} + 0 = 6.363 \fallingdotseq 6.36$[mm]

해답 6.36[mm]

02 특별피난계단의 계단실 및 부속실 제연설비의 화재안전기술기준 및 다음 조건을 참조하여 각 물음에 답하시오.

〈 조건 〉

풍량	• 업무시설로서 층수는 20층이고, 층별 누설량은 500[m^3/hr], 보충량은 5,000[m^3/hr]이다. • 풍량 산정은 화재안전기술기준에서 정하는 최소 풍량으로 계산한다. • 소수점은 둘째 자리에서 반올림하여 첫째 자리까지 구한다.
정압	• 흡입 루버의 압력강하량 : 150[Pa] • System effect(흡입) : 50[Pa] • System effect(토출) : 50[Pa] • 수평덕트의 압력강하량 : 250[Pa] • 수직덕트의 압력강하량 : 150[Pa] • 자동차압댐퍼의 압력강하량 : 250[Pa] • 송풍기 정압은 10[%] 여유율로 하고 기타 조건은 무시한다. • 단위환산은 표준대기압 조건으로 한다. • 소수점은 둘째 자리에서 반올림하여 첫째 자리까지 구한다.
전동기	• 효율은 55[%]이고, 전달계수는 1.1이다. • 상기 풍량, 정압 조건만 반영한다. • 소수점은 둘째 자리에서 반올림하여 첫째 자리까지 구한다.

❶ 송풍기의 풍량[m^3/hr]을 산정하시오.

❷ 송풍기 정압을 산정하여 [mmAq]로 표기하시오.

❸ 송풍기 구동에 필요한 전동기 용량[kW]을 계산하시오.

해설

❶ 송풍기의 풍량[m^3/hr]

송풍기의 풍량＝(누설량＋보충량)×1.15

＝[(500×20층)＋5,000]×1.15＝17,250[m^3/hr]

해답 17,250[m^3/hr]

❷ 송풍기 정압[mmAq]

송풍기의 정압 ＝ [흡입 루버의 압력강하량 ＋ System effect(흡입)

＋ System effect(토출) ＋ 수평덕트의 압력강하량

＋ 수직덕트의 압력강하량 ＋ 자동차압댐퍼의 압력강하량]×여유율

＝(150＋50＋50＋250＋150＋250)×1.1＝990[Pa]

$$송풍기\ 정압 = \frac{990}{101,325} \times 10,332 ≒ 100.949[mmAq] \quad ∴\ 100.9[mmAq]$$

해답 100.9[mmAq]

3 송풍기 구동에 필요한 전동기 용량[kW]

$$P = \frac{P_t \times Q}{\eta} \times K = \frac{990 \times \frac{17,250}{3,600}}{0.55} \times 1.1 = 9,487[W] \quad ∴\ 9.5[kW]$$

해답 9.5[kW]

03 다음 물음에 답하시오.

1 화재안전기술기준 및 다음 조건에 따라 각 물음에 답하시오.

〈 조건 〉

• 스프링클러설비 펌프 일람표

장비명	수량	유량[L/min]	양정[m]	비고
주펌프	1	2,400	120	전자식 압력스위치 적용
예비펌프	1	2,400	120	
충압펌프	1	60	120	

① 기동용 수압개폐장치의 압력설정치[MPa]를 쓰시오.(단, 10[m] = 0.1[MPa]로 하고, 충압펌프의 자동정지는 정격치로 하되 기동~정지 압력차는 0.1[MPa], 나머지 압력차는 0.05[MPa]로 설정하며, 압력강하 시 자동기동은 충압－주－비펌프 순으로 한다.)

② 주펌프 또는 예비펌프 성능시험 시 성능기준에 적합한 양정[m]을 쓰시오.

③ 펌프의 성능시험배관에 적합한 유량측정장치의 유량범위를 쓰시오.

2 소방시설 설치 및 관리에 관한 법률 및 화재안전기술기준에 따라 각 물음에 답하시오.

① 특정소방대상물의 규모, 용도 및 수용인원 등을 고려하여 갖추어야 하는 소방시설의 종류 중 문화 및 집회시설(동·식물원 제외), 종교시설(주요 구조부가 목조인 것 제외), 운동시설(물놀이형 시설 제외)의 모든 층에 설치하여야 하는 경우에 해당하는 스프링클러설비 설치대상 4가지를 쓰시오.

② 할로겐화합물 및 불활성기체소화설비의 화재안전기술기준에 따른 배관의 구경 선정기준을 쓰시오.

③ 무선통신보조설비의 화재안전기술기준에 따른 무선기기 접속단자 설치기준을 4가지만 쓰시오.

3 스프링클러설비의 화재안전기술기준 및 다음 조건에 따라 각 물음에 답하시오.

〈 조건 〉

- 지하주차장은 3개 층이며, 각 층의 바닥면적은 60[m]×60[m]이고, 층고는 4.5[m]이다.
- 주차장의 준비작동식 스프링클러설비 감지기는 교차회로방식으로 자동화재탐지설비와 겸용한다.
- 지하 3층 주차장은 기계실 450[m^2]과 전기실 · 발전기실 250[m^2]이 있다.
- 지하 3층 기계실은 습식 스프링클러설비를 적용한다.
- 주요 구조부는 내화구조이다.
- 주어진 조건 외에는 고려하지 않는다.

① 지하주차장 및 기계실에 차동식 스포트형 감지기(2종)를 적용할 경우 총 설치수량을 구하시오.(단, 층별 하나의 방호구역 바닥면적은 최대로 적용한다.)

② 스프링클러설비 유수검지장치의 종류별 설치수량을 구하시오.

③ 폐쇄형 스프링클러헤드를 사용하는 설비의 방호구역, 유수검지장치 설치기준을 6가지만 쓰시오.

해설

1 ① ㉠ 충압펌프 기동점, 정지점

정지점=1.2[MPa](충압펌프의 정지는 정격치로 한다.)

기동점=정지점−압력차=1.2−0.1=1.1[MPa]

㉡ 주펌프 기동점, 정지점

정지점=1.68[MPa](체절압력)

기동점=충압펌프 기동점−압력차=1.1−0.05=1.05[MPa]

㉢ 예비점프 기동점, 정지점

정지점=1.68[MPa](체절압력)

기동점=주펌프 기동점−압력차=1.05−0.05=1[MPa]

* 전자식 압력스위치를 사용하는 경우 MCC에서 자기유지회로를 사용하지 않는 경우 주펌프와 예비펌프의 정지점은 체절압력으로 설정한다.

② ㉠ 체절운전 시 : 정격토출압력의 140[%] 이하
$120 \times 1.4 = 168$[m] 이하

㉡ 정격토출량의 150[%] 운전 시 : 정격토출압력의 65[%] 이상
$120 \times 0.65 = 78$[m] 이상

③ ㉠ 최소유량[l/min] : 정격토출량
2,400[l/min]

㉡ 최대유량[l/min] : 정격토출량의 175[%] 이상
$2{,}400 \times 1.75 = 4{,}200$[$l$/min]

2 ① ㉠ 수용인원이 100명 이상인 것
㉡ 영화상영관의 용도로 쓰이는 층의 바닥면적이 지하층 또는 무창층인 경우에는 500[m^2] 이상, 그 밖의 층의 경우에는 1천 [m^2] 이상인 것
㉢ 무대부가 지하층·무창층 또는 4층 이상의 층에 있는 경우에는 무대부의 면적이 300[m^2] 이상인 것
㉣ 무대부가 ㉢ 외의 층에 있는 경우에는 무대부의 면적이 500[m^2] 이상인 것
② 배관의 구경은 해당 방호구역에 할로겐화합물소화약제는 10초 이내에, 불활성기체소화약제는 A·C급 화재 2분, B급 화재 1분 이내에 방호구역 각 부분에 최소설계농도의 95[%] 이상 해당하는 약제량이 방출되도록 하여야 한다.

③ ㉠ 화재층으로부터 지면으로 떨어지는 유리창 등에 의한 지장을 받지 않고 지상에서 유효하게 소방 활동을 할 수 있는 장소 또는 수위실 등 상시 사람이 근무하고 있는 장소에 설치할 것
㉡ 단자는 한국산업규격에 적합한 것으로 하고, 바닥으로부터 높이 0.8[m] 이상 1.5[m] 이하의 위치에 설치할 것
㉢ 지상에 설치하는 접속단자는 보행거리 300[m] 이내마다 설치하고, 다른 용도로 사용되는 접속단자에서 5[m] 이상의 거리를 둘 것
㉣ 지상에 설치하는 단자를 보호하기 위하여 견고하고 함부로 개폐할 수 없는 구조의 보호함을 설치하고, 먼지·습기 및 부식 등에 따라 영향을 받지 아니하도록 조치할 것
㉤ 단자의 보호함의 표면에 "무선기 접속단자"라고 표시한 표지를 할 것

3 ① ㉠ 지하 1층, 지하 2층 주차장(준비작동식 스프링클러설비 및 교차회로방식 적용)

ⓐ 바닥면적 : 3,000[m^2]

$N_A = \frac{3,000}{35} = 85.71$ ∴ 86개

$N_B = \frac{3,000}{35} = 85.71$ ∴ 86개

ⓑ 바닥면적 : 600[m^2]

$N_A = \frac{600}{35} = 17.14$ ∴ 18개

$N_B = \frac{600}{35} = 17.14$ ∴ 18개

ⓒ 설치 개수= $(172+36)\times 2 = 416$개

㉡ 지하 3층

ⓐ 주차장(준비작동식 스프링클러설비 및 교차회로 방식 적용)

$N_A = \frac{3,600-(450+250)}{35} = 82.86$ ∴ 83개

$N_B = \frac{3,600-(450+250)}{35} = 82.86$ ∴ 83개

ⓑ 기계실(습식 스프링클러설비 및 교차회로 방식 적용)

$N = \frac{450}{35} = 12.86$ ∴ 13개

ⓒ 설치 개수= $166+13 = 179$개

㉢ 전체 설치 개수= $416+179 = 595$개

해답 595개

② ㉠ 지하 1층, 지하 2층 주차장 : 준비작동식 스프링클러설비이므로, 준비작동식 유수검지장치를 설치한다.

$N = \frac{3,600}{3,000} = 1.2$ ∴ 2개

층당 2개이므로 설치개수는 4개

㉡ 지하 3층

ⓐ 주차장 : 준비작동식 스프링클러설비이므로, 준비작동식 유수검지장치를 설치한다.

$N = \frac{3,600-(450+250)}{3,000} = 0.97$ ∴ 1개

ⓑ 기계실 : 습식 스프링클러설비이므로, 습식 유수검지장치를 설치한다.

$$N = \frac{450}{3,000} = 0.15 \qquad \therefore\ 1개$$

ⓒ 전기실과 발전기실은 스프링클러헤드 설치 제외 장소에 해당되므로 스프링클러설비는 설치하지 않는다.

해답 준비작동식 유수검지장치 : 5개
습식 유수검지장치 : 1개

③ ㉠ 하나의 방호구역의 바닥면적은 3,000[m^2]를 초과하지 아니할 것. 다만, 폐쇄형 스프링클러설비에 격자형 배관방식(2 이상의 수평주행배관 사이를 가지배관으로 연결하는 방식을 말한다)을 채택하는 때에는 3,700[m^2] 범위 내에서 펌프용량, 배관의 구경 등을 수리학적으로 계산한 결과 헤드의 방수압 및 방수량이 방호구역 범위 내에서 소화목적을 달성하는 데 충분할 것

㉡ 하나의 방호구역에는 1개 이상의 유수검지장치를 설치하되, 화재발생 시 접근이 쉽고 점검하기 편리한 장소에 설치할 것

㉢ 하나의 방호구역은 2개 층에 미치지 아니하도록 할 것. 다만, 1개 층에 설치되는 스프링클러헤드의 수가 10개 이하인 경우와 복층형 구조의 공동주택에는 3개 층 이내로 할 수 있다.

㉣ 유수검지장치를 실내에 설치하거나 보호용 철망 등으로 구획하여 바닥으로부터 0.8[m] 이상 1.5[m] 이하의 위치에 설치하되, 그 실 등에는 가로 0.5[m] 이상 세로 1[m] 이상의 출입문을 설치하고 그 출입문 상단에 "유수검지장치실"이라고 표시한 표지를 설치할 것. 다만, 유수검지장치를 기계실(공조용 기계실을 포함한다) 안에 설치하는 경우에는 별도의 실 또는 보호용 철망을 설치하지 아니하고 기계실 출입문 상단에 "유수검지장치실"이라고 표시한 표지를 설치할 수 있다.

㉤ 스프링클러헤드에 공급되는 물은 유수검지장치를 지나도록 할 것. 다만, 송수구를 통하여 공급되는 물은 그러하지 아니하다.

㉥ 자연낙차에 따른 압력수가 흐르는 배관상에 설치된 유수검지장치는 화재 시 물의 흐름을 검지할 수 있는 최소한의 압력이 얻어질 수 있도록 수조의 하단으로부터 낙차를 두어 설치할 것

㉦ 조기반응형 스프링클러헤드를 설치하는 경우에는 습식유수검지장치 또는 부압식 스프링클러설비를 설치할 것

CHAPTER 08 제20회 기출문제(소방시설의 설계 및 시공)

01 다음 물음에 답하시오.

1 간이스프링클러설비에 관한 다음 물음에 답하시오.

① 소방시설 설치 및 관리에 관한 법령상 간이스프링클러설비를 설치해야 하는 특정소방대상물을 쓰시오.

② 다중이용업소의 안전관리에 관한 특별법령상 간이스프링클러설비를 설치해야 하는 특정소방대상물을 쓰시오.

③ 간이스프링클러설비의 화재안전기술기준상 상수도직결형 및 캐비닛형 가압송수장치를 설치할 수 없는 특정소방대상물 3가지를 쓰시오.

④ 간이스프링클러설비의 화재안전기술기준상 가압수조 가압송수장치 방식에서 배관 및 밸브 등의 설치 순서에 대하여 명칭을 쓰고 소방시설의 도시기호를 그리시오.

> 설치 순서는 수원, 가압수조, (㉠), (㉡), (㉢), (㉣), (㉤), 2개의 시험밸브 순으로 설치한다.

⑤ 간이스프링클러설비의 화재안전기술기준상 간이헤드 수별 급수관의 구경에 관한 내용이다. (　)에 들어갈 내용을 쓰시오.

> "캐비닛형" 및 "상수도직결형"을 사용하는 경우 주배관은 (㉠)[mm], 수평주행배관은 (㉡)[mm], 가지배관은 (㉢)[mm] 이상으로 할 것. 이 경우 최장배관은 제5조제6항에 따라 인정받은 길이로 하며 하나의 가지배관에는 간이헤드를 (㉣)개 이내로 설치하여야 한다.

2 아래의 그림과 같은 돌연확대관에서 손실수두를 구하는 공식을 유도하고, 중력가속도 $g = 9.8[m/s^2]$, 직경 $D_1 = 50[mm]$, $D_2 = 400[mm]$, 유량 $Q = 800[l/min]$일 때 돌연확대관에서의 손실수두[m]를 계산하시오. (단, V_1, V_2는 각 지점의 유속이며, 계산 값은 소수 셋째 자리에서 반올림하여 둘째 자리까지 구하시오.)

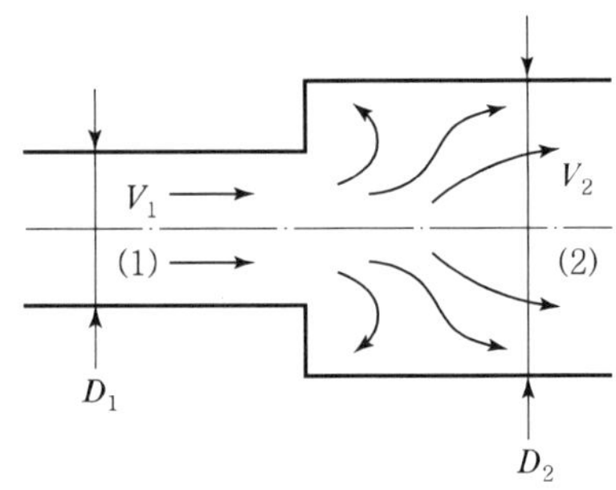

해설

1 ① 소방시설 설치 및 관리에 관한 법령상 간이스프링클러설비를 설치해야 하는 특정소방대상물

㉠ 근린생활시설 중 다음의 어느 하나에 해당하는 것

ⓐ 근린생활시설로 사용하는 부분의 바닥면적 합계가 1천 [m^2] 이상인 것은 모든 층

ⓑ 의원, 치과의원 및 한의원으로서 입원실이 있는 시설

㉡ 교육연구시설 내에 합숙소로서 연면적 100[m^2] 이상인 것

㉢ 의료시설 중 다음의 어느 하나에 해당하는 시설

ⓐ 종합병원, 병원, 치과병원, 한방병원 및 요양병원(정신병원과 의료재활시설은 제외한다)으로 사용되는 바닥면적의 합계가 600[m^2] 미만인 시설

ⓑ 정신의료기관 또는 의료재활시설로 사용되는 바닥면적의 합계가 300[m^2] 이상 600[m^2] 미만인 시설

ⓒ 정신의료기관 또는 의료재활시설로 사용되는 바닥면적의 합계가 300[m^2] 미만이고, 창살(철재 · 플라스틱 또는 목재 등으로 사람의 탈출 등을 막기 위하여 설치한 것을 말하며, 화재 시 자동으로 열리는 구조로 되어 있는 창살은 제외한다)이 설치된 시설

㉣ 노유자시설로서 다음의 어느 하나에 해당하는 시설

ⓐ 제12조제1항제6호 각 목에 따른 시설(제12조제1항제6호가목2) 및 같은 호 나목부터 바목까지의 시설 중 단독주택 또는 공동주택에 설치되는 시설은 제외하며, 이하 "노유자 생활시설"이라 한다)

ⓑ ⓐ에 해당하지 않는 노유자시설로 해당 시설로 사용하는 바닥면적의 합계가 300[m^2] 이상 600[m^2] 미만인 시설

ⓒ ⓐ에 해당하지 않는 노유자시설로 해당 시설로 사용하는 바닥면적의 합계가 300[m^2] 미만이고, 창살(철재 · 플라스틱 또는 목재 등으로 사람의 탈출 등을 막기 위하여 설치한 것을 말하며, 화재 시 자동으로 열리는 구조로 되어 있는 창살은 제외한다)이 설치된 시설

㉤ 건물을 임차하여 「출입국관리법」 제52조제2항에 따른 보호시설로 사용하는 부분

㉥ 숙박시설 중 생활형 숙박시설로서 해당 용도로 사용되는 바닥면적의 합계가 600[m^2] 이상인 것

㉦ 복합건축물(별표 2 제30호나목의 복합건축물만 해당한다)로서 연면적 1천 [m^2] 이상인 것은 모든 층

② 다중이용업소의 안전관리에 관한 특별법령상 간이스프링클러설비를 설치해야 하는 특정소방대상물

㉠ 지하층에 설치된 영업장

㉡ 밀폐구조의 영업장
㉢ 제2조제7호에 따른 산후조리업(이하 이 표에서 "산후조리업"이라 한다) 및 같은 조 제7호의2에 따른 고시원업(이하 이 표에서 "고시원업"이라 한다)의 영업장. 다만, 지상 1층에 있거나 지상과 직접 맞닿아 있는 층(영업장의 주된 출입구가 건축물의 외부의 지면과 직접 연결된 경우를 포함한다)에 설치된 영업장은 제외한다.
㉣ 제2조제7호의3에 따른 권총사격장의 영업장

③ 간이스프링클러설비의 화재안전기술기준상 상수도직결형 및 캐비닛형 가압송수장치를 설치할 수 없는 특정소방대상물 3가지
㉠ 근린생활시설로 사용하는 부분의 바닥면적 합계가 1천 [m^2] 이상인 특정소방대상물
㉡ 숙박시설 중 생활형 숙박시설로서 해당 용도로 사용되는 바닥면적의 합계가 600[m^2] 이상인 특정소방대상물
㉢ 복합건축물(별표 2 제30호 나목의 복합건축물만 해당한다)로서 연면적 1천 [m^2] 이상인 특정소방대상물

④ 간이스프링클러설비의 화재안전기술기준상 가압수조 가압송수장치 방식에서 배관 및 밸브 등의 소방시설의 도시기호

구분	명칭	도시기호
㉠	압력계	
㉡	체크밸브	
㉢	성능시험배관	M
㉣	개폐표시형 밸브	
㉤	유수검지장치	

⑤ ㉠ 32
㉡ 32
㉢ 25
㉣ 3

2 ① 공식 유도
㉠ (1), (2) 지점에 베르누이 방정식을 적용

$$\frac{P_1}{\gamma} + \frac{{V_1}^2}{2g} + Z_1 - H_L = \frac{P_2}{\gamma} + \frac{{V_2}^2}{2g} + Z_2 \ (Z_1 = Z_2)$$

$$\therefore\ H_L = \frac{P_1 - P_2}{\gamma} + \frac{{V_1}^2 - {V_2}^2}{2g} \cdots\cdots\cdots\cdots ①식$$

㉡ 수평관에서의 힘의 평형을 고려

$$\sum F = p_1 A_2 - p_2 A_2 = (p_1 - p_2) A_2 \cdots\cdots\cdots\cdots ②식$$

㉢ 운동량 방정식

$$\sum F = \rho Q(V_2 - V_1) = \rho A_2 V_2 (V_2 - V_1) \cdots\cdots\cdots\cdots ③식$$

㉣ ②식=③식

$$(p_1 - p_2) A_2 = \rho A_2 V_2 (V_2 - V_1)$$

$$\therefore\ (p_1 - p_2) = \rho V_2 (V_2 - V_1) \cdots\cdots\cdots\cdots ④식$$

㉤ ④식을 ①식에 대입하면

$$H_L = \frac{P_1 - P_2}{\gamma} + \frac{{V_1}^2 - {V_2}^2}{2g} = \frac{\rho V_2 (V_2 - V_1)}{\gamma(=\rho g)} + \frac{{V_1}^2 - {V_2}^2}{2g}$$

$$= \frac{V_2 (V_2 - V_1)}{g} + \frac{{V_1}^2 - {V_2}^2}{2g} = \frac{2 V_2 (V_2 - V_1)}{2g} + \frac{{V_1}^2 - {V_2}^2}{2g}$$

$$= \frac{2{V_2}^2 - 2V_1 V_2 + {V_1}^2 - {V_2}^2}{2g} = \frac{{V_1}^2 - 2V_1 V_2 + {V_2}^2}{2g}$$

$$= \frac{(V_1 - V_2)^2}{2g} = \left(1 - \frac{A_1}{A_2}\right)^2 \frac{{V_1}^2}{2g}$$

② 손실수두[m] 계산

$$H_L = \frac{(V_1 - V_2)^2}{2g} = \frac{(6.79 - 0.11)^2}{2 \times 9.8} = 2.276$$

$$\therefore\ H_L = 2.28[\mathrm{m}]$$

여기서,

$$V_1 = \frac{4Q}{\pi {D_1}^2} = \frac{4 \times 0.8}{\pi \times 0.05^2 \times 60} = 6.79[\mathrm{m/s}]$$

$$V_2 = \frac{4Q}{\pi {D_2}^2} = \frac{4 \times 0.8}{\pi \times 0.4^2 \times 60} = 0.106 = 0.11[\mathrm{m/s}]$$

02 위험물안전관리에 관한 세부기준에 대한 다음 물음에 답하시오.

1 제조소등에 가스계 소화설비를 설치하고자 한다. 다음 물음에 답하시오.

① 해당 방호구역에 전역방출방식으로 IG 계열의 소화약제 소화설비를 설치하고자 한다. 아래 조건을 활용하여 IG－100, IG－55, IG－541을 각각 방사하는 경우 저장해야 하는 최소 소화약제의 양[m^3]을 구하시오.

〈 조 건 〉

- 방호구역은 가로 20[m], 세로 10[m], 높이 5[m]이다.
- 방호구역에는 산화프로필렌을 저장하고 소화약제계수는 1.8이다.
- 방호구역은 1기압, 20[℃]이다.

② 불활성 가스 소화설비에서 전역방출방식인 경우 안전조치 기준 3가지를 쓰시오.

③ HFC－227ea, FIC－13I1, FK－5－1－12의 화학식을 각각 쓰시오.

2 이소부틸알코올을 저장하는 내부 직경이 40m인 고정지붕구조의 탱크에 II형 포방출구를 설치하여 방호하려고 한다. 아래 조건을 이용하여 다음 물음에 답하시오.

〈 조 건 〉

- 포소화약제는 3[%] 수용성액체용 포소화약제를 사용한다.
- 고정식포방출구의 설계압력환산수두는 35[m], 배관의 마찰손실수두는 20[m], 낙차 30[m]이다.
- 펌프의 수력효율은 87[%], 체적효율 85[%], 기계효율 80[%]이며, 전동기의 전달계수는 1.1로 한다.
- 저장탱크에서 고정포방출구까지 사용하는 송액관의 내경은 100[mm]이고, 송액관의 길이는 120[m]이다.
- 보조포소화전은 쌍구형(호스접결구가 2개)으로 2개가 설치되어 있다.
- 포수용액의 비중은 1로 본다.
- 위험물 안전관리에 관한 세부기준을 따른다.
- 계산값은 소수 셋째 자리에서 반올림하여 둘째 자리까지 구하시오.
- 기타 조건은 무시한다.

① II형 포방출구의 정의를 쓰시오.

② 소화하는 데 필요한 최소 포수용액량[l], 최소 수원의 양[l], 최소 포약제의 저장량[l]을 각각 계산하시오.

③ 전동기의 출력[kW]을 계산하시오.(단, 유량은 포수용액량으로 한다.)

3 위험물 안전관리에 관한 세부기준상 스프링클러설비의 기준에 관한 다음 물음에 답하시오.

① 폐쇄형 스프링클러헤드를 설치하는 경우 스프링클러헤드의 부착위치에 관한 사항이다. 다음 ( )에 들어갈 내용을 쓰시오.

〈 조 건 〉

- 가연성 물질을 수납하는 부분에 스프링클러헤드를 설치하는 경우에는 제1호 가목의 규정에 불구하고 당해 헤드의 반사판으로부터 하방으로 (㉠)[m], 수평방향으로 (㉡)[m]의 공간을 보유할 것
- 개구부에 설치하는 스프링클러헤드는 당해 개구부의 상단으로부터 높이 (㉢)[m] 이내의 벽면에 설치할 것

② 스프링클러설비의 유수검지장치 설치기준 2가지를 쓰시오.

③ 스프링클러설비의 기준에 관한 내용이다. 다음 ( )에 들어갈 내용을 쓰시오.

건식 또는 (㉠)의 유수검지장치가 설치되어 있는 스프링클러설비는 스프링클러헤드가 개방된 후 (㉡)분 이내에 당해 스프링클러헤드로부터 방수될 수 있도록 할 것

해설

1 ① 최소 소화약제의 양$[\mathrm{m}^3]$

㉠ IG－100

$$W = V[\mathrm{m}^3] \times K[\mathrm{m}^3/\mathrm{m}^3] \times \text{소화약제계수}$$
$$= (20 \times 10 \times 5) \times 0.516 \times 1.8 = 928.8[\mathrm{m}^3]$$

㉡ IG－55

$$W = V[\mathrm{m}^3] \times K[\mathrm{m}^3/\mathrm{m}^3] \times \text{소화약제계수}$$
$$= (20 \times 10 \times 5) \times 0.477 \times 1.8 = 858.6[\mathrm{m}^3]$$

㉢ IG－541

$$W = V[\mathrm{m}^3] \times K[\mathrm{m}^3/\mathrm{m}^3] \times \text{소화약제계수}$$
$$= (20 \times 10 \times 5) \times 0.472 \times 1.8 = 849.6[\mathrm{m}^3]$$

② 불활성 가스 소화설비에서 전역방출방식인 경우 안전조치 기준 3가지

㉠ 기동장치의 방출용스위치 등의 작동으로부터 저장용기의 용기밸브 또는 방출밸브의 개방까지의 시간이 20초 이상 되도록 지연장치를 설치할 것

㉡ 수동기동장치에는 ㉠에 정한 시간 내에 소화약제가 방출되지 않도록 조치를 할 것

㉢ 방호구역의 출입구 등 보기 쉬운 장소에 소화약제가 방출된다는 사실을 알리는 표시등을 설치할 것

③ HFC－227ea, FIC－13Ⅰ1, FK－5－1－12의 화학식

㉠ HFC－227ea : CF_3CHFCF_3

㉡ FIC－13I1 : CF_3I

㉢ FK－5－1－12 : $CF_3CF_2C(O)CF(CF_3)_2$

2 ① II형 포방출구의 정의

고정지붕구조 또는 부상덮개부착고정지붕구조(옥외저장탱크의 액상에 금속제의 플로팅, 팬 등의 덮개를 부착한 고정지붕구조의 것을 말한다.)의 탱크에 상부포주입법을 이용하는 것으로서 방출된 포가 탱크 옆판의 내면을 따라 흘러내려 가면서 액면아래로 몰입되거나 액면을 뒤섞지 않고 액면상을 덮을 수 있는 반사판 및 탱크 내의 위험물 증기가 외부로 역류되는 것을 저지할 수 있는 구조・기구를 갖는 포방출구

② 소화하는 데 필요한 최소 포수용액량[l], 최소 수원의 양[l], 최소 포약제의 저장량[l]

㉠ 최소 포수용액량[l]

ⓐ 고정포 방출구에 필요한 포수용액량[l]

$$Q_1 = A[\text{m}^2] \times \alpha[l/\text{min}\cdot\text{m}^2] \times T[\text{min}] \times \text{계수}$$

$$= \frac{\pi \times 40^2}{4} \times 8 \times 30 \times 1.25$$

$$= 376,991.12[l]$$

ⓑ 보조포소화전에 필요한 포수용액량[l]

$$Q_2 = N \times 400[l/\text{min}] \times T[\text{min}]$$

$$= 3 \times 400 \times 20 = 24,000[l]$$

ⓒ 송액관 보정량에 필요한 포수용액량[l]

$$Q_3 = A[\text{m}^2] \times L[\text{m}] \times 1,000$$

$$= \frac{\pi \times 0.1^2}{4} \times 120 \times 1,000 = 942.48[l]$$

ⓓ 최소 포수용액량[l]

$$Q = Q_1 + Q_2 + Q_3$$

$$= 376,991.12 + 24,000 + 942.48 = 401,933.6[l]$$

㉡ 최소 수원의 양[l]

$$Q = \text{포수용액량} \times (1 - \text{농도})$$

$$= 401,933.6 \times (1 - 0.03) = 389,875.6[l]$$

㉢ 최소 포소화약재 저장량[l]

$$Q = \text{포수용액량} - \text{수원량}$$

$$= 401,933.6 - 389,875.6 = 12,058[l]$$

③ 전동기의 출력[kW]

$$P=\frac{1,000\times Q\times H}{102\times 60\times \eta}\times K=\frac{1,000\times 13.77\times 85}{102\times 60\times 0.59}\times 1.1=356.567$$

$\therefore\ P=356.57[\mathrm{kW}]$

여기서,

$$Q(\text{토출량})=\left(\frac{\pi\times 40^2}{4}\times 8\times 1.25\right)+(3\times 400)$$

$$=13,766.4[l/\mathrm{min}]=13.77[\mathrm{m}^3/\mathrm{min}]$$

$H(\text{전양정})=30+20+35=85[\mathrm{m}]$

$\eta(\text{효율})=0.87\times 0.85\times 0.8=0.59$

$K(\text{전달계수})=1.1$

3 ① 위험물 안전관리에 과한 세부기준상 스프링클러설비의 기준

㉠ 0.9

㉡ 0.4

㉢ 0.15

② 스프링클러설비의 유수검지장치 설치기준 2가지

㉠ 유수검지장치의 1차측에는 압력계를 설치할 것

㉡ 유수검지장치의 2차측에 압력의 설정을 필요로 하는 스프링클러설비에는 당해 유수검지장치의 압력설정치보다 2차측의 압력이 낮아진 경우에 자동으로 경보를 발하는 장치를 설치할 것

③ 스프링클러설비의 기준에 관한 내용

㉠ 준비작동식

㉡ 1

03 다음 물음에 답하시오.

1 하디크로스 방식(Hardy Cross Method)의 유체역학적 기본원리 3가지를 쓰시오.

2 하디크로스 방식(Hardy Cross Method)의 계산절차 중 4~8단계의 내용을 쓰시오.

- 1단계 : 모든 루프의 각 경로와 관련 있는 배관길이, 관경, C factor(조도)와 같은 중요한 변수를 알아야 한다.
- 2단계 : 각 변수를 적절한 단위로 수치변환 한다. 부속류에 대한 국부손실은 등가 배관길이로 변환하여야 한다. 각 구간별 유량을 제외한 모든 변숫값을 계산하도록 한다.
- 3단계 : 루프에 의해 이어지는 연속성이 충족되도록 적절한 분배유량을 가정한다.
- 4단계 : (　　　　　　　　　　　　　　　　　　　　)
- 5단계 : (　　　　　　　　　　　　　　　　　　　　)
- 6단계 : (　　　　　　　　　　　　　　　　　　　　)
- 7단계 : (　　　　　　　　　　　　　　　　　　　　)
- 8단계 : (　　　　　　　　　　　　　　　　　　　　)
- 9단계 : 새롭게 보정된 분배유량으로 dP_f 값이 충분히 작아질 때까지 4~7단계를 반복한다.
- 10단계 : 마지막 확인사항으로 임의의 경로에 대한 유입점부터 유출점까지의 마찰손실압력을 계산한다. 다른 경로로 두 번째 계산된 마찰손실압력값은 예상되는 범위 내의 동일한 값이 되어야 한다.

3 그림과 같이 A지점으로 물이 유입되어 B지점으로 유출되고 있다. A~B 사이에 있는 세 개 분기관의 내경이 40[mm]라고 할 때 각 분기관으로 흐르는 유량을 계산하시오.

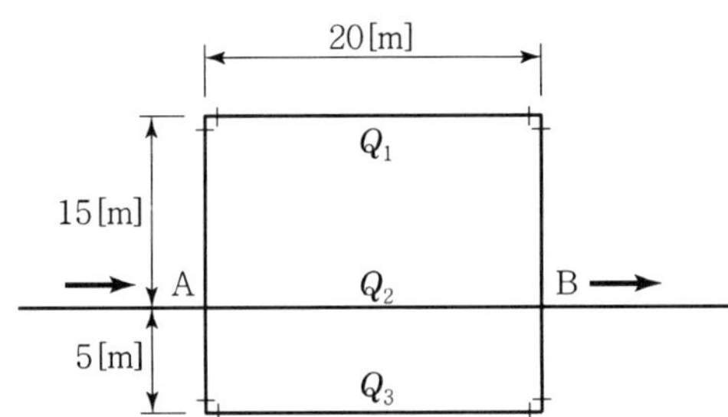

〈 조 건 〉

- 배관의 마찰손실압력을 구하는 공식은 다음과 같다.

$$\triangle P = 6.174 \times 10^4 \times \frac{Q^{1.85}}{C^{1.85} \times D^{4.87}} \times L$$

여기서, $\triangle P$: 마찰손실압력[MPa], Q : 유량[l/min]
C : 조도(120), D : 배관경[mm], L : 배관길이[m]

- 유입점과 유출점에는 1,000[l/min]의 유량이 흐르고 있다.
- 90도 엘보의 등가길이는 2[m]이며, A와 B 두 지점의 배관부속 마찰손실은 무시한다.
- 계산 값은 소수 셋째 자리에서 반올림하여 둘째 자리까지 구하시오.

4 스프링클러설비의 방수압과 방수량 관계식 $Q = 80\sqrt{10P}$ (Q : l/min, P : MPa)의 유도과정을 쓰시오.(단, 헤드의 오리피스 내경(d)은 12.7[mm], 방출계수(C)는 0.75이며, 중력가속도(g)는 9.81[m/s²], 1[MPa] = 10[kgf/cm²]으로 가정한다.)

5 스프링클러설비의 화재안전기술기준상 다음 물음에 답하시오.

① 개폐밸브의 개폐상태를 감시제어반에서 확인할 수 있도록 설치하여야 하는 급수개폐밸브 작동표시스위치의 설치기준을 쓰시오.

② 기동용수압개폐장치를 기동장치로 사용하는 경우 설치하여야 하는 충압펌프의 설치기준을 쓰시오.

해설

1 하디크로스 방식(Hardy Cross Method)의 유체역학적 기본원리 3가지

- 연속의 원리 : 총 유입량과 총 유출량은 같다.
- 각 관로별 마찰손실수두는 같다.
  각 관로가 만나는 지점에서의 압력은 하나이므로, 관로별 압력손실은 같다.
- 각 관로별 압력손실은 Hazen－Williams 식으로 구한다.

2 하디크로스 방식(Hardy Cross Method)의 계산절차

- 1단계 : 모든 루프의 각 경로와 관련 있는 배관길이, 관경, C factor(조도)와 같은 중요한 변수를 알아야 한다.
- 2단계 : 각 변수를 적절한 단위로 수치변환 한다. 부속류에 대한 국부손실은 등가 배관길이로 변환하여야 한다. 각 구간별 유량을 제외한 모든 변숫값을 계산하도록 한다.
- 3단계 : 루프에 의해 이어지는 연속성이 충족되도록 적절한 분배유량을 가정한다.
- 4단계 : 마찰손실을 계산한다.
- 5단계 : 마찰손실의 합계 ΣP_f를 계산한다.

- 6단계 : $\frac{P_f}{Q}$를 계산한다.
- 7단계 : 유량 보정 값을 계산한다.
- 8단계 : 유량 보정 값을 가감한다.
- 9단계 : 새롭게 보정된 분배유량으로 dP_f 값이 충분히 작아질 때가지 4～7단계를 반복한다.
- 10단계 : 마지막 확인사항으로 임의의 경로에 대한 유입점부터 유출점까지의 마찰손실압력을 계산한다. 다른 경로로 두 번째 계산된 마찰손실압력값은 예상되는 범위 내의 동일한 값이 되어야 한다.

3 ① $\Delta P_1 = \Delta P_2 = \Delta P_3$ 에서

$$6.174\times10^4\times\frac{{Q_1}^{1.85}}{C^{1.85}\times d^{4.87}}\times L_1 = 6.174\times10^4\times\frac{{Q_2}^{1.85}}{C^{1.85}\times d^{4.87}}\times L_2$$
$$= 6.174\times10^4\times\frac{{Q_3}^{1.85}}{C^{1.85}\times d^{4.87}}\times L_3$$

$${Q_1}^{1.85}\times L_1 = {Q_2}^{1.85}\times L_2 = {Q_3}^{1.85}\times L_3$$

㉠ Q_2를 Q_1으로 정리

$${Q_1}^{1.85}\times L_1 = {Q_2}^{1.85}\times L_2$$

$${Q_2}^{1.85} = \left(\frac{L_1}{L_2}\right)\times {Q_1}^{1.85} = \left(\frac{54}{20}\right)\times {Q_1}^{1.85}$$

양변에 $\frac{1}{0.85}$승

$$\therefore\ Q_2 = 1.71Q_1$$

㉡ Q_3를 Q_1으로 정리

$${Q_1}^{1.85}\times L_1 = {Q_3}^{1.85}\times L_3$$

$${Q_3}^{1.85} = \left(\frac{L_1}{L_3}\right)\times {Q_1}^{1.85} = \left(\frac{54}{34}\right)\times {Q_1}^{1.85}$$

양변에 $\frac{1}{0.85}$승

$$\therefore\ Q_3 = 1.28Q_1$$

㉢ $Q_2 = 1.71Q_1,\quad Q_3 = 1.28Q_1$

② ㉠ $Q = Q_1 + Q_2 + Q_3 = Q_1 + 1.71\,Q_1 + 1.28\,Q_1 = 3.99\,Q_1$

㉡ $Q_1 = \frac{Q}{3.99} = \frac{1,000}{3.99} = 250.63[l/\text{min}]$

ⓒ $Q_2 = 1.71 Q_1 = 1.71 \times 250.63 = 428.58 [l/\text{min}]$

ⓓ $Q_3 = Q - Q_1 - Q_2 = 1{,}000 - 250.63 - 428.58 = 320.79 [l/\text{min}]$

4 $Q[\text{m}^3/\text{s}] = AV = \dfrac{\pi \cdot D^2}{4} \times \sqrt{2gH}$

$$= \frac{\pi \cdot D^2}{4} \times \sqrt{2g\frac{P}{\gamma}} \quad \cdots\cdots\cdots \text{㉠식}$$

① 유량 Q의 단위 변환($[\text{m}^3/\text{s}] \rightarrow [l/\text{min}]$)

$$Q\left[\frac{\text{m}^3}{\text{s}}\right] : Q'\left[\frac{l}{\text{min}}\right] = \frac{1}{1} : \frac{1{,}000}{\frac{1}{60}} (= 6 \times 10^4)$$

$$6 \times 10^4 Q[\text{m}^3/\text{s}] = Q'[l/\text{min}]$$

$$\therefore\ Q[\text{m}^3/\text{s}] = \frac{1}{6 \times 10^4} Q'[l/\text{min}] \quad \cdots\cdots\cdots \text{㉡식}$$

② 압력 P의 단위 변환($[\text{kg}_\text{f}/\text{m}^2] \rightarrow [\text{MPa}]$)

$$P[\text{kg}_\text{f}/\text{m}^2] : P'[\text{MPa}] = 10{,}000 : 0.1$$

$$0.1P[\text{kg}_\text{f}/\text{m}^2] = 10{,}000P'[\text{MPa}]$$

$$\therefore\ P[\text{kg}_\text{f}/\text{m}^2] = 100{,}000P'[\text{MPa}] \quad \cdots\cdots\cdots \text{㉢식}$$

③ 관경 d의 단위 변환($[\text{m}] \rightarrow [\text{mm}]$)

$$D[\text{m}] : d[\text{mm}] = 1 : 10^3$$

$$10^3 D[\text{m}] = d[\text{mm}]$$

$$\therefore\ D[\text{m}] = \frac{1}{10^3} d[\text{mm}] \quad \cdots\cdots\cdots \text{㉣식}$$

단위 변환한 ㉡, ㉢, ㉣식을 ㉠식에 대입하면

$$Q = \frac{\pi D^2}{4} \times \sqrt{2g \times \frac{P}{1{,}000(=\gamma)}}$$

$$\frac{1}{6 \times 10^4} \times Q' = \frac{\pi \times \left(\frac{1}{10^3} \times d\right)^2}{4} \times \sqrt{2 \times 9.81 \times \frac{1}{1{,}000} \times 100{,}000 \times P'}$$

$$Q' = 6 \times 10^4 \times \frac{\pi \times \left(\frac{1}{10^3}\right)^2}{4} \times \sqrt{2 \times 9.81 \times \frac{1}{1{,}000} \times 10{,}000} \times d^2 \times \sqrt{10P'}$$

$$= 0.66 \times d^2 \times \sqrt{10P'}$$

속도계수 C_V와 내경 12.7[mm]를 대입하면

$$Q = Q' \times C_V$$

$$= 0.66 \times 0.75 \times 12.7^2 \times \sqrt{10P'} = 79.83 \times d^2 \times \sqrt{10P}\ [l/\text{min}]$$

5 **① 개폐밸브의 개폐상태를 감시제어반에서 확인할 수 있도록 설치하여야 하는 급수개폐밸브 작동표시스위치의 설치기준**

㉠ 급수개폐밸브가 잠길 경우 탬퍼 스위치의 동작으로 인하여 감시제어반 또는 수신기에 표시되어야 하며 경보음을 발할 것

㉡ 탬퍼 스위치는 감시제어반 또는 수신기에서 동작의 유무 확인과 동작시험, 도통시험을 할 수 있을 것

㉢ 급수개폐밸브의 작동표시 스위치에 사용되는 전기배선은 내화전선 또는 내열전선으로 설치할 것

② 기동용수압개폐장치를 기동장치로 사용하는 경우 설치하여야 하는 충압펌프의 설치기준

㉠ 펌프의 토출압력은 그 설비의 최고위 살수장치(일제 개방밸브의 경우는 그 밸브)의 자연압보다 적어도 0.2[MPa]이 더 크도록 하거나 가압송수장치의 정격토출압력과 같게 할 것

㉡ 펌프의 정격토출량은 정상적인 누설량보다 적어서는 아니 되며 스프링클러설비가 자동적으로 작동할 수 있도록 충분한 토출량을 유지할 것

CHAPTER 09 제21회 기출문제(소방시설의 설계 및 시공)

01 다음 물음에 답하시오.

1 아래 그림과 같이 관 속에 가득 찬 40[℃]의 물이 중량 유량 980[N/min]으로 흐르고 있다. B지점에서 공동현상이 발생하지 않도록 하는 A지점에서의 최소압력(kPa)을 구하시오.(단, 관의 마찰 손실은 무시하고, 40[℃] 물의 증기압은 55.32[mmHg]이다. 계산 값은 소수점 다섯째 자리에서 반올림하여 소수점 넷째 자리까지 구하시오.)

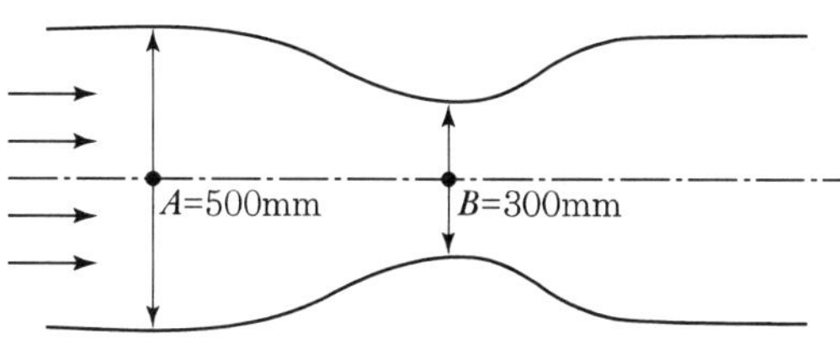

2 도로터널의 화재안전기술기준에 대하여 아래 조건에 따라 다음 물음에 답하시오.

〈 조 건 〉

- 제연설비 설계화재강도의 열량으로 5분 동안 화재가 진행되었다.
- 소화수 및 주위온도는 20[℃]에서 400[℃]로 상승하였다.
- 물의 비중은 1, 물의 비열은 4.18[kJ/kg℃], 물의 증발잠열은 2,253.02[kJ/kg], 대기압은 표준대기압, 수증기의 비열은 1.85[kJ/kg℃]
- 동력은 3상, 380[V] 30[kW]
- 효율은 0.8, 전달계수는 1.2, 전양정은 25[m]
- 계산 값은 소수점 셋째 자리에서 반올림하여 소수점 둘째 자리까지 구하시오.
- 기타 조건은 무시한다.

① 물분무소화설비가 작동하여 소화수가 방사되는 경우 수원의 용량(m^3)을 구하시오.(단, 방사된 소화수와 생성된 수증기의 40[%]만 냉각소화에 이용되는 것으로 가정한다.)

② 방사된 수원을 보충하기 위해 필요한 최소시간(s)을 구하시오.

3 다음은 소방시설 자체점검사항 등에 관한 고시에서 정하고 있는 소방시설도시기호에 관한 것이다. (　　)에 알맞은 명칭을 쓰고 도시기호를 그리시오.

명칭	도시기호
(ㄱ)	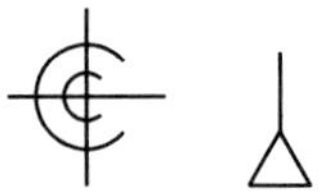
(ㄴ)	
(ㄷ)	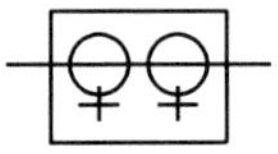
이온화식 감지기(스포트형)	(ㄹ)
시각경보기(스트로브)	(ㅁ)

4 스프링클러헤드의 특성에 대하여 다음 물음에 답하시오.

① 화재조기진압용 스프링클러설비의 화재안전기술기준에서 화재조기진압용 스프링클러설비를 설치할 장소의 구조 중 해당 층의 높이와 천장의 기울기 기준을 쓰시오.

② 화재조기진압용 스프링클러설비의 화재안전기술기준에서 화재조기진압용 스프링클러 가지배관 사이의 거리를 쓰시오.

③ 필요방사밀도(RDD : Required Delivered Density)의 개념을 쓰시오.

④ 실제방사밀도(ADD : Actual Delivered Density)의 개념을 쓰시오.

⑤ 필요방사밀도와 실제방사밀도의 관계를 설명하시오.

해설

1 A지점과 B지점에 베르누이 방정식을 적용하면

$$\frac{P_1}{\gamma}+Z_1+\frac{V_1^2}{2g}=\frac{P_2}{\gamma}+Z_2+\frac{V_2^2}{2g}$$ 에서, $Z_1=Z_2$이므로

$$\frac{P_1}{\gamma}=\frac{P_2}{\gamma}+\frac{V_2^2-V_1^2}{2g}$$ 양변에 γ를 곱하면

$$P_1=P_2+\gamma\left(\frac{V_2^2-V_1^2}{2g}\right)$$

$$=\frac{55.32}{760}\times 101.325+\left[9.8\times\left(\frac{0.0236^2-0.0085^2}{2\times 9.8}\right)\right]$$

$$=7.3756[\mathrm{kPa}]$$

• $V_2=\dfrac{4Q}{\pi D_2^2}=\dfrac{4\times 1.67\times 10^{-3}}{\pi\times 0.3^2}=0.0236[\mathrm{m/s}]$

- $V_1 = \dfrac{4Q}{\pi D_1^2} = \dfrac{4 \times 1.67 \times 10^{-3}}{\pi \times 0.5^2} = 0.0085[\mathrm{m/s}]$

- $Q = \dfrac{W}{\gamma}\,(W = Q\gamma)$

$$= \dfrac{\dfrac{980}{60}}{9,800} = 1.67 \times 10^{-3}[\mathrm{m^3/s}]$$

해답 7.3756[kPa]

2 ① 필요열량(Q_1)=방출열량(Q_2)

㉠ 필요열량 : 20℃ 물 → 100℃ 물 → 100℃ 수증기 → 400℃ 수증기
(현열) (잠열) (현열)

$Q_1 = mC\Delta t + m\gamma + mC\Delta t$

$= m(4.18 \times 80 + 2,253.02 + 1.85 \times 300)$

㉡ 방출열량

Q_2= 설계화재 강도×시간

$= 20 \times 10^3 \times (5 \times 60) = 6 \times 10^6[\mathrm{kJ}]$

㉢ $Q_1 = Q_2$

$m(4.18 \times 80 + 2,253.02 + 1.85 \times 300) = 6 \times 10^6$

$\therefore\ m = \dfrac{6 \times 10^6}{4.18 \times 80 + 2,253.02 + 1.85 \times 300} = 1,909.356 \fallingdotseq 1,909.36[\mathrm{kg}]$

㉣ 40[%]만 냉각소화에 이용되었으므로,

수원량 $= \dfrac{1,909.36}{0.4} = 4,773.4[\mathrm{kg}] - 4,773.4[l] = 4.77[\mathrm{m^3}]$

해답 4.77[m³]

② 시간 $= \dfrac{\text{수원}}{\text{토출량}}$

$= \dfrac{4.77}{0.08}$

$= 59.625\quad \therefore\ 59.63$초

토출량 $Q = \dfrac{P \times 102 \times \eta}{1,000 \times H \times K}\left(P = \dfrac{1,000 \times Q \times H}{102 \times \eta} \times K\right)$

$= \dfrac{30 \times 102 \times 0.8}{1,000 \times 25 \times 1.2} = 0.0816 \fallingdotseq 0.08[\mathrm{m^3/s}]$

해답 59.63[s]

3 ㄱ. 분말 · 탄산가스 · 할로겐 헤드

ㄴ. 포헤드(평면도)

ㄷ. 방수구

ㄹ.  S I

ㅁ.

4 ① ㉠ 해당 층의 높이 : 해당 층의 높이가 13.7[m] 이하일 것. 다만, 2층 이상일 경우에는 해당 층의 바닥을 내화구조로 하고, 다른 부분과 방화구획 할 것

㉡ 천장의 기울기 : 천장의 기울기가 1,000분의 168을 초과하지 않아야 하고, 이를 초과하는 경우에는 반자를 지면과 수평으로 설치할 것

② 가지배관 사이의 거리는 2.4[m] 이상 3.7[m] 이하로 할 것. 다만, 천장의 높이가 9.1[m] 이상 13.7[m] 이하인 경우에는 2.4[m] 이상 3.1[m] 이하로 한다.

③ ㉠ 화재진압에 필요한 물의 양을 나타낸다.

$$RDD = \frac{Q_R}{A}[l/\min \cdot \text{m}^2]$$

여기서, Q_R : 요구 방수량[l/min]

A : 가연물 상단 표면적[m^2]

㉡ RDD 영향인자

- 천장고
- 가연물종류
- 살수특성
- 방사특성 : 스프링클러의 목적이 Fire control 또는 Fire suppression인지 여부

④ ㉠ 헤드에서 방사된 물이 연소면에 실제 도달한 양을 나타낸다.

$$ADD = \frac{Q_A}{A}[l/\min \cdot \text{m}^2]$$

여기서, Q_A : 실제 가연물 상단에 도달된 방사량[l/min]

A : 가연물 상단 표면적[m^2]

㉡ ADD 영향인자

- 공칭구경 및 K factor가 클수록 ADD 증가
- 헤드 배치간격이 가까울수록 ADD 증가
- 헤드 작동시간이 빠를수록 ADD 증가
- 방사압력이 클수록(물방울 직경이 작아짐) ADD 감소

• 개방된 헤드가 많을수록(방수량이 감소됨) ADD 감소

⑤ ㉠ 시간이 경과함에 따라 화세가 확대되어 연소 면에는 더 많은 양의 물이 필요하므로 RDD는 증가한다.

㉡ 방사된 물은 시간 경과에 따른 화세 확대로 비산 또는 증발되므로 ADD는 감소한다.

㉢ 초기 소화영역

• ADD > RDD

• 초기 소화를 위해서는 단시간 내에 필요한 물의 양보다 더 많은 양의 물을 화원에 침투시켜야 한다.

• 이를 이용한 것이 ESFR 스프링클러이다.

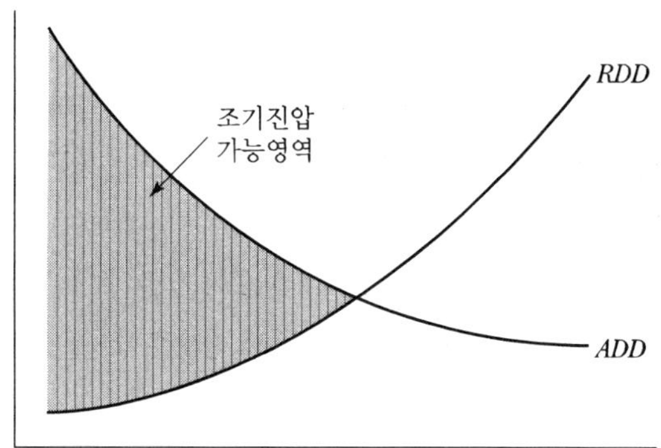

02 다음 물음에 답하시오.

1 이산화탄소소화설비 화재안전기술기준에 대하여 다음 물음에 답하시오.

① 이산화탄소소화설비의 분사헤드 설치 제외 장소 4가지를 쓰시오.

② 가연성 액체 또는 가연성 가스의 소화에 필요한 설계농도에 관하여 (　　)에 들어갈 내용을 쓰시오.

방호대상물	설계농도(%)
수소	75
(ㄱ)	66
산화에틸렌	(ㄴ)
(ㄷ)	40
사이크로 프로판	37
이소부탄	(ㄹ)

2 바닥면적 600[m²], 높이 7[m]인 전기실에 할론 소화설비(Halon 1301)를 전역방출방식으로 설치하고자 한다. 용기의 부피 72[l], 충전비는 최대값을 적용하고, 가로 1.5[m], 세로 2[m]의 출입문에 자동폐쇄장치가 없을 경우, 다음 물음에 답하시오.

① 할론 소화설비의 화재안전기술기준에 따른 최소 약제량(kg) 및 저장용기 수(개)를 구하시오.

② 할론 소화설비의 화재안전기술기준에 따라 계산된 최소 약제량이 방사될 때 실내의 약제 농도가 6[%]라면, 할론 1301 소화약제의 비체적(m³/kg을 구하시오.
(단, 비체적은 소수점 여섯째 자리에서 반올림하여 다섯째 자리까지 구하시오.)

③ 저장용기에 저장된 실제 저장량이 모두 방사된 경우, ②에서 구한 비체적 값을 사용하여 약제농도(%)를 계산하시오.(단, 계산 값은 소수점 셋째 자리에서 반올림하여 둘째 자리까지 구하시오.)

3 고층건축물의 화재안전기술기준에 대하여 다음 물음에 답하시오.

① 피난안전구역에 설치하는 소방시설 중 인명구조기구, 피난유도선을 제외한 나머지 3가지를 쓰시오.

② 피난안전구역에 설치하는 소방시설 설치기준 중 피난유도선 설치기준 3가지를 쓰시오.

③ 피난안전구역에 설치하는 소방시설 설치기준 중 인명구조기구 설치기준 4가지를 쓰시오.

해설

1 ① ㉠ 방재실 · 제어실 등 사람이 상시 근무하는 장소
㉡ 니트로셀룰로스 · 셀룰로이드제품 등 자기연소성물질을 저장 · 취급하는 장소
㉢ 나트륨 · 칼륨 · 칼슘 등 활성금속물질을 저장 · 취급하는 장소
㉣ 전시장 등의 관람을 위하여 다수인이 출입 · 통행하는 통로 및 전시실 등

② ㄱ. 아세틸렌 ㄴ. 53
ㄷ. 에탄 ㄹ. 36

2 ① ㉠ 약제량 $W = (V \times K_1) + (A \times K_2)$

$$= (600 \times 7 \times 0.32) + (1.5 \times 2 \times 2.4)$$

$$= 1,351.2[\text{kg}]$$

㉡ $\text{용기 수} = \dfrac{\text{약제량}}{\text{저장용기 1병당 충전량}}$

$$= \frac{1,351.2}{45}$$

$$= 30.02 \quad \therefore 31\text{병}$$

• 저장용기 1병당 충전량$=\dfrac{\text{용기체적}}{\text{충전비}}$

$=\dfrac{72}{1.6}$ (할론 1301 충전비 : 0.9 이상 1.6 이하)

$=45[\text{kg/병}]$

해답 약제량 : 1,351.2[kg], 용기 수 : 31병

② 비체적 $S=\dfrac{V\times C}{W\times(100-C)}\left(W=\dfrac{V}{S}\times\dfrac{C}{100-C}\right)$

$=\dfrac{600\times7\times6}{1{,}351.2\times(100-6)}$

$=0.198405 \fallingdotseq 0.19841[\text{m}^3/\text{kg}]$

해답 0.19841[m³/kg]

③ 농도 $C=\dfrac{v}{V+v}\times100$ (약제부피 $v=W\times S$)

$=\dfrac{W\times S}{V+W\times S}\times100$

$=\dfrac{34\times45\times0.19841}{(600\times7)+(34\times45\times0.19841)}\times100$

$=6.182 \fallingdotseq 6.18[\%]$

해답 6.18[%]

3 ① ㉠ 제연설비
㉡ 비상조명등
㉢ 휴대용 비상조명등

② ㉠ 피난안전구역이 설치된 층의 계단실 출입구에서 피난안전구역 주 출입구 또는 비상구까지 설치할 것
㉡ 계단실에 설치하는 경우 계단 및 계단참에 설치할 것
㉢ 피난유도 표시부의 너비는 최소 25[mm] 이상으로 설치할 것
㉣ 광원점등방식(전류에 의하여 빛을 내는 방식)으로 설치하되, 60분 이상 유효하게 작동할 것

③ ㉠ 방열복, 인공소생기를 각 2개 이상 비치할 것
㉡ 45분 이상 사용할 수 있는 성능의 공기호흡기(보조마스크를 포함한다)를 2개 이상 비치하여야 한다. 다만, 피난안전구역이 50층 이상에 설치되어 있을 경우에는 동일한 성능의 예비용기를 10개 이상 비치할 것

㉢ 화재 시 쉽게 반출할 수 있는 곳에 비치할 것

㉣ 인명구조기구가 설치된 장소의 보기 쉬운 곳에 "인명구조기구"라는 표지판 등을 설치할 것

03 다음 물음에 답하시오.

1 경보설비의 비상전원으로 사용되는 축전지가 방전할 때 아래 그림과 같이 시간에 따라 방전 전류가 감소하는 경우, 이에 적합한 축전지의 용량(Ah)을 구하시오.(단, 보수율 0.8, 용량환산 시간 K는 아래 표와 같다.)

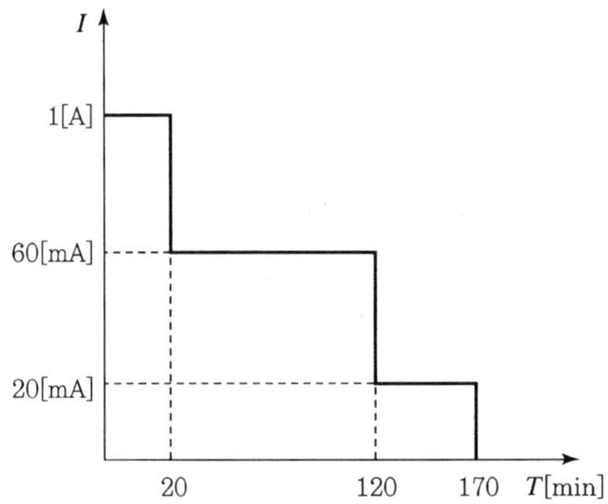

시간 (min)	10	20	30	50	100	110	120	150	70
K	1.3	1.4	1.7	2.5	3.4	3.6	3.8	4.8	5.0

2 자동화재탐지설비 회로에 감지기, 경종, 사이렌 등이 전선으로 연결되어 있을 경우, 각 기기에 흐르는 전류와 개수는 다음과 같다. 각 기기에 인가되는 전압을 80[%] 이상으로 유지하기 위한 전선의 최소 공칭 단면적(mm^2)을 구하시오.(단, 수신기 공급전압 : 24[V], 감지기 : 20[mA] 10개, 경종 : 50[mA] 5개, 사이렌 : 30[mA] 2개, 전선의 고유저항률 : $\frac{1}{58}$[$\Omega mm^2/m$], 도전율 : 97[%], 수신기와 기기 간 거리 : 250[m])

3 자동화재탐지설비 및 시각경보장치의 화재안전기술기준에 의한 정온식 감지선형 감지기의 설치기준이다. ( )에 들어갈 내용을 쓰시오.

- (ㄱ)이나 고정금구를 사용하여 감지선이 늘어지지 않도록 설치할 것
- 단자부와 마감 고정금구와의 설치간격은 (ㄴ)[cm] 이내로 설치할 것
- 감지선형 감지기의 굴곡반경은 (ㄷ)[cm] 이상으로 할 것
- 감지기와 감지구역의 각 부분과의 수평거리가 내화구조의 경우 1종 (ㄹ)[m] 이하, 2종 (ㅁ)[m] 이하로 할 것. 기타구조의 경우 1종 3[m] 이하, 2종 1[m] 이하로 할 것

4 아래 그림은 전동기 시퀀스 제어회로 중 일부 회로의 타임차트이다. 이에 맞는 회로의 명칭을 쓰고, 그림의 스위치 소자를 이용하여 시퀀스 제어회로를 완성하시오.

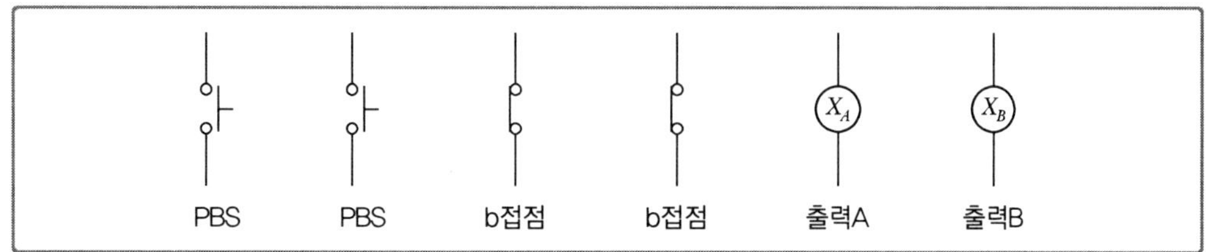

〈스위치 소자 및 회로기호〉

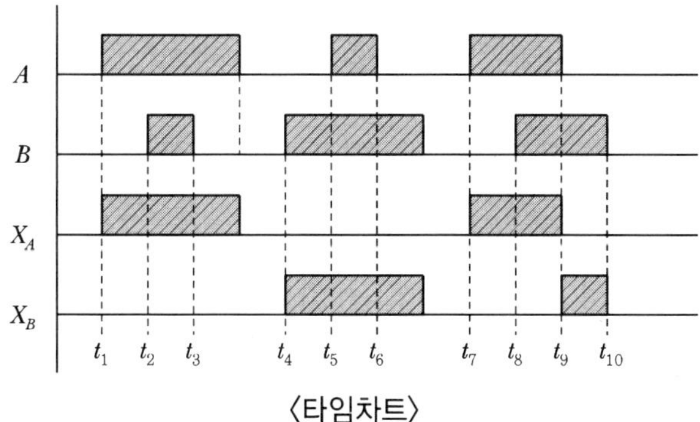

〈타임차트〉

① 회로의 명칭

② 제어회로 완성

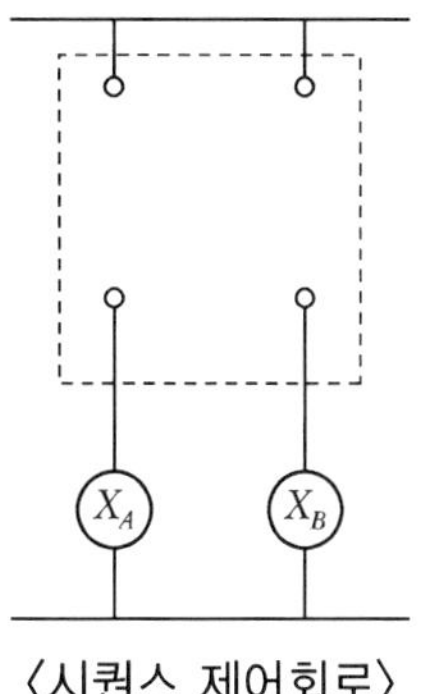

〈시퀀스 제어회로〉

해설

1 방전전류가 감소하는 경우 감소 직전까지의 부하특성마다 분리하여 축전지 용량을 산정한 후 가장 큰 값을 적용한다.

① $C_1 = \frac{1}{L}K_1I_1 = \frac{1}{0.8} \times 1.4 \times 1 = 1.75[\text{Ah}]$

② $C_2 = \frac{1}{L}\{K_1I_1 - K_2(I_1 - I_2)\}$

$= \frac{1}{0.8}\{3.8 \times 1 - 3.4 \times (1 - 0.06)\}$

$= 0.755[\text{Ah}]$

③ $C_3 = \frac{1}{L}\{K_1I_1 - K_2(I_1 - I_2) - K_3(I_2 - I_3)\}$

$= \frac{1}{0.8}\{(5 \times 1) - 4.8 \times (1 - 0.06) - 2.5 \times (0.06 - 0.02)\}$

$= 0.485[\text{Ah}]$

해답 1.75[Ah]

2 전선 도체의 단면적

$A = \frac{2I\rho L}{e}\left(e = 2IR = 2I\rho\frac{L}{A}\right)$

$= \frac{2 \times 0.51 \times \frac{1}{58} \times \frac{1}{0.97} \times 250}{4.8}$

$= 0.944[\text{mm}^2]$

- 전압강하 $e = V_s \times 0.2 = 24 \times 0.2 = 4.8[\text{V}]$
- 부하전류 $I = (0.02 \times 10) + (0.05 \times 5) + (0.03 \times 2) = 0.51[\text{A}]$
- 선로길이 $L = 250[\text{m}]$

해답 1.5[mm²]

[참고] 전선규격(KS IEC : 국가표준인증 종합정보센터)

1.5 · 2.5 · 4 · 6 · 10 · 16 · 25 · 35 · 50 · 70 · 95

120 · 150 · 185 · 300 · 400 · 500 · 630[mm²]

3 ㄱ. 보조선　　ㄴ. 10

ㄷ. 5　　ㄹ. 4.5

ㅁ. 3

4 ① 인터록 회로(선입력 우선 회로 또는 병렬 우선 회로)

②

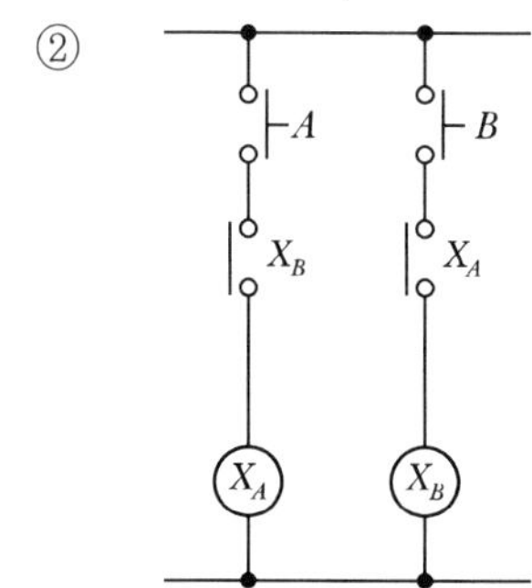

CHAPTER 10 제22회 기출문제(소방시설의 설계 및 시공)

01 다음 계통도 및 조건을 보고 물음에 답하시오.

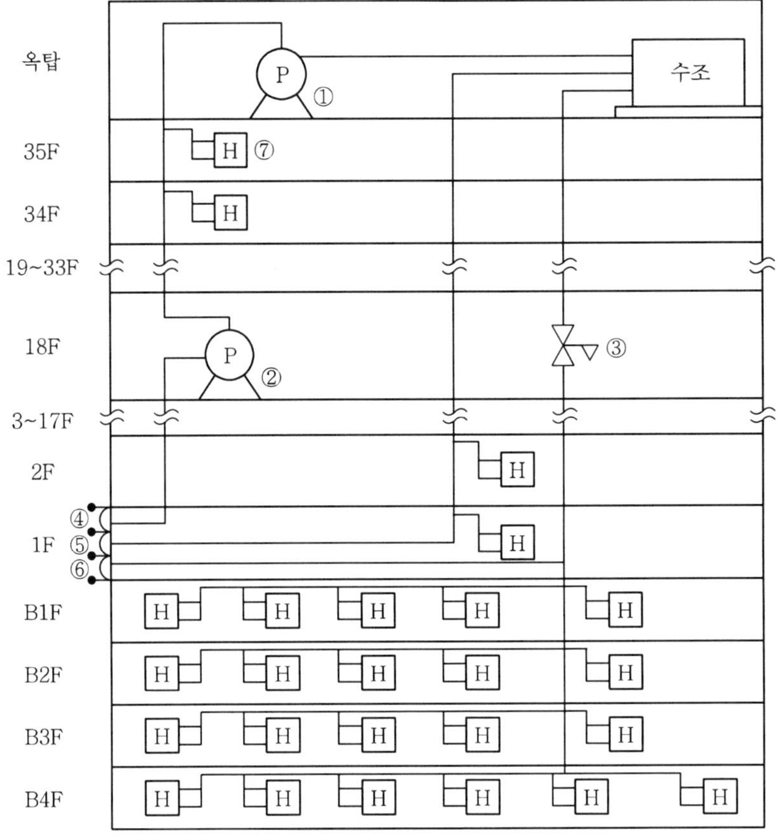

[범례]		
①	P	옥내소화전 주펌프
②	P	연결송수관설비 가압펌프
③		저층부 옥내소화전 감압밸브
④		연결송수관설비 흡입 측 송수구
⑤		중층부 옥내소화전 및 연결송수관설비 겸용 송수구
⑥		저층부 옥내소화전 및 연결송수관설비 겸용 송수구
⑦	H	옥내소화전

〈 조건 〉

- 지하 4층/지상 35층 주상복합 건축물로 각 층의 높이는 3[m]로 동일함
- 송수구는 지상 1층 바닥으로부터 1[m] 높이에 설치됨
- 옥내소화전 설치개수는 지상 1층~지상 35층 각 층 1개, 지하 1층~지하 3층 각 총 5개, 지하 4층 6개임
- 옥내소화전설비 고층부는 펌프방식이고 중층부, 저층부는 고가수조방식이며 저층부 구간은 지하 1층에서 지하 4층까지임
- 옥내소화전 및 연결송수관 설비의 배관 및 부속류 마찰손실은 낙차의 30[%]를 적용함
- 펌프의 효율은 50[%], 전달계수는 1.1을 적용함
- 옥내소화전 방수구는 바닥으로부터 1[m] 높이, 연결송수관설비 방수구는 바닥으로부터 0.5[m] 높이에 설치됨
- 펌프와 바닥 사이 및 수조와 바닥 사이 높이는 무시함
- 옥내소화전 호스 마찰손실수두는 7[m], 연결송수관설비 호스 마찰손실수두는 3[m]
- 감압밸브는 바닥으로부터 1[m] 높이에 설치됨
- 수두 10[m]는 0.1[MPa]로 함
- 계산값은 소수점 넷째 자리에서 반올림하여 소수점 셋째 자리까지 구함
- 기타 조건은 무시함

1 수조의 최소 수원의 양[m^3]과 고층부의 필요한 최소 동력[kW]을 구하시오.

2 고가수조방식으로 적용 가능한 중층부의 가장 높은 층을 구하시오.

3 지상 18층에 설치된 감압밸브 2차 측 압력을 0[MPa]로 설정했다면, 지하 1층의 옥내소화전 노즐선단에서 방수압력[MPa]을 구하시오.

4 연결송수관설비 흡입 측 송수구에서 소방차 인입압력이 0.7[MPa]이다. 이때 연결송수관설비 가압송수장치에 필요한 최소 동력[kW]을 구하시오.

5 지상 10층과 지하 4층에 필요한 최소 연결송수관설비 송수구 압력[MPa]을 각각 구하시오.

6 옥내소화전에 사용하는 가압송수장치 4가지 방식을 쓰시오.

해설

1 ① 최소 수원의 양[m^3]

㉠ 고층부 $Q = N \times 5.2[\mathrm{m}^3] = 1 \times 5.2[\mathrm{m}^3] = 5.2[\mathrm{m}^3]$

㉡ 중층부 $Q = N \times 2.6[\mathrm{m}^3] = 1 \times 2.6[\mathrm{m}^3] = 2.6[\mathrm{m}^3]$

㉢ 저층부 $Q = N \times 2.6[\mathrm{m}^3] = 2 \times 2.6[\mathrm{m}^3] = 5.2[\mathrm{m}^3]$

$\therefore$ 5.2[m^3](최대량 적용)

해답 5.2[m^3]

② 고층부 최소 동력[kW]

$P(\text{kW}) = \dfrac{\gamma Q H}{102\eta}K$

$H = h_1 + h_2 + h_3 + 17[\text{m}] = -2[\text{m}] + (2[\text{m}] \times 0.3) + 7[\text{m}] + 17[\text{m}] = 22.6[\text{m}]$

$Q = 130[\text{L/min}]$

$\therefore \dfrac{1{,}000 \times \dfrac{0.13}{60} \times 22.6}{102 \times 0.5} \times 1.1 = 1.0561 ≒ 1.056[\text{kW}]$

해답 1.056[kW]

2 $H(\text{낙차}) = h_1 + h_2 + 17[\text{m}]$

$H = (H \times 0.3) + 7[\text{m}] + 17[\text{m}]$

따라서 $H = 34.2857 ≒ 34.286[\text{m}]$

층 : $34.286[\text{m}] \div 3[\text{m}]/\text{층} = 11.428$　　$\therefore$ 11층 아래

적용층 : 35층−11층=24층

해답 24층

3 $H = h_1 + h_2 + h_3 + h_4$

$1[\text{m}](18\text{층}) + (3[\text{m}]/\text{층} \times 17\text{개층}) + 2[\text{m}](\text{B1층}) = (54[\text{m}] \times 0.3) + 7[\text{m}] + X$

$54[\text{m}] = (54[\text{m}] \times 0.3) + 7[\text{m}] + X$

$X = 30.8[\text{m}] ≒ 0.308[\text{MPa}]$

해답 0.308[MPa]

4 $P[\text{kW}] = \dfrac{\gamma Q H}{102\eta}K$

$H = h_1 + h_2 + h_3 + 35[\text{m}] - 70[\text{m}]$

$h_1 = 2[\text{m}] + (3[\text{m}]/\text{층} \times 33\text{개층}) + 0.5[\text{m}] = 101.5[\text{m}]$

$H = 101.5[\text{m}] + 101.5[\text{m}] \times 0.3 + 3[\text{m}] + 35[\text{m}] - 70[\text{m}] = 99.95[\text{m}]$

$Q = 2{,}400[\text{L/min}]$ 적용

$\therefore \dfrac{1{,}000 \times \dfrac{2.4}{60} \times 99.95}{102 \times 0.5} \times 1.1 = 86.2313 ≒ 86.231[\text{kW}]$

해답 86.231[kW]

5 ① 지상 10층에 필요한 송수구 압력[MPa]

$H = h_1 + h_2 + h_3 + h_4$

$h_1 = 2[\text{m}](1\text{층}) + (3[\text{m}]/\text{층} \times 8\text{개층}) + 0.5[\text{m}](10\text{층}) = 26.5[\text{m}]$

$h_2 = 26.5[\text{m}] \times 0.3 = 7.95[\text{m}]$

$h_3 = 3[\text{m}]$

$h_4 = 35[\text{m}]$

$\therefore H = 26.5 + 7.95 + 3 + 35$

$= 72.45[\text{m}] \fallingdotseq 0.7245[\text{MPa}] \fallingdotseq 0.725[\text{MPa}]$

해답 0.725[MPa]

② 지하 4층에 필요한 송수구 압력[MPa]

$H = h_1 + h_2 + h_3 + h_4$

$h_1 = 1[\text{m}](1\text{층}) + (3[\text{m}]/\text{층} \times 3\text{개층}) + 2.5[\text{m}](\text{지하 4층}) = -12.5[\text{m}]$

$h_2 = 12.5[\text{m}] \times 0.3 = 3.75[\text{m}]$

$h_3 = 3[\text{m}]$

$h_4 = 35[\text{m}]$

$\therefore H = -12.5 + 3.75 + 3 + 35$

$= 29.25[\text{m}] \fallingdotseq 0.2925[\text{MPa}] \fallingdotseq 0.293[\text{MPa}]$

해답 0.293[MPa]

6 ① 전동기에 따른 펌프를 이용하는 방식
② 고가수조의 낙차를 이용하는 방식
③ 압력수조를 이용하는 방식
④ 가압수조를 이용하는 방식

02 다음 물음에 답하시오.

1 지하 2층, 지상 11층인 철근콘크리트 구조의 신축 건축물에 자동화재탐지설비를 설계하고자 한다. 조건을 참고하여 물음에 답하시오.

〈 조건 〉

- 각 층의 바닥면적은 650[m²]이고, 한 변의 길이는 50[m]를 넘지 않는다.
- 각 층의 층고는 4[m]이고, 반자는 없다.
- 각 층은 별도로 구획되지 않고, 복도는 없는 구조이다.
- 지하 2층에서 지상 11층까지는 직통계단 1개소와 엘리베이터 1개소가 있다.
- 각 층의 계단실 면적은 10[m²], 엘리베이터 승강로의 면적은 10[m²]이다.
- 각 층에는 샤워시설이 있는 50[m²]의 화장실이 1개소 있다.
- 각 층의 구조는 모두 동일하고, 건물의 용도는 사무실이다.
- 각 층에는 차동식 스포트형 감지기 1종, 계단과 엘리베이터에는 연기감지기 2종을 설치한다.
- 수신기는 지상 1층에 설치한다.
- 조건에 주어지지 않은 사항은 고려하지 않는다.

① 건축물의 최소 경계구역 수를 구하시오.

② 감지기 종류별 최소 설치 수량을 구하시오.

③ 지상 1층에 화재가 발생하였을 경우, 경보를 발하여야 하는 층을 모두 쓰시오.

④ 지상 1층에 P형1급 수신기를 설치할 경우, 모든 경계구역으로부터 수신기에 연결되는 배선내역을 쓰고 각각의 최소 전선가닥수를 구하시오.(단, 모든 감지기 배선의 종단저항은 해당 층의 발신기세트 내부에 설치하고, 경종과 표시등은 하나의 공통선을 사용한다.)

2 3상 유도전동기의 Y-△ 기동제어회로 중 하나이다. 물음에 답하시오.

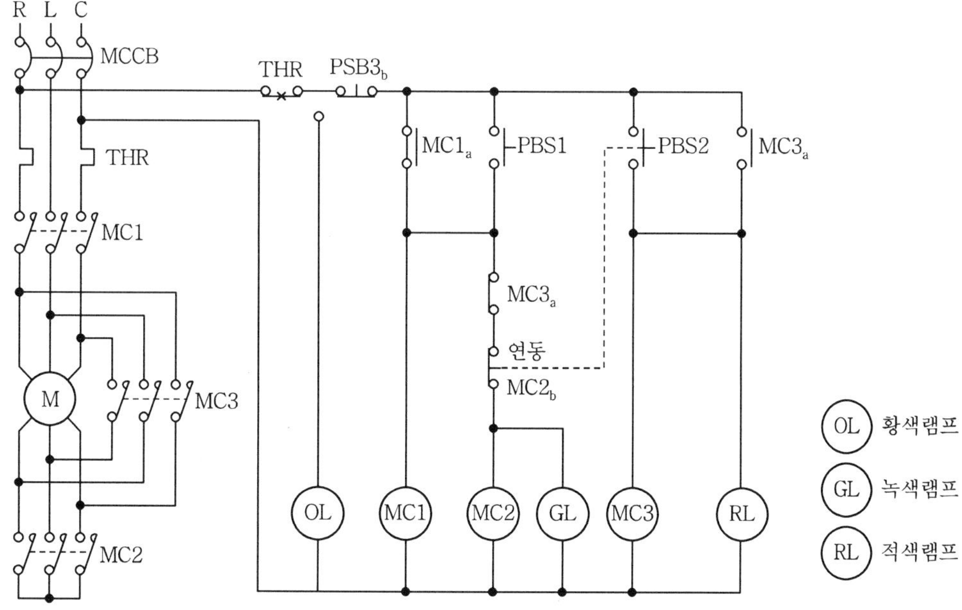

① Y－△ 기동제어회로를 사용하는 가장 큰 이유를 쓰시오.

② Y결선에서의 기동전류는 △결선에 비해 몇 배가 되는지 유도과정을 쓰시오.

③ 전동기가 △결선으로 운전되고 있을 때, 점등되는 램프를 쓰시오.

④ 도면에서 THR의 명칭과 회로에서의 역할을 쓰시오.

해설

1 ① ㉠ 수평적 경계구역

$$\frac{650[\text{m}^2]-(15[\text{m}^2]+10[\text{m}^2])}{600[\text{m}^2]/1\text{경계구역}}=1.04 \fallingdotseq 2\text{구역/층}$$

따라서 2경계구역/층×13개층=26경계구역

㉡ 수직적 경계구역

직통계단 ⓐ 지상 : $\dfrac{4[\text{m}]/\text{층}\times 11\text{층}}{45[\text{m}]/1\text{경계구역}}=0.977 \fallingdotseq 1\text{경계구역}$

ⓑ 지하 : $\dfrac{4[\text{m}]/\text{층}\times 2\text{층}}{45[\text{m}]/1\text{경계구역}}=0.177 \fallingdotseq 1\text{경계구역}$

∴ 계단 : 2경계구역

엘리베이터 : 1경계구역

따라서 총 경계구역=26+2+1=29경계구역

해답 29경계구역

② ㉠ 차동식 스포트형 1종

$\frac{575[m^2]}{45[m^2]/개} = 12.78 \fallingdotseq 13개/층$

$\therefore 13개/층 \times 13층 = 169개$

㉡ 연기감지기 2종

ⓐ 엘리베이터 : 1개

ⓑ 계단－지상 : $\frac{4[m]/층 \times 11층}{15[m]/개} = 2.93 \fallingdotseq 3개$

－지하 : $\frac{4[m]/층 \times 2층}{15[m]/개} = 0.53 \fallingdotseq 1개$

따라서 계단 총 4개

해답 ㉠ 차동식 스포트형 1종 : 169개
㉡ 연기감지기 2종 : 5개

③ 지하 1층, 지하 2층, 지상 1층, 지상 2층, 지상 3층, 지상 4층, 지상 5층

④ 경종 및 표시등 공통선 1가닥
경종선 12가닥
표시등선 1가닥
회로공통선 4가닥
응답선 1가닥
회로선 29가닥

2 ① 기동전류를 낮춰 전동기의 손상 방지

② $I_Y = \frac{V_Y}{Z} = \frac{\frac{1}{\sqrt{3}}V_\Delta}{Z} = \frac{V_\Delta}{\sqrt{3}Z}$

$I_\Delta = \sqrt{3}I_P$, 여기서 $I_P = \frac{V_P}{Z}$

$I_\Delta = \sqrt{3}\frac{V_P}{Z} = \frac{\sqrt{3}V_P}{Z}$

$\therefore \frac{I_Y}{I_\Delta} = \frac{\frac{V_\Delta}{\sqrt{3}Z}}{\frac{\sqrt{3}V_\Delta}{Z}} = \frac{1}{3}$

③ RL(적색램프)

④ 열동계전기, 전동기에 과부하 발생 시 회로를 차단하여 전동기 보호

03 다음 물음에 답하시오.

1 아래 그림은 정상류가 형성되는 제연송풍기의 상류 측 덕트 단면이다. 다음 조건에 따른 물음에 답하시오.

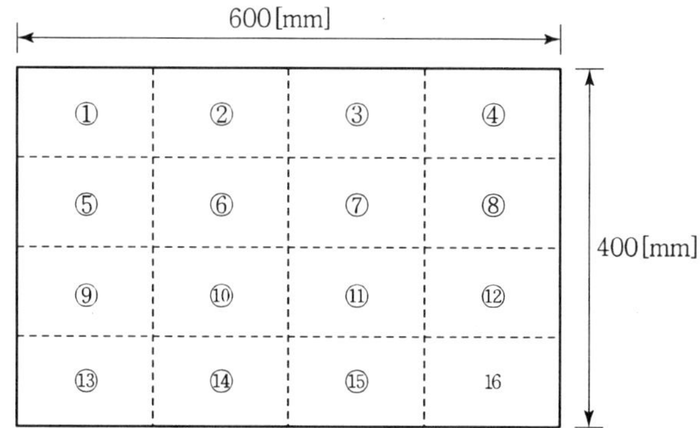

〈 조건 〉

- 덕트 단면의 크기는 600[mm]×400[mm]이며, 제연송풍기 풍량을 피토관을 이용하여 동일 면적 분할법(폭방향 4개점, 높이방향 4개점으로 총 16개점)으로 측정한다.
- 그림에 나타낸 ①~⑯은 장방형 덕트 단면의 측정점 위치이다.
- 측정위치 ⑥, ⑦, ⑩, ⑪에서 전압과 정압의 차이는 모두 86.4[Pa]이고 ②, ③, ⑤, ⑧, ⑨, ⑫, ⑭, ⑮에서 모두 38.4[Pa]이며 ①, ④, ⑬, ⑯에서 모두 21.6[Pa]이다.
- 덕트마찰계수 $f=0.01$, 유체밀도 $\rho=1.2$[kg/m³], 덕트지름은 수력지름(Hydraulic Diameter) 수식을 활용한다.
- 계산 값은 소수점 넷째 자리에서 반올림하여 소수점 셋째 자리까지 구한다.
- 기타 조건은 무시한다.

① 제연송풍기의 풍량[m^3/hr]을 구하시오.

② 덕트 내 평균 풍속[m/s]을 구하시오.

③ 달시－바이스바흐(Darcy－Weisbach) 식을 이용하여 단위길이당 덕트마찰손실[Pa/m]을 구하시오.

2 아래 그림과 같이 구획된 3개의 거실에서 각 거실 A, B, C의 예상제연구역에 대한 최저 배출량[m^3/hr]을 각각 구하시오.

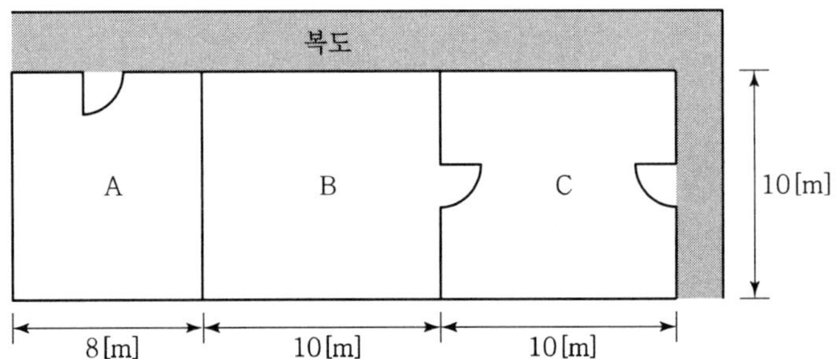

3 고층건축물의 화재안전기술기준상 피난안전구역에 설치하는 소방시설 설치기준에서 제연설비 설치기준을 쓰시오.

해설

1 ① 풍량

$$Q[m^3/hr] = 3{,}600[VA] = 3{,}600[s/hr] \times V[m/s] \times A[m^2]$$
$$= 3{,}600 \times 8.493 \times 0.6 \times 0.4$$
$$= 7{,}337.952[m^3/hr]$$

해답 $7{,}337.952[m^3/hr]$

② 평균유속

$$V = \sqrt{2gH}\left(H = \frac{P}{\gamma} = \frac{P}{\rho g}\right)$$
$$= \sqrt{2g\frac{P}{\rho g}} = \sqrt{\frac{2}{1.2} \times P} = 1.29\sqrt{P} \quad (\rho = 1.2[kg/m^3])$$
$$V = \frac{(1.29\sqrt{86.4} \times 4) + (1.29\sqrt{38.4} \times 8) + (1.29\sqrt{21.6} \times 4)}{16}$$
$$= 8.4934 \fallingdotseq 8.493[m/s]$$

해답 $8.493[m/s]$

③ $P = r\,H_L = r \times f\dfrac{L}{D}\dfrac{V^2}{2g} = \rho g \times f\dfrac{L}{D}\dfrac{V^2}{2g} = \rho \times f\dfrac{L}{D}\dfrac{V^2}{2}$

여기서, $f = 0.01$, $\rho = 1.2[kg/m^3]$, $L = 1[m]$, $V = 8.493[m/s]$

$$D = 4Rh = 4 \times \frac{(0.6[m] \times 0.4[m])}{(0.6[m] \times 2 + 0.4[m] \times 2)} = 0.48[m]$$

따라서 $P = 1.2 \times 0.01 \times \dfrac{1}{0.48} \times \dfrac{8.493^2}{2} = 0.9016 \fallingdotseq 0.902[Pa/m]$

해답 $0.902[Pa/m]$

2 배출량 $Q= A[\mathrm{m^2}]\times 1[\mathrm{m^3/min \cdot m^2}]\times 60[\mathrm{min/hr}]$

① 실 A : $80[\mathrm{m^2}]\times 1[\mathrm{m^3/m^2 \cdot min}]\times 60[\mathrm{min/hr}] = 4{,}800[\mathrm{m^3/hr}]$

해답 $5{,}000[\mathrm{m^3/hr}]$

② 실 B : $100[\mathrm{m^2}]\times 1[\mathrm{m^3/m^2 \cdot min}]\times 60[\mathrm{min/hr}] = 6{,}000[\mathrm{m^3/hr}]$

해답 $6{,}000[\mathrm{m^3/hr}]$

③ 실 C : $100[\mathrm{m^2}]\times 1[\mathrm{m^3/m^2 \cdot min}]\times 60[\mathrm{min/hr}] = 6{,}000[\mathrm{m^3/hr}]$

해답 $6{,}000[\mathrm{m^3/hr}]$

3 피난안전구역과 비제연구역 간의 차압은 50[Pa](옥내에 스프링클러설비가 설치된 경우에는 12.5[Pa]) 이상으로 하여야 한다. 다만, 피난안전구역의 한쪽 면 이상이 외기에 개방된 구조의 경우에는 설치하지 아니할 수 있다.

CHAPTER 11 제23회 기출문제(소방시설의 설계 및 시공)

01 다음 물음에 답하시오.

1 이산화탄소 소화설비를 설치하려고 한다. 조건을 참고하여 물음에 답하시오.

〈 조건 〉

- 전자제품 창고의 크기는 가로 12m, 세로 8m, 높이 4m이다.
- 전역방출방식(심부화재)으로 설계하고 기준온도는 10℃로 한다.
- 10℃에서의 이산화탄소의 비체적은 0.52m^3/kg이다.
- 약제가 저장용기로부터 헤드로 방출될 때까지 배관 내 유량(kg/min)은 일정하다.
- 계산값은 소수점 넷째자리에서 반올림하여 소수점 셋째 자리까지 구한다.
- 개구부 가산량 및 그 외 기타 조건은 무시한다.

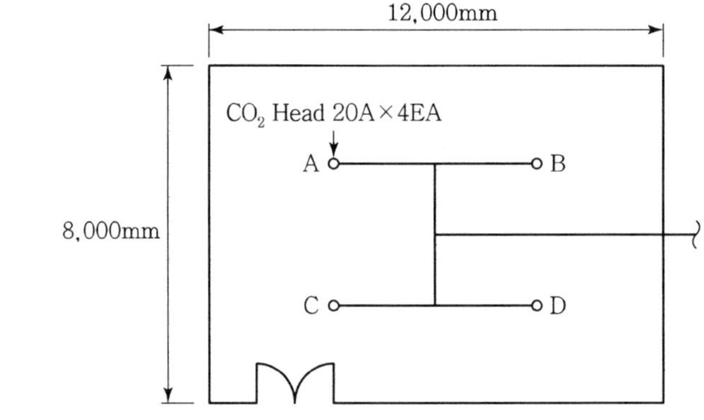

① 소화약제의 최소 저장량[kg]을 구하시오.

② 약제방사 후 2분이 경과한 시점에 A헤드에서의 최소 방사량[kg/min]을 구하시오.

③ 소화약제 최소 저장량(kg)을 방호구역 내에 모두 방사할 때까지 소요되는 시간(초)을 구하시오.

④ 이산화탄소소화설비의 화재안전기술기준(NFTC 106)에서 정하고 있는 저장용기 기준 5가지를 쓰시오.(단, 저장용기 설치장소 기준은 제외)

2 할로겐화합물 및 불활성기체 소화약제 산출식에 관한 다음 물음에 답하시오.

① 할로겐화합물 소화약제량 산출식은 무유출(No efflux)방식을 기초로 유도하는데 그 이유를 쓰고, 산출식을 유도하시오.

② 불활성기체 소화약제량 산출식은 자유유출(Free efflux)방식을 기초로 유도하는데 그 이유를 쓰고, 산출식을 유도하시오.

3 할로겐화합물 및 불활성기체 소화설비를 설치하려고 한다. 조건을 참고하여 물음에 답하시오.

〈 조건 〉

- 바닥면적 $240m^2$, 층고 4m인 방호구역에 전역방출방식으로 설치한다.
- HFC－227ea의 설계농도는 8.8%로 한다.
- IG－100의 설계농도는 39.4%로 한다.
- 방호구역의 최소예상온도는 15℃이다.
- HFC－227ea의 화학식은 CF_3CHFCF_3이다.
- 원자량은 다음과 같다.

기호	H	C	N	F	Ar	Ne
원자량	1	12	14	19	40	20

- HFC－227ea의 용기는 68리터(충전량 50kg), IG－100의 용기는 80리터(충전량 $12.4m^3$)를 사용한다.
- ①의 계산값은 소수점 다섯째자리에서 반올림하여 소수점 넷째 자리까지 구한다.
- ②, ③, ④는 ①에서 직접 구한 선형상수 K_1과 K_2를 이용한다.

① HFC－227ea와 IG－100의 선형상수 K_1과 K_2를 위의 조건을 이용하여 직접 구하시오.

② HFC－227ea를 소화약제로 선정할 경우 필요한 최소 용기 수를 구하시오.

③ IG－100을 소화약제로 선정할 경우 필요한 최소 용기 수를 구하시오.

④ 방호구역이 사람이 상주하는 곳이라면 HFC－227ea와 IG－100의 최대 용기 수를 구하시오.

해설

1 ① 소화약제의 최소 저장량[kg]

$$W[\text{kg}] = V[\text{m}^3] \times \alpha[\text{kg/m}^3]$$
$$= (12[\text{m}] \times 8[\text{m}] \times 4[\text{m}]) \times 2[\text{kg/m}^3]$$
$$= 768[\text{kg}]$$

해답 768[kg]

② 2분 내 30% 농도가 되기 위한 약제량

$$W[\text{kg/m}^3] = 2.303 \times \log\left(\frac{100}{100-30}\right) \times \frac{1}{0.52}$$
$$= 0.686[\text{kg/m}^3]$$

최소방사량[kg/min]$= V[\text{m}^3] \times W[\text{kg/m}^3] \div t[\text{min}]$

$$= (12[\text{m}] \times 8[\text{m}] \times 4[\text{m}]) \times 0.686[\text{kg/m}^3] \div 2[\text{min}]$$
$$= 131.712[\text{kg/min}]$$

헤드 1개 기준 최소방사량[kg/min]$= 131.712[\text{kg/min}] \div 4[\text{개}]$

$$= 32.928[\text{kg/min}]$$

해답 32.928[kg/min]

③ 소화약제를 방호구역 내에 모두 방사할 때 소요되는 시간

768[kg]÷131.712[kg/min]×60[s/min]=349.8462... ≒349.846[s]

해답 349.846[s]

④ 이산화탄소소화설비 화재안전기술기준에서 정하는 저장용기의 기준 5가지

- 저장용기의 충전비는 고압식은 1.5 이상 1.9 이하, 저압식은 1.1 이상 1.4 이하로 할 것
- 저압식 저장용기에는 내압시험압력의 0.64배부터 0.8배의 압력에서 작동하는 안전밸브와 내압시험압력의 0.8배부터 내압시험압력에서 작동하는 봉판을 설치할 것
- 저압식 저장용기에는 액면계 및 압력계와 2.3[MPa] 이상 1.9[MPa] 이하의 압력에서 작동하는 압력경보장치를 설치할 것
- 저압식 저장용기에는 용기 내부의 온도가 섭씨 영하 18℃ 이하에서 2.1[MPa]의 압력을 유지할 수 있는 자동냉동장치를 설치할 것
- 저장용기는 고압식은 25[MPa] 이상, 저압식은 3.5[MPa] 이상의 내압시험압력에 합격한 것으로 할 것

2 ① 무유출 적용 이유

소화약제 농도가 저농도, 방사압이 낮은 관계로 개구부, 누설틈새를 통하여 미세한 누설이 있으나, 10초의 매우 짧은 시간동안 저농도로 방사가 되므로 정상누설에 대한 허용오차를 포함하므로 무유출 적용한다.

② 농도 $C[\%] = \dfrac{\text{방사한 소화약제 부피}}{\text{방호구역 체적} + \text{방사한 소화약제 체적}} \times 100$

$$= \frac{v}{V+v} \times 100$$

$v = S$(소화액제 비체적)$\times W$(소화약제체적)

$$= \frac{W \times S}{V + W \times S} \times 100$$

$C \times [V + W \times S] = W \times S \times 100$

$W \times S \times 100 - C \times W \times S = V \times C$

$W \times S[100 - C] = V \times C$

$\therefore\ W = \dfrac{V}{S} \times \dfrac{C}{100 - C}$

2 ① 불활성가스 소화약제가 방호구역에 방사되는 경우 소화약제량이 매우 크므로 소화약제의 방사 시 소화약제의 압력에 의해 방호구역내 기체가 외부로 누설되므로 자유유출로 적용한다.

② 공식유도

$$e^x = \frac{100}{100 - C}$$

X : 방호구역에 방사된 방호구역 부피당 소화약제의 부피$[m^3/m^3]$

e : 자연대수

$$X = \ln\left(\frac{100}{100 - C}\right) = 2.303 \log\left(\frac{100}{100 - C}\right)$$

이 식에서 기준온도인 20℃에서 실제온도를 보정하면

$X = 2.303 \times \dfrac{V_S}{S} \times \log\left(\dfrac{100}{100 - C}\right)$이 되며

S : 소화약제의 비체적(밀도의 역수)

$= K_1 + K_2 \times t[℃]$

$\therefore\ Q[m^3] = V[m^3] \times X[m^3/m^3]$

3 ① HFC-227ea와 IG-100의 선형상수

㉠ HFC-227

$$K_1 = \frac{22.4}{12\times3+19\times7+1} = 0.13176 = 0.1318$$

$$K_2 = \frac{0.1318}{273} = 0.0004827 = 0.0005$$

해답 $K_1 = 0.1318,\ K_2 = 0.0005$

㉡ IG-100

$$K_1 = \frac{22.4}{28} = 0.8$$

$$K_2 = \frac{0.8}{273} = 0.00293 = 0.0029$$

해답 $K_1 = 0.8,\ K_2 = 0.0029$

② HFC-227ea를 소화약제로 선정할 경우 최소 용기 수

㉠ 방호구역체적 $V[kg] = 240[m^2]\times4[m] = 960[m^3]$

㉡ 설계농도 $C = 8.8[\%]$

㉢ 최소 소화약제량 $W[kg] = \frac{V}{S}\times\frac{C}{100-C}$

$$= \frac{960}{0.1393}\times\frac{8.8}{100-8.8}$$

$$= 664.97903$$

$$= 664.979[kg]$$

㉣ 최소 용기 수

$$\frac{6664.979[kg]}{50[kg/병]} = 13.29958 = 13.2996 ≒ 14병$$

∴ 14병

해답 14병

③ IG-100을 소화약제로 선정할 경우 최소 용기 수

㉠ 방호구역체적 $V[kg] = 240[m^2]\times4[m] = 960[m^3]$

㉡ 소화약제별 선형상수 $S[m^3/kg] = 0.8+0.0029\times15[℃] = 0.8435[m^3/kg]$

㉢ 20℃에서 약제비체적$[m^3/kg] = 0.8+0.0029\times20[℃] = 0.858[m^3/kg]$

㉣ 설계농도 $C = 39.4[\%]$

ⓜ 최소 소화약제량

$$Q[\mathrm{m^3}] = 2.303 \times \log\left(\frac{100}{100-39.4}\right) \times 960[\mathrm{m^3}] \times \frac{0.858[\mathrm{m^3/kg}]}{0.8435[\mathrm{m^3/kg}]}$$

$$= 489.19419[\mathrm{m^3}]$$

$$= 489.1942[\mathrm{m^3}]$$

$$= 664.979[\mathrm{kg}]$$

ⓑ 최소 용기 수

$$\frac{489.1942[\mathrm{m^3}]}{12.4[\mathrm{m^3}/\text{병}]} = 39.45114 = 39.4511 ≒ 40\text{병} \qquad \therefore 40\text{병}$$

해답 40병

④ **방호구역이 사람이 상주하는 곳의 HFC－227ea와 IG－100의 최대 용기 수**

㉠ HFC－227ea(최대허용 설계농도 10.5% 적용)

- 소화약제량 $W[\mathrm{kg}] = \frac{V}{S} \times \frac{C}{100-C}$

$$= \frac{960}{0.1393} \times \frac{10.5}{100-10.5}$$

$$= 808.51183$$

$$≒ 808.5118[\mathrm{kg}]$$

- 용기 수 $= \frac{808.5118[\mathrm{kg}]}{50[\mathrm{kg}/\text{병}]} = 16.17023$

허용농도를 초과하지 않아야 하므로 16병 ∴ 16병

해답 16병

㉡ IG－100(최대허용 설계농도 43% 적용)

- 소화약제량

$$Q[\mathrm{m^3}] = 2.303 \times \log\left(\frac{100}{100-43}\right) \times 960[\mathrm{m^3}] \times \frac{0.858[\mathrm{m^3/kg}]}{0.8435[\mathrm{m^3/kg}]}$$

$$= 549.00953[\mathrm{m^3}]$$

$$≒ 549.0095[\mathrm{m^3}]$$

- 용기 수 $= \frac{549.0095[\mathrm{m^3}]}{12.4[\mathrm{m^3}/\text{병}]} = 44.27495$

허용농도를 초과하지 않아야 하므로 44병 ∴ 44병

해답 44병

02 다음 물음에 답하시오.

1 도로터널의 제연설비 중 제트 팬의 시퀀스 제어회로이다. 물음에 답하시오.

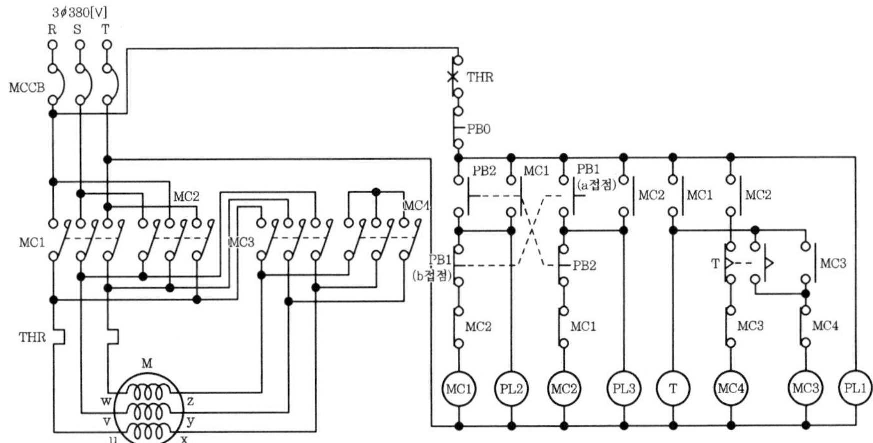

① MCCB를 ON시키고 PB2를 눌렀다 떼었을 때 동작 시퀀스를 쓰시오.(단, 타이머 설정시간은 3초이다.)

② 유도전동기에 정격전압 3상 380[V]를 공급할 때, 전자개폐기 MC3 및 MC4 동작 시 전동기 각 상의 권선에 인가되는 전압[V]을 각각 쓰시오.

③ 제어회로의 입력신호가 다음과 같을 때 타임차트 ①~⑥을 완성하시오.(단, MC1~MC4는 전자코일, PL1과 PL2는 램프, 타이머 설정시간은 3초, 타임차트 1칸은 3초로 한다.)

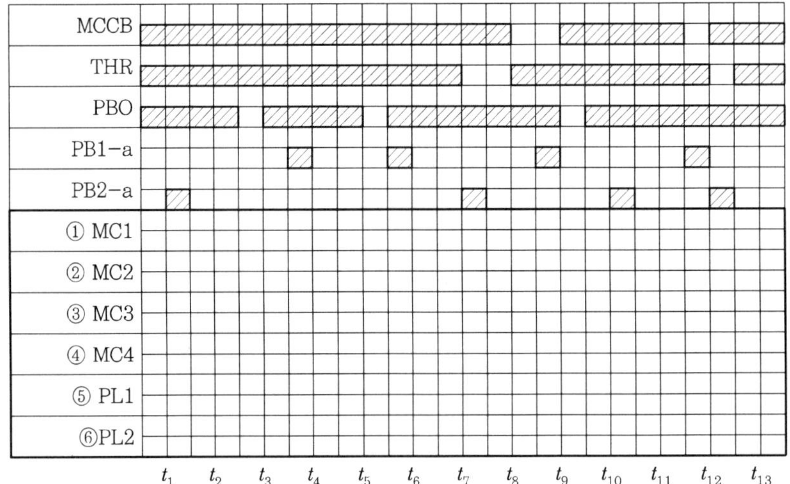

④ 순시동작 한시복귀 타이머를 사용할 경우 입력신호가 다음과 같을 때 b접점의 타임 차트를 완성하시오.

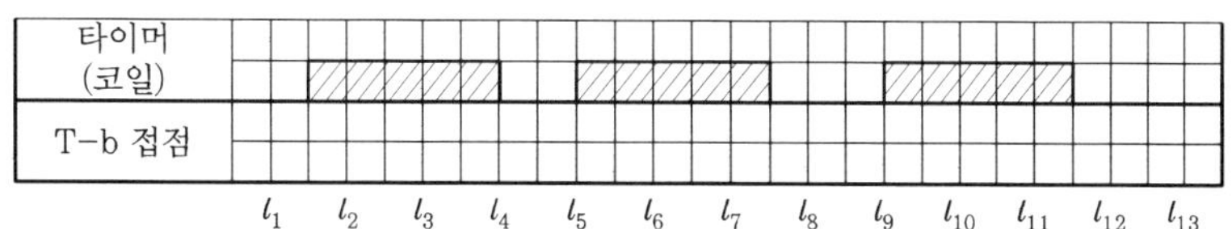

2 다음 물음에 답하시오.

① 수신반에서 500[m] 이격된 지점의 감지기가 작동할 때 26[mA]의 전류가 흘렀다. 전압강하계산식(간이식)을 이용하여 전압강하[V]를 구하시오.(단, 전선을 표준연동선으로 굵기는 단선 1.2[mm]이며, 계산값은 소수점 셋째자리에서 반올림하여 소수점 둘째 자리까지 구한다.)

② 3상 380[V], 100[kVA] 옥내소화전 펌프용 유도전동기가 역률 65[%](지상)로 운전 중이다. 전력용콘덴서를 설치하여 역률을 95[%](지상)로 개선하고자 할 경우 필요한 콘덴서 용량[kVar]을 구하시오.(단, 계산값은 소수점 셋째자리에서 반올림하여 소수점 둘째 자리까지 구한다.)

③ 스프링클러 펌프와 연결된 3상 380[V], 60[Hz], 50[kW]의 전동기가 있다. 이 전동기의 동기속도와 회전속도를 구하시오.(단, 슬립은 0.04, 극수는 4극이다.)

해설

1 ① ㉠ 배선용차단기 MCCB를 투입하면 PL1이 점등된다.

㉡ PB2를 누르면 전자접촉기 MC1이 여자됨과 동시에 PL2가 점등되며 타이머Ⓣ, 전자접촉기 MC4가 여자된다. 이때, PB2에서 손을 떼어도 MC1−a 보조접점에 의하여 전자접촉기 MC1은 자기유지된다.

㉢ 3초 후 T−b접점에 의해 전자접촉기 MC4가 소자되고, T−a접점에 의해 MC3이 여자되며, 이때 MC3−a 자기유지접점에 의하여 전자접촉기 MC3은 자기유지된다.

② ㉠ MC3 동작 시 380[V]

㉡ MC4 동작 시 $\frac{380}{\sqrt{3}} = 219.393 \fallingdotseq 219.39[V]$

(∵ Y결선 시 Δ결선 전압의 $\frac{1}{\sqrt{3}}$배)

③

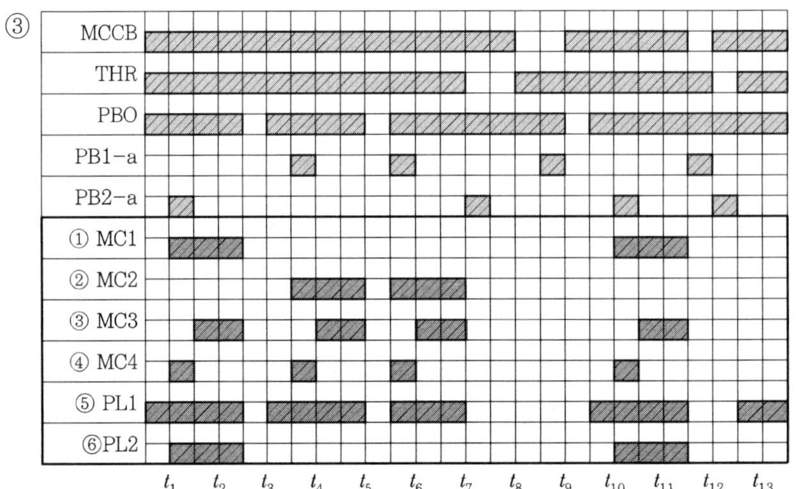

④

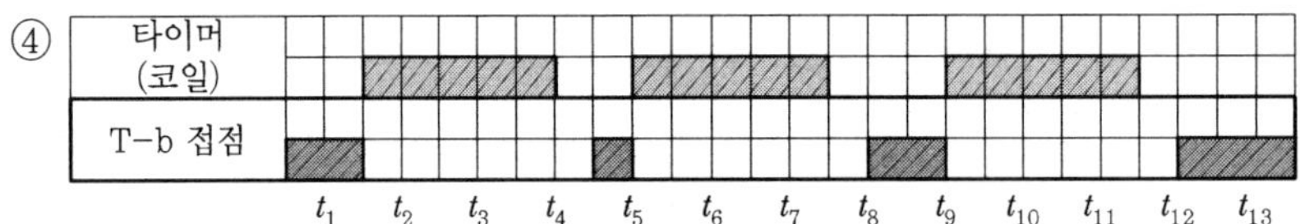

2 ① $e = \dfrac{KLI}{1,000A} = \dfrac{35.6 \times 500[\text{m}] \times 0.026[\text{A}]}{1,000 \times \left(\dfrac{\pi}{4} \times 1.2\text{mm}^2\right)}$

$= 0.4092[\text{V}] \fallingdotseq 0.41[\text{V}]$

해답 0.41[V]

② $P[\text{kVar}] = P \times \left(\dfrac{\sqrt{1-\cos\theta_1{}^2}}{\cos\theta_1} - \dfrac{\sqrt{1-\cos\theta_2{}^2}}{\cos\theta_2}\right)$

$= (100[\text{kVA}] \times 0.65) \times \left(\dfrac{\sqrt{1-0.65^2}}{0.65} - \dfrac{\sqrt{1-0.95^2}}{0.95}\right)$

$= 54.62895[\text{kVar}] \fallingdotseq 54.63[\text{kVar}]$

해답 54.63[kVar]

③ ㉠ 동기속도

$N_S = \dfrac{120f}{P} = \dfrac{120 \times 60}{4} = 1,800[\text{rpm}]$

㉡ 회전속도

$N = \dfrac{120f}{P}(1-s) = \dfrac{120 \times 60}{4}(1-0.04) = 1,728[\text{rpm}]$

해답 동기속도 : 1,800[rpm]

회전속도 : 1,728[rpm]

03 다음 물음에 답하시오.

1 지상 5층 건물에 옥내소화전설비를 설치하고자 한다. 다음 조건을 참고하여 펌프의 전동기 소요동력(kW)을 구하시오.(단, 계산값은 소수점 셋째 자리에서 반올림하여 둘째 자리까지 구한다.)

〈 조건 〉

- 각 층의 소화전[개] : 3
- 분당 방수량[L/min] : 130
- 실 양정[m] : 60
- 배관의 압력손실수두[m] : 실 양정의 30%
- 호스의 마찰손실수두[m] : 4
- 노즐선단 방수압력[MPa] : 0.17
- 펌프효율[%] : 70
- 여유율[A] : 1.2
- 전달계수[K] : 1.1

2 옥내소화전설비의 화재안전기술기준(NFTC 102)상 불연재료로 된 특정소방대상물 또는 그 부분으로서, 옥내소화전 방수구를 설치하지 않을 수 있는 곳 5가지를 쓰시오.

3 옥내소화전설비의 화재안전기술기준(NFTC 102)에 관한 다음 물음에 답하시오.

① 비상전원 3가지를 쓰시오.

② 비상전원을 설치하지 아니할 수 있는 경우 3가지를 쓰시오.

4 다음은 소방시설 자체점검사항 등에 관한 고시에서 정하고 있는 소방시설 도시기호에 관한 것이다. 명칭에 알맞은 도시기호를 그리시오.

명칭	도시기호
옥외소화전	(ㄱ)
소화전 송수구	(ㄴ)
옥내소화전 방수용기구병설	(ㄷ)

5 다음은 옥내소화전의 노즐에서 방수량을 구하는 공식이다. 이 공식의 유도과정을 쓰시오.

$$Q = 0.6597\,D^2\sqrt{P}$$

여기서, Q : 방수량[L/min]
D : 노즐구경[mm]
P : 방수압력[kg/cm²]

6 소방시설의 내진설계 기준상 지진분리장치 설치 기준 4가지를 쓰시오.

해설

1 소요동력[kW]

$$P[\text{kW}] = \frac{\gamma \times Q \times H}{102 \times \eta} \times K$$

$$= \frac{1{,}000[\text{kgf/m}^3] \times (0.26[\text{m}^3/\text{min}] \div 60[s/\text{min}]) \times (60 + 60 \times 0.3 + 4 + 17)[\text{m}]}{102 \times 0.7} \times 1.1 \times 1.2$$

$$= 7.931\ldots[\text{kW}] \fallingdotseq 7.93[\text{kW}]$$

해답 7.93[kW]

2 옥내소화전 방수구를 설치하지 않을 수 있는 곳 5가지

① 냉장창고 중 온도가 영하인 냉장실 또는 냉동창고의 냉동실
② 고온의 노가 설치된 장소 또는 물과 격렬하게 반응하는 물품의 저장 또는 취급 장소
③ 발전소 · 변전소 등으로서 전기시설이 설치된 장소
④ 식물원 · 수족관 · 목욕실 · 수영장(관람석 부분을 제외한다) 또는 그 밖의 이와 비슷한 장소
⑤ 야외음악당 · 야외극장 또는 그 밖의 이와 비슷한 장소

3 ① 비상전원 3가지
㉠ 자가발전설비
㉡ 축전지설비(내연기관에 따른 펌프를 사용하는 경우에는 내연기관의 기동 및 제어용 축전지를 말한다)
㉢ 전기저장장치(외부 전기에너지를 저장해 두었다가 필요할 때 전기를 공급하는 장치)

② 비상전원을 설치하지 않을 수 있는 경우 3가지

㉠ 2 이상의 변전소에서 전력을 동시에 공급받을 수 있는 경우

㉡ 하나의 변전소로부터 전력의 공급이 중단되는 때에는 자동으로 다른 변전소로부터 전원을 공급받을 수 있도록 상용전원을 설치한 경우

㉢ 가압수조방식인 경우

4 도시기호

명칭	도시기호
옥외소화전	
소화전 송수구	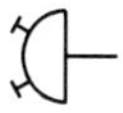
옥내소화전 방수용기구병설	

5 유도과정

$Q = A \cdot U \quad (Q : \mathrm{m^3/s},\ A : \mathrm{m^2},\ U : \mathrm{m/s}),\ (A = \frac{\pi}{4}D^2,\ U = \sqrt{2gH})$

$= \frac{\pi}{4}D^2 \times \sqrt{2gH} \quad (U = \sqrt{2gH} = \sqrt{2g10P} \rightarrow H : \mathrm{m},\ P : \mathrm{kgf/cm^2})$

$= \frac{\pi}{4}D^2 \times \sqrt{2g10P}$

$\therefore\ Q = 10.9956 \cdot D^2 \cdot \sqrt{P} \quad (Q : \mathrm{m^3/s},\ D : \mathrm{m},\ P : \mathrm{kgf/cm^2})$ ·················· ①

$\mathrm{m^3/s} : \mathrm{L/min} = 1 : 60{,}000 \qquad \therefore\ \mathrm{m^3/s} = \frac{1}{6{,}000}\mathrm{L/min}$ ························· ②

$\mathrm{m} : \mathrm{mm} = 1 : 1{,}000 \qquad \therefore\ \mathrm{m} = \frac{1}{1{,}000}\mathrm{mm}$ ································· ③

②, ③을 ①식에 대입

$\frac{1}{60{,}000}\mathrm{L/min} = 10.9956 \times \left(\frac{1}{1{,}000}\mathrm{mm}\right)^2 \times \sqrt{P}$

$\mathrm{L/min} = 0.6597 \times \mathrm{mm}^2 \times \sqrt{P}$

$Q = 0.6597 \cdot D^2 \cdot \sqrt{P} \quad (P : \mathrm{kgf/cm^2})$

여기서, Q : 유량[L/min/개], D : 노즐(오리피스) 직경[mm]

C : 노즐(오리피스) 유량계수, P : 방수압력[kgf/cm^2]

6 지진분리장치 설치기준 4가지

① 지진분리장치는 배관의 구경에 관계없이 지상층에 설치된 배관으로 건축물 지진분리이음과 소화배관이 교차하는 부분 및 건축물 간의 연결배관 중 지상 노출 배관이 건축물로 인입되는 위치에 설치하여야 한다.

② 지진분리장치는 건축물 지진분리이음의 변위량을 흡수할 수 있도록 전후좌우 방향의 변위를 수용할 수 있도록 설치하여야 한다.

③ 지진분리장치의 전단과 후단의 1.8m 이내에는 4방향 흔들림 방지 버팀대를 설치하여야 한다.

④ 지진분리장치 자체에는 흔들림 방지 버팀대를 설치할 수 없다.

참고문헌

1. 「마스터소방기술사」, 예문사
2. 「소방시설의 설계 및 시공」, 남상욱, 성안당, 2015.
3. 「소방유체역학」, 이창욱, 시대고시기획, 2010.
4. 소방안전협회 발간자료
5. 소방전문학원 공개자료
6. 소방관련 논문집

저자소개

유 정 석

전) 탑소방학원 원장
전) KS소방학원 원장
전) 소방안전협회(서울, 경기지부) 외래 강사
현) 경기소방학교(서울, 경기) 외래 강사
현) 에듀윌(소방설비기사, 소방시설관리사) 전임교수
현) 에듀윌(소방공무원) 전임교수

SERIES 2

TOP SERIES

FIRE FACILITIES MANAGER

소방시설관리사 2차 설계 및 시공

해설편

유정석

예문사

02 소방수리학

01 중량 $W = m \cdot g = 800[\text{kg}] \times 9.8[\text{m/s}^2]$

$= 7{,}840[\text{kg} \cdot \text{m/s}^2] = 7{,}840[\text{N}] = 7.84[\text{kN}]$

해답 중량 $W = 7.84[\text{kN}]$

02 중량 $W = m \cdot g$에서,

질량 $m = \dfrac{W[\text{kg} \cdot \text{m/s}^2]}{g[\text{m/s}^2]} = \dfrac{200}{9.0} = 22.22[\text{kg}]$

해답 질량 $m = 22.22[\text{kg}]$

03 ① 비중량 $\gamma = \dfrac{W}{V} = \dfrac{24{,}000[\text{N}]}{3[\text{m}^3]} = 8{,}000[\text{N/m}^3]$

② 밀도 $\rho = \dfrac{\gamma}{g} = \dfrac{8{,}000[\text{kg} \cdot \text{m/s}^2 \cdot \text{m}^3]}{9.8[\text{m/s}^2]} = 816.33[\text{kg/m}^3]$

③ 비중 $s = \dfrac{\gamma}{\gamma_w} = \dfrac{8{,}000[\text{N/m}^3]}{9{,}800[\text{N/m}^3]} = 0.816$

해답 비중량 $\gamma = 8{,}000[\text{N/m}^3]$
밀도 $\rho = 816.33[\text{kg/m}^3]$
비중 $s = 0.816$

04 $P_1 = P_2$에서, $\dfrac{F_1}{A_1} = \dfrac{F_2}{A_2}$

$F_1 = \dfrac{A_1}{A_2} F_2 = \left(\dfrac{D_1}{D_2}\right)^2 F_2 = \left(\dfrac{15}{150}\right)^2 \times 1{,}000 = 10[\text{N}]$

해답 $F_1 = 10[\text{N}]$

05 질량유량 $G = \rho Q = \rho A V$

$= 0.8 \times 1{,}000 \times \dfrac{\pi \times 0.1^2}{4} \times 4 = 25.13[\text{kg/s}]$

(비중 $s = \dfrac{\rho}{\rho_w}$에서, $\rho = s\rho_w = 0.8 \times 1{,}000$)

해답 질량유량 $G = 25.13[\text{kg/s}]$

06 (1) 체적유량 계산

중량유량 $W = \gamma Q$ 에서,

체적유량 $Q = \dfrac{W}{\gamma} = \dfrac{100[\text{kg}_f/\text{s}]}{1{,}000[\text{kg}_f/\text{m}^3]} = 0.1[\text{m}^3/\text{s}]$

(2) 각 관에서의 평균속도 $Q[\text{m}^3/\text{s}] = A_1 V_1 = A_2 V_2$

① 지름 20[cm]

$Q_1 = A_1 V_1$에서,

$$V_1 = \frac{Q_1}{A_1} = \frac{Q_1}{\frac{\pi D_1^2}{4}} = \frac{4Q_1}{\pi D_1^2} = \frac{4 \times 0.1}{\pi \times 0.2^2} = 3.18[\text{m/s}]$$

② 지름 15[cm]

$Q_2 = A_2 V_2$에서,

$$V_2 = \frac{Q_2}{A_2} = \frac{Q_2}{\frac{\pi D_2^2}{4}} = \frac{4Q_2}{\pi D_2^2} = \frac{4 \times 0.1}{\pi \times 0.15^2} = 5.66[\text{m/s}]$$

해답 $V_1 = 3.18[\text{m/s}]$
$V_2 = 5.66[\text{m/s}]$

07 (1) 유량 $Q_3[\text{m}^3/\text{s}]$ 계산

$Q_1 = Q_2 + Q_3$에서, $Q_3 = Q_1 - Q_2$

① $Q_1 = A_1 V_1 = \frac{\pi D_1^2}{4} \times V_1 = \frac{\pi \times 0.2^2}{4} \times 2 = 0.063[\text{m}^3/\text{s}]$

② $Q_2 = A_2 V_2 = \frac{\pi D_2^2}{4} \times V_2 = \frac{\pi \times 0.1^2}{4} \times 3 = 0.024[\text{m}^3/\text{s}]$

③ $Q_3 = Q_1 - Q_2 = 0.063 - 0.024 = 0.039[\text{m}^3/\text{s}]$

(2) 유속 $V_3[\text{m/s}]$ 계산

$Q_3 = A_3 \times V_3$에서,

$$V_3 = \frac{Q_3}{A_3} = \frac{Q_3}{\frac{\pi D_3^2}{4}} = \frac{4Q_3}{\pi D_3^2} = \frac{4 \times 0.039}{\pi \times 0.15^2} = 2.21[\text{m/s}]$$

해답 유량 $Q_3 = 0.039[\text{m}^3/\text{s}]$
유속 $V_3 = 2.21[\text{m/s}]$

08 체적유량 $Q = AV[\text{m}^3/\text{s}]$이므로, 평균속도 $V = \frac{4Q}{\pi D^2}[\text{m/s}]$가 된다.

(1) 체적유량 계산

$$\text{체적유량 } Q = \frac{\text{중량유량}[\text{kg}_\text{f}/\text{s}]}{\text{비중량}[\text{kg}_\text{f}/\text{m}^3]} = \frac{40}{1{,}000} = 0.04[\text{m}^3/\text{s}]$$

(2) A배관의 안지름 계산

$D_A = 114.3 - (4.5 \times 2) = 105.3[\text{mm}] = 0.1053[\text{m}]$

(3) B배관의 안지름 계산

$D_B = 89.1 - (4.05 \times 2) = 81[\text{mm}] = 0.081[\text{m}]$

(4) A지점에서의 평균속도 계산

$$\text{평균속도 } V_A = \frac{4Q}{\pi D_A^2} = \frac{4 \times 0.04}{\pi \times 0.1053^2} = 4.5931$$

$\therefore$ 4.593[m/s]

(5) B지점에서의 평균속도 계산

평균속도 $V_B = \dfrac{4Q}{\pi D_B^2} = \dfrac{4 \times 0.04}{\pi \times 0.081^2} = 7.7624$

$\therefore$ 7.762[m/s]

해답
평균속도 V_A : 4.593[m/s]
평균속도 V_B : 7.762[m/s]

09 **❶ 위치에너지 [kJ]**

위치에너지 $= mgh = 2 \times 9.8 \times 40$

$= 784[\mathrm{N \cdot m = J}] = 0.784[\mathrm{kJ}]$

해답 위치에너지 : 0.784[kJ]

❷ 낙하 3초 후의 속도 [m/s]

중력가속도 $g = \dfrac{v(\text{속도[m/s]})}{t(\text{시간[s]})}$ 이므로,

$v = g \cdot t = 9.8 \times 3 = 29.4[\mathrm{m/s}]$

해답 속도 : 29.4[m/s]

❸ 지면에 도달하기까지의 소요시간 [s]

중력에 의한 자유낙하 운동 $y = \dfrac{1}{2}gt^2$이므로,

$t = \sqrt{\dfrac{2y}{g}} = \sqrt{\dfrac{2 \times 40}{9.8}} = 2.857 \quad \therefore\ 2.86[\mathrm{s}]$

해답 소요시간 : 2.86[s]

10 (1) 노즐 출구에서의 유속 V_2[m/s] = 이론유속 × 속도계수

(2) 이론유속 계산

① 베르누이 방정식

$$\frac{P_1}{\gamma} + Z_1 + \frac{V_1^2}{2g} = \frac{P_2}{\gamma} + Z_2 + \frac{V_2^2}{2g}$$

$\left(\dfrac{P_1}{\gamma} = 6[\mathrm{m}],\ Z_1 = Z_2,\ P_2 = 0,\ g: 9.8[\mathrm{m/s^2}]\right)$

$6 + \dfrac{V_1^2}{2g} = \dfrac{V_2^2}{2g}$ 양변에 $\times 2g$를 하면,

$12g + V_1^2 = V_2^2$ ………………………… ㉠

② 연속방정식(V_1 계산)

$Q_1 = Q_2$에서, $A_1 V_1 = A_2 V_2$

$V_1 = \dfrac{A_2}{A_1} V_2 = \left(\dfrac{D_2}{D_1}\right)^2 V_2 = \left(\dfrac{75}{400}\right)^2 V_2$ ………………………… ㉡

③ 식 ㉡을 식 ㉠에 대입

$V_2^2 = 12g + V_1^2$

$V_2^2 = 12 \times 9.8 + (0.035 V_2)^2$

$V_2^{\ 2} - 0.035^2 \times V_2^{\ 2} = 12 \times 9.8$

$V_2^{\ 2}(1 - 0.035^2) = 12 \times 9.8$

$$V_2^{\ 2} = \frac{12 \times 9.8}{1 - 0.035^2}$$

$$V_2 = \sqrt{\frac{12 \times 9.8}{1 - 0.035^2}} = 10.85[\mathrm{m/s}]$$

(3) 노즐 출구에서 유속(V_2) 계산

V_2 = 이론유속 × 속도계수

$= 10.85 \times 0.97 = 10.52[\mathrm{m/s}]$

해답 노즐 출구에서의 유속 $V_2 = 10.52[\mathrm{m/s}]$

11 (1) 전수두＝압력수두＋위치수두＋속도수두

$$H[\mathrm{m}] = \frac{P}{\gamma} + Z + \frac{V^2}{2g}$$

(2) 압력수두 $\dfrac{P[\mathrm{N/m^2}]}{\gamma[\mathrm{N/m^3}]} = \dfrac{147 \times 10^3}{9{,}800} = 15[\mathrm{m}]$

(3) 위치수두 $Z = 3[\mathrm{m}]$

(4) 속도수두 $\dfrac{V^2[\mathrm{m^2/s^2}]}{2g[\mathrm{m/s^2}]} = \dfrac{9.8^2}{2 \times 9.8} = 4.9[\mathrm{m}]$

(5) $H = \dfrac{P}{\gamma} + Z + \dfrac{V^2}{2g} = 15 + 3 + 4.9 = 22.9[\mathrm{m}]$

해답 전수두 $H = 22.9[\mathrm{m}]$

12 (1) 베르누이 방정식

$\dfrac{P_1}{\gamma} + Z_1 + \dfrac{V_1^{\ 2}}{2g} = \dfrac{P_2}{\gamma} + Z_2 + \dfrac{V_2^{\ 2}}{2g}$ 에서, $Z_1 = Z_2$이므로

$$\frac{P_1 - P_2}{\gamma} = \frac{V_2^{\ 2} - V_1^{\ 2}}{2g}$$

(2) V_1, V_2 계산$\left(Q[\mathrm{m^3/s}] = AV\text{에서, } V[\mathrm{m/s}] = \dfrac{Q}{A}\right)$

① 중량유량 $W = \gamma Q$ 에서

$$Q = \frac{W[\mathrm{kg_f/s}]}{\gamma[\mathrm{kg_f/m^3}]} = \frac{0.68}{1.23} = 0.553[\mathrm{m^3/s}]$$

② $V_1 = \dfrac{Q_1}{A_1} = \dfrac{0.553}{0.68} = 0.813[\mathrm{m/s}]$

③ $V_2 = \dfrac{Q_2}{A_2} = \dfrac{0.553}{0.18} = 3.07[\mathrm{m/s}]$

(3) 감소되는 압력 $P_1 - P_2$

$$\frac{P_1-P_2}{\gamma}=\frac{V_2^2-V_1^2}{2g}$$ 에서,

$$P_1-P_2=\gamma\left(\frac{V_2^2-V_1^2}{2g}\right)=1.23\times\left(\frac{3.07^2-0.813^2}{2\times 9.8}\right)\times 9.8$$

$$=5.39[\text{Pa}]$$

해답 감소되는 압력
$P_1-P_2=5.39[\text{Pa}]$

13 (1) 베르누이 방정식(①과 ② 사이의 에너지 방정식)

$$\frac{P_1}{\gamma}+Z_1+\frac{V_1^2}{2g}=\frac{P_2}{\gamma}+Z_2+\frac{V_2^2}{2g}$$ 에서, $Z_1=Z_2$이므로

$$\frac{P_1-P_2}{\gamma(=\rho\cdot g)}=\frac{V_2^2-V_1^2}{2g},\ \frac{P_1-P_2}{\rho}=\frac{V_2^2-V_1^2}{2}\ \cdots\cdots\cdots\cdots ㉠$$

(2) 연속방정식

$A_1V_1=A_2V_2$에서,

$$V_2=\frac{A_1}{A_2}V_1=\left(\frac{D_1}{D_2}\right)^2V_1=\left(\frac{500}{250}\right)^2V_1=4V_1\ \cdots\cdots\cdots\cdots\cdots\cdots\cdots\cdots ㉡$$

(3) 식 ㉡을 식 ㉠에 대입

$$\frac{P_1-P_2}{\rho}=\frac{V_2^2-V_1^2}{2},\ \frac{P_1-P_2}{\rho}=\frac{(4V_1)^2-V_1^2}{2}$$

$$\frac{P_1-P_2}{\rho}=\frac{15V_1^2}{2},\ 15V_1^2\cdot\rho=2(P_1-P_2)$$

$$V_1=\sqrt{\frac{2(P_1-P_2)}{15\times\rho}}=\sqrt{\frac{2\times(200-150)\times 10^3}{15\times 1{,}000}}$$

$$=2.582[\text{m/s}]$$

(4) 물의 유량

$$Q=A_1V_1=\frac{\pi D_1^2}{4}\times V_1=\frac{\pi\times 0.5^2}{4}\times 2.582=0.507[\text{m}^3/\text{s}]$$

해답 물의 유량
$Q=0.507[\text{m}^3/\text{s}]$

14 베르누이 방정식(1지점과 2지점의 에너지 방정식)

$$\frac{P_1}{\gamma}+Z_1+\frac{V_1^2}{2g}=\frac{P_2}{\gamma}+Z_2+\frac{V_2^2}{2g}$$

여기서, $P_1=P_2$ (대기압), $V_1=0$, $Z_1-Z_2=10[\text{m}]$

$$Z_1-Z_2=\frac{V_2^2}{2g}$$

$$V_2=\sqrt{2g(Z_1-Z_2)}=\sqrt{2\times 9.8\times 10}=14[\text{m/s}]$$

해답 유출속도 $V_2=14[\text{m/s}]$

15 (1) 베르누이 방정식(①지점과 ②지점의 에너지 방정식)

베르누이 방정식을 실제 유체에 적용

$\frac{P_1}{\gamma} + \frac{V_1^2}{2g} + Z_1 - H_L = \frac{P_2}{\gamma} + \frac{V_2^2}{2g} + Z_2$ 에서,

$$H_L[\text{m}] = \frac{P_1 - P_2}{\gamma} + \frac{V_1^2 - V_2^2}{2g} + (Z_1 - Z_2)$$

$$= (Z_1 - Z_2) - \frac{V_2^2}{2g}$$

① $P_1 = P_2$(대기압)

② $V_1 = 0$

③ $V_2 = \frac{Q_2}{A_2} = \frac{Q_2}{\frac{\pi}{4} \times D_2^2} = \frac{0.035}{\frac{\pi}{4} \times 0.08^2} = 6.96[\text{m/s}]$

④ $Z_1 - Z_2 = 8.5[\text{m}]$

(2) 손실수두 계산

$$H_L = (Z_1 - Z_2) - \frac{V_2^2}{2g} = 8.5 - \frac{6.96^2}{2 \times 9.8} = 6.028[\text{m}]$$

해답 손실수두 $H_L = 6.03[\text{m}]$

16 a와 b지점 사이의 손실수두 $H_L[\text{m}]$

$\frac{P_1}{\gamma} + \frac{V_1^2}{2g} + Z_1 - H_L = \frac{P_2}{\gamma} + \frac{V_2^2}{2g} + Z_2$에서,

$P_2 = 0$ (대기압)이므로

$$\therefore H_L = \frac{P_1}{\gamma} + \frac{V_1^2 - V_2^2}{2g} + Z_1 - Z_2$$

$$= 30.61 + \frac{1.91^2 - 7.64^2}{2 \times 9.8} + 0 - 15 = 12.818[\text{m}]$$

① $\frac{P_1}{\gamma} = \frac{300[\text{kPa} = \text{kN/m}^2]}{9.8[\text{kN/m}^3]} = 30.61[\text{m}]$

② $V_1 = \frac{Q_1}{A_1} = \frac{4Q_1}{\pi D_1^2} = \frac{4 \times 0.015}{\pi \times 0.1^2} = 1.91[\text{m/s}]$

③ $V_2 = \frac{Q_2}{A_2} = \frac{4Q_2}{\pi D_2^2} = \frac{4 \times 0.015}{\pi \times 0.05^2} = 7.64[\text{m/s}]$

④ $\text{Q}[\text{m}^3/\text{s}] = \frac{\text{G}[\text{kg/s}]}{\rho[\text{kg/m}^3]} = \frac{15}{1{,}000} = 0.015[\text{m}^3/\text{s}]$

⑤ $\text{Z}_1 = 0[\text{m}]$

⑥ $\text{Z}_2 = 15[\text{m}]$

해답 손실수두 $H_L = 12.82[\text{m}]$

17 (1) 유량[l/s]

$$Q=AV=\frac{\pi\times0.1^2}{4}\times2=0.0157[\text{m}^3/\text{s}]=15.7[l/\text{s}]$$

(2) V 계산

손실수두 $H_L=f\cdot\frac{L}{d}\cdot\frac{V^2}{2g}$에서, 좌변과 우변에 γ를 곱하면

$$\triangle P(=\gamma\cdot H_L)=f\cdot\frac{L}{D}\cdot\frac{\gamma\cdot V^2}{2g}$$

$$f\cdot L\cdot\gamma\cdot V^2=\triangle P\cdot D\cdot 2g$$

$$\therefore V=\sqrt{\frac{\triangle P\cdot D\cdot 2g}{f\cdot L\cdot\gamma}}=\sqrt{\frac{10\times10^3\times0.1\times2\times9.8}{0.025\times20\times9{,}800}}$$

$$=2[\text{m/s}]$$

해답 유량 $Q=15.7[l/\text{s}]$

18 공기의 평균 속도[m/s]

$Q=AV=\frac{\pi D^2}{4}V$이므로,

- $V=\frac{4Q}{\pi D^2}=\frac{4\times1.08}{\pi\times0.3^2}=15.278 \quad \therefore 15.28[\text{m/s}]$
- $Q=\frac{G}{\rho}=\frac{4}{3.72}=1.075 \quad \therefore 1.08[\text{m}^3/\text{s}]$
- $\rho=\frac{P}{RT}=\frac{0.32\times10^6}{287\times(27+273)}=3.716 \quad \therefore 3.72[\text{kg/m}^3]$

해답 $V=15.28[\text{m/s}]$

19 배관을 통과한 유량[l/min], 소화배관 구경[mm]

(1) 배관을 통과한 유량[l/min]

$$Q=AV=\frac{\pi D^2}{4}V=\frac{\pi\times0.0275^2}{4}\times5.42$$

$$=3.22\times10^{-3}[\text{m}^3/\text{s}]=193.2[l/\text{min}]$$

유속 계산 $P_V=\frac{V^2}{20g}$에서,

$$V=\sqrt{P_V 20g}=\sqrt{0.15\times20\times9.8}=5.42[\text{m/s}]$$

(2) 소화배관 구경[mm]

$Q=0.653d^2\sqrt{P}$이므로,

$$d=\sqrt{\frac{Q}{0.653\sqrt{P}}}=\sqrt{\frac{600}{0.653\times\sqrt{0.09}}}=55.34[\text{mm}]$$

해답 $Q=193.2[l/\text{min}]$

$d=55.34[\text{mm}]$

20 빠져나간 공기의 질량=개방 전 공기의 질량(G_1)

−개방 후 공기의 질량(G_2)

$=784-597=187[\text{g}]$

$PV=GRT$에서, $G=\dfrac{PV}{RT}$

① 개방 전 공기의 질량 $G_1=\dfrac{P_1V}{RT_1}=\dfrac{300\times10^3\times0.3}{278\times400}$

$=0.784[\text{kg}]=784[\text{g}]$

② 개방 후 공기의 질량 $G_2=\dfrac{P_2V}{RT_2}=\dfrac{200\times10^3\times0.3}{278\times350}$

$=0.597[\text{kg}]=597[\text{g}]$

해답 빠져나간 공기의 질량 $=187[\text{g}]$

21 피토관 위치에서의 유속(관 속에서의 유속)[m/s]

$V_1=\sqrt{2gh\left(\dfrac{\gamma_s}{\gamma}-1\right)}=\sqrt{2\times9.8\times75\times10^{-3}\times\left(\dfrac{13{,}600}{1{,}000}-1\right)}$

$=4.3[\text{m/s}]$

해답 $V_1=4.3[\text{m/s}]$

22 펌프의 소요동력 [kW]

$P=\gamma\cdot Q\cdot H=9.8\times0.2\times529.86=1{,}038.53[\text{kW}]$

① $\gamma=9.8[\text{kN/m}^3]$

② $Q=0.2[\text{m}^3/\text{s}]$

③ 펌프의 전수두(전양정) $H_P[\text{m}]$

$\dfrac{P_1}{\gamma}+\dfrac{V_1^2}{2g}+Z_1-H_L+H_P=\dfrac{P_2}{\gamma}+\dfrac{V_2^2}{2g}+Z_2$에서,

$$H_P=\frac{P_2-P_1}{\gamma}+\frac{V_2^2-V_1^2}{2g}+(Z_2-Z_1)+H_L$$

$$=\frac{300{,}074.04-500}{9{,}800}+\frac{101.86^2-25.46^2}{2\times9.8}+3+0=529.86[\text{m}]$$

㉠ 토출압력 환산 $P_2=\dfrac{3}{1.013}\times101{,}325=300{,}074.04[\text{Pa}]$

㉡ 유속 계산 $Q=A_1V_1=A_2V_2$

• $V_1=\dfrac{Q_1}{A_1}=\dfrac{Q_1}{\dfrac{\pi}{4}\times D_1^2}=\dfrac{0.2}{\dfrac{\pi}{4}\times0.1^2}=25.46[\text{m/s}]$

• $V_2 = \frac{Q_2}{A_2} = \frac{Q_2}{\frac{\pi}{4} \times D_2^2} = \frac{0.2}{\frac{\pi}{4} \times 0.05^2} = 101.86[\text{m/s}]$

㉢ $Z_2 - Z_1 = 3[\text{m}]$, ㉣ $H_L = 0$

해답 펌프의 소요동력
$P = 1{,}038.53[\text{kW}]$

23 (1) 펌프의 수동력[kW]

$P = \gamma \cdot Q \cdot H[\text{W}]$

① $\gamma = \rho \cdot g = 998.2\left[\frac{\text{kg}}{\text{m}^3}\right] \times 9.8\left[\frac{\text{m}}{\text{s}^2}\right] = 9{,}782.36\left[\frac{\text{N}}{\text{m}^3}\right]$

② $Q = A \cdot V = \frac{\pi \cdot D^2}{4} = \frac{\pi \times 0.15^2}{4} \times 2 = 0.035[\text{m}^3/\text{s}]$

③ 펌프의 전수두(전양정) H_P[m]

$$\frac{P_1}{\gamma} + \frac{V_1^2}{2g} + Z_1 - H_L + H_P = \frac{P_2}{\gamma} + \frac{V_2^2}{2g} + Z_2 \text{에서,}$$

$$H_P = \frac{P_2 - P_1}{\gamma} + \frac{V_2^2 - V_1^2}{2g} + (Z_2 - Z_1) + H_L$$

$$= \frac{(0-200)\times 10^3}{998.2 \times 9.8} + \frac{15^2 - 2^2}{2 \times 9.8} + 30 + 0 = 20.83[\text{m}]$$

(2) $P = \gamma \cdot Q \cdot H$

$= 9{,}782.36 \times 0.035 \times 20.83$

$= 7{,}131.83[\text{W}]$

$= 7.13[\text{kW}]$

해답 펌프의 수동력
$P = 7.13[\text{kW}]$

24 (1) 펌프의 소요동력[kW]

$P = \gamma \cdot Q \cdot H[\text{kW}]$

① $\gamma = 9.8[\text{kN/m}^3]$

② $Q = 0.15[\text{m}^3/\text{s}]$

③ 펌프의 전수두(전양정) H_P[m]

$$\frac{P_1}{\gamma} + \frac{V_1^2}{2g} + Z_1 - H_L + H_P = \frac{P_2}{\gamma} + \frac{V_2^2}{2g} + Z_2 \text{에서,}$$

$$H_P = \frac{P_2 - P_1}{\gamma} + \frac{V_2^2 - V_1^2}{2g} + (Z_2 - Z_1) + H_L$$

$$= \frac{260 - 3}{9.8} + \frac{8.49^2 - 4.77^2}{2 \times 9.8} + 3 + 2 = 33.74[\text{m}]$$

㉠ 유속 계산 $Q = A_1 V_1 = A_2 V_2$에서

- $V_1 = \frac{Q_1}{A_1} = \frac{Q_1}{\frac{\pi}{4} \times {D_1}^2} = \frac{0.15}{\frac{\pi}{4} \times 0.2^2} = 4.77[\text{m/s}]$
- $V_2 = \frac{Q_2}{A_2} = \frac{Q_2}{\frac{\pi}{4} \times {D_2}^2} = \frac{0.15}{\frac{\pi}{4} \times 0.15^2} = 8.49[\text{m/s}]$

ⓛ $Z_2 - Z_1 = 3[\text{m}]$

ⓒ $H_L = 2[\text{m}]$

(2) $P = \gamma \cdot Q \cdot H = 9.8 \times 0.15 \times 33.74 = 49.598[\text{kW}]$

해답 펌프의 소요동력
$P = 49.6[\text{kW}]$

25 (1) 체적유량 $Q_2[\text{m}^3/\text{s}]$

$Q_2[\text{m}^3/\text{s}] = A_2 V_2$

(2) 토리첼리 정리 $V_2[\text{m/s}]$

$V_2 = \sqrt{2gh} = \sqrt{2 \times 9.8 \times 5} = 9.89[\text{m/s}]$

(3) $Q_2[\text{m}^3/\text{s}] = A_2 V_2 = \frac{\pi {D_2}^2}{4} \times \sqrt{2gh}$

$= \frac{\pi \times 0.1^2}{4} \times \sqrt{2 \times 9.8 \times 5} = 0.078[\text{m}^3/\text{s}]$

해답 체적유량
$Q_2 = 0.078[\text{m}^3/\text{s}]$

26 베르누이 방정식(①과 Ⓐ 사이의 에너지 방정식)

$$\frac{P_1}{\gamma} + \frac{{V_1}^2}{2g} + Z_1 = \frac{P_A}{\gamma} + \frac{{V_A}^2}{2g} + Z_A$$

여기서, $V_1 = 0$, $V_A = V_2$

$$\frac{P_1}{\gamma} + Z_1 = \frac{P_A}{\gamma} + \frac{{V_2}^2}{2g} + Z_A$$

$$\frac{P_A}{\gamma} = \frac{P_1}{\gamma} + (Z_1 - Z_A) - \frac{{V_2}^2}{2g}$$ (양변에 γ를 곱하면)

$$P_A = P_1 + \gamma(Z_1 - Z_A) - \frac{\gamma \cdot {V_2}^2}{2g}$$

$$0.16 \times 10^4 = 1.03 \times 10^4 + 1{,}000 \times (0-3) - 1{,}000 \times \frac{{V_2}^2}{2g}$$

$$\frac{{V_2}^2}{2g} = \frac{1.03 \times 10^4 - 3{,}000 - 0.16 \times 10^4}{1{,}000} \ (V_2 = \sqrt{2gh})$$

$\therefore h = 5.7[\text{m}]$

해답 유량이 최대로 되기 위한
$h = 5.7[\text{m}]$

27 $Q_2 = C_V \cdot A_2 \cdot V_2$

$$= C_V \times \frac{\pi \times {D_2}^2}{4} \times \frac{1}{\sqrt{1-\left(\frac{D_2}{D_1}\right)^4}} \times \sqrt{2gh\left(\frac{\gamma_s}{\gamma}-1\right)}$$

$$= \frac{0.97 \times \pi \times 0.15^2}{4} \times \frac{1}{\sqrt{1-\left(\frac{150}{300}\right)^4}}$$

$$\times \sqrt{2 \times 9.8 \times 0.5 \times \left(\frac{13.6}{1}-1\right)} = 0.197[\mathrm{m^3/s}]$$

해답 오리피스를 통과하는 유량
$Q_2 = 0.197[\mathrm{m^3/s}]$

28 A지점과 B지점에 베르누이 방정식을 적용하면

$\frac{P_1}{\gamma} + Z_1 + \frac{V_1^2}{2g} = \frac{P_2}{\gamma} + Z_2 + \frac{V_2^2}{2g}$ 에서, $Z_1 = Z_2$이므로

$\frac{P_1}{\gamma} = \frac{P_2}{\gamma} + \frac{V_2^2 - V_1^2}{2g}$ 양변에 γ를 곱하면

$$P_1 = P_2 + \gamma\left(\frac{V_2^2 - V_1^2}{2g}\right)$$

$$= \frac{55.32}{760} \times 101.325 + \left[9.8 \times \left(\frac{0.0236^2 - 0.0085^2}{2 \times 9.8}\right)\right]$$

$$= 7.3756[\mathrm{kPa}]$$

- $V_2 = \frac{4Q}{\pi D_2^2} = \frac{4 \times 1.67 \times 10^{-3}}{\pi \times 0.3^2} = 0.0236[\mathrm{m/s}]$
- $V_1 = \frac{4Q}{\pi D_1^2} = \frac{4 \times 1.67 \times 10^{-3}}{\pi \times 0.5^2} = 0.0085[\mathrm{m/s}]$
- $Q = \frac{W}{\gamma}\ (W = Q\gamma)$

$$= \frac{\frac{980}{60}}{9{,}800} = 1.67 \times 10^{-3}[\mathrm{m^3/s}]$$

해답 7.3756[kPa]

29 (1) $Q_1 = Q_2$에서, $A_1 V_1 = A_2 V_2$

① $A_1 = 20[\mathrm{m^2}]$ (수면의 면적)

② $V_1 = \frac{dh}{dt}$ (이동한 거리를 시간으로 미분)

③ $A_2 = \frac{\pi {D_2}^2}{4}$ (출구면적)

④ $V_2 = \sqrt{2gh}$ (출구에서의 유체속도)

(2) $A_1 V_1 = A_2 V_2$에서, $A_1 \cdot \dfrac{dh}{dt} = A_2 \cdot \sqrt{2gh}$,

$$dt = \frac{A_1}{A_2} \cdot \frac{1}{\sqrt{2gh}} dh$$

$$\int dt = \int_0^{10} \frac{A_1}{A_2} \times \frac{1}{\sqrt{2g}} \times \frac{1}{\sqrt{h}} dh$$

$$= \frac{A_1}{A_2} \times \frac{1}{\sqrt{2g}} \times \int_0^{10} h^{-\frac{1}{2}} dh$$

$$t = \frac{A_1}{A_2} \times \frac{1}{\sqrt{2g}} \times [2h^{\frac{1}{2}}]_0^{10}$$

$$= \frac{20}{\frac{\pi \times 0.1^2}{4}} \times \frac{1}{\sqrt{2 \times 9.8}} \times [2 \times 10^{\frac{1}{2}}]$$

$$= 3{,}637.83[\text{s}] = 1.01[\text{hr}]$$

해답 배수시간 : 1.01[hr]

참고 **NFPA 공식**

$$t = \frac{2A_1(\sqrt{H_1} - \sqrt{H_2})}{C \cdot A_2 \cdot \sqrt{2g}} = \frac{2 \times 20 \times (\sqrt{10} - \sqrt{0})}{\frac{\pi \times 0.1^2}{4} \times \sqrt{2 \times 9.8}}$$

$$= 3{,}637.83[\text{s}]$$

30 $Re = \dfrac{VD}{\nu} = \dfrac{2 \times 0.05}{2 \times 10^{-4}} = 500 \, (Re \leq 2{,}100$: 층류)

$$f = \frac{64}{Re} = \frac{64}{500} = 0.128$$

해답 관마찰계수 $f = 0.128$

참고 **관마찰계수** f

1. 층류일 때 $f = \dfrac{64}{Re}$ **기103회**
2. 난류일 때

   $f = 0.3164 Re^{-\frac{1}{4}}$ (단, $Re \leq 10^5$)

   여기서, $Re = \dfrac{VD}{\nu}$
3. 공식유도 **기103회**
   1) 하젠-포아젤 방정식
      ① 압력강하 $\Delta P = \dfrac{128\mu LQ}{\pi D^4} = \dfrac{32\mu LV}{D^2}$ [N/m²]

      ② 압력손실 $H_L = \dfrac{\Delta P}{\gamma} = \dfrac{32\mu LV}{\gamma D^2}$ [m]

2) 다르시-바이스바흐식

$$H_L = f \cdot \frac{L}{D} \cdot \frac{V^2}{2g}[\text{m}]$$

3) $\frac{32\mu LV}{\gamma D^2} = f \cdot \frac{L}{D} \cdot \frac{V^2}{2g}$ 에서,

$$f = \frac{32\mu LVD2g}{\gamma D^2 LV^2} = \frac{64\mu LVDg}{\rho g D^2 LV^2} = \frac{64\mu}{\rho VD}$$

$$= \frac{64}{Re}\left(Re = \frac{\rho VD}{\mu}\right)$$

31 (1) $\Delta P[\text{Pa}] = \gamma \cdot H_L$

(2) $H_L = f \cdot \frac{L}{D} \cdot \frac{V^2}{2g} = 0.03 \times \frac{1{,}000}{0.25} \times \frac{2.83^2}{2 \times 9.8} = 49.03[\text{m}]$

$\left(V = \frac{Q}{A} = \frac{4 \times Q}{\pi \times D^2} = \frac{4 \times \frac{500}{3{,}600}}{\pi \times 0.25^2} = 2.83[\text{m/s}]\right)$

(3) $\Delta P = \gamma \cdot H_L = 9{,}800 \times 49.03$

$= 480{,}494[\text{Pa}] = 480.49[\text{kPa}]$

해답 필요한 압력
$\Delta P = 480.49[\text{kPa}]$

32 **1 마찰손실수두 H_L[m]**

$$H_L = f \cdot \frac{L}{D} \cdot \frac{V^2}{2g} = 0.053 \times \frac{100}{0.04} \times \frac{2.653^2}{2 \times 9.8}$$

$= 47.58[\text{m}]$

① $f = \frac{64}{Re} = \frac{64}{1{,}200} = 0.053$

② $V = \frac{Q}{A} = \frac{Q}{\frac{\pi D^2}{4}} = \frac{\frac{0.2}{60}}{\frac{\pi \times 0.04^2}{4}} = 2.653[\text{m/s}]$

해답 마찰손실수두
$H_L = 47.58[\text{m}]$

2 배관 끝점의 압력 P_2[MPa]

P_2 = 출발점 압력 − 마찰손실압력

$= P_1 - \delta P(\gamma \cdot H_L)$

$= (0.8 \times 10^6) - (9{,}800 \times 47.58)$

$= 333{,}716[\text{Pa}] = 0.333[\text{MPa}]$

해답 배관 끝점의 압력
$P_2 = 0.33[\text{MPa}]$

33 (1) 마찰손실수두 H_L[m]

$$H_L = f \cdot \frac{L}{D} \cdot \frac{V^2}{2g} = 0.03 \times \frac{1,000}{0.5} \times \frac{0.407^2}{2 \times 9.8}$$

$$= 0.507 = 0.51[\text{m}]$$

$$V = \frac{Q}{A} = \frac{0.08}{\frac{\pi \times 0.5^2}{4}} = 0.407[\text{m/s}]$$

(2) 상당구배 L_1(기울기)$= \dfrac{\text{마찰손실수두}}{\text{배관길이}}$

$$L_1 = \frac{H_L}{L} = \frac{0.51}{1,000} = 0.00051[\text{m/m}]$$

해답

마찰손실수두 $H_L = 0.51$[m]

상당구배 $L_1 = 0.00051$[m/m]

34 $H_L = f \cdot \dfrac{L}{D} \cdot \dfrac{V^2}{2g}$에서,

$$f = \frac{H_L \cdot D \cdot 2g}{L \cdot V^2} = \frac{102.04 \times 0.08 \times 2 \times 9.8}{20 \times 19.894^2} = 0.02$$

① $H_L = \dfrac{\Delta P}{\gamma} (\because \Delta P = \gamma \cdot H_L)$

$$= \frac{1 \times 10^6}{9,800} = 102.04[\text{m}]$$

② $V = \dfrac{Q}{A} = \dfrac{0.1}{\frac{\pi \times 0.08^2}{4}} = \dfrac{4 \times 0.1}{\pi \times 0.08^2} = 19.894[\text{m/s}]$

해답 관마찰손실계수 $f = 0.02$

35 (1) $Q = Q_A + Q_B = A_A \cdot V_A + A_B \cdot V_B = 0.2[\text{m}^3/\text{s}]$ ·············· ①

(2) $H_A = H_B$ (분기 배관의 마찰손실은 서로 같다.)

$$f_A \cdot \frac{L_A}{D_A} \cdot \frac{{V_A}^2}{2g} = f_B \cdot \frac{L_B}{D_B} \cdot \frac{{V_B}^2}{2g} \; (f_A = f_B)$$

$$\frac{600}{0.2} \times {V_A}^2 = \frac{300}{0.15} \times {V_B}^2$$

$V_A = 0.816\,V_B$ ··· ②

(3) 식 ②를 식 ①에 대입

$$0.2 = (A_A \times 0.816\,V_B) + (A_B \times V_B)$$

$$= \left(\frac{\pi \times 0.2^2}{4} \times 0.816\,V_B\right) + \left(\frac{\pi \times 0.15^2}{4} \times V_B\right) = 0.0433\,V_B$$

$\therefore \; V_B = 4.62[\text{m/s}]$

(4) $Q_B = A_B \times V_B = \dfrac{\pi \times 0.15^2}{4} \times 4.62 = 0.082[\text{m}^3/\text{s}]$

(5) $Q_A = Q - Q_B = 0.2 - 0.082 = 0.118[\text{m}^3/\text{s}]$

해답

A배관의 유량 Q_A : $0.118[\text{m}^3/\text{s}]$

B배관의 유량 Q_B: $0.082[\text{m}^3/\text{s}]$

36 손실수두 $H_L = f \cdot \frac{L}{D} \cdot \frac{V^2}{2g} = 0.143 \times \frac{1,000}{0.5} \times \frac{0.102^2}{2 \times 9.8}$

$= 0.152[\text{m}]$

① 관 마찰계수 $f = \frac{64}{ReNo}$

㉠ $ReNo = \frac{\rho VD}{\mu} = \frac{0.9 \times 102 \times 0.102 \times 0.5}{0.0105} = 446$

㉡ $f = \frac{64}{ReNo} = \frac{64}{446} = 0.143$

② 유속 $V = \frac{4Q}{\pi D^2} = \frac{4 \times 0.02}{\pi \times 0.5^2} = 0.102[\text{m/s}]$

③ 배관 길이 $L = 1,000[\text{m}]$

④ 배관 직경 $D = 0.5[\text{m}]$

해답 손실수두 $H = 0.152[\text{m}]$

37 $H_L[\text{m}] = \frac{(V_1 - V_2)^2}{2g}$ 에서,

(1) $V_1 = \frac{Q_1}{A_1} = \frac{Q_1}{\frac{\pi {D_1}^2}{4}} = \frac{0.23}{\frac{\pi \times 0.1^2}{4}} = 29.28[\text{m/s}]$

(2) $V_2 = \frac{Q_2}{A_2} = \frac{Q_2}{\frac{\pi {D_2}^2}{4}} = \frac{0.23}{\frac{\pi \times 0.15^2}{4}} = 13.02[\text{m/s}]$

(3) $H_L = \frac{(V_1 - V_2)^2}{2g} = \frac{(29.28 - 13.02)^2}{2 \times 9.8} = 13.49[\text{m}]$

해답 돌연확대 부분에서의 손실 $H_L = 13.49[\text{m}]$

38 (1) 유량 $Q_2[\text{m}^3/\text{s}] = A_2 V_2$

(2) V_2 계산

① 1지점과 2지점 사이에 베르누이 방정식을 적용하면

$$\frac{P_1}{\gamma} + \frac{{V_1}^2}{2g} + Z_1 - H_L = \frac{P_2}{\gamma} + \frac{{V_2}^2}{2g} + Z_2$$

여기서, $P_1 = P_2 = 0$(대기압), $V_1 = 0$

$$Z_1 - Z_2 = \frac{{V_2}^2}{2g} + H_L \quad \cdots\cdots ㉠$$

② 배관 내의 속도를 V라고 할 때 배관의 총 손실 수두 $H_L[\text{m}]$

$H_L[\text{m}]$ = 주 손실 + 부차적 손실

(=돌연축소 손실 + 관부속 손실)

$$= f \cdot \frac{L}{D} \cdot \frac{{V_2}^2}{2g} + K_1 \cdot \frac{{V_2}^2}{2g} + K_2 \cdot \frac{{V_2}^2}{2g}$$

$$= 0.02\times\frac{2}{0.05}\times\frac{V_2^2}{2g}+0.5\times\frac{V_2^2}{2g}+10\times\frac{V_2^2}{2g}$$

$$=\left(\frac{0.02\times 2}{0.05}+0.5+10\right)\frac{V_2^2}{2g}=11.3\frac{V_2^2}{2g}\ \cdots\cdots\ ㉡$$

③ 식 ㉡을 식 ㉠에 대입

$$Z_1-Z_2=\frac{V_2^2}{2g}+H_L$$

$$4=\frac{V_2^2}{2g}+11.3\frac{V_2^2}{2g}=\frac{V_2^2}{2g}(1+11.3)$$

$$V_2^2=\frac{4\times 2g}{1+11.3}=\frac{4\times 2\times 9.8}{12.3}=6.374$$

$$V_2=\sqrt{6.374}=2.525[\text{m/s}]$$

(3) 유량 $Q_2=A_2V_2=\frac{\pi\times 0.05^2}{4}\times 2.525=0.00496[\text{m}^3/\text{s}]$

해답 유량 $Q_2=0.00496[\text{m}^3/\text{s}]$

39 $\Delta P=4.52\times\frac{Q^{1.85}}{C^{1.85}\times D^{4.87}}[\text{psi/ft}]\ \cdots\cdots\ ①$

(1) ΔP의 단위변환$\left(\left[\frac{\text{Psi}}{\text{ft}}\right]\rightarrow\left[\frac{\text{kg/cm}^2}{\text{m}}\right]\right)$

$$\Delta P\left[\frac{\text{Psi}}{\text{ft}}\right]:\Delta P'\left[\frac{\text{kg/cm}^2}{\text{m}}\right]$$

$$=\frac{14.7}{1}:\frac{1.0332}{0.3048}(1[\text{ft}]=0.3048[\text{m}])$$

$$\Delta P\left[\frac{\text{Psi}}{\text{ft}}\right]=\frac{0.3048}{1.0332}\times\frac{14.7}{1}\times\Delta P'\left[\frac{\text{kg/cm}^2}{\text{m}}\right]\ \cdots\cdots\ ②$$

(2) Q의 단위변환([gpm] → [$l$pm])

$Q[\text{gpm}]:Q'[l\text{pm}]=1:3.785$,

$$Q[\text{gpm}]=\frac{1}{3.785}Q'[l\text{pm}]\ \cdots\cdots\ ③$$

(3) D의 단위변환([inch] → [mm])

$D[\text{inch}]:D'[\text{mm}]=1:25.4$,

$$D[\text{inch}]=\frac{1}{25.4}D'[\text{mm}]\ \cdots\cdots\ ④$$

(4) 식 ②, ③, ④를 식 ①에 대입

$$\frac{0.3048}{1.0332}\times 14.7\times\Delta P'=\frac{4.52\times\left(\frac{1}{3.785}Q'\right)^{1.85}}{C^{1.85}\times\left(\frac{1}{25.4}D'\right)^{4.87}}$$

$$\Delta P' = \frac{1.0332}{0.3048} \times \frac{1}{14.7} \times \frac{25.4^{4.87}}{3.785^{1.85}} \times 4.52 \times \frac{Q'^{1.85}}{C^{1.85} \times D'^{4.87}}$$
$$= 616{,}749 \times \frac{Q'^{1.85}}{C^{1.85} \times D'^{4.87}}$$

해답
$\Delta P = 6.17 \times 10^5 \times \frac{Q^{1.85}}{C^{1.85} \times D^{4.87}}$ [kg/cm²/m]

40 (1) $\Delta P_c = 6.053 \times 10^4 \times \frac{Q_c^{1.85}}{C^{1.85} \times d_c^{4.87}} \times L_c$[MPa]에서

$$d_c^{4.87} = \left(6.053 \times 10^4 \times \frac{Q_c^{1.85}}{C^{1.85} \times \Delta P_c} \times L_c\right)[\text{mm}],$$

양변에 $\frac{1}{4.87}$승을 하면

$$d_c = \left(6.053 \times 10^4 \times \frac{Q_c^{1.85}}{C^{1.85} \times \Delta P_c} \times L_c\right)^{\frac{1}{4.87}} [\text{mm}]$$

① ΔP 계산 : 마찰손실수두 3[m]

10.332 : 0.101325 = 3 : ΔP

$$\Delta P = \frac{3}{10.332} \times 0.101325 = 0.029 \fallingdotseq 0.03[\text{MPa}]$$

② 유량 계산

$Q = Q_B + Q_C$에서,

$Q_C = Q - Q_B = 80 - 20 = 60[l/s] = 3{,}600[l/\text{min}]$

③ C : 100

④ L_c : 300

(2) $d_c = \left(6.053 \times 10^4 \times \frac{Q_c^{1.85}}{C^{1.85} \times \Delta P} \times L_c\right)^{\frac{1}{4.87}}$

$$= \left(6.053 \times 10^4 \times \frac{3{,}600^{1.85}}{100^{1.85} \times 0.03} \times 300\right)^{\frac{1}{4.87}} = 248.02[\text{mm}]$$

해답
C관의 내경 $d = 248.02$[mm]

41 (1) $\Delta P_1 = \Delta P_2$ 에서

$$\frac{6 \times 10^4 \times Q_1^{\ 2}}{100^2 \times d_1^{\ 5}} \times L_1 = \frac{6 \times 10^4 \times Q_2^{\ 2}}{100^2 \times d_2^{\ 5}} \times L_2\text{에서}$$

$d_1 = d_2$이므로

$$Q_1^{\ 2} \times L_1 = Q_2^{\ 2} \times L_2$$

$$Q_1^{\ 2} = \frac{L_2}{L_1} \times Q_2^{\ 2}$$

$$Q_1 = \sqrt{\frac{L_2}{L_1}} \times Q_2 = \sqrt{\frac{20}{80}} \times Q_2 = \frac{1}{2} Q_2$$

$L_1 = 15 + 20 + 30 + 15 = 80[m]$ $L_2 = 15 + 5 = 20[m]$

(2) $Q = Q_1 + Q_2 = \frac{1}{2} Q_2 + Q_2 = \frac{3}{2} Q_2$

$Q_2 = \frac{2}{3} \times Q = \frac{2}{3} \times 200 = 133.33[l/min]$

(3) $Q_1 = Q - Q_2 = 200 - 133.33 = 66.67[l/min]$

해답 $Q_1 = 66.67[l/min]$
$Q_2 = 133.33[l/min]$

42 (1) $\Delta P_1 = \Delta P_2$

$\frac{6 \times 10^4 \times Q_1^{\ 2}}{100^2 \times d_1^{\ 5}} \times L_1 = \frac{6 \times 10^4 \times Q_2^{\ 2}}{100^2 \times d_2^{\ 5}} \times L_2$에서

$d_1 = d_2$이므로

$Q_1^{\ 2} \times L_1 = Q_2^{\ 2} \times L_2$

$$Q_1 = \sqrt{\frac{L_2}{L_1}} \times Q_2$$

$$Q_1 = \sqrt{\frac{18.8}{26.8}} \times Q_2 = 0.84 Q_2$$

$L_1 = 8 + 10 + 6 + (1.4 \times 2) = 26.8[m]$ $L_2 = 2 + 10 + 4 + (1.4 \times 2) = 18.8[m]$

(2) $Q = Q_1 + Q_2 = 0.84 Q_2 + Q_2 = 1.84 Q_2$

$Q_2 = \frac{Q}{1.84} = \frac{500}{1.84} = 271.74[l/min]$

(3) $Q_1 = Q - Q_2 = 500 - 271.74 = 228.26[l/min]$

해답 $Q_1 = 228.26[l/min]$
$Q_2 = 271.74[l/min]$

43 (1) $\Delta P_1 = \Delta P_2 = \Delta P_3$ 에서

$$6.174 \times 10^5 \times \frac{Q_1^{\ 1.85}}{C^{1.85} \times d_1^{\ 4.87}} \times L_1$$

$$= 6.174 \times 10^5 \times \frac{Q_2^{\ 1.85}}{C^{1.85} \times d_2^{\ 4.87}} \times L_2$$

$$= 6.174 \times 10^5 \times \frac{Q_3^{\ 1.85}}{C^{1.85} \times d_3^{\ 4.87}} \times L_3$$

$$\frac{Q_1^{1.85}}{d_1^{4.87}} \times L_1 = \frac{Q_2^{1.85}}{d_2^{4.87}} \times L_2 = \frac{Q_3^{1.85}}{d_3^{4.87}} \times L_3$$

① $\frac{Q_1^{1.85}}{d_1^{4.87}} \times L_1 = \frac{Q_2^{1.85}}{d_2^{4.87}} \times L_2$,

$$Q_2^{1.85} = \left(\frac{d_2}{d_1}\right)^{4.87} \times \left(\frac{L_1}{L_2}\right) \times Q_1^{1.85} = \left(\frac{80}{50}\right)^{4.87} \times \left(\frac{30}{60}\right) \times Q_1^{1.85}$$

양변에 $\frac{1}{1.85}$승 $\therefore Q_2 = 2.37\,Q_1$

② $\frac{Q_1^{1.85}}{d_1^{4.87}} \times L_1 = \frac{Q_3^{1.85}}{d_3^{4.87}} \times L_3$,

$$Q_3^{1.85} = \left(\frac{d_3}{d_1}\right)^{4.87} \times \left(\frac{L_1}{L_3}\right) \times Q_1^{1.85} = \left(\frac{100}{50}\right)^{4.87} \times \left(\frac{30}{90}\right) \times Q_1^{1.85}$$

양변에 $\frac{1}{1.85}$승 $\therefore Q_3 = 3.42\,Q_1$

(2) ① $Q = Q_1 + Q_2 + Q_3 = Q_1 + 2.37\,Q_1 + 3.42\,Q_1 = 6.79\,Q_1$

$$Q_1 = \frac{Q}{6.79} = \frac{3{,}000}{6.79} = 441.83[l/\text{min}]$$

$\therefore Q_1 = 442[l/\text{min}]$

② $Q_2 = 2.37\,Q_1 = 2.37 \times 442 = 1{,}047.54$

$\therefore Q_2 = 1{,}048[l/\text{min}]$

③ $Q_3 = Q - Q_1 - Q_2 = 3{,}000 - 442 - 1{,}048 = 1{,}510$

$\therefore Q_3 = 1{,}510[l/\text{min}]$

해답 $Q_1 = 442[l/\text{min}]$
$Q_2 = 1{,}048[l/\text{min}]$
$Q_3 = 1{,}510[l/\text{min}]$

44 Loop 배관에서의 각 구간별 유량, 흐름방향 표시

(1) 1차 계산

구간	배관길이	FLC	유량 Q	마찰손실 P_f	P_f/Q	dQ	$Q+dQ$
①-②	10	5.86×10^{-7}	350	0.0718	2.05×10^{-4}	−13.54	336.46
②-③	8	4.69×10^{-7}	150	0.0106	7.07×10^{-5}		136.46
③-④	20	1.17×10^{-6}	50	0.0029	5.8×10^{-5}		36.46
④-①	10	5.86×10^{-7}	−350	−0.0718	2.05×10^{-4}		−363.54
				$\Sigma P_f = 0.0135$	$\Sigma(P_f/Q) = 5.39 \times 10^{-4}$		

① 마찰손실의 합계 검토

$\Sigma P_f = 0.0135$이므로, ± 0.0034[MPa](± 0.5[psi])를 초과한다.

② 유량 보정치 산출

$$dQ = \frac{-\Sigma P_f}{1.85 \times \Sigma\left(\frac{P_f}{Q}\right)} = \frac{-0.0135}{1.85 \times 5.39 \times 10^{-4}} = -13.54$$

(2) 2차 계산

구간	배관길이	FLC	유량Q	마찰손실P_f	P_f/Q	dQ	$Q+dQ$
①-②	10	5.86×10^{-7}	336.46	0.0663			
②-③	8	4.69×10^{-7}	136.46	0.0087			
③-④	20	1.17×10^{-6}	36.46	0.0016			
④-①	10	5.86×10^{-7}	-363.54	-0.0774			
				$\Sigma P_f = -0.0008$			

① 1차 계산에서 보정된 유량을 적용함

② 마찰손실의 합계 검토 : $\Sigma P_f = -0.0008$이므로, ± 0.0034[MPa] 의 범위 이내가 된다.

③ 관로별 유량 및 유수방향을 도면상에 기재한다.

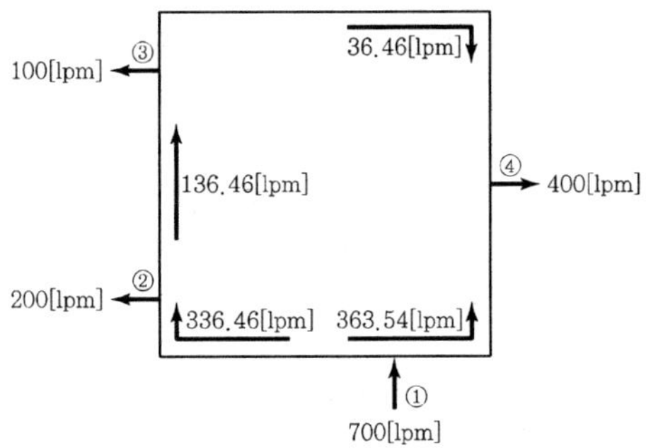

45 **1** **C-Factor 15[%]의 오차**

① -15[%]

$$\Delta P = \frac{1}{(1-0.15)^{1.85}} = 1.351 \quad \therefore +35.1[\%]$$

② $+15$[%]

$$\Delta P = \frac{1}{(1+0.15)^{1.85}} = 0.772 \quad \therefore -22.8[\%]$$

2 **배관 직경 5[%]의 오차**

① -5[%]

$$\Delta P = \frac{1}{(1-0.05)^{4.87}} = 1.284 \quad \therefore +28.4[\%]$$

해답 C-Factor 15[%]의 오차일 때 압력손실의 오차범위는 -22.8[%]에서 $+35.1$[%]까지이다.

② +5[%]

$$\Delta P = \frac{1}{(1+0.05)^{4.87}} = 0.789 \quad \therefore -21.1[\%]$$

해답 배관 직경 5[%]의 오차일 때 압력손실의 오차범위는 −21.1[%]에서 +28.4[%]까지이다.

46 (1) 펌프가 요구하는 양정＝실양정 + 배관 마찰손실수두 + 방사압력 환산수두

① 방수압 0.25[MPa]인 경우 마찰손실압력 계산

㉠ 방수압 0.15[MPa]인 경우 마찰손실압력과 방수량

- 마찰손실압력 $\Delta P_1 = 0.5 - 0.15 = 0.35\,[\text{MPa}]$
- 방수량 $Q_1 = k\sqrt{10P_1} = 100\sqrt{10\times 0.15} = 122.47\,[l/\text{min}]$

㉡ 방수압 0.25[MPa]인 경우 방수량과 마찰손실압력

- 방수량 $Q_2 = k\sqrt{10P_2} = 100\sqrt{10\times 0.25} = 158.11\,[l/\text{min}]$
- 마찰손실압력 ΔP_2

$$\Delta P_1 : Q_1^{1.85} = \Delta P_2 : Q_2^{1.85}$$

$$\Delta P_2 = \left(\frac{Q_2}{Q_1}\right)^{1.85} \times \Delta P_1 = \left(\frac{158.11}{122.47}\right)^{1.85} \times 0.35 = 0.56\,[\text{MPa}]$$

② 펌프 토출압력＝마찰손실압력 + 방사압력
＝0.56 + 0.25＝0.81 [MPa]

(2) 펌프가 요구하는 양정 $H = \frac{0.81[\text{MPa}]}{0.1[\text{MPa}]} \times 10[\text{m}] = 81[\text{m}]$

해답 양정 $H = 81[\text{m}]$

47 (1) $Q[\text{m}^3/\text{s}] = AV = \frac{\pi \cdot D^2}{4} \times \sqrt{2gH} = \frac{\pi \cdot D^2}{4} \times \sqrt{2g\frac{P}{\gamma}}$ ····· ㉠

① 유량 Q의 단위 변환($[\text{m}^3/\text{s}] \rightarrow [l/\text{min}]$)

$$Q\left[\frac{\text{m}^3}{\text{s}}\right] : Q'\left[\frac{l}{\text{min}}\right] = \frac{1}{1} : \frac{1{,}000}{\frac{1}{60}} (= 6\times 10^4)$$

$$\therefore Q[\text{m}^3/\text{s}] = \frac{1}{6\times 10^4} Q'[l/\text{min}] \quad \cdots\cdots ㉡$$

② 압력 P의 단위 변환($[\text{kg}_\text{f}/\text{m}^2] \rightarrow [\text{MPa}]$)

$$P[\text{kg}_\text{f}/\text{m}^2] : P'[\text{MPa}] = 10{,}332 : 0.101325$$

$$\therefore P[\text{kg}_\text{f}/\text{m}^2] = \frac{10{,}332}{0.101325} P'[\text{MPa}] \quad \cdots\cdots ㉢$$

③ 관경 d의 단위 변환([m] → [mm])

$$D[\mathrm{m}] : d[\mathrm{mm}] = 1 : 1{,}000$$

$$\therefore D[\mathrm{m}] = \frac{1}{10^3} d[\mathrm{mm}] \quad \cdots\cdots\cdots\cdots\cdots\cdots ㉣$$

(2) 단위 변환한 식(㉡, ㉢, ㉣)을 원식(㉠)에 대입하면

$$Q = \frac{\pi D^2}{4} \times \sqrt{2g \times \frac{P}{1{,}000(=\gamma)}}$$

$$\frac{1}{6\times 10^4} \times Q' = \frac{\pi \times \left(\frac{1}{10^3} \times d\right)^2}{4} \times \sqrt{2 \times 9.8 \times \frac{1}{1{,}000} \times \frac{10{,}332}{0.101325} \times P'}$$

$$Q' = 6 \times 10^4 \times \frac{\pi \times \left(\frac{1}{10^3}\right)^2}{4} \times \sqrt{2 \times 9.8 \times \frac{1}{1{,}000} \times \frac{10{,}332}{0.101332}} \times d^2 \times \sqrt{P'}$$

$$= 2.107 \times d^2 \times \sqrt{P'}$$

(3) 속도계수 C_V를 곱하면

$$Q = Q' \times C_V = 2.107 \times 0.99 \times d^2 \times \sqrt{P'}$$

$$= 2.086 \times d^2 \times \sqrt{P}\,[l/\mathrm{min}]$$

48 $Q_2 = C \cdot A_2 \cdot \sqrt{2gH} = 0.66 \times \frac{\pi \times 0.02^2}{4} \times \sqrt{2 \times 9.8 \times 0.12}$

$= 0.0003179[\mathrm{m^3/s}] = 0.0003179 \times 10^3 \times 60 = 19.074[l/\mathrm{min}]$

해답 $Q_2 = 19.074[l/\mathrm{min}]$

49 (1) 유효흡입양정($NPSH_{av}$) 계산

$NPSH_{av} = H_a \pm H_h - H_f - H_v = 10 - 6 - 0.3 - 0.25 = 3.45[\mathrm{m}]$

(2) 펌프의 사용 가능 여부 판단

① 정격 운전 시

$NPSH_{av}(3.45[\mathrm{m}]) > NPSH_{re}(3[\mathrm{m}])$로 사용 가능

② 110[%]로 운전 시

$NPSH_{av}(3.45[\mathrm{m}]) = NPSH_{re}(3.45[\mathrm{m}])$로 사용 가능

③ 150[%]로 운전 시

$NPSH_{av}(3.45[\mathrm{m}]) < NPSH_{re}(4[\mathrm{m}])$로 사용 불가능

해답 정격운전(100[%]) 및 정격운전의 110[%] 운전 시에는 공동현상이 발생되지 않으나 정격운전의 150[%] 운전 시에는 공동현상이 발생하여 위와 같은 조건에서는 펌프 사용이 불가능하다.

50 (1) 마찰손실수두[m] 계산

① 마찰손실압력

$$\Delta P = 6.053 \times 10^4 \times \frac{Q^{1.85}}{C^{1.85} \times d^{4.87}} \times L$$

$$= 6.053 \times 10^4 \times \frac{\left(\frac{114 \times 10^3}{60}\right)^{1.85}}{150^{1.85} \times 150^{4.87}} \times 6$$

$$= 0.001[\text{MPa}]$$

㉠ Q(유량) : $114[\text{m}^3/\text{hr}] = \frac{114 \times 10^3}{60} = 1{,}900[l/\text{min}]$

㉡ C(조도) : 150

㉢ d(관경) : 150[mm]

㉣ L(배관길이) : 6[m]

② 마찰손실수두[m]

$0.1[\text{MPa}] : 10[\text{mH}_2\text{O}] = 0.001[\text{MPa}] : x[\text{mH}_2\text{O}]$

$$\therefore x = \frac{0.001}{0.1} \times 10 = 0.1[\text{m}]$$

(2) 유효흡입양정 $NPSH_{av}$ 계산

$$NPSH_{av} = H_a \pm H_h - H_f - H_v = 10 - 4 - 0.1 - 0.3 = 5.6[\text{m}]$$

해답

마찰손실수두 $H_f = 0.1[\text{m}]$

유효흡입양정 $NPSH_{av} = 5.6[\text{m}]$

51 **1 흡입배관 마찰손실수두**

$$\Delta H = 6.05 \times \frac{Q^{1.85} \times L}{C^{1.85} \times D^{4.87}} \times 10^6$$

$$= 6.05 \times \frac{3{,}000^{1.85} \times 30.5}{100^{1.85} \times 150^{4.87}} \times 10^6 = 2.5186[\text{mH}_2\text{O}]$$

① $Q = 180[\text{m}^3/\text{hr}] = 180 \times 10^3 \div 60 = 3{,}000[l/\text{min}]$

② $L = 12 + 4 + 4 + 0.5 + 10 = 30.5[\text{m}]$

③ $D = 150[\text{mm}]$

④ $C = 100$

해답 $\Delta H = 2.519[\text{mH}_2\text{O}]$

2 유효흡입양정

$$NPSH_{av} = H_a \pm H_h - H_f - H_v = \frac{P_a}{\gamma} \pm H_h - H_f - \frac{P_v}{\gamma}$$

$$= \frac{10{,}332[\text{kg}_\text{f}/\text{m}^2]}{1{,}000[\text{kg}_\text{f}/\text{m}^3]} + 3.5[\text{m}] - 2.519[\text{m}]$$

$$- \frac{238[\text{kg}_\text{f}/\text{m}^2]}{1{,}000[\text{kg}_\text{f}/\text{m}^3]} = 11.075[\text{m}]$$

해답 $NPSH_{av} = 11.075[\text{m}]$

3 흡입운전 가능 여부 판단

정상흡입 가능 조건 $NPSH_{av} \geq NPSH_{re}$

해답 $NPSH_{av}$(11.075[m])가 $NPSH_{re}$(7[m])보다 크므로 이와 같은 조건에서 펌프는 정상운전이 가능하다.

52 **1 회전수 N_2[rpm]**

$$\frac{H_2}{H_1} = \left(\frac{N_2}{N_1}\right)^2 \text{에서,}$$

$$\frac{H_2}{H_1} = \frac{N_2^{\ 2}}{N_1^{\ 2}} \left(H_1 \cdot N_2^{\ 2} = H_2 \cdot N_1^{\ 2},\ N_2^{\ 2} = \frac{H_2}{H_1} \cdot N_1^2 \right)$$

$$\therefore N_2 = \sqrt{\frac{H_2}{H_1}} \times N_1 = \sqrt{\frac{80}{70}} \times 1{,}650 = 1{,}763.92 \fallingdotseq 1{,}764[\text{rpm}]$$

해답 회전수 $N_2 = 1,764$[rpm]

2 축동력 L_2[Hp]

$$\frac{L_2}{L_1} = \left(\frac{N_2}{N_1}\right)^3 \text{에서, } L_2 = \left(\frac{N_2}{N_1}\right)^3 \times L_1 = \left(\frac{1{,}764}{1{,}650}\right)^3 \times 15$$
$$= 18.328 \fallingdotseq 18.33[\text{Hp}]$$

해답 축동력 $L_2 = 18.33$[Hp]

53 (1) 편흡입 1단 펌프

$$N_s = \frac{N\sqrt{Q}}{\left(\frac{H}{n}\right)^{\frac{3}{4}}} = \frac{1{,}455 \times \sqrt{10.8}}{110^{\frac{3}{4}}} = 140.776[\text{rpm}, \text{m}^3/\text{min}, \text{m}]$$

① 임펠러 회전속도

$$N = \frac{120 \cdot f}{P}(1-s) = \frac{120 \times 50}{4} \times (1 - 0.03)$$
$$= 1{,}455[\text{rpm}]$$

② 토출량 $Q = 180 \times 10^{-3} \times 60 = 10.8[\text{m}^3/\text{min}]$

③ 전양정 $H = 110[\text{m}]$

(2) 편흡입 2단 펌프

$$N_s = \frac{N\sqrt{Q}}{\left(\frac{H}{n}\right)^{\frac{3}{4}}} = \frac{1{,}455 \times \sqrt{10.8}}{55^{\frac{3}{4}}} = 236.757[\text{rpm}, \text{m}^3/\text{min}, \text{m}]$$

① 전양정 $H = 110 \div 2 = 55[\text{m}]$

(3) 양흡입 1단 펌프

$$N_s = \frac{N\sqrt{Q}}{\left(\frac{H}{n}\right)^{\frac{3}{4}}} = \frac{1{,}455 \times \sqrt{5.4}}{110^{\frac{3}{4}}} = 99.544[\text{rpm}, \text{m}^3/\text{min}, \text{m}]$$

① 토출량 $Q = 180 \times 10^{-3} \times 60 \div 2 = 5.4[\text{m}^3/\text{min}]$

해답
(1) 편흡입 1단 펌프
$N_s = 140.78[\text{rpm}, \text{m}^3/\text{min}, \text{m}]$
(2) 편흡입 2단 펌프
$N_s = 236.76[\text{rpm}, \text{m}^3/\text{min}, \text{m}]$
(3) 양흡입 1단 펌프
$N_s = 99.54[\text{rpm}, \text{m}^3/\text{min}, \text{m}]$

54 (1) 동기속도 $N_s = \frac{120 \cdot f}{P} = \frac{120 \times 60}{4} = 1{,}800\,[\text{rpm}]$

(2) 회전수 $N = N_s(1-s) = \frac{120 \cdot f}{P} \times (1-s)$

$= \frac{120 \times 60}{4} \times (1-0.03) = 1{,}746\,[\text{rpm}]$

(3) 비속도 $S = \frac{N\sqrt{Q}}{H^{\frac{3}{4}}} = \frac{1{,}746 \times \sqrt{10}}{20^{\frac{3}{4}}}$

$= 583.81\,[\text{rpm}, \text{m}^3/\text{min}, \text{m}]$

(4) 축동력 $P_s = \frac{1{,}000 \times Q \times H}{102 \times 60 \times \eta} = \frac{1{,}000 \times 10 \times 20}{102 \times 60 \times 0.8}$

$= 40.849 \fallingdotseq 40.85\,[\text{kW}]$

해답
동기속도 $N_s = 1{,}800\,[\text{rpm}]$
회전수 $N = 1{,}746\,[\text{rpm}]$
비속도 $S = 583.81\,[\text{rpm}, \text{m}^3/\text{min}, \text{m}]$
축동력 $P_s = 40.85\,[\text{kW}]$

55 (1) 노즐에 작용하는 힘

$F = \rho \cdot Q \cdot (V_2 - V_1)$

$= 1{,}000 \times 0.0117 \times (14.79 - 3.69) = 129.87\,[\text{N}]$

① ρ : $1{,}000\,[\text{kg/m}^3]$

② Q : $0.0117\,[\text{m}^3/\text{s}]$

③ 유속 계산

㉠ 소방 호스 V_1

• $V_1 = \frac{Q_1}{A_1} = \frac{0.0117}{0.00317} = 3.69\,[\text{m/s}]$

• $A_1 = \frac{\pi \cdot D_1^2}{4} = \frac{\pi \times \left(\frac{5}{2} \times 0.0254\right)^2}{4}$

$= 0.003166 \fallingdotseq 0.00317\,[\text{m}^2]$

㉡ 노즐 V_2

• $V_2 = \frac{Q_2}{A_2} = \frac{0.0117}{0.000791} = 14.79\,[\text{m/s}]$

• $A_2 = \frac{\pi \cdot D_2^2}{4} = \frac{\pi \times \left(\frac{5}{4} \times 0.0254\right)^2}{4}$

$= 0.000791\,[\text{m}^2]$

(2) 노즐의 운동에너지

$H = \frac{V_2^2}{2g} = \frac{14.79^2}{2 \times 9.8} = 11.16\,[\text{m}]$

해답 노즐에 작용하는 힘
$F = 129.87\,[\text{N}]$
노즐의 운동에너지
$H = 11.16\,[\text{m}]$

56 (1) 노즐에 작용하는 힘(운동량 변화에 의해서 생기는 반발력)

$$F[\mathrm{kg_f}] = \rho \cdot Q \cdot V = \rho \cdot A \cdot V \cdot V = \rho \cdot A \cdot V^2$$

$$= \rho \times \frac{\pi \cdot D^2}{4} \times \left(\sqrt{2g\frac{P}{\gamma}}\right)^2$$

$$= \rho \times \frac{\pi \cdot D^2}{4} \times 2 \times g \times \frac{P}{\rho \cdot g}$$

$$\therefore F[\mathrm{kg_f}] = \frac{\pi \times D^2 \times P}{2} \quad \cdots\cdots ㉠$$

(2) 단위 변환

① 직경의 단위 변환([m] → [mm])

$$D[\mathrm{m}] : D'[\mathrm{mm}] = 1 : 10^3$$

$$\therefore D[\mathrm{m}] = \frac{1}{10^3} D'[\mathrm{mm}] \quad \cdots\cdots ㉡$$

② 압력의 단위 변화([$\mathrm{kg_f/m^2}$] → [$\mathrm{kg_f/cm^2}$])

$$P[\mathrm{kg_f/m^2}] : P'[\mathrm{kg_f/cm^2}] = \frac{1}{1} : \frac{1}{10^4}$$

$$\therefore P[\mathrm{kg_f/m^2}] = 10^4 P'[\mathrm{kg_f/cm^2}] \quad \cdots\cdots ㉢$$

(3) 식 ㉡, ㉢을 식 ㉠에 대입

$$F[\mathrm{kg_f}] = \frac{\pi \times D^2 \times P}{2} = \frac{\pi \times \left(\frac{1}{10^3} \times D'\right)^2 \times 10^4 \times P'}{2}$$

$$= 0.015 P' D'^2$$

57 (1) 노즐에 작용하는 힘

$$F_x[\mathrm{N}] = P_1 A_1 - P_2 A_2 - \rho Q (V_2 - V_1)$$

(2) 유속 계산

① $V_1 = \dfrac{Q_1}{A_1} = \dfrac{4 \cdot Q_1}{\pi \cdot {D_1}^2} = \dfrac{4 \times \dfrac{420 \times 10^{-3}}{60}}{\pi \times 0.05^2} = 3.565[\mathrm{m/s}]$

② $V_2 = \dfrac{Q_2}{A_2} = \dfrac{4 \cdot Q_2}{\pi \cdot {D_2}^2} = \dfrac{4 \times \dfrac{420 \times 10^{-3}}{60}}{\pi \times 0.02^2} = 22.281[\mathrm{m/s}]$

(3) $F_x[\mathrm{N}] = P_1 A_1 - P_2 A_2 - \rho Q (V_2 - V_1)$

$$= P_1 \times \frac{\pi \times {D_1}^2}{4} - \rho Q (V_2 - V_1)$$

$$= 0.25 \times 10^6 \times \frac{\pi \times 0.05^2}{4}$$

$$- \left\{1{,}000 \times \frac{420 \times 10^{-3}}{60} \times (22.281 - 3.565)\right\}$$

$$= 359.861[\text{N}]$$

해답 노즐에 작용하는 힘
$F_x[\text{N}] = 359.861[\text{N}]$

58 **1 방수구에서 분출 시의 최대 순간유속**[m/s]

방출구에서의 유속을 V_2라 하면, 토리첼리 정리에 의해서

$V_2 = \sqrt{2gH} = \sqrt{2 \times 9.8 \times 36} = 26.56[\text{m/s}]$

최대 순간유속이므로 위치수두는 최대 수두인 36[m]를 적용한다.

해답 최대 순간유속
$V_2 = 26.56[\text{m/s}]$

2 저장된 소화수를 수조 바닥까지 비우는 데 걸리는 시간

$$t = \frac{2A_1(\sqrt{H_1} - \sqrt{H_2})}{C_d \cdot A_2 \cdot \sqrt{2g}} = \frac{2 \times 50(\sqrt{36} - \sqrt{30})}{\frac{\pi \times 0.04^2}{4} \times \sqrt{2 \times 9.8}}$$

$= 9{,}396.72[\text{s}] = 2.61$시간 $= 2$시간 36.6분

① H_1(수조의 액표면적에서 방출구까지의 위치수두) : 36[m]

② H_2(H_1에서 수조의 높이를 제외한 위치수두) : 30[m]

③ A_1(수조의 액표면적) : 50[m^2]

④ A_2(방출구의 단면적)$= \frac{\pi \cdot D^2}{4} = \frac{\pi \times 0.04^2}{4}[\text{m}^2]$

⑤ C_d : 방출계수

해답 시간 t=2시간 36.6분

03 소방 전기회로

01 **1 소화수의 양[m³] : 보일의 법칙**

$P_1 V_1 = P_2 V_2$

여기서, P_1 : 밸브 개방 전 절대압력

P_2 : 밸브 개방 후 절대압력

V_1 : 밸브 개방 전 공기의 체적

V_2 : 밸브 개방 후 공기의 체적

① 밸브 개방 후 공기의 체적 계산

$$V_2 = \frac{P_1}{P_2} \times V_1 = \frac{1.0332}{6.8332} \times 3.2 = 0.483 \quad \therefore \ 0.48[\text{m}^3]$$

② 밸브 2차 측으로 넘어간 소화수의 양 계산

소화수의 양 = 밸브 개방 전 공기체적 − 밸브 개방 후 공기체적

$= 3.2 - 0.48 = 2.72[\text{m}^3]$

해답 소화수의 양 : $2.72[\text{m}^3]$

2 유체의 무게[kN]

$F = \gamma V$

여기서, F : 힘, 무게[N]

γ : 유체의 비중량$[\text{N/m}^3]$

V : 유체의 체적$[\text{m}^3]$

$F = \gamma V = 9{,}800 \times 2.72 = 26{,}656[\text{N}] = 26.656[\text{kN}]$

해답 충수되는 유체의 무게 26.66[kN]

02 (1) 감시전류

$$I_1 = \frac{\text{전압}}{\text{릴레이저항} + \text{배선저항} + \text{종단저항}}$$

$$= \frac{24}{12 + 28 + (4.7 \times 10^3)}$$

$$= 0.00506[\text{A}] = 5.06[\text{mA}]$$

(2) 작동전류

$$I_2 = \frac{\text{전압}}{\text{릴레이저항} + \text{배선저항}}$$

$$= \frac{24}{12 + 28}$$

$$= 0.6[\text{A}] = 600[\text{mA}]$$

해답 감시전류 $I_1 = 5.06[\text{mA}]$

작동전류 $I_2 = 600[\text{mA}]$

03 **1 화재 발생 시 최대 부하전류**

① 최대 부하전류 I=감시전류(I_1)+작동전류(I_2)

② 감시전류(표시등)

전체 경계구역은 12구역(층당 2구역)이므로, 표시등은 12개를 설치한다.

$I_1 = 40[\text{mA}] \times 12 = 480[\text{mA}] = 0.48[\text{A}]$

③ 작동전류(경종)

전층경보

$I_2 = 50[\text{mA}] \times 12 = 600[\text{mA}] = 0.6[\text{A}]$

④ 최대 부하전류 $I = I_1 + I_2 = 0.48 + 0.6 = 1.08[\text{A}]$

해답 1.08[A]

2 전압강하

$$e = \frac{35.6LI}{1{,}000A} = \frac{35.6 \times 500 \times 1.08}{1{,}000 \times 2.5} = 7.69[\text{V}]$$

해답 7.69[V]

3 최대 부하전류 소비 시 경종의 작동 여부

① 음향장치는 정격전압의 80[%] 전압에서 음향을 발할 수 있는 것으로 할 것

② $V_S = V_R + e$에서, $V_R = V_S - e = 24 - 7.69 = 16.31[\text{V}]$

전선의 단면적(경종이 작동되기 위한)

$$A[\text{mm}^2] = \frac{35.6LI}{1{,}000e} = \frac{35.6 \times 500 \times 1.08}{1{,}000 \times 24 \times 0.2} = 4.005[\text{mm}^2]$$

$\therefore\ 6[\text{mm}^2]$

해답 경종에 공급되는 전압이 정격전압의 80[%](19.2[V])보다 낮으므로 경종은 작동되지 않는다.

04 $$I(\text{도통전류}) = \frac{\text{전압}}{\text{전로저항} + \text{종단저항}} = \frac{24}{\rho\dfrac{L}{A} + \text{종단저항}}$$

$$= \frac{24}{1.69 \times 10^{-8} \times \dfrac{500}{2.5 \times 10^{-6}} + 8 \times 10^3}$$

$$= 2.99 \times 10^{-3}[\text{A}] = 2.99[\text{mA}]$$

해답 $I = 3[\text{mA}]$

05 전압강하 $e[\text{V}] = \dfrac{35.6LI}{1{,}000A}$에서, $A[\text{mm}^2] = \dfrac{35.6LI}{1{,}000e}$

(1) 벨 · 표시등 공통선의 소요전류 I[A]

$I = (0.06 \times 25) + (0.05 \times 25) = 2.75[\text{A}]$

(2) 전선의 단면적 $A[\mathrm{mm}^2]$

$$A[\mathrm{mm}^2]=\frac{35.6LI}{1{,}000e}=\frac{35.6\times 500\times 2.75}{1{,}000\times 24\times 0.2}=10.19[\mathrm{mm}^2]$$

해답
소요전류 $I=2.75[\mathrm{A}]$
전선의 단면적 $A=16[\mathrm{mm}^2]$

06 전선의 단면적 $A=\frac{30.8LI}{1{,}000e}=\frac{30.8\times 150\times 169.81}{1{,}000\times 380\times 0.08}$

$=25.806[\mathrm{mm}^2]$

① 부하전류 $I[\mathrm{A}]$

$P[\mathrm{W}]=\sqrt{3}\,V\cos\theta$에서,

$$I=\frac{P}{\sqrt{3}\,V\cos\theta}=\frac{95\times 10^3}{\sqrt{3}\times 380\times 0.85}=169.81[\mathrm{A}]$$

② 배선의 길이 : 150[m]

③ 전압강하 : 8[%]

해답 전선의 단면적 $A=25.81[\mathrm{mm}^2]$

07 (1) $V_S=V_R+e$에서, $V_R=V_S-e$

① $V_S=24[\mathrm{V}]$

② $e=2IR=2\times 2\times 0.875=3.5[\mathrm{V}]$

- $I=\frac{P[\mathrm{W}]}{V[\mathrm{V}]}=\frac{48}{24}=2[\mathrm{A}]$
- $R=0.875[\Omega]$([km]당 전기저항이 8.75[Ω]이므로, 100[m] 일 경우 0.875[Ω]이 된다.)

(2) $V_R=V_S-e=24-3.5=20.5[\mathrm{V}]$

해답 단저전압 $V_R=20.5[\mathrm{V}]$

08 (1) 전압강하 $e=\frac{35.6LI}{1{,}000A}[\mathrm{V}]$

(2) 각 선로에 발생하는 전압강하 계산

① $e_1=\frac{35.6LI}{1{,}000A}=\frac{35.6\times 40\times(250\times 5\times 10^{-3})}{1{,}000\times 2}=0.89[\mathrm{V}]$

② $e_2=\frac{35.6LI}{1{,}000A}=\frac{35.6\times 40\times(250\times 4\times 10^{-3})}{1{,}000\times 2}=0.712[\mathrm{V}]$

③ $e_3=\frac{35.6LI}{1{,}000A}=\frac{35.6\times 40\times(250\times 3\times 10^{-3})}{1{,}000\times 2}=0.534[\mathrm{V}]$

④ $e_4=\frac{35.6LI}{1{,}000A}=\frac{35.6\times 40\times(250\times 2\times 10^{-3})}{1{,}000\times 2}=0.356[\mathrm{V}]$

⑤ $e_5=\frac{35.6LI}{1{,}000A}=\frac{35.6\times 40\times(250\times 1\times 10^{-3})}{1{,}000\times 2}=0.178[\mathrm{V}]$

(3) 마지막 시각경보기에 공급되는 전압 계산

$V = V_S - e_1 - e_2 - e_3 - e_4 - e_5$

$= 24 - 0.89 - 0.712 - 0.534 - 0.356 - 0.178 = 21.33[\text{V}]$

해답 전압 $V = 21.33[\text{V}]$

09 **1 전동기의 용량[kW]**

$$P = \frac{1{,}000 \times Q \times H}{102 \times 60 \times \eta} \times K = \frac{1{,}000 \times 6 \times 15}{102 \times 60 \times 0.85} \times 1.2 = 20.76[\text{kW}]$$

① Q(토출량) : $6[\text{m}^3/\text{min}]$

② H(전양정) : $15[\text{m}]$

③ η(효율) : 0.85

④ K(전달계수) : 1.2

해답

전동기 규격에 따라 20.76[kW]보다 큰 22[kW]를 선정한다.

2 최소 전선 굵기[mm²]

$I_A \geqq 1.25 I_M$이므로,

$I_A = 1.25 \times 33.43 = 41.79[\text{A}]$

∴ 최소 전선 굵기는 $6[\text{mm}^2]$를 선정한다.

$$I = \frac{P}{\sqrt{3}\, V\cos\theta} = \frac{22 \times 10^3}{\sqrt{3} \times 380} = 33.425$$

∴ 33.43[A]

해답 $6[\text{mm}^2]$

3 과전류 차단기의 최대 표준 정격전류[A]

과전류 차단기의 최대 표준 정격전류(I_B)는 허용전류(I_A)의 2.5배 이하로 할 것

$I_B = I_A \times 2.5 = 41.79 \times 2.5 = 104.475$

∴ 104.48[A]

∴ 과전류 차단기는 125[A]를 선정한다.

해답 $I_B = 125[\text{A}]$

10 **1 절연된 충전부와 외함 사이의 누설전류[mA]**

$$\text{누설전류}[\text{A}] = \frac{\text{가한전압}[\text{V}]}{\text{절연저항}[\Omega]}$$

$$I = \frac{V}{R} = \frac{500}{20 \times 10^6} = 0.000025[\text{A}] = 0.025[\text{mA}]$$

해답 누설전류 $I = 0.025[\text{mA}]$

2 절연내력시험을 실시하기 위한 실효전압

$V = \text{정격전압} \times 2 + 1{,}000 = 220 \times 2 + 1{,}000 = 1{,}440[\text{V}]$

해답 실효전압 $V = 1{,}440[\text{V}]$

11 (1) 부하[VA]=사용전압[V] × 부하전류[A]

① 부하전류 계산

㉠ $FUN = DAE$

$$N = \frac{DAE}{FU} = \frac{1.3 \times 15 \times 20 \times 400}{4{,}900 \times 0.5} = 63.67$$

∴ 64개(등기구 수)

㉡ 부하전류 $= 64 \times 2 \times 0.15 = 19.2$[A]

② 부하[VA]=사용전압[V]×부하전류[A]

$= 220 \times 19.2 = 4{,}224$[VA]

(2) 분기회로 수

$$N = \frac{\text{상정부하[VA]}}{\text{사용전압[V]} \times \text{차단기 용량[A]}} = \frac{4{,}224}{220 \times 15} = 1.28$$

∴ 2회로

해답 상정부하 : 4,224[VA]
분기회로 수 : 2회로

12 $$Q_c = P\left(\frac{\sqrt{1-\cos^2\theta_1}}{\cos\theta_1} - \frac{\sqrt{1-\cos^2\theta_2}}{\cos\theta_2}\right)$$

$$= 20 \times \left(\frac{\sqrt{1-0.6^2}}{0.6} - \frac{\sqrt{1-0.9^2}}{0.9}\right) = 16.99\text{[kVA]}$$

해답 전력용 콘덴서 용량
$Q_c = 16.99$[kVA]

13 (1) 비상 발전기의 용량은 다음 3가지 방법으로 계산한 것 중 가장 큰 용량으로 결정

① $$PG_1 = \frac{\sum W_L \times L}{\cos\theta_G} = \frac{93.3 \times 1}{0.8} = 116.625\text{[kVA]}$$

② $$PG_2 = \frac{1-\Delta E}{\Delta E} \times X_d \times Q_L = \frac{1-0.25}{0.25} \times 0.2 \times 140$$

$= 84$[kVA]

③ $$PG_3 = \frac{\sum W_o + (Q_L \times \cos\theta_{QL})}{K \times \cos\theta_G} = \frac{51.1 + (140 \times 0.4)}{1.2 \times 0.8}$$

$= 111.563$[kVA]

(2) 발전기 용량 P[kW]

$P = PG_1 \times \cos\theta_G = 116.625 \times 0.8 = 93.3$[kW]

해답 발전기 용량 $P = 93.3$[kW]

Check

발전기 용량 산정[비상발전기의 선정 및 설치에 관한 기술지침] (KOSHA CODE 전기 계장 일반지침 E-21-1999)

❶ PG_1 방식

① 정격운전 상태에서 부하설비 가동에 필요한 발전기 용량

② $PG_1[\text{kVA}] = \dfrac{\sum W_L \times L}{\cos\theta_G}$

여기서, $\sum W_L$: 부하입력 합계[kW]

L : 부하 수용률(=1.0 적용)

$\cos\theta_G$: 발전기 역률(=0.8 적용)

❷ PG_2 방식

① 부하 중 최대용량(기동 kVA)의 전동기를 기동할 때 허용전압 강하를 고려한 발전기 용량

② $PG_2[\text{kVA}] = \dfrac{1-\Delta E}{\Delta E} \times X_d \times Q_L$

여기서, ΔE : 허용 전압강하율
(0.2~0.3, 통상 0.25 적용)

X_d : 발전기 직축 과도 리액턴스
(0.2~0.3, 통상 0.25 적용)

Q_L : 기동입력이 가장 큰 전동기의 기동 시 돌입 용량[kVA](정상입력의 6.5배 적용)

❸ PG_3 방식

① 용량이 최대인 부하를 최후에 기동할 때 필요한 용량을 계산

② $PG_3[\text{kVA}] = \dfrac{\sum W_o + (Q_L \times \cos\theta_{QL})}{K \times \cos\theta_G}$

여기서, $\sum W_o$: 기저부하(Base Load)의 입력 합계[kW]

Q_L : 기동입력이 가장 큰 전동기의 기동 시 돌입 용량[kVA](정상입력의 6.5배 적용)

$\cos\theta_{QL}$: 기동 돌입부하 기동역률(=0.3 적용)

K : 원동기 과부하 내량(=1.2 적용)

$\cos\theta_G$: 발전기 역률(=0.8 적용)

참고

기저부하

펌프 등의 장비를 가동하기 위한 최소한의 부하를 말하며, 설비별 부하 특성 중 가장 용량이 큰 부하를 기준으로 한다.

14 (1) 피상전력

$$P_a = 3V_P I_P = 3\times 200\times 20 = 12{,}000[\text{VA}] = 12[\text{kVA}]$$

여기서, $I_P = \dfrac{V}{Z} = \dfrac{200}{\sqrt{8^2+6^2}} = 20[\text{A}]$

(2) 역률

$$\cos\theta = \frac{R}{Z} = \frac{8}{\sqrt{8^2+6^2}} = 0.8$$

(3) 유효전력

$$P = 3V_P I_P\cos\theta = 3\times 200\times 20\times 0.8 = 9{,}600[\text{W}] = 9.6[\text{kW}]$$

(4) 무효전력

$$P_r = 3V_P I_P\sin\theta = 3\times 200\times 20\times 0.6 = 7{,}200[\text{Var}]$$

$$= 7.2[\text{kVar}]$$

여기서, $\sin\theta = \dfrac{X}{Z} = \dfrac{6}{\sqrt{8^2+6^2}} = 0.6$

해답 피상전력 $P_a = 12[\text{kVA}]$
역률 $\cos\theta = 0.8$
유효전력 $P = 9.6[\text{kW}]$
무효전력 $P_r = 7.2[\text{kVar}]$

15 **❶ 논리기호**

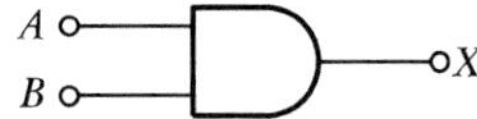

❷ 논리식

$X = A\cdot B$

❸ 유접점 회로

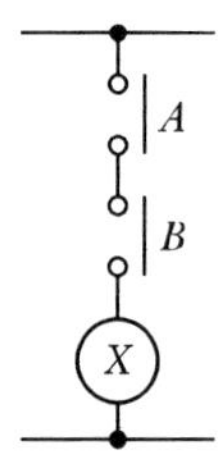

❹ 진리표

A	B	X
0	0	0
0	1	0
1	0	0
1	1	1

16 **1 논리회로**

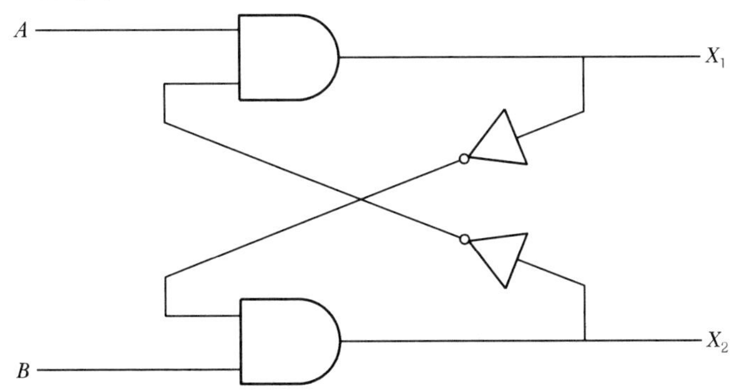

2 타임차트

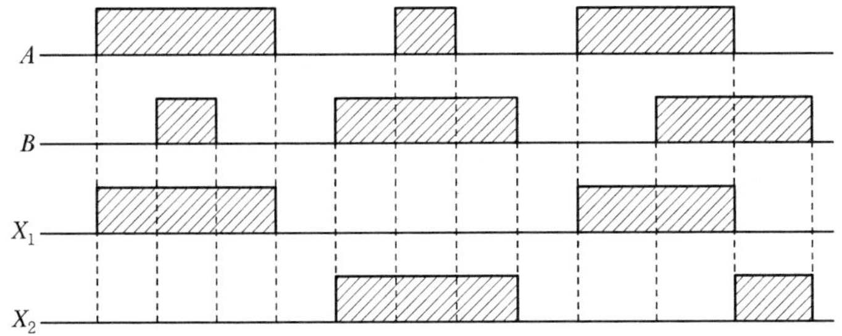

3 접점 X_1과 X_2의 관계 : 인터록접점

4 논리식

$X_1 = A \cdot \overline{X_2},\ X_2 = B \cdot \overline{X_1}$

17

입력	AND	NAND	OR	NOR
AB				
00	0	1	0	1
01	0	1	1	0
10	0	1	1	0
11	1	0	1	0

입력	NOR	OR	NAND	AND
AB				
00	1	0	1	0
01	0	1	1	0
10	0	1	1	0
11	0	1	0	1

18 ❶ 논리식

$(A+B+C) \cdot (\overline{A}+B+C)+AB+BC$

$= A\overline{A}+AB+AC+\overline{A}B+BB+BC$

$\quad +\overline{A}C+BC+CC+AB+BC$

$= AB+\overline{A}B+B+AC+\overline{A}C+C+BC$

$= B(A+\overline{A}+1)+C(A+\overline{A}+1)+BC$

$= B+C+BC$

$= B+C(1+B)$

$= B+C$

❷ 유접점 회로

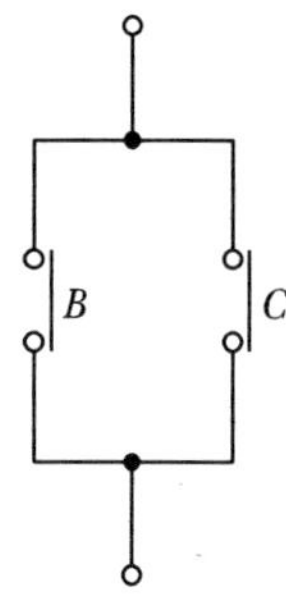

19 축전지의 용량

$$C=\frac{1}{L}\{K_1I_1+K_2(I_2-I_1)\}=\frac{1}{0.8}\{2\times 2.5+1(9.5-2.5)\}$$

$= 15[\mathrm{Ah}]$

여기서, ① $K_1 = 2$(방전시간 90분)

② $I_1 = 2.5[\mathrm{A}]$(감지전류)

③ $K_2 = 1$(방전시간 30분)

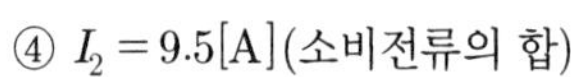

④ $I_2 = 9.5[\mathrm{A}]$(소비전류의 합)

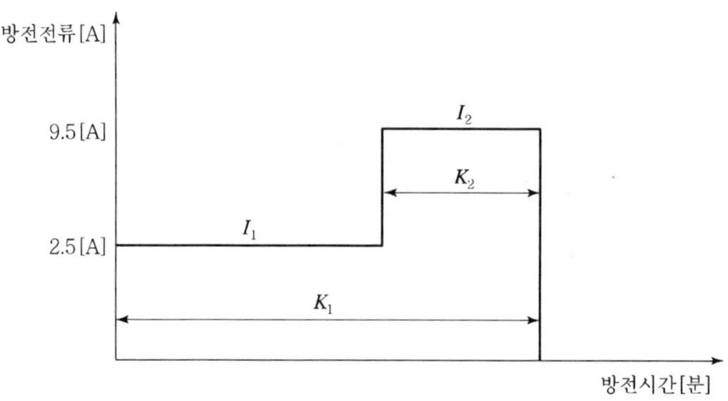

해답 축전지 용량 : 15[Ah]

20 축전지 용량

$$C = \frac{1}{L}(K_1I_1 + K_2I_2 + K_3I_3)$$

$$= \frac{1}{0.8}(0.81\times 20 + 0.53\times 45 + 0.45\times 70) = 89.44[\text{Ah}]$$

여기서, ① $K_1 = 0.81$(방전시간 30분)
② $I_1 = 20[\text{A}]$(방전시간 30분)
③ $K_2 = 0.53$(방전시간 10분)
④ $I_2 = 45[\text{A}]$(방전시간 10분)
⑤ $K_3 = 0.45$(방전시간 5분)
⑥ $I_3 = 70[\text{A}]$(방전시간 5분)

해답 축전지 용량 : 89.44[Ah]

21

(1) 축전지 용량

$$C = \frac{1}{L}KI[\text{Ah}]$$

여기서, C : 축전지 용량[Ah], L : 보수율
K : 용량환산시간 계수, I : 부하전류[A]

(2) 부하전류 : 감시전류 + 작동전류

① 감시전류
수신기 : 1개 $\times$ 2,000[mA] $\times 10^{-3} = 2$[A]

② 작동전류
㉠ 경종 : 50개 $\times$ 50[mA] $\times 10^{-3} = 2.5$[A]
㉡ 시각경보기 : 50개 $\times$ 140[mA] $\times 10^{-3} = 7$[A]
㉢ 기동표시등 : 50개 $\times$ 50[mA] $\times 10^{-3} = 2.5$[A]

(3) 축전지 용량 계산

$$C = \frac{1}{L}KI$$

$$= \frac{1}{0.8}\left[\left(\frac{80}{60}\times 2\right)+\left(\frac{10}{60}\times 2.5\right)+\left(\frac{10}{60}\times 7\right)+\left(\frac{20}{60}\times 2.5\right)\right]$$

$$= 6.35[\text{Ah}]$$

해답 축전지 용량 C: 6.35[Ah]

참고 **수신기 예비전원**

1. 국내 수신기 형식승인 기준 상 정전 시 축전지 용량의 한계로 인하여 발신기 위치표시등은 점등되지 않도록 제작되고 있다.
2. 따라서 화재 시 정전이 된 경우에는 발신기 위치표시등은 점등되지 아니한다.

22 **1** **축전지 공칭전압**

축전지 공칭전압(셀당 전압)

$$= \frac{허용최저전압}{셀수} = \frac{90}{54} = 1.67 ≒ 1.7[V/cell]$$

2 **축전지 용량**

$$C = \frac{1}{L}KI = \frac{1}{0.8} \times 1.22 \times 78 = 118.95[Ah]$$

여기서, $K = 1.22$(방전시간 : 30분, 연축전지 HS형, 1.7[V/cell])

$$I = \frac{P}{V} = \frac{(40[W] \times 120) + (60[W] \times 50)}{100[V]} = 78[A]$$

해답 축전지 공칭전압 1.7[V/cell]

해답 축전지 용량 = 118.95[Ah]

23 (1) 부동충전 시 충전기 2차 충전전류

$$충전기\ 2차\ 충전전류[A] = \frac{축전지\ 정격용량[Ah]}{축전지\ 공칭방전율[h]} + \frac{상시부하[VA]}{표준전압[V]}$$

$$= \frac{250}{10} + \frac{8 \times 10^3}{100}$$

$$= 105[A]$$

(2) 부동충전 시 2차 출력

충전지 2차 출력 = 표준전압 × 2차 충전전류

= 100 × 105 = 10,500[VA]

= 10.5[kVA]

해답

충전기 2차 충전전류 = 105[A]

충전기 2차 출력 = 10.5[kVA]

24 **1** 기동전류를 낮춰 전동기의 손상 방지

2 $$I_Y = \frac{V_Y}{Z} = \frac{\frac{1}{\sqrt{3}}V_\Delta}{Z} = \frac{V_\Delta}{\sqrt{3}Z}$$

$I_\Delta = \sqrt{3}\,I_P$, 여기서 $I_P = \frac{V_P}{Z}$

$$I_\Delta = \sqrt{3}\,\frac{V_P}{Z} = \frac{\sqrt{3}\,V_P}{Z}$$

$$\therefore \frac{I_Y}{I_\Delta} = \frac{\frac{V_\Delta}{\sqrt{3}Z}}{\frac{\sqrt{3}\,V_\Delta}{Z}} = \frac{1}{3}$$

3 RL(적색램프)

4 열동계전기, 전동기에 과부하 발생 시 회로를 차단하여 전동기 보호

04 수계소화설비

01 노즐의 반동력

$$F_x = \rho\, Q\, \Delta V = 1{,}000 \times \frac{0.2}{60} \times (25.11 - 2.65) = 74.866 = 74.87[\mathrm{N}]$$

① $V_1 = \dfrac{Q_1}{A_1} = \dfrac{4Q_1}{\pi D_1^2} = \dfrac{4\times\dfrac{0.2}{60}}{\pi\times 0.04^2} = 2.652 \fallingdotseq 2.65[\mathrm{m/s}]$

② $V_2 = \dfrac{Q_2}{A_2} = \dfrac{4Q_2}{\pi D_2^2} = \dfrac{4\times\dfrac{0.2}{60}}{\pi\times 0.013^2} = 25.113 \fallingdotseq 25.11[\mathrm{m/s}]$

해답 노즐의 반동력
$F_x = 74.87[\mathrm{N}]$

02 (1) $Q[\mathrm{m^3/s}] = AV = \dfrac{\pi D^2}{4} \times V$에서, $D[\mathrm{m}] = \sqrt{\dfrac{4Q}{\pi V}}$ ………… ㉠

(2) 단위변환

① 유량 $Q[\mathrm{m^3/s}]$를 $Q'[\mathrm{m^3/min}]$로 변환

$Q\left[\dfrac{\mathrm{m^3}}{\mathrm{s}}\right] : Q'\left[\dfrac{\mathrm{m^3}}{\mathrm{min}}\right] = \dfrac{1}{1} : \dfrac{1}{\dfrac{1}{60}}(=60)$에서,

$Q\times 60 = Q'$

$\therefore Q = \dfrac{1}{60}Q'$ ………… ㉡

② 배관구경 $D[\mathrm{m}]$를 $d[\mathrm{mm}]$로 변환

$D[\mathrm{m}] : d[\mathrm{mm}] = 1 : 10^3$에서, $D\times 10^3 = d$

$\therefore D = \dfrac{1}{10^3}d$ ………… ㉢

(3) 식 ㉠에 식 ㉡, ㉢과 $V=3[\mathrm{m/s}]$를 대입하면

$D[\mathrm{m}] = \sqrt{\dfrac{4Q}{\pi V}}$ 에서, $\dfrac{1}{10^3}d = \sqrt{\dfrac{4\times\dfrac{1}{60}Q'}{\pi\times 3}}$

$d = 10^3 \times \sqrt{\dfrac{4\times\dfrac{1}{60}}{\pi\times 3}} \times \sqrt{Q'} = 84.125\sqrt{Q'}$

$\therefore d = 84.13\sqrt{Q}$

해답 배관구경 $d = 84.13\sqrt{Q}$

03 $V = \sqrt{2gH} = \sqrt{2\times 9.8\times 20} = 19.798[\mathrm{m/s}]$

해답 노즐 출구에서의 유속
$V = 19.8[\mathrm{m/s}]$

04 **1 압력수조의 방사압력 P [MPa]**

$P = P_1$(공기압력)$+ P_2$(낙차환산압력)

$= 0.5 + \frac{3.5}{10} \times 0.1 = 0.535$[MPa]

해답 압력수조의 방사압력 $P = 0.535$[MPa]

2 설계 가능한 건축 높이 H [m]

$H = h_1 + h_2 + h_3 + h_4$에서,

$h_1 = H - h_2 - h_3 - h_4$

$= \left(\frac{0.535}{0.1} \times 10\right) - 6.5 - \left(\frac{0.17}{0.1} \times 10\right) = 30$[m]

H : 압력수조의 방사압력 환산수두[m] h_1 : 낙차수두[m] h_2 : 배관마찰손실수두[m] h_3 : 호스마찰손실수두[m] h_4 : 방사압력환산수두[m]

해답 설계 가능한 건축높이 $H = 30$[m]

05 유효수량 $Q = N \times 130\,[l/\text{min}] \times 20\,[\text{min}]$

$= 2 \times 130 \times 20$

$= 5{,}200\,[l] = 5.2\,[\text{m}^3]$

해답 유효수량 $Q = 5.2[\text{m}^3]$

06 전체 수원 $Q[\text{m}^3]$ = 유효수량 Q_1 + 옥상 수원 Q_2

$= 39 + 13 = 52[\text{m}^3]$

① $Q_1 = N \times 130\,[l/\text{min}] \times 60\,[\text{min}]$

$= 5 \times 130 \times 60$

$= 39{,}000\,[l] = 39\,[\text{m}^3]$

② $Q_2 = Q_1 \times \frac{1}{3} = 39 \times \frac{1}{3} = 13\,[\text{m}^3]$

해답 전체 수원 $Q = 52[\text{m}^3]$

07 (1) 층별 방수구 설치개수 N

① 방수구간 거리 S

$S = 2R\cos 45° = \sqrt{2}\,R = \sqrt{2} \times 25 = 35.35$[m]

② 방수구 설치개수 N

$N = N_1 \times N_2 = 2 \times 3 = 6$개

• 가로열 개수 $N_1 = \frac{\text{가로길이}}{S} = \frac{50}{35.35} = 1.41 \quad \therefore 2$개

• 세로열 개수 $N_2 = \dfrac{\text{세로길이}}{S} = \dfrac{100}{35.35} = 2.83 \quad \therefore 3\text{개}$

(2) 유효수량$[\text{m}^3]$

$Q = N \times 130[l/\text{min}] \times 20[\text{min}]$

$= 2 \times 130 \times 20 = 5{,}200[l] = 5.2[\text{m}^3]$

해답 방수구 설치 개수 $N = 6$개
유효수량 $Q = 5.2[\text{m}^3]$

08 (1) 전동기 용량[kW]

$$P = \frac{\gamma \times Q \times H}{102 \times 60 \times \eta} \times K$$

$$= \frac{1{,}000 \times 0.26 \times 50}{102 \times 60 \times 0.6} \times 1.1 = 3.894 \fallingdotseq 3.89[\text{kW}]$$

① 비중량 $\gamma = 1{,}000[\text{kg}_\text{f}/\text{m}^3]$

② 토출량 $Q = 2 \times 130[l/\text{min}] = 260[l/\text{min}] = 0.26[\text{m}^3/\text{min}]$

③ 전양정 $H = 50[\text{m}]$

④ 효율 = 0.6

⑤ 전달계수 $K = 1.1$

(2) 소요마력[Hp]

$$P = \frac{\gamma \times Q \times H}{76 \times 60 \times \eta} \times K$$

$$= \frac{1{,}000 \times 0.26 \times 50}{76 \times 60 \times 0.6} \times 1.1 = 5.226 \fallingdotseq 5.23[\text{Hp}]$$

해답 전동기 용량 = 3.89[kW]
소요마력 = 5.23[Hp]

09 **❶ 펌프의 토출량 $[\text{m}^3/\text{min}]$**

$Q = N \times 130[l/\text{min}] = 2 \times 130 = 260[l/\text{min}] = 0.26[\text{m}^3/\text{min}]$

해답 펌프의 토출량
$Q = 0.26[\text{m}^3/\text{min}]$

❷ 전양정 [m]

$H[\text{m}] = h_1 + h_2 + h_3 + 17 = 40 + (40 \times 0.25) + 3.5 + 17$

$= 70.5[\text{m}]$

해답 전양정 $H = 70.5[\text{m}]$

❸ 펌프의 용량(전동기 용량) [kW]

$$P = \frac{1{,}000 \times Q \times H}{102 \times 60 \times \eta} \times K$$

$$= \frac{1{,}000 \times 0.26 \times 70.5}{102 \times 60 \times 0.75} \times 1.2 = 4.792 \fallingdotseq 4.79[\text{kW}]$$

해답 전동기의 용량
$P = 4.79[\text{kW}]$

❹ 유효수량 $[\text{m}^3]$

$Q = N \times 130[l/\text{min}] \times 30[\text{min}] = 2 \times 130 \times 30$

$= 7{,}800[l] = 7.8[\text{m}^3]$

해답 유효수량 $Q = 7.8[\text{m}^3]$

10 **1 유효수량, 토출량**

① 수원[m³]

$Q = N \times 130[l/\text{min}] \times 20[\text{min}]$

$= 2 \times 130 \times 20 = 5{,}200[l] = 5.2[\text{m}^3]$

② 토출량[m³/min]

$Q = N \times 130[l/\text{min}] = 2 \times 130$

$= 260[l/\text{min}] = 0.26[\text{m}^3/\text{min}]$

해답 유효수량 $Q = 5.2[\text{m}^3]$
토출량 $Q = 0.26[\text{m}^3/\text{min}]$

2 소화 펌프 토출 측 주배관 관경

① 옥내소화전설비 펌프의 토출 측 주배관의 구경은 유속이 4[m/s] 이하가 될 수 있는 크기 이상으로 하여야 하며, 주배관 중 수직배관의 구경은 50[mm](호스릴 옥내소화전설비의 경우에는 32[mm]) 이상으로 하여야 한다.

② $Q[\text{m}^3/\text{s}] = AV = \dfrac{\pi D^2}{4} \times V$ 에서

$D = \sqrt{\dfrac{4 \times Q}{\pi \times V}} = \sqrt{\dfrac{4 \times \dfrac{0.26}{60}}{\pi \times 4}} = 0.0379[\text{m}]$

$= 37.9[\text{mm}]$

해답 주배관 관경 = 50A

11 (1) 펌프의 토출량

$Q = N \times 130[l/\text{min}] = 2 \times 130 = 260[l/\text{min}]$

(2) 전양정

① 입상관이 2개 이상일 경우에는 소요양정이 가장 큰 쪽을 적용하므로 좌측 옥내소화전을 기준으로 산정한다.

구분	좌측 옥내소화전	우측 옥내소화전
직관의 마찰손실수두 (공통부분 제외)	• 배관길이 (65[mm], 130[l/min]) 6[m] + 24.5[m] = 30.5[m] • 마찰손실수두 $\dfrac{0.7}{100} \times 30.5 = 0.214[\text{m}]$	• 배관길이 (65[mm], 130[l/min]) 20[m] + 21[m] = 41[m] • 마찰손실수두 $\dfrac{0.7}{100} \times 41 = 0.287[\text{m}]$
낙차수두	24.5[m]	21[m]
합계	24.714[m]	21.287[m]

② $H = h_1 + h_2 + h_3 + h_4 = 27.5 + 1.3833 + 6.5 + 20$

$= 55.38 ≒ 55[\text{m}]$

㉠ h_1(실양정) $= 3 + 24.5 = 27.5[\text{m}]$

㉡ h_2(배관의 마찰손실수두)= 직관의 마찰손실수두+관 부속의 마찰손실수두

$= 0.027 + 0.2135 + 0.141 + 0.0567 + 0.0427 + 0.9024$

$= 1.3833[\text{m}]$

구분	$100A(260[l/\text{min}])$	$65A(130[l/\text{min}])$	$40A(130[l/\text{min}])$
직관	$\frac{0.3}{100} \times 9$ $= 0.027[\text{m}]$	$\frac{0.7}{100} \times 30.5$ $= 0.2135[\text{m}]$	$\frac{9.4}{100} \times 1.5$ $= 0.141[\text{m}]$
관 부속	등가길이 게이트밸브 1개 : 0.7[m] 체크밸브 1개 : 8.7[m] 90[°] 엘보 1개 : 3.2[m] 분류티 1개 : 6.3[m] 계 : 18.9[m]	등가길이 90[°] 엘보 1개 : 2.0[m] 분류티 1개 : 4.1[m] 계 : 6.1[m]	등가길이 90[°] 엘보 2개 : 2.6[m] 소화전 앵글밸브 1개 : 7.0[m] 계 : 9.6[m]
	등가손실수두 $\frac{0.3}{100} \times 18.9 = 0.0567[\text{m}]$	등가손실수두 $\frac{0.7}{100} \times 6.1 = 0.0427[\text{m}]$	등가손실수두 $\frac{9.4}{100} \times 9.6 = 0.9024[\text{m}]$

㉢ h_3(호스 마찰손실수두) $= 6.5[\text{m}]$

㉣ h_4(방사압력 환산수두) $= 20[\text{m}]$

(3) 소요동력

$$P = \frac{1{,}000 \times Q \times H}{102 \times 60 \times \eta} \times K = \frac{1{,}000 \times 0.26 \times 55}{102 \times 60 \times 0.6} \times 1.1 \times 1.2$$

$= 5.14[\text{kW}]$

해답 토출량 $Q = 260[l/\text{min}]$
전양정 $H = 55[\text{m}]$
소요동력 $P = 5.14[\text{kW}]$

12 ❶ B점까지 마찰손실압력

$\Delta P = \Delta P_{A-B} + \Delta P_{A-\text{펌프}}$

① $\Delta P_{A-B} = 6.05 \times 10^4 \times \dfrac{Q^{1.85}}{C^{1.85} \times d^{4.87}} \times L$

$= 6.05 \times 10^4 \times \dfrac{700^{1.85}}{120^{1.85} \times 100^{4.87}} \times 10$

$= 0.00287[\text{MPa}]$

$\therefore \Delta P_{A-B} = 0.003[\text{MPa}]$

② $\Delta P_{A-펌프}$

㉠ 증축 전

- $\Delta P_{A-펌프}(\Delta P_1)$

토출압력=A점까지 낙차 + A점까지 마찰손실압력
+ A점 압력

A점까지 마찰손실압력(ΔP_1)
=토출압력−A점까지 낙차−A점 압력
$=1.1-0.3-0.65$
$=0.15[\text{MPa}]$

- 유량 $Q_1 = 2.086 \times d^2 \times \sqrt{P}$
$= 2.086 \times 13^2 \times \sqrt{0.5} = 249.279[l/\text{min}]$

㉡ 증축 후

- $\Delta P_{A-펌프}(\Delta P_2)$: $\Delta P \propto Q^{1.85}$
- $\Delta P_1 : Q_1^{1.85} = \Delta P_2 : Q_2^{1.85}$

$$\Delta P_2 = \left(\frac{Q_2}{Q_1}\right)^{1.85} \times \Delta P_1 = \left(\frac{700}{249.279}\right)^{1.85} \times 0.15$$
$$= 1.013[\text{MPa}]$$

2 결론

① 증축 후 토출압력=B점까지 낙차+B점까지 마찰손실압력
+B점의 필요압력
$=0.4+(0.003+1.013)+0.25$
$=1.666[\text{MPa}]$

② 증축 후 토출압력이 체절압력(1.4[MPa]) 이상이므로 기존 펌프는 사용할 수 없다.

13 유효수량 $Q = N \times 80[l/\text{min}] \times 20[\text{min}]$
$= 20 \times 80 \times 20$
$= 32{,}000[l] = 32[\text{m}^3]$

해답 유효수량 $Q = 32[\text{m}^3]$

14 유효수량 $Q = N \times 80[l/\text{min}] \times 20[\text{min}]$
$= 20 \times 80 \times 20$
$= 32{,}000[l] = 32[\text{m}^3]$

해답 유효수량 $Q = 32[\text{m}^3]$

15 **유효수량** $Q = N \times 80[l/\text{min}] \times 20[\text{min}]$

$= 30 \times 80 \times 20$

$= 48{,}000[l] = 48[\text{m}^3]$

해답 유효수량 $Q = 48[\text{m}^3]$

16 (1) 주 수원(유효수량)

유효수량 $Q = N \times 80[l/\text{min}] \times 20[\text{min}]$

$= 10 \times 80 \times 40$

$= 32{,}000[l] = 32[\text{m}^3]$

(2) 보조 수원(옥상수원)

옥상수원 $Q_2 = Q_1 \times \dfrac{1}{3} = 32 \times \dfrac{1}{3} = 10.666 \fallingdotseq 10.67[\text{m}^3]$

(3) 전체수원

$Q = Q_1 + Q_2 = 32 + 10.67 = 42.67[\text{m}^3]$

해답 전체 수원 $Q = 42.67[\text{m}^3]$

17 **1 헤드 설치 수**

$N = N_1 \times N_2 \times 2 = 7 \times 7 \times 2 = 98$개

① 가로열 헤드 수 $N_1 = \dfrac{\text{가로길이}}{S} = \dfrac{15}{2.4} = 6.25 \quad \therefore 7$개

② 세로열 헤드 수 $N_2 = \dfrac{\text{세로길이}}{S} = \dfrac{15}{2.4} = 6.25 \quad \therefore 7$개

③ 헤드 간 거리

$S = 2R\cos 45° = \sqrt{2}R = \sqrt{2} \times 1.7 = 2.4[\text{m}]$

④ 랙크식 창고에 특수가연물의 서상 또는 취급하는 경우 랙크 높이 4[m] 이하마다 스프링클러헤드를 설치하여야 한다.

해답 헤드 수 $N = 98$개

2 최소 배관의 구경 150[mm]

구분 \ 급수관의 구경	25	32	40	50	65	80
가	2	3	5	10	30	60
나	2	4	7	15	30	60
다	1	2	5	8	15	27

구분 \ 급수관의 구경	90	100	125	150
가	80	100	160	161 이상
나	65	100	160	161 이상
다	40	55	90	91 이상

해답 배관구경 = 150[mm]

3 수원

수원 $Q=$ 유효수량 Q_1+ 옥상수원 Q_2

$$=\left\{(N\times 80[l/\text{min}])+\left(N\times 80[l/\text{min}]\times\frac{1}{3}\right)\right\}\times 20[\text{min}]$$

$$=\left\{(30\times 80)+\left(30\times 80\times\frac{1}{3}\right)\right\}\times 20=64{,}000[l]$$

해답 수원 $Q=64{,}000[l]$

18 (1) 펌프의 토출량

$$Q=N\times 80[l/\text{min}]\times 10^{-3}$$
$$=30\times 80\times 10^{-3}=2.4[\text{m}^3/\text{min}]$$

(2) 유효수량

$$Q=N\times 80[l/\text{min}]\times 60[\text{min}]\times 10^{-3}$$
$$=30\times 80\times 60\times 10^{-3}=144[\text{m}^3]$$

(3) 전동기 용량

$$P=\frac{1{,}000\times Q\times H}{102\times 60\times\eta}\times K=\frac{1{,}000\times 2.4\times 180}{102\times 60\times 0.7}\times 1.1$$
$$=110.924\fallingdotseq 110.92[\text{kW}]$$

① Q(토출량) $=2.4[\text{m}^3/\text{min}]$

② H(전양정) $=h_1$(실양정) $+h_2$(배관 마찰손실수두) $+h_3$(방사압력 환산수두) $=150+20+10=180[\text{m}]$

③ η(효율) $=0.7$

④ K(전달계수) $=1.1$

해답

펌프의 토출량 $Q=2.4[\text{m}^3/\text{min}]$

유효수량 $Q=144[\text{m}^3]$

전동기 용량 $P=110.92[\text{kW}]$

19 $N=N_1\times N_2=8\times 4=32$개

① 가로열 헤드 수 $N_1=\dfrac{\text{가로길이}}{S}=\dfrac{19}{2.4}=7.9\quad\therefore 8$개

② 세로열 헤드 수 $N_2=\dfrac{\text{세로길이}}{S}=\dfrac{9}{2.4}=3.75\quad\therefore 4$개

③ 헤드 간 거리 $S=2R\cos45°=\sqrt{2}R=\sqrt{2}\times 1.7=2.4[\text{m}]$

해답 헤드의 최소 개수 $N=32$개

20

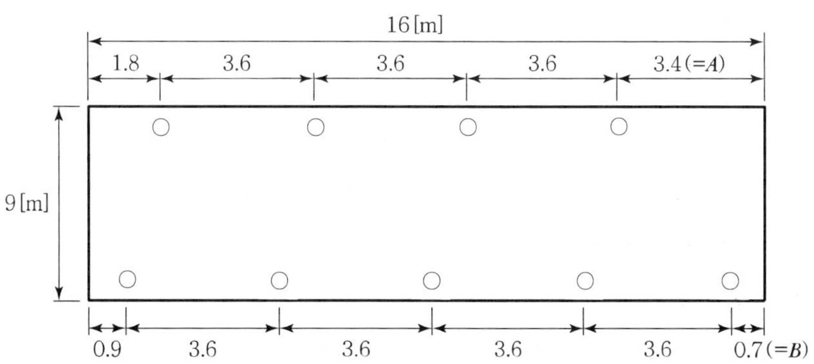

21 수원의 양 $Q = N \times 1.6 = 10 \times 1.6 = 16[\text{m}^3]$

해답 수원의 양 $Q = 16[\text{m}^3]$

22 **1 방호구역 수**

① 1개 층의 방호구역 수

$$N = \frac{\text{바닥면적}}{\text{기준면적}} = \frac{16{,}000}{3{,}000} = 5.3 \quad \therefore 6\text{개}$$

② 전체 방호구역 수

$N = 6 \times 2 = 12$개

해답 방호구역 수 $N = 12$개

2 유수검지장치 수

① 1개 층의 유수검지장치 수

$$N = \frac{\text{바닥면적}}{\text{기준면적}} = \frac{16{,}000}{3{,}000} = 5.3 \quad \therefore 6\text{개}$$

② 전체 유수검지장치 수

$N = 6 \times 2 = 12$개

해답 유수검지장치 수 $N = 12$개

3 송수구 수

$$N = \frac{\text{바닥면적}}{\text{기준면적}} = \frac{16{,}000}{3{,}000} = 5.3 \quad \therefore 5\text{개(최대 5개)}$$

해답 송수구 수 $N = 5$개

23 **1 펌프의 전양정[m] 및 수원의 양[m³]**

① 펌프의 전양정[m] : 옥내소화전설비와 스프링클러설비를 비교하여 큰 값을 적용

㉠ 옥내소화전설비 전양정[m]

$$\begin{aligned} H &= h_1 + h_2 + h_3 + 17 \\ &= 48 + (48 \times 0.15) + (48 \times 0.3) + 17 \\ &= 86.6[\text{m}] \end{aligned}$$

㉡ 스프링클러설비 전양정[m]

$H = h_1 + h_2 + 10 = 50 + (50 \times 0.35) + 10 = 77.5$[m]

② 수원의 양[m³]

㉠ 유효수량

Q_1 = 옥내소화전설비 수원 + 스프링클러설비 수원

$= \{(N \times 130[l/\text{min}]) + (N \times 80[l/\text{min}])\} \times 20 \times 10^{-3}$

$= \{(2 \times 130) + (10 \times 80)\} \times 20 \times 10^{-3} = 21.2[\text{m}^3]$

㉡ 옥상 수원

Q_2 = 유효수량 $\times \frac{1}{3} = 21.2 \times \frac{1}{3} = 7.066 \quad \therefore 7.07[\text{m}^3]$

㉢ 전체 수원

Q = 유효수량 Q_1 + 옥상수원 Q_2

$= 21.2 + 7.07 = 28.27[\text{m}^3]$

해답

전양정 $H = 86.6$[m] 이상

전체 수원 $Q = 28.27[\text{m}^3]$ 이상

❷ 펌프 토출량 [m³/s] 및 모터 동력 [kW]

① 토출량[m³/s]

Q = 옥내소화전 펌프 토출량 + 스프링클러 펌프 토출량

$= \{(N \times 130[l/\text{min}]) + (N \times 80[l/\text{min}])\} \times 10^{-3} \times \frac{1}{60}$

$= \{(2 \times 130) + (10 \times 80)\} \times 10^{-3} \times \frac{1}{60}$

$= 0.0177 \fallingdotseq 0.02[\text{m}^3/\text{s}]$

② 모터 동력[kW]

$$P = \frac{\gamma \times Q \times H}{102 \times \eta} \times K = \frac{1{,}000 \times 0.02 \times 86.6}{102 \times 0.6} \times 1.2$$

$= 33.96$[kW]

㉠ γ (비중량) : 1,000[$\text{kg}_\text{f}/\text{m}^3$]

㉡ Q (토출량) : 0.02[m³/s]

㉢ H (전양정) : 86.6 [m]

㉣ η (효율) : 0.6

㉤ K (전달계수) : 1.2

해답

펌프 토출량 $Q = 0.02[\text{m}^3/\text{s}]$ 이상

모터 동력 $P = 33.96$[kW] 이상

24 ❶ 옥내소화전 전체 설치개수

① 방수구 간 거리

$S = 2R\cos 45° = \sqrt{2}R = \sqrt{2} \times 25 = 35.35$[m]

② 가로열 설치개수

$$N_1 = \frac{가로길이}{S} = \frac{45}{35.35} = 1.27 \quad \therefore 2개$$

③ 세로열 설치개수

$$N_2 = \frac{세로길이}{S} = \frac{30}{35.35} = 0.85 \quad \therefore 1개$$

④ 층별 설치개수 $N_3 = 2 \times 1 = 2$개

⑤ 전체 설치개수 $N_4 = 2 \times 5 = 10$개

해답 옥내소화 전체 설치 개수
$N = 10$개

2 펌프의 정격 토출량 [l/min]

Q = 옥내소화전 펌프 토출량+스프링클러 펌프 토출량

$= \{(N \times 130[l/\text{min}]) + (N \times 80[l/\text{min}])\}$

$= \{(2 \times 130) + (10 \times 80)\} = 1{,}060[l/\text{min}]$

해답 펌프의 정격 토출량
$Q = 1{,}060[l/\text{min}]$ 이상

3 수조의 저수량 [m^3]

Q = 옥내소화전 설비 수원+스프링클러 설비 수원

$= \{(N \times 130[l/\text{min}]) + (N \times 80[l/\text{min}])\} \times 20 \times 10^{-3}$

$= \{(2 \times 130) + (10 \times 80)\} \times 20 \times 10^{-3} = 21.2[\text{m}^3]$

해답 수조의 저수량
$Q = 21.2[\text{m}^3]$ 이상

4 주 입상관의 안지름 [mm]

$$D = \sqrt{\frac{4Q}{\pi V}} = \sqrt{\frac{4 \times \frac{1.06}{60}}{\pi \times 4}} = 0.075[\text{m}] = 75[\text{mm}]$$

해답 주 입상관의 안지름
$D = 80[\text{mm}]$

5 전동기 소요동력 [kW]

$$P = \frac{1{,}000 \times Q \times H}{102 \times 60 \times \eta} \times K$$

$$= \frac{1{,}000 \times 1.06 \times 65}{102 \times 60 \times 0.6} \times 1.1 = 20.639 ≒ 20.64[\text{kW}]$$

① 비중량 $\gamma = 1{,}000[\text{kg}_f/\text{m}^3]$

② 토출량 $Q = 1.06[\text{m}^3/\text{s}]$

③ 전양정 $H = 65[\text{m}]$

④ 효율 $\eta = 0.6$

⑤ 전달계수 $K = 1.1$

해답 전동기 소요동력
$P = 20.64[\text{kW}]$

25 **1 유수검지장치의 전체 설치개수**

① 1개층 유수검지장치 수 $N_1 = \frac{\text{바닥면적}}{\text{기준면적}} = \frac{600}{3,000} = 0.2$

$\therefore$ 1개

② 전체 유수검지장치 수 $N = N_1 \times$ 층수 $= 1 \times 33 = 33$개

해답 유수검지장치 수 $N = 33$개

Check

지하 4층(발전기실과 전기실)은 스프링클러헤드 설치 제외 장소에 해당된다.

2 옥상수원을 포함한 수원의 양 [m³]

전체 수원 $Q =$ 유효수량 $Q_1 +$ 옥상수원 Q_2

$= 96 + 32 = 128[\text{m}^3]$

① $Q_1 = N \times 80[l/\text{min}] \times T[\text{min}]$

$= 30 \times 80 \times 40 = 96,000[l] = 96[\text{m}^3]$

② $Q_2 = Q_1 \times \frac{1}{3} = 96 \times \frac{1}{3} = 32[\text{m}^3]$

해답 전체 수원 $Q = 128[\text{m}^3]$

3 소화펌프의 토출량 [m³/min]과 전동기 용량 [HP]

① 토출량$[\text{m}^3/\text{min}]$

$Q = N \times 80[l/\text{min}] \times 10^{-3} = 30 \times 80 \times 10^{-3}$

$= 2.4[\text{m}^3/\text{min}]$

② 전동기 용량[HP]

$P = \frac{\gamma \times Q \times H}{76 \times 60 \times \eta} \times K = \frac{1,000 \times 2.4 \times 179}{76 \times 60 \times 0.65} \times 1.1$

$= 159.43[\text{HP}]$

㉠ 비중량 $\gamma = 1,000[\text{kg}_f/\text{m}^3]$

㉡ 토출량 $Q = 2.4[\text{m}^3/\text{min}]$

㉢ 전양정 $H = h_1 + h_2 + h_3 = 130 + (130 \times 0.3) + 10$

$= 179[\text{m}]$

㉣ 효율 $\eta = 0.65$

㉤ 전달계수 $K = 1.1$

해답

토출량 $Q = 2.4[\text{m}^3/\text{min}]$

전동기용량 $P = 159.43[\text{HP}]$

4 소화펌프의 토출 측 주배관의 관경[mm]

$$D = \sqrt{\frac{4Q}{\pi V}} = \sqrt{\frac{4 \times \frac{2.4}{60}}{\pi \times 4}} = 0.1128[\text{m}] = 112.8[\text{mm}]$$

해답 주배관 관경 $D = 125[\text{mm}]$

5 층당 객실에 설치하여야 하는 헤드 수

① 층당 객실에 설치하는 헤드 수 N

=객실에 설치하는 헤드 수 N_1×객실 수

N_1 =가로열 설치 수 N_2×세로열 설치 수 N_3× 2열

$= 2\times 2\times 2 = 8$개

• $N_2 = \frac{가로길이}{S} = \frac{3.5}{3.25} = 1.08$ ∴ 2개

• $N_3 = \frac{세로길이}{S} = \frac{5}{3.25} = 1.54$ ∴ 2개

• 헤드 간 거리

$S = 2R\cos 45° = \sqrt{2}R = \sqrt{2}\times 2.3 = 3.25[m]$

② $N = N_1 \times$ 객실 수 $= 8\times 30 = 240$개

해답
층당 객실에 설치하는 헤드 수
$N = 240$개

Check **헤드의 설치 제외**

5. 천장과 반자 양쪽이 불연재료로 되어 있는 경우로서 그 사이의 거리 및 구조가 다음 각 목의 어느 하나에 해당하는 부분
   가. 천장과 반자 사이의 거리가 2[m] 미만인 부분
   나. 천장과 반자 사이의 벽이 불연재료이고 천장과 반자 사이의 거리가 2[m] 이상으로서 그 사이에 가연물이 존재하지 아니하는 부분
6. 천장 · 반자 중 한쪽이 불연재료로 되어 있고 천장과 반자 사이의 거리가 1[m] 미만인 부분
7. 천장 및 반자가 불연재료 외의 것으로 되어 있고 천장과 반자 사이의 거리가 0.5[m] 미만인 부분

6 충압펌프의 토출압력 [MPa]

$P = 1.3[MPa] + 0.2[MPa] = 1.5[MPa]$

해답 충압펌프의 토출압력
$P = 1.5[MPa]$

Check **충압펌프 설치기준**

13. 기동용 수압개폐장치를 기동장치로 사용하는 경우에는 다음의 각 목의 기준에 따른 충압펌프를 설치할 것
   가. 펌프의 토출압력은 그 설비의 최고위 살수장치(일제 개방밸브의 경우는 그 밸브)의 자연압보다 적어도 0.2 [MPa]이 더 크도록 하거나 가압송수장치의 정격토출압력과 같게 할 것
   나. 펌프의 정격토출량은 정상적인 누설량보다 적어서는 아니 되며 스프링클러설비가 자동적으로 작동할 수 있도록 충분한 토출량을 유지할 것

7 조기반응형 스프링클러헤드를 설치하여야 하는 장소

① 공동주택 · 노유자시설의 거실
② 오피스텔 · 숙박시설의 침실
③ 병원 · 의원의 입원실

Check **스프링클러설비의 화재안전기술기준**
조기반응형 스프링클러헤드를 설치하는 경우에는 습식 유수검지장치 또는 부압식 스프링클러설비를 설치할 것

26 1 스프링클러설비를 설치하여야 하는 층

지하 2층, 지하 1층, 지상 4층

참고 **스프링클러설비 설치대상[소방시설 설치 및 관리에 관한 법률 시행령 별표 5]**
① 지하층, 무창층 또는 층수가 4층 이상인 층으로서 바닥면적이 1,000[m^2] 이상인 층
② 기숙사(교육연구시설 · 수련시설 내에 있는 학생 수용을 위한 것을 말한다.) 또는 복합건축물로서 연면적이 5,000[m^2] 이상인 경우에는 모든 층

2 옥상수원을 포함한 수원의 양 [m^3]

$$\text{수원 } Q = \text{유효수량}(Q_1) + \text{옥상수원}(Q_2)$$
$$= (N \times 80[l/\text{min}] \times 20[\text{min}])$$
$$+ \left(N \times 80[l/\text{min}] \times 20[\text{min}] \times \frac{1}{3}\right)$$
$$= (20 \times 80 \times 20) + \left(20 \times 80 \times 20 \times \frac{1}{3}\right)$$
$$= 42{,}666.7[l] = 42.67[m^3]$$

해답 수원 $Q = 42.67[m^3]$

스프링클러설비의 기준개수
10층 이하 부착높이 8m 이상 : 20개

3 일반 급수펌프의 흡수구와 소화펌프의 흡수구 사이의 수직거리 [m]

유효수량=수조의 바닥면적×소방용 흡수구와 다른 설비의 흡수구 사이의 수직거리

$\therefore$ 수직거리[m] $= \dfrac{\text{유효수량}[m^3]}{\text{수조의 바닥면적}[m^2]} = \dfrac{32}{8 \times 5}$

$= 0.8[m]$

해답 수직거리 $H = 0.8[m]$

4 소화펌프의 전동기 용량 [kW]

$P = \dfrac{1{,}000 \times Q \times H}{102 \times 60 \times \eta} \times K$

$= \dfrac{1{,}000 \times 1.6 \times 43.8}{102 \times 60 \times 0.6} \times 1.1 = 20.99[kW]$

① Q (토출량) $= N \times 80[l/min] = 20 \times 80$

$= 1{,}600[l/min] = 1.6[m^3/min]$

② H (전양정) $= H_1 + H_2 + 10[m]$

$= \{5 + (4.5 \times 3) + 4 + 3.5\} + (26 \times 0.3) + 10$

$= 43.8[m]$

③ η (효율) $= 0.6$

④ K (전달계수) $= 1.1$

해답 전동기 용량
$P = 20.99[kW]$

5 물올림장치의 구성요소

① 호수조(물올림탱크)

② 물올림관

③ 오버플로우관

④ 급수배관

⑤ 배수배관

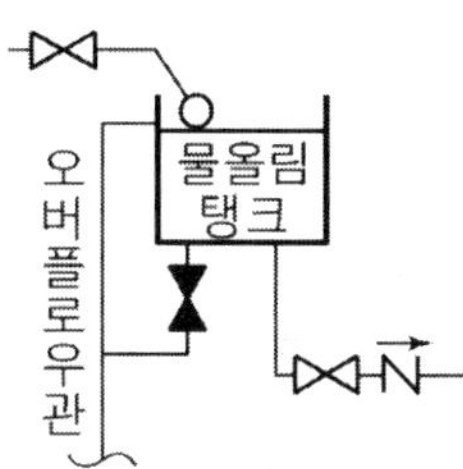

27 1 소화펌프 양정 [m] 및 토출량 [m³/min]

① 양정[m]

㉠ 옥내소화전설비

$H = h_1 + h_2 + h_3 + 17 = 2 + (49 \times 3) + 1 + 8 + 2 + 17$

$= 177[m]$

㉡ 스프링클러설비

$H = h_1 + h_2 + 10 = 2 + (49 \times 3) + 2.5 + 10 + 10$

$= 171.5[m]$

② 토출량[m³/min]

㉠ 옥내소화전설비

$Q = N \times 130[l/min] = 1 \times 130 = 130[l/min]$

$= 0.13[m^3/min]$

해답
① 양정
- 옥내소화전설비
  $H = 177[m]$
- 스프링클러설비
  $H = 171.5[m]$

② 토출량
- 옥내소화전설비
  $Q = 0.13[m^3/min]$

㉡ 스프링클러설비

$Q = N \times 80[l/\text{min}] = 8 \times 80 = 640[l/\text{min}]$

$= 0.64[\text{m}^3/\text{min}]$

• 스프링클러설비
$Q = 0.64[\text{m}^3/\text{min}]$

❷ 소화용 보유수량 [m³]

Q = 옥내소화전설비+스프링클러설비

$= (0.13 + 0.64)[\text{m}^3/\text{min}] \times 60[\text{min}] = 46.2[\text{m}^3]$

해답 소화용 보유수량
$Q = 46.2[\text{m}^3]$

❸ 방수기구함 수

$N = \dfrac{\text{설치하여야 하는 층의 수}}{\text{기준 층의 수}} = \dfrac{48}{3} \times 2 = 32$개

참고 **방수기구함 설치기준**

1. 아파트 1층, 2층은 방수구 설치제외
2. 방수기구함 : 피난층과 가장 가까운 층을 기준으로 3개 층마다 설치하되 그 층의 방수구마다 보행거리 5[m] 이내에 설치할 것 〈개정 2014.8.18〉

❹ 비상콘센트 수

$N = 40 \times 2 = 80$개

참고 **비상콘센트 설치대상**

1. 층수가 11층 이상인 특정소방대상물의 경우에는 11층 이상의 층
2. 지하층의 층수가 3층 이상이고 지하층의 바닥면적의 합계가 1천[m²] 이상인 것은 지하층의 모든 층
3. 지하가 중 터널로서 길이가 500[m] 이상인 것

28 ❶ 전양정 [m] 및 유효수량 [m³]

① 전양정 : 옥내소화전설비와 스프링클러설비 중 큰 값을 적용

㉠ 옥내소화전설비

$H = h_1 + h_2 + h_3 + 17 = 48 + (48 \times 0.15) + (48 \times 0.3) + 17$

$= 86.6[\text{m}]$

㉡ 스프링클러설비

$H = h_1 + h_2 + 10 = 50 + (50 \times 0.35) + 10 = 77.5[\text{m}]$

② 유효수량

Q = 옥내소화전설비 +스프링클러설비

$= \{(N \times 130[l/\text{min}]) + (N \times 80[l/\text{min}])\} \times 20 \times 10^{-3}$

$= \{(2 \times 130) + (10 \times 80)\} \times 20 \times 10^{-3} = 21.2[\text{m}^3]$

해답 전양정 $H = 86.6[\text{m}]$
수원 $Q = 21.2[\text{m}^3]$

2 펌프 토출량 [l/min] 및 전동기 용량 [kW]

① 펌프 토출량

Q = 옥내소화전 펌프 토출량 + 스프링클러 펌프 토출량

$= \{(N\times 130[l/\text{min}]) + (N\times 80[l/\text{min}])\}$

$= \{(2\times 130) + (10\times 80)\} = 1{,}060[l/\text{min}]$

② 전동기 용량

$$P = \frac{\gamma\times Q\times H}{102\times 60\times \eta}\times K$$

$$= \frac{1{,}000\times 1.06\times 86.6}{102\times 60\times 0.54}\times 1.1 = 30.55[\text{kW}]$$

㉠ 비중량 $\gamma = 1{,}000[\text{kg}_f/\text{m}^3]$

㉡ 토출량 $Q = 1.06[\text{m}^3/\text{min}]$

㉢ 전양정 $H = 86.6[\text{m}]$

㉣ 효율 $\eta = 0.9\times 0.8\times 0.75 = 0.54$

㉤ 전달계수 $K = 1.1$

해답

펌프 토출량 $Q = 1{,}060[l/\text{min}]$

전동기 용량 $P = 30.55[\text{kW}]$

3 옥상수조의 부속장치 5가지

① 수위계　② 배수관

③ 급수관　④ 오버플로관

⑤ 맨홀

29 1 배관 구경

$$D = \sqrt{\frac{4Q}{\pi V}} = \sqrt{\frac{4\times \frac{2.4}{60}}{\pi\times 3}} = 0.13[\text{m}] = 130[\text{mm}]$$

해답 배관 구경 $D = 130[\text{mm}]$

2 헤드의 기준개수

$$N = \frac{\text{토출량}[l/\text{min}]}{\text{헤드 1개의 방사량}[l/\text{min}]} = \frac{2{,}400}{80} = 30\text{개}$$

해답 헤드의 기준 개수 $N = 30$개

3 마찰손실수두

$$H_L = f\cdot \frac{L}{D}\cdot \frac{V^2}{2g} = 0.02\times \frac{60}{0.15}\times \frac{2.26^2}{2\times 9.8} = 2.08[\text{m}]$$

① 배관마찰계수 $f = 0.02$

② 배관길이 $L = 60[\text{m}]$

③ 배관구경 $D = 150[\text{mm}] = 0.15[\text{m}]$

④ 유속 $V = \dfrac{4Q}{\pi D^2} = \dfrac{4\times \frac{2.4}{60}}{\pi\times 0.15^2} = 2.26[\text{ms/s}]$

해답 마찰손실수두 $H_L = 2.08[\text{m}]$

30 **1 주펌프의 양정[m]**

전양정 $H = h_1 + h_2 + 10 = 46.8 + 18 + 10 = 74.8[m]$

① h_1(실양정)=흡입 측 실양정+토출 측 실양정

$$= \frac{500}{760} \times 10.332 + 40 = 46.8[m]$$

② h_2(마찰손실수두) $= 45 \times 0.4 = 18[m]$

(펌프 자연낙차압의 40[%])

해답 74.8[m]

2 주펌프 토출량[l/min]

$Q = N \times 80[l/min] = 30 \times 80 = 2{,}400[l/min]$

해답 2,400[l/min]

3 전 효율[%]

$\eta = \eta_v \times \eta_m \times \eta_h = 0.95 \times 0.85 \times 0.75 = 0.6056$

해답 60.56[%]

4 주펌프의 수동력, 축동력, 모터동력

① $P_w = \dfrac{1{,}000 \times Q \times H}{102 \times 60} = \dfrac{1{,}000 \times 2.4 \times 74.8}{102 \times 60} = 29.33[kW]$

② $P_s = \dfrac{1{,}000 \times Q \times H}{102 \times 60 \times n} = \dfrac{1{,}000 \times 2.4 \times 74.8}{102 \times 60 \times 0.6056} = 48.44[kW]$

③ $P = \dfrac{1{,}000 \times Q \times H}{102 \times 60 \times n} \times K = \dfrac{1{,}000 \times 2.4 \times 74.8}{102 \times 60 \times 0.6056} \times 1.2$

$= 58.12[kW]$

해답 ① $P_w = 29.3[kW]$
② $P_s = 48.4[kW]$
③ $P = 58.1[kW]$

31 **1 A지점에서의 필요 최소 압력[MPa]**

P_A = H−1 방사압력+각 헤드마다 방사압력차

+$A \sim B$ 구간의 마찰손실압력

$= 0.1 + (0.02 \times 4) + 0.03 = 0.21[MPa]$

해답 0.21[MPa]

2 각 헤드에서 방수량[l/min]

① H−1 방수량 $Q_1 = 80[l/min]$

② H−2 방수량 $Q_2 = K\sqrt{10P_2} = 80\sqrt{10 \times (0.1 + 0.02)}$

$= 87.635[l/min]$

③ H−3 방수량 $Q_3 = K\sqrt{10P_3} = 80\sqrt{10 \times (0.12 + 0.02)}$

$= 94.657[l/min]$

④ H−4 방수량 $Q_4 = K\sqrt{10P_4} = 80\sqrt{10 \times (0.14 + 0.02)}$

$= 101.192[l/min]$

⑤ H−5 방수량 $Q_5 = K\sqrt{10P_5} = 80\sqrt{10 \times (0.16 + 0.02)}$

$= 107.331[l/min]$

해답 ① $Q_1 = 80[l/min]$
② $Q_2 = 87.64[l/min]$
③ $Q_3 = 94.66[l/min]$
④ $Q_4 = 101.19[l/min]$
⑤ $Q_5 = 107.33[l/min]$

3 $A \sim B$ **구간의 유량** $[l/\text{min}]$

$$Q = Q_1 + Q_2 + Q_3 + Q_4 + Q_5$$
$$= 80 + 87.64 + 94.66 + 101.19 + 107.33 = 470.82[l/\text{min}]$$

해답 $Q = 470.82[l/\text{min}]$

4 $A \sim B$ **구간의 최소 내경** $[m]$

$$D = \sqrt{\frac{4Q}{\pi V}} = \sqrt{\frac{4 \times \frac{470.82 \times 10^{-3}}{60}}{\pi \times 6}} = 0.0408[\text{m}]$$

해답 $D = 0.04[\text{m}]$

32 (1) A점 헤드에서의 방사압력

$P_A = H$점에서의 가압수의 압력 ± 낙차환산압력

－배관마찰손실압력

(2) 계산

① $P_H = 0.15[\text{MPa}]$

② 낙차환산압력[MPa] $= -0.1 - 0.1 + 0.3$

$= 0.1[\text{m}] = 0.001[\text{MPa}]$

③ 배관마찰손실압력

㉠ 50A

- 직관 : 3[m]
- 부속품 : 직류티＋레듀샤(50×40A)

=0.6＋1.2=1.8[m]

- 배관길이＝3＋1.8＝4.8[m]

$$H_L = \frac{1.68}{100} \times 4.8 = 0.08064 \quad \therefore 0.0806[\text{m}]$$

㉡ 40A

- 직관 : 3＋0.1＝3.1[m]
- 부속품 : 90[°] 엘보＋분류티＋레듀샤(40×32A)

＝1.5＋2.1＋0.9＝4.5[m]

- 배관길이＝3.1＋4.5＝7.6[m]

$$H_L = \frac{5.4}{100} \times 7.6 = 0.4104 \quad \therefore 0.4104[\text{m}]$$

㉢ 32A

- 직관 : 1.5[m]

부속품 : 직류티＋레듀샤(32×25A)＝0.36＋0.72

＝1.08[m]

- 배관길이＝1.5＋1.08＝2.58[m]

$H_L = \frac{11.38}{100} \times 2.58 = 0.2936 \quad \therefore 0.2936[m]$

㉣ 25A

- 직관 : 2+2+0.1+0.1+0.3=4.5[m]
- 부속품 : 직류티+90[°] 엘보 3개+레듀샤(25×15A)
  =0.27+0.93+0.54=3.51[m]
- 배관길이=4.5+3.51=8.01[m]

$H_L = \frac{39.82}{100} \times 8.01 = 3.18958 \quad \therefore 3.1896[m]$

㉤ 배관마찰손실압력

0.0806+0.4104+0.2936+3.1896=3.9742[m]

=0.0397[MPa]

④ A점 헤드에서의 방사압력

P_A=H 점에서의 가압수의 압력±낙차환산압력

−배관마찰손실압력

=0.15+0.001−0.0397=0.1113[MPa]

해답 0.1113[MPa]

33 **1 가지관 1의 유량** Q_1 = 377.51[l/min]

2 가지관 2의 유량 Q_2 = 402.92[l/min]

3 가지관 3의 유량 Q_3 = 438.98[l/min]

4 "D"점에서 필요한 유량 Q_D = 1,219.41[l/min]

5 "D"점에서 필요한 압력 P_D = 5.62[kg_f/cm^2]

6 수리계산서

스프링클러헤드 번호위치	유량 [l/min]	배관크기 [mm]	배관 부속	등가길이[m]		마찰손실 [kg_f/cm^2]/m	압력 [kg_f/cm^2]	비고 C=120 K=80
가지관 1 a1−a2				직관	3	0.03	Pt : 1	q1 = $80\sqrt{1}$ = 80
	80	27.5	E1	부속	0.6		Pf : 0.11	
				계	3.6		Pe : 0	
a2−a3				직관	3	0.11	Pt : 1.11	q2 = $80\sqrt{1.11}$ = 84.29
	164.29	27.5	T1	부속	1.5		Pf : 0.5	
				계	4.5		Pe : 0	
a3−a4				직관	3	0.07	Pt : 1.61	q3 = $80\sqrt{1.61}$ = 101.51
	265.8	36.2	T1	부속	1.8		Pf : 0.34	
				계	4.8		Pe : 0	

스프링클러헤드 번호위치	유량 [l/min]	배관크기 [mm]	배관 부속	등가길이[m]		마찰손실 [kgf/cm²]/m	압력 [kgf/cm²]	비고 C=120 K=80
			T1	직관	1.8		Pt : 1.95	
a4-A	377.51	42.1	E1	부속	3.6	0.06	Pf : 0.32	$q1 = 80\sqrt{1.95}$ $= 111.71$
				계	5.4		Pe : 0.03	
							Pt : 2.3	
				직관	3		Pt : 2.3	가지관 1의 유량 Q_1
A-B	377.51	42.1	T1	부속	2.4	0.06	Pf : 0.32	$= 377.51$
				계	5.4		Pe : 0	
				직관	3		Pt : 2.62	가지관 2의 유량 Q_2
B-C	780.43	53.2	T1	부속	3.1	0.08	Pf : 0.49	$= \sqrt{\dfrac{2.62}{2.3}} \times 377.51$
				계	6.1		Pe : 0	$= 402.92$
			T1	직관	20		Pt : 3.11	가지관 3의 유량 Q_3
C-D	1,219.41	69	E1	부속	10.1	0.05	Pf : 1.51	$= \sqrt{\dfrac{3.11}{2.62}} \times 402.92$
			AV1	계	30.1		Pe : 1	
			GV1					$= 438.98$
							Pt : 5.62	

34 **1** ㉠ B~A 사이의 마찰손실압[MPa]

$$\Delta P_{BA} = 6\times10^4 \times \frac{Q_A^2}{C^2\times d_{BA}^5}\times L_{BA} = \frac{6\times10^4\times80^2\times2.4}{100^2\times25^5}$$

$$= 0.00944$$

해답 0.01[MPa]

㉡ B헤드에서의 방사량[l/min]

$$Q_B = K\sqrt{10P_B} = 80\sqrt{10\times(P_A+\Delta P_{BA})}$$

$$= 80\sqrt{10\times(0.1+0.01)} = 83.9$$

해답 83.9[l/min]

2 ㉠ C~B 사이의 마찰손실압[MPa]

$$\Delta P_{CB} = 6\times10^4\times\frac{(Q_B+Q_A)^2}{C^2\times d_{CB}^5}\times L_{CB}$$

$$= \frac{6\times10^4\times(83.9+80)^2\times2.4}{100^2\times25^5} = 0.039$$

해답 0.04[MPa]

㉡ C헤드에서의 방사량[l/min]

$$Q_C = K\sqrt{10P_C} = 80\sqrt{10\times(P_B+\Delta P_{CB})}$$

$$= 80\sqrt{10\times(0.11+0.04)} = 97.98$$

해답 97.98[l/min]

3 D점에서의 압력[MPa]

$$P_D = P_C + \Delta P_{DC}$$

$$= P_C + 6\times 10^4 \times \frac{(Q_C + Q_B + Q_A)^2}{C^2 \times {d_{DC}}^5} \times L_{DC}$$

$$= (0.11 + 0.04) + 6\times 10^4 \times \frac{(97.98 + 83.9 + 80)^2}{100^2 \times 32^5} \times 2.4$$

$$= 0.179$$

해답 0.18[MPa]

4 ②지점의 배관 내 유량[l/min]

$$Q_{②} = (Q_C + Q_B + Q_A) \times 2 = (97.98 + 83.9 + 80) \times 2$$

$$= 523.76[l/min]$$

해답 523.76[l/min]

5 ②지점의 배관 최소관경

$$D_{②} = \sqrt{\frac{4Q}{\pi V}} = \sqrt{\frac{4\times \frac{523.76\times 10^{-3}}{60}}{\pi \times 10}} = 0.033338[m]$$

$$= 33.338[mm]$$

해답 40[mm]

35 (1) Q_3 계산

$$Q_3 = 0.6597 \times d^2 \times \sqrt{P_v} = 0.6597 \times 40^2 \times \sqrt{P_v}$$

$$= 1{,}056\sqrt{P_v} = 300 + Q_2 \quad \cdots\cdots ㉠$$

(2) P_v 계산

$$P_t = P_v + P_n \text{에서 } P_v = P_t - P_n = 4 - P_n \quad \cdots\cdots ㉡$$

(3) P_n (정압) 계산

$$Q_2 = K\sqrt{P_n} = 80\sqrt{P_n} \text{에서 } P_n = \left(\frac{Q_2}{80}\right)^2 \quad \cdots\cdots ㉢$$

(4) 식 ㉢을 식 ㉡에 대입하면

$$P_v = 4 - \left(\frac{Q_2}{80}\right)^2 \quad \cdots\cdots ㉣$$

(5) 식 ㉣을 식 ㉠에 대입하면

$$1{,}056\sqrt{4 - \left(\frac{Q_2}{80}\right)^2} = 300 + Q_2 \text{에서 양 변을 제곱하면}$$

$$\left(1{,}056\sqrt{4 - \left(\frac{Q_2}{80}\right)^2}\right)^2 = (300 + Q_2)^2$$

$$1{,}056^2 \times \left(4 - \left(\frac{Q_2}{80}\right)^2\right) = 300^2 + 600Q_2 + {Q_2}^2$$

$$1{,}056^2 \times 4 - \frac{1{,}056^2 {Q_2}^2}{80^2} = 300^2 + 600Q_2 + {Q_2}^2$$

$$175.24{Q_2}^2 + 600Q_2 - 4{,}370{,}544 = 0$$

$$Q_2 = \frac{-600 + \sqrt{600^2 + (4 \times 175.24 \times 4{,}370{,}544)}}{2 \times 175.24}$$

$$= 156.22[l/\text{min}]$$

해답 156.22[l/min]

36 ❶ 다음 표의 빈칸을 완성하시오.

호칭구경 \ 구분	배관의 마찰손실압력 [MPa/m]	등가길이	마찰손실압력[MPa]
25∅	$\Delta P = \frac{6 \times 10^4 \times Q^2}{120^2 \times 28^5} = 2.421 \times 10^{-7} \times Q^2$	직관 : 2+2=4[m] 엘보 : 1×0.8=0.8[m] 계 : 4.8[m]	$2.421 \times 10^{-7} \times 4.8 \times Q^2 = 1.162 \times 10^{-6} \times Q^2$
32∅	$\Delta P = \frac{6 \times 10^4 \times Q^2}{120^2 \times 37^5} = 6.008 \times 10^{-8} \times Q^2$	직관 : 1[m] 계 : 1[m]	$6.008 \times 10^{-8} \times 1 \times Q^2 = 6.008 \times 10^{-8} \times Q^2$
40∅	$\Delta P = \frac{6 \times 10^4 \times Q^2}{120^2 \times 43^5} = 2.834 \times 10^{-8} \times Q^2$	직관 : 2+0.15=2.15[m] 엘보 : 1×1.3=1.3[m] 측류티 : 1×2.5=2.5[m] 계 : 5.95[m]	$2.834 \times 10^{-8} \times 5.95 \times Q^2 = 1.686 \times 10^{-7} \times Q^2$
50∅	$\Delta P = \frac{6 \times 10^4 \times Q^2}{120^2 \times 54^5} = 9.074 \times 10^{-9} \times Q^2$	직관 : 2[m] 계 : 2[m]	$9.074 \times 10^{-9} \times 2 \times Q^2 = 1.815 \times 10^{-8} \times Q^2$
65∅	$\Delta P = \frac{6 \times 10^4 \times Q^2}{120^2 \times 69^5} = 2.664 \times 10^{-9} \times Q^2$	직관 : 5+3=8[m] 엘보 : 1×2.0=2.0[m] 계 : 10[m]	$2.664 \times 10^{-9} \times 10 \times Q^2 = 2.664 \times 10^{-8} \times Q^2$
100∅	$\Delta P = \frac{6 \times 10^4 \times Q^2}{120^2 \times 107^5} = 2.97 \times 10^{-10} \times Q^2$	직관 : 0.2+0.2=0.4[m] 체크밸브 : 1×8.7=8.7[m] 게이트밸브 : 1×0.7=0.7[m] 알람밸브 : 1×8.7=8.7[m] 계 : 18.5[m]	$2.97 \times 10^{-10} \times 18.5 \times Q^2 = 5.494 \times 10^{-9} \times Q^2$

2 배관의 전체 마찰손실압력 [MPa]

$(1.162\times10^{-6}\times Q^2)+(6.008\times10^{-8}\times Q^2)$
$+(1.686\times10^{-7}\times Q^2)+(1.815\times10^{-8}\times Q^2)$
$+(2.664\times10^{-8}\times Q^2)+(5.494\times10^{-9}\times Q^2)$
$=1.44\times10^{-6}\times Q^2$

해답 $1.44\times10^{-6}\times Q^2$[MPa]

3 펌프에서 A점 헤드까지의 낙차환산수두 [m]

$0.2+0.3+0.2+0.6+3+0.15=4.45$[m]

해답 4.45[m]

4 A점 헤드에서의 방수량 [l/min]

① $Q=K\sqrt{10P_A}$[l/min]

㉠ $K=90$

㉡ P_A =펌프 토출압−(낙차환산수두압+배관마찰손실압)

$=0.3-(0.0445+1.44\times10^{-6}Q^2)$

$=0.256-1.44\times10^{-6}Q^2$

② $Q=K\sqrt{10P_A}=90\sqrt{10\times(0.256-1.44\times10^{-6}Q^2)}$

(양변을 제곱하면)

$Q^2=90^2(2.56-1.44\times10^{-5}Q^2)=90^2\times2.56$
$-(90^2\times1.44\times10^{-5}Q^2)$

$1.117Q^2=20{,}736$

$Q=\sqrt{\dfrac{20{,}736}{1.117}}=136.25$[l/min]

해답 136.25[l/min]

5 A점 헤드에서의 방수압력 [MPa]

$Q=K\sqrt{10P_A}$ 에서 양변을 제곱하면

$Q^2=K^2(10P_A),\ 10P_A=\left(\dfrac{Q}{K}\right)^2$

$P_A=0.1\times\left(\dfrac{136.25}{90}\right)^2=0.229$[MPa]

해답 0.229[MPa]

37 1 다음 빈칸을 알맞게 채우시오.

가로열의 헤드 수 / 세로열의 헤드 수	6	7	8	9	10
5	30	35	40	**45**	**50**
6	36	**42**	**48**	54	60
7	**42**	**49**	56	63	70
8	**48**	56	64	72	80

① $\theta = 30[°]$

㉠ 가로열 헤드 수

$N = 22 \div (2 \times 2.3 \times \cos 30°) = 5.52$ ∴ 6개

㉡ 세로열 헤드 수

$N = 18 \div (2 \times 2.3 \times \sin 30°) = 7.8$ ∴ 8개

② $\theta = 45[°]$

㉠ 가로열 헤드 수

$N = 22 \div (2 \times 2.3 \times \cos 45°) = 6.76$ ∴ 7개

㉡ 세로열 헤드 수

$N = 18 \div (2 \times 2.3 \times \sin 45°) = 5.53$ ∴ 6개

③ $\theta = 60[°]$

㉠ 가로열 헤드 수

$N = 22 \div (2 \times 2.3 \times \cos 60°) = 9.56$ ∴ 10개

㉡ 세로열 헤드 수

$N = 18 \div (2 \times 2.3 \times \sin 60°) = 4.5$ ∴ 5개

④ 가로열에 설치 가능한 헤드 수 : 6개~10개

세로열에 설치 가능한 헤드 수 : 5개~8개

2 헤드의 최소 개수, 최대 개수

① 최소 개수($\theta = 45°$) = 가로열 헤드 수×세로열 헤드 수

= 7×6 = 42개

② 최대 개수($\theta = 60°$) = 가로열 헤드 수×세로열 헤드 수

= 10×5 = 50개

해답 최소 개수 : 42개
최대 개수 : 50개

3 설치할 수 있는 방법

① 42개(가로 : 6개×세로 : 7개)
② 48개(가로 : 6개×세로 : 8개)
③ 42개(가로 : 7개×세로 : 6개)
④ 49개(가로 : 7개×세로 : 7개)
⑤ 48개(가로 : 8개×세로 : 6개)
⑥ 45개(가로 : 9개×세로 : 5개)
⑦ 50개(가로 : 10개×세로 : 5개)

4 최소 방호면적, 최대 방호면적

① 최소 방호면적 $= \dfrac{\text{전체 방호면적}}{\text{최대 설치헤드 수}} = \dfrac{22 \times 18}{50} = 7.92[\text{m}^2]$

② 최대 방호면적 $= \dfrac{\text{전체 방호면적}}{\text{최소 설치헤드 수}}$

$= \dfrac{22\times 18}{42} = 9.43[\text{m}^2]$

해답 최소 방호면적 : $7.92[\text{m}^2]$
최대 방호면적 : $9.43[\text{m}^2]$

38 수원 $Q = N\times q[l/\text{min}]\times T[\text{min}]$

$= 2\times 50\times 10$

$= 1{,}000[l] = 1[\text{m}^3]$

해답 $Q = 1[\text{m}^3]$

39 **1 간이헤드 수**

전체 설치개수 $N = N_1\times N_2 = 11\times 10 = 110$개

① $S = 2R\cos 45° = 2\times 2.3\times\cos 45° = 3.25[\text{m}]$

② 가로열 개수

$N_1 = \dfrac{\text{가로길이}}{S} = \dfrac{35}{3.25} = 10.8$ ∴ 11개

③ 세로열 개수

$N_2 = \dfrac{\text{세로길이}}{S} = \dfrac{30}{3.25} = 9.2$ ∴ 10개

해답 간이 헤드 수 $N = 110$개

2 수원의 양 [m³]

$Q = N\times q[l/\text{min}]\times T[\text{min}]$

$= 5\times 50\times 20 = 5{,}000[l] = 5[\text{m}^3]$

해답 수원의 양 $Q = 5[\text{m}^3]$

3 방호구역 및 유수검지장치의 최소 설치 수량

① 방호구역 $N = \dfrac{\text{바닥면적}}{\text{기준면적}} = \dfrac{1{,}050}{1{,}000} = 1.05$ ∴ 2구역

② 유수검지장치 $N = 2$개

해답 방호구역 $N = 2$구역
유수검지장치 $N = 2$개

40 (1) 최소수량

$N = \dfrac{\text{바닥면적}}{\text{기준면적}} = \dfrac{500}{9.3} = 53.8$

∴ 54개(헤드 1개의 방호면적 : $\dfrac{500}{54} = 9.25[\text{m}^2]$)

(2) 최대수량

$N = \dfrac{\text{바닥면적}}{\text{기준면적}} = \dfrac{500}{6} = 83.3$

∴ 84개(헤드 1개의 방호면적 : $\dfrac{500}{84} = 5.95[\text{m}^2]$)

해답 최소 수량 : 54개
최대 수량 : 84개

41 전체 개수 $N = N_1 \times N_2 = 13 \times 10 = 130$개

① 헤드 사이 거리 $S = 3.1[\mathrm{m}]$

② 가로열 개수 $N_1 = \dfrac{가로길이}{S} = \dfrac{40}{3.1} = 12.9$ $\therefore$ 13개

③ 세로열 개수 $N_2 = \dfrac{세로길이}{S} = \dfrac{30}{3.1} = 9.7$ $\therefore$ 10개

해답 최소 수량 : 130개

42 수원 $Q = 12 \times K\sqrt{10P} \times 60$

$= 12 \times 240\sqrt{10 \times 0.36} \times 60$

$= 327{,}864.95[l]$

$= 327.86[\mathrm{m}^3]$

해답 수원 $Q = 328[\mathrm{m}^3]$

43 **1 최소 헤드 설치 개수**

전체 개수 $N = N_1 \times N_2 = 10 \times 17 = 170$개

① 헤드 사이 거리 $S = 3.1[\mathrm{m}]$

② 가로열 개수

$N_1 = \dfrac{가로길이}{S} = \dfrac{30}{3.1} = 9.7$ $\therefore$ 10개

③ 세로열 개수

$N_2 = \dfrac{세로길이}{S} = \dfrac{50}{3.1} = 16.1$ $\therefore$ 17개

해답 최소 헤드 수 $N = 170$개

2 토출량 [l/min]

$Q = 12 \times K\sqrt{10P}$

$= 12 \times 320\sqrt{10 \times 0.28} = 6{,}425.55[l/\mathrm{min}]$

해답 토출량 $Q = 6{,}425.55[l/\mathrm{min}]$

3 수원 [m^3]

$Q = 12 \times K\sqrt{10P} \times 60$

$= 12 \times 320\sqrt{10 \times 0.28} \times 60$

$= 385{,}532.91[l] = 385.53[\mathrm{m}^3]$

해답 수원 $Q = 385.53[\mathrm{m}^3]$

44 (1) 토출량$[l/\mathrm{min}]$

$Q = A[\mathrm{m}^2] \times 10[l/\mathrm{min} \cdot \mathrm{m}^2] = 50 \times 10 = 500[l/\mathrm{min}]$

(2) 수원$[\mathrm{m}^3]$

$Q = A[\mathrm{m}^2] \times 10[l/\mathrm{min} \cdot \mathrm{m}^2] \times 20[\mathrm{min}] = 50 \times 10 \times 20$

$= 10{,}000[l] = 10[\mathrm{m}^3]$

해답 토출량 $Q = 500[l/\mathrm{min}]$
수원 $Q = 10[\mathrm{m}^3]$

45 (1) 토출량[l/min]

$Q = A[\text{m}^2] \times 20[l/\text{min} \cdot \text{m}^2] = 60 \times 20 = 1{,}200[l/\text{min}]$

(2) 수원[m^3]

$Q = A[\text{m}^2] \times 20[l/\text{min} \cdot \text{m}^2] \times 20[\text{min}] = 60 \times 20 \times 20$

$= 24{,}000[l] = 24[\text{m}^3]$

해답 토출량 $Q = 1{,}200[l/\text{min}]$
수원 $Q = 24[\text{m}^3]$

46 **1 토출량 [l/min]**

$Q = A[\text{m}^2] \times 10[l/\text{min} \cdot \text{m}^2] = 39 \times 10 = 390[l/\text{min}]$

절연유 봉입변압기의 표면적(A)

$A = (5 \times 3) + (5 \times 1.5 \times 2) + (3 \times 1.5 \times 2) = 39[\text{m}^2]$

해답 토출량 $Q = 390[l/\text{min}]$

2 수원 [m^3]

$Q = A[\text{m}^2] \times 10[l/\text{min} \cdot \text{m}^2] \times 20[\text{min}] = 39 \times 10 \times 20$

$= 7{,}800[l] = 7.8[\text{m}^3]$

해답 수원 $Q = 7.8[\text{m}^3]$

47 방출계수

$$K = \frac{Q}{\sqrt{10P}} = \frac{125}{\sqrt{10 \times 0.4}} = 62.5$$

① 헤드 1개의 방사량

$$Q = \frac{\text{토출량}[l/\text{min}]}{\text{헤드 설치 수}} = \frac{1{,}000}{8} = 125[l/\text{min}]$$

② 토출량 $Q = A[\text{m}^2] \times 10[l/\text{min} \cdot \text{m}^2]$

$= 100 \times 10 = 1{,}000[l/\text{min}]$

해답 방출계수 $K = 62.5$

48 **1 토출량 [l/min]**

$Q = A[\text{m}^2] \times 20[l/\text{min} \cdot \text{m}^2] = 100 \times 20 = 2{,}000[l/\text{min}]$

해답 토출량 $Q = 2{,}000[l/\text{min}]$

2 수원 [m^3]

$Q = A[\text{m}^2] \times 20[l/\text{min} \cdot \text{m}^2] \times 20[\text{min}]$

$= 100 \times 20 \times 20 = 40{,}000[l] = 40[\text{m}^3]$

해답 수원 $Q = 40[\text{m}^3]$

3 일제개방밸브의 개수

$$N = \frac{\text{바닥면적}}{\text{최대방수구역 바닥면적}} = \frac{300}{100} = 3\text{개}$$

해답 일제 개방밸브 수 $N = 3$개

4 헤드 개수

$N = 1$구역의 헤드 수 $\times$ 방수구역 수 $= 34 \times 3 = 102$개

$$1\text{구역의 헤드 수 } N_1 = \frac{\text{토출량}[l/\text{min}]}{\text{표준방수량}[l/\text{min}]}$$

$$= \frac{2{,}000}{60} = 33.3 \quad \therefore 34\text{개}$$

해답 헤드 수 $N = 102$개

49 **1 케이블트레이**

$$Q = A[\text{m}^2] \times 12[l/\text{min} \cdot \text{m}^2] \times 20[\text{min}]$$
$$= 40 \times 12 \times 20 = 9{,}600[l] = 9.6[\text{m}^3]$$

2 컨베이어벨트

$$Q = A[\text{m}^2] \times 10[l/\text{min} \cdot \text{m}^2] \times 20[\text{min}]$$
$$= 20 \times 10 \times 20 = 4{,}000[l] = 4[\text{m}^3]$$

해답 케이블 트레이 $Q = 9.6[\text{m}^3]$

해답 컨베이어벨트 $Q = 4[\text{m}^3]$

50 수원 $Q = A[\text{m}^2] \times 6[l/\text{min} \cdot \text{m}^2] \times 3 \times 40[\text{min}]$

$$= 25 \times 6 \times 6 \times 3 \times 40$$
$$= 108{,}000[l] = 108[\text{m}^3]$$

해답 수원 $Q = 108[\text{m}^3]$

51 (1) 토출량$[l/\text{min}]$

$$Q = A[\text{m}^2] \times 20[l/\text{min} \cdot \text{m}^2] = 150 \times 20 = 3{,}000[l/\text{min}]$$

(2) 수원$[\text{m}^3]$

$$Q = A[\text{m}^2] \times 20[l/\text{min} \cdot \text{m}^2] \times 30[\text{min}]$$
$$= 150 \times 20 \times 30 = 90{,}000[l] = 90[\text{m}^3]$$

해답 토출량 $Q = 3{,}000[l/\text{min}]$
수원 $Q = 90[\text{m}^3]$

52 (1) 방출계수 $K = \dfrac{Q}{\sqrt{10P}} = \dfrac{60}{\sqrt{10 \times 0.35}} = 32.07 \quad \therefore K = 32$

(2) D점

① 압력 $P_D = P_E + \Delta P_{DE}$

$$= 0.35 + 6 \times 10^4 \times \frac{60^2}{100^2 \times 25^5} \times 8 = 0.37[\text{MPa}]$$

② 유량 $Q_D = K\sqrt{10P_D} = 32\sqrt{10 \times 0.37} = 61.55[l/\text{min}]$

(3) C점

① C−D 구간

㉠ 압력 $P_C = P_D + \Delta P_{CD}$

$$= 0.37 + 6 \times 10^4 \times \frac{(60 + 61.55)^2}{100^2 \times 25^5} \times 4$$
$$= 0.41[\text{MPa}]$$

㉡ 유량 $Q_{CD} = Q_E + Q_D = 60 + 61.55 = 121.55[l/\text{min}]$

② C－F 구간 : C－F 구간 유량을 알 수 없으므로 F점을 E점과 동일하게 적용

㉠ 유량 $Q_F = 60[l/\text{min}]$, 압력 $P_F = 0.35[\text{MPa}]$

㉡ C점 압력 $P_C = P_F + \Delta P_{CF}$

$$= 0.35 + 6 \times 10^4 \times \frac{60^2}{100^2 \times 25^5} \times 4$$

$$= 0.36[\text{MPa}]$$

㉢ 유량 보정 : C점의 실제압력은 0.41[MPa]

$Q_1 : Q_2 = k\sqrt{10P_1} : k\sqrt{10P_2}$

$$Q_2 = \frac{\sqrt{10P_2}}{\sqrt{10P_1}} \times Q_1 = \frac{\sqrt{10 \times 0.41}}{\sqrt{10 \times 0.36}} \times 60$$

$$= 64.03[l/\text{min}]$$

③ $Q_C = Q_{CD} + Q_{CF}$

$$= 121.55 + 64.03 = 185.58[l/\text{min}]$$

(4) B점

① 압력 $P_B = P_C + \Delta P_{BC}$

$$= 0.41 + 6 \times 10^4 \times \frac{185.58^2}{100^2 \times 40^5} \times 10 = 0.43[\text{MPa}]$$

② 유량 $Q_B = Q_{BC} + Q_{B'}$($Q_{B'}$: B점에서 양쪽 가지관으로 흐르는 유량)

㉠ $Q_{B'}$ 계산

$Q_{BC} : Q_{B'} = k\sqrt{10P_1} : k\sqrt{10P_2}$

$$Q_{B'} = \frac{\sqrt{10P_2}}{\sqrt{10P_1}} \times Q_{BC} = \frac{\sqrt{10 \times 0.43}}{\sqrt{10 \times 0.41}} \times 185.58$$

$$= 190.05[l/\text{min}]$$

㉡ $Q_B = Q_{BC} + Q_{B'}$

$$= 185.58 + 190.05 = 375.63[l/\text{min}]$$

(5) A점

① $Q_A = 375.63[l/\text{min}]$

② $P_A = P_B + \Delta P_{AB} = 0.43 + 6 \times 10^4 \times \dfrac{375.63^2}{100^2 \times 65^5} \times 20$

$$= 0.44[\text{MPa}]$$

해답 유량 $Q_A = 375.63[l/\text{min}]$
압력 $P_A = 0.44[\text{MPa}]$

53 **1 최고주위온도 [℃]**

$T_a = 0.9T_m - 27.3 = 0.9 \times 79 - 27.3 = 43.8$[℃]

해답 최고주위온도
$T_a = 43.8$[℃]

2 수원 [m³]

$Q = NDTS + V = 30 \times 0.05 \times 60 \times 1.2 + 0.07 = 108.07[\text{m}^3]$

해답 수원 $Q = 108.07[\text{m}^3]$

54 **1 포헤드 수**

$N = N_1 \times N_2 = 6 \times 4 = 24$개

① $S = 2R\cos 45° = 2 \times 2.1 \times \cos 45° = 2.96$ ∴ 3[m]

② 가로열 개수 $N_1 = \dfrac{\text{가로길이}}{S} = \dfrac{18}{3} = 6$ ∴ 6개

③ 세로열 개수 $N_2 = \dfrac{\text{세로길이}}{S} = \dfrac{10}{3} = 3.3$ ∴ 4개

해답 포헤드 수 $N = 24$개

2 토출량 [l/min]

$Q = N \times Q_s[l/\text{min}] = 24 \times 35 = 840[l/\text{min}]$

해답 토출량 $Q = 840[l/\text{min}]$

3 수원 [m³]

$Q = N \times Q_s[l/\text{min}] \times 10[\text{min}]$

$= 24 \times 35 \times 10 = 8{,}400[l] = 8.4[\text{m}^3]$

해답 수원 $Q = 8.4[\text{m}^3]$

55 (1) 포수용액 방출량[l/min]

$Q[l/\text{min}] = V[\text{m}^3] \times K[l/\text{min} \cdot \text{m}^3]$

$= 3{,}000 \times 0.28 = 840[l/\text{min}]$

① 관포체적 $V = 50 \times 20 \times 3 = 3{,}000[\text{m}^3]$

② 포수용액 방출량 $K = 0.28[l/\text{min} \cdot \text{m}^3]$

(2) 고정포방출구 수

$N = \dfrac{\text{바닥면적}}{\text{기준면적}} = \dfrac{50 \times 20}{500} = 2$개

해답 포수용액 방출량
$Q = 840[l/\text{min}]$
고정포방출구 수 $N = 2$개

56 **[풀이 1]**

$Q = A[\text{m}^2] \times q'[l/\text{min} \cdot \text{m}^2] \times 10[\text{min}]$

$= 17 \times 22 \times 3 \times 10 = 11{,}220[l]$

$= 11{,}220[l] = 11.22[\text{m}^3]$

방호면적 A =가로×세로 $= (5+6+6) \times (10+6+6) = 374[\text{m}^2]$

[풀이 2]

$$Q = A[m^2] \times q'[l/min \cdot m^2] \times 10[min]$$
$$= 343.09 \times 3 \times 10$$
$$= 10{,}292.7[l] = 10.29[m^3]$$

① 방호면적 $A = A_1 + A_2 = 230 + 113.09 = 343.09[m^2]$

② $A_1 = (L_1 \times L_2) + (L_1 \times 3H \times 2) + (L_2 \times 3H \times 2)$

$= (5 \times 10) + (5 \times 6 \times 2) + (10 \times 6 \times 2) = 230[m^2]$

③ $A_2 = \dfrac{\pi D^2}{4} = \dfrac{\pi \times (6H)^2}{4} = \dfrac{\pi \times (6 \times 2)^2}{4} = 113.09[m^2]$

Check **고정포 방출구의 종류**

I 형	고정지붕구조의 탱크에 상부포주입법(고정포방출구를 탱크옆판의 상부에 설치하여 액표면상에 포를 방출하는 방법을 말한다.)을 이용하는 것으로서 방출된 포가 액면 아래로 몰입되거나 액면을 뒤섞지 않고 액면 상을 덮을 수 있는 통 또는 미끄럼판 등의 설비 및 탱크 내의 위험물증기가 외부로 역류되는 것을 저지할 수 있는 구조 · 기구를 갖는 포방출구	I형 방출구 Foam Trough
II 형	고정지붕구조 또는 부상덮개 부착 고정지붕구조(옥외저장탱크의 액상에 금속제의 플로팅, 팬 등의 덮개를 부착한 고정지붕구조의 것을 말한다.)의 탱크에 상부포주입법을 이용하는 것으로서 방출된 포가 탱크 옆판의 내면을 따라 흘러내려 가면서 액면 아래로 몰입되거나 액면을 뒤섞지 않고 액면 상을 덮을 수 있는 반사판 및 탱크내의 위험물증기가 외부로 역류되는 것을 저지할 수 있는 구조 · 기구를 갖는 포방출구	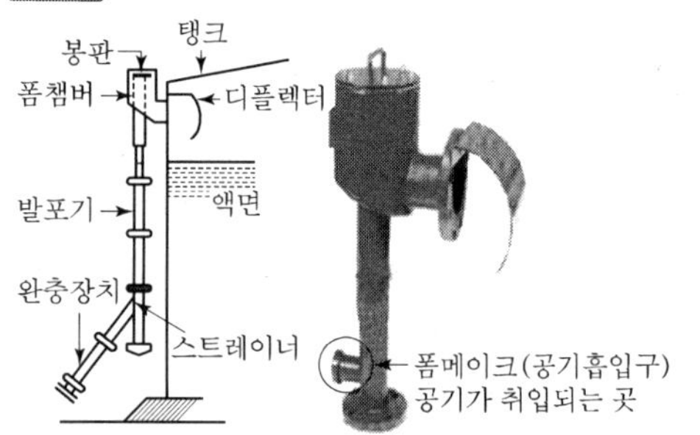
III 형	고정지붕구조의 탱크에 저부포주입법(탱크의 액면하에 설치된 포방출구로부터 포를 탱크 내에 주입하는 방법을 말한다.)을 이용하는 것으로서 송포관(발포기 또는 포발생기에 의하여 발생된 포를 보내는 배관을 말한다. 당해 배관으로 탱크내의 위험물이 역류되는 것을 저지할 수 있는 구조 · 기구를 갖는 것에 한한다.)으로부터 포를 방출하는 포방출구	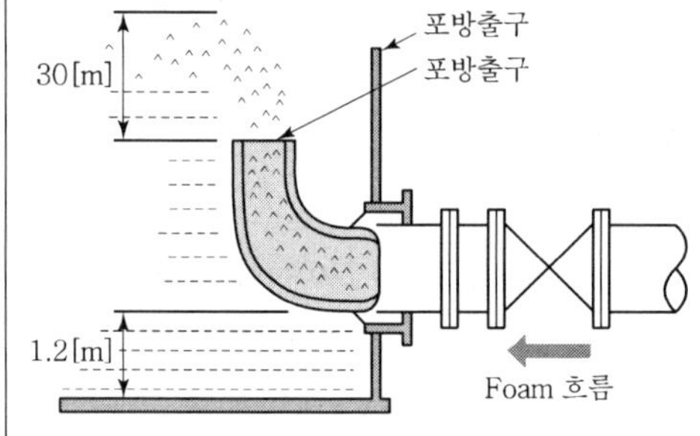

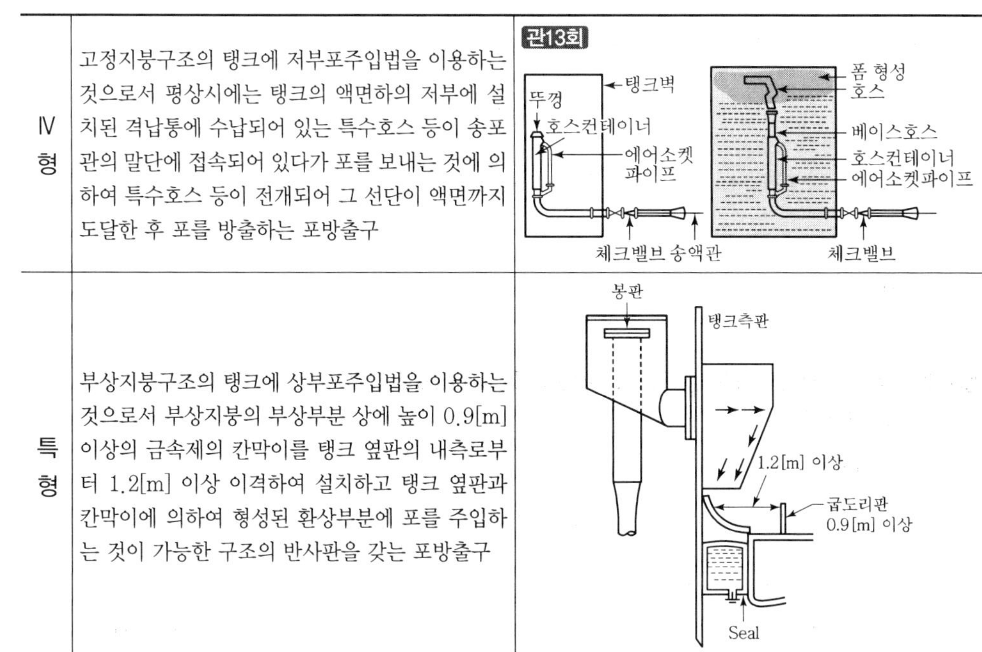

Ⅳ형	고정지붕구조의 탱크에 저부포주입법을 이용하는 것으로서 평상시에는 탱크의 액면하의 저부에 설치된 격납통에 수납되어 있는 특수호스 등이 송포관의 말단에 접속되어 있다가 포를 보내는 것에 의하여 특수호스 등이 전개되어 그 선단이 액면까지 도달한 후 포를 방출하는 포방출구	관13회
특형	부상지붕구조의 탱크에 상부포주입법을 이용하는 것으로서 부상지붕의 부상부분 상에 높이 0.9[m] 이상의 금속제의 칸막이를 탱크 옆판의 내측로부터 1.2[m] 이상 이격하여 설치하고 탱크 옆판과 칸막이에 의하여 형성된 환상부분에 포를 주입하는 것이 가능한 구조의 반사판을 갖는 포방출구	

옥외 탱크저장소의 고정포 방출구 수[위험물안전관리에 관한 세부기준(제133조)]

탱크의 구조 및 포방출구의 종류 / 탱크직경	포 방 출 구 의 개 수			
	고정지붕구조		부상덮개부착 고정지붕구조	부상지붕 구조
	Ⅰ형 또는 Ⅱ형	Ⅲ형 또는 Ⅳ형	Ⅱ형	특형
13[m] 미만	2	1	2	2
13[m] 이상 19[m] 미만			3	3
19[m] 이상 24[m] 미만			4	4
24[m] 이상 35[m] 미만		2	5	5
35[m] 이상 42[m] 미만	3	3	6	6
42[m] 이상 46[m] 미만	4	4	7	7
46[m] 이상 53[m] 미만	6	6	8	8
53[m] 이상 60[m] 미만	8	8	10	10
60[m] 이상 67[m] 미만	왼쪽 란에 해당하는 직경의 탱크에는 Ⅰ형 또는 Ⅱ형의 포방출구를 8개 설치하는 것 외에, 오른쪽 란에 표시한 직경에 따른 포방출구의 수에서 8을 뺀 수의 Ⅲ형 또는 Ⅳ형의 포방출구를 폭 30[m]의 환상부분을 제외한 중심부의 액표면에 방출할 수 있도록 추가로 설치할 것	10		
67[m] 이상 73[m] 미만		12		12
73[m] 이상 79[m] 미만		14		
79[m] 이상 85[m] 미만		16		14
85[m] 이상 90[m] 미만		18		
90[m] 이상 95[m] 미만		20		16
95[m] 이상 99[m] 미만		22		
99[m] 이상		24		18

(주) III형의 포방출구를 이용하는 것은 온도 20[℃]의 물 100[g]에 용해되는 양이 1[g] 미만인 위험물(이하 "비수용성"이라 한다.) 이면서 저장온도가 50[℃] 이하 또는 동점도(動粘度)가 100[cSt] 이하인 위험물을 저장 또는 취급하는 탱크에 한하여 설치 가능하다.

57 폼챔버 1개의 방출량 $= \dfrac{\text{폼챔버 방출량}[l/\text{min}]}{\text{폼챔버 수}}$

$$= \frac{2{,}123.72}{2} = 1{,}061.86[l/\text{min}]$$

① 폼챔버 방출량 $Q = A[\text{m}^2] \times q'[l/\text{min} \cdot \text{m}^2] = \dfrac{\pi \times 26^2}{4} \times 4$

$$= 2{,}123.72[l/\text{min}]$$

② 폼챔버 수 $N = 2$개

해답 설치 가능한 폼챔버 $= 1{,}250[l/\text{min}]$

58 **1 각 옥외저장탱크에 필요한 포수용액의 양 [l/min]**

① 원유탱크

$$Q = A[\text{m}^2] \times q[l/\text{min} \cdot \text{m}^2]$$
$$= \frac{\pi}{4}(D^2 - d^2) \times q = \frac{\pi}{4}(16^2 - 14.8^2) \times 8$$
$$= 232.23[l/\text{min}]$$

② 등유탱크

$$Q = A[\text{m}^2] \times q[l/\text{min} \cdot \text{m}^2] = \frac{\pi D^2}{4} \times q = \frac{\pi \times 10^2}{4} \times 4$$
$$= 314.16[l/\text{min}]$$

해답 원유탱크 $Q = 232.23[l/\text{min}]$
등유탱크 $Q = 314.16[l/\text{min}]$

2 각 옥외저장탱크에 필요한 포원액의 양 [l]

① 원유탱크

$$Q = A[\text{m}^2] \times q[l/\text{min} \cdot \text{m}^2] \times T[\text{min}] \times S$$
$$= 232.23 \times 30 \times 0.03 = 209[l]$$

② 등유탱크

$$Q = A[\text{m}^2] \times q[l/\text{min} \cdot \text{m}^2] \times T[\text{min}] \times S$$
$$= 314.16 \times 30 \times 0.03 = 282.74[l]$$

해답 원유탱크 $Q = 209[l]$
등유탱크 $Q = 282.74[l]$

3 보조포소화전에 필요한 포수용액의 양 [l/min]

$$Q = N \times 400[l/\text{min}] = 3 \times 400 = 1{,}200[l/\text{min}]$$

해답 포수용액의 양 $Q = 1{,}200[l/\text{min}]$

4 보조포소화전에 필요한 포원액의 양 [l]

$$Q = N \times 400[l/\text{min}] \times 20[\text{min}] \times S$$
$$= 1{,}200 \times 20 \times 0.03 = 720[l]$$

해답 포원액의 양 $Q = 720[l]$

5 각 송액배관의 구경 [mm]

(단, 배관구경은 40 · 50 · 65 · 80 · 100 · 125 · 150을 적용할 것)

① $D_1 = 2.66\sqrt{Q_1} = 2.66 \times \sqrt{1,514.16} = 103.51$ ∴ 125[mm]

(Q_1 = 저장탱크 최대량 + 보조포소화전 필요량(3개)

$= 314.16 + (3 \times 400) = 1,514.16[l/\text{min}]$)

② $D_2 = 2.66\sqrt{Q_2} = 2.66 \times \sqrt{1,032.23} = 85.46$ ∴ 100[mm]

(Q_2 = 원유탱크 필요량 + 보조포소화전 필요량(2개)

$= 232.23 + (2 \times 400) = 1,032.23[l/\text{min}]$)

③ $D_3 = 2.66\sqrt{Q_3} = 2.66 \times \sqrt{632.23} = 66.88$ ∴ 80[mm]

(Q_3 = 원유탱크 필요량 + 보조포소화전 필요량(1개)

$= 232.23 + (1 \times 400) = 632.23[l/\text{min}]$)

④ $D_4 = 2.66\sqrt{Q_4} = 2.66 \times \sqrt{1,114.16} = 88.8$ ∴ 100[mm]

(Q_4 = 등유탱크 필요량 + 보조포소화전 필요량(2개)

$= 314.16 + (2 \times 400) = 1,114.16[l/\text{min}]$)

⑤ $D_5 = 2.66\sqrt{Q_5} = 2.66 \times \sqrt{714.16} = 71.1$ ∴ 80[mm]

(Q_5 = 등유탱크필요량 + 보조포소화전필요량(1개)

$= 314.16 + (1 \times 400) = 714.16[l/\text{min}]$)

⑥ $D_6 = 2.66\sqrt{Q_6} = 2.66 \times \sqrt{400} = 53.2$ ∴ 65[mm]

(Q_6 = 보조포소화전 필요량(1개) $= 1 \times 400 = 400[l/\text{min}]$)

해답 ① $D_1 = 125$[mm]
② $D_2 = 100$[mm]
③ $D_3 = 80$[mm]
④ $D_4 = 100$[mm]
⑤ $D_5 = 80$[mm]
⑥ $D_6 = 65$[mm]

6 송액관에 충전하기 위하여 필요한 포약제의 양 [l]

① 가장 먼 탱크까지의 송액관(내경 75[mm] 이하의 송액관을 제외한다.)에 충전하기 위하여 필요한 양

② 저장탱크별 길이

㉠ 원유탱크 = ① + ② + ③ = 20 + 10 + 50 = 80[m]

㉡ 등유탱크 = ① + ④ + ⑤ = 20 + 100 + 20 = 140[m]

∴ 등유탱크를 기준으로 계산

③ $Q = (A_1 \cdot L_1 + A_4 \cdot L_4 + A_5 \cdot L_5) \times S$

$$= \left\{\left(\frac{\pi \times 0.125^2}{4} \times 20\right) + \left(\frac{\pi \times 0.1^2}{4} \times 100\right) + \left(\frac{\pi \times 0.08^2}{4} \times 20\right)\right\} \times 0.03$$

$= 0.03394[\text{m}^3] = 33.94[l]$

해답 포약제의 양 $Q = 33.94[l]$

7 포소화설비에 필요한 포약제의 양 [l]

① 포약제의 양=고정포방출구에서 방출하기 위하여 필요한 양(원유탱크와 등유탱크 중 최대량)+보조포소화전에서 방출하기 위하여 필요한 양(최대 3개)+가장 먼 탱크까지의 송액관(내경 75[mm] 이하의 송액관을 제외한다.)에 충전하기 위하여 필요한 양

② $Q = 282.74 + 720 + 33.94 = 1{,}036.68[l]$

해답 포약제의 양
$Q = 1{,}036.68[l]$

참고 **위험물 탱크의 종류**

1. Cone roof tank(고정 지붕구조 탱크)
   ① 원뿔형의 탱크로서 증기압이 낮은 제품을 저장하는 탱크로 지붕이 고정되어 있다.
   ② 탱크 액면의 표면적을 기준으로 약제량을 계산한다.
   ③

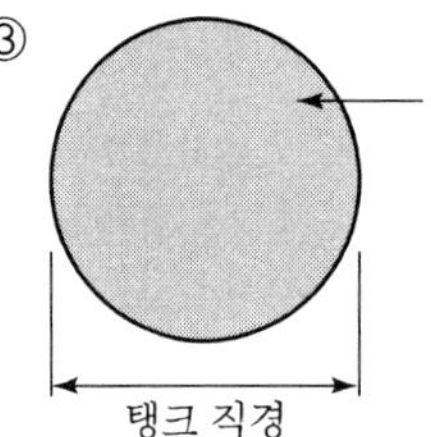

$$A = \frac{\pi D^2}{4} = \pi r^2 [m^2]$$

㉠ D : 탱크 직경[m]
㉡ r : 탱크 반지름[m]

2. Floating roof tank(부상 지붕구조 탱크)
   ① 휘발성의 위험물을 대량으로 저장하는 탱크에 적용한다.
   ② 부상형 지붕구조로 환상부분의 면적에 대해서만 약제량을 계산한다.
   ③

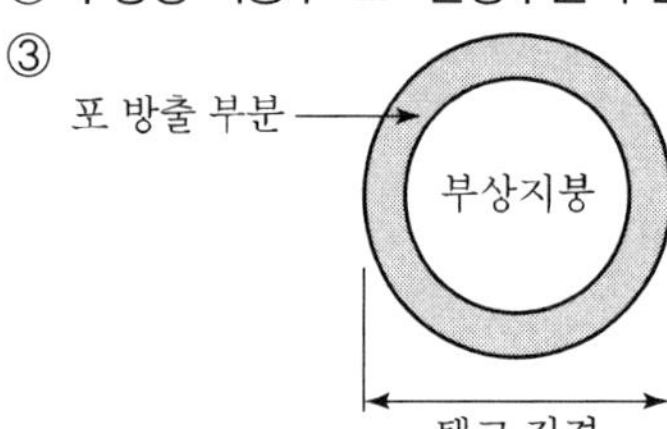

$$A = \frac{\pi}{4}(D^2 - d^2)[m^2]$$

㉠ D : 탱크 직경[m]
㉡ d : 부상지붕 직경[m]
($d = D -$ 굽도리판 간격$\times 2$)

59 **1 포약제의 양**

Q=고정포방출구에서 방출하기 위하여 필요한 양(Q_1)
+보조포소화전에서 방출하기 위하여 필요한 양(Q_2)
+송액관에 충전하기 위하여 필요한 양(Q_3)

① 고정포방출구에서 방출하기 위하여 필요한 양[l]
㉠ 휘발유 저장탱크

$$Q_1 = A[\mathrm{m}^2] \times q[l/\mathrm{min} \cdot \mathrm{m}^2] \times T[\mathrm{min}] \times S$$

$$= \frac{\pi}{4} \times (16^2 - 14.8^2) \times 8 \times 30 \times 0.03 = 209[l]$$

㉡ 중유 저장탱크

$$Q_1 = A[\mathrm{m}^2] \times q[l/\mathrm{min} \cdot \mathrm{m}^2] \times T[\mathrm{min}] \times S$$

$$= \frac{\pi}{4} \times 12^2 \times 4 \times 25 \times 0.03 = 339.29[l]$$

㉢ 둘 중 큰 값을 적용하므로 $Q_1 = 339.29[l]$

② 보조포소화전에서 방출하기 위하여 필요한 양[l]

$$Q_2 = N \times 400[l/\mathrm{min}] \times 20[\mathrm{min}] \times S$$

$$= 3 \times 400 \times 20 \times 0.03 = 720[l]$$

③ 송액관에 충전하기 위하여 필요한 양

$Q_3 = 0$(조건에서 고려하지 않는다고 하였으므로)

④ 포약제의 양 $Q = Q_1 + Q_2 = 339.29 + 720 = 1{,}059.29[l]$

해답 포약제의 양 $Q = 1{,}059.29[l]$

❷ 방유제 높이 [m]를 계산하시오.

① 방유제 전체 체적[m^3]=방유제 바닥면적[m^2]×방유제 높이[m]

② 방유제 용량(V_1)

=방유제 전체 체적−전체 탱크 기초부분의 체적(V_2)

−최대 탱크 외의 탱크의 방유제 높이까지 체적(V_3)

③ 방유제 전체 체적

=방유제 용량(V_1)+전체 탱크 기초부분의 체적(V_2)

+최대 탱크 외의 탱크의 방유제 높이까지 체적(V_3)

㉠ V_1= 최대 탱크 용량의 110[%] $= 1{,}900 \times 1.1 = 2{,}090[\mathrm{m}^3]$

㉡ $V_2 = \left(\frac{\pi \times 20^2}{4} \times 0.3\right) + \left(\frac{\pi \times 14^2}{4} \times 0.3\right) = 140.43[\mathrm{m}^3]$

㉢ $V_3 = \frac{\pi \times 12^2}{4} \times (H - 0.3) = 113.1H - 33.93[\mathrm{m}^3]$

④ $1{,}500 \times H = 2{,}090 + 140.43 + 113.1H - 33.93$

$1{,}500H - 113.1H = 2{,}090 + 140.43 - 33.93$

$$H = \frac{2{,}090 + 140.43 - 33.93}{1{,}500 - 113.1} = 1.583[\mathrm{m}]$$

$\therefore H = 1.58[\mathrm{m}]$

해답 방유제 높이 $H = 1.58[\mathrm{m}]$

참고 **옥외탱크저장소의 위치 · 구조 및 설비의 기준[위험물안전관리법 시행규칙 별표 6]**

Ⅸ. 방유제

1. 방유제의 용량은 방유제 안에 설치된 탱크가 하나인 때에는 그 탱크 용량의 110[%] 이상, 2기 이상인 때에는 그 탱크 중 용량이 최대인 것의 용량의 110[%] 이상으로 할 것. 이 경우 방유제의 용량은 당해 방유제의 내용적에서 용량이 최대인 탱크 외의 탱크의 방유제 높이 이하 부분의 용적, 당해 방유제 내에 있는 모든 탱크의 지반면 이상 부분의 기초의 체적, 간막이 둑의 체적 및 당해 방유제 내에 있는 배관 등의 체적을 뺀 것으로 한다.
2. 방유제의 높이는 0.5[m] 이상 3[m] 이하로 할 것
3. 방유제 내의 면적은 8만[m^2] 이하로 할 것

Check **고정포방출구방식의 포소화약제의 저장량**

포소화약제의 저장량 $Q[l]=$ ❶+❷+❸

❶ 고정포방출구에서 방출하기 위하여 필요한 양

$Q[l]=A\times Q_1\times T\times S$

여기서, Q : 포소화약제의 양[l]

A : 탱크의 액 표면적[m^2]

Q_1 : 단위 포소화수용액의 양[l/min · m^2]

T : 방사시간[min]

S : 포소화약제의 사용농도[%]

참고 **A : 탱크의 액표면적[m^2]**

1. 콘루프 탱크 $A=\dfrac{\pi D^2}{4}$
2. 플루팅루프 탱크 $A=\dfrac{\pi}{4}(D^2-d^2)$

❷ 보조소화전에서 방출하기 위하여 필요한 양

$Q[l]=N\times 8{,}000\times S$

여기서, Q : 포소화약제의 양[l]

N : 호스 접결구 수(3개 이상인 경우는 3, 쌍구형인 경우 2개를 적용)

S : 포소화약제의 사용 농도[%]

8,000 : 400[l/min]×20[min]

❸ 가장 먼 탱크까지의 송액관(내경 75[mm] 이하의 송액관을 제외한다.)에 충전하기 위하여 필요한 양

$Q[l]=A\times L\times 1{,}000\times S$

여기서, Q : 포소화약제의 양[l]

A : 배관의 단면적[m^2]$\left(=\dfrac{\pi D^2}{4}\right)$

L : 배관의 길이[m]

S : 포소화약제의 사용 농도[%]

60 **1 고정포방출구의 포소화약제의 양 [l]**

$Q_1 = A[\text{m}^2] \times q[l/\text{min} \cdot \text{m}^2] \times T[\text{min}] \times S$

$= \frac{\pi}{4} \times 15^2 \times 220 \times 0.03 = 1{,}166.32[l]$

해답 고정포방출구의 포화약제의 양 $Q_1 = 1{,}166.32[l]$

2 보조포소화전의 포소화약제의 양 [l]

$Q_2 = N \times 8{,}000[l] \times S = 3 \times 8{,}000 \times 0.03 = 720[l]$

해답 보조포소화전의 포소화약제의 양 $Q_2 = 720[l]$

3 송액관의 포소화약제의 양 [l]

$Q_3 = A[\text{m}^2] \times L[\text{m}] \times 1{,}000 \times S = \frac{\pi \times 0.1^2}{4} \times 500 \times 1{,}000 \times 0.03$

$= 117.8[l]$

해답 송액관의 포소화약제의 양 $Q_3 = 117.8[l]$

4 포소화약제의 총 저장량 [l]

$Q = Q_1 + Q_2 + Q_3 = 1{,}166.32 + 720 + 117.8 = 2{,}004.12[l]$

해답 포소화약제의 총 저장량 $Q = 2{,}004.12[l]$

61 **1 포약제량 [l]**

$Q = Q_1 + Q_2 = 1{,}563.46 + 1{,}440 = 3{,}003.46[l]$

① 고정포방출구의 포소화약제의 양

$Q_1 = A[\text{m}^2] \times q[l/\text{min} \cdot \text{m}^2] \times T[\text{min}] \times S$

$= \frac{\pi}{4} \times (30^2 - 27.6^2) \times 8 \times 30 \times 0.06 = 1{,}563.46[l]$

② 보조포소화전의 포소화약제의 양

$Q_2 = N \times 8{,}000[l] \times S = 3 \times 8{,}000 \times 0.06 = 1{,}440[l]$

③ 송액관의 포소화약제의 양

$Q_3 = 0$ ($\because$ 내경 75[mm] 이하는 제외)

해답 포약제의 양 $Q = 3{,}003.46[l]$

2 포수용액의 양 [m^3]

$Q = (Q_1 + Q_2) \times 10^{-3} = (26{,}057.67 + 24{,}000) \times 10^{-3} = 50.057$

$\therefore 50.06[\text{m}^3]$

① 고정포방출구의 포수용액의 양

$Q_1 = A[\text{m}^2] \times q[l/\text{min} \cdot \text{m}^2] \times T[\text{min}]$

$= \frac{\pi}{4} \times (30^2 - 27.6^2) \times 8 \times 30 = 26{,}057.67[l]$

② 보조포소화전의 포수용액의 양

$Q_2 = N \times 8{,}000[l] = 3 \times 8{,}000 = 24{,}000[l]$

해답 포수용액의 양 $Q = 50.06[\text{m}^3]$

62 **1 포약제량 [l]**

$Q = Q_1 + Q_2 + Q_3 = 1{,}911.34 + 720 + 121.93 = 2{,}753.27$

$\therefore$ 2,753[l]

① 고정포방출구의 포소화약제의 양

$$Q_1 = A[\text{m}^2] \times q[l/\text{min} \cdot \text{m}^2] \times T[\text{min}] \times S$$

$$= \frac{\pi}{4} \times 26^2 \times 4 \times 30 \times 0.03 = 1{,}911.34[l]$$

② 보조포소화전의 포소화약제의 양

$$Q_2 = N \times 8{,}000[l] \times S = 3 \times 8{,}000 \times 0.03 = 720[l]$$

③ 송액관의 포소화약제의 양

$$Q_3 = \{(A_1[\text{m}^2] \times L_1[\text{m}]) + (A_2[\text{m}^2] \times L_2[\text{m}])\} \times 1{,}000 \times S$$

$$= \left\{\left(\frac{\pi \times 0.1^2}{4} \times 330\right) + \left(\frac{\pi \times 0.125^2}{4} \times 120\right)\right\} \times 1{,}000 \times 0.03$$

$$= 121.93[l]$$

해답 포약제량 $Q = 2{,}753[l]$

2 프로포셔너 방출량 [l/min]

$Q = Q_1 + Q_2 = 2{,}124 + 1{,}200 = 3{,}324[l/\text{min}]$

① 고정포방출구의 방출량

$$Q_1 = A[\text{m}^2] \times q[l/\text{min} \cdot \text{m}^2] = \frac{\pi}{4} \times 26^2 \times 4 = 2{,}123.726$$

$\therefore$ 2,124[l/min]

② 보조포소화전의 방출량

$$Q_2 = N \times 400[l/\text{min}] = 3 \times 400 = 1{,}200[l/\text{min}]$$

해답 프로포셔너 방출량 $Q = 3{,}324[l/\text{min}]$

3 펌프의 주배관, 폼챔버의 주배관, 보조포소화전의 주배관의 내경 [mm]

① 펌프 주배관의 내경

$D = 2.66\sqrt{Q} = 2.66 \times \sqrt{3{,}324} = 153.36$ $\therefore$ 153[mm]

② 폼챔버 주배관의 내경

$D = 2.66\sqrt{Q} = 2.66 \times \sqrt{2{,}124} = 122.6$ $\therefore$ 123[mm]

③ 보조포소화전의 내경

$D = 2.66\sqrt{Q} = 2.66 \times \sqrt{1{,}200} = 92.15$ $\therefore$ 92[mm]

해답

① 펌프 주배관의 내경 $D = 153[\text{mm}]$

② 폼챔버 주배관의 내경 $D = 123[\text{mm}]$

③ 보조포소화전 주배관의 내경 $D = 92[\text{mm}]$

63 **1 포소화약제 저장량 [l]**

$Q = Q_1 + Q_2 + Q_3 = 12{,}699.89 + 1{,}440 + 186.05 = 14{,}325.94[l]$

① 고정포방출구의 포소화약제의 양

$Q_1 = A[\text{m}^2] \times q[l/\text{min} \cdot \text{m}^2] \times T[\text{min}] \times S$

$= \frac{\pi}{4} \times 35^2 \times 4 \times 55 \times 0.06 = 12{,}699.89[l]$

② 보조포소화전의 포소화약제의 양

$Q_2 = N \times 8{,}000[l] \times S = 3 \times 8{,}000 \times 0.06 = 1{,}440[l]$

③ 송액관의 포소화약제의 양

$Q_3 = \{(A_1 \times L_1) + (A_2 \times L_2) + (A_3 \times L_3)\} \times 1{,}000 \times S$

$= \frac{\pi}{4}\{(0.15^2 \times 100) + (0.125^2 \times 80) + (0.08^2 \times 70)\}$

$\times 1{,}000 \times 0.06$

$= 186.05[l]$

해답 포소화약제 저장량
$Q = 14{,}325.94[l]$

2 혼합장치의 방출량 [l/min]

$Q = Q_1 + Q_2 = 3{,}848.45 + 1{,}200 = 5{,}048.45[l/\text{min}]$

① 고정포방출구의 방출량 $Q_1 = A[\text{m}^2] \times q[l/\text{min} \cdot \text{m}^2]$

$= \frac{\pi \times 35^2}{4} \times 4 = 3{,}848.45[l/\text{min}]$

② 보조포소화전의 방출량 $Q_2 = N \times 400[l/\text{min}] = 3 \times 400$

$= 1{,}200[l/\text{min}]$

해답 혼합장치 방출량
$Q = 5{,}048.45[l/\text{min}]$

64 **1 포수용액의 양 [l], 포약제의 양 [l], 수원의 양 [l]**

① 포수용액의 양

$Q = A[\text{m}^2] \times q[l/\text{min} \cdot \text{m}^2] \times \text{T}[\text{min}]$

$= \frac{\pi}{4} \times (40^2 - 35^2) \times 10 \times 20 = 58{,}904.86 \quad \therefore 58{,}904.9[l]$

② 포약제의 양

$Q = A[\text{m}^2] \times q[l/\text{min} \cdot \text{m}^2] \times T[\text{min}] \times S$

$= \frac{\pi}{4} \times (40^2 - 35^2) \times 10 \times 20 \times 0.03 = 1{,}767.15$

$\therefore 1{,}767.2[l]$

③ 수원의 양

$Q = A[\text{m}^2] \times q[l/\text{min} \cdot \text{m}^2] \times T[\text{min}] \times 0.97$

$= \frac{\pi}{4} \times (40^2 - 35^2) \times 10 \times 20 \times 0.97 = 57{,}137.71$

$\therefore 57{,}137.7[l]$

해답
① 포수용액의 양 $Q = 58{,}904.9[l]$
② 포약제의 양 $Q = 1{,}767.2[l]$
③ 수원의 양 $Q = 57{,}137.7[l]$

2 전동기 출력 [kW]

$$P=\frac{\gamma\times Q\times H}{102\times 60\times \eta}\times K=\frac{1{,}000\times 2.86\times 100}{102\times 60\times 0.6}\times 1.1=85.68$$

$\therefore\ 85.7[\mathrm{kW}]$

① γ(비중량) $=1{,}000[\mathrm{kg_f/m^3}]$

② Q(토출량) $=A[\mathrm{m^2}]\times q[l/\mathrm{min}\cdot\mathrm{m^2}]\times 0.97$

$=\frac{\pi}{4}(40^2-35^2)\times 10\times 0.97$

$=2{,}856.89[l/\mathrm{min}]=2.86[\mathrm{m^3/min}]$

③ H(전양정) $=100[\mathrm{m}]$

④ η(효율) $=0.6$

⑤ K(전달계수) $=1.1$

해답 전동기 출력 $P=85.7[\mathrm{kW}]$

65 1 최소 포원액량 [l]

$Q=Q_1+Q_2+Q_3=648+480+4.7=1{,}132.7[l]$

① 고정포방출구의 포원액의 양

$Q_1=A[\mathrm{m^2}]\times q[l/\mathrm{min}\cdot\mathrm{m^2}]\times T[\mathrm{min}]\times S$

$=90\times 4\times 30\times 0.06=648[l]$

② 보조포소화전의 포원액의 양

$Q_2=N\times 8{,}000[l]\times S=1\times 8{,}000\times 0.06=480[l]$

③ 송액관의 포원액의 양

$Q_3=A[\mathrm{m^2}]\times L[\mathrm{m}]\times 1{,}000\times S$

$=\frac{\pi\times 0.1^2}{4}\times 10\times 1{,}000\times 0.06=4.7[l]$

해답 포원액량 $Q=1{,}132.7[l]$

2 수원의 최소량 [m³]

$Q=Q_1+Q_2=10{,}152+7{,}520=17{,}672[l]=17.7[\mathrm{m^3}]$

① Q_1 =고정포방출구에서 방출하기 위해 필요한 포수용액의 양 $\times(1-S)$

$=A[\mathrm{m^2}]\times q[l/\mathrm{m^2}\cdot\mathrm{min}]\times T[\mathrm{min}]\times(1-S)$

$=90\times 4\times 30\times 0.94=10{,}152[l]$

② Q_2 =보조포소화전에서 방출하기 위해 필요한 포수용액의 양 $\times(1-S)$

$=N\times 400[l/\mathrm{min}]\times 20[\mathrm{min}]\times(1-S)$

$=1\times 400\times 20\times 0.94=7{,}520[l]$

해답 수원의 양 $Q=17.7[\mathrm{m^3}]$

3 전동기의 최소 동력 [kW]

$$P=\frac{\gamma\times Q\times H}{102\times 60\times \eta}\times K=\frac{1,000\times 0.76\times 100}{102\times 60\times 0.6}\times 1.1=22.78$$

$\therefore$ 22.8[kW]

① γ(비중량) = 1,000[kg_f/m^3]

② Q(토출량) = 고정포방출구 토출량 + 보조포소화전 토출량

$= \{(A[m^2]\times q[l/min \cdot m^2]) + (N\times 400[l/min])\}\times 10^{-3}$

$= \{(90\times 4)+(1\times 400)\}\times 10^{-3} = 0.76[m^3/min]$

③ H(전양정) = 낙차수두 + 마찰손실수두 + 방사압력 환산수두

$= 47+18+35 = 100$

④ η(효율) = 0.6

⑤ K(전달계수) = 1.1

해답 동력 P = 22.8[kW]

66 1 포약제의 양 [l]

$Q = Q_1 + Q_2 = 282.74 + 720 = 1,002.74[l]$

① 고정포 방출구에서 필요한 양 Q_1 : 경유 탱크과 휘발유 탱크 중 최대

㉠ 경유 탱크 $= A[m^2]\times q[l/min\cdot m^2]\times T[min]\times S$

$$=\frac{\pi}{4}\times 10^2\times 4\times 30\times 0.03 = 282.74[l]$$

㉡ 휘발유 탱크 $= A[m^2]\times q[l/min\cdot m^2]\times T[min]\times S$

$$=\frac{\pi}{4}\times (15^2-13.8^2)\times 8\times 30\times 0.03 = 195.43[l]$$

㉢ $Q_1 = 282.74[l]$

② 보조포 소화전에서 필요한 양

$Q_2 = N\times q[l/min]\times T[min]\times S$

$= 3\times 400\times 20\times 0.03 = 720[l]$

해답 포약제의 양 Q = 1,002.74[l]

2 가압송수장치의 펌프 유량 [l/min]

$Q = Q_1 + Q_2 = 314.16 + 1,200 = 1,514.16[l/min]$

① 고정포 방출구에서 필요한 양 Q_1 : 경유 탱크와 휘발유 탱크 중 최대

㉠ 경유 탱크 $= A[m^2] \times q[l/min \cdot m^2] = \frac{\pi}{4} \times 10^2 \times 4$

$= 314.16[l/min]$

㉡ 휘발유 탱크 $= A[m^2] \times q[l/min \cdot m^2]$

$= \frac{\pi}{4} \times (15^2 - 13.8^2) \times 8 = 217.15[l/min]$

㉢ $Q_1 = 314.16[l/min]$

② 보조포 소화전에서 필요한 양

$Q_2 = N \times q[l/min] = 3 \times 400 = 1,200[l/min]$

해답 가압송수장치의 펌프 유량 $Q = 1,514.16[l/min]$

3 수원 [m³]

$Q = Q_1 + Q_2 = 9.14 + 23.28 = 32.42[m^3]$

① 고정포 방출구에서 필요한 양 Q_1 : 경유 탱크과 휘발유 탱크 중 최대

㉠ 경유 탱크

$= A[m^2] \times q[l/min \cdot m^2] \times T[min] \times 0.97 \times 10^{-3}$

$= \frac{\pi}{4} \times 10^2 \times 4 \times 30 \times 0.97 \times 10^{-3} = 9.14[m^3]$

㉡ 휘발유 탱크

$= A[m^2] \times q[l/min \cdot m^2] \times T[min] \times 0.97 \times 10^{-3}$

$= \frac{\pi}{4} \times (15^2 - 13.8^2) \times 8 \times 30 \times 0.97 \times 10^{-3} = 6.32[m^3]$

㉢ $Q_1 = 9.14[m^3]$

② 보조포 소화전에서 필요한 양

$Q_2 = N \times q[l/min] \times T[min] \times 0.97 \times 10^{-3}$

$= 3 \times 400 \times 20 \times 0.97 \times 10^{-3} = 23.28[m^3]$

해답 수원 $Q = 32.42[m^3]$

67 **1 최소 포소화약제 저장량 [l]**

$Q = N \times 300[l/min] \times 20[min] \times S \times 0.75$

$= 5 \times 300 \times 20 \times 0.05 \times 0.75 = 1,125[l]$

해답 최소 포소화약제 저장량 $Q = 1,125[l]$

2 차고 및 주차장에 호스릴포소화설비를 설치할 수 있는 조건

① 완전 개방된 옥상주차장 또는 고가 밑의 주차장으로서 주된 벽이 없고 기둥뿐이거나 주위가 위해 방지용 철주 등으로 둘러싸인 부분

② 지상 1층으로서 지붕이 없는 부분

3 포소화설비 기동장치에 설치하는 자동경보장치의 설치기준

① 방사구역마다 일제개방밸브와 그 일제개방밸브의 작동 여부를 발신하는 발신부를 설치할 것. 이 경우 각 일제개방밸브에 설치되는 발신부 대신 1개 층에 1개의 유수검지장치를 설치할 수 있다.

② 상시 사람이 근무하고 있는 장소에 수신기를 설치하되, 수신기에는 폐쇄형 스프링클러헤드의 개방 또는 감지기의 작동 여부를 알 수 있는 표시장치를 설치할 것

③ 하나의 소방대상물에 2 이상의 수신기를 설치하는 경우에는 수신기가 설치된 장소 상호 간에 동시 통화가 가능한 설비를 할 것

68

1 능력단위(소요단위) $= \dfrac{\text{용도별 바닥면적}}{\text{기준면적}} = \dfrac{1{,}800}{200} = 9$단위

건축물의 주요 구조부가 내화구조이고, 벽 및 반자의 실내에 면하는 부분이 불연재료 · 준불연재료 또는 난연재료로 된 특정소방대상물에 있어서는 기준면적의 2배를 해당 특정소방대상물의 기준 면적으로 한다.

해답 능력단위 : 9단위

2 고정포 방출구 최소 설치개수 $N = \dfrac{\text{바닥면적}}{\text{기준면적}} = \dfrac{1{,}800}{500} = 3.6$

∴ 4개

해답 고정포방출구 최소 설치개수 : 4개

3 ㉠ 전체 방출량[l/min]

$$Q = V[\text{m}^3] \times q'[l/\text{min} \cdot \text{m}^3]$$
$$= 1{,}800 \times (5.5 + 0.5) \times 2 = 21{,}600[l/\text{min}]$$

㉡ 고정포 방출구 1개당 최소방출량[l/min]

$$Q = \frac{21{,}600}{4} = 5{,}400[l/\text{min}]$$

해답 고정포 방출구 1개당 최소 방출량 : 5,400[l/min]

4 포 수용액량

= 고정포 방출구 방사량 + 호스릴포 방사량

$= (N \times q'[l/\text{min} \cdot \text{개}] \times 10[\text{min}])$

$\quad + (N \times 300[l/\text{min} \cdot \text{개}] \times 20[\text{min}])$

$= (4 \times 5{,}400 \times 10) + (5 \times 300 \times 20)$

$= 246{,}000[l] = 246[\text{m}^3]$

해답 포수용액량 : 246[m^3]

69 **1 Ⅱ형 포방출구의 정의**

고정지붕구조 또는 부상덮개부착고정지붕구조(옥외저장탱크의 액상에 금속제의 플로팅, 팬 등의 덮개를 부착한 고정지붕구조의 것을 말한다.)의 탱크에 상부포주입법을 이용하는 것으로서 방출된 포가 탱크 옆판의 내면을 따라 흘러내려 가면서 액면아래로 몰입되거나 액면을 뒤섞지 않고 액면상을 덮을 수 있는 반사판 및 탱크 내의 위험물 증기가 외부로 역류되는 것을 저지할 수 있는 구조·기구를 갖는 포방출구

2 소화하는 데 필요한 최소 포수용액량[l], 최소 수원의 양[l], 최소 포약제의 저장량[l]

① 최소 포수용액량[l]

㉠ 고정포 방출구에 필요한 포수용액량[l]

$$Q_1 = A[\mathrm{m}^2] \times \alpha[l/\mathrm{min} \cdot \mathrm{m}^2] \times T[\mathrm{min}] \times \text{계수}$$

$$= \frac{\pi \times 40^2}{4} \times 8 \times 30 \times 1.25$$

$$= 376{,}991.12[l]$$

㉡ 보조포소화전에 필요한 포수용액량[l]

$$Q_2 = N \times 400[l/\mathrm{min}] \times T[\mathrm{min}]$$

$$= 3 \times 400 \times 20 = 24{,}000[l]$$

㉢ 송액관 보정량에 필요한 포수용액량[l]

$$Q_3 = A[\mathrm{m}^2] \times L[\mathrm{m}] \times 1{,}000$$

$$= \frac{\pi \times 0.1^2}{4} \times 120 \times 1{,}000 = 942.48[l]$$

㉣ 최소 포수용액량[l]

$$Q = Q_1 + Q_2 + Q_3$$

$$= 376{,}991.12 + 24{,}000 + 942.48 = 401{,}933.6[l]$$

② 최소 수원의 양[l]

$$Q = \text{포수용액량} \times (1 - \text{농도})$$

$$= 401{,}933.6 \times (1 - 0.03) = 389{,}875.6[l]$$

③ 최소 포소화약재 저장량[l]

$$Q = \text{포수용액량} - \text{수원량}$$

$$= 401{,}933.6 - 389{,}875.6 = 12{,}058[l]$$

3 전동기의 출력[kW]

$$P = \frac{1{,}000 \times Q \times H}{102 \times 60 \times \eta} \times K = \frac{1{,}000 \times 13.77 \times 85}{102 \times 60 \times 0.59} \times 1.1 = 356.567$$

$\therefore\ P = 356.57[\mathrm{kW}]$

여기서,

$$Q(\text{토출량}) = \left(\frac{\pi \times 40^2}{4} \times 8 \times 1.25\right) + (3 \times 400)$$

$$= 13{,}766.4[l/\text{min}] = 13.77[\text{m}^3/\text{min}]$$

$H(\text{전양정}) = 30 + 20 + 35 = 85[\text{m}]$

$\eta(\text{효율}) = 0.87 \times 0.85 \times 0.8 = 0.59$

$K(\text{전달계수}) = 1.1$

70 **1 각 탱크별 고정포방출구의 포수용액 유량 [l/min]**

① TANK－1

$$Q_1 = A[\text{m}^2] \times q[l/\text{min} \cdot \text{m}^2] = \frac{\pi}{4} \times 20^2 \times 4$$

$$= 1{,}256.64[l/\text{min}]$$

② TANK－2

$$Q_2 = A[\text{m}^2] \times q[l/\text{min} \cdot \text{m}^2] = \frac{\pi}{4} \times (25^2 - 22.6^2) \times 8$$

$$= 717.79[l/\text{min}]$$

탱크 측판과 Foam Dam(굽도리판) 사이의 최소 간격 $d = 1.2[\text{m}]$

해답 $Q_1 = 1{,}256.64[l/\text{min}]$
$Q_2 = 717.79[l/\text{min}]$

2 보조포 소화전(최소 수량 적용)의 포수용액 유량 [l/min]

$Q_3 = N \times q[l/\text{min}] = 3 \times 400 = 1{,}200[l/\text{min}]$

해답 $Q_3 = 1{,}200[l/\text{min}]$

3 각 탱크별 물분무소화설비의 소화수 유량 [l/min]

국내 기준의 살수밀도 : $37[l/\text{min}/\text{m}]$

① TANK－1

$$Q_4 = \pi D_1[\text{m}] \times 37[l/\text{min}/\text{m}] = \pi \times 20 \times 37$$

$$= 2{,}324.78[l/\text{min}]$$

② TANK－2

$$Q_5 = \pi D_2[\text{m}] \times 37[l/\text{min}/\text{m}] = \pi \times 25 \times 37$$

$$= 2{,}905.97[l/\text{min}]$$

해답 $Q_4 = 2{,}324.78[l/\text{min}]$
$Q_5 = 2{,}905.97[l/\text{min}]$

4 전체 소화시스템에 요구되는 소화수 펌프의 유량 [m³/hr]

$$Q = \{Q_1 + Q_3\} \times 0.97 + Q_4 + Q_5$$

$$= \{1{,}256.64 + 1{,}200\} \times 0.97 + 2{,}324.78 + 2{,}905.97$$

$$= 7{,}613.69[l/\text{min}] = 456.82[\text{m}^3/\text{hr}]$$

해답 $Q = 456.82[\text{m}^3/\text{hr}]$

5 전체 소화시스템에 요구되는 소화수조의 저장용량 [m³]

$Q = Q_1 + Q_3 + Q_4 + Q_5$

$= 36{,}568.14 + 23{,}280 + 46{,}495.57 + 58{,}119.46$

$= 164{,}463.17[l] = 164.46[\mathrm{m}^3]$

① $Q_1 = A[\mathrm{m}^2] \times q[l/\mathrm{min} \cdot \mathrm{m}^2] \times T[\mathrm{min}] \times 0.97$

$= \dfrac{\pi \times 20^2}{4} \times 4 \times 30 \times 0.97 = 36{,}568.14[l]$

② $Q_3 = N \times q[l/\mathrm{min}] \times T[\mathrm{min}] \times 0.97$

$= 3 \times 400 \times 20 \times 0.97 = 23{,}280[l]$

③ $Q_4 = \pi D_1[\mathrm{m}] \times 37[l/\mathrm{min/m}] \times T[\mathrm{min}]$

$= \pi \times 20 \times 37 \times 20 = 46{,}495.57[l]$

④ $Q_5 = \pi D_2[\mathrm{m}] \times 37[l/\mathrm{min/m}] \times T[\mathrm{min}]$

$= \pi \times 25 \times 37 \times 20 = 58{,}119.46[l]$

해답 $Q = 164.46[\mathrm{m}^3]$

71

1 수원의 유효저수량 [m³]

$Q = N \times 350[l/\mathrm{min}] \times 20[\mathrm{min}]$

$= 2 \times 350 \times 20 = 14{,}000[l] = 14[\mathrm{m}^3]$

해답 $Q = 14[\mathrm{m}^3]$

2 토출량 [m³/min]

$Q = N \times 350[l/\mathrm{min}] = 2 \times 350 = 700[l/\mathrm{min}] = 0.7[\mathrm{m}^3/\mathrm{min}]$

해답 $Q = 0.7[\mathrm{m}^3/\mathrm{min}]$

3 마찰손실수두 [m]

$$H_L = f \cdot \frac{L}{D} \cdot \frac{V^2}{2g} = 0.02 \times \frac{150}{0.1} \times \frac{1.49^2}{2 \times 9.8} = 3.39[\mathrm{m}]$$

① f(관 마찰계수) $= 0.02$

② L(배관길이) $= 150[\mathrm{m}]$

③ D(배관 직경) $= 100[\mathrm{mm}] = 0.1[\mathrm{m}]$

④ $Q[\mathrm{m}^3/\mathrm{s}] = AV$ 에서, $V = \dfrac{4Q}{\pi D^2} = \dfrac{4 \times \dfrac{0.7}{60}}{\pi \times 0.1^2} = 1.49[\mathrm{m/s}]$

⑤ g(중력가속도) $= 9.8[\mathrm{m/s}^2]$

해답 $H_L = 3.4[\mathrm{m}]$

72 방수량 $Q = 0.6597 \times C \times d^2 \sqrt{10P}$

$= 0.6597 \times 0.95 \times 19^2 \sqrt{10 \times 0.3}$

$= 391.866[l/\text{min}]$

해답 $Q = 391.87[l/\text{min}]$

73 **1 옥외소화전의 개수 및 옥외소화전의 수원의 양 [m³]**

① 옥외소화전의 개수

$$N = \frac{\text{건물 둘레 길이}}{\text{기준 길이}} = \frac{155 \times 4}{80} = 7.75 \qquad \therefore \ 8\text{개}$$

② 옥외소화전의 수원의 양[m^3]

$Q = N \times 350[l/\text{min}] \times 20[\text{min}]$

$= 2 \times 350 \times 20 = 14{,}000[l] = 14[m^3]$

해답

① 옥외소화전의 개수 $N = 8$개

② 옥외소화전의 수원의 양

$Q = 14[m^3]$

2 소화수조(저수조)의 용량, 흡수관 투입구 수, 채수구 수

① 소화수조(저수조)의 용량

$Q = K \times 20 = 4 \times 20 = 80[m^3]$

여기서, $K = \dfrac{\text{소방대상물의 연면적}}{\text{기준면적}} = \dfrac{155 \times 155}{7{,}500} = 3.2$

$\therefore K = 4$

② 흡수관 투입구 수 : 소화수조(저수조)의 용량이 80[m^3]이므로, 2개 이상을 설치해야 함

③ 채수구 수 : 소화수조(저수조)의 용량이 80[m^3]이므로, 2개를 설치해야 함

해답

① 소화수조(저수조)의 용량

$Q = 80[m^3]$

② 흡수관 투입구 수 : 2개 이상

③ 채수구 수 : 2개

3 이 건축물에 설치하여야 하는 소방시설의 종류와 적용기준을 쓰시오.

① 소화기구 : 연면적 33[m^2] 이상

② 옥내소화전설비 : 연면적 3,000[m^2] 이상

③ 스프링클러설비

㉠ 무창층일 경우 바닥면적이 1,000[m^2] 이상

㉡ 문화 및 집회시설, 판매시설, 영업시설일 경우 수용인원 기준을 초과

④ 옥외소화전설비 : 1 · 2층 바닥면적의 합계가 9,000[m^2] 이상

⑤ 비상방송설비 : 연면적 3,500[m^2] 이상

⑥ 자동화재탐지설비 : 모든 용도에 대한 연면적 기준을 초과함 (비상경보설비는 자동화재탐지설비를 설치하므로 면제함)

⑦ 유도등 및 유도표지

⑧ 비상조명등 : 무창층일 경우 바닥면적이 450[m^2] 이상

⑨ 상수도소화용수설비 : 연면적 5,000[m^2] 이상
(특정소방대상물의 대지 경계선으로부터 180[m] 이내에 지름 75[mm] 이상인 상수도용 배수관이 설치되지 않은 경우에는 화재안전기준에 따른 소화수조 또는 저수조를 설치하여야 한다.)

⑩ 제연설비

㉠ 문화 및 집회시설, 종교시설, 운동시설
- 무대부의 바닥면적이 200[m^2] 이상
- 문화 및 집회시설 중 영화상영관으로서 수용인원 100명 이상

㉡ 지하층이나 무창층에 설치된 근린생활시설, 판매시설, 운수시설, 숙박시설, 위락시설 또는 창고시설(물류터미널만 해당)로서 해당 용도로 사용되는 바닥면적의 합계가 1,000[m^2] 이상

㉢ 운수시설 중 시외버스정류장, 철도 및 도시철도 시설, 공항시설 및 항만시설의 대합실 또는 휴게시설로서 지하층 또는 무창층의 바닥면적이 1,000[m^2] 이상

74 **[풀이 1]**

$$H_L = f \cdot \frac{L}{D} \cdot \frac{V^2}{2g} = 0.108 \times \frac{100}{0.2} \times \frac{2.23^2}{2 \times 9.8} = 13.7[\text{m}]$$

① $f = \frac{64}{Re\,No} = \frac{64}{594.67} = 0.1076$ $\quad\therefore 0.108$

- $Re\,No = \frac{\rho V D}{\mu} = \frac{VD}{\nu} = \frac{2.23 \times 0.2}{0.75 \times 10^{-3}} = 594.666$ $\quad\therefore 594.67$

② $V = \frac{Q}{A} = \frac{4Q}{\pi D^2} = \frac{4 \times 0.07}{\pi \times 0.2^2} = 2.228$ $\quad\therefore 2.23$

해답 $H_L = 13.7[\text{m}]$

[풀이 2]

$$H_L = f \cdot \frac{L}{D} \cdot \frac{V^2}{2g}$$

$$= \frac{64 \times \pi \times 0.2^2 \times 0.75 \times 10^{-3}}{4 \times 0.07 \times 0.2} \times \frac{100}{0.2} \times \frac{\left(\frac{4 \times 0.07}{\pi \times 0.2^2}\right)^2}{2 \times 9.8}$$

$$= 13.64[\text{m}]$$

① $f = \dfrac{64}{Re\,No} = \dfrac{64}{\dfrac{4 \times 0.07 \times 0.2}{\pi \times 0.2^2 \times 0.75 \times 10^{-3}}}$

$= \dfrac{64 \times \pi \times 0.2^2 \times 0.75 \times 10^{-3}}{4 \times 0.07 \times 0.2}$

• $Re\,No = \dfrac{\rho VD}{\mu} = \dfrac{VD}{\nu} = \dfrac{\dfrac{4 \times 0.07}{\pi \times 0.2^2} \times 0.2}{0.75 \times 10^{-3}}$

$= \dfrac{4 \times 0.07 \times 0.2}{\pi \times 0.2^2 \times 0.75 \times 10^{-3}}$

② $V = \dfrac{Q}{A} = \dfrac{4Q}{\pi D^2} = \dfrac{4 \times 0.07}{\pi \times 0.2^2}$

해답 $H_L = 13.64$[m]

75 **1 변경 전 마찰손실 ΔP_1**

$\Delta P_1 = P_A - P_B = 0.45 - 0.4 = 0.05$[MPa]

2 변경 후(유량이 2배) 마찰손실 ΔP_2

① $\Delta P \propto Q^{1.85}$

② $\Delta P_1 : \Delta PP_2 = Q_1^{1.85} : Q_2^{1.85} (Q_2 = 2Q_1)$

$\Delta P_2 = \left(\dfrac{2Q_1}{Q_1}\right)^{1.85} \times \Delta P_1 = 2^{1.85} \times 0.05 = 0.18$[MPa]

해답 $\Delta P_2 = 0.18$[MPa]

05 가스계소화설비

01 **1 할로겐화합물 소화약제**

① 농도 $C = \frac{v}{V+v} \times 100$ .... ㉠

(v : 약제부피, V : 방호구역의 체적)

② 약제부피 $v[m^3] = W[kg] \times S[m^3/kg]$ .... ㉡

③ 식 ㉠을 ㉡에 대입하면

$$C = \frac{WS}{V + (WS)} \times 100$$

$$C\{V + (WS)\} = WS\,100$$

$$CV + CWS = WS\,100$$

$$CV = WS\,100 - CWS$$

$$CV = WS(100 - C)$$

$$W = \frac{CV}{S(100-C)}[kg]$$

$$\therefore\ W = \frac{V}{S} \times \frac{C}{100-C}[kg]$$

2 불활성기체 소화약제

$e^x = \frac{100}{100-C}$ (양변에 자연 $\log_e$를 취하면)

$$\log_e e^x = \log_e\left(\frac{100}{100-C}\right)$$

$x = \frac{1}{\log_{10}e} \times \log_{10}\left(\frac{100}{100-C}\right)\left(\frac{1}{\log_{10}e} = 2.303\right)$이므로

$$x = 2.303\log_{10}\left(\frac{100}{100-C}\right)[m^3/m^3]$$

방호구역의 온도를 반영하고, 방호구역체적을 곱하면

$$\therefore\ X = 2.303\log_{10}\left(\frac{100}{100-C}\right) \times \frac{Vs}{S} \times V[m^3]$$

02 $W = \frac{V}{S} \times \frac{C}{100-C} = \frac{100}{0.1001} \times \frac{8.6}{100-8.6} = 93.9979[kg]$

① V(방호구역의 체적) $= 100[m^3]$

② S(비체적) $= K_1 + K_2 \times t = 0.0941 + (0.0003 \times 20)$

$= 0.1001[m^3/kg]$

③ C(설계농도) = 8.6[%]

해답 W= 93.9979[kg]

03 $W = \dfrac{V}{S} \times \dfrac{C}{100 - C} = \dfrac{80}{0.2589} \times \dfrac{11.05}{100 - 11.05} = 38.39$[kg]

① V(방호구역의 체적) = $5 \times 4 \times 4 = 80$[m^3]

② S(비체적) = $K_1 + K_2 \times t = 0.2413 + (0.00088 \times 20)$

= 0.2589[m^3/kg]

③ C(설계농도) = 소화농도 × 안전계수 = $8.5 \times 1.3 = 11.05$[%]

해답 W= 38.39[kg]

04 **1 약제량**

$W = \dfrac{V}{S} \times \dfrac{C}{100 - C} = \dfrac{4{,}200}{0.1473} \times \dfrac{6.96}{100 - 6.96} = 2{,}132.98$[kg]

① V(방호구역의 체적) = $600 \times 7 = 4{,}200$[m^3]

② S(비체적) = $K_1 + K_2 \times t = 0.1413 + (0.0006 \times 10)$

= 0.1473[m^3/kg]

③ C(설계농도) = 소화농도 × 안전계수 = $5.8 \times 1.2 = 6.96$[%]

해답 W= 2,132.98[kg]

2 저장용기 수

$N = \dfrac{\text{약제량[kg]}}{\text{1병당 충전량[kg/병]}} = \dfrac{2{,}132.98}{45} = 47.4$ ∴ 48병

해답 N= 48병

3 최소 유량 [kg/s]

최소 유량 = $\dfrac{\text{최소 설계농도의 95[\%]의 약제량[kg]}}{\text{방사시간[s]}}$

$= \dfrac{\dfrac{V}{S} \times \dfrac{C \times 0.95}{100 - (C \times 0.95)}}{10}$

$= \dfrac{\dfrac{4{,}200}{0.1473} \times \dfrac{6.96 \times 0.95}{100 - (6.96 \times 0.95)}}{10}$

= 201.88[kg/s]

해답 최소 유량= 201.88[kg/s]

05 **1 HCFC Blend A의 약제량[kg]과 최소 약제 저장용기 수**

① 약제량

$W = \dfrac{V}{S} \times \dfrac{C}{100 - C} = \dfrac{7{,}350}{0.2589} \times \dfrac{8.5}{100 - 8.5} = 2{,}637.26$[kg]

㉠ V(방호구역의 체적)$=35\times30\times7=7{,}350[\text{m}^3]$

㉡ S(비체적)$=K_1+K_2\times t=0.2413+(0.00088\times20)$

$=0.2589[\text{m}^3/\text{kg}]$

㉢ C(설계농도)$=8.5[\%]$

② 저장용기 수

$$N=\frac{\text{약제량[kg]}}{\text{1병당 충전량[kg/병]}}=\frac{2{,}637.26}{50}=52.7 \quad \therefore\ 53\text{병}$$

해답 $W=2{,}637.26[\text{kg}]$
$N=53$병

2 IG-541의 최소 약제 저장용기 수

$$N=\frac{\text{약제량}[\text{m}^3]}{\text{1병당 충전량}[\text{m}^3/\text{병}]}=\frac{3{,}396.58}{12}=283.04 \quad \therefore 284\text{병}$$

① 약제량 $X=2.303\log\left(\frac{100}{100-C}\right)\times\frac{V_S}{S}\times V\,(V_S=S)$

$$=2.303\log\left(\frac{100}{100-37}\right)\times7{,}350=3{,}396.58[\text{m}^3]$$

② V(방호구역의 체적)$=35\times30\times7=7{,}350[\text{m}^3]$

해답 $N=284$병

06

1 HFC-23의 저장량[kg]

$$W=\frac{V}{S}\times\frac{C}{100-C}=\frac{735}{0.3524}\times\frac{30}{100-30}=893.87[\text{kg}]$$

㉠ V(방호구역의 체적)$=15\times14\times3.5=735[\text{m}^3]$

㉡ S(비체적)$=K_1+K_2\times t=0.3164+(0.0012\times30)$

$=0.3524[\text{m}^3/\text{kg}]$

㉢ C(설계농도)$=$ 소화농도$\times$안전계수$=25\times1.2=30[\%]$

해답 $W=893.87[\text{kg}]$

2 HFC-23의 용기 수

$$N=\frac{\text{약제량[kg]}}{\text{1병당 충전량[kg/병]}}=\frac{893.87}{48.96}=18.25 \quad \therefore\ 19\text{병}$$

① 1병당 충전량$=$저장용기 내용적$[\text{m}^3/\text{병}]\times$충전밀도$[\text{kg/m}^3]$

$=0.068\times720=48.96[\text{kg/병}]$

해답 $N=19$병

3 HFC-23 배관 구경 산정 시 기준이 되는 약제량 방사 시 유량 [kg/s]

$$\text{최소 유량}=\frac{\text{최소 설계농도의 95[\%]의 약제량[kg]}}{\text{방사시간[s]}}$$

$$= \frac{\frac{V}{S} \times \frac{C \times 0.95}{100-(C \times 0.95)}}{10}$$

$$= \frac{\frac{735}{0.3524} \times \frac{30 \times 0.95}{100-(30 \times 0.95)}}{10}$$

$= 83.136[\text{kg/s}]$

해답 유량 $= 83.14[\text{kg/s}]$

4 IG−541의 저장량 [m³]

$$\text{저장량 } X = 2.303\log\left(\frac{100}{100-C}\right) \times \frac{V_S}{S} \times V$$

$$= 2.303\log\left(\frac{100}{100-39.6}\right) \times \frac{0.7058}{0.7297} \times 735 = 358.5[\text{m}^3]$$

① $V_S(20[℃]\text{의 비체적}) = K_1 + K_2 \times t$

$= 0.65799 + (0.00239 \times 20)$

$= 0.7058[\text{m}^3/\text{kg}]$

② $S(30[℃]\text{의 비체적}) = K_1 + K_2 \times t = 0.65799 + (0.00239 \times 30)$

$= 0.7297[\text{m}^3/\text{kg}]$

③ C(설계농도) = 소화농도 × 안전계수 = $33 \times 1.2 = 39.6[\%]$

해답 $X = 358.5[\text{m}^3]$

5 IG−541의 용기 수

$$N = \frac{\text{저장량}[\text{m}^3]}{\text{1병당 충전량}[\text{m}^3/\text{병}]} = \frac{358.5}{15.79} = 22.7 \qquad \therefore \text{ 23병}$$

1병당 충전량 = 저장용기 내용적[m³/병] × 충전압력[atm]

$$= 0.08 \times \frac{19{,}996}{101.325} = 15.79[\text{m}^3/\text{병}]$$

해답 $N = 23$병

6 IG−541의 배관 구경 산정 시 기준이 되는 약제량 방사 시 유량 [m³/s]

$$\text{최소 유량} = \frac{\text{최소 설계농도의 95[\%]의 약제량}[\text{m}^3]}{\text{방사시간[s]}}$$

$$= \frac{2.303\log\left(\frac{100}{100-(C \times 0.95)}\right) \times \frac{V_S}{S} \times V}{2 \times 60}$$

$$= \frac{2.303\log\left(\frac{100}{100-(39.6 \times 0.95)}\right) \times \frac{0.7058}{0.7297} \times 735}{2 \times 60}$$

$= 2.796 = 2.8[\text{m}^3/\text{s}]$

해답 유량 $= 2.8[\text{m}^3/\text{s}]$

07 **1** **IG-541의 선형상수 K_1과 K_2**

① $K_1 = \frac{22.4}{\text{분자량}} = \frac{22.4}{34.08} = 0.6573[m^3/kg]$

IG-541 분자량(N_2 : 52[%], Ar : 40[%], CO_2 : 8[%])

$= 28 \times 0.52 + 40 \times 0.4 + 44 \times 0.08 = 34.08[kg]$

② $K_2 = K_1 \times \frac{1}{273} = 0.6573 \times \frac{1}{273} = 0.0024[m^3/kg]$

해답 $K_1 = 0.6573[m^3/kg]$

$K_2 = 0.0024[m^3/kg]$

2 **IG-541의 소화약제량 [m³]**

$$\text{약제량 } X = 2.303\log\left(\frac{100}{100-C}\right) \times \frac{V_S}{S} \times V$$

$$= 2.303\log\left(\frac{100}{100-43.01}\right) \times \frac{0.7053}{0.6813} \times 1{,}050 = 611.32[m^3]$$

① V_S(20[℃]비체적) $= K_1 + K_2 \times t = 0.6573 + (0.0024 \times 20)$

$= 0.7053[m^3/kg]$

② S(10[℃]비체적) $= K_1 + K_2 \times t = 0.6573 + (0.0024 \times 10)$

$= 0.6813[m^3/kg]$

③ C(설계농도) = 소화농도 × 안전계수 = 35.84 × 1.2

= 43.01[%]

④ V(방호구역 체적) $= 300 \times 3.5 = 1{,}050[m^3]$

해답 소화약제량 $= 611.32[m^3]$

3 **IG-541의 최소 저장용기 수**

$$N = \frac{\text{약제량}[m^3]}{\text{1병당 충전량}[m^3/\text{병}]} = \frac{611.32}{15.79} = 38.72 \quad \therefore \text{ 39병}$$

1병당 충전량 = 저장용기 내용적[m³/병] × 충전압력[atm]

$$= 0.08 \times \frac{19{,}995}{101.325} = 15.79[m^3/\text{병}]$$

해답 N = 39병

4 **선택밸브 통과 시 최소유량 [m³/s]**

$$\text{최소 유량} = \frac{\text{최소 설계농도의 95[\%]의 약제량}[m^3]}{\text{방사시간[s]}}$$

$$= \frac{2.303\log\left(\frac{100}{100-(C \times 0.95)}\right) \times \frac{V_S}{S} \times V}{2 \times 60}$$

$$= \frac{2.303\log\left(\frac{100}{100-(43.01 \times 0.95)}\right) \times \frac{0.7053}{0.6813} \times 1{,}050}{2 \times 60}$$

$= 4.758 = 4.76[m^3/s]$

해답 유량 $= 4.76[m^3/s]$

08 **1** HFC－125의 K_1 및 K_2

① $K_1 = \dfrac{22.4}{\text{분자량}} = \dfrac{22.4}{120} = 0.1867[m^3/kg]$

HFC－125 분자량

$C_2HF_5 = (2\times 12) + (1\times 1) + (5\times 19) = 120[kg]$

② $K_2 = K_1 \times \dfrac{1}{273} = 0.1867 \times \dfrac{1}{273} = 0.0007[m^3/kg]$

해답 $K_1 = 0.1867[m^3/kg]$
$K_2 = 0.0007[m^3/kg]$

2 방출시간 안에 방출하여야 하는 최소 약제량 [kg]

$$W = \frac{V}{S} \times \frac{C\times 0.95}{100-(C\times 0.95)}$$

$$= \frac{600}{0.2007} \times \frac{8.4\times 0.95}{100-(8.4\times 0.95)} = 259.2534[kg]$$

① V(방호구역 체적) $= 15\times 10\times 4 = 600[m^3]$

② S(비체적) $= K_1 + K_2 \times t = 0.1867 + (0.0007\times 20)$

$= 0.2007[m^3/kg]$

③ C(설계농도) = 소화농도 × 안전계수 $= 7\times 1.2 = 8.4[\%]$

해답 $W = 259.2534[kg]$

09 **1** 발전실에 필요한 HCFC Blend A의 최소 용기 수

$$N = \frac{\text{약제량}[kg]}{\text{1병당 충전량}[kg/\text{병}]} = \frac{202}{50} = 4.04 \qquad \therefore\ 5\text{병}$$

① 약제량 $W = \dfrac{V}{S} \times \dfrac{C}{100-C} = \dfrac{350}{0.2589} \times \dfrac{13}{100-13} = 202[kg]$

㉠ V(방호구역의 체적) $= 100\times 3.5 = 350[m^3]$

㉡ S(비체적) $= K_1 + K_2 \times t = 0.2413 + (0.00088\times 20)$

$= 0.2589[m^3/kg]$

㉢ C(설계농도) = 소화농도 × 안전계수 $= 10\times 1.3 = 13[\%]$

② 1병당 충전량 $= 50[kg]$

해답 $N = 5$병

2 저장용기실에 저장하여야 하는 HCFC Blend A의 저장량 [kg]

저장량 W = 용기수 × 1병당 충전량[kg] $= 5\times 50 = 250[kg]$

해답 $W = 250[kg]$

3 발전실에 필요한 IG－541의 최소 용기 수

$$N = \frac{\text{약제량}[m^3]}{\text{1병당 충전량}[m^3/\text{병}]} = \frac{188.28}{12.4} = 15.18 \qquad \therefore\ 16\text{병}$$

① 약제량 $X = 2.303\log\left(\dfrac{100}{100-C}\right) \times \dfrac{V_S}{S} \times V\,(V_S = S)$

$= 2.303\log\left(\dfrac{100}{100-41.6}\right) \times 350 = 188.28[\text{m}^3]$

㉠ V(방호구역의 체적)$= 100 \times 3.5 = 350[\text{m}^3]$

㉡ C(설계농도)$=$ 소화농도 $\times$ 안전계수 $= 32 \times 1.3$

$= 41.6[\%]$

② 1병당 충전량$= 12.4[\text{m}^3]$

해답 $N = 16$병

4 저장 용기실에 저장하여야 하는 IG-541의 저장량 [m³]

저장량 $X =$ 용기수 $\times$ 1병당 충전량$[\text{m}^3]$

$= 16 \times 12.4 = 198.4[\text{m}^3]$

해답 $X = 198.4[\text{m}^3]$

10 1 전산기기실에 10초 이내에 방사하여야 할 약제량 [kg]

$$W = \frac{V}{S} \times \frac{C \times 0.95}{100-(C \times 0.95)}$$

$$= \frac{80}{0.2589} \times \frac{10.2 \times 0.95}{100-(10.2 \times 0.95)} = 33.15[\text{kg}]$$

① V(방호구역 체적)$= 5 \times 4 \times 4 = 80[\text{m}^3]$

② S(비체적)$= K_1 + K_2 \times t = 0.2413 + (0.00088 \times 20)$

$= 0.2589[\text{m}^3/\text{kg}]$

③ C(설계농도)$=$ 소화농도 $\times$ 안전계수 $= 8.5 \times 1.2 = 10.2[\%]$

해답 $W = 33.2[\text{kg}]$

2 통신기기실용으로 저장 용기실에 저장하여야 할 약제량 [m³]

저장량 $X =$ 용기수 $\times$ 1병당 충전량$[\text{m}^3] = 7 \times 12.5 = 87.5[\text{m}^3]$

① 용기수 $N = \dfrac{\text{약제량}[\text{m}^3]}{\text{1병당 충전량}[\text{m}^3/\text{병}]} = \dfrac{78.12}{12.5} = 6.2$ $\quad\therefore$ 7병

약제량 $X = 2.303\log\left(\dfrac{100}{100-C}\right) \times \dfrac{V_S}{S} \times V$

$= 2.303\log\left(\dfrac{100}{100-39}\right) \times \dfrac{0.7058}{0.67} \times 150 = 78.12[\text{m}^3]$

- V(방호구역의 체적)$= 10 \times 5 \times 3 = 150[\text{m}^3]$
- V_S(20[℃] 비체적)$= K_1 + K_2 \times t$

$= 0.65799 + (0.00239 \times 20)$

$= 0.7058[\text{m}^3/\text{kg}]$

• $S(5[℃]\ 비체적) = K_1 + K_2 \times t$

$= 0.65799 + (0.00239 \times 5) = 0.67[m^3/kg]$

• $C(설계농도) = 소화농도 \times 안전계수 = 32.5 \times 1.2 = 39[\%]$

② 1병당 충전량$= 12.5[m^3]$

해답 $X = 87.5[m^3]$

3 통신기기실에 설치하는 과압배출구의 유효 개구면적 [cm²]

$$A = \frac{42.9Q}{\sqrt{P}} = \frac{42.9 \times 43.75}{\sqrt{244.73}} = 119.979 = 119.98[cm^2]$$

① $Q(방출량) = \frac{87.5}{2} = 43.75[m^3/min]$

② $P(실구조의\ 허용인장\ 강도) = \frac{2.4[kPa]}{101.325[kPa]} \times 10{,}332[kg_f/m^2]$

$= 244.73[kg_f/m^2]$

해답 $A = 120[cm^2]$

11 1 최소 소화약제의 양[m³]

㉠ IG-100

$W = V[m^3] \times K[m^3/m^3] \times 소화약제계수$

$= (20 \times 10 \times 5) \times 0.516 \times 1.8 = 928.8[m^3]$

㉡ IG-55

$W = V[m^3] \times K[m^3/m^3] \times 소화약제계수$

$= (20 \times 10 \times 5) \times 0.477 \times 1.8 = 858.6[m^3]$

㉢ IG-541

$W = V[m^3] \times K[m^3/m^3] \times 소화약제계수$

$= (20 \times 10 \times 5) \times 0.472 \times 1.8 = 849.6[m^3]$

2 불활성 가스 소화설비에서 전역방출방식인 경우 안전조치 기준 3가지

㉠ 기동장치의 방출용스위치 등의 작동으로부터 저장용기의 용기밸브 또는 방출밸브의 개방까지의 시간이 20초 이상 되도록 지연장치를 설치할 것

㉡ 수동기동장치에는 ㉠에 정한 시간 내에 소화약제가 방출되지 않도록 조치를 할 것

㉢ 방호구역의 출입구 등 보기 쉬운 장소에 소화약제가 방출된다는 사실을 알리는 표시등을 설치할 것

3 HFC-227ea, FIC-13I1, FK-5-1-12의 화학식

㉠ HFC-227ea : CF_3CHFCF_3

ⓛ FIC-13I1 : CF_3I

ⓒ FK-5-1-12 : $CF_3CF_2C(O)CF(CF_3)_2$

12 ❶ 배관의 최대허용응력[KPa]

$SE = a \times b \times 1.2$

$= 103 \times 10^6 \times 0.85 \times 1.2$

$= 105{,}060{,}000[N/m^2 = Pa] = 105{,}060[kPa]$

① $a = 103 \times 10^6 [N/m^2]$

(인장강도의 $\frac{1}{4}$과 항복점의 $\frac{2}{3}$ 중 적은 값)

- 인장강도의 $\frac{1}{4} = 412 \times \frac{1}{4} = 103[N/mm^2]$

  $= 103 \times 10^6 [N/m^2]$

- 항복점의 $\frac{2}{3} = 245 \times \frac{2}{3} = 163.33[N/mm^2]$

  $= 163.33 \times 10^6 [N/m^2]$

② b(배관이음효율) = 0.85(전기저항 용접배관)

해답 $SE = 105{,}060[kPa]$

❷ 할로겐화합물 및 불활성기체소화설비에 사용할 배관의 두께[mm]

$t = \frac{PD}{2SE} + A = \frac{15{,}000 \times 86}{2 \times 105{,}060} + 0 = 6.14[mm]$

① P(최대허용압력) = 15,000[kPa]

② D(배관의 바깥지름) = 86[mm]

③ SE(최대허용응력) = 105,060[kPa]

④ A(나사이음, 홈 이음 등의 허용값) = 0(용접이음)

해답 $t = 6.14[mm]$

13 ❶ 배관의 두께[mm]

$t = \frac{\text{외경} - \text{내경}}{2} = \frac{76.4 - 66}{2} = 5.2[mm]$

해답 $t = 5.2[mm]$

❷ 최대허용응력[kPa]

$SE = a \times b \times 1.2 = 103 \times 10^6 \times 0.85 \times 1.2$

$= 105{,}060{,}000[N/m^2 = Pa] = 105{,}060[kPa]$

① $a = 103 \times 10^6 [N/m^2]$

(인장강도의 $\frac{1}{4}$과 항복점의 $\frac{2}{3}$ 중 작은 값)

• 인장강도의 $\frac{1}{4} = 412 \times \frac{1}{4} = 103[\text{N/mm}^2]$

$= 103 \times 10^6[\text{N/m}^2]$

• 항복점의 $\frac{2}{3} = 245 \times \frac{2}{3} = 163.33[\text{N/mm}^2]$

$= 163.33 \times 10^6[\text{N/m}^2]$

② b(배관이음효율) = 0.85(전기저항 용접배관)

해답 $SE = 105,060[\text{kPa}]$

❸ 최대허용압력 [kPa]

$t = \frac{PD}{2SE} + A$에서,

$$P = \frac{(t-A) \times 2SE}{D} = \frac{(5.2-0) \times 2 \times 105,060}{76.4} = 14,301.36$$

∴ 14,301[kPa]

해답 $P = 14,301[\text{kPa}]$

14 $f.f$(방호구역 1[m³]당 약제량) $= 2.303\log\left(\frac{100}{100-C}\right) \times \frac{1}{S}$에서,

$$0.75 = 2.303\log\left(\frac{100}{100-C}\right) \times \frac{1}{S} \ (S = 0.56)$$

$$\log\left(\frac{100}{100-C}\right) = \frac{0.75 \times 0.56}{2.303}$$

$$10^{\frac{0.75 \times 0.56}{2.303}} = \frac{100}{100-C}$$

$$C = 100 - \frac{100}{10^{\frac{0.75 \times 0.56}{2.303}}} = 34.3[\%]$$

해답 $C = 34.3[\%]$

15 수소를 저장하는 창고의 이산화탄소소화설비 최소 소화약제 저장량[kg]

$W = (V \times K_1) \times N = 45 \times 3.34 = 150.3[\text{kg}]$

① 기본량 계산

$V \times K_1 = 5 \times 4 \times 2 \times 1 = 40[\text{kg}]$

∴ 45[kg](∵ 최저 한도량 미만이므로 최저 한도량을 적용)

② 보정계수 계산

㉠ 설계농도 34[%]

• 방사량

$$f.f = 2.303\log\frac{100}{100-C} \times \frac{1}{S}$$

$= 2.303\log\frac{100}{100-34} \times \frac{1}{0.56} = 0.742[kg/m^3]$

• 보정계수 $N=1$

ⓛ 설계농도 75[%]

• 방사량

$f.f = 2.303\log\frac{100}{100-C} \times \frac{1}{S}$

$= 2.303\log\frac{100}{100-75} \times \frac{1}{0.56} = 2.476[kg/m^3]$

• 보정계수 $0.742 : 1 = 2.476 : x \quad \therefore x = \frac{2.476}{0.742} = 3.34$

해답 $W = 150.3[kg]$

16 **1 소화약제 저장용기 수**

$N = \frac{저장량[kg]}{1병당\ 저장량[kg]} = \frac{325}{42.5} = 7.6 \qquad \therefore 8병$

① 저장량 $W=$ 기본량＋가산량$= V \times K_1 = 250 \times 1.3 = 325[kg]$

② 1병당 저장량 $G = \frac{V}{C} = \frac{68}{1.6} = 42.5[kg]$

해답 $N=$ 8병

2 소화약제 방출 후 통신기기실의 이산화탄소 농도

$W[kg] = V[m^3] \times f.f[kg/m^3]\left(f.f = 2.303\log\frac{100}{100-C} \times \frac{1}{S}\right)$

$8 \times 42.5 = 250 \times 2.303\log\frac{100}{100-C} \times \frac{1}{0.5464}$

$\log\frac{100}{100-C} = \frac{340 \times 0.5464}{250 \times 2.303}, \quad 10^{\frac{340 \times 0.5464}{250 \times 2.303}} = \frac{100}{100-C}$

$100-C = \frac{100}{10^{\frac{340 \times 0.5464}{250 \times 2.303}}}, \quad C = 100 - \frac{100}{10^{\frac{340 \times 0.5464}{250 \times 2.303}}} = 52.43[\%]$

① S(20[℃] 비체적) $= K_1 + K_2 \times t = \frac{22.4}{44} + \left(\frac{22.4}{44} \times \frac{20}{273}\right)$

$= 0.5464[m^3/kg]$

② V(방호구역 체적) $= 250[m^3]$

해답 $C = 52.43[\%]$

17 **1 모피창고 및 서고의 최소 소화약제 저장량[kg]**

① 모피창고

$W =$ 기본량＋가산량$= V \times K_1 = 8 \times 6 \times 3 \times 2.7$

$= 388.8[kg]$

② 서고

$W=$ 기본량 $+$ 가산량 $=(V\times K_1)+(A\times K_2)$

$=(5\times 6\times 3\times 2)+(1\times 1\times 10)=190[\text{kg}]$

해답 모피창고 $W=388.8[\text{kg}]$
서고 $W=190[\text{kg}]$

2 에탄올 저장창고의 최소 소화약제 저장량 [kg]

$W=$ 기본량 $\times$ 보정계수 $=(V\times K_1)\times N=45\times 1.2=54[\text{kg}]$

기본량 $W'=V\times K_1=5\times 4\times 2\times 1=40[\text{kg}]$

$\therefore W'=45$($\because$ 최저 한도량 미만이므로)

해답 $W=54[\text{kg}]$

3 저장용기 1병당 소화약제 저장량 [kg]

충전비 $C=\dfrac{V}{G}$에서, $G=\dfrac{V}{C}=\dfrac{68}{1.511}=45.033$ $\therefore 45[\text{kg}]$

해답 $G=45[\text{kg}]$

4 각 방호대상물의 최소 소화약제 저장용기 개수와 저장 용기실에 설치할 최소 소화약제 저장용기 개수

① 각 방호대상물의 최소 소화약제 저장용기 개수

㉠ 모피창고 $N=\dfrac{\text{저장량[kg]}}{\text{1병당 저장량[kg]}}=\dfrac{388.8}{45}=8.64$ $\therefore$ 9병

㉡ 서고 $N=\dfrac{\text{저장량[kg]}}{\text{1병당 저장량[kg]}}=\dfrac{190}{45}=4.22$ $\therefore$ 5병

㉢ 에탄올 저장창고 $N=\dfrac{\text{저장량[kg]}}{\text{1병당 저장량[kg]}}=\dfrac{54}{45}=1.2$

$\therefore$ 2병

② 저장 용기실에 설치할 최소 소화약제 저장용기 개수 : 9병

해답
① 각 방호대상물의 저장용기 개수
모피창고 $N=9$병, 서고 $N=5$병, 에탄올 저장창고 $N=2$병
② 저장용기실에 설치할 저장용기 개수 $N=9$병

5 이산화탄소의 농도 [%]와 방출체적 [m³]

① 농도

$$C=\frac{21-O_2}{21}\times 100=\frac{21-10}{21}\times 100=52.38[\%]$$

② 방출체적

㉠ 모피창고 $V=\dfrac{21-O_2}{O_2}\times V'=\dfrac{21-10}{10}\times 144$

$=158.4[\text{m}^3]$

㉡ 에탄올 저장창고 $V=\dfrac{21-O_2}{O_2}\times V'=\dfrac{21-10}{10}\times 40$

$=44[\text{m}^3]$

해답
① 농도 $C=52.38[\%]$
② 방출체적
- 모피창고 $V=158.4[\text{m}^3]$
- 에탄올 저장창고 $V=44[\text{m}^3]$

18 **1 전기실과 서고의 이산화탄소 소화약제량 [kg]**

① 전기실

$W=$ 기본량+가산량$=V\times K_1=150\times 3.5\times 1.3$

$=682.5[\mathrm{kg}]$

② 서고

$W=$ 기본량+가산량$=V\times K_1=250\times 3.5\times 2=1{,}750[\mathrm{kg}]$

해답 전기실 $W=682.5[\mathrm{kg}]$
서고 $W=1{,}750[\mathrm{kg}]$

2 전기실과 서고의 선택밸브 이후의 유량 [kg/s]

① 전기실

$$Q=\frac{W'}{t}=\frac{150\times 3.5\times 0.7}{2\times 60}=3.01[\mathrm{kg/s}]$$

② 서고

$$Q=\frac{W'}{t}=\frac{250\times 3.5\times 0.7}{2\times 60}=5.1[\mathrm{kg/s}]$$

해답 전기실 $Q=3.01[\mathrm{kg/s}]$
서고 $Q=5.1[\mathrm{kg/s}]$

3 전기실과 서고에 설치되어야 할 감지기 개수

① 전기실

$$N_A=\frac{\text{바닥면적}}{\text{기준면적}}=\frac{150}{150}=1\text{개}$$

$$N_B=\frac{\text{바닥면적}}{\text{기준면적}}=\frac{150}{150}=1\text{개}$$

② 서고

$$N_A=\frac{\text{바닥면적}}{\text{기준면적}}=\frac{250}{150}=1.67 \qquad \therefore\ 2\text{개}$$

$$N_B=\frac{\text{바닥면적}}{\text{기준면적}}=\frac{250}{150}=1.67 \qquad \therefore\ 2\text{개}$$

해답 전기실 $N=2$개
서고 $N=4$개

19 **1 각 방호구역에 대한 약제 저장량 [kg]**

① 통신기기실

$W=($기본량+가산량$)\div 0.995=(V\times K_1)\div 0.995$

$=12\times 10\times 3\times 1.3\div 0.995=470.35[\mathrm{kg}]$

② 전자제품창고

$W=($기본량+가산량$)\div 0.995$

$=\{(V\times K_1)+(A\times K_2)\}\div 0.995$

$=\{(20\times 10\times 3\times 2)+(4\times 10)\}\div 0.995$

$=1{,}246.23[\mathrm{kg}]$

③ 위험물 저장창고

$$W = S \times K \times 1.4 \div 0.995$$
$$= 5 \times 5 \times 13 \times 1.4 \div 0.995$$
$$= 457.29[\text{kg}]$$

해답
통신기기실 $W = 470.35[\text{kg}]$
전자제품창고 $W = 1,246.23[\text{kg}]$
위험물 저장창고 $W = 457.29[\text{kg}]$

2 각 방호구역별 약제 저장용기 수

① 통신기기실

$$N = \frac{\text{저장량[kg]}}{\text{1병당 저장량[kg]}} = \frac{470.35}{45} = 10.45 \qquad \therefore 11\text{병}$$

② 전자제품창고

$$N = \frac{\text{저장량[kg]}}{\text{1병당 저장량[kg]}} = \frac{1,246.23}{45} = 27.7 \qquad \therefore 28\text{병}$$

③ 위험물 저장창고

$$N = \frac{\text{저장량[kg]}}{\text{1병당 저장량[kg]}} = \frac{457.29}{45} = 10.16 \qquad \therefore 11\text{병}$$

해답
통신기기실 $N = 11$병
전자제품창고 $N = 28$병
위험물 저장창고 $N = 11$병

3 헤드의 분구 면적 [mm²]

분구면적

$$= \frac{\text{저장량[kg]}}{\text{방사율[kg/mm}^2\cdot\text{min}\cdot\text{개]} \times \text{헤드수[개]} \times \text{방사시간[min]}}$$

$$= \frac{28 \times 45}{1.3 \times 14 \times 7} = 9.89[\text{mm}^2]$$

해답 분구 면적 $= 9.89[\text{mm}^2]$

4 전자제품창고에 저장된 약제가 모두 분사되었을 때 이산화탄소의 체적 [m³]

[풀이 1]

$PV = \frac{m}{M}RT$에서,

$$V = \frac{mRT}{PM} = \frac{28 \times 45 \times 0.082 \times (25 + 273)}{1 \times 44} = 699.76[\text{m}^3]$$

해답 $699.76[\text{m}^3]$

[풀이 2]

$$v = W \times S = W \times (K_1 + K_2 \times t)$$
$$= (28 \times 45) \times \left\{\frac{22.4}{44} + \left(\frac{22.4}{44} \times \frac{25}{273}\right)\right\} = 700.2[\text{m}^3]$$

해답 $700.2[\text{m}^3]$

① P : 압력[atm] ② V : 부피[m³]
③ m : 질량[kg] ④ T : 절대온도[K]

⑤ R : 기체정수[atm · m^3/k−mol · K]

⑥ M : 분자량[kg]　　⑦ v : 약제체적[m^3]

⑧ W : 약제량[kg]　　⑨ S : 비체적[m^3/kg]

20 최소 용기 수 $N = \dfrac{\text{저장량}}{\text{1병당 최대 충전량}} = \dfrac{46.75}{45.33} = 1.03$　　$\therefore$ 2병

① 저장량 $W = V \times f.f = 50 \times 0.935 = 46.75$[kg]

② 방출계수 $f.f = 2.303\log\dfrac{100}{100-C} \times \dfrac{1}{S}$

$= 2.303\log\dfrac{100}{100-40} \times \dfrac{1}{0.5463}$

$= 0.935$[kg/m^3]

③ 20℃의 비체적 $S = K_1 + K_2 \times t = \dfrac{22.4}{44} + \dfrac{22.4}{44} \times \dfrac{20}{273}$

$= 0.5463$[m^3/kg]

④ 1병당 최대 충전량 $W = \dfrac{68}{1.5} = 45.33$[kg]

해답 2병

21 **1 이산화탄소의 비체적[m^3/kg]**

$S = K_1 + K_2 \times t$

$= \dfrac{22.4}{\text{분자량}} + \dfrac{22.4}{\text{분자량}} \times \dfrac{1}{273} \times t$

$= \dfrac{22.4}{44} + \dfrac{22.4}{44} \times \dfrac{1}{273} \times 10$

$= 0.527$[m^3/kg]　　$\therefore 0.53$[m^3/kg]

해답 0.53[m^3/kg]

2 소화약제량 산정식

$K[\text{kg/m}^3] = 2.303 \times \log\left(\dfrac{100}{100-C}\right) \times \dfrac{1}{S}$

여기서, K : 방호구역 체적당 소화약제량[kg/m^3]

C : 설계농도[%]

S : 소화약제의 비체적[m^3/kg]

3 방호대상물별 소화약제의 양과 설계농도

방호대상물	방호구역의 체적 1[m^3]에 대한 소화약제의 양	설계농도 [%]
(가) 유압기기를 제외한 전기설비, 케이블실	1.3[kg]	50

방호대상물	방호구역의 체적 1[m³]에 대한 소화약제의 양	설계농도 [%]
(나) 체적 55[m³] 미만의 전기설비	1.6[kg]	50
(다) 서고, 전자제품창고, 목재가공품창고, 박물관	2.0[kg]	65
(라) 고무류 · 면화류 창고, 모피창고, 석탄창고, 집진설비	2.7[kg]	75

4 방호대상물의 설계농도

$K = 1.6[\text{kg/m}^3]$이므로

$$1.6[\text{kg/m}^3] = 2.303 \times \log\left(\frac{100}{100-C}\right) \times \frac{1}{0.53[\text{m}^3/\text{kg}]}$$

$$\frac{1.6 \times 0.53}{2.303} = \log\left(\frac{100}{100-C}\right)$$

$$0.3682 = \log\left(\frac{100}{100-C}\right)$$

$$10^{0.3682} = \left(\frac{100}{100-C}\right)$$

$$100 - C = \frac{100}{10^{0.3682}}$$

$$\therefore C = 100 - \frac{100}{10^{0.3682}} = 57.16[\%]$$

해답 57[%]

22 $t = \dfrac{W[\text{kg}]}{Q[\text{kg/min}]} = \dfrac{216}{36.342} = 5.94[\text{min}]$

① 약제량

W= 기본량 + 가산량 $= V \times K_1 = 6 \times 6 \times 3 \times 2 = 216[\text{kg}]$

② 2분 이내 30[%] 농도가 되기 위한 약제량

W' = 기본량 + 가산량 $= V \times K_1'$

$= 6 \times 6 \times 3 \times 0.673 = 72.684[\text{kg/2min}]$

③ 1분당 흐름률

$$Q = \frac{W'[\text{kg}]}{2[\text{min}]} = \frac{72.684}{2} = 36.342[\text{kg/min}]$$

④ 방사시간

$$t = \frac{W[\text{kg}]}{Q[\text{kg/min}]} = \frac{216}{36.342} = 5.94[\text{min}]$$

해답 약 6분

23 **1 옥내 저장실과 전기실에 필요한 CO_2의 약제량과 저장용기 수**

① 옥내 저장실

㉠ 약제량 W = 기본량 × 보정계수 + 가산량

$$= (V \times K_1) \times N = 504 \times 0.8 \times 1.2 = 483.84[\text{kg}]$$

㉡ 용기 수

$$N = \frac{\text{저장량[kg]}}{\text{1병당 저장량[kg]}} = \frac{483.84}{42.5} = 11.4 \quad \therefore 12\text{병}$$

② 전기실

㉠ 약제량 W = 기본량 + 가산량

$$= V \times K_1 = 1{,}512 \times 1.3 = 1{,}965.6[\text{kg}]$$

㉡ 용기 수

$$N = \frac{\text{저장량[kg]}}{\text{1병당 저장량[kg]}} = \frac{1{,}965.6}{42.5} = 46.25 \quad \therefore 47\text{병}$$

③ 1병당 저장량 $G = \frac{V}{C} = \frac{68}{1.6} = 42.5[\text{kg}]$

해답

① 옥내 저장실
$W = 483.84[\text{kg}]$, $N = 12$병

② 전기실
$W = 1{,}965.6[\text{kg}]$, $N = 47$병

2 CO_2 약제가 방출될 때의 유량 [kg/s]

① 2분

$$\text{유량 } Q = \frac{\text{약제량[kg]}}{\text{분사헤드수} \times \text{방사시간[s]}} = \frac{1{,}512 \times 0.7}{8 \times 2 \times 60}$$

$$= 1.1[\text{kg/s}]$$

② 7분

$$\text{유량 } Q = \frac{\text{약제량[kg]}}{\text{분사헤드수} \times \text{방사시간[s]}} = \frac{47 \times 42.5}{8 \times 7 \times 60}$$

$$= 0.59[\text{kg/s}]$$

해답 2분 $Q = 1.1[\text{kg/s}]$
7분 $Q = 0.59[\text{kg/s}]$

3 최소 충전비와 최소 저장용기 수

① 최소 충전비 $C = 1.5$

② 최소 저장용기 수

$$N = \frac{\text{저장량[kg]}}{\text{1병당 저장량[kg]}} = \frac{1{,}512 \times 1.3}{45.33} = 43.36 \quad \therefore 44\text{병}$$

• 1병당 저장량 $G = \frac{V}{C} = \frac{68}{1.5} = 45.33[\text{kg}]$

해답 $C = 1.5$, $N = 44$병

24 (1) 최소 용기 수

① 용기수 $N = \frac{\text{약제량}}{\text{1병당 최대 충전량}}$

② 1병당 최대 충전량$= \dfrac{\text{내용적}}{\text{최소 충전비}} = \dfrac{68}{1.5} = 45.33$[kg]

③ A실

㉠ 약제량 $W = V \times f.f = (12 \times 6 \times 4) \times 0.8 = 230.4$[kg]

㉡ 용기 수

$$N = \frac{\text{약제량}}{\text{1병당 최대 충전량}} = \frac{230.4}{45.33} = 5.08 \qquad \therefore 6\text{병}$$

④ B실

㉠ 약제량 $W = V \times f.f = (10 \times 6 \times 4) \times 0.8 = 192$[kg]

㉡ 용기 수

$$N = \frac{\text{약제량}}{\text{1병당 최대 충전량}} = \frac{192}{45.33} = 4.23 \qquad \therefore 5\text{병}$$

⑤ C실

㉠ 약제량 $W = V \times f.f = (10 \times 10 \times 4) \times 0.8 = 320$[kg]

㉡ 용기 수

$$N = \frac{\text{약제량}}{\text{1병당 최대 충전량}} = \frac{320}{45.33} = 7.05 \qquad \therefore 8\text{병}$$

해답 최소 용기 수 $N = 8$병

(2) 도면 완성

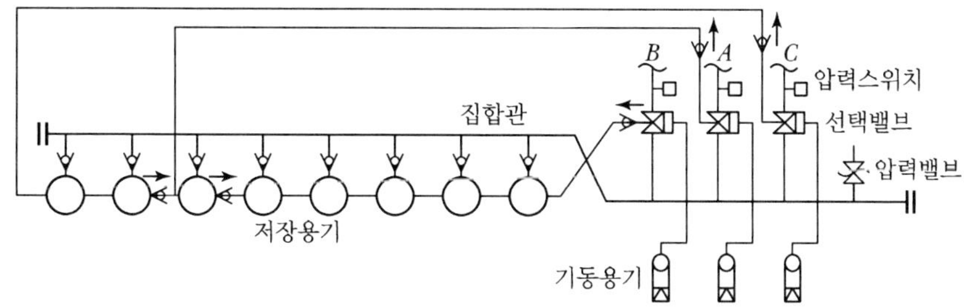

25 (1) CO_2 가스량[m^3](무유출 : 계산된 가스량과 농도는 최소치가 된다.)

그림에서와 같이 CO_2의 방사 전후의 O_2의 체적을 검토하면,

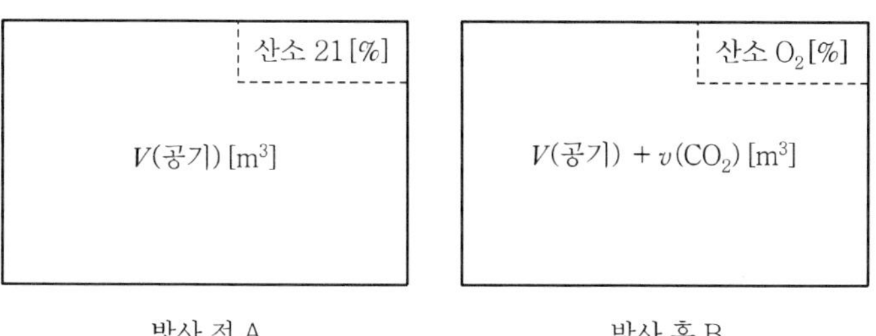

방사 전 A　　　　방사 후 B

① 방사 전(A)의 O_2체적$= V \times \frac{21}{100}$(전체 $V[m^3]$ 중에서 21 [%])

② 방사 후(B)의 O_2체적$= (V+v) \times \frac{O_2}{100}$(전체 $V+v[m^3]$ 중에서 O_2 [%])

③ 방사 전후의 O_2 질량은 같으므로 (질량 = 밀도×부피)

$$\rho \times \left(V \times \frac{21}{100}\right) = \rho \times \left((V+v) \times \frac{O_2}{100}\right)$$

$$V \times 21 = (V+v) \times O_2$$

$$V+v = \frac{V \times 21}{O_2}$$

$$v = \frac{V \times 21}{O_2} - V = \frac{V \times 21}{O_2} - \frac{O_2 \times V}{O_2} = \frac{V(21-O_2)}{O_2}$$

$$\therefore\ v[m^3] = \frac{21-O_2}{O_2} \times V$$

(2) 약제 방사 후 CO_2 농도[%]

$$C[\%] = \frac{\text{방사된 } CO_2 \text{ 약제 체적}}{\text{방호구역 체적} + \text{방사된 } CO_2 \text{ 약제 체적}} \times 100$$

$$= \frac{v}{V+v} \times 100$$

$$= \frac{\left(\frac{21-O_2}{O_2}\right)}{\left(1+\frac{21-O_2}{O_2}\right)} \times 100$$

$$= \frac{\frac{21-O_2}{O_2}}{\left(\frac{O_2}{O_2}+\frac{21-O_2}{O_2}\right)} \times 100$$

$$= \frac{\frac{21-O_2}{O_2}}{\frac{21}{O_2}} \times 100$$

$$\therefore\ C[\%] = \frac{21-O_2}{21} \times 100$$

26 **1** **방출된 이산화탄소의 양 [m^3]**

$$v = \frac{21-O_2}{O_2} \times V = \frac{21-15}{15} \times 100 = 40[m^3]$$

해답 $v = 40[m^3]$

❷ 방사된 이산화탄소의 양 [kg]

$PV = \frac{m}{M}RT$에서,

$m = \frac{PVM}{RT} = \frac{1.2 \times 40 \times 44}{0.082 \times (50+273)} = 79.74[\text{kg}]$

① P(압력)$= 1.2[\text{atm}]$

② V(약제부피)$= 40[\text{m}^3]$

③ M(CO_2분자량)$= (12 \times 1) + (16 \times 2) = 44[\text{kg}]$

④ R(기체정수)$= 0.082[\text{atm} \cdot \text{m}^3/\text{k-mol} \cdot \text{K}]$

⑤ T(절대온도)$= 50 + 273 = 323[\text{K}]$

해답 $W = 79.74[\text{kg}]$

27 **❶ CO_2농도 [%]**

$C = \frac{21 - O_2}{21} \times 100 = \frac{21-13}{21} \times 100 = 38.1[\%]$

해답 $C = 38.1[\%]$

❷ CO_2의 약제량 [kg]

$PV = \frac{m}{M}RT$에서,

$m = \frac{PVM}{RT} = \frac{1.03 \times 923.08 \times 44}{0.082 \times (12+273)} = 1{,}790.07[\text{kg}]$

① P(압력)$= \frac{780[\text{mmHg}]}{760[\text{mmHg}]} \times 1[\text{atm}] = 1.03[\text{atm}]$

② V(약제부피)$= \frac{21 - O_2}{O_2} \times V' = \frac{21-13}{13} \times 1{,}500$

$= 923.08[\text{m}^3]$

③ M(CO_2분자량)$= (12 \times 1) + (16 \times 2) = 44[\text{kg}]$

④ R(기체정수)$= 0.082[\text{atm} \cdot \text{m}^3/\text{k-mol} \cdot \text{K}]$

⑤ T(절대온도)$= 12 + 273 = 285[\text{K}]$

해답 $W = 1{,}790.07[\text{kg}]$

Check **이산화탄소소화설비(국소방출방식)**

❶ 평면화재(면적식) : 윗면이 개방된 용기에 저장하거나, 화재 시 연소 면이 한정되고 가연물이 비산할 우려가 없는 경우

W = 기본량× 할증계수

$= S \times K \times 1.1$(저압식), 1.4(고압식) [kg]

여기서, S : 방호대상물의 표면적$[\text{m}^2]$

K : 방호대상물의 표면적 $1[\text{m}^2]$에 대하여 $13[\text{kg}]$

❷ 입면화재(용적식) : 화재의 연소 면이 입면일 경우

W = 기본량 × 할증계수

= $V \times K \times$ 1.1(저압식), 1.4(고압식)[kg]

여기서, V : 방호공간의 체적[m^3]

$K = 8 - 6\dfrac{a}{A}$(방호공간 1[m^3]에 대한 소화약제 양[kg/m^3])

a : 방호대상물 주위에 설치된 벽 면적의 합계[m^2]

A : 방호공간의 벽 면적의 합계[m^2](벽이 없는 경우에는 벽이 있는 것으로 가정한 당해 부분의 면적)

벽이 전혀 없는 경우 $a = 0$, $K = 8$(최대량)

벽의 4면이 완전히 막힌 경우 $a = A$, $K = 2$(최소량)

28 (1) 저장용기 수 $N = \dfrac{\text{소화약제 저장량[kg]}}{\text{1병당 충전량[kg/병]}} = \dfrac{784}{45.33} = 17.29$ ∴ 18병

① 저장량 $W = V \times 8 - 6\dfrac{a}{A} \times 1.4$

$= 112 \times \left(8 - 6 \times \dfrac{40.32}{80.64}\right) \times 1.4 = 784$[kg]

㉠ $V = (5 + 0.6 + 0.5) \times (4 + 0.6 + 0.5) \times (3 + 0.6)$

$= 111.99 ≒ 112$[m^3]

㉡ a = (6.1 × 3.6 × 1면) + (5.1 × 3.6 × 1면) = 40.32[m^2]

㉢ A = (6.1 × 3.6 × 2면) + (5.1 × 3.6 × 2면) = 80.64[m^2]

② 1병당 충전량 $G = \dfrac{V}{C} = \dfrac{68}{1.5} = 45.33$[kg]

(2) 저장량 W = 저장용기 수 × 1병당 충전량

= 18 × 45.33 = 815.94[kg]

해답 N = 18병
W = 815.94[kg]

29 ❶ **방호공간의 체적[m^3]**

V = 가로 × 세로 × 가로

= (2[m] + 0.6[m] + 0.6[m]) × (1.8[m] + 0.6[m] + 0.6[m])

× (1.4[m] + 0.6[m])

= 19.2[m^3]

해답 19.2[m^3]

※ 방호공간의 체적

방호대상물의 각 부분으로부터 0.6[m]의 거리에 둘러싸인 공간의 체적

❷ 방호공간의 벽 면적의 합계[m²]

A=(가로×높이×2면)+(세로×높이×2면)

$A = 3.2[\text{m}] \times 2[\text{m}] \times 2$면 $+ 3\text{m} \times 2[\text{m}] \times 2$면

$= 24.8[\text{m}^2]$

해답 $24.8[\text{m}^2]$

※ 방호공간의 벽 면적의 합계
방호대상물로부터 0.6[m]를 연장한 가상공간의 벽 면적의 합계

❸ 방호대상물 주위에 설치된 벽 면적의 합계[m²]

$a = 0[\text{m}^2]$

해답 $0[\text{m}^2]$

※ 방호대상물 주위에 설치된 벽 면적의 합계
방호대상물로부터 0.6[m] 이내에 실제 설치된 벽 면적의 합계

❹ 최소 약제량 및 용기 수

① 최소 약제량

$W = V \times K \times 1.4$

$$= 19.2 \times \left(8 - 6 \times \frac{0}{24.8}\right) \times 1.4 = 215.04[\text{kg}]$$

해답 $215.04[\text{kg}]$

② 최소 용기 수

$$N = \frac{\text{최소 약제량}}{\text{1병당 충전량}}$$

$$= \frac{215.04}{45} = 4.78 \quad \therefore 5\text{병}$$

해답 5병

30 ❶ 이산화탄소 소화약제 저장량 [kg]

$W = V \times K \times 1.4 = 14.784 \times 8 \times 1.4 = 165.58[\text{kg}]$

① $V = (3+0.6+0.6) \times (1+0.6+0.6) \times (1+0.6) = 14.784[\text{m}^3]$

② $K = 8 - 6\frac{a}{A} = 8 - 6 \times \frac{0}{4} = 8[\text{kg/m}^3]$

해답 $W = 165.58[\text{kg}]$

❷ 분사헤드 1개의 방사량 [kg/s]

$$Q = \frac{\text{약제량[kg]}}{\text{분사헤드 개수} \times \text{방사시간[s]}} = \frac{165.58}{4 \times 30} = 1.38[\text{kg/s}]$$

해답 $Q = 1.38[\text{kg/s}]$

31 **과압 배출구 면적**

$$A = \frac{239Q}{\sqrt{P}} = \frac{239 \times 269.2}{\sqrt{1.2}} = 58{,}733[\text{mm}^2]$$

① $Q(CO_2\text{ 유량}) = V[\text{m}^3] \times 0.673[\text{kg/m}^3] \div 2$

$= 160 \times 5 \times 0.673 \div 2$

$= 269.2[\text{kg/min}]$

② P (실 구조의 허용인장강도) $= 1.2[\text{kPa}]$

해답 $A = 58{,}733[\text{mm}^2]$

Check **할론소화설비의 방사시간**

❶ 기준[NFSC 107 제10조 분사헤드 ; 전역 · 국소방출방식]
기준 저장량의 소화약제를 10초 이내에 방사할 수 있는 것으로 할 것

❷ 방사시간을 10초 이내로 제한하는 이유

① 열분해 생성물을 제한하기 위해
할로겐화합물 소화약제가 열분해될 경우 독성의 HF, HBr 등이 생성되나 10초 방사인 경우 소화가 가능한 범위 내에서 분해 생성물을 최소화할 수 있다.

② 높은 유량을 확보하기 위해
화재 시 방호구역이 일정의 설계농도에 도달하기 위해서는 소화약제가 신속하게 확산되어야 하며, 이를 위해서는 10초 이내의 방사시간을 필요로 한다.

③ 충분한 유속을 확보하기 위해
소화약제가 방출될 경우 배관 내의 충분한 유속을 확보하면, 액상(소화약제)과 기상(질소)이 균일한 혼합 상태의 유동을 함으로써, 마찰손실이 감소되어 손실이 최소로 될 수 있다.

32 **1 최소 저장용기 수**

$$\text{저장용기 수 } N = \frac{\text{소화약제 저장량[kg]}}{\text{1병당 저장량[kg/병]}} = \frac{775.2}{50} = 15.5 \quad \therefore \ 16\text{병}$$

① 저장량 W = 기본량 + 가산량

$= (V \times K_1) + (A \times K_2)$

$= (800 \times 3 \times 0.32) + (3 \times 2.4)$

$= 775.2[\text{kg}]$

② 1병당 저장량 $= 50[\text{kg}]$

해답 $N = 16$병

2 저장용기실에 저장하여야 할 저장량 [kg]

저장량 W = 용기 수 × 1병당 저장량

$= 16 \times 50 = 800[\text{kg}]$

해답 $W = 800[\text{kg}]$

3 컴퓨터실에 설치하는 감지기 개수

감지기 개수 $N = \dfrac{\text{바닥면적}}{\text{기준면적}} = \dfrac{800}{90} = 8.9$ ∴ 9개

① 복합형 감지기를 설치하므로, 교차회로는 적용하지 않는다.

② 열·연복합형 감지기의 기준면적은 열감지기를 기준으로 한다.

해답 $N = 9$개

33 **1 헤드 1개당 약제 방사량 [kg/s]**

방사량 $Q = \dfrac{\text{약제량[kg]}}{\text{분사헤드 수[개]} \times \text{방사시간[s]}}$

$= \dfrac{500}{12 \times 10} = 4.166$[kg/s]

해답 $Q = 4.17$[kg/s]

2 헤드의 오리피스 등가 분구면적 [mm²]

분구면적 $A_o = \dfrac{\text{헤드 1개 방사량[kg/s]}}{\text{헤드 1개 방사율[kg/s} \cdot \text{cm}^2]} = \dfrac{4.17}{1.3}$

$= 3.2[\text{cm}^2] = 320[\text{mm}^2]$

해답 $A_o = 320[\text{mm}^2]$

3 헤드의 오리피스 구경 [mm]

구경 $d_o = \sqrt{\dfrac{4A_o}{\pi}} = \sqrt{\dfrac{4 \times 320}{\pi}} = 20.185$[mm]

해답 $d_o = 20.19$[mm]

4 헤드를 접속하는 배관의 최소 호칭경 [mm]

구경 $d = \sqrt{\dfrac{4A}{\pi}} = \sqrt{\dfrac{4 \times 457.14}{\pi}} = 24.125$[mm]

① 오리피스 면적 A_o = 배관구경 면적$(A) \times 0.7[\text{mm}^2]$

② 배관구경 면적 $A = \dfrac{A_o}{0.7} = \dfrac{320}{0.7} = 457.14[\text{mm}^2]$

해답 $d = 25$[mm]

34 **1 A실(전기실)의 최소 용기 수**

저장용기 수 $N = \dfrac{\text{소화약제 저장량[kg]}}{\text{1병당 저장량[kg/병]}} = \dfrac{1{,}080}{50} = 21.6$ ∴ 22병

저장량 W = 기본량 + 가산량 $= V \times K_1$

$= (675 \times 5 \times 0.32) = 1{,}080$[kg]

해답 $N = 22$병

2 B실(발전기실)의 최소 용기 수

저장용기 수 $N = \dfrac{\text{소화약제 저장량[kg]}}{\text{1병당 저장량[kg/병]}} = \dfrac{360}{50} = 7.2$ ∴ 8병

저장량 W = 기본량 + 가산량 $= V \times K_1$

$= (225 \times 5 \times 0.32) = 360$[kg]

해답 $N = 8$병

❸ C실(방재반실)의 최소 용기 수

저장용기 수 $N = \dfrac{\text{소화약제 저장량[kg]}}{\text{1병당 저장량[kg/병]}} = \dfrac{144}{50} = 2.88$ ∴ 3병

저장량 $W = \text{기본량} + \text{가산량} = V \times K_1$

$= (150 \times 3 \times 0.32) = 144[\text{kg}]$

해답 $N = 3$병

❹ D실(배터리실)의 최소 용기 수

저장용기 수 $N = \dfrac{\text{소화약제 저장량[kg]}}{\text{1병당 저장량[kg/병]}} = \dfrac{48}{50} = 0.96$ ∴ 1병

저장량 $W = \text{기본량} + \text{가산량} = V \times K_1$

$= (50 \times 3 \times 0.32) = 48[\text{kg}]$

해답 $N = 1$병

❺ 별도 독립방식으로 설치하여야 하는 실

별도 독립방식

① $\dfrac{\text{배관체적}}{\text{약제체적}} \geq 1.5$

② 하나의 구역을 담당하는 소화약제 저장용기의 소화약제량의 체적 합계보다 그 소화약제 방출 시 방출경로가 되는 배관(집합관 포함)의 내용적이 1.5배 이상일 경우에는 해당 방호구역에 대한 설비는 별도 독립방식으로 하여야 한다.

㉠ 전기실 : $\dfrac{\text{배관체적}}{\text{약제체적}} = \dfrac{88 + 198[l]}{22[\text{병}] \times 50[\text{kg/병}] \div 1.6[\text{kg}/l]}$

$= 0.416$

∴ 별도 독립방식으로 아니한다.

㉡ 발전기실 : $\dfrac{\text{배관체적}}{\text{약제체적}} = \dfrac{88 + 78[l]}{8[\text{병}] \times 50[\text{kg/병}] \div 1.6[\text{kg}/l]}$

$= 0.664$

∴ 별도 독립방식으로 아니한다.

㉢ 방재반실 : $\dfrac{\text{배관체적}}{\text{약제체적}} = \dfrac{88 + 28[l]}{3[\text{병}] \times 50[\text{kg/병}] \div 1.6[\text{kg}/l]}$

$= 1.237$

∴ 별도 독립방식으로 아니한다.

㉣ 배터리실 : $\dfrac{\text{배관체적}}{\text{약제체적}} = \dfrac{88 + 10[l]}{1[\text{병}] \times 50[\text{kg/병}] \div 1.6[\text{kg}/l]}$

$= 3.136$

∴ 별도 독립방식으로 하여야 한다.

6 집합관에 설치하여야 하는 총 병수와 저장 용기실에 설치하는 총 병수

① 집합관에 설치하여야 하는 병수 : 22병

② 저장 용기실에 설치하여야 하는 병수 : 23병

35 **1** ① 약제량 $W = (V \times K_1) + (A \times K_2)$

$= (600 \times 7 \times 0.32) + (1.5 \times 2 \times 2.4)$

$= 1{,}351.5[kg]$

② 용기 수 $= \dfrac{\text{약제량}}{\text{저장용기 1병당 충전량}}$

$= \dfrac{1{,}351.2}{45}$

$= 30.02 \quad \therefore$ 31병

• 저장용기 1병당 충전량

$= \dfrac{\text{용기체적}}{\text{충전비}}$

$= \dfrac{72}{1.6}$ (할론 1301 충전비 : 0.9 이상 1.6 이하)

$= 45[kg/\text{병}]$

해답 약제량 : 1,351.2[kg], 용기 수 : 31병

2 비체적 $S = \dfrac{V \times C}{W \times (100 - C)} \left(W = \dfrac{V}{S} \times \dfrac{C}{100 - C} \right)$

$= \dfrac{600 \times 7 \times 6}{1{,}351.2 \times (100 - 6)}$

$= 0.198405 ≒ 0.19841[m^3/kg]$

해답 $0.19841[m^3/kg]$

3 농도 $C = \dfrac{v}{V + v} \times 100$ (약제부피 $v = W \times S$)

$= \dfrac{W \times S}{V + W \times S} \times 100$

$= \dfrac{34 \times 45 \times 0.19841}{(600 \times 7) + (34 \times 45 \times 0.19841)} \times 100$

$= 6.182 ≒ 6.18[\%]$

해답 6.18[%]

36 증기 비중 $s = \dfrac{\text{측정기체의 분자량[kg]}}{\text{공기의 평균 분자량[kg]}} = \dfrac{149}{29} = 5.137$

① 할론 1301(CF_3Br) 분자량

$M = (1 \times 12) + (3 \times 19) + (1 \times 80) = 149[kg]$

② 공기 분자량

$M=(28\times0.79)+(32\times0.21)=28.84 \fallingdotseq 29[kg]$

해답 $s=5.137$

▼ 주기율표

주기 \ 족	1족 ⟨+1⟩	2족 ⟨+2⟩	3족 ⟨+3⟩	4족 ⟨±4⟩	5족 ⟨−3⟩	6족 ⟨−2⟩	7족 ⟨−1⟩	0족
1	H^1							He^2
	1							4
2	Li^3	Be^4	B^5	C^6	N^7	O^8	F^9	Ne^{10}
	7	9	11	12	14	16	19	20
3	Na^{11}	Mg^{12}	Al^{13}	Si^{14}	P^{15}	S^{16}	Cl^{17}	Ar^{18}
	23	24	27	28	31	32	35.5	40
4	K^{19}	Ca^{20}					Br^{35}	Kr^{36}
	39	40					80	83.80
5							I^{53}	Xe^{54}
							127	132.91
6								Rn^{86}
								222

37 **1 제1종 분말소화약제의 저장량 [kg]**

$W=$ 기본량 + 가산량 $=(V\times K_1)+(A\times K_2)$

$=(500\times0.6)+(10\times4.5)=345[kg]$

해답 $W=345[kg]$

2 필요한 질소의 양 [l]

① 질소가스는 소화약제 1[kg]마다 40[l](35[℃]에서 1기압의 압력상태로 환산한 것) 이상으로 할 것

② 질소의 양 = 저장량[kg] × 40[l/kg] $=345\times40=13,800[l]$

해답 질소의 양 $=13,800[l]$

3 저장용기에 설치하는 안전밸브의 작동압력

가압식은 최고사용압력의 1.8배 이하의 압력에서 작동하는 안전밸브를 설치할 것

[참고] 축압식은 용기의 내압시험압력의 0.8배 이하

4 분사헤드 수량

분사헤드 수 $N=\dfrac{\text{저장량[kg]}}{\text{표준방사량[kg]}}=\dfrac{345}{18}=19.166$ ∴ 20개

해답 $N=20$개

38 **1 제1종 분말소화약제의 저장량 [kg]**

저장량 W= 기본량 + 가산량 = $(V\times K_1)+(A\times K_2)$

$=(436.68\times 0.6)+(0.7\times 4.5)=265.16$[kg]

① 방호구역 체적

V=전체 체적 − 내열성 재료 체적(보, 기둥 부분의 체적)

$=(1194.5)-\{(114.5)+(0.60.452)+(0.60.442)\}$

$=436.68[m^3]$

② 개구부 면적 $A=0.7\times 1.0=0.7[m^2]$

③ $K_1=0.6,\ K_2=4.5$

해답 $W=265.16$[kg]

2 저장용기 수

저장용기 수 $N=\dfrac{저장량[kg]}{1병당\ 저장량[kg/병]}=\dfrac{265.16}{62.5}=4.2$ ∴ 5병

① 1병당 저장량 $=\dfrac{저장용기\ 내용적}{충전비}=\dfrac{50}{0.8}=62.5$[kg]

해답 N= 5병

3 분사헤드의 최소 개수

분사헤드 수

$$N=\frac{저장량[kg]}{방출률[kg/mm^2\cdot min\cdot 개]\times 방출구\ 면적[mm^2]\times 방사시간[min]}$$

$$=\frac{5\times 62.5}{7.82\times 0.45\times 100\times 0.5}=1.776$$

∴ 2개

해답 N = 2개

4 분사헤드의 오리피스 전체 면적 [mm^2]

오리피스 전체 면적 A = 분사헤드 수 × 분사헤드 1개 면적$[mm^2]$

$=2\times 45=90[mm^2]$

해답 $A=90[mm^2]$

5 분사헤드 1개의 방사량 [kg/mim]

분사헤드 1개 방사량 $Q=\dfrac{저장량[kg]}{분사헤드\ 수\times 방사시간[min]}$

$=\dfrac{5\times 62.5}{2\times 0.5}=312.5$[kg/min]

해답 Q= 312.5[kg/min]

39 열분해 반응식 $2NaHCO_3 \rightarrow Na_2CO_3 + CO_2 + H_2O$

① $NaHCO_3$ 2[mol]을 열분해하면 CO_2 1[mol](22.4)이 생성된다.

$2NaHCO_3$의 질량 $=\{(23+1+(12\times 1+16\times 3)\}\times 2=168$[kg]

② 소화약제 50[kg]을 1[atm], 0[℃]에서 열분해하였을 경우 생성된 CO_2[m^3]

$168 : 22.4 = 50 \times 0.92 : x$

$$x = \frac{22.4 \times 50 \times 0.92}{168} = 6.13[m^3]$$

③ 1[atm], 30[℃]에서 열분해하였을 경우 생성된 CO_2[m^3]

$V_1 : T_1 = V_2 : T_2$

$$V_2 = \frac{T_2}{T_1} \times V_1 = \frac{273+30}{273} \times 6.13 = 6.8[m^3]$$

해답 $V = 6.8[m^3]$

40 **1 제1종 분말약제 :** $NaHCO_3$(탄산수소나트륨)

① 270[℃]

$2NaHCO_3 \rightarrow Na_2CO_3 + CO_2 \uparrow + H_2O \uparrow - 30.3[kcal]$

② 850[℃]

$2NaHCO_3 \rightarrow Na_2O + 2CO_2 \uparrow + H_2O \uparrow - 104.4[kcal]$

2 제2종 분말약제 : $KHCO_3$(탄산수소칼륨)

① 190[℃]

$2KHCO_3 \rightarrow K_2CO_3 + CO_2 \uparrow + H_2O \uparrow - 29.82[kcal]$

② 890[℃]

$2KHCO_3 \rightarrow K_2O + 2CO_2 \uparrow + H_2O \uparrow - 127.1[kcal]$

3 제3종 분말약제 : $NH_4H_2PO_4$(제1인산암모늄)

$NH_4H_2PO_4 \rightarrow HPO_3 \uparrow + NH_3 + H_2O \uparrow - Q[kcal]$

4 제4종 분말약제 : $KHCO_3$(탄산수소칼륨)$+CO(NH_2)_2$(요소)

$2KHCO_3 + CO(NH_2)_2 \rightarrow K_2CO_3 + 2NH_3 + 2CO_2 \uparrow - Q[kcal]$

41 **1 호스릴 이산화탄소소화설비**

약제량 $W = N \times K = 3 \times 90 = 270[kg]$

해답 $W = 270[kg]$

2 호스릴 할론(할론 1301)소화설비

약제량 $W = N \times K = 3 \times 45 = 135[kg]$

해답 $W = 135[kg]$

3 호스릴 분말(제3종 분말)소화설비

약제량 $W = N \times K = 3 \times 30 = 90[kg]$

해답 $W = 90[kg]$

06 경보설비

01 1. A실의 감지기 설치 수 $N=\frac{\text{바닥면적}}{\text{기준면적}}=\frac{28}{150}=0.19$ $\therefore$ 1개

2. B실의 감지기 설치 수 $N=\frac{\text{바닥면적}}{\text{기준면적}}=\frac{150}{150}=1$ $\therefore$ 1개

3. C실의 감지기 설치 수 $N=\frac{\text{바닥면적}}{\text{기준면적}}=\frac{350}{150}=2.3$ $\therefore$ 3개

해답 A실 $N=1$개
B실 $N=1$개
C실 $N=3$개

02 1. A실의 감지기 설치 수 $N=\frac{\text{바닥면적}}{\text{기준면적}}=\frac{20}{150}=0.13$ $\therefore$ 1개

2. B실의 감지기 설치 수 $N=\frac{\text{바닥면적}}{\text{기준면적}}=\frac{30}{150}=0.2$ $\therefore$ 1개

3. C실의 감지기 설치 수 $N=\frac{\text{바닥면적}}{\text{기준면적}}=\frac{30}{150}=0.2$ $\therefore$ 1개

4. D실의 감지기 설치 수 $N=\frac{\text{바닥면적}}{\text{기준면적}}=\frac{30}{150}=0.2$ $\therefore$ 1개

5. E실의 감지기 설치 수 $N=\frac{\text{바닥면적}}{\text{기준면적}}=\frac{160}{150}=1.07$ $\therefore$ 2개

해답 $N=6$개
(A실 $N=1$개, B실 $N=1$개,
C실 $N=1$개, D실 $N=1$개,
E실 $N=2$개)

03 **1 최소 경계구역 수 계산**

$N=$ 수평적 경계구역 + 수직적 경계구역 $=24+5=29$ 경계구역

① 수평적 경계구역

㉠ 1개 층 경계구역

- 바닥면적 $A=(56\times10.5)-(2\times2\times3)=576[\text{m}^2]$
- 하나의 경계구역 면적은 $600[\text{m}^2]$ 이하로 하고 한 변의 길이는 50[m] 이하로 하여야 하므로 층당 2 경계구역이 된다.

㉡ 수평적 경계구역 수 $N=2$구역/층 $\times$ 12층 $=24$ 경계구역

② 수직적 경계구역

$N=1+2+2=5$ 경계구역

㉠ 엘리베이터 기계실 : 1 경계구역

㉡ 좌측 계단 : 지상층 1 경계구역, 지하층 1 경계구역

㉢ 우측 계단 : 지상층 1 경계구역, 지하층 1 경계구역

해답 $N=29$ 경계구역

2 비상방송이 송출되어야 하는 층

① 발화층 : 지상 1층

② 그 직상층 : 지상 2층

③ 지하층 : 지하 1층, 지하 2층

3 자동화재탐지설비에는 그 설비에 대한 감시상태를 (60)분간 지속한 후 유효하게 (10)분 이상 경보할 수 있는 (축전지설비 또는 전기저장장치)를 설치하여야 한다. 다만, (상용전원)이 (축전지설비)인 경우 또는 건전지를 주전원으로 사용하는 무선식 설비인 경우에는 그러하지 아니하다.

04 경계구역 N = 수평적 경계구역 + 수직적 경계구역

= 17+5 = 22 경계구역

① 수평적 경계구역

㉠ 지하 2층~지상 6층 : 8개 층

- N = 층별 경계구역 × 층 수 = 2 × 8 = 16 경계구역
- 층별 경계구역 $N = \dfrac{\text{바닥면적}}{\text{기준면적}} = \dfrac{1,176}{600} = 1.96$

∴ 2경계구역

㉡ 옥탑층

경계구역 $N = \dfrac{\text{바닥면적}}{\text{기준면적}} = \dfrac{300}{600} = 0.5$ ∴ 1경계구역

㉢ 수평적 경계구역 N = 17경계구역

② 수직적 경계구역

㉠ 엘리베이터권상기실 1경계구역

㉡ 계단

- 계단 1(지하 2층 ~ 지상 6층) N = 2경계구역

지하층 $N = \dfrac{8}{45} = 0.18$ ∴ 1경계구역

지상층 $N = \dfrac{4 \times 6}{45} = 0.53$ ∴ 1경계구역

- 계단 2(지하 2층 ~ 옥탑 층) N = 2경계구역

지하층 $N = \dfrac{8}{45} = 0.18$ ∴ 1경계구역

지상층 $N = \dfrac{4 \times 7}{45} = 0.62$ ∴ 1경계구역

㉢ 수직적 경계구역 N = 5경계구역

해답 N = 22경계구역

05 **1**

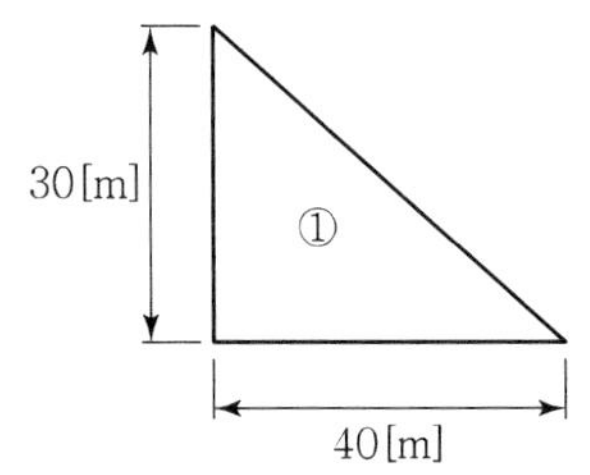

① 면적 $A = 30 \times 40 \div 2 = 600[m^2]$

해답 경계구역 : 1개

2

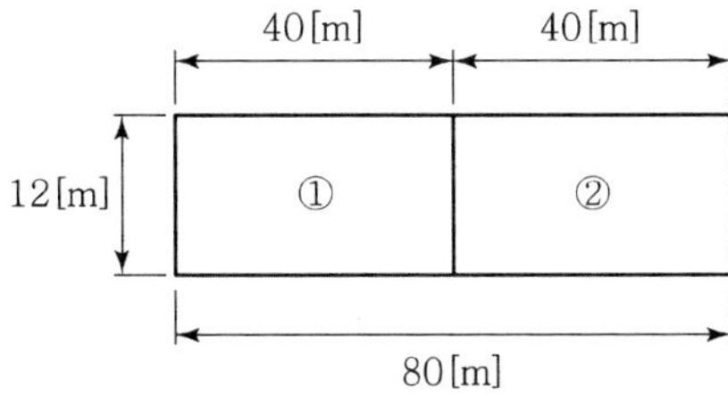

① 면적 $A = 12 \times 40 = 480[m^2]$

② 면적 $A = 12 \times 40 = 480[m^2]$

해답 경계구역 : 2개

3

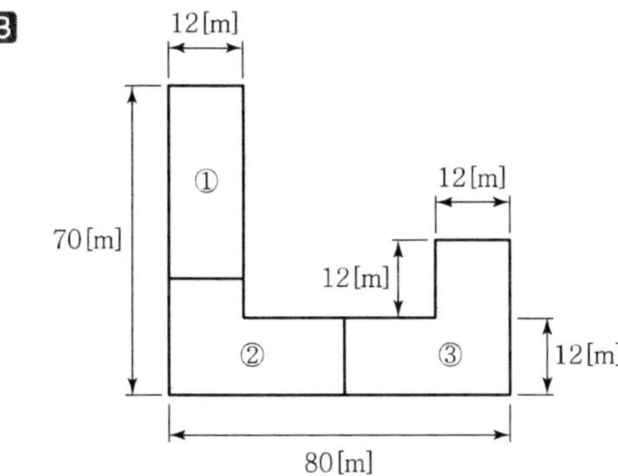

① 면적 $A = 12 \times 50 = 600[m^2]$

② 면적 $A = (12 \times 20) + (12 \times 30) = 600[m^2]$

③ 면적 $A = (12 \times 24) + (12 \times 26) = 600[m^2]$

해답 경계구역 : 3개

4

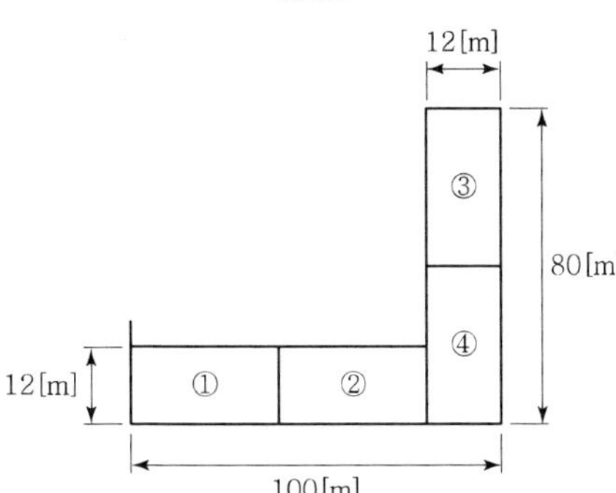

① 면적 $A = 12 \times 44 = 528[m^2]$

② 면적 $A = 12 \times 44 = 528[m^2]$

③ 면적 $A = 12 \times 40 = 480[m^2]$

④ 면적 $A = 12 \times 40 = 480[m^2]$

해답 경계구역 : 4개

06 **1** **차동식 스포트형 감지기의 전체 설치개수**

N= 1개 층 설치개수 × 층 수 = $8 \times 6 = 48$개

① 1개 층 설치개수 : 기준면적 $70[m^2]$(내화구조, 부착높이 4[m] 미만)

㉠ ㉮실 $N = \frac{바닥면적}{기준면적} = \frac{10 \times 13}{70} = 1.9$ ∴ 2개

㉡ ㉯실 $N = \frac{바닥면적}{기준면적} = \frac{12 \times 13}{70} = 2.2$ ∴ 3개

㉢ ㉰실 $N = \frac{바닥면적}{기준면적} = \frac{14 \times 13}{70} = 2.6$ ∴ 3개

㉣ 1개 층 설치 개수 : 8개

② 층 수 : 6개 층

해답 $N = 48$개

2 연기감지기(2종)의 전체 설치개수

① 복도

$N = 1$개 층 설치개수 × 층 수 $= 2 \times 6 = 12$개

㉠ 1개 층 설치개수 $N = \frac{보행거리}{기준거리} = \frac{36-5}{30} = 1.03$ ∴ 2개

㉡ 층 수 : 6개 층

② 계단

설치개수 $N = \frac{수직거리}{기준거리} = \frac{4.3 \times 6}{15} = 1.72$ ∴ 2개

해답 $N = 14$개

3 전체 경계구역 수

경계구역 $N = 6 + 1 = 7$ 경계구역

= 수평적 경계구역 + 수직적 경계구역

① 수평적 경계구역 : 계단면적 제외

$N =$ 층별 경계구역 × 층 수 $= 1 \times 6 = 6$ 경계구역

㉠ 층별 경계구역

$$N = \frac{바닥면적}{기준면적} = \frac{(36 \times 17) - (5 \times 4)}{600} = 0.99$$

∴ 1 경계구역

㉡ 층 수 : 6개 층

② 수직적 경계구역 : 계단

$N = \frac{수직높이}{기준높이} = \frac{4.3 \times 6}{45} = 0.57$ ∴ 1 경계구역

해답 $N = 7$ 경계구역

4 우선경보를 적용 : 층수 5층, 연면적 3,672[m^2]

① 발화층 : 1층

② 그 직상층 : 2층

③ 지하층 : 지하1층

07 **1 전체 경계구역의 수**

경계구역 N = 수평적 경계구역 + 수직적 경계구역

= 15 + 5 = 20 경계구역

① 수평적 경계구역

㉠ 면적 620[m^2] : 지하 2층부터 지상 5층까지 7개 층

N = 1개 층 경계구역 × 층수 = 2 × 7 = 14 경계구역

• 1개 층 경계구역 $N = \dfrac{\text{바닥면적}}{\text{기준면적}} = \dfrac{620}{600} = 1.03$

∴ 2경계구역

㉡ 면적 140[m^2] : 지상 6층 1개 층

• 경계구역 $N = \dfrac{\text{바닥면적}}{\text{기준면적}} = \dfrac{140}{600} = 0.23$ ∴ 1경계구역

㉢ N = 14 + 1 = 15 경계구역

② 수직적 경계구역

㉠ 엘리베이터 기계실 N = 1경계구역

㉡ 좌계단 N = 2경계구역

• 지상층 $N = \dfrac{\text{전체높이}}{\text{기준높이}} = \dfrac{4.5 + (3.5 \times 6)}{45} = 0.57$

∴ 1경계구역

• 지하층 $N = \dfrac{\text{전체높이}}{\text{기준높이}} = \dfrac{4.5 \times 2}{45} = 0.2$ ∴ 1경계구역

㉢ 우계단 N = 2경계구역

• 지상층 $N - \dfrac{\text{전체높이}}{\text{기준높이}} = \dfrac{4.5 + (3.5 \times 4)}{45} = 0.41$

∴ 1경계구역

• 지하층 $N = \dfrac{\text{전체높이}}{\text{기준높이}} = \dfrac{4.5 \times 2}{45} = 0.2$ ∴ 1경계구역

㉣ N = 1 + 2 + 2 = 5 경계구역

해답 N = 20 경계구역

2 설치하여야 하는 감지기의 종류별 개수

① 차동식 스포트형 1종

㉠ 층고 4.5[m] : 지하 2층부터 1층까지, 3개 층(내화구조, 기준면적 45[m^2])

• 거실층별 $N = \dfrac{\text{바닥면적}}{\text{기준면적}} = \dfrac{620 - 35}{45} = 13$ ∴ 13개

• 화장실층별 $N = \dfrac{\text{바닥면적}}{\text{기준면적}} = \dfrac{35}{45} = 0.78$ ∴ 1개

$\therefore N=(13+1)\times 3=42$개

㉡ 층고 3.5[m] : 2층부터 5층까지, 4개 층(내화구조, 기준면적 90[m^2])

• 거실층별 $N=\dfrac{바닥면적}{기준면적}=\dfrac{620-35}{90}=6.5$ $\therefore$ 7개

• 화장실층별 $N=\dfrac{바닥면적}{기준면적}=\dfrac{35}{90}=0.39$ $\therefore$ 1개

$\therefore N=(7+1)\times 4=32$개

㉢ 층고 3.5[m] : 6층, 1개 층(내화구조, 기준면적 90[m^2])

거실 $N=\dfrac{바닥면적}{기준면적}=\dfrac{140}{90}=1.56$ $\therefore$ 2개

㉣ 전체 설치개수 $N=42+32+2=76$개

② 연기감지기 1종

㉠ 엘리베이터 기계실 1개

㉡ 좌계단

• 지상층 $N=\dfrac{수직거리}{기준거리}=\dfrac{3.5\times 6+4.5}{15}=1.7$ $\therefore$ 2개

• 지하층 $N=\dfrac{수직거리}{기준거리}=\dfrac{4.5\times 2}{15}=0.6$ $\therefore$ 1개

㉢ 우계단

• 지상층 $N=\dfrac{수직거리}{기준거리}=\dfrac{3.5\times 4+4.5}{15}=1.23$ $\therefore$ 2개

• 지하층 $N=\dfrac{수직거리}{기준거리}=\dfrac{4.5\times 2}{15}=0.6$ $\therefore$ 1개

㉣ 전체 설치개수 $N=1+3+3=7$개

해답

차동식 스포트형 1종 $N=76$개
연기감지기 1종 $N=7$개

08 1 전체 경계구역의 수

경계구역 $N=$ 수평적 경계구역＋수직적 경계구역
$=15+2=17$ 경계구역

① 수평적 경계구역

㉠ 면적 630[m^2] : 지하 2층부터 지상 5층까지 7개 층

$N=$ 1개 층 경계구역×층수 $=2\times 7=14$ 경계구역

1개 층 경계구역 $N=\dfrac{바닥면적}{기준면적}=\dfrac{630}{600}=1.05$

$\therefore$ 2경계구역

㉡ 면적 120[m^2] : 지상 6층 1개 층

경계구역 $N=\dfrac{바닥면적}{기준면적}=\dfrac{120}{600}=0.2$ $\therefore$ 1경계구역

㉢ $N=14+1=15$ 경계구역

② 수직적 경계구역

㉠ 지상층 계단

$N=\frac{전체높이}{기준높이}=\frac{23.8}{45}=0.52$ ∴ 1경계구역

㉡ 지하층 계단

$N=\frac{전체높이}{기준높이}=\frac{8.4}{45}=0.19$ ∴ 1경계구역

㉢ $N=1+1=2$ 경계구역

해답 $N=17$ 경계구역

❷ 설치하여야 하는 감지기의 종류별 수량

① 차동식 스포트형 1종

㉠ 부착높이 4[m] 미만 : 기준면적 90[m^2], 내화구조

- 6층 : $N=\frac{바닥면적}{기준면적}=\frac{120}{90}=1.3$ ∴ 2개
- 지하 2층, 2층, 3층, 4층, 5층의 5개 층

  층별 $N=\frac{바닥면적}{기준면적}=\frac{630-40}{90}=6.6$ ∴ 7개

  ∴ $N=7\times5=35$개
- $N=2+35=37$개

㉡ 부착높이 4[m] 이상 : 기준면적 45[m^2], 내화구조

- 지하 1층, 1층의 2개 층

  층 별 $N=\frac{바닥면적}{기준면적}=\frac{630-40}{45}=13.2$ ∴ 14개

  ∴ $N=14\times2=28$개

㉢ 전체 설치개수 $N=37+28=65$개

② 연기감지기 2종

㉠ 지상층 계단

$N=\frac{수직거리}{기준거리}=\frac{23.8}{15}=1.59$ ∴ 2개

㉡ 지하층 계단

$N=\frac{수직거리}{기준거리}=\frac{8.4}{15}=0.56$ ∴ 1개

㉢ $N=2+1=3$개

해답

차동식 스포트형 1종 $N=65$개

연기감지기 2종 $N=3$개

09 **1** ① 수평적 경계구역

㉠ 지하층 : 소화설비의 방사구역과 동일하게 설정

- 경계구역 $N=\frac{바닥면적}{기준면적}=\frac{35\times30}{3{,}000}=0.35$ ∴ 1구역
- 지하층 경계구역=1구역/층×2개 층=2구역

㉡ 지상층

- 경계구역 $N=\frac{바닥면적}{기준면적}=\frac{35\times30}{600}=1.75$ ∴ 2구역
- 지상층 경계구역=2구역/층×9개 층=18구역

② 수직적 경계구역

㉠ 직통계단 : 2개

- 좌 계단 지하

  경계구역 $N=\frac{수직거리}{기준거리}=\frac{4.5\times2}{45}=0.2$ ∴ 1구역
- 좌 계단 지상

  경계구역 $N=\frac{수직거리}{기준거리}=\frac{3.5\times10}{45}=0.7$ ∴ 1구역
- 우 계단 지하

  경계구역 $N=\frac{수직거리}{기준거리}=\frac{4.5\times2}{45}=0.2$ ∴ 1구역
- 우 계단 지상

  경계구역 $N=\frac{수직거리}{기준거리}=\frac{3.5\times10}{45}=0.7$ ∴ 1구역

㉡ 엘리베이터 권상기실 : 2구역

- 전체 경계구역의 수

  경계구역 N= 수평적 경계구역 + 수직적 경계구역

  = 2 + 18 + 2 + 2 + 2

  = 26구역

해답

전체 경계구역의 수 : 26구역

2 ① 차동식 스포트형 2종

㉠ 지상층 : 내화구조, 부착높이 4[m] 미만

- 층별 감지기 수 $N=\frac{바닥면적}{기준면적}=\frac{35\times30}{70}=15$개
- 지상층 감지기 수 N= 15개/층× 9개 층= 135개

㉡ 지하층 : 내화구조, 부착높이 4[m] 이상, 교차회로

- 층별 감지기 수 $N=\frac{바닥면적}{기준면적}=\frac{35\times30}{35}=30$개
- 지하층 감지기 수 N=30개/층× 2개 층×2회로

  = 120개

㉢ 차동식 스포트형 2종 설치개수 = 135 + 120 = 255개

② 광전식 스포트형 2종

㉠ 직통계단

• 좌 계단 지하

$$감지기 수\ N = \frac{수직거리}{기준거리} = \frac{4.5 \times 2}{15} = 0.6 \quad \therefore 1개$$

• 좌 계단 지상

$$감지기 수\ N = \frac{수직거리}{기준거리} = \frac{3.5 \times 10}{15} = 2.33 \quad \therefore 3개$$

• 우 계단 지하

$$감지기 수\ N = \frac{수직거리}{기준거리} = \frac{4.5 \times 2}{15} = 0.6 \quad \therefore 1개$$

• 우 계단 지상

$$감지기 수\ N = \frac{수직거리}{기준거리} = \frac{3.5 \times 10}{15} = 2.33 \quad \therefore 3개$$

㉡ 엘리베이터 권상기실 : 2개

③ 광전식 스포트형 2종 설치개수 = 8 + 2 = 10개

해답 차동식 스포트형 2종 : 255개, 광전식 스포트형 2종 : 10개

10 **1** **전체 경계구역 수**

① 수평적 경계구역 : 하나의 경계구역 면적은 600[m^2] 이하로 하고, 한 변의 길이는 50[m] 이하로 할 것

㉠ 1개 층의 경계구역

$$N = \frac{바닥면적}{기준면적}$$

$$= \frac{(59 \times 21) - \{(3 \times 5 \times 2) + (3 \times 3 \times 2)\}}{600} = 1.985$$

$\therefore$ 2구역

㉡ 전체 경계구역 $N = 2 \times 7 = 14$구역

② 수직적 경계구역 : 계단, 엘리베이터 권상기실은 별도의 경계구역으로 할 것

㉠ 계단실

• 좌 계단 : 지하 1구역, 지상 1구역

• 우 계단 : 지하 1구역, 지상 1구역

㉡ 엘리베이터 권상기실 : 2구역

③ 전체 경계구역

N = 수평적 경계구역 + 수직적 경계구역 = 14 + 6 = 20구역

해답 20구역

2 광전식 스포트형 2종 설치수량

① 계단

㉠ 좌 계단

• 지하층 $N=\dfrac{\text{수직거리}}{\text{기준거리}}=\dfrac{2\times4}{15}=0.53$ ∴ 1개

• 지상층 $N=\dfrac{\text{수직거리}}{\text{기준거리}}=\dfrac{6\times4}{15}=1.6$ ∴ 2개

㉡ 우 계단

• 지하층 $N=\dfrac{\text{수직거리}}{\text{기준거리}}=\dfrac{2\times4}{15}=0.53$ ∴ 1개

• 지상층 $N=\dfrac{\text{수직거리}}{\text{기준거리}}=\dfrac{6\times4}{15}=1.6$ ∴ 2개

② 엘리베이터 권상기실 : 2개

③ 전체 개수=8개

해답 8개

3 발신기 설치수량

특정소방대상물의 층마다 설치하되, 해당 특정소방대상물의 각 부분으로부터 하나의 발신기까지의 수평거리가 25m 이하가 되도록 할 것

① 1개 층의 발신기 설치 수

• 가로 열 $N_1=\dfrac{\text{가로길이}}{\text{발신기 간 거리}}=\dfrac{59}{35.35}=1.66$ ∴ 2개

• 세로 열 $N_2=\dfrac{\text{세로길이}}{\text{발신기 간 거리}}=\dfrac{21}{35.35}=0.59$ ∴ 1개

• 설치 수=2×1=2개

② 전체 설치 수 $N=2\times7=14$개

해답 14개

11 **1** ① 수평적 경계구역

$$\frac{650[\text{m}^2]-(15[\text{m}^2]+10[\text{m}^2])}{600[\text{m}^2]/1\text{경계구역}}=1.04 \fallingdotseq 2\text{구역/층}$$

따라서 2경계구역/층×13개층=26경계구역

② 수직적 경계구역

직통계단

㉠ 지상 : $\dfrac{4[\text{m}]/\text{층}\times11\text{층}}{45[\text{m}]/1\text{경계구역}}=0.977 \fallingdotseq 1\text{경계구역}$

㉡ 지하 : $\dfrac{4[\text{m}]/\text{층}\times2\text{층}}{45[\text{m}]/1\text{경계구역}}=0.177 \fallingdotseq 1\text{경계구역}$

∴ 계단 : 2경계구역

엘리베이터 : 1경계구역

따라서 총 경계구역 = 26 + 2 + 1 = 29경계구역

해답 29경계구역

2 ① 차동식 스포트형 1종

$$\frac{575[\text{m}^2]}{45[\text{m}^2]/\text{개}} = 12.78 \fallingdotseq 13\text{개}/\text{층}$$

∴ 13개/층 × 13층 = 169개

② 연기감지기 2종

㉠ 엘리베이터 : 1개

㉡ 계단

• 지상 : $\frac{4[\text{m}]/\text{층} \times 11\text{층}}{15[\text{m}]/\text{개}} = 2.93 \fallingdotseq 3\text{개}$

• 지하 : $\frac{4[\text{m}]/\text{층} \times 2\text{층}}{15[\text{m}]/\text{개}} = 0.53 \fallingdotseq 1\text{개}$

따라서 계단 총 4개

해답 ① 차동식 스포트형 1종 : 169개
② 연기감지기 2종 : 5개

3 지하 1층, 지하 2층, 지상 1층, 지상 2층, 지상 3층, 지상 4층, 지상 5층

4 경종 및 표시등 공통선 1가닥

경종선 12가닥

표시등선 1가닥

회로공동선 4가닥

응답선 1가닥

회로선 29가닥

12 **1** **감지기 1개가 감지하는 바닥면의 원 면적 [m²]**

원 면적 $A = \pi r^2 = \pi \times 5^2 = 78.54[\text{m}^2]$

$\tan\theta = \frac{r}{H}$ 에서

$r = H \cdot \tan\theta = 8.66 \times \tan 30°$

$= 4.99 \fallingdotseq 5[\text{m}]$

여기서, 부착높이 $H = 8.66[\text{m}]$

공칭시야각 $2\theta = 60°(\theta = 30°)$

r : 원의 반지름[m]

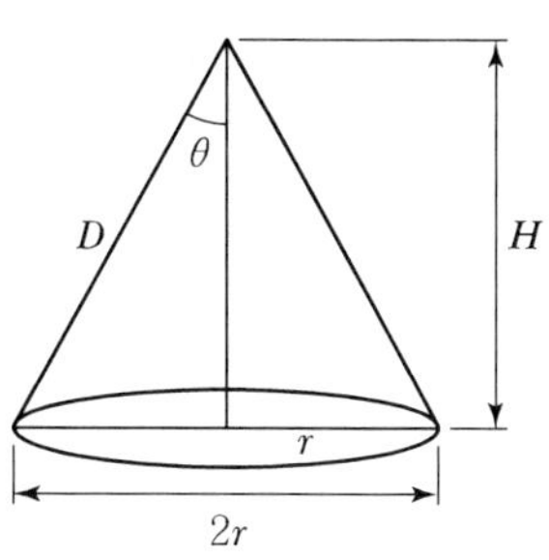

해답 $A = 78.54[\text{m}^2]$

2 정사각형의 면적[m²]

정사각형 면적 $A = X \cdot X = X^2 = 2\times r^2 = 2\times 5^2 = 50[\mathrm{m}^2]$

$(2r)^2 = X^2 + X^2 = 2X^2$

$X^2 = \dfrac{4r^2}{2} = 2r^2$

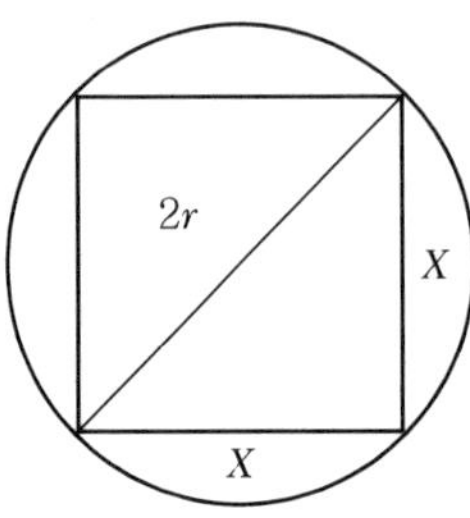

해답 $A = 50[\mathrm{m}^2]$

13 [풀이 1]

정사각형의 면적으로 적용

설치개수 $N = \dfrac{\text{바닥면적}}{\text{감지면적}} = \dfrac{392}{50} = 7.84$ $\quad\therefore$ 8개

① 정사각형의 면적

$A = X^2 = (\sqrt{2}\,r)^2 = (\sqrt{2}\times 5)^2 = 50[\mathrm{m}^2]$

② 정사각형 한 변의 길이

$X = \sqrt{2}\,r$ (r : 감지기 1개가 담당하는 바닥면 원의 반지름)

③ 원의 반지름

$r = H\cdot\tan\theta = 5\times\tan 45° = 5[\mathrm{m}]$

해답 $N = 8$개

[풀이 2]

정사각형 한 변의 길이로 적용

설치개수 $N = N_1\times N_2 = 4\times 2 = 8$개

① 가로열 개수 $N_1 = \dfrac{\text{가로길이}}{\text{정사각형 한 변의 길이}} = \dfrac{28}{7.07} = 3.96$ $\quad\therefore$ 4개

② 세로열 개수 $N_2 = \dfrac{\text{세로길이}}{\text{정사각형 한 변의 길이}} = \dfrac{14}{7.07} = 1.98$ $\quad\therefore$ 2개

③ 정사각형 한 변의 길이

$X = \sqrt{2}\,r$ (r : 감지기 1개가 담당하는 바닥면 원의 반지름)

④ 원의 반지름 $r = H\cdot\tan\theta = 5\times\tan 45° = 5[\mathrm{m}]$

해답 $N = 8$개

14 전선의 최소 단면적[mm²]

$A = \dfrac{35.6LI}{1{,}000e} = \dfrac{35.6\times 500\times 1.08}{1{,}000\times 4.8} = 4.005[\mathrm{mm}^2]$

① 소요전류 $I = I_1 + I_2 = 0.48 + 0.6 = 1.08[\mathrm{A}]$

- 표시등 $I_1 = 40\times 12\times 10^{-3} = 0.48[\mathrm{A}]$
- 경종 $I_2 = 50\times 12\times 10^{-3} = 0.6[\mathrm{A}]$

② 전선의 길이 $L=500[\text{m}]$

③ 전압강하 $e=V_S\times 0.2=24\times 0.2=4.8[\text{V}]$

해답 $A=6[\text{mm}^2]$

15 전선 도체의 단면적

$$A=\frac{2I\rho L}{e}\left(e=2IR=2I\rho\frac{L}{A}\right)$$

$$=\frac{2\times 0.51\times\frac{1}{58}\times\frac{1}{0.97}\times 250}{4.8}$$

$$=0.944[\text{mm}^2]$$

- 전압강하 $e=V_s\times 0.2=24\times 0.2=4.8[\text{V}]$
- 부하전류 $I=(0.02\times 10)+(0.05\times 5)+(0.03\times 2)=0.51[\text{A}]$
- 선로길이 $L=250[\text{m}]$

해답 $1.5[\text{mm}^2]$

참고 **전선규격(KS IEC : 국가표준인증 종합정보센터)**

1.5 · 2.5 · 4 · 6 · 10 · 16 · 25 · 35 · 50 · 70 · 95

120 · 150 · 185 · 300 · 400 · 500 · 630[mm²]

16 방전전류가 감소하는 경우 감소 직전까지의 부하특성마다 분리하여 축전지 용량을 산정한 후 가장 큰 값을 적용한다.

① $C_1=\frac{1}{L}K_1I_1=\frac{1}{0.8}\times 1.30\times 80=130[\text{Ah}]$

(※ K_1 : 방전시간 10분을 적용)

② $C_2=\frac{1}{L}[K_1I_1+K_2(I_2-I_1)]$

$$=\frac{1}{0.8}\times[2.55\times 80+2.2\times(30-80)]=117.5[\text{Ah}]$$

(※ K_1 : 방전시간 60분을 적용, K_2 : 방전시간 50분을 적용)

③ $C_3=\frac{1}{L}[K_1I_1+K_2(I_2-I_1)+K_3(I_3-I_2)]$

$$=\frac{1}{0.8}\times[3.15\times 80+3\times(30-80)+1.45\times(10-30)]$$

$$=91.25[\text{Ah}]$$

(※ K_1 : 방전시간 80분을 적용, K_2 : 방전시간 70분을 적용, K_3 : 방전시간 20분을 적용)

해답 $C=130[\text{Ah}]$

17 축전지 용량 [Ah]

방전전류가 감소하는 경우 감소직전까지의 부하 특성마다 분리하여 축전지 용량을 산정한 후 가장 큰 값을 선정한다.

① $C_1 = \frac{1}{L}KI = \frac{1}{0.8} \times 1.3 \times 500 = 812.5[\text{Ah}]$

- $K_1 = 1.3$(방전시간 0.1분)
- $I_1 = 500[\text{A}]$

② $C_2 = \frac{1}{L}[K_1I_1 - K_2(I_1 - I_2)]$

$= \frac{1}{0.8} \times [2.55 \times 500 - 1.75 \times (500 - 300)] = 1{,}156.25[\text{Ah}]$

- $K_1 = 2.55$(방전시간 60분)
- $K_2 = 1.75$(방전시간 59.9분)
- $I_1 = 500[\text{A}] \cdot I_2 = 300[\text{A}]$

③ $C_3 = \frac{1}{L}[K_1I_1 - K_2(I_1 - I_2) - K_3(I_2 - I_3) + K_4(I_4 - I_3)]$

$= \frac{1}{0.8} \times [3.65 \times 500 - 3.45 \times (500 - 300) - 2.55 \times (300 - 100)$

$+ 1.45 \times (200 - 100)]$

$= 962.5[\text{Ah}]$

- $K_1 = 3.65$(방전시간 120분)
- $K_2 = 3.45$(방전시간 119.9분)
- $K_3 = 2.55$(방전시간 60분)
- $K_4 = 1.45$(방전시간 1분)
- $I_1 = 500[\text{A}] \cdot I_2 = 300[A]$
- $I_3 = 100[\text{A}] \cdot I_4 = 200[\text{A}]$

해답 $C = 1{,}156.25[\text{Ah}]$

18

번호	가닥 수	전선의 용도
㉮	7	지구선 2, 지구공통선 1, 응답선 1, 경종선 1, 표시등선 1, 경종 · 표시등 공통선 1
㉯	4	감지기 지구선 2, 감지기 공통선 2
㉰	6	지구선 1, 지구공통선 1, 응답선 1, 경종선 1, 표시등선 1, 경종 · 표시등 공통선 1
㉱	4	감지기 지구선 2, 감지기 공통선 2
㉲	2	감지기 지구선 1, 감지기 공통선 1
㉳	2	감지기 지구선 1, 감지기 공통선 1
㉴	2	감지기 지구선 1, 감지기 공통선 1
㉵	4	감지기 지구선 2, 감지기 공통선 2

참고

전선의 용도		㉮	㉰
자탐	지구선	2	1
	공통선	1	1
	전화선	1	1
	응답선	1	1
	경종선	1	1
	표시등선	1	1
	경종 · 표시등 공통선	1	1
합계		8	7

19

번호	가닥 수	전선의 용도
㉮	9	지구선 2, 지구공통선 1, 응답선 1, 경종선 1, 표시등선 1 경종 · 표시등 공통선 1, 기동확인표시등선 2
㉯	10	지구선 3, 지구공통선 1, 응답선 1, 경종선 1, 표시등선 1 경종 · 표시등 공통선 1, 기동확인표시등선 2
㉰	12	지구선 5, 지구공통선 1, 응답선 1, 경종선 1, 표시등선 1 경종 · 표시등 공통선 1, 기동확인표시등선 2
㉱	13	지구선 6, 지구공통선 1, 응답선 1, 경종선 1, 표시등선 1 경종 · 표시등 공통선 1, 기동확인표시등선 2
㉲	20	지구선 12, 지구공통선 2, 응답선 1, 경종선 1, 표시등선 1 경종 · 표시등 공통선 1, 기동확인표시등선 2
㉳	6	유수검지스위치 2, 탬퍼스위치 2, 사이렌 1, 공통 1
㉴	12	유수검지스위치 5, 탬퍼스위치 5, 사이렌 1, 공통 1
㉵	14	유수검지스위치 6, 탬퍼스위치 6, 사이렌 1, 공통 1

전선의 용도		㉮	㉯	㉰	㉱	㉲	㉳	㉴	㉵
자탐	지구선	2	3	5	6	12	–	–	–
	공통선	1	1	1	1	2	–	–	–
	응답선	1	1	1	1	1	–	–	–
	경종선	2	3	5	6	6	–	–	–
	표시등선	1	1	1	1	1	–	–	–
	경종 · 표시등 공통선	1	1	1	1	1	–	–	–
옥내	기동확인표시등선	2	2	2	2	2	–	–	–
습식	유수검지스위치	–	–	–	–	–	2	5	6
	탬퍼스위치	–	–	–	–	–	2	5	6
	사이렌	–	–	–	–	–	1	1	1
	공통선	–	–	–	–	–	1	1	1
합계		9	10	12	13	20	6	12	14

20 1 전선의 가닥 수

㉮	㉯	㉰	㉱	㉲	㉳	㉴	㉵	㉶	㉷	㉸
4	2	4	6	10	2	8	4	4	4	8

2 간선의 용도

전원 +, 전원 −, 전화, 감지기 공통, 밸브기동, 밸브개방 확인, 밸브주의, 감지기 A, 감지기 B, 사이렌

참고 도시기호

명칭	기호
경보밸브(습식)	
경보밸브(건식)	
프리액션밸브 관12회	P
경보델류지밸브 관12회	D
프리액션밸브 수동조작함	SVP

21

전선의 용도		㉮	㉯	㉰	㉱	㉲	㉳	㉴	㉵
자탐	지구선	1	2	2	5	8	5	10	18
	공통선	1	1	1	1	2	1	2	4
	응답선	1	1	1	1	1	1	1	2
	경종선	1	1	1	1	1	1	1	2
	표시등선	1	1	1	1	1	1	1	2
	경종 · 표시등 공통선	1	1	1	1	1	1	1	2
옥내	기동확인표시등선	2	2	2	2	2	2	2	4
합계		8	9	9	12	16	12	18	34

22 1 전선의 가닥 수

㉮	㉯	㉰	㉱	㉲	㉳	㉴	㉵	㉶	㉷	㉸
4	8	8	2	9	4	8	2	2	2	15

2 간선의 용도

전원 +, 전원 −, 감지기 공통

기동스위치, 방출표시등, 사이렌, 감지기 A, 감지기 B, 비상스위치

참고 **도시기호**

명칭	도시기호
제어반	
사이렌	M S
표시등	
압력스위치	PS

23

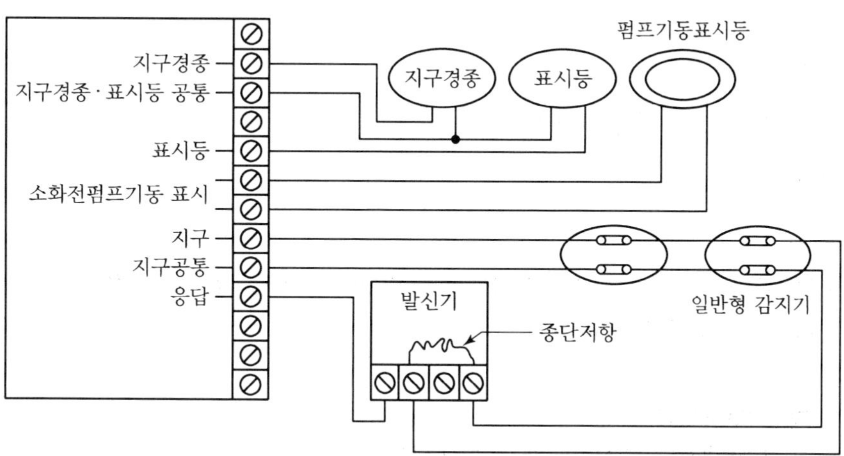

07 피난구조설비

01 (1) 설치 수

$$N=\frac{\text{바닥면적}}{\text{기준면적}}=\frac{800}{500}=1.6$$

∴ 2개

(2) 종류

구조대, 피난교, 피난용 트랩, 다수인피난장비, 승강식 피난기

02 (1) 설치 수

$$N=\frac{\text{바닥면적}}{\text{기준면적}}=\frac{500}{1,000}=0.5$$

∴ 1개

(2) 종류

미끄럼대, 피난사다리, 구조대, 완강기, 피난교, 피난용 트랩, 다수인피난장비, 승강식 피난기

참고 **피난기구 적응성**

1. 간이완강기 : 숙박시설의 3층 이상의 객실
2. 공기안전매트 : 아파트(주택법 시행령 제48조의 공동주택)

03 설치개수 $N=\dfrac{\text{객석 통로의 직선 부분의 길이}}{4}-1$

$$=\frac{35}{4}-1=7.75$$ ∴ 8개

∴ 8개 × 3(통로) = 24개

해답 24개

08 소화용수설비 · 소화활동설비

01 **1 저수량 [m³]**

$Q = K \times 20[\text{m}^3] = 6 \times 20 = 120[\text{m}^3]$ 이상

$K = \dfrac{\text{소방대상물의 연면적}}{\text{기준면적}} = \dfrac{38{,}500}{7{,}500} = 5.13$

해답 $6[\text{m}^3]$

2 흡수관 투입구 및 채수구 설치수량

① 흡수관 투입구 수 : 저수조의 소요수량이 $80[\text{m}^3]$ 이상이므로, 2개 이상을 설치하여야 한다.

② 채수구 수 : 저수조의 소요수량이 $100[\text{m}^3]$ 이상이므로, 3개를 설치하여야 한다.

02 **1 저수량 [m³]**

$Q = K \times 20[\text{m}^3] = 3 \times 20 = 60[\text{m}^3]$ 이상

$K = \dfrac{\text{소방대상물의 연면적}}{\text{기준면적}} = \dfrac{20{,}500}{7{,}500} = 2.73 \quad \therefore 3$

해답 $Q = 60[\text{m}^3]$ 이상

2 흡수관 투입구 설치수량

저수조의 소요수량이 $80[\text{m}^3]$ 미만이므로, 1개 이상을 설치하여야 한다.

3 채수구 설치수량

저수조의 소요수량이 $40[\text{m}^3]$ 이상 $100[\text{m}^3]$ 미만이므로, 2개를 설치하여야 한다.

4 가압송수장치 토출량

저수조의 소요수량이 $40[\text{m}^3]$ 이상 $100[\text{m}^3]$ 미만이므로, 2,200 $[l/\text{min}]$ 이상이 되어야 한다.

5 소화수조를 설치하지 아니할 수 있는 경우

유수의 양이 $0.8[\text{m}^3/\text{min}]$ 이상인 유수를 사용할 수 있는 경우

03 **1 배출량[CMH] : 거실**

$Q = A[\text{m}^2] \times 1[\text{m}^3/\text{m}^2 \cdot \text{min}] \times 60[\text{min/hr}]$

$= 380 \times 1 \times 60 = 22{,}800[\text{m}^3/\text{hr}]$

해답 $Q = 22{,}800[\text{CMH}]$

2 풍도의 최소 폭 [mm]

$$풍도\ 폭\ L_1 = \frac{풍도\ 단면적\ A[m^2]}{풍도\ 높이\ L_2[m]} = \frac{0.422}{0.6} = 0.703[m]$$

$$= 703[mm]$$

$$\therefore\ L_1 = 703[mm]$$

① 풍도 단면적 $A = \frac{배출량[m^3/s]}{풍속[m/s]} = \frac{\frac{22,800}{3,600}}{15} = 0.422[m^2]$

② 풍속 $V = 15[m/s]$(흡입 측 풍도)

③ 풍도 높이 $L_2 = 600[mm] = 0.6[m]$

해답 $L_1 = 703[mm]$

3 축동력 [kW]

$$P = \frac{P_t \times Q}{102 \times 60 \times \eta} \times 1.2 = \frac{50 \times \frac{22,800}{60}}{102 \times 60 \times 0.55} \times 1.2 = 6.77[kW]$$

① P_t(전압)$= 50[mmAq] = 50[kg_f/m^2]$

② Q(풍량)$= \frac{22,800}{60} = 380[m^3/min]$

③ η(효율)$= 0.55$

해답 $P = 6.77[kW]$

4 회전수[rpm] : 풍량과 회전수의 관계

$$N_2 = \frac{Q_2}{Q_1} \times N_1 = \frac{22,800 \times 1.2}{22,800} \times 1,200 = 1,440[rpm]$$

① $\frac{Q_2}{Q_1} = \frac{N_2}{N_1}$에서, $N_2 = \frac{Q_2}{Q_1} \times N_1$

② $Q_1 = 22,800[CMH]$

③ $Q_2 = Q_1 \times 1.2 = 22,800 \times 1.2 = 27,360[CMH]$

해답 $N_2 = 1,440[rpm]$

5 전압[mmAq] : 양정과 회전수의 관계

$$H_2 = \left(\frac{N_2}{N_1}\right)^2 \times H_1 = \left(\frac{1,440}{1,200}\right)^2 \times 50 = 72[mmAq]$$

① $\frac{H_2}{H_1} = \left(\frac{N_2}{N_1}\right)^2$에서, $H_2 = \left(\frac{N_2}{N_1}\right)^2 \times H_1$

② $N_1 = 1,200[rpm]$

③ $N_2 = 1,440[rpm]$

해답 $H_2 = 72[mmAq]$

6 전동기 사용 가능 여부 : 축동력과 회전수의 관계

[풀이 1]

$$L_2 = \left(\frac{N_2}{N_1}\right)^3 \times L_1 = \left(\frac{1,440}{1,200}\right)^3 \times 6.77 = 11.69 \qquad \therefore 11.7[\text{kW}]$$

① $\dfrac{L_2}{L_1} = \left(\dfrac{N_2}{N_1}\right)^3$에서, $L_2 = \left(\dfrac{N_2}{N_1}\right)^3 \times L_1$

② $N_1 = 1,200[\text{rpm}]$

③ $N_2 = 1,440[\text{rpm}]$

④ $L_1 = 6.77[\text{kW}]$

[풀이 2]

$$P = \frac{P_t \times Q}{102 \times 60 \times \eta} \times 1.2 = \frac{72 \times \dfrac{22,800 \times 1.2}{60}}{102 \times 60 \times 0.55} \times 1.2 = 11.7$$

$\therefore 17.56[\text{kW}]$

① P_t(전압)$= 72[\text{mmAq}]$

② Q(풍량)$= 22,800 \times 1.2 = 27,360[\text{CMH}]$

③ η(효율)$= 0.55$

해답

풍량의 20[%]를 증가시켰을 경우 축동력은 11.7[kW]가 되므로, 15[kW]의 전동기로는 사용이 가능하다.

7 배연용 송풍기와 전동기의 연결방법

배출기의 전동기 부분과 배풍기 부분은 분리하여 설치하여야 하며, 배풍기 부분은 유효한 내열처리를 할 것

8 송풍기의 명칭과 주요 특징

① 명칭 : 원심 다익형 팬(Sirocco Fan)

② 주요 특징

㉠ 날개의 끝 부분이 전곡형이다.

㉡ 날개 폭이 좁고 날개 수가 많다.

㉢ 효율 및 고속 회전에는 불리하나 대풍량에 적합하다.

참고 **압력에 의한 송풍기 분류**

- Fan : 압력 상승이 0.1[kg_f/cm^2] 이하인 것
- Blower : 압력 상승이 0.1[kg_f/cm^2] 이상, 1.0[kg_f/cm^2] 이하인 것
- Compressor(압축기) : 압력 상승이 1.0[kg_f/cm^2] 이상인 것

04 **1 배출량[m³/min] : 단독제연방식**

$$Q=\frac{65{,}000[\mathrm{m^3/hr}]}{60[\mathrm{min/hr}]}=1{,}083.33[\mathrm{m^3/min}]$$

대규모 거실(400[m²] 이상) 제연경계로 구획(직경 40[m] 초과 · 수직거리 3[m] 초과)

해답 $Q=1{,}083.33[\mathrm{m^3/min}]$

2 전동기 용량[kW]

$$P=\frac{P_t\times Q}{102\times 60\times \eta}\times K=\frac{65\times 1{,}083.33}{102\times 60\times 0.5}\times 1.2=27.614$$

$\therefore$ 27.61[kW]

① P_t(전압)$=65[\mathrm{mmAq}]=65[\mathrm{kg_f/m^2}]$

② Q(풍량)$=\dfrac{65{,}000}{60}=1{,}083.33[\mathrm{m^3/min}]$

③ η(효율)$=0.5$

④ K(전달계수)$=1.2$

해답 $P=27.61[\mathrm{kW}]$

3 흡입 측 풍도의 최소 폭[mm]

$$\text{풍도 폭 } L_1=\frac{\text{풍도 단면적 } A[\mathrm{m^2}]}{\text{풍도 높이 } L_2[\mathrm{m}]}=\frac{1.2}{0.6}=2[\mathrm{m}]=2{,}000[\mathrm{mm}]$$

$\therefore L_1=2{,}000[\mathrm{mm}]$

① 풍도 단면적 $A=\dfrac{\text{배출량}[\mathrm{m^3/s}]}{\text{풍속}[\mathrm{m/s}]}=\dfrac{\frac{65{,}000}{3{,}600}}{15}=1.203$

$\therefore 1.2[\mathrm{m^2}]$

② 풍속 $V=15[\mathrm{m/s}]$(흡입 측 풍도)

③ 풍도 높이 $L_2=600[\mathrm{mm}]=0.6[\mathrm{m}]$

해답 $L_1=2{,}000[\mathrm{mm}]$

4 흡입 측 풍도의 강판 두께[mm]

풍도 단면의 긴 변이 1,500[mm] 초과 2,250[mm] 이하이므로, 강판 두께는 1.0[mm]이다.

참고

강판 두께

- 사각풍도 : 풍도 단면의 긴 변을 적용
- 원형풍도 : 풍도 직경을 적용

풍도 단면의 긴변 또는 직경의 크기	450[mm] 이하	450[mm] 초과 750[mm] 이하	750[mm] 초과 1,500[mm] 이하	1,500[mm] 초과 2,250[mm] 이하	2,250[mm] 초과
강판두께	0.5[mm]	0.6[mm]	0.8[mm]	1.0[mm]	1.2[mm]

제연구역

제연경계(제연설비의 일부 인 천장을 포함한다.)에 의해 구획된 건물 내의 공간을 말한다.

※ 제연경계 : 보 · 제연경계 벽

제연 경계의 폭	제연경계의 천장 또는 반자로부터 그 수직하단까지의 거리를 말한다.
수직 거리	제연경계의 바닥으로부터 그 수직하단까지의 거리를 말한다.

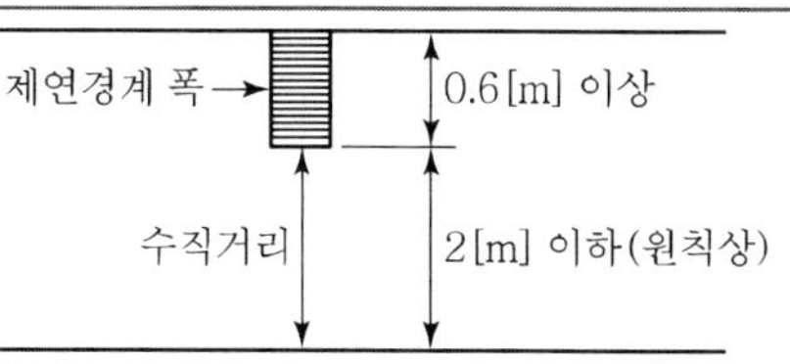

05 (1) 배출기 풍량[m^3/hr]

단독제연방식 대규모 거실(400[m^2] 이상) 제연경계로 구획(직경 40[m] 초과 수직거리 2.5[m] 초과 3[m] 이하)되어 있으므로, 풍량은 55,000[m^3/hr]가 된다.

(2) 정압[mmAq]

$$P_n = \text{덕트저항[mmAq]} + \text{배출구저항[mmAq]} + \text{그릴저항[mmAq]} + \text{부속류저항[mmAq]}$$
$$= (149\times0.7)+7+3+(149\times0.7\times0.5) = 166.45\text{[mmAq]}$$

(3) 전동기 출력[kW]

$$P = \frac{P_t \times Q}{102\times60\times\eta}\times K = \frac{166.45\times\dfrac{55,000}{60}}{102\times60\times0.5}\times1.1 = 54.848$$

∴ 54.85[kW]

① P_t(전압) = 166.45[mmAq] = 166.45[kg_f/m^2]

② Q(풍량) $= \dfrac{55,000}{60} = 916.67$[$m^3$/min]

③ η(효율) = 0.5

④ K(전달계수) = 1.1

해답 Q= 55,000[m^3/hr]
P_n = 166.45[mmAq]
P= 54.85[kW]

06 **1 배출량 [m^3/min]**

예상제연구역이 통로인 경우의 통로배출방식

$$Q = \frac{45,000[m^3/hr]}{60[min/hr]} = 750[m^3/min]$$

해답 Q= 750[m^3/min]

2 공기 유입량 [m^3/min] 및 공기 유입구의 크기 [m^2]

① 공기 유입량[m^3/min]

예상제연구역에 대한 공기 유입량은 배출량 이상이 되도록 하여야 한다. 그러므로, 공기 유입량 $Q=750[\text{m}^3/\text{min}]$ 이상이 된다.

② 공기 유입구의 크기$[\text{m}^2]$

$A=$ 배출량$[\text{m}^3/\text{min}]\times 35[\text{cm}^2\cdot\text{min}/\text{m}^3]$

$=750\times 35=26{,}250[\text{cm}^2]=2.625[\text{m}^2]$

해답 $Q=750[\text{m}^3/\text{min}]$
$A=2.625[\text{m}^2]$

3 유입풍도의 면적 [m²], 유입풍도의 폭 [mm], 강판의 두께 [mm]

① 면적 $A=\dfrac{\text{배출량}[\text{m}^3/\text{s}]}{\text{풍속}[\text{m/s}]}=\dfrac{750/60}{20}=0.625[\text{m}^2]$

② 폭 $L_1=\dfrac{\text{면적}[\text{m}^2]}{\text{높이}[\text{m}]}=\dfrac{0.625}{0.5}=1.25[\text{m}]=1{,}250[\text{mm}]$

③ 두께 $t=0.8[\text{mm}]$

해답 $A=0.625[\text{m}^2]$
$L_1=1{,}250[\text{mm}]$
$t=0.8[\text{mm}]$

07 **1 배출풍도**

① 제어댐퍼 표기

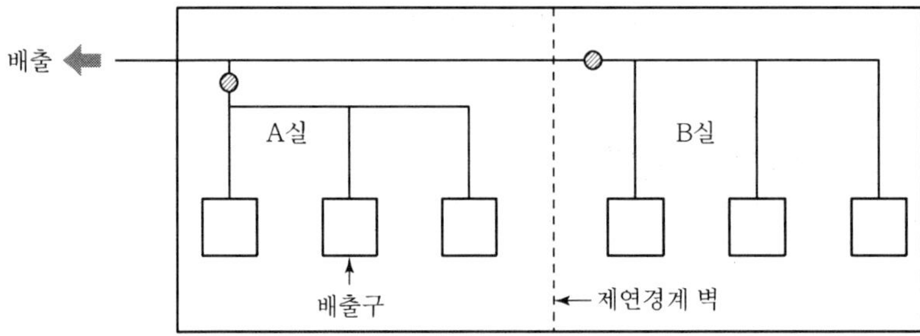

② 제어댐퍼 개폐 여부

화재 구역	A실 댐퍼	B실 댐퍼
A실 화재 시	개방	폐쇄
B실 화재 시	폐쇄	개방

2 자동화재감지기와 연동되어야 하는 설비

① 가동식의 벽 ② 제연경계벽 ③ 댐퍼 ④ 배출기

3 배출기의 동력 [kW]

$$P=\frac{P_t\times Q}{102\times 60\times \eta}\times K=\frac{50\times\dfrac{24{,}000}{60}}{102\times 60\times 0.6}\times 1.1=5.99 \quad \therefore 6[\text{kW}]$$

① P_t(전압) $= 50[kg_f/m^2]$

② Q(풍량) $= \dfrac{24,000}{60} = 400[m^3/min]$

③ η(효율) $= 0.6$

④ K(전달계수) $= 1.1$

해답 $P = 6[kW]$

4 거실

① 최소 배출량$[m^3/min]$

$Q = A[m^2] \times 1[m^3/m^2 \cdot min] = 360 \times 1$

$= 360[m^3/min]$

② 풍도(원형)의 최소 직경[mm]

$D = \sqrt{\dfrac{4Q}{\pi V}} = \sqrt{\dfrac{4 \times 360/60}{\pi \times 20}} = 0.618[m] = 618[mm]$

③ 공기 유입구 크기$[cm^2]$

$A =$ 배출량$[m^3/min] \times 35[cm^2 \cdot min/m^3]$

$= 360 \times 35 = 12,600[cm^2]$

해답 $Q = 360[m^3/min]$
$D = 618[mm]$
$A = 12,600[cm^2]$

08 1 배출기의 최소 배출량 $[m^3/hr]$

① A실(대규모 거실($400[m^2]$ 이상))

A실은 단독제연방식이며 제연경계(직경 40[m] 초과, 수직거리 2.4[m])로 구획되어 있으므로, 배출량 $Q = 50,000[m^3/hr]$

- 면적 $A = 35 \times 20 = 750[m^2]$
- 직경 $D = \sqrt{35^2 + 20^2} = 40.31[m]$
- 수직거리 $L =$ 천장 높이 − 제연경계 폭 $= 3 - 0.6 = 2.4[m]$

② B실(대규모 거실($400[m^2]$ 이상))

B실은 단독제연방식이며 제연경계(직경 40[m] 범위 안, 수직거리 2.4[m])로 구획되어 있으므로, 배출량 $Q = 45,000[m^3/hr]$

- 면적 $A = 20 \times 20 = 400[m^2]$
- 직경 $D = \sqrt{20^2 + 20^2} = 28.28[m]$
- 수직거리 $L =$ 천장 높이 − 제연경계 폭 $= 3 - 0.6 = 2.4[m]$

해답 $Q = 50,000[m^3/hr]$

2 배출구 최소 개수

① 배출구 간 거리 $S = 2R\cos 45° = \sqrt{2} \times 10 = 14.14[m]$

예상제연구역의 각 부분으로부터 하나의 배출구까지의 수평거리는 10[m] 이내가 되도록 하여야 한다.

② A실 배출구 개수

$N = N_1 \times N_2 = 3 \times 2 = 6$

㉠ 가로열 개수 $N_1 = \dfrac{가로길이}{S} = \dfrac{35}{14.14} = 2.47$ $\therefore$ 3개

㉡ 세로열 개수 $N_2 = \dfrac{세로길이}{S} = \dfrac{20}{14.14} = 1.41$ $\therefore$ 2개

③ B실 배출구 개수

$N = N_1 \times N_2 = 2 \times 2 = 4$

㉠ 가로열 개수 $N_1 = \dfrac{가로길이}{S} = \dfrac{20}{14.14} = 1.41$ $\therefore$ 2개

㉡ 세로열 개수 $N_2 = \dfrac{세로길이}{S} = \dfrac{20}{14.14} = 1.41$ $\therefore$ 2개

해답 A실 $N = 6$개
B실 $N = 4$개

3 공기유입구의 최소 크기 [m²]

① A실

$A =$ 배출량$[m^3/min] \times 35[cm^2 \cdot min/m^3]$

$= \dfrac{50,000}{60} \times 35 = 29,166.7[cm^2] = 2.917[m^2]$

② B실

$A =$ 배출량$[m^3/min] \times 35[cm^2 \cdot min/m^3]$

$= \dfrac{45,000}{60} \times 35 = 26,250[cm^2] = 2.625[m^2]$

해답 A실 $A = 2.92[m^2]$
B실 $A = 2.63[m^2]$

09 1 제어댐퍼 표기

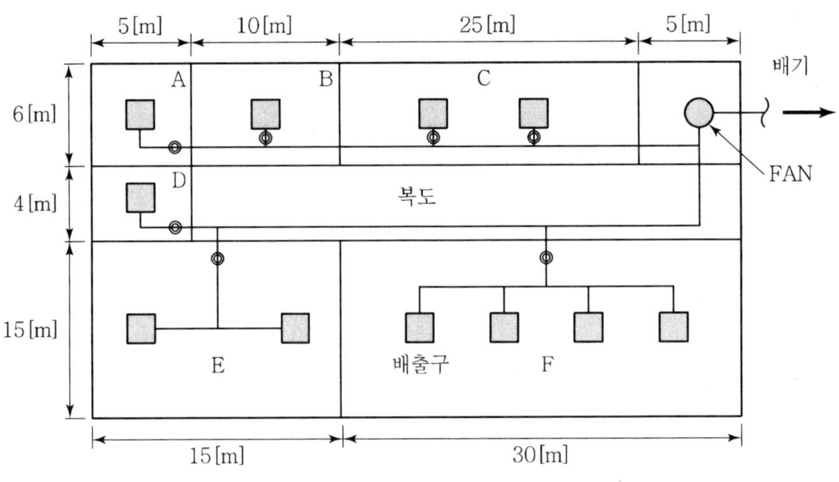

2 각 실의 최저 배출량 $[m^3/hr]$

$Q = A[m^2] \times 1[m^3/m^2 \cdot min] \times 60[min]$ (최저 배출량 $Q = 5{,}000[m^3/hr]$)

① A실(소규모 거실)

$Q = (5 \times 6) \times 1 \times 60 = 1{,}800[m^3/hr]$　　$\therefore Q = 5{,}000[m^3/hr]$

② B실(소규모 거실)

$Q = (10 \times 6) \times 1 \times 60 = 3{,}600[m^3/hr]$　　$\therefore Q = 5{,}000[m^3/hr]$

③ C실(소규모 거실)

$Q = (25 \times 6) \times 1 \times 60 = 9{,}000[m^3/hr]$　　$\therefore Q = 9{,}000[m^3/hr]$

④ D실(소규모 거실)

$Q = (5 \times 4) \times 1 \times 60 = 1{,}200[m^3/hr]$　　$\therefore Q = 5{,}000[m^3/hr]$

⑤ E실(소규모 거실)

$Q = (15 \times 15) \times 1 \times 60 = 13{,}500[m^3/hr]$　　$\therefore Q = 13{,}500[m^3/hr]$

⑥ F실(대규모 거실로 직경 40[m] 범위 안)

$A = 30 \times 15 = 450[m^2]$, $D = \sqrt{30^2 + 15^2} = 33.54[m]$

$\therefore Q = 40{,}000[m^3/hr]$

3 배출 FAN의 최저 배출량 $[m^3/hr]$

$Q = 40{,}000[m^3/hr]$

4 제어댐퍼 개폐 여부

화재실 개방, 비화재실 폐쇄

① 개방 : C실

② 폐쇄 : A실, B실, D실, E실, F실

10 1 제어댐퍼 표기

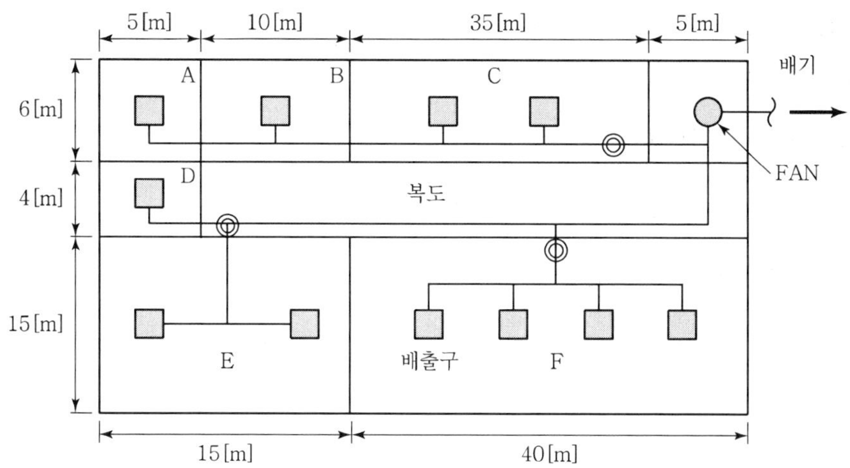

2 각 실의 최저 배출량 [m³/hr]

$Q = A[m^2] \times 1[m^3/m^2 \cdot min] \times 60[min]$ (최저 배출량 $Q = 5{,}000[m^3/hr]$)

① A실(소규모 거실)

$Q = (5 \times 6) \times 1 \times 60 = 1{,}800[m^3/hr]$ $\therefore\ Q = 5{,}000[m^3/hr]$

② B실(소규모 거실)

$Q = (10 \times 6) \times 1 \times 60 = 3{,}600[m^3/hr]$ $\therefore\ Q = 5{,}000[m^3/hr]$

③ C실(소규모 거실)

$Q = (35 \times 6) \times 1 \times 60 = 12{,}600[m^3/hr]$ $\therefore\ Q = 12{,}600[m^3/hr]$

④ D실(소규모 거실)

$Q = (5 \times 4) \times 1 \times 60 = 1{,}200[m^3/hr]$ $\therefore\ Q = 5{,}000[m^3/hr]$

⑤ E실(소규모 거실)

$Q = (15 \times 15) \times 1 \times 60 = 13{,}500[m^3/hr]$ $\therefore\ Q = 13{,}500[m^3/hr]$

⑥ F실(대규모 거실로 직경 40[m] 초과)

$A = 40 \times 15 = 600[m^2],\ D = \sqrt{40^2 + 15^2} = 42.72[m]$ $\therefore\ Q = 45{,}000[m^3/hr]$

3 각 예상제연구역의 최저 배출량 [m³/hr]

① A · B · C실(공동예상제연구역)

$Q = 5{,}000 + 5{,}000 + 12{,}600 = 22{,}600[m^3/hr]$

② D · E실(공동예상제연구역)

$Q = 5{,}000 + 13{,}500 = 18{,}500[m^3/hr]$

③ F실(독립예상제연구역)

$Q = 45{,}000[m^3/hr]$

4 배출 FAN의 최저 배출량 [m³/hr]

$Q = 45{,}000[m^3/hr]$

5 흡입 측 주 덕트의 최소 단면적[m²]

$$\text{단면적 } A = \frac{\text{배출량}[m^3/s]}{\text{풍속}[m/s]} = \frac{45{,}000/3{,}600}{15} = 0.833 \qquad \therefore\ 0.83[m^2]$$

6 배출 측 주 덕트의 최소 단면적 [m²]

$$\text{단면적 } A = \frac{\text{배출량}[m^3/s]}{\text{풍속}[m/s]} = \frac{45{,}000/3{,}600}{20} = 0.625 \qquad \therefore\ 0.63[m^2]$$

11 **1 A구역과 B구역의 최소 배출량 [m³/hr]**

① A구역(대규모 거실로 직경 40[m] 범위 안, 수직거리 0[m])

$A = 30 \times 25 = 750[\mathrm{m}^2]$, $D = \sqrt{30^2 + 25^2} = 39.05[\mathrm{m}]$

$\therefore Q = 40{,}000[\mathrm{m}^3/\mathrm{hr}]$

② B구역(대규모 거실로 직경 40[m] 초과, 수직거리 0[m])

$A = 35 \times 25 = 875[\mathrm{m}^2]$, $D = \sqrt{35^2 + 25^2} = 43.01[\mathrm{m}]$

$\therefore Q = 45{,}000[\mathrm{m}^3/\mathrm{hr}]$

③ 예상제연구역의 급 · 배기 댐퍼별 동작상태(개방 또는 폐쇄)

제연구역	급기댐퍼	배기댐퍼
A구역 화재 시	MD1 : 폐쇄	MD3 : 개방
	MD2 : 개방	MD4 : 폐쇄
B구역 화재 시	MD1 : 개방	MD3 : 폐쇄
	MD2 : 폐쇄	MD4 : 개방

참고 **인접구역 상호제연방식**

제연방식	급기	배기
거실 급 · 배기 방식	비 화재실	화재실
거실 배기, 통로 급기 방식	통로	화재실

1. 거실 급 · 배기 방식 : 백화점 등의 판매장과 같이 복도가 없는 넓은 공간에 적용
2. 거실 배기, 통로 급기 방식 : 지하상가와 같이 각 실별로 구획이 된 공간에 적용

2 제연구역의 구획 설정기준 관7회

① 하나의 제연구역의 면적은 1,000[m²] 이내로 할 것

② 거실과 통로(복도를 포함한다.)는 상호 제연구획할 것

③ 통로상의 제연구역은 보행중심선의 길이가 60[m]를 초과하지 아니할 것

④ 하나의 제연구역은 직경 60[m] 원내에 들어갈 수 있을 것

⑤ 하나의 제연구역은 2개 이상 층에 미치지 아니하도록 할 것. 다만, 층의 구분이 불분명한 부분은 그 부분을 다른 부분과 별도로 제연구획하여야 한다.

3 제연설비

① 송풍기의 최소 필요 압력[Pa]

압력 P=주 덕트의 구간별 마찰손실압력+가지덕트의 압력손실의 합

$= 110.54 + 49.03 = 159.57[\mathrm{Pa}]$

㉠ 주 덕트의 구간별 마찰손실압력

$\Delta P = \Delta P_{EF} + \Delta P_{DE} + \Delta P_{CD} + \Delta P_{BC} + \Delta P_{AB}$

$= 1.38 + 5.54 + 12.46 + 22.15 + 69.01 = 110.54[\mathrm{Pa}]$

$$\Delta P[\text{Pa}] = \gamma \cdot H_L = \frac{\gamma \cdot f \cdot L \cdot V^2}{D \cdot 2g} = \frac{\rho \cdot f \cdot L \cdot V^2}{D \cdot 2}$$

구간	구간길이[m]	풍속[m/s]	마찰손실[Pa]
E−F	10	2.78	1.38
D−E	10	5.56	5.54
C−D	10	8.34	12.46
B−C	10	11.12	22.15
A−B	20	13.88	69.01

ⓐ 덕트의 등가직경

$$D = \frac{2ab}{a+b} = \frac{2 \times (1{,}000 \times 500)}{1{,}000 + 500} = 666.67[\text{mm}] = 0.67[\text{m}]$$

ⓑ 각 구간별 풍속 : $V[\text{m/s}] = \frac{Q}{A}$ (단면적 $A = 1 \times 0.5 = 0.5\text{m}^2$)

구간	풍량[m³/hr]	풍량[m³/s]	풍속[m/s]
E−F	5,000	1.39	2.78
D−E	10,000	2.78	5.56
C−D	15,000	4.17	8.34
B−C	20,000	5.56	11.12
A−B	25,000	6.94	13.88

ⓒ 마찰손실계수 $f = 0.02$

ⓓ 공기밀도 $\rho = 1.2[\text{kg/m}^3]$

㉡ 가지덕트의 압력손실의 합

$$\frac{5[\text{mmAq}]}{10{,}332[\text{mmAq}]} \times 101{,}325[\text{Pa}] = 49.03[\text{Pa}]$$

해답 $P = 159.57[\text{Pa}]$

② 송풍기의 최소 필요 공기동력[W]

$P = P_t \cdot Q = 159.57 \times 6.94 = 1{,}107.42[\text{W}]$

㉠ 전압 $P_t = 159.57[\text{Pa}]$

㉡ 풍량$[\text{m}^3/\text{s}]$

각 실별 배출량의 합이 전체 배출량이 되므로

$$Q = \frac{25{,}000[\text{m}^3/\text{hr}]}{3{,}600[\text{s/hr}]} = 6.94[\text{m}^3/\text{s}]$$

해답 $P = 1{,}107.42[\text{W}]$

12 **1** **청결층의 높이가 2[m]인 경우**

$$t=\frac{20\cdot A}{P\sqrt{g}}\left(\frac{1}{\sqrt{y}}-\frac{1}{\sqrt{h}}\right)=\frac{20\times 50}{12\sqrt{9.8}}\left(\frac{1}{\sqrt{2}}-\frac{1}{\sqrt{4}}\right)=5.513$$

∴ 5.51[s]

① A(바닥면적)= 20[m^2]
② P(화염의 둘레)= 3[m]×4 = 12[m]
③ g(중력가속도)= 9.8[m/s^2]
④ y(청결층의 높이)= 2[m]
⑤ h(실의 높이) = 4[m]

해답 $t=5.51$[s]

2 **청결층의 높이가 1.5 [m]인 경우**

$$t=\frac{20\cdot A}{P\sqrt{g}}\left(\frac{1}{\sqrt{y}}-\frac{1}{\sqrt{h}}\right)=\frac{20\times 50}{12\sqrt{9.8}}\left(\frac{1}{\sqrt{1.5}}-\frac{1}{\sqrt{4}}\right)=8.425$$

∴ 8.43[s]

y(청결층의 높이)= 1.5[m]

해답 $t=8.43$[s]

3 **청결층의 높이가 1 [m]인 경우**

$$t=\frac{20\cdot A}{P\sqrt{g}}\left(\frac{1}{\sqrt{y}}-\frac{1}{\sqrt{h}}\right)=\frac{20\times 50}{12\sqrt{9.8}}\left(\frac{1}{\sqrt{1}}-\frac{1}{\sqrt{4}}\right)=13.309$$

∴ 13.31[s]

y(청결층의 높이)= 1[m]

해답 $t=13.31$[s]

13 **1** **배출기 최소 풍량 [m^3/hr]**

(1) 예상제연구역 : 거실 바닥면적 400[m^2] 미만(소규모 거실)의 배출량

Q[m^3/hr]= A[m^2]×1[m^3/m^2 · min]×60[min/hr]

① 요양실 A
80[m^2]×1[m^3/m^2 · min]×60[min/hr] = 4,800[m^3/hr]
∴ 5,000[m^3/hr] 선정

② 요양실 B
50[m^2] 미만의 거실이므로 통로배출방식으로 갈음

③ 요양실 C
80[m^2]×1[m^3/m^2 · min]×60[min/hr] = 4,800[m^3/hr]
∴ 5,000[m^3/hr] 선정

④ 요양실 D

발코니를 설치한 객실의 경우 배출량 산정에서 제외

⑤ 요양실 E

$100[m^2] \times 1[m^3/m^2 \cdot min] \times 60[min/hr] = 6{,}000[m^3/hr]$

선정

⑥ 주방

$90[m^2] \times 1[m^3/m^2 \cdot min] \times 60[min/hr] = 5{,}400[m^3/hr]$

선정

⑦ 화장실

화장실의 경우 배출량 산정에서 제외

⑧ 소계

$5{,}000 + 5{,}000 + 6{,}000 + 5{,}400 = 21{,}400[m^3/hr]$

(2) 예상제연구역 : 통로

거실 바닥면적이 $50[m^2]$ 미만인 예상제연구역을 통로배출방식으로 하는 경우 배출량은 $25{,}000[m^3/hr]$(벽으로 구획된 경우)을 적용

(3) 배출기의 최소 풍량

거실과 통로는 상호 제연구획하여야 하므로, 배출기의 최소 풍량은 $25{,}000[m^3/hr]$가 된다.

해답 $25{,}000[m^3/hr]$

2 최소전동기동력 [kW]

① 축동력

$$L_2 = \left(\frac{Q_2}{Q_1}\right)^3 \times L_1 = \left(\frac{25{,}000}{20{,}000}\right)^3 \times 5 = 9.765[kW]$$

② 최소 전동기 동력

$P = L_2 \times 1.15 = 9.765 \times 1.15 = 11.229 \fallingdotseq 11.23[kW]$

해답 $11.23[kW]$

3 요양실 E

① 필요한 최소공기유입량$[m^3/hr]$

유입량은 배출량 이상이므로 $6{,}000[m^3/hr]$

② 공기유입구의 최소면적$[cm^2]$

$$6{,}000[m^3/hr] \times \frac{1[hr]}{60[min]} \times 35[cm^2/m^3 \cdot min]$$

$= 3{,}500[cm^2]$

해답

최소공기유입량 $= 6{,}000[m^3/hr]$

최소면적 $= 3{,}500[cm^2]$

14 $\frac{dv}{dt} = -\frac{P\sqrt{g}}{10} \cdot y^{\frac{3}{2}} = \frac{12\sqrt{9.8}}{10} \times 2^{\frac{3}{2}}$

$= 10.625[\text{m}^3/\text{s}] = 38,250[\text{m}^3/\text{hr}]$ $\therefore 40,000[\text{m}^3/\text{hr}]$

해답 $40,000[\text{m}^3/\text{hr}]$

15 **1 제연설비의 제연방식 기준**

① 제연구역에 옥외의 신선한 공기를 공급하여 제연구역의 기압을 제연구역 이외의 옥내보다 높게 하되 일정한 기압의 차이를 유지하게 함으로써 옥내로부터 제연구역내로 연기가 침투하지 못하도록 할 것

② 피난을 위하여 제연구역의 출입문이 일시적으로 개방되는 경우 방연풍속을 유지하도록 옥외의 공기를 제연구역내로 보충 공급하도록 할 것

③ 출입문이 닫히는 경우 제연구역의 과압을 방지할 수 있는 유효한 조치를 하여 차압을 유지할 것

2 제연구역 선정기준

① 계단실 및 그 부속실을 동시에 제연하는 것

② 부속실만을 단독으로 제연하는 것

③ 계단실 단독 제연하는 것

④ 비상용승강기 승강장 단독 제연하는 것

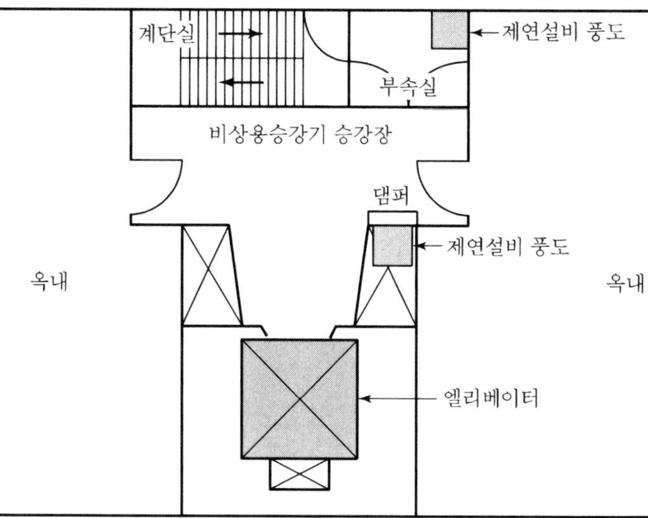

3 부속실과 거실의 차압

$F = F_p + F_{dc}$에서

$F_p = F - F_{dc} = 90 - 50 = 40[\text{N}]$ ………………………… ①

$$F_p = \frac{K_d \times W \times A \times \Delta P}{2(W-d)}[\text{N}] \quad \cdots\cdots ②$$

식 ①과 ②는 같으므로

$$40 = \frac{K_d \times W \times A \times \Delta P}{2(W-d)}$$

$$\Delta P = \frac{40 \times 2(W-d)}{K_d \times W \times A} = \frac{40 \times 2(0.9-0)}{1 \times 0.9 \times (0.9 \times 2)} = 44.44[\text{Pa}]$$

∴ 최소 차압과의 차이 $= 44.44 - 40 = 4.44[\text{Pa}]$

해답 $4.44[\text{Pa}]$

16 A_1, $A_{2'}$, $A_{4'}$: 직렬공식을 적용

$$A_t = \left(\frac{1}{{A_1}^n} + \frac{1}{{A_{2'}}^n} + \frac{1}{{A_{4'}}^n}\right)^{-\frac{1}{n}}$$

$$= \left(\frac{1}{0.04^2} + \frac{1}{0.06^2} + \frac{1}{0.09^2}\right)^{-\frac{1}{2}} = 0.031 \qquad \therefore\ 0.03[\text{m}^2]$$

① $A_1 = 0.04[\text{m}^2]$

② $A_{2'} = A_2 + A_3$(병렬) $= 0.03 + 0.03 = 0.06[\text{m}^2]$

③ $A_{4'} = A_4 + A_5 + A_6$(병렬) $= 0.03 + 0.03 + 0.03 = 0.09[\text{m}^2]$

해답 $A_t = 0.03[\text{m}^2]$

17 **1 각 출입문의 누설틈새면적 [m²]**

$$A = \frac{L}{l} \times A_d$$

① $A_1 = \frac{L}{l} \times A_d = \frac{5.8}{5.6} \times 0.02 = 0.02071 \qquad \therefore 0.0207[\text{m}^2]$

② $A_2 = \frac{L}{l} \times A_d = \frac{5.6}{5.6} \times 0.01 = 0.01 \qquad \therefore 0.01[\text{m}^2]$

③ $A_3 = \frac{L}{l} \times A_d = \frac{5.8}{5.6} \times 0.02 = 0.02071 \qquad \therefore 0.0207[\text{m}^2]$

④ $A_4 = \frac{L}{l} \times A_d = \frac{9.6}{9.2} \times 0.03 = 0.0313 \qquad \therefore 0.0313[\text{m}^2]$

⑤ $A_5 = \frac{L}{l} \times A_d = \frac{5.6}{5.6} \times 0.01 = 0.01 \qquad \therefore 0.01[\text{m}^2]$

⑥ $A_6 = \frac{L}{l} \times A_d = \frac{5.8}{5.6} \times 0.02 = 0.02071 \qquad \therefore 0.0207[\text{m}^2]$

해답 $A_1 = 0.0207[\text{m}^2]$
$A_2 = 0.01[\text{m}^2]$
$A_3 = 0.0207[\text{m}^2]$
$A_4 = 0.0313[\text{m}^2]$
$A_5 = 0.01[\text{m}^2]$
$A_6 = 0.0207[\text{m}^2]$

❷ 전체 유효누설 틈새면적 [m²]

A_1, $A_{2'}$, $A_{4'}$: 직렬공식을 적용

$$A_t=\left(\frac{1}{{A_1}^n}+\frac{1}{{A_{2'}}^n}+\frac{1}{{A_{4'}}^n}\right)^{-\frac{1}{n}}$$

$$=\left(\frac{1}{0.0207^2}+\frac{1}{0.0307^2}+\frac{1}{0.062^2}\right)^{-\frac{1}{2}}$$

$$=0.01654 \qquad \therefore\ 0.0165[\mathrm{m}^2]$$

① $A_1=0.0207[\mathrm{m}^2]$

② $A_{2'}=A_2+A_3$(병렬)$=0.01+0.0207=0.0307[\mathrm{m}^2]$

③ $A_{4'}=A_4+A_5+A_6$(병렬)$=0.0313+0.01+0.0207$
$=0.062[\mathrm{m}^2]$

해답 $A_t=0.0165[\mathrm{m}^2]$

❸ 차압을 유지하기 위하여 제연구역에 공급하여야 할 공기량 [m³/hr]

$$Q=0.827\times A_t\times P^{\frac{1}{n}}=0.827\times0.0165\times12.5^{\frac{1}{2}}$$

$$=0.0482[\mathrm{m}^3/\mathrm{s}]=173.52[\mathrm{m}^3/\mathrm{hr}]$$

해답 $Q=173.52[\mathrm{m}^3/\mathrm{hr}]$

18 $Q=0.827\times A_t\times P^{\frac{1}{n}}=0.827\times0.0068\times100^{\frac{1}{2}}$

$$=0.056[\mathrm{m}^3/\mathrm{s}]=3.36[\mathrm{m}^3/\mathrm{min}]$$

① A_1, $A_{2'}$, $A_{3'}$: 직렬공식을 적용

$$A_t=\left(\frac{1}{{A_1}^n}+\frac{1}{{A_2}^n}+\frac{1}{{A_{3'}}^n}\right)^{-\frac{1}{n}}$$

$$=\left(\frac{1}{0.01^2}+\frac{1}{0.01^2}+\frac{1}{0.027^2}\right)^{-\frac{1}{2}}=0.0068[\mathrm{m}^2]$$

㉠ $A_1=0.01[\mathrm{m}^2]$

㉡ $A_2=0.01[\mathrm{m}^2]$

㉢ $A_{3'}=A_3+A_4+A_{5'}$(병렬)$=0.01+0.01+0.007=0.027[\mathrm{m}^2]$

㉣ $A_{5'}=A_5+A_6$(직렬)

$$=\left(\frac{1}{{A_5}^n}+\frac{1}{{A_6}^n}\right)^{-\frac{1}{n}}=\left(\frac{1}{0.01^2}+\frac{1}{0.01^2}\right)^{-\frac{1}{2}}=0.007[\mathrm{m}^2]$$

② $P=101{,}400-101{,}300=100[\mathrm{Pa}]$

해답 $Q=3.36[\mathrm{CMM}]$

19 $Q = 0.827 \times A_t \times \sqrt{P_1 - P_2} = 0.827 \times 0.0086 \times \sqrt{50} = 0.05[\mathrm{m^3/s}]$

① A_1, $A_{2'}$: 직렬공식을 적용

$$A_t = \left(\frac{1}{A_1{}^n} + \frac{1}{A_{2'}{}^n}\right)^{-\frac{1}{n}} = \left(\frac{1}{0.01^2} + \frac{1}{0.017^2}\right)^{-\frac{1}{2}} = 0.0086[\mathrm{m^2}]$$

㉠ $A_{2'} = A_2 + A_{3'}$(병렬) $= 0.01 + 0.007 = 0.017[\mathrm{m^2}]$

㉡ $A_{3'} = A_3 + A_4$(직렬)

$$= \left(\frac{1}{A_3{}^n} + \frac{1}{A_4{}^n}\right)^{-\frac{1}{n}} = \left(\frac{1}{0.01^2} + \frac{1}{0.01^2}\right)^{-\frac{1}{2}} = 0.007[\mathrm{m^2}]$$

② $\sqrt{P_1 - P_2} = 50[\mathrm{Pa}]$

해답 $Q = 0.05[\mathrm{m^3/s}]$

20 (1) 실 A와 외부와의 차압 $\Delta P[\mathrm{Pa}] = P_1 - P_3$

(2) 실 A에서 실 B로 누설되는 공기량 $Q_1[\mathrm{m^3/s}]$

$Q_1 = 0.827 \times A_t \times P^{\frac{1}{n}}$ $\quad 0.1 = 0.827 \times 0.02 \times (P_1 - P_2)^{\frac{1}{2}}$

$(P_1 - P_2)^{\frac{1}{2}} = \dfrac{0.1}{0.827 \times 0.02} = 6.05$ 양변에 2승을 하면,

$P_1 - P_2 = 6.05^2$ ·········· ①

(3) 실 B에서 외부로 누설되는 공기량 $Q_2[\mathrm{m^3/s}]$

$Q_2 = 0.827 \times A_t \times P^{\frac{1}{n}}$ $\quad 0.1 = 0.827 \times 0.005 \times (P_2 - P_3)^{\frac{1}{1.6}}$

$(P_2 - P_3)^{\frac{1}{1.6}} = \dfrac{0.1}{0.827 \times 0.005} = 24.18$ 양변에 1.6승을 하면,

$P_2 - P_3 = 24.18^{1.6}$ ·········· ②

(4) 식 ①+②

$P_1 - P_2 = 6.05^2$

$P_2 - P_3 = 24.18^{1.6}$

$P_1 - P_3 = 6.05^2 + 24.18^{1.6} = 199.89[\mathrm{Pa}]$ $\quad \therefore P_1 - P_3 = 199.89[\mathrm{Pa}]$

해답 $P_1 - P_3 = 199.89[\mathrm{Pa}]$

21 **1 부속실의 총 누설면적 [m²]**

① 계단실에서 외부로 누설되는 틈새면적(병렬)

$= 1[\mathrm{m^2}]$(계단실 개구부) $+ 0.04[\mathrm{m^2}](D_4) + 0.06[\mathrm{m^2}](D_2)$

$= 1.1[\mathrm{m^2}]$

② 부속실과 계단실 틈새면적$(D_3) = 0.02[\mathrm{m}^2]$

③ ① · ② 직렬 $A_t = \left(\dfrac{1}{1.1^2} + \dfrac{1}{0.02^2}\right)^{-\frac{1}{2}} = 0.0199[\mathrm{m}^2]$

$\fallingdotseq 0.02[\mathrm{m}^2]$

④ 부속실과 거실 틈새면적$(D_1) = 0.01[\mathrm{m}^2]$

⑤ ③ · ④ 병렬 $A_t = 0.02 + 0.01 = 0.03\mathrm{m}^2$

⑥ 총 누설면적$= 0.03 \times 10$개 층 $= 0.3[\mathrm{m}^2]$

해답 $0.3[\mathrm{m}^2]$

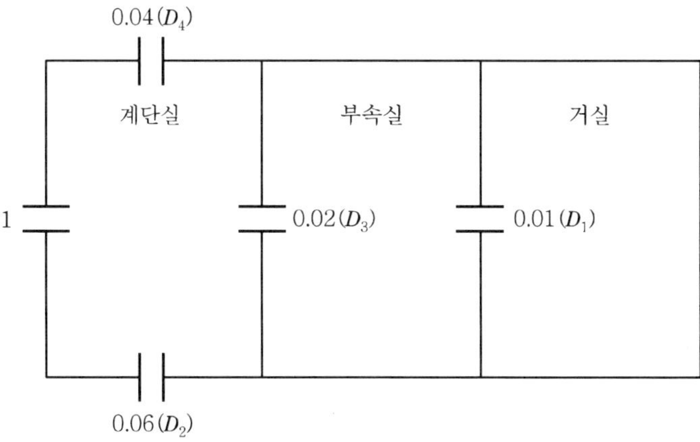

2 급기량[m³/s]

$Q = Q_1 + Q_2 = 1.1 + 2 = 3.1[\mathrm{m}^3/\mathrm{s}]$

① 누설량 $Q_1 = 0.827 \times A_t \times P^{\frac{1}{\eta}} \times 1.25$

$= 0.827 \times 0.3 \times 12.5^{\frac{1}{2}} \times 1.25$

$= 1.096[\mathrm{m}^3/\mathrm{s}] \fallingdotseq 1.1[\mathrm{m}^3/\mathrm{s}]$

② 보충량 $Q_2 = 2[\mathrm{m}^3/\mathrm{s}]$

해답 $3.1[\mathrm{m}^3/\mathrm{s}]$

3 각 층에서 급기량[m³/s], 급기구 크기[m²]

① 각 층에서 급기량$[\mathrm{m}^3/\mathrm{s}]$

$Q' = Q_1' + Q_2 = 0.11 + 2 = 2.11[\mathrm{m}^3/\mathrm{s}]$

- $Q_1' = \dfrac{\text{누설량}[\mathrm{m}^3/\mathrm{s}]}{\text{제연구역 수}} = \dfrac{1.1}{10} = 0.11[\mathrm{m}^3/\mathrm{s}]$
- $Q_2 = 2[\mathrm{m}^3/\mathrm{s}]$

② 급기구 크기[m²]

$$A = \frac{\text{급기량}[m^3/s]}{\text{풍속}[m/s]} = \frac{2.11}{5} = 0.422[m^2]$$

해답 $Q_1{}' = 2.11[m^3/s]$
$A = 0.422[m^2]$

22 1 송풍기의 풍량[m³/hr]

송풍기의 풍량=(누설량+보충량)×1.15

$=[(500 \times 20\text{층})+5{,}000] \times 1.15 = 17{,}250[m^3/hr]$

해답 $17{,}250[m^3/hr]$

2 송풍기 정압[mmAq]

송풍기의 정압=[흡입 루버의 압력강하량+System effect(흡입)
+System effect(토출)+수평덕트의 압력강하량
+수직덕트의 압력강하량+자동차압댐퍼의 압력
강하량]×여유율

$=(150+50+50+250+150+250) \times 1.1$

$=990[Pa]$

$$\text{송풍기 정압} = \frac{990}{101{,}325} \times 10{,}332 \fallingdotseq 100.949[mmAq]$$

∴ 100.9[mmAq]

해답 100.9[mmAq]

3 송풍기 구동에 필요한 전동기 용량[kW]

$$P = \frac{P_t \times Q}{\eta} \times K = \frac{990 \times \frac{17{,}250}{3{,}600}}{0.55} \times 1.1 = 9{,}487[W]$$

∴ 9.5[kW]

해답 9.5[kW]

23 1 수직풍도 내부 단면적 [m²](자연배출식)

$$A_P = \frac{Q_N}{2} \times 1.2 = \frac{2 \times 0.7}{2} \times 1.2 = 0.84[m^2]$$

- $Q_N = A \times V = 2 \times 0.7 = 1.4[m^3/s]$

해답 $A_P = 0.84[m^2]$

2 수직풍도 내부 단면적 [m²](기계배출식)

$$A_P = \frac{Q_N}{15} = \frac{2 \times 0.7}{15} = 0.093[m^2]$$

- $Q_N = A \times V = 2 \times 0.7 = 1.4[m^3/s]$

해답 $A_P = 0.093[m^2]$

3 배출용 송풍기 풍량 [m³/s]

$Q = Q_N + \text{여유량} = (2 \times 0.7) + (2 \times 0.7 \times 0.1) = 1.54[m^3/s]$

해답 $Q = 1.54[m^3/s]$

24 $\Delta P = 3{,}460\left(\frac{1}{T_o} - \frac{1}{T_i}\right)h = 3{,}460 \times \left(\frac{1}{273} - \frac{1}{303}\right) \times 50 = 62.742[\text{Pa}]$

① T_o(건물 외부온도) $= 0 + 273 = 273$[℃]

② T_i(건물 내부온도) $= 30 + 273 = 303$[℃]

③ h(중성대에서 건물 상부까지의 높이) $= 50$[m]

해답 $\Delta P = 62.74[\text{Pa}]$

25 $\Delta P = 3{,}460\left(\frac{1}{T_o} - \frac{1}{T_i}\right)h = 3{,}460 \times \left(\frac{1}{298} - \frac{1}{873}\right) \times 1.49$

$= 11.394[\text{Pa}]$

① T_o(건물 외부온도) $= 25 + 273 = 298$[℃]

② T_i(건물 내부온도) $= 600 + 273 = 873$[℃]

③ h(중성대에서 출입문 상부까지의 높이) $= 2 - 0.51 = 1.49$

④ h_1(중성대의 위치) $= H \times \dfrac{1}{1 + \dfrac{T_i}{T_o}} = 2 \times \dfrac{1}{1 + \dfrac{873}{298}} = 0.508$

$\therefore\ 0.51[\text{m}]$

해답 $\Delta P = 11.39[\text{Pa}]$

26 **1** ① 풍량

$$Q[\text{m}^3/\text{hr}] = 3{,}600[VA]$$
$$= 3{,}600[\text{s/hr}] \times V[\text{m/s}] \times A[\text{m}^2]$$
$$= 3{,}600 \times 8.493 \times 0.6 \times 0.4$$
$$= 7{,}337.952[\text{m}^3/\text{hr}]$$

해답 $7{,}337.952[\text{m}^3/\text{hr}]$

② 평균유속

$$V = \sqrt{2gH}\left(H = \frac{P}{\gamma} = \frac{P}{\rho g}\right)$$
$$= \sqrt{2g\frac{P}{\rho g}} = \sqrt{\frac{2}{1.2} \times P} = 1.29\sqrt{P}\ \ (\rho = 1.2[\text{kg/m}^3])$$
$$V = \frac{(1.29\sqrt{86.4} \times 4) + (1.29\sqrt{38.4} \times 8) + (1.29\sqrt{21.6} \times 4)}{16}$$
$$= 8.4934 \fallingdotseq 8.493[\text{m/s}]$$

해답 $8.493[\text{m/s}]$

③ $P = r\,H_L = r \times f\frac{L}{D}\frac{V^2}{2g} = \rho g \times f\frac{L}{D}\frac{V^2}{2g} = \rho \times f\frac{L}{D}\frac{V^2}{2}$

여기서, $f = 0.01$, $\rho = 1.2[\text{kg/m}^3]$, $L = 1[\text{m}]$,
$V = 8.493[\text{m/s}]$

$$D = 4Rh = 4 \times \frac{(0.6[\text{m}] \times 0.4[\text{m}])}{(0.6[\text{m}] \times 2 + 0.4[\text{m}] \times 2)} = 0.48[\text{m}]$$

따라서 $P = 1.2 \times 0.01 \times \dfrac{1}{0.48} \times \dfrac{8.493^2}{2}$

$= 0.9016 ≒ 0.902[\text{Pa/m}]$

해답 0.902[Pa/m]

2 배출량 $Q = A[\text{m}^2] \times 1[\text{m}^3/\text{min} \cdot \text{m}^2] \times 60[\text{min/hr}]$

① 실 A : $80[\text{m}^2] \times 1[\text{m}^3/\text{m}^2 \cdot \text{min}] \times 60[\text{min/hr}]$
$= 4{,}800[\text{m}^3/\text{hr}]$

② 실 B : $100[\text{m}^2] \times 1[\text{m}^3/\text{m}^2 \cdot \text{min}] \times 60[\text{min/hr}]$
$= 6{,}000[\text{m}^3/\text{hr}]$

③ 실 C : $100[\text{m}^2] \times 1[\text{m}^3/\text{m}^2 \cdot \text{min}] \times 60[\text{min/hr}]$
$= 6{,}000[\text{m}^3/\text{hr}]$

해답 A : $5{,}000[\text{m}^3/\text{hr}]$
B : $6{,}000[\text{m}^3/\text{hr}]$
C : $6{,}000[\text{m}^3/\text{hr}]$

3 피난안전구역과 비제연구역 간의 차압은 50[Pa](옥내에 스프링클러설비가 설치된 경우에는 12.5[Pa]) 이상으로 하여야 한다. 다만, 피난안전구역의 한쪽 면 이상이 외기에 개방된 구조의 경우에는 설치하지 아니할 수 있다.

27 $P = \dfrac{1{,}000 \times Q \times H}{102 \times 60 \times \eta} \times K = \dfrac{1{,}000 \times 1.2 \times 152}{102 \times 60 \times 0.7} \times 1.1$

$= 46.83[\text{kW}]$

해답 전동기 용량 : 46.83[kW]

① Q : $1{,}200[l/\text{min}] = 1.2[\text{m}^3/\text{min}]$

② $H = h_1 + h_2 + h_3 + h_4[\text{m}] = 90 + (90 \times 0.3) + 35 = 152[\text{m}]$

③ $\eta = 0.7$

④ $K = 1.1$

28 **1 비상콘센트의 전체 설치개수와 전원회로 수**

① 설치개수

N= 층별 설치개수 × 설치층수 $= 2 \times 5 = 10$개

② 전원회로 수

전원회로는 각 층에 2 이상이 되도록 설치하여야 하므로, 2회로가 된다.

해답 비상콘텐스 $N = 10$개
전원회로 $N = 2$회로

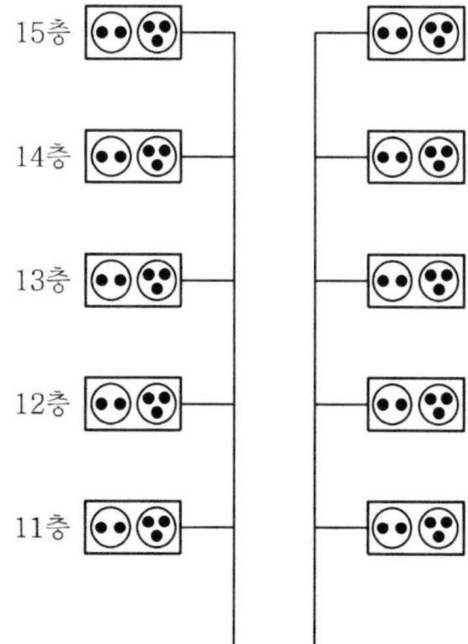

2 공급용량 [VA]과 최대 부하전류 [A]

① 공급용량[VA]

$Pa = 1.5[\text{kVA}] \times 3 = 4.5[\text{kVA}] = 4{,}500[\text{VA}]$

② 부하전류[A]

$Pa = VI$에서,

$$I = \frac{Pa}{V} = \frac{4{,}500}{220} = 20.45[\text{A}]$$

해답 공급용량 $Pa = 4{,}500[\text{VA}]$
부하전류 $I = 20.45[\text{A}]$

참고 **설치대상**

1. 층수가 11층 이상인 특정소방대상물 : 11층 이상의 층
2. 지하층의 층수가 3층 이상이고, 지하층의 바닥면적의 합계가 1천[m^2] 이상 : 지하층의 모든 층
3. 지하가 중 터널 : 길이가 500[m] 이상인 것

29 ① 회로 수

전원회로는 각 층에 2 이상이 되도록 설치하여야 하며, 하나의 전용회로에 설치하는 비상콘센트는 10개 이하로 하여야 하므로, 회로 수는 4회로가 된다.

② 설치개수

비상콘센트설비는 층수가 11층 이상인 특정소방대상물일 경우 11층 이상의 층에 설치하므로, 11층부터 25층까지 15개에 계단이 2개소이므로, 전체 개수는 30개가 된다.

③ 전선의 허용전류

$Pa = VI$에서,

$I = \frac{Pa}{V} \times 할증계수 = \frac{3 \times 1{,}500}{220} \times 1.25 = 25.568 \qquad \therefore 25.57[A]$

해답 회로 수 : 4회로
설치개수 : 30개
허용전류 : 25.57[A]

30 전선의 단면적 $A = \frac{35.6LI}{1{,}000e} = \frac{35.6 \times 196 \times 20.98}{1{,}000 \times 220 \times 0.1} = 6.654$

$\therefore 6.65[mm^2]$

① 전선의 길이 $= 100[m] + 4[m/층] \times 24[층] = 196[m]$

② 부하전류 $I = \frac{P}{V\cos\theta} = \frac{3{,}000}{220 \times 0.65} = 20.979 \qquad \therefore 20.98[A]$

③ 전압강하 $e = 220 \times 0.1 = 22[V]$

해답

전선의 단면적 : 6.65[mm^2]

09 기타

01 **1 옥내소화전설비에서 방수구 최소 설치수량 및 수원량[m^3]**

① 방수구 설치수량 $N = \frac{L}{50} \times 2 - 1 = \frac{2,500}{50} \times 2 - 1 = 99$개

② 수원량[m^3]

$Q = N \times 190[l/\text{min}] \times 40[\text{min}] \times 10^{-3}$

$= 3 \times 190 \times 40 \times 10^{-3} = 22.8[m^3]$

해답 방수구 수 $N = 99$개
수원 $Q = 22.8[m^3]$

2 방수압력, 방수량

구분	방수압력[MPa]	방수량[l/min]
옥내소화전설비	0.35	190
연결송수관설비	0.35	400

3 경계구역 수, 적용 가능한 화재감지기

① 경계구역 수 $N = \frac{\text{터널길이}}{\text{기준길이}} = \frac{2,500}{100} = 25$구역

② 적용 가능한 화재감지기

- 차동식분포형감지기
- 정온식감지선형감지기(아날로그식에 한한다.)
- 중앙기술심의위원회의 심의를 거쳐 터널 화재에 적응성이 있다고 인정된 감지기

4 비상콘센트

① 최소 설치수량 $N = \frac{L}{50} - 1 = \frac{2,500}{50} - 1 = 49$개

해답 $N = 49$개

② 설치기준

- 비상콘센트설비의 전원회로는 단상교류 220[V]인 것으로서 그 공급용량은 1.5[kVA] 이상인 것으로 할 것
- 전원회로는 주배전반에서 전용회로로 할 것. 다만, 다른 설비의 회로의 사고에 따른 영향을 받지 아니하도록 되어 있는 것은 그러하지 아니하다.
- 콘센트마다 배선용 차단기(KS C 8321)를 설치하여야 하며, 충전부가 노출되지 아니하도록 할 것
- 주행차로의 우측 측벽에 50[m] 이내의 간격으로 바닥으로부터 0.8[m] 이상 1.5[m] 이하의 높이에 설치할 것

02 **1** 필요열량(Q_1)=방출열량(Q_2)

㉠ 필요열량

20℃ 물 → 100℃ 물 → 100℃ 수증기 → 400℃ 수증기
(현열) (잠열) (현열)

$$Q_1 = mC\Delta t + m\gamma + mC\Delta t$$
$$= m(4.18\times 80 + 2{,}253.02 + 1.85\times 300)$$

㉡ 방출열량

Q_2= 설계화재 강도×시간

$$= 20\times 10^3 \times (5\times 60) = 6\times 10^6[\text{kJ}]$$

㉢ $Q_1 = Q_2$

$$m(4.18\times 80 + 2{,}253.02 + 1.85\times 300) = 6\times 10^6$$
$$\therefore\ m = \frac{6\times 10^6}{4.18\times 80 + 2{,}253.02 + 1.85\times 300}$$
$$= 1{,}909.356 \fallingdotseq 1{,}909.36[\text{kg}]$$

㉣ 40[%]만 냉각소화에 이용되었으므로,

$$\text{수원량} = \frac{1{,}909.36}{0.4} = 4{,}773.4[\text{kg}] = 4{,}773.4[l] = 4.77[\text{m}^3]$$

해답 4.77[m³]

2 시간=$\dfrac{\text{수원}}{\text{토출량}}$

$$= \frac{4.77}{0.08}$$
$$= 59.625 \quad \therefore\ 59.63\text{초}$$

$$\text{토출량 } Q = \frac{P\times 102\times\eta}{1{,}000\times H\times K}\left(P = \frac{1{,}000\times Q\times H}{102\times\eta}\times K\right)$$
$$= \frac{30\times 102\times 0.8}{1{,}000\times 25\times 1.2} = 0.0816 \fallingdotseq 0.08[\text{m}^3/\text{s}]$$

해답 59.63[s]

03 **1** **소화펌프 양정[m] 및 토출량[m³/min]**

① 양정[m]

- 옥내소화전설비

$$H = h_1 + h_2 + h_3 + 17 = 20 + (49\times 3) + 1 + 8 + 2 + 17$$
$$= 195[\text{m}]$$

- 스프링클러설비

$$H = h_1 + h_2 + 10 = 20 + (49\times 3) + 2.5 + 10 + 10 = 189.5[\text{m}]$$

해답

① 양정
- 옥내소화전설비
  H= 195[m]
- 스프링클러설비
  H= 189.5[m]

② 토출량[m^3/min]

- 옥내소화전설비

$Q = N \times 130[l/min] \times 10^{-3} = 4 \times 130 \times 10^{-3}$

$= 0.52[m^3/min]$

- 스프링클러설비

$Q = N \times 80[l/min] \times 10^{-3} = 10 \times 80 \times 10^{-3} = 0.8[m^3/min]$

② 토출량
- 옥내소화전설비
  $Q = 0.52[m^3/min]$
- 스프링클러설비
  $Q = 0.8[m^3/min]$

2 소화용 보유수량 [m³]

Q=옥내소화전설비+스프링클러설비

$= (0.52 + 0.8) \times 60 = 79.2[m^3]$

해답 $Q = 79.2[m^3]$

04 소화기 설치 수 $N = \dfrac{\text{소요단위}}{\text{능력단위}} = \dfrac{7}{2} = 3.5$ ∴ 4개

① 소요단위 $N' = \dfrac{\text{용도별 바닥면적}}{\text{기준면적}} = \dfrac{660}{100} = 6.6$ ∴ 7단위

② 주요 구조부가 내화구조이므로 기준면적 2배를 적용한다.

해답 N= 4개

05 소화기 설치 수 $N = \dfrac{\text{소요단위}}{\text{능력단위}} = \dfrac{30}{3} = 10$ ∴ 10개

① 소요단위 $N' = \dfrac{\text{용도별 바닥면적}}{\text{기준면적}} = \dfrac{3{,}000}{100} = 30$ ∴ 30단위

② 소화설비(스프링클러설비)가 설치된 경우 소요단위의 1/3만 설치할 수 있으나, 판매시설은 감소기준을 적용하지 아니한다.

해답 N= 10개

06 **1 지하 3층, 지하 2층, 지하 1층 : 바닥면적 3,500 [m²]**

① 주 용도 : 주차장(항공기 및 자동차 관련 시설)

㉠ 해당 용도의 바닥면적 100[m^2]마다 능력단위 1단위 이상

㉡ 기준면적 : 200[m^2](주요 구조부가 내화구조이며, 불연재료)

㉢ 소요단위 $= \dfrac{\text{바닥면적}}{\text{기준면적}} = \dfrac{3{,}500}{200} = 17.5$ ∴ 18단위

㉣ 감소 기준을 적용하지 아니한다.

㉤ 층별 소화기 수량

설치개수 $= \dfrac{\text{소요단위}}{\text{능력단위}} = \dfrac{18}{3} = 6$ ∴ 6개

해답 6개

② 부속용도 : 지하 3층(발전기실, 변전실, 보일러실)

㉠ 발전기실 : 해당 용도의 바닥면적 50[m²]마다 적응성 있는 소화기 1개 이상

$$설치개수 = \frac{바닥면적}{기준면적} = \frac{80}{50} = 1.6 \qquad \therefore\ 2개$$

㉡ 변전실 : 해당 용도의 바닥면적 50[m²]마다 적응성 있는 소화기 1개 이상

$$설치개수 = \frac{바닥면적}{기준면적} = \frac{250}{50} = 5 \qquad \therefore\ 5개$$

㉢ 보일러실 : 해당 용도의 바닥면적 25[m²]마다 능력단위 1단위 이상의 소화기(스프링클러설비가 설치되어 있으므로 자동확산소화기는 설치하지 않는다.)

$$소요단위 = \frac{바닥면적}{기준면적} = \frac{200}{25} = 8 \qquad \therefore\ 8단위$$

$$설치개수 = \frac{소요단위}{능력단위} = \frac{8}{3} = 2.67 \qquad \therefore\ 3개$$

해답 발전기실 : 2개
변전실 : 5개
보일러실 : 3개

2 지상 1층 ~지상 5층 : 의료시설, 바닥면적 2,800 [m²]

① 해당 용도의 바닥면적 50[m²]마다 능력단위 1단위 이상

② 기준면적 : 100[m²](주요 구조부가 내화구조이며, 불연재료)

③ $소요단위 = \frac{바닥면적}{기준면적} = \frac{2,800}{100} = 28 \qquad \therefore\ 28단위$

④ 감소 기준을 적용하지 아니한다.

⑤ 층별 소화기 수량

$$설치개수 = \frac{소요단위}{능력단위} = \frac{28}{2} = 14 \qquad \therefore\ 14개$$

⑥ 전체 수량

$N = 14 \times 5 = 70 \qquad \therefore\ 70개$

해답 70개

3 지상 6층 ~지상 33층 : 공동주택, 각 층 540 [m²](4세대)

① 주거용 주방 자동소화장치 수량

㉠ 각 세대별 주방이 1개이므로 세대별 1개씩 설치할 것

㉡ $N = 4개 \times 28층 = 112 \qquad \therefore\ 112개$

해답 112개

② 소화기 수량

㉠ 기본수량 : 해당 용도의 바닥면적 100[m²]마다 능력단위 1단위 이상

ⓐ 기준면적 : 200[m²](주요 구조부가 내화구조이며, 불연재료)

ⓑ 소요단위$=\dfrac{\text{바닥면적}}{\text{기준면적}}=\dfrac{270}{200}=1.35$

∴ 2단위(2세대 기준)　　∴ 층별 4단위

ⓒ 감소 기준을 적용하지 아니한다.

ⓓ 층별 소화기 수량

$N=\dfrac{\text{소요단위}}{\text{능력단위}}=\dfrac{4}{2}=2$　　∴ 2개

ⓔ 전체 수량

$N=2\times 28=56$　　∴ 56개

ⓛ 추가수량 : 각 세대별 1개씩 배치하므로, 층당 4개씩 추가

$N=$ 4개 × 28층 = 112　　∴ 112개

ⓒ 전체수량 = 56 + 112 = 168개

해답 168개

07 **1** ㉠ A동 최소 수원

수원량 $Q=N\times 130\times 60$

$=1\times 130\times 60=7{,}800[l]=7.8[\text{m}^3]$

ⓐ 옥내 소화전 설치 개수 N

= 가로열 설치 수 × 세로열 설치 수

= 1 × 1 = 1개

ⓑ 가로열 설치 수 $=\dfrac{\text{가로길이}}{2R\cos 45°}=\dfrac{30}{2\times 25\times\cos 45°}=0.84$

∴ 1개

ⓒ 세로열 설치 수 $=\dfrac{\text{세로길이}}{2R\cos 45°}=\dfrac{20}{2\times 25\times\cos 45°}=0.5$

∴ 1개

ⓛ B동 최소 수원

수원량 $Q=N\times 130\times 20$

$=5\times 130\times 20=13{,}000[l]=13[\text{m}^3]$

ⓐ 옥내 소화전 설치 개수 N

= 가로열 설치 수 × 세로열 설치 수

= 3 × 2 = 6개

ⓑ 가로열 설치 수 $=\dfrac{\text{가로길이}}{2R\cos 45°}=\dfrac{80}{2\times 25\times\cos 45°}=2.2$

∴ 3개

ⓒ 세로열 설치 수 $=\dfrac{\text{세로길이}}{2R\cos 45°}=\dfrac{60}{2\times 25\times\cos 45°}=1.6$

∴ 2개

해답 A동 최소 수원 : 7.8[m^3],
B동 최소 수원 : 13[m^3]

2 ㉠ 아파트 최소 수원

수원량 $Q = N \times 80 \times 60$

$= 10 \times 80 \times 60 = 48{,}000[l] = 48[m^3]$

㉡ 오피스텔 최소 수원

수원량 $Q = N \times 80 \times 60$

$= 30 \times 80 \times 20 = 48{,}000[l] = 48[m^3]$

해답
아파트 최소 수원 : 48[m³],
오피스텔 최소 수원 : 48[m³]

3 $t = \dfrac{2A_1(\sqrt{H_1} - \sqrt{H_2})}{C \cdot A_2 \cdot \sqrt{2g}}$

$= \dfrac{2 \times 48 \times (\sqrt{48.07} - \sqrt{46.8})}{\dfrac{3.14 \times 0.04^2}{4} \times \sqrt{2 \times 9.8}} = 1{,}591.796$

$\therefore$ 1,591.8[s]

㉠ A_1(수조의 액표면적)$= 8 \times 6 = 48[m^2]$

㉡ H_1(수조의 액표면적에서 방출구까지의 위치수두)

=수원의 위치수두+수조의 바닥으로부터 방출구까지의 위치수두

$= \dfrac{13+48}{8 \times 6} + (11 \times 2.8) + (3.5 \times 5) - 1.5 = 48.07[m]$

㉢ H_2(수조의 바닥으로부터 방출구까지의 위치수두)

$= (11 \times 2.8) + (3.5 \times 5) - 1.5 = 46.8[m]$

㉣ A_2(방출구의 단면적)$= \dfrac{\pi D^2}{4} = \dfrac{3.14 \times 0.04^2}{4} = 0.001256m^2$

해답 최소 시간 : 1,591.8[s]

08 **1** ① 최소 수원의 양[m³]

$Q = N \times 5.2[m^3] = 5 \times 5.2 = 26[m^3]$

해답 26[m³]

② 고층부 최소 동력[kW]

$P(kW) = \dfrac{\gamma Q H}{102\eta} K$

$H = h_1 + h_2 + h_3 + 17[m]$

$= -2[m] + (2[m] \times 0.3) + 7[m] + 17[m] = 22.6[m]$

$Q = 130[L/min]$

$\therefore \dfrac{1{,}000 \times \dfrac{0.13}{60} \times 22.6}{102 \times 0.5} \times 1.1 = 1.0561 ≒ 1.056[kW]$

해답 1.056[kW]

2 H(낙차) $= h_1 + h_2 + 17$[m]

$H = (H \times 0.3) + 7$[m] $+ 17$[m]

따라서 $H = 34.2857 \fallingdotseq 34.286$[m]

층 : 34.286[m] ÷ 3[m]/층 = 11.428　　∴ 11층 아래

적용층 : 35층 − 11층 = 24층

해답 24층

3 $H = h_1 + h_2 + h_3$

1[m](18층) + (3[m]/층 × 17개층) + 2[m](B1층)

$= (54$[m] $\times 0.3) + 7$[m] $+ X$

54[m] = (54[m] × 0.3) + 7[m] + X

$X = 30.8$[m] $\fallingdotseq 0.308$[MPa]

해답 0.308[MPa]

4 $P[\text{kW}] = \dfrac{\gamma Q H}{102\eta}K$

$H = h_1 + h_2 + h_3 + 35$[m] $- 70$[m]

$h_1 = 2$[m] + (3[m]/층 × 33개층) + 0.5[m] = 101.5[m]

$H = 101.5$[m] + 101.5[m] × 0.3 + 3[m] + 35[m] − 70[m]

= 99.95[m]

$Q = 2{,}400$[L/min] 적용

$$\therefore \frac{1{,}000 \times \frac{2.4}{60} \times 99.95}{102 \times 0.5} \times 1.1 = 86.2313 \fallingdotseq 86.231[\text{kW}]$$

해답 86.231[kW]

5 ① 지상 10층에 필요한 송수구 압력[MPa]

$H = h_1 + h_2 + h_3 + h_4$

$h_1 = 2$[m](1층) + (3[m]/층 × 8개층) + 0.5[m](10층)

= 26.5[m]

$h_2 = 26.5$[m] $\times 0.3 = 7.95$[m]

$h_3 = 3$[m]

$h_4 = 35$[m]

∴ $H = 26.5 + 7.95 + 3 + 35$

= 72.45[m] ≒ 0.7245[MPa] ≒ 0.725[MPa]

해답 0.725[MPa]

② 지하 4층에 필요한 송수구 압력[MPa]

$H = h_1 + h_2 + h_3 + h_4$

$h_1 = 1$[m](1층) + (3[m]/층 × 3개층) + 2.5[m](지하 4층)

= −12.5[m]

$h_2 = 12.5[m] \times 0.3 = 3.75[m]$

$h_3 = 3[m]$

$h_4 = 35[m]$

$\therefore\ H = -12.5 + 3.75 + 3 + 35$

$= 29.25[m] \fallingdotseq 0.2925[MPa] \fallingdotseq 0.293[MPa]$

해답 0.293[MPa]

6 ① 전동기에 따른 펌프를 이용하는 방식
② 고가수조의 낙차를 이용하는 방식
③ 압력수조를 이용하는 방식
④ 가압수조를 이용하는 방식

소방시설관리사
2차 설계 및 시공 문제 + 해설

발행일 | 2016. 4. 5 초판 발행
2016. 8. 5 개정 1판1쇄
2017. 1. 15 개정 2판1쇄
2018. 1. 15 개정 3판1쇄
2019. 2. 20 개정 4판1쇄
2020. 3. 10 개정 5판1쇄
2021. 4. 10 개정 6판1쇄
2022. 4. 10 개정 7판1쇄
2023. 5. 10 개정 8판1쇄
2024. 7. 30 개정 9판1쇄

저 자 | 유정석
발행인 | 정용수
발행처 | 예문사

주 소 | 경기도 파주시 직지길 460(출판도시) 도서출판 예문사
TEL | 031) 955－0550
FAX | 031) 955－0660
등록번호 | 11－76호

정가 : 35,000원

ISBN 978-89-274-5489-2 13530